量子力学

陈　洪　袁宏宽　主编

科学出版社
北　京

内 容 简 介

本书是高等学校物理学及相关专业本科生的量子力学课程教材，着重阐述量子力学的基本概念、基本原理和基本方法. 教材内容包括：量子论基础、波函数与薛定谔方程、力学量及其随时间的演化、电磁场中的带电粒子、量子力学的表述形式、束缚态近似方法、量子跃迁、自旋与泡利方程、多粒子体系、量子力学的概念进展. 部分章节提供了大量例题和练习题，并给出了详细解答. 每章末附有适量的习题，供读者选做. 书末简明地给出了本书涉及的数学，供读者参考.

本书作为普通高等院校物理类各专业本科生及部分工科院校研究生教材，也可供相关专业的师生参考使用.

图书在版编目(CIP)数据

量子力学/陈洪，袁宏宽主编. —北京：科学出版社，2014.1
ISBN 978-7-03-039254-1

Ⅰ. ①量… Ⅱ. ①陈… ②袁… Ⅲ. ①量子力学-高等学校-教材
Ⅳ. ①O413.1

中国版本图书馆 CIP 数据核字(2013) 第 290710 号

责任编辑：窦京涛／责任校对：宋玲玲 钟 洋
责任印制：赵 博／封面设计：迷底书装

科学出版社 出版
北京东黄城根北街 16 号
邮政编码：100717
http://www.sciencep.com
北京凌奇印刷有限责任公司印刷
科学出版社发行 各地新华书店经销
*
2014 年 1 月第 一 版 开本：720 × 1000 B5
2025 年 7 月第十次印刷 印张：23
字数：464 000

定价：59.00 元
(如有印装质量问题，我社负责调换)

前　言

量子力学是在人类的生产实践和科学实验深入到微观物质世界领域的情况下，在 20 世纪 20 年代中期初步建立起来的. 在 19 世纪与 20 世纪之交，经典物理学已经相当完备，甚至有人认为经典物理学各个分支学科已结合成一座具有庄严雄伟的建筑体系和动人心弦的美丽殿堂，未来真正的物理学将不得不在小数点后第六位去寻找. 然而，正是在这个时期，对相继发现的实验现象，如黑体辐射、光电效应、原子光谱、固体的比热等，尽管人们试图把这些现象纳入经典物理学的框架，给予理论上的解释，但都未能获得圆满的成功. 经典物理学在这里遇到了无法克服的困难. 量子力学的概念和规律正是在解决这些矛盾的过程中逐步揭示出来的.

自量子力学诞生以来，在不同领域相继发现了许多宏观量子效应 (宏观尺度上观察到的量子效应)，如激光、超导现象与超流现象、量子霍尔效应、玻色–爱因斯坦凝聚，乃至一些天体现象等. 这表明量子力学不仅支配着微观世界，而且也支配着宏观世界. 人们熟知的经典力学规律只不过是量子力学规律在特定条件下的近似. 另外，迄今量子力学的发展并没有完结. 从量子力学诞生起，围绕量子力学基本概念和原理的理解及物理图像，一直存在长期而激烈的争论. 近年来，随着物理实验技术的进展，这种争论已不再仅仅是思辨性的，而是发展成为直接依靠实验的实证研究了，已揭示出一系列原则上全新的物理现象，并还在不断向前发展.

量子力学已广泛应用到从粒子物理、原子核、原子分子、凝聚态物理直到中子星、黑洞等各个物质层次的研究，并且现代科学技术 —— 从原子弹、氢弹到核电站，从激光技术、超导技术到显微技术、纳米技术，从集成电路、电子计算机到未来的通信技术、量子计算机，无不以量子力学为其理论基础. 随着新的量子现象的不断涌现，可以预计量子力学的实用性会更加突出，一批新的交叉学科将会应运而生. 可以毫不夸张地说，没有量子力学，就没有当代物理学，也就没有与当代物理学联系在一起的当代科学技术.

本书是关于量子力学的入门教材，不可能，也不应该包括全部范围. 教材内容的选择是按照其物理重要性、教学价值及其在发展中的历史影响来进行的. 在内容的叙述上，按照归纳法，由某些关键实验开始，循序渐进地引入基本概念. 然后，进一步发展量子力学的基本问题、应用和表述形式，也力求给出一些有价值的近代题材和能表明量子力学在解决实际问题时有应用价值的题目. 我们不主张所有这些内容都要求讲授，有的可供学生自学，毕竟教学的目的在于培养学生提出问题、分析问题和解决问题的能力，而不是局限于单纯地传授知识. 学好量子力学导论的部分任务涉及掌握正规的数学方法, 这是因为要想有能力进入更高级的专题, 掌握正规方法是完全必要的. 为便于教学和学生深入地掌握有关内容, 部分章节安排了例题和练习题. 每章末附有适量的习题, 供读者选做. 练习题给出了详细解答, 供读者参考. 书末给出了与所遇到的物理问题密切关联的数学.

本书最初以讲义的形式在编者所在学校物理专业本科学生中使用, 不少学生和一起教学的同事提出了很多修改意见, 并已部分体现在此书中, 特别是增加了大量例题和练习题, 并给出了详细解答. 在讲义编写过程中也参考了若干现行的教材, 在许多地方得到启发与教益, 在此一并致谢. 尽管如此, 限于编者能力, 书中不妥之处在所难免, 望读者批评指正.

陈 洪 袁宏宽

2013 年 3 月 10 日于西南大学

目　录

第 1 章　量子论基础

量子力学是描述微观世界结构、运动与变化规律的物理科学, 是 20 世纪初期在总结大量实验事实和旧量子论的基础上发展起来的, 它与相对论一起构建了现代物理学的理论基础. 19 世纪末 20 世纪初, 经典物理已经发展到了相当完善的地步, 但在实验方面却遇到了一些严重的困难. 例如, 黑体辐射、光电效应、康普顿散射、氢原子光谱以及固体在低温下的比热等, 都是经典物理学所无法解释的. 这些无法解释的现象引发了物理学界一次重要的变革, 也正是这次变革促使了量子力学的产生, 使得人们对微观世界的规律有了更深刻的认识. 随后, 快速发展的量子力学指导人们更好地掌握了这些基本规律, 并且广泛应用到了物理、化学等学科和近现代技术之中. 在讲述量子力学这门课程之前, 我们首先对这些有关量子理论发展的历史作一个简短的回顾.

1.1　黑 体 辐 射

量子理论可以说是开始于普朗克 (M. Planck)1900 年对热辐射的解释. 所有物体都发射出热辐射, 这种辐射是一定波长范围内的电磁波. 对于外来辐射, 物体有反射或吸收的作用. 所谓黑体就是全部吸收投射到它上面的辐射而无反射的物体. 如图 1.1 所示, 如果在一空腔上开一个小孔, 那么通过这个小孔逸出的辐射是如此之少, 以致它的逸出对空腔内部的辐射没有什么影响. 这个小孔的作用就像是一个理想的黑体, 因为任何从空腔外面射入小孔里的辐射基本上被完全吸收. 从小孔逸出的辐射也称为黑体辐射, 它是内部辐射的样品. 理论和实验表明, 这种辐射与构成空腔的材料无关, 而只依赖于空腔的温度. 19 世纪末的物理学家想要而且相信能回答的问题是: 黑体辐射的频率是怎样分布的?

经典热力学提供了部分答案. 维恩 (W. Wein, 1893) 仅根据热力学推理得出结论: 腔内每单位体积频率在 ν 与 $\nu+\mathrm{d}\nu$ 之间的辐射能量可表达为

$$\rho(\nu)\mathrm{d}\nu=\nu^3 f\left(\frac{\nu}{T}\right)\mathrm{d}\nu. \tag{1.1}$$

然而, 函数 $f(\nu/T)$ 的形式单从热力学不能得出. 当然它能用实验确定, 而且已经这样做了, 实验曲线如图 1.2 所示. 进而, 维恩 (W. Wien, 1896) 从分析实验数据得出的半经验公式为

$$\rho(\nu,T)=c_1\nu^3\mathrm{e}^{-c_2\nu/T}, \tag{1.2}$$

式中, c_1 和 c_2 是两个经验参数. 除低频部分外, 维恩公式与实验曲线符合较好.

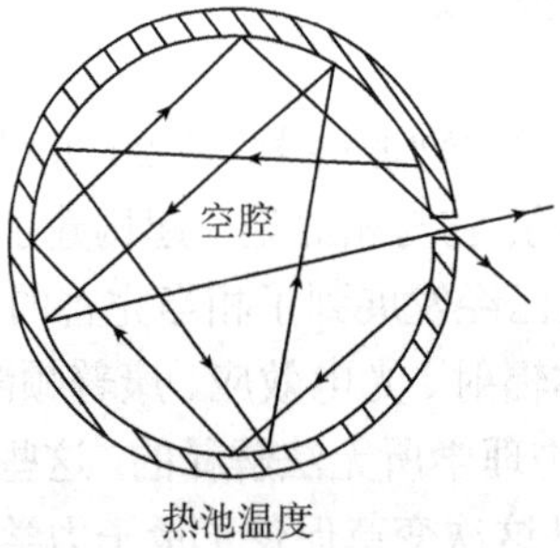

图 1.1　空腔辐射体的示意图

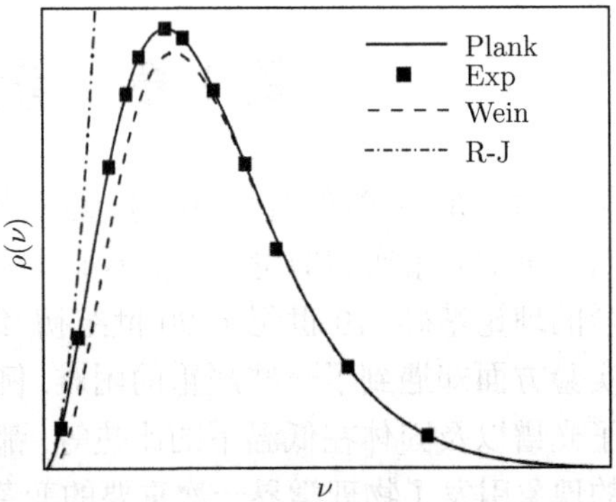

图 1.2　黑体辐射谱

瑞利和金斯 (J. W. Rayleigh, 1900; J. H. Jeans, 1905) 曾用统计力学求函数 $f(\nu/T)$ 的形式. 考虑体积为 $V=a^3$ 的立方箱内的辐射场, 假定此立方体内既无电荷又无电流, 且有能完全反射的内表面 (理想导体谐振腔). 在腔内利用电磁场的边界条件求波矢的各分量满足

$$k_i=\frac{2\pi n_i}{a},\quad n_i=0,\pm1,\pm2,\cdots,\quad i=x,y,z. \tag{1.3}$$

这样数组 (n_1,n_2,n_3) 对应着一个可能的波矢 $\boldsymbol{k}$ 和两个可能的振动模式 (因为有两个独立的偏振方向). 对每一组 (n_1,n_2,n_3) 的可能取值, 就得到 $\boldsymbol{k}$ 空间中一点. 所有这些点在 $\boldsymbol{k}$ 空间组成边长为 $2\pi/a$ 的立方体, 立方体的体积为 $(2\pi/a)^3$, 每个立方体有 8 个顶角, 每个顶角分属 8 个立方体, 因此平均每个立方体只含一个格点, 也就是一个状态, 那么 $\boldsymbol{k}$ 空间中体元 $\Delta k_1\Delta k_2\Delta k_3$ 中所含状态数为

$$\frac{\Delta k_1\Delta k_2\Delta k_3}{(2\pi/a)^3}=\frac{V}{(2\pi)^3}\Delta k_1\Delta k_2\Delta k_3,$$

取经典极限 $a\to\infty$, 即可得具有一定偏振的波矢 $\boldsymbol{k}$ 在 $\boldsymbol{k}\sim\boldsymbol{k}+\mathrm{d}\boldsymbol{k}$ 之间的电磁场的振动方式数目为

$$\frac{V}{(2\pi)^3}\mathrm{d}^3k,$$

采用球坐标, 注意到 $k_1^2+k_2^2+k_3^2=k^2$, 可得波矢大小在 $k\sim k+\mathrm{d}k$ 范围内的状态数目为

$$\frac{V}{(2\pi)^3}\times4\pi k^2\mathrm{d}k,$$

考虑到对每一个 $\boldsymbol{k}$ 值, 有两个可能的极化方向, 可得

$$\mathrm{d}N(\nu)=2\frac{V}{(2\pi)^3}\times 4\pi\left(\frac{2\pi}{c}\nu\right)^2\left(\frac{2\pi}{c}\right)\mathrm{d}\nu = V\frac{8\pi}{c^3}\nu^2\mathrm{d}\nu,$$

那么单位频率内的状态密度为

$$\frac{\mathrm{d}N(\nu)}{V\mathrm{d}\nu}=\frac{8\pi}{c^3}\nu^2. \tag{1.4}$$

按统计力学, 当该系统在温度 T 下处于热平衡时, 每一个自由度的平均能量是 $kT/2$ (能量均分定理), 而每一振动的平均能量为 $\overline{\varepsilon}=kT$, 这里 k 是玻尔兹曼常量. 这样频率在 ν 与 $\nu+\mathrm{d}\nu$ 之间的能量密度就是

$$\rho(\nu,T)\mathrm{d}\nu=\frac{1}{V}\mathrm{d}N(\nu)\overline{\varepsilon}=\frac{8\pi}{c^3}\nu^2\kappa T\mathrm{d}\nu, \tag{1.5}$$

此公式在低频率部分与实验曲线比较符合, 但在高频部分与实验明显不符, 当 $\nu\to\infty$ 时, $\rho(\nu,T)\to\infty$, 而且总辐射能量密度发散,

$$\int_0^\infty \rho(\nu,T)\mathrm{d}\nu\to\infty, \tag{1.6}$$

此即历史上所谓的"紫外灾难". 原因很明显, 对电磁场的每一个振动方式都分配了有限能量 κT, 而这些振动方式有无穷多个.

为解释黑体辐射现象, 普朗克 (1900) 改进维恩公式, 提出了另一个两参数公式

$$\rho(\nu,T)=\frac{c_1\nu^3}{\mathrm{e}^{c_2\nu/T}-1}. \tag{1.7}$$

普朗克公式形式简单, 而且相对于当时已有的几个公式与实验符合得最好. 此后, 普朗克致力于对此公式的理论解释. 普朗克公式的建立仍然可采用与瑞利–金斯公式同样的步骤, 差别在于每一振子的平均能量的取值. 瑞利–金斯公式来自能量均分定律, 而能量均分定律又来自玻尔兹曼分布. 实事上, 振子处于能量 ε 的概率为

$$P(\varepsilon)=\mathrm{e}^{-\beta\varepsilon}/Z,\quad Z=\int_0^\infty \mathrm{e}^{-\beta\varepsilon}\mathrm{d}\varepsilon=1/\beta=\kappa T, \tag{1.8}$$

由此得出一个振动方式的平均能量为

$$\overline{\varepsilon}=\int_0^\infty \varepsilon P(\varepsilon)\mathrm{d}\varepsilon=-\frac{\partial\ln(Z)}{\partial\beta}=\kappa T. \tag{1.9}$$

如果振子能量不像经典振子那样取连续能量值, 而只能取 $h\nu$ 的整数倍那些分立值, 即

$$\varepsilon_n = nh\nu, \quad n = 0, 1, 2, \cdots, \tag{1.10}$$

则频率为 ν 的振子的平均能量为

$$\overline{\varepsilon} = -\frac{\partial \ln(Z)}{\partial \beta} = \frac{h\nu}{\mathrm{e}^{h\nu/\kappa T} - 1}, \quad Z = \sum_{n=0}^{\infty} \mathrm{e}^{-n\beta h\nu} = \frac{\mathrm{e}^{\beta h\nu}}{\mathrm{e}^{\beta h\nu} - 1}. \tag{1.11}$$

这样在 $\nu \sim \nu + \mathrm{d}\nu$ 的辐射能量密度为

$$\rho(\nu, T) = \frac{1}{V}\frac{\mathrm{d}N(\nu)}{\mathrm{d}\nu}\overline{\varepsilon} = \frac{8\pi}{c^3}\frac{h\nu^3}{\mathrm{e}^{h\nu/\kappa T} - 1}, \tag{1.12}$$

这就是普朗克公式. 至于普朗克常量, 当时由理论与实验数相符而确定为 $h = 8.6385 \times 10^{-34}\mathrm{J \cdot s}$, 其目前测量值为 $h = 6.625\,59 \times 10^{-34}\mathrm{J \cdot s}$.

普朗克成功的关键是把黑体看成一组连续振动的谐振子, 而振子的能量值只能取最小能量单位 $h\nu$ 的整数倍. 于是黑体与辐射场交换能量也只能以 $h\nu$ 为单位进行. 于是, 黑体吸收或发射辐射能量的方式是不连续的, 只能“量子”式地进行, 每个能量子的能量为 $h\nu$. 普朗克的能量子假说是与经典物理的基本观念根本对立的, 因为经典振子的能量正比于振幅的平方, 而振幅可以连续变化, 所以振子的能量也就可以连续变化. 因此, 这一假说是对经典物理学的革命性突破, 导致了量子论的创立. 遗憾的是, 普朗克在推出公式以后的十多年里, 还一直试图抛开, 甚至不相信量子的概念, 而是想把它纳入经典理论的框架内. 尽管他费尽心血, 采用了许多新的技巧, 但是都没有成功. 直到他自己提出的这个假设在越来越多的其他问题上取得了巨大成功后, 才不得不确信他的假说是正确的.

1.2　光 电 效 应

赫兹 (G. Hertz, 1887) 发现用紫外线照射火花隙的阴极时放电现象较易发生. 直到汤姆孙 (J. J. Thomson, 1896) 通过气体放电现象和阴极射线的研究发现电子之后, 林纳德 (P. Lenard, 1902) 用实验证明, 这是由于紫外光照射金属表面时, 大量电子逸出所造成的, 这种现象称为光电效应. 逸出的电子称为光电子. 实验表明, 光电效应呈现以下特点:

(1) 对每一种金属, 都有一个确定的截止频率 ν_0, 若照射光频率 $\nu < \nu_0$, 则不论光的强度多大, 都不会有光电子逸出; 当光的频率 $\nu > \nu_0$ 时, 不论光多微弱, 只要光照到金属表面上, 几乎在 $10^{-9}\mathrm{s}$ 的极短时间内, 就能观测到光电子.

(2) 光电子的最大动能依赖于入射光的频率, 而与入射光强度无关.

(3) 光电流的强度与照射光强度成正比.

以上实验规律, 特别是前两条, 是经典电磁理论无法解释的, 这是因为按照光的电磁理论, 光的能量只决定于光的强度, 即只与电磁波的振幅有关, 而与光的频率无关.

爱因斯坦 (A. Einstein, 1905) 在普朗克能量子假说的基础上, 提出光量子的概念, 即光的能量是量子的, 光的量子称为光子. 对频率为 ν 的光波, 其光子的能量为

$$E = h\nu, \tag{1.13}$$

由狭义相对论的质能关系式 $E^2 = p^2c^2 + m^2c^4$, 并注意到光子的静止质量 $m = 0$, 可得光子能量与动量的大小关系 $E = pc$. 由此可得光子的动量为

$$p = E/c = h\nu/c = h/\lambda,$$

其中, λ 为光波的波长. 上式可进一步写成矢量形式

$$\boldsymbol{p} = \hbar\boldsymbol{k}, \tag{1.14}$$

式中, $\hbar = h/2\pi$, $\boldsymbol{k} = (2\pi/\lambda)\boldsymbol{n}$, $\boldsymbol{n}$ 为光传播的方向, 即光子运动方向. 当光射到金属表面上时, 能量为 $h\nu$ 的光子被电子所吸收. 电子把这一能量的一部分用于克服金属表面对它的吸引力, 另一部分就是挣脱金属表面后电子的动能. 这样, 爱因斯坦光电效应方程为

$$h\nu = W_0 + E_{\mathrm{k}}, \tag{1.15}$$

式中, E_{k} 为光电子的动能. 当 $E_{\mathrm{k}} = 0$ 时, 可得到光的截止频率

$$\nu_0 = W_0/h. \tag{1.16}$$

爱因斯坦的光量子假说成功地解释了光电效应. 但是, 并不是一开始就被所有人接受, 其中不乏当时有影响的科学家. 密立根 (R. A. Milliken, 1914) 就花了整整九年时间设计了更加精密的实验装置, 试图否定爱因斯坦方程, 结果事与愿违, 反而用实验完全证实了这个方程. 由这个实验也测得 $h = 6.57 \times 10^{-34}\mathrm{J\cdot s}$, 与普朗克的 h 值非常接近, 但测量值来自不同实验. 这对当时确立量子论的地位具有重要的作用.

1.3 康普顿效应

康普顿 (A. Compton, 1923) 用 X 射线入射到原子质量较轻的靶上, 发现散射后其波长随散射角的增加而增大, 即康普顿效应. 康普顿和德拜 (P. Debye) 同时基于光子的概念予以解释.

如图 1.3 所示, 假定电子是自由的 (或弱束缚的), 且碰撞前静止, 于是由能量守恒可得

$$h\nu + mc^2 - h\nu' = E_{\rm e}. \tag{1.17}$$

由动量守恒, 可得

$$\boldsymbol{p} - \boldsymbol{p}' = \boldsymbol{p}_{\rm e}. \tag{1.18}$$

(式 (1.17))$^2/c^2$−(式 (1.18))^2, 并利用能量-动量关系式 $E_{\rm e}^2/c^2 - p_{\rm e}^2 = mc^2$, 可得

$$\frac{1}{c^2}(h\nu + mc^2 - h\nu')^2 - (\boldsymbol{p} - \boldsymbol{p}')^2 = m^2c^2. \tag{1.19}$$

对于光子, $p = h\nu/c$, 则

$$\boldsymbol{p}\cdot\boldsymbol{p}' = pp'\cos\theta = \frac{h^2\nu\nu'}{c^2}\cos\theta, \tag{1.20}$$

代入式 (1.19), 可解出

$$\nu' = \frac{\nu}{1 + \dfrac{h\nu}{mc^2}(1-\cos\theta)}. \tag{1.21}$$

利用 $\nu = c/\lambda$, 式 (1.21) 改写成

$$\lambda' = \lambda + \frac{h}{mc}(1-\cos\theta). \tag{1.22}$$

令

$$\lambda_{\rm c} = \frac{h}{mc} = 0.0243\text{Å}, \quad \text{(电子的康普顿波长)} \tag{1.23}$$

则

$$\Delta\lambda \equiv \lambda' - \lambda = \lambda_{\rm c}(1-\cos\theta). \tag{1.24}$$

从式 (1.22) 可见, 散射光的波长 λ 随散射角 θ 的增加而增大, 与实验结果符合. 一般而言, $\lambda_{\rm c} = h/(mc)$ 称为静质量 m 的粒子的康普顿波长, 并能用作粒子大小的量度.

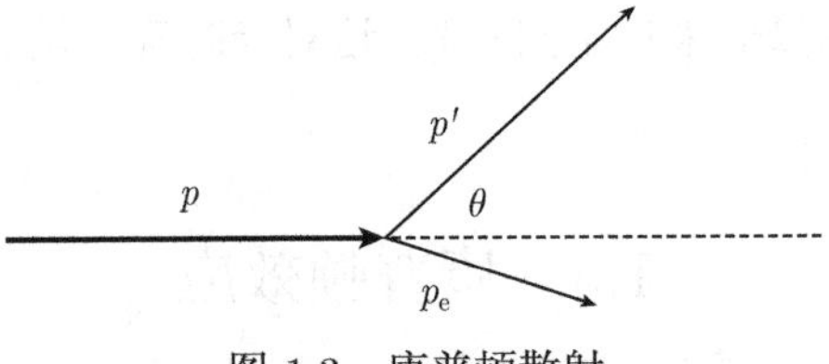

图 1.3　康普顿散射

康普顿公式 (1.22) 中含有普朗克常量 h, 这是经典物理学无法解释的. 康普顿散射实验是对光量子概念的一个直接的强有力支持. 此外康普顿实验还证实了:

①普朗克-爱因斯坦关系式 (1.13) 和式 (1.14) 是正确的; ②在微观的单个碰撞事件中, 动量及能量守恒定律仍然是成立的.

"微观的单个碰撞事件中, 动量及能量守恒仍然成立"的结论在后来发现的"正负电子对湮灭"现象中也得到了证实. 安德逊 (C. D. Andersun, 1932) 在宇宙射线中观察到正电子, 其质量与电子相同, 电荷则同值异号. 一个正电子在经过物质时将与原子碰撞而失去大部分能量, 逐渐减速, 然后可能被某个原子捕获, 最后与一个 e^- 一起湮灭. 在适当的条件下, 也可能与一个 e^- 形成与氢原子类似的电子偶素, 然后才湮灭. 电子对湮灭时, 考虑到动量守恒, 至少要产生两个 γ 光子, 即

$$e^+ + e^- \rightarrow n\gamma, \quad n = 2, 3, 4, \cdots .$$

在产生两个光子的情况下, 两光子的动量数值相同, 但方向相反. 设产生的光子角频率为 ω, 则按能量守恒, 有

$$2\hbar\omega = 2mc^2 \quad (m\text{为电子静质量}),$$

即波长为

$$\lambda = \frac{2\pi c}{\omega} = \frac{h}{mc} = 0.0243\text{Å},$$

与电子的康普顿波长相同, 并与实验观测一致.

在高能物理和天体物理学中常常还会遇到所谓的反康普顿效应, 它是指低能光子与高能电子碰撞后得到高能光子, 即光子的频率变高而波长变短的效应, 它是宇宙 X 射线的重要来源.

1.4 玻尔的量子论

在对原子光谱的研究中, 发现每种原子有其特征谱线, 并且这些谱线形式上能被排列于一定的谱线系中. 里德伯于 1889 年在巴耳末等工作的基础上将氢原子可见光的光谱线系的规律总结为

$$\tilde{\nu} = R_{\mathrm{H}}\left(\frac{1}{m^2} - \frac{1}{n^2}\right), \qquad m = 1, 2, 3, \cdots, \quad n = m+1, m+2, m+3, \cdots, \tag{1.25}$$

式中, $\tilde{\nu}$ 为波数, R_{H} 为里德伯常量. 如果令 $T(n) = R_{\mathrm{H}}/n^2$, 则式 (1.25) 可表示为

$$\tilde{\nu} = T(m) - T(n), \tag{1.26}$$

这就是里兹 (Ritz, 1908) 的并合原理, 即由两个已知谱线的加减组合, 能找到新的谱线. 原子光谱的线状结构是经典物理学无法解释的. 根据 1911 年卢瑟福提出的

原子有核模型, 原子中的电子环绕原子核的运动是一种加速运动, 而作加速运动的电子要以发射电磁波的方式放出能量, 以致绕核运动的轨道半径越来越小, 形成电子向着核作螺旋形运动, 最后在非常短的时间内 (约 10^{-9}s) 掉到核内, 从而使正负电荷中和, 原子全部崩溃. 然而, 在现实世界中, 谁也没有见到过这类事发生, 原子事实上是稳定的. 卢瑟福敢于突破经典电动力学的框架, 完全是由于他相信实验的可靠性.

卢瑟福模型按经典理论还不能解释原子的线光谱. 根据经典理论, 原子的能量等于电子的动能和势能之和

$$E = \frac{1}{2}mv^2 - \frac{Ze_s^2}{r}, \tag{1.27}$$

式中, $e_s^2 = \frac{e^2}{4\pi\varepsilon_0}$. 由牛顿第二定律, 可知

$$\frac{Ze_s^2}{r^2} = m\frac{v^2}{r}. \tag{1.28}$$

由式 (1.27) 和式 (1.28), 可得原子能量

$$E = -\frac{Ze_s^2}{2r} \tag{1.29}$$

及电子轨道运动的频率

$$\nu = \frac{v}{2\pi r} = \frac{1}{2\pi}\sqrt{\frac{Ze_s^2}{mr^3}}. \tag{1.30}$$

可见电子能量连续减小时, 轨道半径连续缩小, 运动频率 ν 连续增大, 而电子发射的光的频率与电子的运动频率相同, 于是电子应发射出连续的光谱. 这与观察到的原子的分立线光谱完全不符合. 事实上, 卢瑟福的原子核模型是正确的, 经典物理学不能用于原子内部的过程, 但原子的状况远不是卢瑟福想象的那么简单. 丹麦物理学家玻尔 (N. Bohr, 1913) 在普朗克-爱因斯坦光量子论、卢瑟福原子核式模型、氢原子光谱规律的基础上, 扬弃了经典电动力学的若干基本概念, 提出了原子的量子论. 这个理论包含三个基本概念, 或称为玻尔的三条基本假设.

(1) 定态条件: 原子核外电子处于一些不连续的定常的状态, 而这些定态相应的能量是分立的.

玻尔在 1912 年来到卢瑟福实验室, 认真研究卢瑟辐的原子模型, 使他认识到, 粒子散射实验证实的卢瑟福关于原子中心有核以及这种中心荷电体的大小的假设, 而卢瑟福模型所面临的稳定性方面的困难, 只涉及核外电子的运动状况, 因此, 必须把原子的稳定性和核的存在分开考虑, 并把研究方向明确指向核外电子. 原子的稳定性是实验和观测的事实, 不应当从原子结构的构造出发去解释稳定性, 而应当

从原子特有的稳定性出发去寻求与其相适应的结构. 也就是说, 稳定性是原子模型自身的要求. 正是根据普朗克–爱因斯坦的量子化思想, 玻尔提出了定态这个重要基本概念. 玻尔认为氢原子中的一个电子绕原子核作圆周运动, 电子只能处于一些分立的轨道上, 它虽然在作加速运动, 但并不向外辐射能量.

(2) 频率条件: 原子在与能级 E_n 和 E_m(令 $E_n > E_m$) 相对应的两个定态之间跃迁时, 吸收或发射的辐射频率 ν 由

$$h\nu = E_n - E_m \tag{1.31}$$

给出.

普朗克-爱因斯坦量子论认为, 光的频率与光的能量联系在一起, $E = h\nu$. 玻尔当时从他的学生那儿得知了关于氢原子光谱线的经验表达式, 使他获得了其理论的"七巧板中的最后一块板". 把里德伯方程 (1.25) 两边乘以 hc, 就显示为能量关系式

$$E = hc\tilde{\nu} = h\nu = \frac{R_{\rm H}hc}{m^2} - \frac{R_{\rm H}hc}{n^2}, \tag{1.32}$$

于是原子处于定态时的能量为

$$E_n = -\frac{Rhc}{n^2}. \tag{1.33}$$

玻尔由此得出了其频率条件. 对于定态, 玻尔认为库仑定律和牛顿定律仍然适用, 即式 (1.29) 仍然成立, 并与式 (1.33) 比较, 得

$$r_n = \frac{Ze_{\rm s}^2}{R_{\rm H}hc}n^2, \tag{1.34}$$

即定态的轨道是分离的.

如果说原子能量量子化概念还可以从普朗克-爱因斯坦的光量子论中找到某种启示, 那么量子跃迁概念和频率条件是玻尔很了不起的创见. 玻尔的重大贡献在于他把原子辐射的频率与原子的两个定态的能量差联系起来. 这样, 光谱频率的里兹并合原则就得到了很好的说明, 光谱项的物理意义也就搞清楚了. 光谱项 $T(n) = \dfrac{E_n}{hc}$ 是与原子不连续的定态能量 E_n 直接联系在一起的. 量子跃迁概念深刻地反映了微观粒子运动的特征, 而频率条件则揭示了里兹并合原则的实质.

(3) 对应原理: 在大量子数极限下, 量子体系的行为将趋向与经典力学体系相同. 玻尔根据对应原理的思想, 得出了一个角动量量子化条件, 即电子运动的角动量 J 只能是 $\hbar$ 的整数倍 $J = n\hbar$.

玻尔认为, 在原子范畴里应该使用与经典理论截然不同的物理规律, 但经典物理是宏观世界的成功理论. 量子规律如果是客观规律的话, 它必须在经典理论成立

的条件下与经典规律相一致, 这就是玻尔的对应观念. 任何新的规律必须服从对应原理, 对应原理是建立新规律的指导性法则. 玻尔从频率着手建立了量子规律与经典电磁理论的联系, 找到了量子化条件. 氢原子相邻能量状态 $(n \to n-1)$ 的跃迁所发射光子的频率为

$$\nu = R_{\mathrm{H}}c\left[\frac{1}{(n-1)^2} - \frac{1}{n^2}\right] = R_{\mathrm{H}}c\frac{2n-1}{n^2(n-1)^2}, \tag{1.35}$$

在 n 很大时 $(n \gg 1)$,

$$\nu = \frac{2R_{\mathrm{H}}c}{n^3}. \tag{1.36}$$

根据对应原理, 式 (1.36) 应与式 (1.30) 一致, 即

$$\frac{2R_{\mathrm{H}}c}{n^3} = \frac{1}{2\pi}\sqrt{\frac{Ze_{\mathrm{s}}^2}{mr^3}}. \tag{1.37}$$

把式 (1.34) 代入式 (1.37), 即得里德伯常数的表述式

$$R_{\mathrm{H}} = \frac{2\pi^2 e_{\mathrm{s}}^2 m}{h^3 c}. \tag{1.38}$$

再把式 (1.38) 代回式 (1.34), 得到电子轨道半径

$$r_n = \frac{\hbar^2 n^2}{Ze_{\mathrm{s}}^2 m}. \tag{1.39}$$

把式 (1.39) 代入式 (1.29), 得到电子的能量表达式

$$E_n = -\frac{Z^2 e_{\mathrm{s}}^2 m}{2\hbar^2 n^2}. \tag{1.40}$$

对于角动量 $J = mvr$, 利用式 (1.28), 并把式 (1.39) 代入, 得

$$J = n\hbar. \tag{1.41}$$

这就是决定定态轨道的角动量量子化条件, n 为量子数. 凡是满足式 (1.41) 的轨道才是允许的, 在此轨道上电子不产生辐射. 角动量 J 的量纲与作用量的基本单元 $\hbar$ 的量纲是一致的, 正如玻尔后来讲到的, 作用量子是解决问题的关键. 玻尔考虑角动量量子化的一个重要思想在于: 定态的能量是守恒量, 是量子化的, 电子在中心力场中的角动量也是守恒量, 也应该是量子化的. 后来, 索末菲 (A. Sommerfeld, 1916) 将玻尔的量子化条件推广为玻尔-索末菲量子化条件

$$\oint p\mathrm{d}q = n\hbar, \tag{1.42}$$

式中, q 为正则坐标, p 为相应的正则动量, 积分号表示对一个运动周期的积分. 用量子化条件处理中心力场中粒子运动的量子化问题, 可得到一些有价值的结果. 但后来艾伦菲斯特等指出, 表示成相空间积分形式的量子化条件式 (1.42), 有时会导出很荒谬的结果.

玻尔理论取得了巨大的成功, 不仅解决了原子的稳定性问题, 而且可求出氢原子中电子的轨道半径和能级. 根据玻尔理论, 不仅从理论上给出了氢原子可见光谱中观察到的巴耳末线系 ($m = 2$) 和红外光谱的帕邢线系 ($m = 1$), 而且预言在紫外区存在另一个线系. 这个预言在 1914 年被莱曼的观测所证实. 原子具有分立能级的概念也在 1914 年被弗兰克-赫兹的实验直接证实. 玻尔还建议把天文上观测到的与氢原子光谱规律很相似的皮克 (Pickering) 线系解释为 He^+ 的光谱. 在此之前, A. Flower 在实验室中也观测到此线系. 玻尔理论提出后, Evans 重新仔细作了此实验, 证明玻尔的看法是完全正确的. 爱因斯坦称赞玻尔的这个预言是"最伟大的发现之一". 这对人们承认玻尔的理论起了很大作用. 玻尔理论还成功地解决了固体比热的玻尔兹曼佯谬 (Boltzmann, 1890). 经典理论不能解释为什么原子中的束缚电子对比热的贡献为零, 玻尔理论指出原子的能级是分立的, 束缚电子的基态与第一激发态能级之间的能隙远大于常温下电子作无规则运动的能量. 这样, 电子只能处于基态, 处于基态的电子的平均能量就是基态能量, 与温度无关, 因而对比热没有贡献. 玻尔理论首次打开了人们认识原子结构的大门, 它建立的三个重要基本概念, 即定态、跃迁、对应原理是其中正确的方面, 一直贯穿在以后量子物理学的发展之中, 至今仍是量子物理的基石.

当然, 玻尔理论存在的问题和局限性也逐渐为人们所发现和认识. 它虽然成功地解释了氢原子光谱的规律性, 但不能解释复杂原子光谱, 甚至对有两个电子的氦原子光谱也无能为力. 对光谱学中的另一个观测量, 即谱线的强度, 它虽然借助于对应原理也得到了一些有价值的结果, 但却不能提供系统的解决办法. 此外, 玻尔理论不能指出原子能级之间的跃迁哪些能观察到, 而哪些跃迁不能观察到. 它只能处理简单的周期运动, 而不能处理非束缚态问题. 究其原因, 玻尔理论是经典力学加上与之不相容的量子化条件的产物, 并未从根本上解决不连续性的本质. 玻尔理论面临的所有这些困难和局限性推动着理论的进一步发展, 而量子力学正是由此应运而生的.

1.5 德布罗意的物质波

在普朗克和爱因斯坦的光量子论及玻尔的原子量子论的启发下, 考虑到光具有波动与粒子两重性, 德布罗意 (L. de Broglie, 1923) 设想实物粒子 (指静止质量 $m \neq 0$ 的粒子) 也可能有粒子与波动两重性, 只不过波动性尚未被人们所认识到而已. 据此分析与类比, 德布罗意提出, 与具有一定能量 E 及动量 $\boldsymbol{p}$ 的粒子相联系的波的频率 ν 及波矢 $\boldsymbol{k}$ 分别为

$$\nu = E/h, \quad \boldsymbol{k} = \boldsymbol{p}/\hbar. \tag{1.43}$$

当然, 德布罗意提出这个假定的动机是企图把光和实物粒子统一起来, 更重要的是为了更深入地理解原子能量的不连续性, 以克服玻尔理论的人为缺隙. 他发现, 如果把原子定态与驻波联系起来, 即把束缚运动实物粒子的能量不连续性与有限空间中驻波的波长的分立性联系起来, 就容易理解玻尔的角动量量子化条件. 例如, 氢原子中电子绕原子核作稳定的圆周运动, 电子所相应的驻波绕原子核传播一周后应光滑地衔接起来 (图 1.4), 这就要求圆周周长是波长的整数倍, 即

$$2\pi r = n\lambda, \quad n = 1, 2, 3, \cdots,$$

其中, r 是圆周半经. 用 λ 代入德布罗意关系式 (1.43), 可得到电子动量为 $p = nh/2\pi r$, 因而角动量为

$$J = rp = n\hbar, \quad n = 1, 2, 3, \cdots,$$

这正是玻尔的角动量量子化条件, 从而可以说明电子能量的量子化.

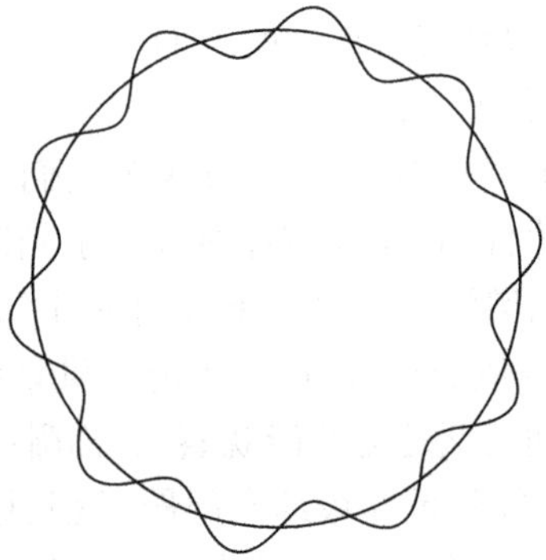

图 1.4　电子绕原子核形成的驻波

德布罗意认为, 物质粒子的这种波动性与光有相似处. 光电效应、康普顿效应等实验结果显示, 光在发射和吸收时它的行为像粒子, 辐射场可以看成是光子气. 但之前在光的传播过程中发现的干涉、衍射等现象又确认了光的波动性. 光的干涉、衍射现象只有当仪器的特征长度与光波长相比拟的情况下才明显, 而仅当仪器的特征长度比光波长大得多时, 才可用几何光学来处理. 同样, 由于 h 是一个很小的量, 实物粒子的波长实际上是很短的. 在一般宏观条件下, 波动性不会表现出来, 所以用经典力学来处理是恰当的. 例如, 质量为 1g 的小球, 速度为 $v = 1\text{m/s}$, 德布

罗意波长为 $\lambda = h/mv = 6.6 \times 10^{-31}$m. 显然, 这个尺度和小球本身尺度以及与小球作宏观机械运动的空间尺度相比, 完全可以忽略. 从而, 在研究小球作任何宏观机械运动时, 与这个波长相联系的波动性质 (也就是与小球运动相关的量子效应) 完全可以忽略. 但到了原子世界中 (原子大小 $\sim$1Å), 物质粒子的波动性就会明显地表现出来. 此时, 经典力学就无能为力了, 正如几何光学不能用来处理光的干涉、衍射现象一样. 因此, 处理原子世界中粒子的运动, 就需要一种新的力学规律, 这正是薛定谔提出的波动力学.

戴维逊和革末 (G. J. Davisson, H. Germer, 1927) 用具有一定能量 (波长) 的电子垂直地射向金属镍单晶 (立方晶) 的磨光平面上, 观测不同角度上的反射波强度, 观测到与 X 射线相似的衍射现象, 从而直接证明了实物粒子的波动性. 如图 1.5 所示, 在磨光的平面上成列地排列着整齐的原子, 该晶面可以看成许多线形光栅的集合. 对于不同的磨光晶面, 光栅常数也不相同. 在垂直入射的情况下, 单晶表面等效于一个反射光栅, 其光栅间距 d 依赖于晶格常数及磨光面的取向. 出现反射波加强的条件是

$$d\sin\theta = n\lambda, \quad n = 1, 2, 3, \cdots, \tag{1.44}$$

其中, 入射电子的波长在非相对论情况下由下式给出:

$$\lambda = \frac{h}{p} = \frac{h}{\sqrt{2mE}} = \sqrt{\frac{150}{E}}, \tag{1.45}$$

E 的单位是电子伏特 (eV), 由此可求出反射波强度的峰值出现在下列方向:

$$\theta = \arcsin\left(\frac{n\lambda}{d}\right), \quad n = 1, 2, 3, \cdots, \tag{1.46}$$

与实验观测相符.

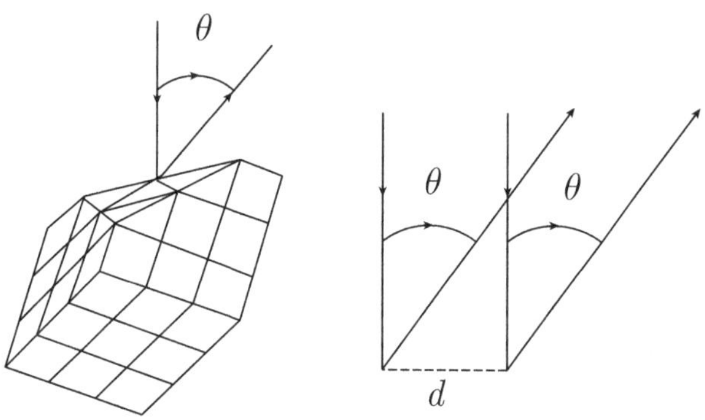

图 1.5 电子在晶体上的散射

除电子外, 许多实验都证实质子、中子、原子、分子等都具有波动性. 波动性是物质粒子普遍具有的. 物质粒子的波动性在现代科学实验与生产技术中有广泛应用. 例如, 电子显微镜, 慢中子衍射技术, 可用来研究晶体结构与生物大分子结构等.

按德布罗意的物质波的意思, 自由粒子由一个振幅因子 A 未定的平面波描述

$$\psi(\boldsymbol{r},t) = A\exp[\mathrm{i}(\boldsymbol{k}\cdot\boldsymbol{r}-\omega t)], \tag{1.47}$$

或应用关系式 (1.43), 有

$$\psi(\boldsymbol{r},t) = A\exp\left[\frac{\mathrm{i}}{\hbar}(\boldsymbol{p}\cdot\boldsymbol{r}-Et)\right]. \tag{1.48}$$

为简单, 考虑一维平面波的情况. 平面波的等相面是一个运动平面, 由 $\phi = kx-\omega t = c$(c 为常数) 给出. 此式对时间求导, 可得等相面运动的速度, 即相速度大小为 $v_{\mathrm{p}} = \mathrm{d}x/\mathrm{d}t = \omega/k$. 对自由粒子, 其相对论能量为 $E = mc^2 = \sqrt{p^2c^2+m_0^2c^4}$. 用德布罗意关系, 可把频率写成波矢的函数, 即

$$\omega(k) = \frac{\sqrt{p^2c^2+m_0^2c^4}}{\hbar} = \frac{m_0c^2}{\hbar}\sqrt{1+\frac{\hbar^2k^2}{m_0^2c^2}}.$$

这个频率与波矢的函数关系称为色散关系. 这样, 在真空中的相速度 $v_{\mathrm{p}} = \omega/k$ 是 k 的函数, 即

$$v_{\mathrm{p}} = \frac{m_0c^2}{\hbar k}\sqrt{1+\frac{\hbar^2k^2}{m_0^2c^2}}.$$

这使物质波动即使在真空中也出现色散, 即不同波数的波动有不同的相速度. 另外, 对于相速度下列关系成立:

$$v_{\mathrm{p}} = \frac{\omega}{k} = \frac{\hbar\omega}{\hbar k} = \frac{E}{p} = \frac{mc^2}{mv} = \frac{c^2}{v}.$$

因 $c>v$, 物质波的相速总是大于真空中的光速. 因此, 它不能与设定粒子的速度相同.

在任何实际问题中粒子总是局限在空间有限区域运动, 相应的波函数当然不会是一个平面波, 而是某种形式的波包, 它只在空间某有限区域中不为零. 这种波包可以视为不同波长和相速的平面波的叠加

$$\psi(x,t) = \frac{1}{\sqrt{2\pi}}\int_{-\infty}^{+\infty}\varphi(k)\exp[\mathrm{i}(kx-\omega t)]\mathrm{d}k. \tag{1.49}$$

波包中心将出现在相角 $\phi = kx - \omega t$ 取极值处，因为在这点附近不同波数的分波相干叠加而加强得最厉害，而不是相消. 这个极值点的位置用下式确定：

$$\frac{\mathrm{d}\phi}{\mathrm{d}k} = 0, \quad \text{即} \quad x - \frac{\mathrm{d}\omega}{\mathrm{d}k}t = 0,$$

所以波包中心位置 x_{c} 是

$$x \equiv x_{\mathrm{c}} = \frac{\mathrm{d}\omega}{\mathrm{d}k}t,$$

其运动速度，即群速为

$$v_{\mathrm{g}} = \frac{\mathrm{d}x_{\mathrm{c}}}{\mathrm{d}t} = \frac{\mathrm{d}\omega}{\mathrm{d}k} = \frac{\hbar\mathrm{d}\omega}{\hbar\mathrm{d}k} = \frac{\mathrm{d}E}{\mathrm{d}p},$$

进一步可得

$$v_{\mathrm{g}} = \frac{\mathrm{d}E}{\mathrm{d}p} = \frac{2pc^2}{2\sqrt{p^2c^2 + m_0^2c^4}} = \frac{pc^2}{mc^2} = \frac{p}{m} = v,$$

即物质波包的群速度与经典粒子的速度相同.

物质波与电磁波不同，它即使在真空中也出现色散，因而物质波包形状要随时间而改变，且与 $\omega(k)$ 的具体形式有关. 为具体起见，不妨取 $t = 0$ 时刻的如下高斯 (Guass) 波包：

$$\psi(x, 0) = \frac{1}{\sqrt{\alpha\sqrt{\pi}}}\exp\left(-\frac{x^2}{2\alpha^2} + \mathrm{i}k_0x\right), \tag{1.50}$$

其傅里叶变换给出波包的频谱

$$\begin{aligned}\varphi(k) &= \frac{1}{\sqrt{2\pi}}\int \psi(x, 0)\exp(-\mathrm{i}kx)\mathrm{d}x \\ &= \sqrt{\frac{\alpha}{\sqrt{\pi}}}\exp\left[-\frac{1}{2}\alpha^2(k - k_0)^2\right].\end{aligned} \tag{1.51}$$

将式 (1.51) 和非相对论色散关系 $\omega(k) = \hbar k^2/2m$ 代入式 (1.49)，得

$$\psi(x, t) = \frac{1}{\sqrt{2\pi}}\sqrt{\frac{\alpha}{\sqrt{\pi}}}\int_{-\infty}^{+\infty}\exp\left[-\frac{1}{2}\alpha^2(k - k_0)^2 + \mathrm{i}kx - \mathrm{i}\frac{\hbar k^2}{2m}t\right]\mathrm{d}k.$$

对波矢 k 配平方，利用公式

$$\int_{-\infty}^{+\infty}\mathrm{e}^{-ax^2 + \mathrm{i}bx}\mathrm{d}x = \sqrt{\frac{\pi}{a}}\mathrm{e}^{-\frac{b^2}{4a}},$$

容易求出时间相关的波函数

$$\psi(x, t) = \frac{1}{\sqrt{\alpha\sqrt{\pi}}\sqrt{1 + \mathrm{i}(\hbar t/m\alpha^2)}}\exp\left\{-\frac{x^2 - 2\mathrm{i}\alpha^2k_0x + \mathrm{i}(\alpha^2\hbar k_0^2/m)t}{2\alpha^2[1 + \mathrm{i}(\hbar t/m\alpha^2)]}\right\}.$$

强度分布为

$$|\psi(x,t)|^2 = \frac{1}{\alpha\sqrt{\pi}\sqrt{1+(\hbar t/m\alpha^2)^2}} \exp\left\{-\frac{[x-(\hbar k_0/m)t]^2}{\alpha^2[1+(\hbar t/m\alpha^2)^2]}\right\}.$$

高斯函数的极大位于 $x=\hbar k_0 t/m$ 处. 此极大以群速 $v_{\mathrm{g}}=\hbar k_0/m$ 运动. 在 $t=0$ 时波包宽度恰为 $(\Delta x)_0=\alpha$, 在任意 t 时刻, 其宽度为

$$\Delta x = \alpha\sqrt{1+(\hbar t/m\alpha^2)^2} = (\Delta x)_0\sqrt{1+[\hbar t/m(\Delta x)_0^2]^2}.$$

当 $t \ll m(\Delta x)_0^2/\hbar$ 时, 波包扩散不厉害, 但当 $t > m(\Delta x)_0^2/\hbar$ 后, 扩散将开始显著, 波包形状随之显著改变.

练习 1.1　用玻尔-索末菲量子化条件, 证明氢原子稳定轨道上正好容纳下整数个电子的德布罗意波波长. 上述结果不但适用于圆轨道, 同样适用于椭圆轨道.

解　对圆轨道, 以 r 表示电子绕核作圆周运动的半径, 取角位移 φ 为广义坐标, 相应的广义动量为 $p_\varphi = mr^2\dot{\varphi} = mvr$, 由此可得

$$\oint p_\varphi \mathrm{d}\varphi = \int_0^{2\pi} mvr\mathrm{d}\phi = 2\pi mvr = nh,$$

那么圆轨道周长为

$$s = 2\pi r = \frac{nh}{mv} = n\frac{h}{p} = n\lambda.$$

对椭圆轨道, 在极坐标系下, 电子运动速度为 $\boldsymbol{v} = \dot{r}\boldsymbol{e}_r + r\dot{\varphi}\boldsymbol{e}_\varphi$, 则

$$\oint p_\varphi \mathrm{d}\varphi = n_\varphi h, \quad p_\varphi = mr^2\dot{\varphi},$$

$$\oint p_r \mathrm{d}r = n_r h, \quad p_r = m\dot{r},$$

所以

$$\oint (p_r\mathrm{d}r + p_\varphi\mathrm{d}\varphi) = (n_r + n_\varphi)h = nh, \tag{1.52}$$

而

$$\begin{aligned}\oint (p_r\mathrm{d}r + p_\varphi\mathrm{d}\varphi) &= \oint (m\dot{r}\mathrm{d}r + mr^2\dot{\varphi}\mathrm{d}\varphi) = \oint m(\dot{r}^2 + r^2\dot{\varphi}^2)\mathrm{d}t \\ &= \oint mv^2\mathrm{d}t = \oint mv\cdot v\mathrm{d}t = \oint mv\mathrm{d}s \\ &= \oint \frac{h}{\lambda}\mathrm{d}s = h\oint\frac{\mathrm{d}s}{\lambda}.\end{aligned} \tag{1.53}$$

将式 (1.53) 代入式 (1.52), 可得

$$\oint \frac{\mathrm{d}s}{\lambda} = n.$$

练习 1.2　计算下列情形的德布罗意波长: 质量 $0.51\text{MeV}/c^2$, 动能 100eV 的电子; 质量 $938.3\text{MeV}/c^2$, 动能 1GeV 的质子; 质量 10^3kg, 速度 10m/s 的汽车; 质量 10g, 速度 500m/s 的子弹.

解　质量为 m 的物体的波长与其动量 p 有关, 而根据相对论能量动量关系 $E^2 = p^2c^2 + m^2c^4$, 动量 p 由总能量 E 确定. 当 $v \ll c$, 即 $p \ll mc$ 时, 可得

$$E = \sqrt{p^2c^2 + m^2c^4} = mc^2\sqrt{1 + \left(\frac{p}{mc}\right)^2}$$
$$\simeq mc^2\left[1 + \frac{1}{2}\left(\frac{p}{mc}\right)^2\right] = mc^2 + \frac{p^2}{2m},$$

即非相对论极限下物体的动能为

$$E_\text{k} = E - mc^2 = \frac{p^2}{2m}.$$

对电子和质子, $\lambda = h/\sqrt{2mE_\text{k}}$, 利用组合常数 $hc = 1239.842\text{MeV}\cdot\text{fm}$, 并注意到 $1\text{Å} = 10^5\text{fm}$, 计算得

$$\lambda_\text{e} = 1.226\text{Å}, \quad \lambda_\text{p} = 9.051 \times 10^{-6}\text{Å}.$$

对汽车和子弹, 其动量为 $p = mv$, 由德布罗意关系 $\lambda = h/p$, 计算得

$$\lambda_{\text{汽车}} = 6.626 \times 10^{-28}\text{Å}, \quad \lambda_{\text{子弹}} = 1.325 \times 10^{-24}\text{Å}.$$

可见, 对汽车和子弹这样的宏观客体, 其波长非常之短, 其波动性显示不出来, 而对电子和质子这样的粒子, 其波长与其本身的线度可比拟.

习　题

1.1　试从普朗克公式出发: (1) 证明在高频近似下普朗克公式转化为维恩公式; (2) 证明在低频近似下普朗克公式转化为瑞利-金斯公式; (3) 导出维恩位移定律: 能量密度极大值所对应的波长 λ_m 与绝对温度 T 成反比, 即

$$\lambda_\text{m} T = b,$$

并近似计算常数 b 的值; (4) 导出斯特藩定律: 辐射的总能量与绝对温度的四次方成正比, 即

$$\int_0^\infty \rho(\nu, T)\text{d}\nu = \sigma T^4,$$

并近似计算 σ 的值.

1.2　对热平衡状态下绝对温度为 T 的黑体辐射, 试证明: (1) 单位体积内光子数的频率分布为

$$n(\nu)\mathrm{d}\nu = \frac{8\pi\nu^2}{c^3}\frac{1}{\mathrm{e}^{h\nu/\kappa T}-1}\mathrm{d}\nu;$$

(2) 单位体积内的光子数为 $n = 2.029 \times 10^7 T^3 \mathrm{m}^{-3}$; (3) 每个光子的平均能量为 $\overline{\varepsilon} = 3.729 \times 10^{-23} T \mathrm{J}$.

1.3　按近代天体物理理论, 在宇宙形成的早期, 温度非常高, 两个光子碰撞可能转变成质子、反质子对, 试估计当时温度的数量级. 提示: 在温度 T 时, 热辐射光子的平均能量为 $3\kappa T$.

1.4　用波长为 $5 \times 10^7 \mathrm{m}$ 的光照射钾金属时, 其发射的光电子的最大能量为 0.5eV, 要使电子从钾中释放出来, 照射光的波长不能超过多少?

1.5　设一维谐振子势能为 $V(x) = \dfrac{1}{2}m\omega^2 x^2$, 试用量子化条件, 求一维谐振子的能量.

第2章 波函数与薛定谔方程

2.1 物质波的统计诠释

人们对实物粒子波动性的认识, 曾经历过一场激烈的争论. 最初, 有人认为电子波应理解为电子的某种实际结构, 即电子是无限多波长不同的平面波叠加而成的波包, 波包的大小即电子的大小, 波包的群速度即电子的运动速度. 但稍加分析就会发现, 这种看法会遇到难以克服的困难. 例如, 在相对论情况下, 对 $m=0$ 的光子, $E=pc$, 相速度为 $v_{\mathrm{p}}=\omega/k=E/p=c$, 而对 $m\neq 0$ 的实物粒子, $E=\sqrt{p^2c^2+m_0^2c^4}$, 相速度为 $v_{\mathrm{p}}=\omega/k=E/p=c^2/v$. 这就是说, 对光子来说, 相速度也是光速 c, 但对 $m_0\neq 0$ 的粒子来说, 相速度不但不等于粒子的运动速度 v, 而且大于光速 c. 然而, 粒子的德布罗意波波包的群速度 v_{g} 等于粒子的运动速度 v, 即

$$v_{\mathrm{g}}=\frac{\mathrm{d}\omega}{\mathrm{d}k}=\frac{\mathrm{d}E}{\mathrm{d}p}=\frac{\mathrm{d}}{\mathrm{d}p}\sqrt{p^2c^2+m_0^2c^4}=\frac{pc^2}{E}=v. \tag{2.1}$$

这也许是主张微观粒子实际上是德布罗意波的某种波包的主要原因. 但进一步考察表明, 这会导致不能接受的结果而被否定. 例如, 与光波 $\mathrm{d}^2\omega/\mathrm{d}k^2=0$ 不同, 物质波在真空中也出现色散, 即 $\mathrm{d}^2\omega/\mathrm{d}k^2=\mathrm{d}v_{\mathrm{g}}/\mathrm{d}k\neq 0$, 这暗示波包不保持其形式, 而是逐渐地扩展. 即使原来的波包很窄, 在经历一段时间后, 必然会扩散到很大的空间中去, 或者更形象地说, 随时间的演化, 电子将愈变愈“胖”, 这与实际情况是不符的.

与物质波包相反的另一种看法是, 波动性是由于有大量的电子分布于空间而形成的像声波一样的疏密波, 即电子疏密相间分布而形成的纵波. 这种看法也是不正确的. 如果波真是由它所描写的粒子组成的, 则粒子流的衍射现象应当是由于组成波的这些粒子相互作用而形成的. 但事实证明, 在粒子流衍射实验中, 底板上所显示出来的衍射图样与入射粒子流强度, 即单位体积中粒子的数目无关. 如果入射到晶体上的电子流的强度很大, 则底板上很快就出现衍射图样. 如果入射电子流极其微弱, 电子几乎是一个一个地被晶体反射, 这时底板上就出现一个一个的点, 显示出电子的微粒性. 这些点在底板上的位置并不都是重合在一起的. 开始时, 它们看起来似乎是毫无规则地散布着, 但足够长的时间后, 底板上形成了衍射花样. 这说明粒子的波动性并不依存于大量电子在空间聚集在一起, 单个电子就具有波动性. 也就是说, 实验所显示的电子的波动性是许多电子在同一实验中的统计结果, 或者

是一个电子在许多次相同实验中的统计结果.

物质波包的观点显然夸大了波动性的一面, 实际上抹杀了粒子性的一面, 而把物质波动性看成是大量粒子分布于空间所形成的疏密波的看法夸大了粒子性的一面, 实际上抹杀了波动性的一面, 都是带有片面性的. 那么电子到底是什么东西? 是粒子? 还是波? 电子既不是经典粒子, 也不是经典的波. 但我们也可以说, 电子既是粒子, 也是波, 是粒子和波动两象性的统一. 这里的波不再是经典概念下的波, 粒子也不再是经典概念下的粒子. 电子所显现的粒子性总是以具有一定的质量、电荷等属性的客体出现, 但并不与"粒子有确切的轨道"的概念有什么必然联系; 电子显现出的波动性, 也只不过是波动性中最本质的东西 —— 波的"相干叠加性", 并不一定要与某种实际的物理量在空间的分布联系在一起. 把微观粒子的"粒子性"与波的"相干叠加性"统一起来就是玻恩 (M. Born, 1926) 提出来的概率波.

德布罗意提出的物质波或波函数所描述的并不是像经典波那样代表实在的物理量的波动, 而只是刻画粒子在空间的概率分布的概率波而已. 在电子束衍射实验中, 即使入射电子束很微弱, 经过足够长的时间后, 起初似乎杂乱无章的电子为什么会在底板上形成衍射图样呢? 原来, 底板上点 $\boldsymbol{r}$ 附近衍射花样的强度正比于在点 $\boldsymbol{r}$ 附近感光点子的数目, 而在点 $\boldsymbol{r}$ 附近感光点子的数目又正比于在点 $\boldsymbol{r}$ 附近出现的电子的数目, 在点 $\boldsymbol{r}$ 附近出现的电子的数目再正比于电子出现在点 $\boldsymbol{r}$ 附近的概率. 用波函数 ψ 描述衍射波波幅, 衍射花样的强度分布正比于

$$|\psi|^2=\psi^*\psi, \tag{2.2}$$

即它刻画电子出现在点 $\boldsymbol{r}$ 处的概率. 同时, 发现粒子的概率正比于所考虑体积的大小. 设 $\mathrm{d}w(\boldsymbol{r},t)$ 是 t 时刻在体元 $\mathrm{d}\tau=\mathrm{d}x\mathrm{d}y\mathrm{d}z$ 内发现粒子的概率, 那么

$$\mathrm{d}w(\boldsymbol{r},t)=|\psi(\boldsymbol{r},t)|^2\,\mathrm{d}\tau. \tag{2.3}$$

根据波函数的统计诠释, 自然要求该粒子在空间各点的概率之总和为 1, 即概率波幅 $\psi(\boldsymbol{r},t)$ 满足归一化条件

$$\int_\infty |\psi(\boldsymbol{r},t)|^2\,\mathrm{d}\tau=1. \tag{2.4}$$

关于波函数的统计诠释, 下面应该强调几点:

(1) 对于概率分布而言, 重要的是相对概率分布, 因此波函数允许有一常数因子不定性. 对任意常数 c, $c\psi(\boldsymbol{r})$ 在空间任意两点 $\boldsymbol{r}_1$ 和 $\boldsymbol{r}_2$ 处的相对概率

$$\left|\frac{c\psi(\boldsymbol{r}_1)}{c\psi(\boldsymbol{r}_2)}\right|=\left|\frac{\psi(\boldsymbol{r}_1)}{\psi(\boldsymbol{r}_2)}\right|, \tag{2.5}$$

与 $\psi(\boldsymbol{r})$ 所描述的相对概率分布是完全相同的. 换言之, $c\psi(\boldsymbol{r})$ 和 $\psi(\boldsymbol{r})$ 描述的是同一概率波. 这与经典波有本质的不同, 一个经典波的波幅若增加到 c 倍, 则相应的波动能量将为原来的 c^2 倍, 因而代表完全不同的波动状态.

(2) 即使加上归一化条件, 波函数仍有一个模为 1 的相因子的不定性. 事实上, 若 $\psi(\boldsymbol{r})$ 是归一化波函数, 则对任意实常数 α, $\mathrm{e}^{\mathrm{i}\alpha}\psi(\boldsymbol{r})$ 也是归一化的, 而 $\psi(\boldsymbol{r})$ 和 $\mathrm{e}^{\mathrm{i}\alpha}\psi(\boldsymbol{r})$ 描述的是同一概率波.

(3) 自由粒子的能量和动量都是常量, 由德布罗意关系, 与自由粒子联系的波的频率和波矢都不变, 即它对应一个仅有振幅因子未定的平面波

$$\psi_{\boldsymbol{p}}(\boldsymbol{r},t)=A\exp[\mathrm{i}(\boldsymbol{p}\cdot\boldsymbol{r}-Et)/\hbar]. \tag{2.6}$$

很显然, 这样的平面波不能按式 (2.4) 归一化, 这是因为

$$\int_{\infty}|\psi_{\boldsymbol{p}}(\boldsymbol{r},t)|^2\mathrm{d}^3x=\infty. \tag{2.7}$$

通常归一化为 δ 函数, 即要求波函数式 (2.6) 满足

$$\int\psi^*_{\boldsymbol{p}'}(\boldsymbol{r},t)\psi_{\boldsymbol{p}}(\boldsymbol{r},t)\mathrm{d}^3x=\delta(\boldsymbol{p}'-\boldsymbol{p}). \tag{2.8}$$

将式 (2.6) 代入上式左边, 有

$$\begin{aligned}\int\psi^*_{\boldsymbol{p}'}(\boldsymbol{r},t)\psi_{\boldsymbol{p}}(\boldsymbol{r},t)\mathrm{d}^3x&=|A|^2\mathrm{e}^{\frac{\mathrm{i}}{\hbar}(E_{\boldsymbol{p}'}-E_{\boldsymbol{p}})t}\int\mathrm{e}^{\frac{\mathrm{i}}{\hbar}(\boldsymbol{p}'-\boldsymbol{p})\cdot\boldsymbol{r}}\mathrm{d}^3x\\&=|A|^2\mathrm{e}^{\frac{\mathrm{i}}{\hbar}(E_{\boldsymbol{p}'}-E_{\boldsymbol{p}})t}(2\pi\hbar)^3\delta(\boldsymbol{p}-\boldsymbol{p}')\\&=|A|^2(2\pi\hbar)^3\delta(\boldsymbol{p}'-\boldsymbol{p}).\end{aligned} \tag{2.9}$$

式 (2.9) 与式 (2.8) 右边相等, 即得归一化常数 $A=1/(2\pi\hbar)^{3/2}$. 这样归一化平面波为

$$\psi_{\boldsymbol{p}}(\boldsymbol{r},t)=\frac{1}{(2\pi\hbar)^{3/2}}\exp\left[\frac{\mathrm{i}}{\hbar}(\boldsymbol{p}\cdot\boldsymbol{r}-Et)\right]. \tag{2.10}$$

事实上, 在任何实际问题中出现的波函数, 都不会是严格的平面波, 而是某种形式的波包, 它只在空间某有限区域中不为 0, 因为粒子总是存在于一定空间范围之中. 这种波包可以视为许多平面波的叠加, 并不存在归一化的困难. 但如果这个波包的广延比所讨论问题的特征长度大得多, 而所描述的粒子在此空间很大范围中各点的概率密度相同, 则不妨用平面波来描述其状态. 这种处理将是合理的, 也是极方便的, 但同时也带来了归一化的困难.

2.2　态叠加原理

以电子的双缝衍射为例来形象地阐明态叠加原理. 如图 2.1 所示, 首先考虑打开缝 1, 关闭缝 2 的情形. 用 ψ_1 表示电子通过缝 1 到达屏上 P 点的状态, 屏上出现的衍射花样由 $|\psi_1|^2$ 决定. 其次, 考虑打开缝 2, 关闭缝 1 的情形. 用 ψ_2 表示电子通过缝 2 到达屏的状态, 屏上出现的衍射花样由 $|\psi_2|^2$ 决定. 最后, 考虑同时打开缝 1 和缝 2 的情形. 用 ψ 表示电子通过双缝后到达屏的状态. 此时屏上衍射花样由 $|\psi|^2$ 决定.

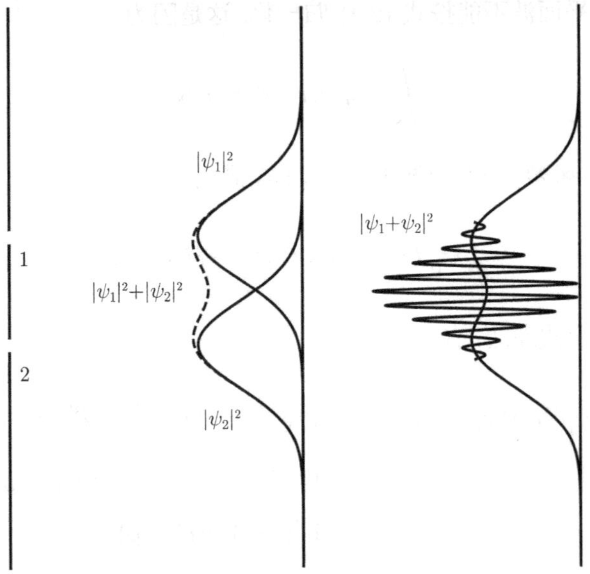

图 2.1　电子双缝衍射示意图

到底是 $|\psi|^2=|\psi_1|^2+|\psi_2|^2$, 还是 $|\psi|^2=|\psi_1+\psi_2|^2$ 呢? 实验表明是后者, 即

$$|\psi|^2=|\psi_1+\psi_2|^2=|\psi_1|^2+|\psi_2|^2+\psi_1^*\psi_2+\psi_1\psi_2^*. \tag{2.11}$$

式 (2.11) 右边第三、四项为干涉项, 衍射花样的产生证实了干涉项的存在. 由此可推断 $\psi=\psi_1+\psi_2$, 即概率幅 (态函数) 遵守叠加的规则, 而概率不遵从叠加的规则. 这里所谓干涉是一个电子的两个态之间的干涉, 而不是两个电子之间的干涉. 可以预料, 当两个缝的几何参数或与电子枪的相对位置不完全对称时, 电子通过双缝后

的状态可写成

$$\psi = c_1\psi_1 + c_2\psi_2, \tag{2.12}$$

式中, c_1 和 c_2 是复常数. 一般而言, 若 $\psi_1, \psi_2, \psi_3, \cdots, \psi_n$ 是体系的独立的可能状态, 则它们的叠加态

$$\psi = \sum_{i=1}^{n} c_i\psi_i \tag{2.13}$$

也是体系的一个可能状态. 也就是说, 当体系处于 ψ 态时, 体系部分地处于 ψ_k 态中, 且处于该态的概率是 $|c_k|^2$. 如果 ψ 和各 ψ_k 都是归一化的, 那么

$$\sum_{i=1}^{n} |c_i|^2 = 1. \tag{2.14}$$

关于态叠加原理, 还应强调几点:

(1) 式 (2.13) 中出现的叠加是量子态或概率幅的叠加, 而不是概率的叠加, 因而它必然出现干涉、衍射现象. 对概率波而言, 干涉是概率波自身的干涉, 而不是不同粒子之间的干涉.

(2) 态的叠加导致在叠加态下观测结果的不确定性. 当体系处在 ψ_i 态时, 若测量某力学量 A 所得结果是一个确切值 a_i, 出现 a_i 的概率为 $|c_i|^2$, 则在叠加态式 (2.13) 所描述的状态下, 测量 A 所得结果只可能是那些 a_i 之一, 而测得 a_i 的相对概率是完全确定的.

(3) 一般而言, 量子态 ψ 依赖于时间, 因此, 态叠加原理不仅对某一时刻成立, 而且随着时间的演化, 它仍然成立. 这就暗含 ψ 随时间的演化方程是线性方程.

2.3 动量分布概率

按波函数 $\psi(\boldsymbol{r},t)$ 的统计解释, t 时刻在空间 $\boldsymbol{r}$ 点找到粒子的概率密度为 $|\psi(\boldsymbol{r},t)|^2$. 试问在波函数 $\psi(\boldsymbol{r},t)$ 描述的状态中, 若测量粒子的其他可观测量, 如动量、角动量和能量, 其概率分布如何? 在平面单色波式 (2.10) 所描述的状态中, 粒子有确定的动量 $\boldsymbol{p}$ 和能量 E. 在任一波函数 $\psi(\boldsymbol{r},t)$ 描述的状态中测量动量, 由于每一个确定的动量都对应于一个平面单色波, 因而实际上等于是将 $\psi(\boldsymbol{r},t)$ 按各种不同动量的平面单色波展开, 即将 $\psi(\boldsymbol{r},t)$ 视为由各种平面单色波叠加而成的波

$$\psi(\boldsymbol{r},t) = \int \varphi(\boldsymbol{p})\psi_{\boldsymbol{p}}(\boldsymbol{r},t)\mathrm{d}^3p, \tag{2.15}$$

其逆变换为

$$\varphi(\boldsymbol{p},t) = \int \psi(\boldsymbol{r},t)\psi_{\boldsymbol{p}}^*(\boldsymbol{r},t)\mathrm{d}^3x. \tag{2.16}$$

借助波函数 $\psi(\boldsymbol{r},t)$ 的归一化, 可得

$$
\begin{aligned}
\int |\varphi(\boldsymbol{p},t)|^2 \mathrm{d}^3 p &= \int \mathrm{d}^3 p \mathrm{d}^3 x' \mathrm{d}^3 x \psi^*(\boldsymbol{r}',t)\psi(\boldsymbol{r},t)\psi_{\boldsymbol{p}}^*(\boldsymbol{r}',t)\psi_{\boldsymbol{p}}(\boldsymbol{r},t) \\
&= \int \mathrm{d}^3 x' \mathrm{d}^3 x \psi^*(\boldsymbol{r}',t)\psi(\boldsymbol{r},t)\delta(\boldsymbol{r}'-\boldsymbol{r}) \\
&= \int \mathrm{d}^3 x |\psi(\boldsymbol{r},t)|^2 = 1. \qquad (2.17)
\end{aligned}
$$

由于 $\psi_{\boldsymbol{p}}(\boldsymbol{r},t)$ 是有确定动量 $\boldsymbol{p}$ 的波函数, 根据展开式 (2.15), $\varphi(\boldsymbol{p},t)$ 是在 $\psi(\boldsymbol{r},t)$ 中出现动量为 $\boldsymbol{p}$ 的平面波 $\psi_{\boldsymbol{p}}(\boldsymbol{r},t)$ 的概率幅, 所以 $|\varphi(\boldsymbol{p},t)|^2$ 能解释为在 $\psi(\boldsymbol{r},t)$ 态中找到动量为 $\boldsymbol{p}$ 的粒子的概率密度.

在一般情况下, $\psi(\boldsymbol{r},t)$ 是各种平面单色波叠加而成的波, 因而动量 (能量) 是不确定的, 而是呈现一种分布. 与测量粒子的位置相似, 也可以设计某种实验装置来测量粒子的动量. 在如图 1.5 所示的电子对单晶体的衍射实验中, 入射波为具有一定波长的平面单色波, 则衍射波将沿一定的角度 θ_n 出射, θ_n 由下式决定:

$$
\sin\theta_n = \frac{n\lambda}{d} = \frac{nh}{pd}. \qquad (2.18)
$$

此式给出了衍射角 θ_n 与动量 p 之间的确定联系. 如果入射波是形如式 (2.15) 的波包, 波长的每一个分量 (平面波) 将各自按一定的角分布出射, 因而衍射波将分解成为一个波谱, 可用探测仪器在足够远的屏上测到. 沿 θ 方向出射的波的波幅 $f(\theta)$ 正比于入射波中相应的分波的波幅 $\varphi(\boldsymbol{p})$, 因而沿 θ 方向衍射波强度正比于 $|f(\theta)|^2$, 也正比于 $|\varphi(\boldsymbol{p})|^2$. 在衍射过程中, 波长未改变, 即粒子的动量大小未改变 (虽然方向改变了). 因而衍射谱的分布反映了衍射前粒子动量的分布. 测出衍射角, 就等于测出了粒子的动量, 即晶体衍射实验可作为测量粒子动量的装置. 因此, 对于一个电子, 在 θ 方向测到它的概率正比于 $|\varphi(\boldsymbol{p})|^2$, 即粒子动量为 $\boldsymbol{p}$ 的概率正比于 $|\varphi(\boldsymbol{p})|^2$, 或者说, 粒子动量在 $\boldsymbol{p}\sim\boldsymbol{p}+\mathrm{d}\boldsymbol{p}$ 范围中的概率为 $|\varphi(\boldsymbol{p})|^2\,\mathrm{d}^3 p$.

由此可见, $\psi(\boldsymbol{r})$ 与 $\varphi(\boldsymbol{p})$ 是一一对应的. 既然 $\psi(\boldsymbol{r})$ 是完全地描述粒子状态的波函数, 那么其傅里叶变换 $\varphi(\boldsymbol{p})$ 也可用于完全地描述粒子的状态. 两者的区别仅在于: $\psi(\boldsymbol{r})$ 是以坐标为自变量, 称为坐标表象的波函数, 而 $\varphi(\boldsymbol{p})$ 是以动量为自变量, 称为动量表象中的波函数. 除此之外, 粒子的状态还可以有其他描述方式. 它们彼此之间有确定的变换关系, 彼此是完全等价的. 它们描述的是同一个状态, 只不过表象不同而已, 这正如一个矢量可以选用不同的坐标系来描述一样.

2.4 力学量的平均值

粒子处于波函数 $\psi(\boldsymbol{r},t)$ 所描述的状态下, 虽然不是所有的力学量都有确定的

观测值, 但它们都有确定的概率分布, 因而有确定的平均值. 粒子处于归一化状态 $\psi(\boldsymbol{r},t)$, 按波函数的统计解释, $|\psi(\boldsymbol{r},t)|^2\mathrm{d}^3x$ 表示在 t 时刻, 在 $(\boldsymbol{r},\ \boldsymbol{r}+\mathrm{d}\boldsymbol{r})$ 中找到粒子的概率. 因此, 位置坐标 $\boldsymbol{r}$ 的平均值为

$$\langle \boldsymbol{r}\rangle=\int|\psi(\boldsymbol{r},t)|^2\boldsymbol{r}\mathrm{d}^3x=\int\psi(\boldsymbol{r},t)^*\boldsymbol{r}\psi(\boldsymbol{r},t)\mathrm{d}^3x. \tag{2.19}$$

同理, 坐标 $\boldsymbol{r}$ 的解析函数 $f(\boldsymbol{r})$ 的平均值为

$$\langle f(\boldsymbol{r})\rangle=\int\psi(\boldsymbol{r},t)^*f(\boldsymbol{r})\psi(\boldsymbol{r},t)\mathrm{d}^3x. \tag{2.20}$$

波长是用以刻画波动在空间变化快慢的, 是属于整个波动的量. 因此,"空间某一点的波长"的提法是没有意义的. 再根据德布罗意关系式 $p=h/\lambda$, "微观粒子在空间某点的动量"的提法也是没有意义的. 因此, 不能像求位置的平均值那样求动量的平均值. 给定波函数 $\psi(\boldsymbol{r},t)$ 后, 在 t 时刻, 粒子的动量在 $(\boldsymbol{p},\boldsymbol{p}+\mathrm{d}\boldsymbol{p})$ 的概率为 $|\varphi(\boldsymbol{p},t)|^2\mathrm{d}^3p$, 其中 $\varphi(\boldsymbol{p},t)$ 由式 (2.16) 给出. 因此, 可借助 $\varphi(\boldsymbol{p},t)$ 来间接计算动量的平均值.

$$\langle \boldsymbol{p}\rangle=\int|\varphi(\boldsymbol{p},t)|^2\boldsymbol{p}\mathrm{d}^3p=\int\varphi(\boldsymbol{p},t)^*\boldsymbol{p}\varphi(\boldsymbol{p},t)\mathrm{d}^3p. \tag{2.21}$$

把式 (2.16) 的复共轭代入式 (2.21), 得

$$\begin{aligned}\langle \boldsymbol{p}\rangle&=\int\mathrm{d}^3x\mathrm{d}^3p\psi^*(\boldsymbol{r},t)\frac{1}{(2\pi\hbar)^{3/2}}\exp\left(\frac{\mathrm{i}}{\hbar}\boldsymbol{p}\cdot\boldsymbol{r}\right)\boldsymbol{p}\varphi(\boldsymbol{p},t)\mathrm{d}^3p\\&=\int\mathrm{d}^3x\mathrm{d}^3p\psi^*(\boldsymbol{r},t)\frac{1}{(2\pi\hbar)^{3/2}}(-\mathrm{i}\hbar\nabla)\exp\left(\frac{\mathrm{i}}{\hbar}\boldsymbol{p}\cdot\boldsymbol{r}\right)\varphi(\boldsymbol{p},t)\mathrm{d}^3p.\end{aligned} \tag{2.22}$$

对 $\boldsymbol{p}$ 积分, 利用式 (2.15), 得

$$\langle \boldsymbol{p}\rangle=\int\psi(\boldsymbol{r},t)^*(-\mathrm{i}\hbar\nabla)\psi(\boldsymbol{r},t)\mathrm{d}^3x. \tag{2.23}$$

这样, 我们就找到一个直接用 $\psi(\boldsymbol{r},t)$ 来计算动量平均值的公式. 这时就出现了一种新符号 —— 算符. 令

$$\hat{\boldsymbol{p}}=-\mathrm{i}\hbar\nabla, \tag{2.24}$$

称为动量算符, 则

$$\langle \boldsymbol{p}\rangle=\int\psi(\boldsymbol{r},t)^*\hat{\boldsymbol{p}}\psi(\boldsymbol{r},t)\mathrm{d}^3x. \tag{2.25}$$

式 (2.25) 表明, 动量平均值与波函数的梯度密切相关, 这是可以理解的. 因为按德布罗意关系, 动量与波长的倒数成正比, 波函数的梯度越大, 即波长越短, 因而动量

平均值也就越大. 同理, 任意动量 $\boldsymbol{p}$ 的解析函数 $f(\boldsymbol{p})$ 的平均值为

$$\langle f(\boldsymbol{p})\rangle = \int \psi(\boldsymbol{r},t)^* f(\hat{\boldsymbol{p}})\psi(\boldsymbol{r},t)\mathrm{d}^3x. \tag{2.26}$$

一般而言, 任何一个力学量 Q 的平均值可表示为

$$\langle Q\rangle = \int \psi^*(\boldsymbol{r},t)\hat{Q}\psi(\boldsymbol{r},t)\mathrm{d}^3x \tag{2.27}$$

式中, $\hat{Q}$ 为与力学量 Q 相应的算符. 在经典力学中, 力学量 Q 都是坐标和动量的函数, 只需把其经典表达式中的 $\boldsymbol{p}$ 用算符 $\hat{\boldsymbol{p}}=-\mathrm{i}\hbar\nabla$ 代替, 就构成了相应的力学量的算符. 例如, 动能算符、角动量算符和哈密顿算符为

$$\hat{T}=\frac{\hat{\boldsymbol{p}}^2}{2m}=-\frac{\hbar^2}{2m}\nabla^2, \tag{2.28}$$

$$\hat{\boldsymbol{l}}=\boldsymbol{r}\times\hat{\boldsymbol{p}}=\boldsymbol{r}\times(-\mathrm{i}\hbar\nabla), \tag{2.29}$$

$$\hat{H}=\frac{\hat{\boldsymbol{p}}^2}{2m}+V(\boldsymbol{r})=-\frac{\hbar^2}{2m}\nabla^2+V(\boldsymbol{r}). \tag{2.30}$$

练习 2.1 在坐标表象中, 量子态用 $\psi(\boldsymbol{r},t)$ 描述, 坐标 $\boldsymbol{r}$ 的平均值由式 (2.19) 给出, 试在动量表象中计算坐标的平均值.

解 在波函数 $\psi(\boldsymbol{r},t)$ 描述的状态中, 坐标 $\boldsymbol{r}$ 的平均值由式 (2.19) 给出. 把式 (2.15) 的复共轭代入, 即得

$$\begin{aligned}\langle\boldsymbol{r}\rangle &= \int \psi^*(\boldsymbol{r},t)\boldsymbol{r}\psi(\boldsymbol{r},t)\mathrm{d}^3x\\ &= \int \mathrm{d}^3p\mathrm{d}^3x\varphi^*(\boldsymbol{p},t)\boldsymbol{r}\psi_{\boldsymbol{p}}^*(\boldsymbol{r},t)\psi(\boldsymbol{r},t)\mathrm{d}^3x.\end{aligned} \tag{2.31}$$

利用式 (2.10), 上式中 $\boldsymbol{r}\psi_{\boldsymbol{p}}^*(\boldsymbol{r},t)$ 可以表达为

$$\begin{aligned}\boldsymbol{r}\psi_{\boldsymbol{p}}^*(\boldsymbol{r},t) &= \frac{1}{(2\pi\hbar)^{3/2}}\boldsymbol{r}\exp\left(-\frac{\mathrm{i}}{\hbar}\boldsymbol{p}\cdot\boldsymbol{r}\right)=\mathrm{i}\hbar\frac{1}{(2\pi\hbar)^{3/2}}\frac{\partial}{\partial\boldsymbol{p}}\exp\left(-\frac{\mathrm{i}}{\hbar}\boldsymbol{p}\cdot\boldsymbol{r}\right)\\ &= \mathrm{i}\hbar\frac{\partial}{\partial\boldsymbol{p}}\psi_{\boldsymbol{p}}^*(\boldsymbol{r},t).\end{aligned} \tag{2.32}$$

将式 (2.32) 代入式 (2.31), 可得

$$\langle\boldsymbol{r}\rangle = \int \mathrm{d}^3p\mathrm{d}^3x\varphi^*(\boldsymbol{p},t)\mathrm{i}\hbar\frac{\partial}{\partial\boldsymbol{p}}\psi_{\boldsymbol{p}}^*(\boldsymbol{r},t)\psi(\boldsymbol{r},t)\mathrm{d}^3x.$$

再利用式 (2.16), 上式化为

$$\langle\boldsymbol{r}\rangle = \int \varphi^*(\boldsymbol{p},t)\left(\mathrm{i}\hbar\frac{\partial}{\partial\boldsymbol{p}}\right)\varphi(\boldsymbol{p},t)\mathrm{d}^3p, \tag{2.33}$$

即在动量表象中坐标表示成算符

$$\hat{\boldsymbol{r}} = \mathrm{i}\hbar \frac{\partial}{\partial \boldsymbol{p}}. \tag{2.34}$$

2.5 薛定谔方程

在经典力学中, 力学体系在 t 时刻的状态由其坐标 $\boldsymbol{r}$ 和相应的动量 $\boldsymbol{p}$ 或速度 $\boldsymbol{v}$ 决定, 其运动状态随时间的变化规律遵从牛顿运动方程. 如果我们知道力学体系的初始状态, 即可从牛顿方程求出体系在任一时刻的运动状态. 微观粒子的量子态用波函数 $\psi(\boldsymbol{r},t)$ 描述, 那么量子态怎样随时间演化以及在各种具体情况下如何求出波函数呢? 薛定谔 (E. Schrödinger, 1926) 提出的波动方程成功地解决了这个问题. 下面从一个最简单的途径来引进这个方程.

先讨论自由粒子的情况. 自由粒子的能量与动量之间有关系

$$E = \frac{p^2}{2m}. \tag{2.35}$$

描述质量为 m 的自由粒子的一般状态的物质波 $\psi(\boldsymbol{r},t)$ 具有波包的形式, 可以视为许多频率为 $E/\hbar$、波矢为 $\boldsymbol{p}/\hbar$ 的单色平面波的叠加

$$\psi(\boldsymbol{r},t) = \frac{1}{(2\pi\hbar)^{3/2}} \int \varphi(\boldsymbol{p}) \mathrm{e}^{\mathrm{i}(\boldsymbol{p}\cdot\boldsymbol{r}-Et)/\hbar} \mathrm{d}^3 p, \tag{2.36}$$

对式 (2.36) 两边取偏导数, 可得

$$\mathrm{i}\hbar \frac{\partial}{\partial t}\psi(\boldsymbol{r},t) = \frac{1}{(2\pi\hbar)^{3/2}} \int E\varphi(\boldsymbol{p}) \mathrm{e}^{\mathrm{i}(\boldsymbol{p}\cdot\boldsymbol{r}-Et)/\hbar} \mathrm{d}^3 p, \tag{2.37a}$$

$$-\mathrm{i}\hbar\nabla\psi(\boldsymbol{r},t) = \frac{1}{(2\pi\hbar)^{3/2}} \int \boldsymbol{p}\varphi(\boldsymbol{p}) \mathrm{e}^{\mathrm{i}(\boldsymbol{p}\cdot\boldsymbol{r}-Et)/\hbar} \mathrm{d}^3 p, \tag{2.37b}$$

$$-\hbar^2\nabla^2\psi(\boldsymbol{r},t) = \frac{1}{(2\pi\hbar)^{3/2}} \int \boldsymbol{p}^2\varphi(\boldsymbol{p}) \mathrm{e}^{\mathrm{i}(\boldsymbol{p}\cdot\boldsymbol{r}-Et)/\hbar} \mathrm{d}^3 p. \tag{2.37c}$$

利用式 (2.37a) 和式 (2.37c), 并注意到关系式 (2.35), 可以得出

$$\mathrm{i}\hbar \frac{\partial}{\partial t}\psi(\boldsymbol{r},t) = -\frac{\hbar^2}{2m}\nabla^2\psi(\boldsymbol{r},t). \tag{2.38}$$

这就是一个自由粒子的薛定谔方程. 从得出这个方程的过程可知, 如果在经典能量动量关系式 (2.35) 中作替换

$$E \to \mathrm{i}\hbar\frac{\partial}{\partial t}, \quad \boldsymbol{p} \to \hat{\boldsymbol{p}} = -\mathrm{i}\hbar\nabla, \tag{2.39}$$

然后作用于波函数, 就可得方程 (2.38). 其次考虑在势场 $V(\boldsymbol{r})$ 中运动的粒子. 按经典粒子的能量关系式

$$E=\frac{p^2}{2m}+V(\boldsymbol{r}), \tag{2.40}$$

利用对应规则式 (2.39), 将能量和动量都用算符表示, 并作用于波函数上, 即得薛定谔方程

$$\mathrm{i}\hbar\frac{\partial}{\partial t}\psi(\boldsymbol{r},t)=\left[-\frac{\hbar^2}{2m}\nabla^2+V(\boldsymbol{r})\right]\psi(\boldsymbol{r},t)\equiv\hat{H}\psi(\boldsymbol{r},t). \tag{2.41}$$

应该强调指出, 薛定谔方程是量子力学最基本的方程, 其地位与牛顿方程在经典力学中的地位相当, 但这个方程是量子力学的一个基本假定, 并不能从什么更根本的假定来证明它, 其正确性归根到底只能靠实践来检验.

薛定谔方程只含对时间的一阶导数, 为何可以描述波动过程呢? 在经典力学中, 波动方程 $u_{tt}-a^2\nabla^2u=0$ 有周期性的解, 而热传导方程 $u_t-a^2\nabla^2u=0$ 则描述不可逆过程, 没有周期性的解. 实际上, $u=A\cos(\boldsymbol{k}\cdot\boldsymbol{r}-\omega t)$ 或 $A\sin(\boldsymbol{k}\cdot\boldsymbol{r}-\omega t)$ 都不满足热传导方程, 这是因为 (以余弦函数为例)

$$u_t=\frac{\partial u}{\partial t}=\omega A\sin(\boldsymbol{k}\cdot\boldsymbol{r}-\omega t)=\omega A\cos(\boldsymbol{k}\cdot\boldsymbol{r}-\omega t-\pi/2),$$

$$\nabla^2u=-k^2A\cos(\boldsymbol{k}\cdot\boldsymbol{r}-\omega t),$$

这样, u_t 使相位减少 $\pi/2$, ∇^2u 使相位保持不变, 可见周期函数不可能满足热传导方程. 薛定谔方程虽然只含对时间的一阶导数, 但在 $\partial\psi/\partial t$ 前面出现虚数单位 $\mathrm{i}=\exp(\mathrm{i}\pi/2)$, 正好使两者相位一致, 因而有周期性的解, 且薛定谔方程中 i 因子的出现, 使得波函数一般是复函数.

2.6 定域的概率守恒

现在讨论一个粒子在势场中运动时, 它在空间各点出现的概率密度如何随时间变化. 对薛定谔方程 (2.41) 取复共轭, 并注意到 $V^*=V$, 得

$$-\mathrm{i}\hbar\frac{\partial}{\partial t}\psi^*=\left(-\frac{\hbar^2}{2m}\nabla^2+V\right)\psi^*. \tag{2.42}$$

$\psi^*\times$ 式 (2.41) $-\ \psi\times$ 式 (2.42), 得

$$\begin{aligned}\mathrm{i}\hbar\frac{\partial}{\partial t}(\psi^*\psi)&=-\frac{\hbar^2}{2m}\left(\psi^*\nabla^2\psi-\psi\nabla^2\psi^*\right)\\&=-\frac{\hbar^2}{2m}\nabla\cdot\left(\psi^*\nabla\psi-\psi\nabla\psi^*\right).\end{aligned} \tag{2.43}$$

令

$$\rho = \psi^* \psi, \tag{2.44a}$$

$$\boldsymbol{j} = -\frac{\mathrm{i}\hbar}{2m}(\psi^* \nabla \psi - \psi \nabla \psi^*) = \frac{1}{2m}(\psi^* \hat{\boldsymbol{p}} \psi - \psi \hat{\boldsymbol{p}} \psi^*), \tag{2.44b}$$

则式 (2.43) 化为

$$\frac{\partial \rho}{\partial t} + \nabla \cdot \boldsymbol{j} = 0. \tag{2.45}$$

方程 (2.45) 称为概率流守恒定律, 它是波函数统计诠释和薛定谔方程的推论. 这个定律表明: 在非相对论量子力学中, 粒子既不能产生, 也不会湮灭, 体系的总粒子数守恒.

在空间闭区域 V 中对式 (2.45) 积分, 并根据高斯定理, 得

$$\frac{\mathrm{d}}{\mathrm{d}t} \int_V \rho \mathrm{d}^3 x = -\oint_S \boldsymbol{j} \cdot \mathrm{d}\boldsymbol{S}. \tag{2.46}$$

式 (2.46) 左边代表在闭区域 V 中找到粒子的总概率 (或粒子数) 在单位时间内的增加, 而右边代表单位时间内通过封闭曲面 S 而流入 V 的概率 (或粒子数). 所以, $\boldsymbol{j}$ 具有概率流密度的意义. 在式 (2.46) 中, 让 $V \to \infty$ (全空间). 任何实际的波函数都是满足平方可积条件的, 即 $r \to \infty$ 时, $\psi \propto r^{-(3/2+\varepsilon)} (\varepsilon > 0)$. 可证明, 式 (2.46) 右边面积分趋于零. 所以

$$\frac{\mathrm{d}}{\mathrm{d}t} \int_\infty |\psi(\boldsymbol{r}, t)|^2 \, \mathrm{d}^3 x = 0. \tag{2.47}$$

从此式可见

$$\int_\infty |\psi(\boldsymbol{r}, t)|^2 \, \mathrm{d}^3 x = c. \tag{2.48}$$

这与预期的一样, 在全空间找到粒子的概率的总和应不随时间改变. 波函数的归一化不随时间而改变. 若在初始时刻波函数是归一化的, 则在以后任何时刻都是归一化的.

2.7 能量本征方程

讨论一种常见而且极重要的情形, 即势场 $V(r)$ 不显含 t. 此时, 薛定谔方程存在下列形式的解:

$$\psi(\boldsymbol{r}, t) = \psi(\boldsymbol{r}) f(t). \tag{2.49}$$

代入方程 (2.41), 分离变数后, 得

$$\mathrm{i}\hbar \frac{1}{f(t)} \frac{\mathrm{d}f}{\mathrm{d}t} = \frac{1}{\psi(\boldsymbol{r})} \left[-\frac{\hbar^2}{2m} \nabla^2 + V(\boldsymbol{r}) \right] \psi(\boldsymbol{r}) = E, \tag{2.50}$$

E 是既不依赖于 t, 也不依赖于 $\boldsymbol{r}$ 的常数. 这样

$$\frac{\mathrm{d}}{\mathrm{d}t}\ln f(t) = -\frac{\mathrm{i}}{\hbar}E, \tag{2.51}$$

所以 $f(t) \sim \exp(-\mathrm{i}Et/\hbar)$. 因此, 可令如下形式的特解

$$\psi(\boldsymbol{r},t) = \psi(\boldsymbol{r})\mathrm{e}^{-\mathrm{i}Et/\hbar}, \tag{2.52}$$

其中, $\psi(\boldsymbol{r})$ 满足下列方程

$$\left[-\frac{\hbar^2}{2m}\nabla^2 + V(\boldsymbol{r})\right]\psi(\boldsymbol{r}) = E\psi(\boldsymbol{r}). \tag{2.53}$$

此式称为不含时间的薛定谔方程, 也称为能量或哈密顿算符 $\hat{H}$ 的本征值方程. 形如式 (2.52) 的波函数描述一个简谐振动, 它的角频率是 $\omega = E/\hbar$, 按德布罗意关系, E 就是体系处于这个波函数所描述的状态时的能量.

在势场 $V(\boldsymbol{r})$ 不显含时间的情况下, 如果粒子初始时刻 $(t=0)$ 处于某一能量本征态 $\psi(\boldsymbol{r},0) = \psi_E(\boldsymbol{r})$, 则

$$\psi_E(\boldsymbol{r},t) = \psi_E(\boldsymbol{r})\exp(-\mathrm{i}Et/\hbar). \tag{2.54}$$

体系处于形如式 (2.54) 所描述的状态时, 能量具有确定值. 这种具有确定能量值的状态称为**定态**. 若初始时刻体系不在能量本征态, 而是处于若干能量本征态的叠加态

$$\psi(\boldsymbol{r},0) = \sum_E c_E\psi_E(\boldsymbol{r}), \tag{2.55}$$

那么在 t 时刻体系的状态为

$$\psi(\boldsymbol{r},t) = \sum_E c_E\psi_E(\boldsymbol{r},t) = \sum_E c_E\psi_E(\boldsymbol{r})\mathrm{e}^{-\mathrm{i}Et/\hbar}. \tag{2.56}$$

这是因为它满足含时薛定谔方程 (2.41). 事实上, 对不显含时间 t 的哈密顿算符 $\hat{H}$, 含时薛定方程 (2.41) 的形式解为

$$\psi(\boldsymbol{r},t) = \mathrm{e}^{-\mathrm{i}\hat{H}t/\hbar}\psi(\boldsymbol{r},0), \tag{2.57}$$

其中, $\hat{U} = \exp(-\mathrm{i}\hat{H}t/\hbar)$ 描述波函数随时间的演化, 称为演化算符. 这个演化算符作用于式 (2.55) 所示的初态, 并利用方程 (2.53), 可给出体系 t 时刻的状态为

$$\begin{aligned}\psi(\boldsymbol{r},t) &= \exp(-\mathrm{i}\hat{H}t/\hbar)\sum_E c_E\psi_E(\boldsymbol{r}) = \sum_E c_E\exp(-\mathrm{i}\hat{H}t/\hbar)\psi_E(\boldsymbol{r}) \\ &= \sum_E c_E\psi_E(\boldsymbol{r})\exp(-\mathrm{i}Et/\hbar). \end{aligned}\tag{2.58}$$

按态叠加原理, 在式 (2.56) 的态下, 测得粒子的能量为 E 值的概率为 $|c_E|^2$. 既然体系处于式 (2.56) 态时, 其能量可以取各种不同的值, 所以波函数式 (2.56) 不是定态波函数. 这种由若干个能量不同的本征态的叠加所形成的态, 称为**叠加态**.

练习 2.2 一维自由粒子的能量本征态.

解 一维自由粒子哈密顿算符为 $\hat{H}=\dfrac{\hat{p}_x^2}{2m}=-\dfrac{\hbar^2}{2m}\dfrac{\partial^2}{\partial x^2}$, 其本征方程为

$$-\frac{\hbar^2}{2m}\frac{\partial^2\psi(x)}{\partial x^2}=E\psi(x),$$

其本征函数为

$$\psi(x)\sim\exp(\pm\mathrm{i}kx),\quad k=\sqrt{2mE}/\hbar\geqslant 0,$$

相应的能量本征值为

$$E_k=\frac{k^2\hbar^2}{2m}\geqslant 0.$$

值得注意的是, E_k 只依赖于 k^2, 一个能量本征值对应于两个本征态 ($k=0$ 除外), $\exp(\pm\mathrm{i}kx)$, 也就是说, 能级是二重简并的.

2.8 能量本征态的一般性质

在求解微分方程时, 要根据具体问题中的边界条件来确定解. 下面先对能量本征态的一般性质进行分析.

定理 2.1 设 $\psi(\boldsymbol{r})$ 是方程 (2.53) 的一个解, 对应的能量本征值为 E, 则 $\psi^*(\boldsymbol{r})$ 也是方程的解, 对应的能量也是 E.

证明 物理上允许的能量值 E(能量本征值) 都应是实数, $E^*=E$, 取方程 (2.53) 的复共轭, 并利用 $V^*=V$, 可得

$$\left[-\frac{\hbar^2}{2m}\nabla^2+V(\boldsymbol{r})\right]\psi^*(\boldsymbol{r})=E\psi^*(\boldsymbol{r}),\tag{2.59}$$

即 $\psi^*(\boldsymbol{r})$ 与 $\psi(\boldsymbol{r})$ 满足相同的方程, 对应的本征值也相同.

假设对应于能量 E, 只有一个能量本征函数 $\psi(\boldsymbol{r})$, 则称能级 E 无简并. 由此可得出:

推论 2.1 若能级 E 无简并, 则相应的能量本征函数总可以取为实函数.

这是因为能级无简并, ψ^* 与 ψ 描述的是同一个量子态, 因而它们至多差一个常数因子 c, 即 $\psi^* = c\psi$. 取复共轭, $\psi = c^*\psi^* = c^*c\psi = |c|^2\psi$, 所以 $|c|^2 = 1$, $c = \mathrm{e}^{\mathrm{i}\alpha}$, α 为实常数. 不妨取 $\alpha = 0$, 则 $c = 1$, $\psi^* = \psi$.

定理 2.2 对应于某个能量本征值 E, 总可以找到方程 (2.53) 的一组实解, 凡属于 E 的任何解均可表成这一组实解的线性叠加.

证明 设 $\psi(\boldsymbol{r})$ 是方程的一个解, 如它是实解, 则把它归入实解的集合中去. 如它是复数, 则按定理 2.1, $\psi^*(\boldsymbol{r})$ 也是方程的一个解, 并且与 $\psi(\boldsymbol{r})$ 一样, 同属于能量本征值 E. 再根据线性方程解的叠加性定理

$$\varphi(\boldsymbol{r}) = \psi(\boldsymbol{r}) + \psi^*(\boldsymbol{r}), \quad \chi(\boldsymbol{r}) = -\mathrm{i}\left[\psi(\boldsymbol{r}) - \psi^*(\boldsymbol{r})\right] \tag{2.60}$$

也是方程的解, 同属于能量 E, 并彼此独立. 不难看出, $\varphi(\boldsymbol{r})$ 和 $\chi(\boldsymbol{r})$ 均为实解, 而 $\psi^*(\boldsymbol{r})$ 和 $\psi(\boldsymbol{r})$ 均可表成 $\varphi(\boldsymbol{r})$ 和 $\chi(\boldsymbol{r})$ 的线性叠加, 即

$$\psi = \frac{1}{2}(\varphi + \mathrm{i}\chi), \quad \psi^* = \frac{1}{2}(\varphi - \mathrm{i}\chi). \tag{2.61}$$

定理 2.3 设 $V(\boldsymbol{r})$ 具有空间反射不变性, $V(\boldsymbol{r}) = V(-\boldsymbol{r})$, 如 $\psi(\boldsymbol{r})$ 是方程 (2.53) 的一个属于 E 的解, 则 $\psi(-\boldsymbol{r})$ 也是该方程的一个属于 E 的解.

证明 当 $\boldsymbol{r} \to -\boldsymbol{r}$ 时, 按假定 $V(\boldsymbol{r}) = V(-\boldsymbol{r})$, 所以方程化为

$$-\frac{\hbar^2}{2m}\nabla^2\psi(-\boldsymbol{r}) + V(\boldsymbol{r})\psi(-\boldsymbol{r}) = E\psi(-\boldsymbol{r}). \tag{2.62}$$

可见, $\psi(-\boldsymbol{r})$ 也满足方程 (2.62), 并且与 $\psi(\boldsymbol{r})$ 一样, 同属于能量 E.

推论 2.2 设 $V(\boldsymbol{r}) = V(-\boldsymbol{r})$, 且对应于能量本征值 E, 方程 (2.53) 的解无简并, 则解必有确定的宇称.

这是因为若 E 无简并, $\psi(-\boldsymbol{r})$ 和 $\psi(\boldsymbol{r})$ 代表同一量子态, 它们至多相差一常数 c, $\psi(-\boldsymbol{r}) = c\psi(\boldsymbol{r})$, 因而 $\psi(\boldsymbol{r}) = c\psi(-\boldsymbol{r}) = c^2\psi(\boldsymbol{r})$, 所以 $c^2 = 1$, $c = \pm 1$. 对 $c = +1$, $\psi(-\boldsymbol{r}) = \psi(\boldsymbol{r})$ 称为偶宇称解. 对 $c = -1$, $\psi(-\boldsymbol{r}) = -\psi(\boldsymbol{r})$ 称为奇宇称解.

定理 2.4 设 $V(\boldsymbol{r}) = V(-\boldsymbol{r})$, 则对应于任何一个能量本征值 E, 总可以找到方程 (2.53) 的一组解, 它们中每一个都具有确定的宇称 (奇偶性), 而属于能量本征值 E 的任何解都可用它们来展开.

证明 设 $\psi(\boldsymbol{r})$ 为方程的一个解, 属于能量 E, 按照定理 2.3, $\psi(-\boldsymbol{r})$ 也是方程 (2.53) 的一个解, 也属于 E. 可构造下列具有确定宇称的波函数

$$f(\boldsymbol{r}) = \psi(\boldsymbol{r}) + \psi(-\boldsymbol{r}), \quad g(\boldsymbol{r}) = \psi(\boldsymbol{r}) - \psi(-\boldsymbol{r}), \tag{2.63}$$

$f(\boldsymbol{r})$ 和 $g(\boldsymbol{r})$ 均是方程 (2.53) 的属于 E 的解, 且前者为偶宇称, 后者为奇宇称, 即

$$f(-\boldsymbol{r}) = f(\boldsymbol{r}), \quad g(-\boldsymbol{r}) = -g(\boldsymbol{r}).$$

同时, 从式 (2.63) 可知, $\psi(\boldsymbol{r})$ 和 $\psi(-\boldsymbol{r})$ 反过来可以表为 $f(\boldsymbol{r})$ 和 $g(\boldsymbol{r})$ 的线性展开

$$\psi(\boldsymbol{r})=\frac{1}{2}[f(\boldsymbol{r})+g(\boldsymbol{r})],\quad \psi(-\boldsymbol{r})=\frac{1}{2}[f(\boldsymbol{r})-g(\boldsymbol{r})].$$

练习 2.3 对一维粒子, 势场为 $V(x)$, 能量本征方程为

$$\left[-\frac{\hbar^2}{2m}\frac{\mathrm{d}^2}{\mathrm{d}x^2}+V(x)\right]\psi(x)=E\psi(x), \tag{2.64}$$

设 $\psi_1(x)$ 和 $\psi_2(x)$ 均为方程 (2.64) 的属于同一能量 E 的解, 证明

$$\psi_1(x)\psi_2'(x)-\psi_2(x)\psi_1'(x)=c, \tag{2.65}$$

式中, c 是一不依赖于 x 的常数.

证明 按假定 $\psi_1(x)$ 和 $\psi_2(x)$ 是属于能量本征值 E 的两个解,

$$\psi_1''(x)+\frac{2m}{\hbar^2}[E-V(x)]\psi_1(x)=0, \tag{2.66a}$$

$$\psi_2''(x)+\frac{2m}{\hbar^2}[E-V(x)]\psi_2(x)=0. \tag{2.66b}$$

$\psi_1\times$ 式 (2.66b)$-\psi_2\times$ 式 (2.66a), 得

$$\psi_1(x)\psi_2''(x)-\psi_2(x)\psi_1''=0, \tag{2.67a}$$

即

$$\left(\psi_1(x)\psi_2'(x)-\psi_2(x)\psi_1'(x)\right)'=0. \tag{2.67b}$$

上式对 x 积分后, 即得式 (2.65).

练习 2.4 证明一维规则势场 $V(x)$($V(x)$ 无奇点) 中能量本征方程 (2.64) 的束缚态无简并.

证明 设方程 (2.64) 有 $\psi_1(x)$ 和 $\psi_2(x)$ 两个属于同一能量本征值 E 的解, 那么这两个解满足关系式 (2.65). 若 $\psi_1(x)$ 和 $\psi_2(x)$ 均为束缚态, 即当 $|x|\to\infty$, $\psi_1(x)$ 和 $\psi_2(x)$ 趋于零. 因此, 式 (2.65) 中的常数 $c=0$. 从而

$$\psi_1(x)\psi_2'(x)=\psi_2(x)\psi_1'(x). \tag{2.68}$$

在 $\psi_1(x)$ 和 $\psi_2(x)$ 都不含节点 (波函数为零的点) 的区域中, 可用 $\psi_1\psi_2$ 除上式两边, 得

$$\frac{\psi_1'(x)}{\psi_1(x)}=\frac{\psi_2'(x)}{\psi_2(x)}, \tag{2.69}$$

积分, 得

$$\psi_1(x) = c\psi_2(x), \tag{2.70}$$

c 是与 x 无关的积分常数, $\psi_1(x)$ 与 $\psi_2(x)$ 相差一无关紧要的常数因子, 按波函数的统计诠释, 它们应代表同一量子态.

在以上证明中, 得出式 (2.69) 并积分, 只能在不出现 ψ_1 和 ψ_2 节点的区域中进行. 若 ψ_1 或 ψ_2 有节点, 不妨设为 $x = a$, 则式 (2.69) 只能在 a 的两侧 (无节点区域) 分别成立, 并在 a 的两侧分别积分后可能取不同的积分常数 c. 这导致本定理可能不能成立. 然而, 若 $V(x)$ 在全空间规则 (分段连续) 并取有限值, 则 $\psi_1, \psi_2, \psi_1', \psi_2'$ 在 $x = a$ 点都连续. 此时, 在 $x > a$ 区域和 $x < a$ 区域中得出的积分常数 c 必然取相同值, 因而本定理成立. 特别注意的是, 对不规则势阱, 上述定理是否成立要具体分析.

练习 2.5　粒子在一维势场 $V(x)$ 中运动, 设 ψ_i 和 ψ_j 分别是能级 E_i 和 E_j 的束缚态波函数, 证明束缚态波函数满足正交归一化条件

$$\int \psi_i^*(x)\psi_j(x)\mathrm{d}x = \delta_{ij}. \tag{2.71}$$

证明　因 ψ_i 和 ψ_j 分别是能级 E_i 和 E_j 的束缚态波函数, 则它们应满足能量本征方程

$$\frac{\mathrm{d}^2\psi_i^*}{\mathrm{d}x^2} = \frac{2m}{\hbar^2}[V(x) - E_i]\psi_i^*, \tag{2.72a}$$

$$\frac{\mathrm{d}^2\psi_j}{\mathrm{d}x^2} = \frac{2m}{\hbar^2}[V(x) - E_2]\psi_j. \tag{2.72b}$$

以 ψ_j 左乘式 (2.72a), ψ_i^* 左乘式 (2.72b), 再相减, 即得

$$\frac{2m}{\hbar^2}(E_j - E_i)\psi_i^*\psi_j = \psi_j\frac{\mathrm{d}^2\psi_i^*}{\mathrm{d}x^2} - \psi_i^*\frac{\mathrm{d}^2\psi_j}{\mathrm{d}x^2} = \frac{\mathrm{d}}{\mathrm{d}x}\left(\psi_j\frac{\mathrm{d}\psi_i^*}{\mathrm{d}x} - \psi_i^*\frac{\mathrm{d}\psi_j}{\mathrm{d}x}\right)$$

上式对全空间积分, 并注意到束缚态波函数在无穷远处必趋于 0, 得到

$$\begin{aligned}\frac{2m}{\hbar^2}(E_j - E_i)\int \psi_i^*\psi_j\mathrm{d}x &= \int \frac{\mathrm{d}}{\mathrm{d}x}\left(\psi_j\frac{\mathrm{d}\psi_i^*}{\mathrm{d}x} - \psi_i^*\frac{\mathrm{d}\psi_j}{\mathrm{d}x}\right)\mathrm{d}x \\ &= \left(\psi_j\frac{\mathrm{d}\psi_i^*}{\mathrm{d}x} - \psi_i^*\frac{\mathrm{d}\psi_j}{\mathrm{d}x}\right)\Bigg|_{-\infty}^{+\infty} = 0.\end{aligned}$$

因此, 当 $E_i \neq E_j$ 时, 就有

$$\int \psi_i^*(x)\psi_j(x)\mathrm{d}x = 0.$$

考虑 ψ_i 已归一化, 就得到正交归一化条件式 (2.71). 此外, 由于一维束缚态波函数可取为实数, 可取 $\psi_i^* = \psi_i$. 在此情况下, 正交归一化条件式 (2.71) 可写为

$$\int \psi_i(x)\psi_j(x)\mathrm{d}x = \delta_{ij}. \tag{2.73}$$

2.9 波函数的标准条件

按照波函数的统计诠释及其薛定谔方程, 描述体系状态的波函数 ψ 应满足如下要求.

1. 有限性

根据统计诠释, 要求 $|\psi(\boldsymbol{r})|^2$ 取有限值似乎是必要的. 但应注意, $|\psi(\boldsymbol{r},t)|^2$ 是表示概率密度, 而在物理上只要求在空间任何有限体积元中找到粒子的概率为有限值. 因此, 不排除在空间某些孤立奇点处 $|\psi(\boldsymbol{r})|\to\infty$. 例如, 设 $r=r_0$ 是 $\psi(\boldsymbol{r})$ 的一个孤立奇点, τ_0 是包围 $\boldsymbol{r}_0$ 的任意小体积, 按统计诠释, 只要

$$\int_{\tau_0} |\psi(\boldsymbol{r})|^2\,\mathrm{d}^3x = \text{有限值}, \tag{2.74}$$

就是物理上可接受的. 如取 $r_0=0$, 采用球坐标, 则此条件相当于要求, 当 $r\to 0$ 时, $r^3|\psi(\boldsymbol{r})|^2\to 0$. 若 $r\to 0$, $\psi\sim 1/r^s$, 则要求 $s<3/2$.

2. 单值性

按照统计诠释, 要求 $|\psi(\boldsymbol{r})|$ 应是 $\boldsymbol{r}$ 的单值函数, 但不要求 $\psi(\boldsymbol{r})$ 是单值函数. 实际上, 即使加上了归一化条件, 波函数仍然有一个模为 1 的因子的不定性, 或者说, 相位不定性, 即对任意实数 α, $\psi(\boldsymbol{r},t)$ 和 $\mathrm{e}^{\mathrm{i}\alpha}\psi(\boldsymbol{r},t)$ 描述的是同一状态. 唯一性的不足源于事实, 只有概率密度 $|\psi|^2$ 有物理上的实质作用.

3. 可积性

按照统计诠释, 一个真实的波函数要求满足归一化条件

$$\int_{\infty} |\psi(\boldsymbol{r})|^2\,\mathrm{d}^3x = 1, \tag{2.75}$$

即平方可积, 但概率描述中实质的问题是相对概率, 因此不排除使用某些不能归一化的理想的波函数. 例如, 自由粒子的平面波式 (2.6) 是不能按式 (2.75) 归一化的, 可如式 (2.10) 一样归一化为 δ 函数.

4. 连续性

如 $V(\boldsymbol{r})$ 是 $\boldsymbol{r}$ 的连续函数, 按薛定谔方程, $\nabla^2\psi(\boldsymbol{r})$ 是存在的, 则 $\psi(\boldsymbol{r})$ 和 $\nabla\psi(\boldsymbol{r})$ 必为 $\boldsymbol{r}$ 的连续函数. 如 $V(\boldsymbol{r})$ 不连续变化或有某种奇异性, 则 $\psi(\boldsymbol{r})$ 及其各阶导数的连续性需要具体分析.

例 2.1 质量为 m 的粒子在 δ 势场 $V(x)=\gamma\delta(x)$ 中运动, 其能量本征方程可简化为

$$\frac{\mathrm{d}^2\psi(x)}{\mathrm{d}x^2}=\frac{2m}{\hbar^2}[\gamma\delta(x)-E]\psi(x). \tag{2.76}$$

$x=0$ 是方程的奇点, 在该点 $\psi''(x)$ 不存在, 表现为在 $x=0$ 点 $\psi'(x)$ 不连续. 对方程 (2.76) 从 $-\varepsilon$ 到 $+\varepsilon$ 积分, 并让 $\varepsilon\to0^+$(正无穷小量), 有

$$\lim_{\varepsilon\to0^+}\int_{-\varepsilon}^{+\varepsilon}\frac{\mathrm{d}^2}{\mathrm{d}x^2}\psi(x)\mathrm{d}x=\lim_{\varepsilon\to0^+}\int_{-\varepsilon}^{+\varepsilon}\frac{2m}{\hbar^2}[\gamma\delta(x)-E]\psi(x)\mathrm{d}x.$$

进一步, 有

$$\text{上式左边}=\lim_{\varepsilon\to0^+}\int_{-\varepsilon}^{+\varepsilon}\mathrm{d}\psi'(x)=\psi'(0^+)-\psi(0^-),$$

而

$$\text{上式右边}=\frac{2m\gamma}{\hbar^2}\psi(0)-2\lim_{\varepsilon\to0^+}\varepsilon E\psi(\epsilon)=\frac{2m\gamma}{\hbar^2}\psi(0),\quad \epsilon\in[-\varepsilon,+\varepsilon],$$

所以

$$\psi'(0^+)-\psi(0^-)=\frac{2m\gamma}{\hbar^2}\psi(0), \tag{2.77}$$

即在 $x=0$ 点 $\psi'(x)$ 一般是不连续的 (除非 $\psi(0)=0$).

2.10 阶梯形方势

对如图 2.2 所示的阶梯形方势, 有

$$V(x)=\begin{cases}V_1, & x<0;\\ V_2, & x>0.\end{cases} \tag{2.78}$$

当 (V_2-V_1) 有限时, $x=0$ 是势函数的有限间断点, 粒子的波函数 $\psi(x)$ 及其一阶导数 $\psi'(x)$ 必定是连续的, 而当 $(V_2-V_1)\to\infty$ 时, 在无限高势垒的边界处波函数必为零.

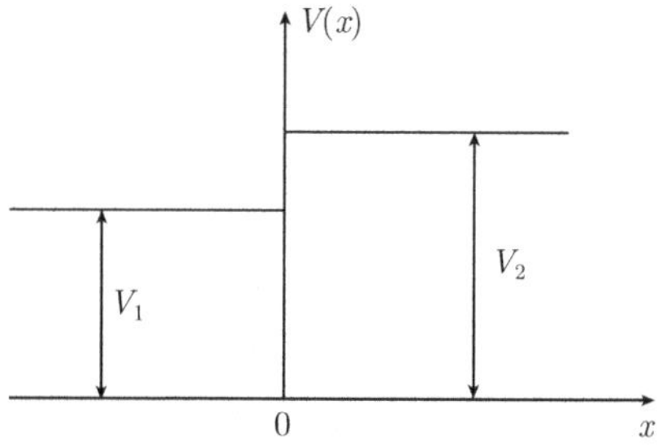

图 2.2 阶梯形方势

粒子在势场 $V(x)$ 中沿 x 轴运动的能量本征方程为

$$\frac{\mathrm{d}^2\psi(x)}{\mathrm{d}x^2}+\frac{2m}{\hbar^2}[E-V(x)]\psi(x)=0. \tag{2.79}$$

显然在 $V(x)$ 连续的区域, 按方程 (2.79), $\psi''(x)$ 是存在的, 因此 $\psi(x)$ 和 $\psi'(x)$ 必为 x 的连续函数. 现考察 $V(x)$ 在 $x=0$ 点的情况. 在 $x=0$ 的邻域 $(-\varepsilon,+\varepsilon)$ 对方程 (2.79) 积分, 并让 $\varepsilon\to 0^+$, 得

$$\psi'(+0^+)-\psi'(-0^+)=-\frac{2m}{\hbar^2}\lim_{\varepsilon\to 0^+}\int_{-\varepsilon}^{+\varepsilon}\mathrm{d}x[E-V(x)]\psi(x). \tag{2.80}$$

若 $V(x)$ 在 $x=0$ 点发生有限的阶梯形跃变, 则 $V(x)\psi(x)$ 也发生跃变, 但变化是有限的. 由于 $[V(x)-E]\psi(x)$ 是有限的, 当 $\varepsilon\to 0^+$ 时, 式 (2.80) 右边积分趋于零. 因此

$$\psi'(+0^+)=\psi(-0^+), \tag{2.81}$$

即 $\psi'(x)$ 在 $V(x)$ 的跳跃点 $x=0$ 处是连续的, 因而 $\psi(x)$ 在 $x=a$ 处也必是连续的.

(1) $V_1<E<V_2$, 通解在 $x<0$ 区域有振荡行为, 而在 $x>0$ 区域有指数行为. 要采纳它为波函数, 它必须在 $x>0$ 区域指数减小, 以便满足概率有限的条件. 这样

$$\psi(x)=\begin{cases}A\sin(k_1x+\varphi), & x<0;\\ B\mathrm{e}^{-k_2x}, & x>0,\end{cases} \tag{2.82}$$

其中, $k_1=\sqrt{2m(E-V_1)}/\hbar$, $k_2=\sqrt{2m(V_2-E)}/\hbar$. 因 $\psi(x)$ 和 $\psi'(x)$ 在 $x=0$ 点连续, 所以对数微商 $(\ln\psi)'=\psi'/\psi$ 在该点也是连续的. 对数微商连续条件固定了相位 φ

$$k_1\cot\varphi=-k_2. \tag{2.83}$$

函数连续条件决定了比值

$$\frac{B}{A} = \sin\varphi = \frac{k_1}{\sqrt{k_1^2 + k_2^2}} = \sqrt{\frac{E - V_1}{V_2 - V_1}}. \tag{2.84}$$

让 $V_2 \to \infty$, 相应地, $k_2 \to \infty$. 检查由式 (2.82)、式 (2.83) 和式 (2.84) 给出的波函数, 就可知在这一极限情况下, 它在点 $x = 0$ 处为零. 这是一个不管区域 $x < 0$ 中 $V(x)$ 形式如何都成立的普遍结果. 的确, 在 $x > 0$ 区域中波函数必须取 $B\exp(-k_2 x)$ 的形式, 它的对数微商为 $-k_2$, 在 V_2 趋于无穷大时, k_2 也变为无穷大. 从而, 在 $x = 0$ 点, 函数必然有一个无限小的对数微商. 因此, 函数本身在此处必为零. 也就是说, **在无限高势垒的边界处波函数必为零**.

(2) $E > V_2 > V_1$, 通解在整个空间有振荡行为, 因而表示一允许的本征函数. 每一个 E 值对应两个线性无关的本征函数 $\mathrm{e}^{\pm \mathrm{i}k_i x}$, 式中 $k_i = \sqrt{2m(V_i - E)}/\hbar$, 本征值谱是连续的, 且二度简并. 假定粒子从左向右入射, 则在 $x < 0$ 区域有入射波 $\mathrm{e}^{\mathrm{i}k_1 x}$ 和反射波 $\mathrm{e}^{-\mathrm{i}k_1 x}$, 而在 $x > 0$ 区域只有透射波 $\mathrm{e}^{\mathrm{i}k_2 x}$, 即

$$\psi(x) = \begin{cases} \mathrm{e}^{\mathrm{i}k_1 x} + R\mathrm{e}^{-\mathrm{i}k_1 x}, & x < 0; \\ S\mathrm{e}^{\mathrm{i}k_2 x}, & x > 0. \end{cases} \tag{2.85}$$

为了方便起见, 式 (2.85) 中已取入射波的波幅为 1, 相应的入射概率流密度为

$$j_{\mathrm{i}} = -\frac{\mathrm{i}\hbar}{2m}\left(\mathrm{e}^{-\mathrm{i}k_1 x}\frac{\partial}{\partial x}\mathrm{e}^{\mathrm{i}k_1 x} - c.c.\right) = \frac{\hbar k_1}{m}. \tag{2.86}$$

式 (2.85) 中 $R\mathrm{e}^{-\mathrm{i}k_1 x}$ 和 $S\mathrm{e}^{\mathrm{i}k_2 x}$ 是反射波和透射波, 相应的反射概率流密度和透射概率流密度分别为

$$j_{\mathrm{r}} = |R|^2 \frac{\hbar k_1}{m}, \quad j_{\mathrm{t}} = |S|^2 \frac{\hbar k_2}{m}. \tag{2.87}$$

定义反射系数和透射系数为

$$\text{反射系数} = \frac{j_{\mathrm{r}}}{j_{\mathrm{i}}} = |R|^2, \quad \text{透射系数} = \frac{j_{\mathrm{t}}}{j_{\mathrm{i}}} = |S|^2 \frac{k_2}{k_1}. \tag{2.88}$$

反射波的波幅 R 和透射波的波幅 S 由 $x = 0$ 处的连续条件决定. 由对数微商连续给出

$$R = \frac{k_1 - k_2}{k_1 + k_2}, \tag{2.89}$$

由函数连续得

$$S = 1 + R = \frac{2k_1}{k_1 + k_2}. \tag{2.90}$$

这样, 透射系数可进一步具体化为

$$T=\frac{k_2}{k_1}\mid S\mid^2=\frac{4k_1k_2}{(k_1+k_2)^2}=1-\frac{(\sqrt{E-V_1}-\sqrt{E-V_2})^2}{(\sqrt{E-V_1}+\sqrt{E-V_2})^2}, \tag{2.91}$$

且

$$\mid R\mid^2+\frac{k_2}{k_1}\mid S\mid^2=1, \tag{2.92}$$

即粒子被势垒反射回去的概率 $\mid R\mid^2$ 与粒子穿透势垒的概率 $\frac{k_2}{k_1}\mid S\mid^2$ 之和为 1. 这正是概率守恒的表现.

按经典力学, 当粒子的能量大于势垒 ($E>V_2>V_1$) 时, 粒子将完全通过势的间断点而无反射. 然而, 在量子力学中, 粒子在势的间断点处有一不为零的反射概率. 这是一种纯粹的量子效应. 透射系数 T 随着能量的增加而增大, 当 $E\to\infty$ 时, $T\to 1$, 即粒子完全通过势的间断点. 因此, 可以说在这极限下经典力学的结果是对的.

练习 2.6 方势垒 —— 连续谱.

如图 2.3 所示, 考虑具有一定能量 E 的粒子沿 x 正方向射向方势垒 (排斥力).

$$V(x)=\begin{cases}V_0, & 0<x<a;\\ 0, & x<0,\quad x>a.\end{cases}$$

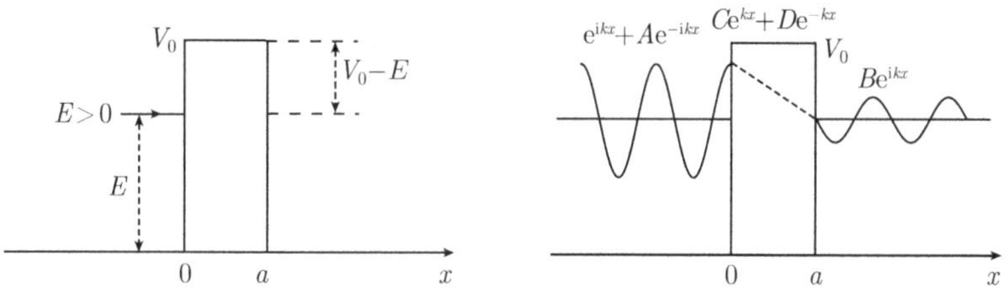

图 2.3 方势垒的反射和透射

首先考虑 $E<V_0$ 的情况. 在势垒之外 ($x<0, x>a$, 经典允许区), 薛定谔方程为

$$\psi''(x)+k^2\psi(x)=0,\quad k=\sqrt{2mE}/\hbar.$$

对每一个 E, 它有两个线性无关的解 $e^{\pm ikx}$, 能量是连续的, 且二度简并. 已假定粒子从左入射, 在 $x<0$ 区域中, 既有入射波, 又有反射波, 但在 $x>a$ 区域中, 只有透射波, 所以

$$\psi(x)=\begin{cases}e^{ikx}+Ae^{-ikx}, & x<0;\\ Be^{ikx}, & x>a,\end{cases}$$

其中, 入射波 $\mathrm{e}^{\mathrm{i}kx}$ 的波幅为方便已取为 1. 按概率流密度表达式, 入射流密度为

$$j_{\mathrm{i}} = -\frac{\mathrm{i}\hbar}{2m}\left(\mathrm{e}^{-\mathrm{i}kx}\frac{\partial}{\partial x}\mathrm{e}^{\mathrm{i}kx} - c.c.\right) = \frac{\hbar k}{m} = v,$$

而反射波 $A\mathrm{e}^{-\mathrm{i}kx}$ 和透射波 $B\mathrm{e}^{\mathrm{i}kx}$ 相应的反射流和透射流密度为

$$j_{\mathrm{r}} = |A|^2 v, \quad j_{\mathrm{d}} = |B|^2 v,$$

所以反射系数 R 和透射系数 T 分别为

$$R = \frac{j_{\mathrm{r}}}{j_{\mathrm{i}}} = |B|^2, \quad T = \frac{j_{\mathrm{d}}}{j_{\mathrm{i}}} = |A|^2$$

根据方势垒边界上波函数及其导数的连续性条件, 可确定 A 和 B, 从而求出反射系数和透射系数.

在势阱内部 $(0 < x < a)$, 薛定谔方程为

$$\psi''(x) - \kappa^2\psi(x) = 0, \quad \kappa = \sqrt{2m(V_0 - E)}/\hbar,$$

其形式解可表示为

$$\psi(x) = C\mathrm{e}^{\kappa x} + D\mathrm{e}^{-\kappa x},$$

在 $x = 0$ 点, ψ 和 $\psi'(x)$ 的连续条件给出

$$\begin{aligned} 1 + A &= C + D, \\ \mathrm{i}k(1 - A)/\kappa &= C - D. \end{aligned}$$

两式相加、减, 得

$$\begin{cases} C = [(1 + \mathrm{i}k/\kappa) + A(1 - \mathrm{i}k/\kappa)]/2, \\ D = [(1 - \mathrm{i}k/\kappa) + A(1 + \mathrm{i}k/\kappa)]/2. \end{cases} \tag{2.93}$$

在 $x = a$ 点, ψ 和 $\psi'(x)$ 的连续条件给出

$$\begin{aligned} B\mathrm{e}^{\mathrm{i}ka} &= C\mathrm{e}^{\kappa a} + D\mathrm{e}^{-\kappa a}, \\ \mathrm{i}kB\mathrm{e}^{\mathrm{i}ka}/\kappa &= C\mathrm{e}^{\kappa a} - D\mathrm{e}^{-\kappa a}. \end{aligned}$$

两式相加、减, 得

$$\begin{cases} C = \mathrm{e}^{\mathrm{i}ka - \kappa a}(1 + \mathrm{i}k/\kappa)B/2, \\ D = \mathrm{e}^{\mathrm{i}ka + \kappa a}(1 - \mathrm{i}k/\kappa)B/2. \end{cases} \tag{2.94}$$

比较式 (2.93) 和式 (2.94), 消去 C、D, 得

$$\begin{cases} (1 + \mathrm{i}k/\kappa) + A(1 - \mathrm{i}k/\kappa) = \mathrm{e}^{\mathrm{i}ka - \kappa a}(1 + \mathrm{i}k/\kappa)B, \\ (1 - \mathrm{i}k/\kappa) + A(1 + \mathrm{i}k/\kappa) = \mathrm{e}^{\mathrm{i}ka + \kappa a}(1 - \mathrm{i}k/\kappa)B. \end{cases} \tag{2.95}$$

再从上式消去 A, 得

$$B=\frac{2\mathrm{i}k\kappa \mathrm{e}^{-\mathrm{i}ka}}{2\mathrm{i}k\kappa\cosh(\kappa a)+(k^2-\kappa^2)\sinh(\kappa a)}.$$

因此, 透射系数为

$$\begin{aligned}T=|B|^2&=\frac{4k^2\kappa^2}{4k^2\kappa^2\cosh^2(\kappa a)+(k^2-\kappa^2)^2\sinh^2(\kappa a)}\\&=\frac{4k^2\kappa^2}{4k^2\kappa^2+(k^2+\kappa^2)^2\sinh^2(\kappa a)}\\&=\left[1+\frac{1}{4}\left(\frac{k}{\kappa}+\frac{\kappa}{k}\right)^2\sinh^2(\kappa a)\right]^{-1}\\&=\left[1+\frac{\sinh^2(\kappa a)}{4(E/V_0)(1-E/V_0)}\right]^{-1}.\end{aligned}\tag{2.96}$$

类似地, 从式 (2.95) 消去 B, 得反射系数为

$$R=|A|^2=\frac{(k^2+\kappa^2)^2\sinh^2(\kappa a)}{4k^2\kappa^2+(k^2+\kappa^2)^2\sinh^2(\kappa a)}.$$

可以看出

$$R+T=|A|^2+|B|^2=1,\tag{2.97}$$

R 代表粒子被势垒反射回去的概率, T 代表粒子穿透势垒的概率. 式 (2.97) 正是概率守恒的表现.

对于 $E>V_0$ 情况, 只需在式 (2.96) 中, 把 $\kappa\to \mathrm{i}k'$, 而 $k'=\sqrt{2m(E-V_0)}/\hbar$, 再利用 $\sinh(\mathrm{i}k'a)=\mathrm{i}\sin(k'a)$, 可得

$$\begin{aligned}T&=\frac{4k^2k'^2}{4k^2k'^2+(k^2-k'^2)^2\sin^2(k'a)}\\&=\left[1+\frac{1}{4}\left(\frac{k}{k'}-\frac{k'}{k}\right)^2\sin^2(k'a)\right]^{-1}.\end{aligned}$$

按照经典力学的观点, 在 $E<V_0$ 情况下, 粒子根本不能穿过势垒, 将完全被弹回. 在 $E>V_0$ 情况下, 粒子将完全穿过势垒. 然而, 按照量子力学计算, 在一般情况下, 透射系数不为零. 这与波透过一层厚度为 a 的介质相似, 有一部分波穿过, 一部分波被反射回去. 因此, 按波函数的统计诠释, 粒子有一部分概率穿过势垒, 有一定的概率被反射回去. 特别是, 粒子能穿过比它动能更高的势垒, 这种现象称为隧道效应. 这完全是一种量子效应, 是经典力学完全不能解释的, 但这种效应只在一定条件下才显著.

现在对透射系数作一低能估计. 若 E 越小, 则 κ 越大, 当 $\kappa a \gg 1$ 时, $\sinh(\kappa a) = \mathrm{e}^{\kappa a}/2$, 式 (2.96) 可近似表示为

$$T \approx \frac{16k^2\kappa^2}{(k^2+\kappa^2)^2}\mathrm{e}^{-2\kappa a} = \frac{16E(V_0-E)}{V_0}\exp\left[-\frac{2a}{\hbar}\sqrt{2m(V_0-E)}\right].$$

这表明 T 与势垒宽度 a, (V_0-E), 以及粒子质量 m 有关. 随 a 增加, T 指数衰减, 所以在宏观实验中, 不容易观测到粒子穿透势垒的现象. 例如, 对电子, 设 E =1 eV, V_0 =2 eV, $a = 2\times10^{-8}$cm, 可以估算出 $T \approx 0.51$. 若 $a = 5\times10^{-8}$cm, 则 $T \approx 0.024$, 迅速变小. 若电子换成质子, 因 $m_\mathrm{p}/m_\mathrm{e} = 1840$, 可估算出 $T \approx 2.6\times10^{-38}$.

练习 2.7　无限深方势阱 —— 分立谱.

考虑质量为 m 的粒子在无限深方势阱中的运动, 如图 2.4 所示, 其势场表示成

$$V(x) = \begin{cases} 0, & x<0, \quad x>a; \\ \infty, & 0 \leqslant x \leqslant a. \end{cases}$$

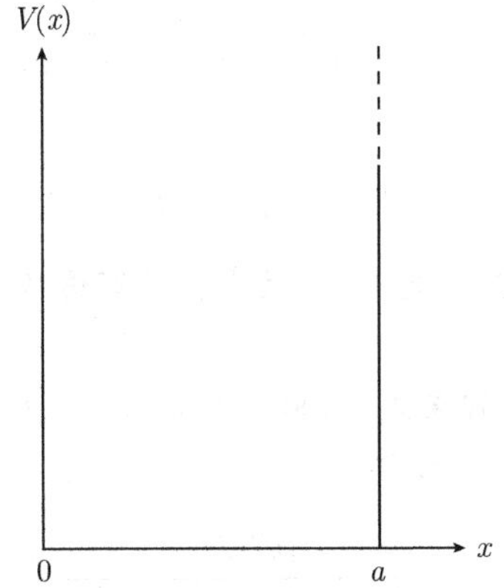

图 2.4　无限深方势阱

在势阱内 $(0<x<a)$, 能量本征方程为

$$\frac{\mathrm{d}^2\psi(x)}{\mathrm{d}x^2} + \frac{2mE}{\hbar^2}\psi(x) = 0. \tag{2.98}$$

令

$$k = \sqrt{2mE}/\hbar, \tag{2.99}$$

则方程 (2.98) 的一般解为

$$\psi(x) = A\sin(kx+\delta),$$

式中, A 和 δ 是待定常数. 因势壁无限高, 从物理上讲, 粒子不可能透过势壁而出现在势阱之外, 故势阱外波函数为零

$$\psi(x)=0, \quad x<0, \quad x>a.$$

由波函数的连续条件, 要求 $\psi(0)=0$, 即 $A\sin\delta=0$, 得 $\delta=0$. 再由 $\psi(a)=0$, 得

$$\sin(ka)=0,$$

所以

$$ka=n\pi,$$

即

$$k=\frac{n\pi}{a}, \quad n=1,2,3,\cdots. \tag{2.100}$$

注意, $n=0$ 给出的波函数 $\psi(x)=0$ 无物理意义, 而 n 取负整数给出的函数与 n 取正整数给出的波函数相差一个负号, 由波函数的统计诠释, 二者表示粒子的同一状态, 故在式 (2.100) 中 n 只取正整数即可. 把式 (2.100) 代入式 (2.99), 得粒子的能量为

$$E\equiv E_n=\frac{n^2\pi^2\hbar^2}{2ma^2}, \quad n=1,2,3,\cdots. \tag{2.101}$$

对应于 E_n 的波函数为

$$\psi_n(x)=A\sin\left(\frac{n\pi}{a}x\right) \quad (0<x<a),$$

利用归一化条件, 得

$$\int_0^a |\psi(x)|^2\,\mathrm{d}x=\int_0^a A^2\sin^2\left(\frac{n\pi}{a}x\right)\mathrm{d}x=\frac{a}{2}A^2=1.$$

取 $A=\sqrt{2/a}$, 得归一化波函数为

$$\psi_n(x)=\begin{cases}\sqrt{\dfrac{2}{a}}\sin\left(\dfrac{n\pi}{a}x\right), & 0<x<a;\\ 0, & x<0,\ x>a.\end{cases} \tag{2.102}$$

还可证明

$$\int_0^a \psi_n(x)\psi_m(x)=\delta_{nm}. \tag{2.103}$$

下面对解作几点讨论:

(1) 束缚态与分立能级. 从式 (2.101) 可见, 并非任何 E 值对应的波函数都满足所要求的边条件, 而只有当能级取式 (2.101) 所给出的那些 E_n 值时, 波函数才

满足连续条件. 也就是说, 在无限深势阱中粒子的能量是量子化的. 从式 (2.102) 可见, 粒子被束缚在 $(0,a)$ 的区域内, 不可能到达无穷远. 通常把粒子束缚在有限的空间区域内, 即 $\psi(\infty)=0$ 的状态称为**束缚态**. 反之, 把粒子可到达无限远处的状态称为**非束缚态**或**散射态**.

(2) 粒子的基态能量值 $E_1=\dfrac{\pi^2\hbar^2}{2ma^2}$ 不像经典上所期待的为零. 这是微观粒子波动性的表现,"静止的波"是没有意义的. 在经典物理中, 粒子的能量可以等于零, 这意味着粒子静止, 即坐标有确定值和动量为零, 而粒子的坐标和动量同时有确定值正是量子力学中的不确定性关系所不允许的.

(3) 能量 E_n 正比于 n^2, 能级分布是不均匀的, 能级越高, 密度越小. 相邻能级的间距为

$$\Delta E_n=E_{n+1}-E_n=\frac{\pi^2\hbar^2}{2ma^2}(2n+1), \tag{2.104}$$

当 $n\to\infty$ 时, $\Delta E_n/E_n=(2n+1)/n^2\to 0$, 即 n 很大时, $\Delta E_n\ll E_n$, 分立能谱转化为准连续谱.

(4) 在 $(0,a)$ 区域内, 一维无限深势阱中粒子的本征波函数为

$$\psi_n(x,t)=\sqrt{\frac{a}{2}}\sin\left(\frac{n\pi}{a}x\right)\mathrm{e}^{-\frac{\mathrm{i}}{\hbar}E_nt}=c_+\psi_n^{(+)}+c_-\psi_n^{(-)} \tag{2.105}$$

式中, $c_\pm=\pm\dfrac{1}{2\mathrm{i}}\sqrt{\dfrac{a}{2}}$,

$$\psi_n^{(\pm)}=\exp\left[\pm\frac{\mathrm{i}}{\hbar}\left(\frac{n\pi\hbar}{a}x\mp E_nt\right)\right] \tag{2.106}$$

分别是沿 x 正方向和 x 负方向传播的行波. 因此, 波函数 $\psi_n(x,t)$ 可看成是沿相反方向传播的行波叠加而成的驻波. 式 (2.100) 对波矢 k 的限制, 即对能量的限制, 实际上是稳定驻波的条件. 如图 2.5 所示, 除端点 $x=0$ 和 a 外, 基态波函数无节点, 第一激发态 $(n=2)$ 有一个节点, 以此类推, 第 i 个激发态 $(n=i+1)$ 有 i 个节点.

(5) 薛定谔方程是线性齐次方程, 它的解的线性组合

$$\psi(x,t)=\sum_{n=1}^{\infty}c_n\psi_n(x,t) \tag{2.107}$$

仍是方程的解. 因此, 在一维无限深势阱中粒子的态不一定是定态, 也可以是它们的线性叠加态式 (2.107). 事实上, 在叠加态 $\psi(x,t)$ 下计算一维无限深方势阱中粒

子的能量平均值为

$$\begin{aligned}\langle H\rangle &= \int \mathrm{d}x\psi^*(x,t)\hat{H}\psi(x,t) = \sum_{n,m} c_n^* c_m \mathrm{e}^{\mathrm{i}(E_n-E_m)/\hbar}\int \mathrm{d}x\psi_n^*\hat{H}\psi_m \\ &= \sum_{n,m} c_n^* c_m \mathrm{e}^{\mathrm{i}(E_n-E_m)/\hbar} E_m\delta_{nm} = \sum_n |c_n|^2 E_n,\end{aligned} \tag{2.108}$$

所以 $|c_n|^2$ 可理解为在式 (2.107) 所示状态下测得粒子能量为 E_n 值的概率, 而所有 E_n 为在式 (2.107) 所示状态下测量能量的可能值.

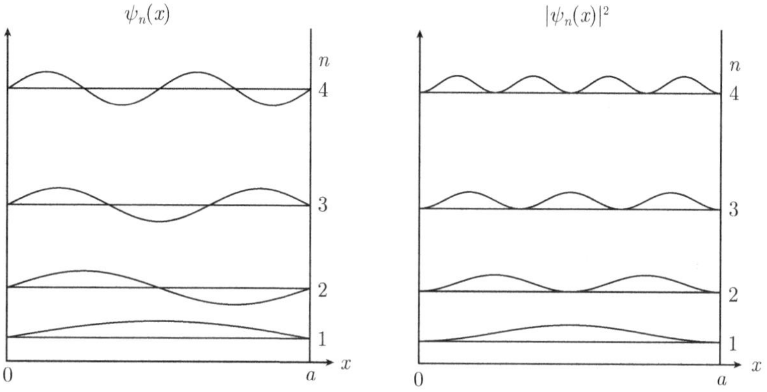

图 2.5 无限深方势阱中较低几条能级的波函数和空间概率密度

练习 2.8 有限深方势阱.

考虑粒子在有限深对称方势阱中的运动, 如图 2.6 所示, 其势场表示成

$$V(x) = \begin{cases} -V_0, & |x| < a/2; \\ 0, & |x| > a/2, \end{cases}$$

式中, a 称为阱宽, V_0 称为势阱的深度.

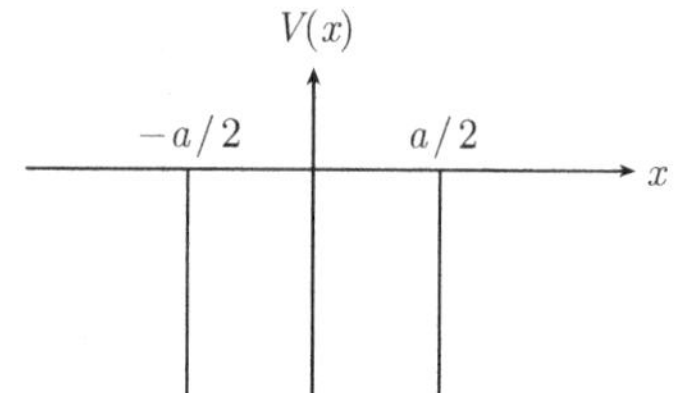

图 2.6 有限深方势阱

1. 讨论 $-V_0 < E < 0$, 即束缚态情形

在势阱外 ($|x| > a/2$, 经典禁止区), 能量本征方程为

$$\frac{\mathrm{d}^2\psi}{\mathrm{d}x^2} - \alpha^2\psi = 0, \tag{2.109}$$

式中

$$\alpha = \frac{\sqrt{-2mE}}{\hbar}. \tag{2.110}$$

束缚态要求波函数在 $|x| \to \infty$ 时为零, 方程 (2.109) 只有如下形式的指数解

$$\psi(x) = \begin{cases} A\mathrm{e}^{\alpha x}, & x \leqslant -a/2; \\ B\mathrm{e}^{-\alpha x}, & x \geqslant a/2, \end{cases}$$

其中, A, B 是待定常数.

对势阱内 ($|\,x\,| < a/2$, 经典允许区), 薛定谔方程为

$$\frac{\mathrm{d}^2\psi}{\mathrm{d}x^2} + k^2\psi = 0, \tag{2.111}$$

式中

$$k = \frac{\sqrt{2m(E+V_0)}}{\hbar}. \tag{2.112}$$

方程 (2.111) 的解为如下振荡形式

$$\psi(x) = C\sin(kx) + D\cos(kx).$$

所有的特解应适合这样的条件: $\psi(x)$ 和 $\psi'(x)$ 在内外间的边界 $x = \pm a/2$ 处仍然连续. 这些条件一起给出

$$\begin{cases} A\mathrm{e}^{-\alpha a/2} = -C\sin(ka/2) + D\cos(ka/2), \\ B\mathrm{e}^{-\alpha a/2} = C\sin(ka/2) + D\cos(ka/2), \\ \alpha A\mathrm{e}^{-\alpha a/2} = kC\cos(ka/2) + kD\sin(ka/2), \\ -\alpha B\mathrm{e}^{-\alpha a/2} = kC\cos(ka/2) - kD\sin(ka/2). \end{cases}$$

将上述方程组中各方程相加减, 可得其更易于求解的形式

$$\begin{cases} (A+B)\mathrm{e}^{-\alpha a/2} = 2D\cos(ka/2), \\ \alpha(A+B)\mathrm{e}^{-\alpha a/2} = 2kD\sin(ka/2), \\ (A-B)\mathrm{e}^{-\alpha a/2} = -2C\sin(ka/2), \\ \alpha(A-B)\mathrm{e}^{-\alpha a/2} = 2kC\cos(ka/2). \end{cases} \tag{2.113}$$

首先, 从方程组 (2.113) 的前两个方程出发, 令 $D \neq 0$, 则 $A + B \neq 0$, 得

$$\alpha = k\tan(ka/2). \tag{2.114}$$

将上式代入方程组 (2.113) 的后两个方程, 得出

$$A = B, \quad C = 0.$$

因此, 有解

$$\psi(x) = \begin{cases} A\mathrm{e}^{\alpha x}, & x < -a/2; \\ D\cos(kx), & |\,x\,| \leqslant a/2; \\ A\mathrm{e}^{-\alpha x}, & x > a/2. \end{cases}$$

这样的波函数是对称的, 即 $\psi(x)=\psi(-x)$, 称为正宇称或偶宇称态. 利用 α 和 k 的关系式 (2.114), 可确定能量的可能取值. 令

$$ka/2=\xi,\quad \alpha a/2=\eta, \tag{2.115}$$

则式 (2.114) 可写成简洁形式

$$\xi\tan\xi=\eta, \tag{2.116}$$

而由式 (2.110)、式 (2.112) 和式 (2.115), 得

$$\xi^2+\eta^2=\frac{ma^2V_0}{2\hbar^2}. \tag{2.117}$$

方程 (2.116) 和方程 (2.117) 是 ξ 和 η 满足的超越代数方程组. 如图 2.7(a) 所示, 我们用图解法求解而得到了能量值. 因为正切函数过原点, 对于参数 V_0 的任意值, 至少有一个正宇称的解存在.

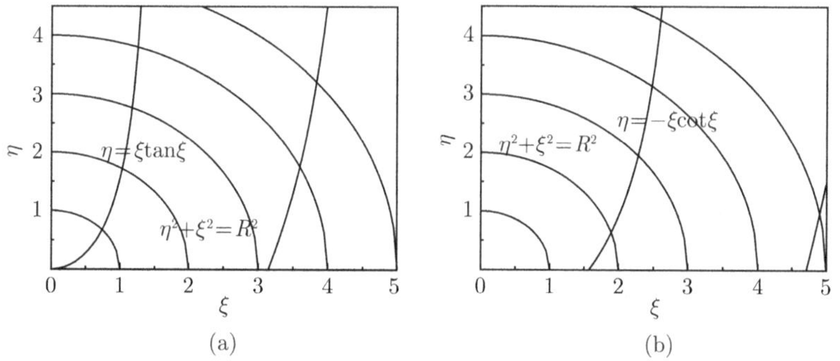

图 2.7 有限深方势阱能量本征值图解

其次, 从方程组 (2.113) 的后两个方程, 令 $C\neq 0$, 则 $A-B\neq 0$, 得

$$\alpha=-k\cot(ka/2). \tag{2.118}$$

将式 (2.118) 代入方程组 (2.113) 的前两个方程, 得

$$A+B=0,\quad D=0.$$

这样得到的波函数为

$$\psi(x)=\begin{cases}A\mathrm{e}^{\alpha x}, & x<-a/2;\\ C\sin(kx), & |\,x\,|\leqslant a/2;\\ -A\mathrm{e}^{-\alpha x}, & x>a/2.\end{cases}$$

它是反对称的, 即 $\psi(-x) = -\psi(x)$, 称为负宇称或奇宇称态. 将式 (2.115) 代入式 (2.118), 得

$$\xi \cot \xi = -\eta, \tag{2.119}$$

而 ξ 和 η 同样满足式 (2.117). 如图 2.7(b) 所示, 用图解法可得奇宇称态下能量的值. 与偶宇称态不同, 只当 $\xi^2 + \eta^2 = ma^2V_0/2\hbar^2 \geqslant \pi^2/4$, 即 $V_0a^2 \geqslant \pi^2\hbar^2/2m$, 才可能出现第一个奇宇称能级. 能级数目随着 V_0a^2 的增大而增加.

显然, 一维无限深势阱的结果可作为一维方势阱的特例得出. 的确, 当 $V_0 \to \infty$ 时, 即势阱深度无限增大, 能量零点无限下移. 这相当于 $-E \to \infty$, 即 $\alpha \to \infty$. 此时, 式 (2.116) 和式 (2.119) 变为

$$\xi \tan \xi \to \infty, \quad \xi = (n + 1/2)\pi, \quad n = 0, 1, 2, \cdots, \tag{2.120a}$$

$$-\xi \cot \xi \to \infty, \quad \xi = n\pi, \quad n = 1, 2, \cdots. \tag{2.120b}$$

概括起来

$$\xi = n\pi/2, \quad n = 1, 2, 3, \cdots,$$

即

$$k = n\pi/a, \quad n = 1, 2, 3, \cdots.$$

再从式 (2.112), 可得出

$$E_n = \frac{\pi^2\hbar^2n^2}{2ma^2} - V_0, \quad n = 1, 2, 3, \cdots.$$

这正是势阱宽度为 a 的一维无限深势阱的能谱. 只不过在图 2.4 中阱底取为势能零点, 而在图 2.6 中阱外取为势能零点, 阱内底部势能为 $-V_0$ 而已.

2. 讨论 $E > 0$, 即散射态情形

在势阱之外 ($|x| > a/2$), 薛定谔方程为

$$\frac{\mathrm{d}^2\psi(x)}{\mathrm{d}x^2} + k^2\psi(x) = 0, \quad k = \frac{\sqrt{2mE}}{\hbar}.$$

对每一个 E, 它有两个线性无关的解 $\psi(x) \sim \mathrm{e}^{\pm \mathrm{i}kx}$, 能量是连续的, 且二度简并. 考虑粒子从左入射, 在 $x < -a/2$ 的区域中, 既有入射波又有反射波, 但在 $x > a/2$ 区域中, 只有透射波, 所以

$$\psi(x) = \begin{cases} \mathrm{e}^{\mathrm{i}kx} + A\mathrm{e}^{-\mathrm{i}kx}, & x < -a/2; \\ B\mathrm{e}^{\mathrm{i}kx}, & x > a/2. \end{cases}$$

在势阱内部 ($|x| < a/2$), 薛定谔方程为

$$\frac{\mathrm{d}^2\psi(x)}{\mathrm{d}x^2} + k'^2\psi(x) = 0, \quad k' = \sqrt{2m(E+V_0)}/\hbar,$$

其解形式上可表示为

$$\psi(x) = C\mathrm{e}^{\mathrm{i}k'x} + D\mathrm{e}^{-\mathrm{i}k'x}.$$

在 $x = -a/2$ 处, ψ 和 ψ' 的连续条件给出

$$\mathrm{e}^{-\mathrm{i}ka/2} + A\mathrm{e}^{\mathrm{i}ka/2} = C\mathrm{e}^{-\mathrm{i}k'a/2} + D\mathrm{e}^{\mathrm{i}k'a/2},$$
$$k(\mathrm{e}^{-\mathrm{i}ka/2} - A\mathrm{e}^{\mathrm{i}ka/2})/k' = C\mathrm{e}^{-\mathrm{i}k'a/2} - D\mathrm{e}^{\mathrm{i}k'a/2}.$$

两式相加、减, 得

$$\begin{cases} C = \mathrm{e}^{\mathrm{i}k'a/2}\left[\left(1+\dfrac{k}{k'}\right)\mathrm{e}^{-\mathrm{i}ka/2} + A\left(1-\dfrac{k}{k'}\right)\mathrm{e}^{\mathrm{i}ka/2}\right]\Big/2, \\ D = \mathrm{e}^{-\mathrm{i}k'a/2}\left[\left(1-\dfrac{k}{k'}\right)\mathrm{e}^{-\mathrm{i}ka/2} + A\left(1+\dfrac{k}{k'}\right)\mathrm{e}^{\mathrm{i}ka/2}\right]\Big/2. \end{cases} \tag{2.121}$$

在 $x = a/2$ 处, ψ 和 ψ' 的连续条件给出

$$B\mathrm{e}^{\mathrm{i}ka/2} = C\mathrm{e}^{\mathrm{i}k'a/2} + D\mathrm{e}^{-\mathrm{i}k'a/2},$$
$$kB\mathrm{e}^{\mathrm{i}ka/2}/k' = C\mathrm{e}^{\mathrm{i}k'a/2} - D\mathrm{e}^{-\mathrm{i}k'a/2}.$$

两式相加、减, 得

$$\begin{cases} C = \mathrm{e}^{\mathrm{i}(k-k')a/2}\left(1+\dfrac{k}{k'}\right)B/2, \\ D = \mathrm{e}^{\mathrm{i}(k+k')a/2}\left(1-\dfrac{k}{k'}\right)B/2. \end{cases} \tag{2.122}$$

比较式 (2.121) 和式 (2.122), 消去 C、D, 得

$$\begin{cases} \left(1+\dfrac{k}{k'}\right) + A\left(1-\dfrac{k}{k'}\right)\mathrm{e}^{\mathrm{i}ka} = \mathrm{e}^{\mathrm{i}(k-k')a}\left(1+\dfrac{k}{k'}\right)B, \\ \left(1-\dfrac{k}{k'}\right) + A\left(1+\dfrac{k}{k'}\right)\mathrm{e}^{\mathrm{i}ka} = \mathrm{e}^{\mathrm{i}(k+k')a}\left(1-\dfrac{k}{k'}\right)B. \end{cases} \tag{2.123}$$

再从式 (2.123) 消去 A, 得

$$B = \frac{2k/k'}{2(k/k')\cos(k'a) - \mathrm{i}(1+k^2/k'^2)\sin(k'a)}\mathrm{e}^{-\mathrm{i}ka}, \tag{2.124}$$

因此透射系数为

$$
\begin{aligned}
T = |B|^2 &= \frac{4k^2k'^2}{4k^2k'^2 + (k^2 - k'^2)^2\sin^2(k'a)} \\
&= \left[1 + \frac{\sin^2(k'a)}{4(E/V_0)(1+E/V_0)}\right]^{-1}.
\end{aligned}
\tag{2.125}
$$

类似地, 从式 (2.123) 消去 B, 得反射系数为

$$
R = |A|^2 = \frac{(k^2 - k'^2)^2\sin^2(k'a)}{4k^2k'^2 + (k^2 - k'^2)^2\sin^2(k'a)}.
$$

可以看出

$$
R + T = |A|^2 + |B|^2 = 1. \tag{2.126}
$$

R 代表粒子被势阱反射回去的概率, T 代表粒子穿透势阱的概率. 式 (2.126) 正是概率守恒的表现. 如果势非常强, $V_0 \to \infty$, 则 $T \to 0$, 即透射波为零, 入射波全部被反射. 如势非常弱, $V_0 \to 0$ (无势阱), 则 $T \to 1$(完全透射). 一般情况下, $0 < V_0 < \infty$, $T < 1$, $R \neq 0$, 即粒子有一定概率被势阱反射而回头, 这完全是一种量子效应, 是经典力学完全不能解释的. 如图 2.8 所示, 取 $T = 10\text{eV}$, $a = 4\text{Å}$ 时, 入射电子能量 E 的函数 $T(E)$ 随 E 变化的曲线.

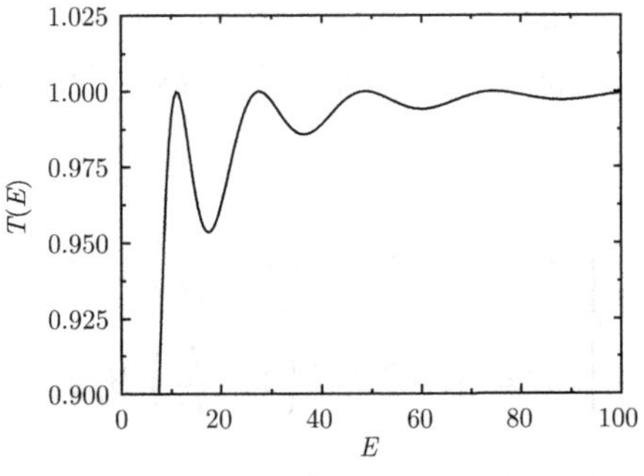

图 2.8　有限深方势阱透射系数随入射粒子能量的变化

3. 共振透射现象

从式 (2.125) 可见, 如 $E \ll V_0$, 一般而言, T 很小. 除非入射粒子能量 E 合适, 使

$$
\sin(k'a) = 0,
$$

即

$$
k'a = n\pi, \quad n = 1, 2, 3, \cdots. \tag{2.127}
$$

此时 $T=1$, 称为共振透射. 式 (2.127) 可确定出现共振透射的粒子能量, 并可改写为

$$2a = n\lambda', \quad \lambda' = 2\pi/k'. \tag{2.128}$$

这在物理上可如此理解: 当入射粒子射入势阱后, 碰到阱壁时将发生反射和透射. 如粒子能量合适, 使它在阱内的波长满足式 (2.128), 则经过各次反射后透射出去的波的相位相同, 由于相干叠加而使透射波波幅大增, 因而出现共振透射现象. 由式 (2.127) 可求出共振能量为

$$E \equiv E_n = -V_0 + \frac{n^2\hbar^2\pi^2}{2ma^2}. \tag{2.129}$$

由式 (2.129) 所定出的能级 E_n 称为共振能级. 除一个常数附加项 V_0 之外, 式 (2.129) 与同样宽度的无限深方势阱中的束缚能级公式相同. 对于图 ?? 所示的势阱, 仅当 $-V_0 < E < 0$ 时才可能形成束缚态, 这相当于式 (2.129) 中 n 较小的情况. 如 n 较大, 使 $E > 0$, 则不可能出现束缚态, 但如能量满足式 (2.129), 将出现共振透射现象.

2.11 谐 振 子

任何体系在平衡位置附近的小振动, 在选择恰当的坐标后, 常可以分解为若干彼此独立的一维谐振动. 谐振动还往往作为复杂运动的初步近似, 可在此基础之上进行各种改进, 所以谐振子运动的研究, 无论理论上或应用上都是很重要的.

若取自然平衡位置为坐标原点, 并选原点为势能的零点, 则一维谐振子的势能为

$$V(x) = \frac{1}{2}kx^2, \tag{2.130}$$

其中, k 是谐振作用力的强度参数. 设振子质量为 μ, 并令 $\omega = \sqrt{k/\mu}$, 即经典谐振子的自然频率, 则一维谐振子的哈密顿算符为

$$\hat{H} = \frac{1}{2\mu}\hat{p}_x^2 + \frac{1}{2}\mu\omega^2x^2, \tag{2.131}$$

相应的薛定谔方程为

$$\left[-\frac{\hbar^2}{2\mu}\frac{\mathrm{d}^2}{\mathrm{d}x^2} + \frac{1}{2}\mu\omega^2x^2\right]\psi(x) = E\psi(x). \tag{2.132}$$

严格的谐振子势是一个无限深势阱 (图 2.9), 粒子只存在束缚态, 即

$$\psi(x) \xrightarrow{|x|\to\infty} 0. \tag{2.133}$$

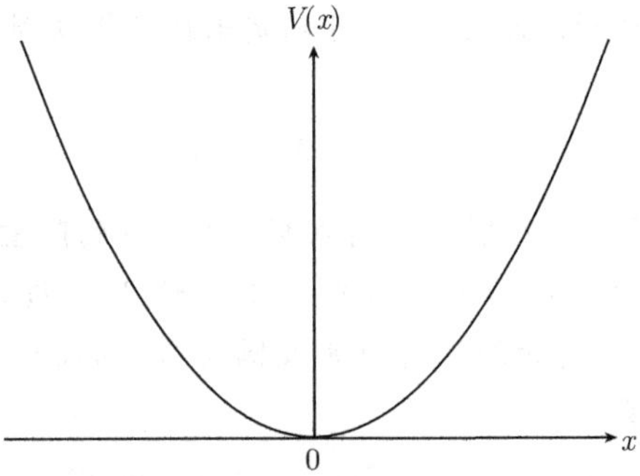

图 2.9　一维谐振子势

为简单起见, 引入无量纲参数

$$\xi = \alpha x, \quad \alpha = \sqrt{\frac{\mu\omega}{\hbar}}, \quad \lambda = \frac{2E}{\hbar\omega}, \tag{2.134}$$

则方程 (2.132) 化为

$$\frac{\mathrm{d}^2}{\mathrm{d}\xi^2}\psi + (\lambda - \xi^2)\psi = 0. \tag{2.135}$$

任何有限的 ξ(或 x) 都是微分方程的常点, 而 $\xi \to \pm\infty$ 是方程的非正常奇点. 先分析 $\xi \to \pm\infty$ 时解的渐近行为. 当 $\xi \to \pm\infty$ 时, 方程可近似表示成

$$\frac{\mathrm{d}^2}{\mathrm{d}\xi^2}\psi - \xi^2\psi = 0, \tag{2.136}$$

那么 $\xi \to \pm\infty$ 时, 波函数的渐近行为为

$$\psi(x) \approx \exp\left[\pm\frac{1}{2}\xi^2\right], \tag{2.137}$$

其中, $\psi \approx \exp\left(\frac{1}{2}\xi^2\right)$ 不满足边条件式 (2.133), 舍去. 因此, 令方程的一般解为

$$\psi(x) = \mathrm{e}^{-\frac{1}{2}\xi^2}u(\xi), \tag{2.138}$$

代入式 (2.135), 得

$$\frac{\mathrm{d}^2u}{\mathrm{d}\xi^2} - 2\xi\frac{\mathrm{d}u}{\mathrm{d}\xi} + (\lambda - 1)u = 0. \tag{2.139}$$

此即厄米 (Hermite) 方程. 由于 $\xi = 0$ 是方程的常点, 在 $\xi = 0$ 的邻域, 把 ψ 展开为泰勒 (Taylor) 级数, 可证明, 只有当

$$\lambda - 1 = 2n, \quad n = 0, 1, 2, \cdots, \tag{2.140}$$

时, 方程才有一个多项式解 (厄米多项式). 只有这样的解, 才能保证 ψ 满足 $|\xi| \to \infty$ 的边条件. 将式 (2.140) 代入式 (2.134), 得

$$E = E_n = \left(n + \frac{1}{2}\right)\hbar\omega, \quad n = 0, 1, 2, \cdots. \tag{2.141}$$

这就是谐振子能量的可能取值. 可见, 谐振子能量是量子化的, 这是谐振子束缚态边条件式 (2.133) 决定的; 还可见谐振子的能级是均匀分布的, 且相邻能级的间距为 $\hbar\omega$. 此外, 谐振子的基态 $(n = 0)$ 能量为

$$E_0 = \frac{1}{2}\hbar\omega. \tag{2.142}$$

它并不为 0, 这与经典谐振子大不相同, E_0 称为零点能, 这是一种纯量子效应 ($\hbar\to 0$ 时, $E_0 \to 0$), 是微观粒子波粒二象性矛盾的表现. 能量为 0 的静止波是没有意义的.

讨论谐振子的波函数. 谐振子波函数为 $\psi_n(x) = \mathrm{e}^{-\frac{1}{2}\xi^2}\mathrm{H}_n(\xi)$, 厄米多项式 $\mathrm{H}_n(\xi)$ 是

$$\begin{aligned}
&\mathrm{H}_0(\xi) = 1, \\
&\mathrm{H}_1(\xi) = 2\xi, \\
&\mathrm{H}_2(\xi) = 4\xi^2 - 2, \\
&\mathrm{H}_3(\xi) = 8\xi^3 - 12\xi, \\
&\cdots\cdots
\end{aligned} \tag{2.143}$$

利用厄米多项式的正交性

$$\int_{-\infty}^{+\infty} \mathrm{H}_m(\xi)\mathrm{H}_n(\xi)\mathrm{e}^{-\xi^2}\mathrm{d}\xi = \sqrt{\pi}2^n n!\delta_{mn}, \tag{2.144}$$

可得归一化的谐振子波函数为

$$\psi_n(x) = N_n \mathrm{e}^{-\frac{1}{2}\alpha^2 x^2}\mathrm{H}_n(\alpha x), \quad N_n = \left(\frac{\alpha}{\sqrt{\pi}2^n n!}\right)^{1/2}, \tag{2.145}$$

且

$$\int_{-\infty}^{+\infty} \psi_m(x)\psi_n(x)\mathrm{d}x = \delta_{mn}. \tag{2.146}$$

为讨论解, 不妨看一看最低的几条能级上的谐振子波函数

$$\begin{aligned}
&n = 0, \quad \psi_0(x) = \sqrt{\frac{\alpha}{\sqrt{\pi}}}\exp\left(-\frac{1}{2}\alpha^2 x^2\right), \\
&n = 1, \quad \psi_1(x) = \sqrt{\frac{2\alpha}{\sqrt{\pi}}}(\alpha x)\exp\left(-\frac{1}{2}\alpha^2 x^2\right), \\
&n = 2, \quad \psi_2(x) = \sqrt{\frac{\alpha}{2\sqrt{\pi}}}(2\alpha^2 x^2 - 1)\exp\left(-\frac{1}{2}\alpha^2 x^2\right), \\
&n = 3, \quad \psi_3(x) = \sqrt{\frac{3\alpha}{\sqrt{\pi}}}\alpha x\left(\frac{2}{3}\alpha^2 x^2 - 1\right)\exp\left(-\frac{1}{2}\alpha^2 x^2\right).
\end{aligned} \tag{2.147}$$

如图 2.10 所示, 与能量本征值一起, 显示了这些波函数的形状. 可见, 对空间反射, 波函数有对称性

$$\psi_n(-x) = (-1)^n \psi_n(x), \tag{2.148}$$

即 n 的奇偶性决定了谐振子波函数的宇称的奇偶性. 除两个端点外, 它们有 n 个不同的零点和 $n+1$ 个极值. 此外, 此图还包括了势函数. 于是, 我们能与经典谐振子作比较. 经典谐振子以一定的振幅振动, 它以在转折点处动能为零作标志. 由于 $E = T + V$, 经典可能的振动区以抛物线 $V(x)$ 与总能量的直线交点为界. 实际上, 该图显示了函数的极值局限于经典区域内, 而波函数的尾巴伸延到无限远处.

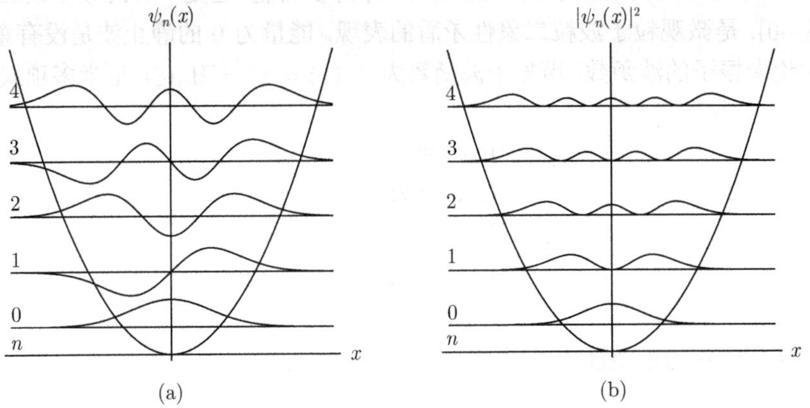

图 2.10　谐振子最低几条能级的波函数及位置概率密度

如果我们关注粒子的位置概率, 偏差特性变得更有意思. 设 T 表示粒子的振动的周期, 那么粒子在 $\mathrm{d}x$ 范围内出现的经典概率为

$$\rho_{\mathrm{c}}(x)\mathrm{d}x = \frac{\mathrm{d}t}{T/2} = \frac{\omega}{\pi}\frac{\mathrm{d}x}{\mathrm{d}x/\mathrm{d}t}. \tag{2.149}$$

粒子作谐振动, 有

$$x = a\sin\omega t, \quad \frac{\mathrm{d}x}{\mathrm{d}t} = a\omega\cos\omega t = \omega a\sqrt{1-(x/a)^2}. \tag{2.150}$$

因此

$$\rho_{\mathrm{c}}(x)\mathrm{d}x = \frac{1}{\pi a}\frac{1}{\sqrt{1-(x/a)^2}}\mathrm{d}x. \tag{2.151}$$

振幅 a 由能量 $E = m\omega^2 a^2/2$ 得到, 即 $a = \sqrt{\dfrac{2E}{m\omega^2}}$. 与此不同的是, 粒子定域在空

间间隔 $x \sim x+\mathrm{d}x$ 的量子概率是

$$\rho_{\mathrm{q}}(x)\mathrm{d}x = |\psi(x)|^2\mathrm{d}x. \tag{2.152}$$

对于基态 $(n=0)$, 由式 (2.147) 得

$$\rho_{\mathrm{q}}(x)\mathrm{d}x = \frac{\alpha}{\sqrt{\pi}}\mathrm{e}^{-\alpha^2x^2}. \tag{2.153}$$

经典上, 当谐振总能量等于势能时, x 取最大值, 即 $\frac{1}{2}\hbar\omega = \frac{1}{2}m\omega^2x^2$, 从而 $x_{\mathrm{max,c}} = \pm\sqrt{\frac{\hbar}{m\omega}} = \pm\frac{1}{\alpha}$. 按经典力学, 粒子只能在 $|x| < 1/\alpha$ $(|\xi| < 1)$ 的区域内运动. 但图 2.10 表明, 在 $|x| > 1/\alpha$, 即 $|\xi| > 1$ 的区域, 粒子出现的概率不为零, 且可算出

$$\frac{\int_1^{\infty}\mathrm{e}^{-\xi^2}\mathrm{d}\xi}{\int_0^{\infty}\mathrm{e}^{-\xi^2}\mathrm{d}\xi} = 15.7\%. \tag{2.154}$$

在超过经典允许的区域, 概率密度不等于零是由于 T 与 V 不对易, 即它们不同时具有确定值的事实, 以致不能把能量精确地分成 $E = T + V$. 似乎是, 粒子处于超过经典允许的区域暗示能量守恒的破坏. 然而, 事实并非如此. 如果我们试图把粒子定位于波函数的小尾巴内, 动能的不确定性增加, 以致新的总能量超过势能 $V(x)$ 的值. 这样, 从能量的观点看, 粒子允许采取超过经典允许区域的 x 值. 这就是所谓的隧道效应. 据此, 大小为 V_0 的势垒甚至能够被能量 $E < V_0$ 的粒子越过.

经典和量子概率分布随量子数 n 的增大而迅速地接近. 图 2.11 给出 $n = 0, 1, 2, 3, 4, 5$ 时的概率分布. 对于大量子数, 量子分布的平均值近似于经典极限. 这正好为在量子论发展的早期玻尔提出的对应原理 (即在大量子数极限下, 量子论必须渐近地趋于经典理论) 提供了一个例证.

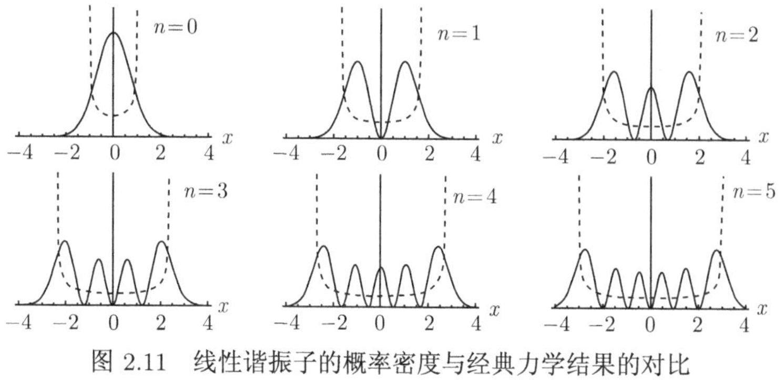

图 2.11 线性谐振子的概率密度与经典力学结果的对比

实线和虚线分别是量子力学和经典力学的结果

习　题

2.1　设 $\psi(x) = A\exp(-\alpha^2 x^2/2)$, α 为常数, 求归一化常数 A.

2.2　设粒子波函数为 $\psi(x,y,z)$, 求在 $(x, x+\mathrm{d}x)$ 范围中找到粒子的概率.

2.3　设在球坐标系中, 粒子波函数表为 $\psi(r,\theta,\varphi)$, 求: (1) 在球壳 $(r, r+\mathrm{d}r)$ 中找到粒子的概率; (2) 在 (θ,φ) 方向的立体角 $\mathrm{d}\Omega$ 中找到粒子的概率.

2.4　求平面单色波为 $\psi_{p_0}(x) = \dfrac{1}{\sqrt{2\pi\hbar}}\exp\left(\dfrac{1}{\hbar}p_0 x\right)$ 在动量表象中的形式.

2.5　粒子在 $x = x_0$ 点的量子态为 δ 函数 $\psi_{x_0}(x) = \delta(x - x_0)$, 试在动量表象中写出此量子态的形式.

2.6　证明从单粒子薛定谔方程得出的粒子速度场是非旋的, 即求证 $\nabla\times\boldsymbol{v} = 0$, 其中 $\boldsymbol{v} = \boldsymbol{j}/\rho$, ρ 为概率密度, $\boldsymbol{j}$ 是概率流密度.

2.7　设粒子在复势场 $V(\boldsymbol{r}) = V_1(\boldsymbol{r}) + \mathrm{i}V_2(\boldsymbol{r})$ 中运动, 其中 $V_1(\boldsymbol{r})$ 和 $V_2(\boldsymbol{r})$ 为实数, 证明粒子的概率不守恒, 并求出在某一空间体积中粒子概率“丧失”或“增加”的速率.

2.8　设 $\psi(\boldsymbol{r},0) = c_1\psi_{E_1}(\boldsymbol{r}) + c_2\psi_{E_2}(\boldsymbol{r})$, 问 $\psi(\boldsymbol{r},0)$ 是否为定态, 为什么? 求 $\psi(\boldsymbol{r},t)$.

2.9　计算 $\psi_1 = \mathrm{e}^{\mathrm{i}kr}/r$ 和 $\psi_2 = \mathrm{e}^{-\mathrm{i}kr}/r$ 相应的概率流密度, 并由所得结果说明这两个波函数描述的是怎样传播的波.

2.10　粒子在一维势场中运动, 若所处的外场均匀但与时间有关, 即 $V(x,t) = V(t)$, 试用分离变量法求解一维薛定谔方程.

2.11　粒子在无限深方势阱 $(0 < x < a)$ 中运动, 对处于定态 $\psi_n(x)$ 的粒子, 证明:

$$\langle x\rangle = \frac{a}{2},\quad \langle(x^2 - \langle x\rangle^2)\rangle = \frac{a}{12}\left(1 - \frac{6}{n^2\pi^2}\right),$$

$$\langle p\rangle = 0,\quad \langle(p^2 - \langle p\rangle^2)\rangle = 2mE_n,$$

讨论 $n\to\infty$ 的情况, 并与经典计算结果比较.

2.12　考虑质量为 m 的粒子被限制在宽度为 a 的一维无限深势阱

$$V(x) = \begin{cases} 0, & |x| < \dfrac{a}{2}; \\ \infty, & |x| > \dfrac{a}{2} \end{cases}$$

中运动, (1) 粒子的能级和相应的波函数; (2) 粒子处于基态的动量分布.

2.13　粒子在图 2.12 所示的势阱

$$V(x) = \begin{cases} 0, & |x| < a/2; \\ V_0, & |x| > a/2 \end{cases}$$

中运动, 求: (1) 阱口刚好出现一个束缚态的条件; (2) 束缚态能级总数, 并与无限深势阱作比较.

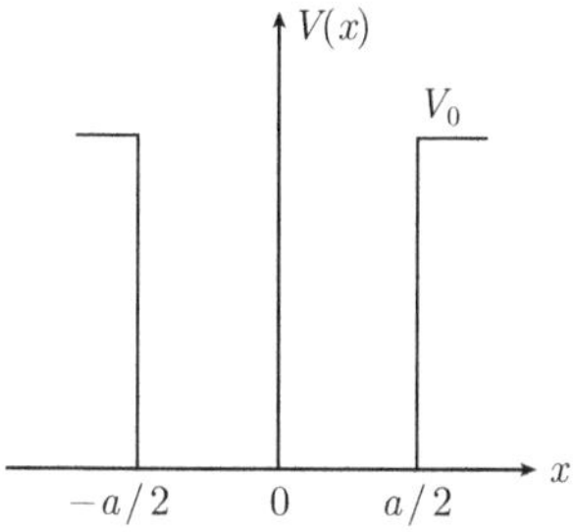

图 2.12　有限深对称方势阱

2.14　粒子在如图 2.12 所示的势阱中运动, 设粒子处于第 n 个束缚态, 相应的能级为 E_n, 如 $V_0 \gg E_n$, 求粒子在阱外出现的概率.

2.15　粒子在无限深方势阱 (宽度为 a) 中运动, 处于第 n 个束缚态 $\psi_n(x)$, 求粒子对于每一侧阱壁的平均作用力.

2.16　利用厄米多项式的递推关系

$$\mathrm{H}_{n+1}(\xi) - 2\xi \mathrm{H}_n(\xi) + 2n\mathrm{H}_{n-1}(\xi) = 0,$$
$$\mathrm{H}_n'(\xi) = 2n\mathrm{H}_{n-1}(\xi),$$

求证

$$x\psi_n(x) = \frac{1}{\alpha}\left[\sqrt{\frac{n}{2}}\psi_{n-1}(x) + \sqrt{\frac{n+1}{2}}\psi_{n+1}(x)\right],$$
$$\frac{\mathrm{d}}{\mathrm{d}x}\psi_n(x) = \alpha\left[\sqrt{\frac{n}{2}}\psi_{n-1}(x) - \sqrt{\frac{n+1}{2}}\psi_{n+1}(x)\right],$$

并由此证明在 $\psi_n(x)$ 态下

$$\langle x\rangle = 0, \quad \langle V\rangle = \frac{E_n}{2},$$
$$\langle p\rangle = 0, \quad \langle T\rangle = \left\langle \frac{p^2}{2m}\right\rangle = \frac{E_n}{2}.$$

2.17　质量为 m 的粒子处于势阱

$$V(x) = \begin{cases} \infty, & x \leqslant 0; \\ \dfrac{1}{2}m\omega^2 x^2, & x > 0 \end{cases}$$

中, 求粒子的可能能量. 提示: 利用谐振子波函数 $\psi_n(x)$ 的奇偶性 $\psi_n(-x) = (-1)^n\psi_n(x)$.

2.18　设 $\psi_1(\boldsymbol{r},t)$ 和 $\psi(\boldsymbol{r},t)$ 是不含时势场 $V(\boldsymbol{r})$ 中薛定谔方程的两个解, 证明对变量变化的全空间积分 $\int \psi_1^*\psi_2 \mathrm{d}^3x$ 与时间无关, 即

$$\frac{\mathrm{d}}{\mathrm{d}t}\int \psi_1^*\psi_2 \mathrm{d}^3x = 0.$$

2.19　设粒子在势场 $V(\boldsymbol{r})$ 中运动, 证明: (1) 能量的平均值为

$$E = \int \mathrm{d}^3x w = \int \mathrm{d}^3x \left[\frac{\hbar^2}{2m}\nabla\psi^*\cdot\nabla\psi + \psi^* V\psi\right],$$

式中, w 称为能量密度; (2) 能量守恒

$$\frac{\partial w}{\partial t} + \nabla\cdot\boldsymbol{s} = 0,$$

式中

$$\boldsymbol{s} = -\frac{\hbar^2}{2m}\left(\frac{\partial\psi^*}{\partial t}\nabla\psi + \frac{\partial\psi}{\partial t}\nabla\psi^*\right),$$

$\boldsymbol{s}$ 称为能流密度.

2.20　设粒子在一维无限深势阱 $(0 < x < a)$ 中运动, $t = 0$ 时刻粒子的状态波函数为

$$\psi(x) = \sqrt{\frac{8}{5a}}\left(\sin\frac{\pi x}{a} + \sin\frac{\pi x}{a}\cos\frac{\pi x}{a}\right),$$

求: (1) 粒子的能量可能值和相应的概率及平均值; (2) 粒子的动量概率分布; (3) 任意 t 时刻粒子的状态波函数 $\psi(x,t)$.

2.21　考虑粒子在三维势箱

$$V(x,y,z) = \begin{cases} 0, & 0 < x < a, 0 < y < b, 0 < z < c; \\ \infty, & x,y,z < 0, x > a, y > b, z > c \end{cases}$$

中运动, 求粒子的能级和相应的波函数. 如 $a = b = c$, 讨论能级的简并度.

2.22　对 δ 势垒 $V(x) = \gamma\delta(x)\ (\gamma > 0)$, 求粒子 $(E > 0)$ 的反射和透射系数.

2.23　考虑粒子在 δ 势阱 $V(x) = -\gamma\delta(x)(\gamma > 0)$ 中运动, 求: (1) 粒子在此势场中的束缚态能级和相应的波函数; (2) 粒子入射在此势处的散射, 并求出反射和透射系数.

2.24　考虑阶跃势

$$V(x) = \begin{cases} 0, & x > 0; \\ -V_0, & x < 0. \end{cases}$$

粒子以能量 $E > 0$ 从左入射, 求反射和透射系数.

2.25　对一维半壁无限高势阱

$$V(x)=\begin{cases}0, & x<-a;\\ -V_0, & -a<x<0;\\ \infty, & x>0,\end{cases}$$

求粒子 $(-V_0<E<0)$ 的能量和粒子 $(E>0)$ 的透射系数.

2.26　设谐振子初态 $(t=0)$ 为 $\psi(x,0)=A\sum\limits_{n=0}^{\infty}\left(\dfrac{1}{\sqrt{2}}\right)^n\psi_n(x)$, 其中 $\psi_n(x)$ 为谐振子的能量本征态, 求: (1) 归一化常数 A; (2) 能量的可能值和能量平均值; (3) 任意 t 时刻的状态 $\psi(x,t)$.

2.27　荷电 q 的自由谐振子受到外电场 ε 的作用, 其势场为 $V(x)=\dfrac{1}{2}m\omega^2-q\varepsilon x$, 求能量本征值和本征函数.

2.28　考虑 $t=0$ 时刻中心在 $x=x_0$ 的薛定谔波包 (经典相干态)

$$\psi(x,0)=\sqrt{\frac{\alpha}{\sqrt{\pi}}}\exp[-\alpha^2(x-x_0)^2/2],$$

(1) 证明

$$\langle x-x_0\rangle=0,\quad \langle(x-x_0)^2\rangle=\frac{1}{2\alpha^2},$$

$$\langle p\rangle=0,\quad \langle p^2\rangle=\frac{1}{2}\alpha^2\hbar^2,$$

$$\Delta x=[\langle(x-\langle x\rangle)^2\rangle]^{1/2}=\frac{1}{\sqrt{2}\alpha},\quad \Delta p=[\langle(p-\langle p\rangle)^2\rangle]^{1/2}=\frac{\alpha\hbar}{\sqrt{2}},$$

$$\Delta x\cdot\Delta p=\hbar/2;$$

(2) 求任意 t 时刻的 $\psi(x,t)$ 及概率分布 $|\psi(x,t)|^2$, 讨论波包中心的运动规律, 并与经典振子比较.

第 3 章　力学量及其随时间的演化

3.1　表示力学量的算符

量子力学中算符代表对波函数 (量子态) 的一种运算. 如 $\dfrac{\mathrm{d}}{\mathrm{d}x}\psi(x)$, $V(x)\psi(x)$, $\psi^*(x)$ 等分别表示对波函数 $\psi(x)$ 求一阶导数, 乘以 $V(x)$, 取复共轭等运算. 一般地, 若某一运算将函数 ψ 变为函数 ϕ, 记为

$$\hat{f}\psi=\phi, \tag{3.1}$$

则表示这一运算的符号 $\hat{f}$ 称为算符. 对任意两个波函数 ψ_1 和 ψ_2, 若算符 $\hat{O}$ 满足下列运算规则

$$\hat{O}(c_1\psi_1+c_2\psi_2)=c_1\hat{O}\psi_1+c_2\hat{O}\psi_2, \tag{3.2}$$

则称 $\hat{O}$ 为**线性算符**, 其中 c_1 和 c_2 是两个任意常数.

量子力学中的算符不都是线性算符, 但用来**刻画可观测力学量的算符则都是线性算符**, 这是量子态叠加原理的反映. 例如, 位置算符 $\hat{\boldsymbol{r}}=\boldsymbol{r}$ 和动量算符 $\hat{\boldsymbol{p}}=-\mathrm{i}\hbar\nabla$ 都是线性算符. 一个典型的非线性算符是平方根算符, 这是由于

$$\sqrt{c_1\psi_1+c_2\psi_2}\neq c_1\sqrt{\psi_1}+c_2\sqrt{\psi_2}. \tag{3.3}$$

又如取复共轭也不是线性算符.

我们可定义一个算符的复共轭、转置及厄米共轭. 为下面表述方便, 定义量子体系的任意两个波函数 ψ 与 φ 的标积为

$$(\psi,\varphi)=\int \mathrm{d}\tau\psi^*\varphi, \tag{3.4}$$

式中, $\mathrm{d}\tau$ 是坐标空间的体积元, 积分区域是变量变化的整个空间. 显然

$$\begin{aligned}&(\psi,\psi)\geqslant 0,\\&(\psi,\varphi)^*=(\varphi,\psi),\\&(\psi,c_1\varphi_1+c_2\varphi_2)=c_1(\psi,\varphi_1)+c_2(\psi,\varphi_2),\\&(c_1\psi_1+c_2\psi_2,\varphi)=c_1^*(\psi_1,\varphi)+c_2^*(\psi_2,\varphi).\end{aligned} \tag{3.5}$$

算符 $\hat{O}$ 的复共轭算符 $\hat{O}^*$是把 $\hat{O}$ 的表达式中所有复量换成其共轭复量. 例如, 坐标表象中动量算符 $\hat{\boldsymbol{p}}=-\mathrm{i}\hbar\nabla$ 的复共轭算符为

$$\hat{\boldsymbol{p}}^* = (-\mathrm{i}\hbar\nabla)^* = \mathrm{i}\hbar\nabla = -\hat{\boldsymbol{p}}. \tag{3.6}$$

算符 $\hat{O}$ 的转置算符 $\tilde{\hat{O}}$定义为

$$\int \mathrm{d}\tau\psi^*\tilde{\hat{O}}\varphi = \int \mathrm{d}\tau\varphi\hat{O}\psi^*, \tag{3.7a}$$

即

$$(\psi, \tilde{\hat{O}}\varphi) = (\varphi^*, \hat{O}\psi^*), \tag{3.7b}$$

式中, ψ 和 φ 是任意两个平方可积函数, 即它们的导数在积分区域的边界上为零.

例 3.1　求导 $\dfrac{\partial}{\partial x}$ 的转置算符为

$$\widetilde{\frac{\partial}{\partial x}} = -\frac{\partial}{\partial x}. \tag{3.8}$$

这是因为

$$\int_{-\infty}^{+\infty} \mathrm{d}x\varphi\frac{\partial}{\partial x}\psi^* = \varphi\psi^*|_{-\infty}^{+\infty} - \int_{-\infty}^{+\infty} \mathrm{d}x\psi^*\frac{\partial}{\partial x}\varphi.$$

设 $x \to \pm\infty$ 时, $\psi \to 0$ 条件满足, 则

$$\int_{-\infty}^{+\infty} \mathrm{d}x\varphi\frac{\partial}{\partial x}\psi^* = -\int_{-\infty}^{+\infty} \mathrm{d}x\psi^*\frac{\partial}{\partial x}\varphi.$$

按转置符算的定义式 (3.7a), 上式左边 $= \displaystyle\int_{-\infty}^{+\infty} \mathrm{d}x\psi^*\widetilde{\frac{\partial}{\partial x}}\varphi$, 因此

$$\int_{-\infty}^{+\infty} \mathrm{d}x\psi^*\widetilde{\frac{\partial}{\partial x}}\varphi = -\int_{-\infty}^{+\infty} \mathrm{d}x\psi^*\frac{\partial}{\partial x}\varphi.$$

由于 ψ 和 φ 是任意的, 上式成立即得到式 (3.8). 由此, 在坐标表象中, $\tilde{p}_x = -\tilde{p}_x$.

算符 $\hat{O}$ 的厄米共轭算符 $\hat{O}^\dagger$定义为

$$(\psi, \hat{O}^\dagger\varphi) = (\hat{O}\psi, \varphi). \tag{3.9}$$

由此可得

$$(\psi, \hat{O}^\dagger\varphi) = (\varphi, \hat{O}\psi)^* = (\varphi^*, \hat{O}^*\psi^*) = (\psi, \tilde{\hat{O}}^*\varphi),$$

即

$$\hat{O}^\dagger = \tilde{\hat{O}}^*. \tag{3.10}$$

量子力学中最重要的算符是**厄米算符**. 对任意两个平方可积函数 ψ 和 φ, 若算符 $\hat{O}$ 满足条件

$$(\psi, \hat{O}\varphi) = (\hat{O}\psi, \varphi) \text{ 或 } \hat{O}^{\dagger} = \hat{O}, \tag{3.11}$$

则称算符 $\hat{O}$ 为厄米算符.

例 3.2　动量算符 $\hat{p}_x = -\mathrm{i}\hbar\partial/\partial x$ 是厄米算符. 这是因为

$$\begin{aligned}\int_{-\infty}^{+\infty} \mathrm{d}x\psi^* \hat{p}_x \varphi &= \int_{-\infty}^{+\infty} \mathrm{d}x\psi^* \left(-\mathrm{i}\hbar\frac{\partial}{\partial x}\right)\varphi = -\mathrm{i}\hbar\int_{-\infty}^{+\infty} \mathrm{d}x\psi^* \left(\frac{\partial}{\partial x}\varphi\right) \\ &= -\mathrm{i}\hbar\psi^*\varphi|_{-\infty}^{+\infty} + \mathrm{i}\hbar\int_{-\infty}^{+\infty} \mathrm{d}x\varphi\left(\frac{\partial}{\partial x}\psi^*\right),\end{aligned} \tag{3.12}$$

由于 ψ 和 φ 是平方可积函数, 当 $x \to \pm\infty$ 时, $\psi \to 0$, 可得

$$\int_{-\infty}^{+\infty} \mathrm{d}x\psi^* \hat{p}_x \varphi = \mathrm{i}\hbar\int_{-\infty}^{+\infty} \mathrm{d}x\varphi\left(\frac{\partial}{\partial x}\psi^*\right) = \int_{-\infty}^{+\infty} \mathrm{d}x(\hat{p}_x\psi)^*\varphi. \tag{3.13}$$

这证明了 $\hat{p}_x$ 服从厄米算符关系式 (3.11).

厄米算符有下列重要性质.

定理 3.1　在任何状态下, 厄米算符的平均值都是实数. 反过来, 在任何状态下, 平均值为实数的算符必为厄米算符.

证明　首先证明厄米算符的平均值都是实数. 对任意态 ψ, 按厄米算符的定义, 可知

$$\langle O\rangle = (\psi, \hat{O}\psi) = (\hat{O}\psi, \psi) = (\psi, \hat{O}\psi)^* = \langle O\rangle^*. \tag{3.14}$$

其次证明其逆也成立, 即在任何状态下平均值均为实数的算符必为厄米算符. 按假设, 在任意态 ψ 下, $\langle O\rangle = \langle O\rangle^*$, 即

$$(\psi, \hat{O}\psi) = (\psi, \hat{O}\psi)^* = (\hat{O}\psi, \psi). \tag{3.15}$$

设 ψ_1 和 ψ_2 是任意的, c 也是任意的, 取 $\psi = \psi_1 + c\psi_2$, 则

$$c[(\psi_1, \hat{O}\psi_2) - (\hat{O}\psi_1, \psi_2)] = c^*[(\hat{O}\psi_2, \psi_1) - (\psi_2, \hat{O}\psi_1)], \tag{3.16}$$

分别取 $c = 1$ 和 i, 代入上式, 然后相加减, 得

$$(\psi_1, \hat{O}\psi_2) = (\hat{O}\psi_1, \psi_2), \quad (\psi_2, \hat{O}\psi_1) = (\hat{O}\psi_2, \psi_1). \tag{3.17}$$

此即厄米算符定义式所要求的.

厄米算符的重要性还在于: **实验上可以观测的力学量, 当然要求在任何态下的平均值为实数. 因此, 相应的算符必然要求为厄米算符.**

3.2 算符的运算规则

从一定数目的线性算符出发, 还可以通过下列运算构成新的线性算符. 一个常数 c 乘以算符 $\hat{A}$ 可构成一个新算符 $c\hat{A}$, 它对任意函数 ψ, 有 $(c\hat{A})\psi = c(\hat{A}\psi)$. 若两个算符 $\hat{A}$ 和 $\hat{B}$ 对任意函数 ψ 满足 $\hat{A}\psi = \hat{B}\psi$, 则称这两个算符相等, 记作 $\hat{A} = \hat{B}$. 对任意函数 ψ, 若 $\hat{S}\psi = (\hat{A} + \hat{B})\psi = \hat{A}\psi + \hat{B}\psi$, 则称 $\hat{S}$ 为 $\hat{A}$ 与 $\hat{B}$ 之和, 记作 $\hat{S} = \hat{A} + \hat{B}$. 算符之和满足

$$\hat{A} + \hat{B} = \hat{B} + \hat{A} \text{ (加法交换律)}, \tag{3.18}$$

$$\hat{A} + (\hat{B} + \hat{C}) = (\hat{A} + \hat{B}) + \hat{C} \text{ (加法结合律)}. \tag{3.19}$$

若 $\hat{A}$ 和 $\hat{B}$ 都是厄米的, 容易显示 $\hat{A} + \hat{B}$ 也是厄米的.

对任意函数 ψ, 若 $\hat{P}\psi = (\hat{A}\hat{B})\psi = \hat{A}(\hat{B}\psi)$, 则称 $\hat{P}$ 为 $\hat{A}$ 与 $\hat{B}$ 之积, 记作 $\hat{P} = \hat{A}\hat{B}$. 它的意思是 $\hat{B}$ 首先作用于 ψ, 然后 $\hat{A}$ 作用于新函数 $(\hat{B}\psi)$ 上. 需要注意的是, 与两个算符之和不同, 两个算符之积通常并不可交换次序, 即 $\hat{A}\hat{B} \neq \hat{B}\hat{A}$. 这体现了线性算符代数与普通代数之间的一个非常重要的差别. 这两个乘积算符之差 $\hat{A}\hat{B} - \hat{B}\hat{A}$ 称为 $\hat{A}$ 和 $\hat{B}$ 的对易子, 用记号 $[\hat{A}, \hat{B}]$ 表示

$$[\hat{A}, \hat{B}] = \hat{A}\hat{B} - \hat{B}\hat{A}. \tag{3.20}$$

如果这个差等于零, 则称这两个算符对易：$\hat{A}\hat{B} = \hat{B}\hat{A}$. 一般地, 两个算符之积不是可对易的, 对易子满足下列代数恒等式

$$[\hat{A}, \hat{B}] = -[\hat{B}, \hat{A}], \tag{3.21a}$$

$$[\hat{A}, \hat{B} + \hat{C}] = [\hat{A}, \hat{B}] + [\hat{A}, \hat{C}], \tag{3.21b}$$

$$[\hat{A}, \hat{B}\hat{C}] = \hat{B}[\hat{A}, \hat{C}] + [\hat{A}, \hat{B}]\hat{C}, \tag{3.21c}$$

$$[\hat{A}, [\hat{B}, \hat{C}]] + [\hat{B}, [\hat{C}, \hat{A}]] + [\hat{C}, [\hat{A}, \hat{B}]] = 0 \quad \text{(Jacobi恒等式)}. \tag{3.21d}$$

现以式 (3.21c) 为例给出证明. 由对易式的定义式 (3.20), 并加减 $\hat{B}\hat{A}\hat{C}$ 项, 可得

$$\begin{aligned}[\hat{A}, \hat{B}\hat{C}] &= \hat{A}\hat{B}\hat{C} - \hat{B}\hat{C}\hat{A} = \hat{A}\hat{B}\hat{C} - \hat{B}\hat{A}\hat{C} + \hat{B}\hat{A}\hat{C} - \hat{B}\hat{C}\hat{A} \\ &= (\hat{A}\hat{B} - \hat{B}\hat{A})\hat{C} + \hat{B}(\hat{A}\hat{C} - \hat{C}\hat{A}) \\ &= [\hat{A}, \hat{B}]\hat{C} + \hat{B}[\hat{A}, \hat{C}].\end{aligned}$$

注意在证明过程中, 包括提出公因子时, 都不能改变算符的次序. 两个算符之积的

转置算符有性质：$\widetilde{\hat{A}\hat{B}} = \widetilde{\hat{B}}\widetilde{\hat{A}}$. 这是因为, 由转置算符的定义式 (3.7a), 便有

$$\begin{aligned}\int \psi^* \widetilde{\hat{A}\hat{B}}\varphi \mathrm{d}\tau &= \int \varphi \hat{A}\hat{B}\psi^* \mathrm{d}\tau = \int (\hat{B}\psi^*)\widetilde{\hat{A}}\varphi \mathrm{d}\tau \\ &= \int (\widetilde{\hat{A}}\varphi)\hat{B}\psi^* \mathrm{d}\tau = \int \psi^* \widetilde{\hat{B}}\widetilde{\hat{A}}\varphi \mathrm{d}\tau.\end{aligned}$$

比较上式两端, 由 ψ 和 φ 的任意性, 即得证. 两个算符之积的厄米共轭算符有性质：$(\hat{A}\hat{B})^\dagger = \hat{B}^\dagger\hat{A}^\dagger$. 这是因为, 利用厄米共轭算符的定义式 (3.10) 及转置算符的性质, 有

$$(\hat{A}\hat{B})^\dagger = \widetilde{(\hat{A}\hat{B})^*} = (\widetilde{\hat{A}^*\hat{B}^*}) = \widetilde{\hat{B}^*}\widetilde{\hat{A}^*} = \hat{B}^\dagger\hat{A}^\dagger.$$

两个厄米算符之和仍为厄米算符, 但两个厄米算符之积却不一定是厄米算符, 除非两者可以对易. 设 $\hat{A}$ 和 $\hat{B}$ 是两厄米算符, 即有 $\hat{A}^\dagger = \hat{A}$, $\hat{B}^\dagger = \hat{B}$, 而 $(\hat{A}\hat{B})^\dagger = \hat{B}^\dagger\hat{A}^\dagger = \hat{B}\hat{A}$, 只有当 $[\hat{A},\hat{B}] = \hat{A}\hat{B} - \hat{B}\hat{A} = 0$ 时, 才有 $(\hat{A}\hat{B})^\dagger = \hat{A}\hat{B}$, 即 $\hat{A}\hat{B}$ 为厄米算符.

设 $\hat{A}\psi = \phi$ 能唯一地解出 ψ, 则可定义算符 $\hat{A}$ 的逆算符 $\hat{A}^{-1}$ 为 $\hat{A}^{-1}\phi = \psi$. 不是所有算符都有逆算符. 若 $\hat{A}$ 之逆存在, 不难证明 $\hat{A}\hat{A}^{-1} = \hat{A}^{-1}\hat{A} = \hat{I}$. 设算符 $\hat{A}$ 和 $\hat{B}$ 之逆均存在, 可以证明 $(\hat{A}\hat{B})^{-1} = \hat{B}^{-1}\hat{A}^{-1}$. 设给定一解析函数 $f(x)$, 其幂级数展开收敛, 即

$$f(x) = \sum_{n=0}^{\infty} \frac{f^{(n)}(0)}{n!} x^n,$$

则可定义算符 $\hat{A}$ 的函数为

$$f(\hat{A}) = \sum_{n=0}^{\infty} \frac{f^{(n)}(0)}{n!} \hat{A}^n. \tag{3.22}$$

若 $f(x) = \mathrm{e}^{ax}$, 可定义

$$f\left(\frac{\mathrm{d}}{\mathrm{d}x}\right) = \mathrm{e}^{a\frac{\mathrm{d}}{\mathrm{d}x}} = \sum_{n=0}^{\infty} \frac{a^n}{n!}\frac{\mathrm{d}^n}{\mathrm{d}x^n},$$

并有

$$\mathrm{e}^{a\frac{\mathrm{d}}{\mathrm{d}x}}\psi(x) = \psi(x+a).$$

两个或多个算符的函数可类似地定义. 例如, 若 $f(x,y)$ 是 x 和 y 的解析函数, 令

$$f^{(n,m)}(x,y) = \frac{\partial^n}{\partial x^n}\frac{\partial^m}{\partial x^m} f(x,y),$$

则

$$f(\hat{A},\hat{B}) = \sum_{n,m=0}^{\infty} \frac{f^{(n,m)}(0,0)}{n!m!} \hat{A}^n\hat{B}^m. \tag{3.23}$$

但除 $[\hat{A},\hat{B}]=0$ 外, 此定义式是不确切的, 这涉及 $\hat{A}^n\hat{B}^m$ 中各因子乘积的次序. 一般而言, 对于有经典对应的力学量, 当把它过渡到量子力学中的相应算符时, 应保证该力学量相应算符的厄米性. 若在经典力学中 xp_x 和 p_xx 是等价的, 过渡到量子力学中算符时 $x\hat{p}_x$ 和 $\hat{p}_xx$ 都不是厄米算符, 为保证其厄米性, 通常写为

$$\frac{1}{2}(x\hat{p}_x+\hat{p}_xx).$$

即使这样, 往往还有不确定性, 如在经典力学中 x^2p_x, xp_xx 和 p_xx^2 三者是等价的, 而它们相应的算符 $x^2\hat{p}_x$, $x\hat{p}_xx$, $\hat{p}_xx^2$ 也都不是厄米算符, 但可证明

$$\frac{1}{2}(x^2\hat{p}_x+\hat{p}_xx^2)$$

和

$$\frac{1}{4}(x^2\hat{p}_x+2x\hat{p}_xx+\hat{p}_xx^2)$$

都是厄米算符, 前者是所谓 Born 次序, 后者是 Wyle 次序. 这两个厄米算符到底哪个形式正确呢? 很显然, 理论还无法回答这个问题, 最终要由实验来检验, 也就是说, 在具体问题中, 看哪个给出更符合实验的结果而定.

练习 3.1 坐标与动量的算符对易式. 将坐标 x 和动量算符 $\hat{p}_x$ 的不同次序乘积作用于任意波函数 ψ 上, 可得

$$x\hat{p}_x\psi=-\mathrm{i}\hbar x\frac{\partial}{\partial x}\psi,$$
$$\hat{p}_xx\psi=-\mathrm{i}\hbar\frac{\partial}{\partial x}(x\psi)=-\mathrm{i}\hbar\psi-\mathrm{i}\hbar x\frac{\partial}{\partial x}\psi.$$

两式相减, 有

$$(x\hat{p}_x-\hat{p}_xx)\psi=\mathrm{i}\hbar\psi.$$

由于 ψ 是任意波函数, 所以

$$[x,\hat{p}_x]\equiv x\hat{p}_x-\hat{p}_xx=\mathrm{i}\hbar.$$

类似地, 还可以证明

$$[y,\hat{p}_y]=\mathrm{i}\hbar,\quad [z,\hat{p}_z]=\mathrm{i}\hbar,$$
$$[x,\hat{p}_y]=[x,\hat{p}_z]=[y,\hat{p}_z]=[y,\hat{p}_x]=[z,\hat{p}_x]=[z,\hat{p}_y]=0.$$

概括起来, 就得

$$[x_\alpha,\hat{p}_\beta]=\mathrm{i}\hbar\delta_{\alpha\beta},\quad \alpha,\beta=1,2,3. \tag{3.24}$$

凡有经典对应的力学量之间的对易式, 均可由式 (3.24) 导出, 因此, 称式 (3.24) 为量子力学的基本对易式.

练习 3.2　角动量与坐标的算符对易式. 角动量算符 $\hat{\boldsymbol{l}} = \boldsymbol{r} \times \hat{\boldsymbol{p}}$, 可表达为其分量形式

$$\hat{l}_\alpha = \varepsilon_{\alpha\beta\gamma} x_\beta \hat{p}_\gamma, \quad \alpha = 1, 2, 3. \tag{3.25}$$

其中, 重复下指标表示从 1 到 3 求和, $\varepsilon_{\alpha\beta\gamma}$ 是 Levi-Civita 反对称张量符号, 其定义如下

$$\varepsilon_{\alpha\beta\gamma} = \begin{cases} +1, & \alpha\beta\gamma\text{是 123 的偶次交换;} \\ 0, & \alpha\beta\gamma\text{中有两个或两个以上相同指标;} \\ -1, & \alpha\beta\gamma\text{是 123 的奇数次交换.} \end{cases}$$

利用算符恒等式 (3.21a) 和式 (3.21c) 及基本对易式 (3.24), 可得

$$\begin{aligned} [\hat{l}_\alpha, x_\beta] &= [\varepsilon_{\alpha\gamma\tau} x_\gamma \hat{p}_\tau, x_\beta] = \varepsilon_{\alpha\gamma\tau}[x_\gamma \hat{p}_\tau, x_\beta] \\ &= \varepsilon_{\alpha\gamma\tau}\{x_\gamma[\hat{p}_\tau, x_\beta] + [x_\gamma, x_\beta]\hat{p}_\tau\} \\ &= \varepsilon_{\alpha\gamma\tau} x_\gamma(-\mathrm{i}\hbar\delta_{\beta\tau}) = \mathrm{i}\hbar\varepsilon_{\alpha\beta\gamma} x_\gamma, \end{aligned}$$

即

$$[\hat{l}_\alpha, x_\beta] = \mathrm{i}\hbar\varepsilon_{\alpha\beta\gamma} x_\gamma. \tag{3.26}$$

练习 3.3　角动量与动量的算符对易式. 利用算符恒等式 (3.21a) 和式 (3.21c) 及基本对易式 (3.24), 可得

$$\begin{aligned} [\hat{l}_\alpha, \hat{p}_\beta] &= \varepsilon_{\alpha\gamma\tau}[x_\gamma \hat{p}_\tau, \hat{p}_\beta] = \varepsilon_{\alpha\gamma\tau}\{x_\gamma[\hat{p}_\tau, \hat{p}_\beta] + [x_\gamma, \hat{p}_\beta]\hat{p}_\tau\} \\ &= \varepsilon_{\alpha\gamma\tau}(\mathrm{i}\hbar\delta_{\gamma\beta})\hat{p}_\tau = \mathrm{i}\hbar\varepsilon_{\alpha\beta\tau}\hat{p}_\tau, \end{aligned}$$

即

$$[\hat{l}_\alpha, \hat{p}_\beta] = \mathrm{i}\hbar\varepsilon_{\alpha\beta\gamma}\hat{p}_\gamma. \tag{3.27}$$

练习 3.4　角动量与角动量的算符对易式. 利用算符恒等式 (3.21a) 和式 (3.21c), 可得

$$\begin{aligned} [\hat{l}_\alpha, \hat{l}_\beta] &= \varepsilon_{\alpha\gamma\tau}\varepsilon_{\beta\lambda\rho}[x_\gamma \hat{p}_\tau, x_\lambda \hat{p}_\rho] = \varepsilon_{\alpha\gamma\tau}\varepsilon_{\beta\lambda\rho}\{x_\gamma[\hat{p}_\tau, x_\lambda]\hat{p}_\rho + x_\lambda[x_\gamma, \hat{p}_\rho]\hat{p}_\tau\} \\ &= \varepsilon_{\alpha\gamma\tau}\varepsilon_{\beta\lambda\rho}(-\mathrm{i}\hbar\delta_{\lambda\tau} x_\gamma \hat{p}_\rho + \mathrm{i}\hbar\delta_{\gamma\rho} x_\lambda \hat{p}_\tau) \\ &= \mathrm{i}\hbar(\varepsilon_{\alpha\gamma\tau}\varepsilon_{\beta\lambda\gamma} x_\lambda \hat{p}_\tau - \varepsilon_{\alpha\gamma\lambda}\varepsilon_{\beta\lambda\rho} x_\gamma \hat{p}_\rho) \\ &= \mathrm{i}\hbar(\varepsilon_{\alpha\gamma\lambda}\varepsilon_{\beta\rho\lambda} x_\gamma \hat{p}_\rho - \varepsilon_{\alpha\tau\gamma}\varepsilon_{\beta\lambda\gamma} x_\lambda \hat{p}_\tau). \end{aligned}$$

利用 $\varepsilon_{\alpha\beta\gamma}\varepsilon_{\lambda\rho\gamma} = \delta_{\alpha\lambda}\delta_{\beta\rho} - \delta_{\alpha\rho}\delta_{\beta\lambda}$, 上式可化为

$$[\hat{l}_\alpha, \hat{l}_\beta] = \mathrm{i}\hbar(x_\alpha \hat{p}_\beta - x_\beta \hat{p}_\alpha). \tag{3.28}$$

又 $\hat{l}_\gamma = \varepsilon_{\gamma\lambda\tau} x_\lambda \hat{p}_\tau$, 此式两边同乘以 $\varepsilon_{\alpha\beta\gamma}$, 得

$$\varepsilon_{\alpha\beta\gamma}\hat{l}_\gamma = \varepsilon_{\alpha\beta\gamma}\varepsilon_{\gamma\lambda\tau} x_\lambda \hat{p}_\tau = (\delta_{\alpha\lambda}\delta_{\beta\tau} - \delta_{\alpha\tau}\delta_{\beta\lambda}) x_\lambda \hat{p}_\tau = x_\alpha \hat{p}_\beta - x_\beta \hat{p}_\alpha. \tag{3.29}$$

结合式 (3.28) 和式 (3.29), 得

$$[\hat{l}_\alpha, \hat{l}_\beta] = \mathrm{i}\hbar\varepsilon_{\alpha\beta\gamma}\hat{l}_\gamma. \tag{3.30}$$

练习 3.5 角动量平方与角动量各分量的算符对易式. 利用算符恒等式 (3.21a) 和式 (3.21c), 可得

$$[\hat{\boldsymbol{l}}^2, l_\beta] = [\hat{l}_\alpha \hat{l}_\alpha, l_\beta] = l_\alpha [l_\alpha, l_\beta] + [l_\alpha, l_\beta] l_\alpha.$$

再利用对易式 (3.30), 上式可化为

$$\begin{aligned}[\hat{\boldsymbol{l}}^2, l_\beta] &= l_\alpha(\mathrm{i}\hbar\varepsilon_{\alpha\beta\gamma}l_\gamma) + (\mathrm{i}\hbar\varepsilon_{\alpha\beta\gamma}l_\gamma)l_\alpha \\ &= \mathrm{i}\hbar(\varepsilon_{\alpha\beta\gamma}l_\alpha l_\gamma + \varepsilon_{\gamma\beta\alpha}l_\alpha l_\gamma) \\ &= \mathrm{i}\hbar\varepsilon_{\alpha\beta\gamma}(l_\alpha l_\gamma - l_\alpha l_\gamma) \\ &= 0,\end{aligned}$$

即

$$[\hat{\boldsymbol{l}}^2, l_\beta] = 0. \tag{3.31}$$

也就是说, 角动量平方算符与角动量任一分量的算符对易.

3.3 厄米算符的本征值与本征函数

对处于 ψ 态的量子体系, 当人们去测量其力学量 O 时, 一般而言, 可能出现各种不同的结果, 各自有一定的概率. 对都用 ψ 描述其状态的大量的完全相同的体系, 如进行多次测量, 所得结果的平均值将趋于一个确定值. 每一次具体测量的结果则围绕平均值有一个涨落. 平方涨落可定义为

$$\langle \Delta O^2 \rangle = \langle (\hat{O} - \langle O \rangle)^2 \rangle = \int \psi^* (\hat{O} - \langle O \rangle)^2 \psi \mathrm{d}\tau. \tag{3.32}$$

因为 $\hat{O}$ 为厄米算符, $\langle O \rangle$ 必为实数, 因而 $\hat{O} - \langle O \rangle$ 也是厄米算符.

$$\langle \Delta O^2 \rangle = \int |(\hat{O} - \langle O \rangle)\psi|^2 \mathrm{d}\tau \geqslant 0. \tag{3.33}$$

如果体系处于一种特殊的状态, 在该状态下测量力学量 O 所得结果是完全确定的, 即平方涨落 $\langle \Delta O^2 \rangle = 0$, 则这种状态称为力学量 O 的本征态. 在这种状态下, 由式

(3.33) 可见, 被积函数必须为零, 即 ψ 必须满足 $(\hat{O}-\langle O\rangle)\psi=0$ 或 $\hat{O}\psi=C\psi$, 常数 C 即为在 ψ 态下测量 O 所得结果. 为下面讨论方便, 记此常数为 O, 则

$$\hat{O}\psi=O\psi, \tag{3.34}$$

式中, O 称为算符 $\hat{O}$ 的本征值, ψ 称为算符 $\hat{O}$ 的属于本征值 O 的本征函数. 若 O 取分立值, 则全部本征值构成分离谱; 若 O 连续地取值, 则构成连续谱; $\hat{O}$ 的本征谱也可能部分是分立谱, 部分是连续谱. 如果一个本征值对应 f 个线性无关的本征函数, 则称该本征值是简并的, 其简并度为 f.

量子力学的一个基本假定是: **测量力学量 O 时, 所有可能出现的值都是相应的线性厄米算符 $\hat{O}$ 的本征值.**

厄米算符的本征值和本征函数具有下述重要性质.

性质 1 厄米算符的本征值为实数.

证明 式 (3.34) 的两边左乘 ψ^* 积分, 得

$$(\psi,\hat{O}\psi)=O(\psi,\psi). \tag{3.35}$$

根据厄米算符的定义

$$(\psi,\hat{O}\psi)=(\hat{O}\psi,\psi)=O^*(\psi,\psi). \tag{3.36}$$

比较式 (3.35) 和式 (3.36), 得

$$O=O^*. \tag{3.37}$$

性质 2 厄米算符属于不同本征值的本征函数彼此正交.

证明 设 $\hat{O}$ 的本征值取分立值, 其本征值分别为 Q_k 和 Q_l 的本征方程为

$$\hat{O}\psi_k=O_k\psi_k, \tag{3.38a}$$

$$\hat{O}\psi_l=O_l\psi_l. \tag{3.38b}$$

式 (3.38b) 取复共轭, 并利用 $O_l^*=O_l$, 得

$$\hat{O}^*\psi_l^*=O_l\psi_l^*. \tag{3.39}$$

上式右乘 ψ_k, 并积分, 得

$$(\hat{O}\psi_l,\psi_k)=O_l(\psi_l,\psi_k). \tag{3.40}$$

利用厄米算符的特性及式 (3.38a), 有

$$(\hat{O}\psi_l,\psi_k)=(\psi_l,\hat{O}\psi_k)=O_k(\psi_l,\psi_k), \tag{3.41}$$

代入式 (3.40), 得

$$(O_l - O_k)(\psi_l, \psi_k) = 0. \tag{3.42}$$

因此, 如 $O_k \neq O_l$, 则必须 $(\psi_l, \psi_k) = 0$. 若本征函数已归一化, 则有

$$(\psi_l, \psi_k) = \delta_{lk}. \tag{3.43}$$

性质 3　厄米算符的简并本征函数可通过线性组合使之正交归一.

设算符 $\hat{O}$ 的本征值 O_n 是 f_n 度简并的, 即有

$$\hat{O}\psi_{n\alpha} = O_n\psi_{n\alpha}, \quad \alpha = 1, 2, \cdots, f_n. \tag{3.44}$$

在此情况下, 给定 O_n, 并不能把相应的 f_n 个本征态确定下来, 而且一般而言, f_n 个本征函数 $\psi_{n\alpha}$ 不一定彼此正交. 令

$$\phi_{n\beta} = \sum_{\alpha=1}^{f_n} a_{\beta\alpha}\psi_{n\alpha} \quad \beta = 1, 2, \cdots, f_n. \tag{3.45}$$

显然, $\phi_{n\beta}$ 仍为 $\hat{O}$ 的本征函数, 均属于本征值 O_n, 因为

$$\hat{O}\phi_{n\beta} = \sum_{\alpha=1}^{f_n} a_{\beta\alpha}\hat{O}\psi_{n\alpha} = O_n\sum_{\alpha=1}^{f_0} a_{\beta\alpha}\psi_{n\alpha} = O_n\phi_{n\beta}. \tag{3.46}$$

选择 $a_{\beta\alpha}$, 使 $\phi_{n\beta}$ 具有正交性, 即要求

$$(\phi_{n\beta}, \phi_{n\beta'}) = \delta_{\beta\beta'}. \tag{3.47}$$

这相当于 $\frac{1}{2}f_n(f_n - 1) + f_n = \frac{1}{2}f_n(f_n + 1)$ 个条件, 而系数 $a_{\beta\alpha}$ 共有 f_n^2 个, 当 $f_n > 1$ 时, $f_n^2 > \frac{1}{2}f_n(f_n + 1)$, 即待定系数 $a_{\beta\alpha}$ 的数目大于 $a_{\beta\alpha}$ 应满足的线性方程数. 因此, 总可以找到一组 $a_{\beta\alpha}$, 使 $\phi_{n\beta}(\beta = 1, 2, \cdots, f_n)$ 彼此正交.

实际上, 当出现简并时, 为了要把 $\hat{O}$ 的本征态确定下来, 往往是用除 $\hat{O}$ 以外的其他某力学量的本征值来对体系的状态进行分类. 此时, 正交性问题可自动得到解决. 这涉及两个或多个彼此对易的力学量的共同本征态的问题.

性质 4　厄米算符本征函数系具有完备性和封闭性.

设 $\psi_n(\boldsymbol{r})$ 是厄米算符 $\hat{O}$ 的属于本征值 O_n 的本征函数, 即 $\hat{O}\psi_n = O_n\psi_n$, 则 $\hat{O}$ 的所有本征函数 ψ_n 构成完备的本征函数系.

函数 ψ_n 的完备性是指, 体系的任意波函数 ψ 都可以用 O_n 的本征函数系 ψ_n 展开, 即

$$\psi(\boldsymbol{r}) = \sum_n c_n\psi_n(\boldsymbol{r}), \tag{3.48}$$

其展开系数由正交归一条件确定. 以 $\psi_m^*(\boldsymbol{r})$ 乘上式两边, 再对自变量变化的整个空间积分, 可得

$$(\psi_m,\psi)=\left(\psi_m,\sum_n c_n\psi_n\right)=\sum_n c_n(\psi_m,\psi_n)=\sum_n c_n\delta_{mn}=c_m,$$

即有

$$c_n=(\psi_n,\psi). \tag{3.49}$$

将式 (3.49) 代入式 (3.48), 得

$$\begin{aligned}\psi(\boldsymbol{r})&=\sum_n c_n\psi_n(\boldsymbol{r})=\sum_n\left[\int\psi_n^*(\boldsymbol{r}')\psi(\boldsymbol{r}')\mathrm{d}\tau'\right]\psi_n(\boldsymbol{r})\\&=\int\psi(\boldsymbol{r}')\left[\sum_n\psi_n^*(\boldsymbol{r}')\psi_n(\boldsymbol{r})\right]\mathrm{d}\tau'.\end{aligned} \tag{3.50}$$

与 δ 函数的性质

$$\psi(\boldsymbol{r})=\int\psi(\boldsymbol{r}')\delta(\boldsymbol{r}'-\boldsymbol{r})\mathrm{d}\tau'. \tag{3.51}$$

比较, 由 $\psi(\boldsymbol{r}')$ 的任意性, 有

$$\sum_n\psi_n^*(\boldsymbol{r}')\psi_n(\boldsymbol{r})=\delta(\boldsymbol{r}'-\boldsymbol{r}). \tag{3.52}$$

此即厄米算符本征函数系的封闭性.

3.4　基本力学量算符的本征函数系

1. 坐标算符的本征函数系

先考虑一维空间, 坐标算符的本征方程为

$$\hat{x}\psi_{x'}(x)=x'\psi_{x'}(x), \tag{3.53}$$

式中, x' 是算符 $\hat{x}$ 的本征值, $\psi_{x'}(x)$ 是算符 $\hat{x}$ 的属于本征值 x' 的本征函数. 在坐标表象中, $\hat{x}=x$, 易见

$$\psi_{x'}(x)=\delta(x-x'), \tag{3.54}$$

即

$$\hat{x}\delta(x-x')=x'\delta(x-x'). \tag{3.55}$$

本征函数系的正交归一条件为

$$\int_{-\infty}^{+\infty} \psi_{x'}^*(x)\psi_{x''}(x)\mathrm{d}x = \int_{-\infty}^{+\infty} \delta(x-x')\delta(x-x'')\mathrm{d}x = \delta(x''-x'), \tag{3.56}$$

其中利用了 δ 函数性质

$$\int_{-\infty}^{+\infty} f(x)\delta(x-x_0)\mathrm{d}x = f(x_0).$$

算符 $\hat{x}$ 的本征谱是连续谱, 不是平方可积的, 因此只能归一化为 δ 函数.

推广到三维情况, 算符 $\hat{\boldsymbol{r}}$ 的本征值方程为

$$\hat{\boldsymbol{r}}\psi_{\boldsymbol{r}'}(\boldsymbol{r}) = \boldsymbol{r}'\psi_{\boldsymbol{r}'}(\boldsymbol{r}), \tag{3.57}$$

而本征函数为

$$\psi_{\boldsymbol{r}'}(\boldsymbol{r}) = \delta(\boldsymbol{r}-\boldsymbol{r}') = \delta(x-x')\delta(y-y')\delta(z-z'). \tag{3.58}$$

2. 动量算符的本征函数系

先考虑一维情形. 动量算符 $\hat{p}_x = -\mathrm{i}\hbar\dfrac{\partial}{\partial x}$ 的本征方程为

$$\hat{p}_x\psi_{p_x}(x) = p_x\psi_{p_x}(x), \tag{3.59}$$

其解为

$$\psi_{p_x}(x) = A\exp\left(\frac{\mathrm{i}}{\hbar}p_x x\right), \tag{3.60}$$

它是不能归一化的, 因为它不是平方可积的, 可像平面波式 (2.10) 一样归一化为 δ 函数, 即取动量本征态为

$$\psi_{p_x}(x) = \frac{1}{(2\pi\hbar)^{1/2}}\exp\left(\frac{\mathrm{i}}{\hbar}p_x x\right), \tag{3.61}$$

则

$$\int_{-\infty}^{+\infty} \psi_{p_x'}(x)^*\psi_{p_x}(x)\mathrm{d}x = \delta(p_x - p_{x'}). \tag{3.62}$$

此外, 动量本征态的归一化问题, 还可采用所谓箱归一化, 即先假设粒子局限于有限范围 $[-a/2, a/2]$ 中运动, 最后才让 $a\to\infty$, 回到无界空间归一化的情况. 为保证动量算符 $\hat{p}_x$ 在此范围内为厄米算符, 要求波函数满足周期性边界条件

$$\psi_{p_x}(-a/2) = \psi_{p_x}(a/2), \tag{3.63}$$

代入动量本征态式 (3.60), 便有

$$\exp\left(-\frac{1}{2}\frac{\mathrm{i}}{\hbar}p_x a\right) = \exp\left(\frac{1}{2}\frac{\mathrm{i}}{\hbar}p_x a\right),$$

即

$$\exp\left(\frac{\mathrm{i}}{\hbar}p_x a\right) = 1.$$

由此得

$$\frac{p_x a}{\hbar} = 2n\pi, \quad n = 0, \pm 1, \pm 2, \cdots, \tag{3.64a}$$

于是

$$p_x \equiv p_n = \frac{2\pi\hbar n}{a}, \quad n = 0, \pm 1, \pm 2, \cdots. \tag{3.64b}$$

可见, 动量的本征谱不再是连续的, 而是分立谱. 由归一化条件

$$1 = \int_{-\frac{a}{2}}^{+\frac{a}{2}} |\psi_{p_x}(x)|^2 \mathrm{d}x = |A|^2 a,$$

取 $A = 1/\sqrt{a}$, 得

$$\psi_{p_x}(x) = \frac{1}{\sqrt{a}}\exp\left(\frac{\mathrm{i}}{\hbar}p_x x\right). \tag{3.65}$$

这个本征态是正交归一化的, 即

$$\int_{-\infty}^{+\infty} \psi_{p_n}^*(x)\psi_{p_m}(x)\mathrm{d}x = \delta_{nm}. \tag{3.66}$$

当 $a \to \infty$, 相邻两动量本征值之差为

$$\Delta p_x = p_{n+1} - p_n = \frac{2\pi\hbar}{a} \to 0, \tag{3.67}$$

即动量本征谱又变回连续谱. 从分立谱过渡到连续谱时, 存在如下对应关系

$$\frac{2\pi\hbar}{a} \to \mathrm{d}p, \tag{3.68a}$$

$$\sum_{n=-\infty}^{+\infty} \Delta p_n = \frac{2\pi\hbar}{a}\sum_{n=-\infty}^{+\infty} \to \int_{-\infty}^{+\infty} \mathrm{d}p, \tag{3.68b}$$

或

$$\frac{1}{a}\sum_{n=-\infty}^{+\infty} \to \frac{1}{2\pi\hbar}\int_{-\infty}^{+\infty} \mathrm{d}p. \tag{3.68c}$$

推广到三维情形, 动量算符 $\hat{\boldsymbol{p}}$ 的本征方程为

$$\hat{\boldsymbol{p}}\psi_{\boldsymbol{p}}(\boldsymbol{r}) = \boldsymbol{p}\psi_{\boldsymbol{p}}(\boldsymbol{r}). \tag{3.69}$$

动量本征值取连续值, 用 δ 函数归一化, 本征函数为

$$\psi_{\boldsymbol{p}}(\boldsymbol{r})=\frac{1}{(2\pi\hbar)^{3/2}}\mathrm{e}^{\frac{\mathrm{i}}{\hbar}\boldsymbol{p}\cdot\boldsymbol{r}},\tag{3.70}$$

正交归一化条件为

$$\int_{-\infty}^{+\infty}\psi_{\boldsymbol{p}'}^*(\boldsymbol{r})\psi_{\boldsymbol{p}}(\boldsymbol{r})\mathrm{d}^3x=\delta(\boldsymbol{p}'-\boldsymbol{p}).\tag{3.71}$$

采用箱归一化, 动量本征值取分立谱

$$p_i=\frac{2\pi\hbar n_i}{a},\quad i=1,2,3.\quad n_i=0,\pm1,\pm2,\cdots.\tag{3.72}$$

相应的本征函数为

$$\psi_{\boldsymbol{p}}(\boldsymbol{r})=\frac{1}{\sqrt{V}}\exp\left(\frac{\mathrm{i}}{\hbar}\boldsymbol{p}\cdot\boldsymbol{r}\right),\tag{3.73}$$

式中, $V=a^3$ 是箱的体积, 其正交归一化条件为

$$\int_V\psi_{\boldsymbol{p}'}^*(\boldsymbol{r})\psi_{\boldsymbol{p}}(\boldsymbol{r})\mathrm{d}^3x=\delta_{\boldsymbol{p}'\boldsymbol{p}}.\tag{3.74}$$

从分立谱过渡到连续谱时, 有下列对应关系

$$\frac{(2\pi\hbar)^3}{V}\to\mathrm{d}^3p,\tag{3.75}$$

$$\frac{1}{V}\sum_{n_1,n_2,n_3=-\infty}^{+\infty}\to\frac{1}{(2\pi\hbar)^3}\int_{-\infty}^{+\infty}\mathrm{d}^3p.\tag{3.76}$$

练习 3.6 设粒子局限于有限区间 $[-a/2,a/2]$ 中运动, 证明为保证动量算符 $\hat{p}_x=-\mathrm{i}\hbar\dfrac{\partial}{\partial x}$ 在此区间内为厄米算符, 要求波函数 $\psi(x)$ 满足周期性边界条件 $\psi(-a/2)=\psi(a/2)$.

证明 按厄米算符的定义, 对任意波函数 ψ 和 φ, 有

$$\int_{-\frac{a}{2}}^{\frac{a}{2}}\varphi^*(x)\frac{\hbar}{\mathrm{i}}\frac{\partial}{\partial x}\psi(x)\mathrm{d}x=\int_{-\frac{a}{2}}^{\frac{a}{2}}\left(\frac{\hbar}{\mathrm{i}}\frac{\partial}{\partial x}\varphi(x)\right)^*\psi(x)=\int_{-\frac{a}{2}}^{\frac{a}{2}}\left(-\frac{\hbar}{\mathrm{i}}\frac{\partial}{\partial x}\varphi^*(x)\right)\psi(x),$$

即

$$\begin{aligned}0&=\int_{-\frac{a}{2}}^{\frac{a}{2}}\varphi^*(x)\frac{\hbar}{\mathrm{i}}\frac{\partial}{\partial x}\psi(x)\mathrm{d}x+\int_{-\frac{a}{2}}^{\frac{a}{2}}\left(\frac{\hbar}{\mathrm{i}}\frac{\partial}{\partial x}\varphi^*(x)\right)\psi(x)\mathrm{d}x\\&=\frac{\hbar}{\mathrm{i}}\int_{-\frac{a}{2}}^{\frac{a}{2}}\frac{\partial}{\partial x}\left(\varphi^*(x)\psi(x)\right)\mathrm{d}x\\&=\frac{\hbar}{\mathrm{i}}\varphi^*(x)\psi(x)\Big|_{-a/2}^{a/2}.\end{aligned}$$

由此得

$$\varphi^*(a/2)\psi(a/2)=\varphi^*(-a/2)\psi(-a/2),$$

即对任意波函数 ψ 和 φ, 要求

$$\frac{\varphi^*(a/2)}{\varphi^*(-a/2)}=\frac{\psi(-a/2)}{\psi(a/2)}=\text{常数}.$$

考虑到波函数可以差一个常数因子, 不失普遍性, 可将上式中的常数取为 1, 这就是周期性边界条件.

练习 3.7　证明由式 (3.65) 给出的动量本征态满足由式 (3.66) 给出的正交归一化条件.

证明

$$\begin{aligned}\int_{-\frac{a}{2}}^{+\frac{a}{2}}\psi_{p_n}^*(x)\psi_{p_m}(x)\mathrm{d}x&=\frac{1}{a}\int_{-\frac{a}{2}}^{+\frac{a}{2}}\exp\left[\mathrm{i}\frac{2\pi}{a}(n-m)x\right]\mathrm{d}x\\&=\frac{\exp[\mathrm{i}(n-m)\pi]-\exp[-\mathrm{i}(n-m)\pi]}{\mathrm{i}2\pi(n-m)}\\&=\frac{\sin[(n-m)\pi]}{(n-m)\pi}\\&=\begin{cases}0, & n\neq m;\\1, & n=m.\end{cases}\end{aligned}$$

3.5　力学量同时有确定值的条件

定理 3.2　若力学量 A 和 B 总是同时具有确定值, 即它们有共同的完备的本征函数系, 则 $[\hat{A},\hat{B}]=0$.

证明　设 ψ_n 是 $\hat{A}$ 和 $\hat{B}$ 共同的完备的本征函数系, 即

$$\hat{A}\psi_n=A_n\psi_n,\quad \hat{B}\psi_n=B_n\psi_n,\tag{3.77}$$

则任意波函数 ψ 可用完备集 ψ_n 展开为

$$\psi=\sum_n c_n\psi_n.\tag{3.78}$$

于是

$$\begin{aligned}[\hat{A},\hat{B}]\psi&=\sum_n c_n[\hat{A},\hat{B}]\psi_n=\sum_n c_n[\hat{A}\hat{B}-\hat{B}\hat{A}]\psi_n\\&=\sum_n c_n[A_nB_n-B_nA_n]\psi_n=0.\end{aligned}\tag{3.79}$$

由于 ψ 是任意性态, 所以要求 $[\hat{A},\hat{B}]=0$.

定理 3.3 若力学量算符 $\hat{A}$ 和 $\hat{B}$ 对易, 即 $[\hat{A},\hat{B}]=0$, 则它们必有共同的、完备的本征函数系, 因而力学量 A 和 B 同时有确定值.

(1) 考虑 $\hat{A}$ 的本征值没有简并的情况. 设 ψ_n 是 $\hat{A}$ 的任一本征态, 相应的本征值为 A_n, 即

$$\hat{A}\psi_n = A_n\psi_n. \tag{3.80}$$

由于 $[\hat{A},\hat{B}]=0$, 有

$$\hat{A}(\hat{B}\psi_n) = \hat{B}\hat{A}\psi_n = \hat{B}A_n\psi_n = A_n\hat{B}\psi_n. \tag{3.81}$$

此式表明, $\hat{B}\psi_n$ 也是 $\hat{A}$ 的本征态, 本征值为 A_n. 按假定, A_n 无简并, 所以 $\hat{B}\psi_n$ 与 ψ_n 至多差一常数因子, 记为 B_n, 则

$$\hat{B}\psi_n = B_n\psi_n. \tag{3.82}$$

这样, ψ_n 就是 $\hat{A}$ 和 $\hat{B}$ 的共同本征态, 本征值分别为 A_n 和 B_n.

(2) 考虑 $\hat{A}$ 的本征值有简并的情况. 设 $\hat{A}$ 的本征值 A_n 是 f_n 重简并的, 即

$$\hat{A}\psi_{n\alpha} = A_n\psi_{n\alpha}, \quad \alpha = 1,2,\cdots,f_n. \tag{3.83}$$

按本章 3.3 节中的性质 3, 总可使 $\psi_{n\alpha}$ 正交归一化为

$$(\psi_{n\alpha},\psi_{n\beta}) = \delta_{\alpha\beta}. \tag{3.84}$$

考虑到

$$\hat{A}\hat{B}\psi_{n\alpha} = \hat{B}\hat{A}\psi_{n\alpha} = A_n(\hat{B}\psi_{n\alpha}), \tag{3.85}$$

可知, $\hat{B}\psi_{n\alpha}$ 仍为 $\hat{A}$ 的本征态, 相应的本征值也为 A_n, 但由于 $\hat{A}$ 的本征值简并, $\hat{B}\psi_{n\alpha}$ 最一般的表达式为

$$\hat{B}\psi_{n\alpha} = \sum_{\alpha'} B_{\alpha'\alpha}\psi_{n\alpha'}, \tag{3.86}$$

其中

$$B_{\alpha'\alpha} = (\psi_{n\alpha'},\hat{B}\psi_{n\alpha}).$$

可见, 一般而言, $\psi_{n\alpha}$ 还不是 $\hat{B}$ 的本征态. 现将 f_n 个 $\psi_{n\alpha}$ 线性叠加成 f_n 个新的波函数

$$\phi_{n\alpha} = \sum_{\beta} c_{\alpha\beta}\psi_{n\beta}, \quad \alpha = 1,2,\cdots,f_n, \tag{3.87}$$

并有

$$\hat{A}\phi_{n\alpha} = \sum_{\alpha} c_{\alpha\beta}\hat{A}\psi_{n\alpha} = \sum_{\alpha} c_{\alpha\beta}A_n\psi_{n\alpha} = A_n\phi_{n\alpha}, \tag{3.88}$$

即 $\phi_{n\alpha}$ 仍是 $\hat{A}$ 的本征态, 而且对应本征值 A_n.

现在考察能否适当选择 f_n^2 个待定系数 $c_{\alpha\beta}$ $(\alpha, \beta = 1, 2, \cdots, f_n)$, 使 $\phi_{n\beta}(\beta = 1, 2, \cdots, f_n)$ 也成为 $\hat{B}$ 的本征态, 即

$$\hat{B}\phi_{n\beta} = \bar{B}\phi_{n\beta}, \quad \beta = 1, 2, \cdots, f_n. \tag{3.89}$$

为此, 将式 (3.87) 代入式 (3.89) 左边, 并利用式 (3.86), 得

$$\hat{B}\phi_{n\beta} = \sum_{\alpha} c_{\beta\alpha}\hat{B}\psi_{n\alpha} = \sum_{\alpha,\alpha'} c_{\beta\alpha}B_{\alpha'\alpha}\psi_{n\alpha'}, \tag{3.90}$$

而将式 (3.87) 代入式 (3.89) 右边, 得

$$\bar{B}\phi_{n\beta} = \bar{B}\sum_{\alpha'} c_{\beta\alpha'}\psi_{n\alpha'}. \tag{3.91}$$

将式 (3.90) 和式 (3.91) 代入式 (3.89), 即有

$$\sum_{\alpha,\alpha'} c_{\beta\alpha}B_{\alpha'\alpha}\psi_{n\alpha'} = \bar{B}\sum_{\alpha'} c_{\beta\alpha'}\psi_{n\alpha'}. \tag{3.92}$$

两边同乘以 $\psi_{n\gamma}^*$ 并积分, 利用式 (3.84), 可得

$$\sum_{\alpha} c_{\beta\alpha}B_{\gamma\alpha} = \bar{B}c_{\beta\gamma}. \tag{3.93}$$

式 (3.93) 可改写成

$$\sum_{\alpha}(B_{\gamma\alpha} - \bar{B}\delta_{\gamma\alpha})c_{\beta\alpha} = 0. \tag{3.94}$$

这是 $c_{\beta\alpha}$ 的线性齐次代数方程, 有非平庸解的充要条件是其系数行列式等于零, 即

$$\det|B_{\gamma\alpha} - \bar{B}\delta_{\gamma\alpha}| = 0, \tag{3.95}$$

左边是 $f_n \times f_n$ 行列式, 式 (3.95) 是 $\bar{B}$ 的 f 次幂代数方程. 由于 $\hat{B}^\dagger = \hat{B}$, 即 $B_{\gamma\alpha} = B_{\alpha\gamma}^*$. 可证明此关于 $\bar{B}$ 的 f_n 次代数方程的根是存在的. 假定没有重根, 将 f_n 个根 $B_\beta(\beta = 1, 2, \cdots, f_n)$ 分别代入 $c_{\beta\alpha}$ 的线性齐次代数方程 (3.94), 求出一组解 $c_{\beta\alpha}(\alpha = 1, 2, \cdots, f_n)$, 即相应的波函数为

$$\phi_{n\beta} = \sum_{\alpha=1}^{f_n} c_{\beta\alpha}\psi_{n\alpha}. \tag{3.96}$$

这样的波函数 $\phi_{n\beta}$ 共有 f_n 个 $(\beta = 1, 2, \cdots, f_n)$, 满足

$$\begin{aligned} \hat{A}\phi_{n\beta} &= A_n\phi_{n\beta} \\ \hat{B}\phi_{n\beta} &= B_\beta\phi_{n\beta} \end{aligned}, \quad \beta = 1, 2, \cdots, f_n, \tag{3.97}$$

即 $\phi_{n\beta}$ 就是要找的 $\hat{A}$ 和 $\hat{B}$ 的共同本征态.

定理 3.2 和定理 3.3 互为逆定理. 这两个定理表明, 两个力学量同时有确定值的充要条件是对任意态两个力学量的算符彼此对易. 定理 3.3 实际上也提供了求两个对易算符的共同本征态的一般原则.

例 3.3 坐标算符 $\boldsymbol{r}(x, y, z)$ 的共同本征态为 δ 函数

$$\psi_{x_0,y_0,z_0}(x, y, z) = \delta(\boldsymbol{r} - \boldsymbol{r}_0) = \delta(x - x_0)\delta(y - y_0)\delta(z - z_0), \tag{3.98}$$

相应的本征值为 $\boldsymbol{r}_0(x_0, y_0, z_0)$.

例 3.4 动量算符 $\hat{\boldsymbol{p}}(\hat{p}_x, \hat{p}_y, \hat{p}_z)$ 的共同本征态. 由于 $[\hat{p}_\alpha, \hat{p}_\beta] = 0\ (\alpha, \beta = 1, 2, 3)$, $(\hat{p}_x, \hat{p}_y, \hat{p}_z)$ 可以有共同本征态, 即平面波

$$\begin{aligned} \psi_{\boldsymbol{p}}(\boldsymbol{r}) = \psi_{p_x}(x)\psi_{p_y}(y)\psi_{p_z}(z) &= \frac{1}{(2\pi\hbar)^{3/2}} \exp\left[\frac{\mathrm{i}}{\hbar}(xp_x + yp_y + zp_z)\right] \\ &= \frac{1}{(2\pi\hbar)^{3/2}} \exp\left(\frac{\mathrm{i}}{\hbar}\boldsymbol{p} \cdot \boldsymbol{r}\right), \end{aligned} \tag{3.99}$$

相应的本征值为 $\boldsymbol{p}(p_x, p_y, p_z)$.

3.6 $(\hat{\boldsymbol{l}}^2, \hat{l}_z)$ 的共同本征态

角动量算符的定义为 $\hat{\boldsymbol{l}} = \boldsymbol{r} \times \hat{\boldsymbol{p}} = -\mathrm{i}\hbar\boldsymbol{r} \times \nabla$, 其三维直角坐标系中的分量表达式为

$$\hat{l}_\alpha = -\mathrm{i}\hbar\varepsilon_{\alpha\beta\gamma}x_\beta\frac{\partial}{\partial x_\gamma}, \quad \alpha, \beta, \gamma = 1, 2, 3. \tag{3.100}$$

利用直角坐标与球坐标的关系

$$\begin{cases} x = r\sin\theta\cos\varphi, \\ y = r\sin\theta\sin\varphi, \\ z = r\cos\theta, \end{cases} \qquad \begin{cases} r = \sqrt{x^2 + y^2 + z^2}, \\ \theta = \cos^{-1}\dfrac{z}{\sqrt{x^2 + y^2 + z^2}}, \\ \varphi = \tan^{-1}\dfrac{y}{x}, \end{cases} \tag{3.101}$$

并利用复合函数的微商法则, 可得

$$
\begin{aligned}
\frac{\partial}{\partial x} &= \frac{\partial r}{\partial x}\cdot\frac{\partial}{\partial r}+\frac{\partial \theta}{\partial x}\cdot\frac{\partial}{\partial \theta}+\frac{\partial \varphi}{\partial x}\cdot\frac{\partial}{\partial \varphi}\\
&= \sin\theta\cos\varphi\frac{\partial}{\partial r}+\frac{1}{r}\cos\theta\cos\varphi\frac{\partial}{\partial\theta}-\frac{1}{r}\frac{\sin\varphi}{\sin\theta}\frac{\partial}{\partial\varphi},\\
\frac{\partial}{\partial y} &= \frac{\partial r}{\partial y}\cdot\frac{\partial}{\partial r}+\frac{\partial \theta}{\partial y}\cdot\frac{\partial}{\partial \theta}+\frac{\partial \varphi}{\partial y}\cdot\frac{\partial}{\partial \varphi}\\
&= \sin\theta\sin\varphi\frac{\partial}{\partial r}+\frac{1}{r}\cos\theta\sin\varphi\frac{\partial}{\partial\theta}+\frac{1}{r}\frac{\cos\varphi}{\sin\theta}\frac{\partial}{\partial\varphi},\\
\frac{\partial}{\partial z} &= \frac{\partial r}{\partial z}\cdot\frac{\partial}{\partial r}+\frac{\partial \theta}{\partial z}\cdot\frac{\partial}{\partial \theta}+\frac{\partial \varphi}{\partial z}\cdot\frac{\partial}{\partial \varphi}\\
&= \cos\varphi\frac{\partial}{\partial r}-\frac{1}{r}\sin\theta\frac{\partial}{\partial\theta}.
\end{aligned}
\tag{3.102}
$$

推导上述公式 (如计算 $\dfrac{\partial r}{\partial x}$) 时, 应采用 r、θ 和 ϕ 与 x、y, z 的关系, 而不是 x, y 和 z 与 r、θ 和 ϕ 的关系, 因为 y, z 与 x 无关, 而 r、θ 与 x 有关. 将式 (3.102) 代入角动量算符的定义式 (3.100), 即得球坐标系中角动量各分量算符及其平方算符为

$$
\begin{cases}
\hat{l}_x = \mathrm{i}\hbar\left(\sin\varphi\dfrac{\partial}{\partial\theta}+\cot\theta\cos\varphi\dfrac{\partial}{\partial\varphi}\right),\\
\hat{l}_y = -\mathrm{i}\hbar\left(\cos\varphi\dfrac{\partial}{\partial\theta}-\cot\theta\sin\varphi\dfrac{\partial}{\partial\varphi}\right),\\
\hat{l}_z = -\mathrm{i}\hbar\dfrac{\partial}{\partial\varphi},
\end{cases}
\tag{3.103}
$$

$$
\hat{\boldsymbol{l}}^2 = \hat{l}_x^2+\hat{l}_y^2+\hat{l}_z^2 = -\hbar^2\left[\frac{1}{\sin\theta}\frac{\partial}{\partial\theta}\left(\sin\theta\frac{\partial}{\partial\theta}\right)+\frac{1}{\sin^2\theta}\frac{\partial^2}{\partial\varphi^2}\right].
\tag{3.104}
$$

首先求角动量 z 分量算符 $\hat{l}_z$ 的本征函数. $\hat{l}_z$ 的本征值方程为

$$
\hat{l}_z\phi(\varphi) = l_z\phi(\varphi) = -\mathrm{i}\hbar\frac{\partial}{\partial\varphi}\phi(\varphi),
\tag{3.105}
$$

解之得

$$
\phi(\varphi) = A\mathrm{e}^{\frac{\mathrm{i}}{\hbar}l_z\varphi},
\tag{3.106}
$$

其中, A 为归一化常数. 当绕 z 轴旋转一周, 即 $\varphi\to\varphi+2\pi$ 时, 为保证 $\hat{l}_z$ 的厄米性, 要求波函数满足周期性边条件

$$
\phi(\varphi+2\pi) = \phi(\varphi),
\tag{3.107}
$$

即有

$$Ae^{\frac{i}{\hbar}l_z(\varphi+2\pi)} = Ae^{\frac{i}{\hbar}l_z\varphi},$$

从而

$$e^{\frac{i}{\hbar}l_z 2\pi} = 1,$$

由此得

$$l_z = m\hbar, \quad m = 0, \pm 1, \pm 2, \cdots. \tag{3.108}$$

将式 (3.108) 代入式 (3.106), 并由 $\int_0^{2\pi}|\phi(\varphi)|^2\mathrm{d}\varphi = 1$ 确定 A, 即得 $\hat{l}_z$ 的属于本征值 $l_z = m\hbar$ 的归一化本征函数为

$$\phi_m(\varphi) = \frac{1}{\sqrt{2\pi}}e^{im\varphi}, \quad m = 0, \pm 1, \pm 2, \cdots. \tag{3.109}$$

其次求出角动量平方算符 $\hat{\boldsymbol{l}}^2$ 及角动量的 z 分量算符的共同本征函数. 角动量平方算符 $\hat{\boldsymbol{l}}^2$ 的本征方程为

$$-\hbar^2\left[\frac{1}{\sin\theta}\frac{\partial}{\partial\theta}\left(\sin\theta\frac{\partial}{\partial\theta}\right) + \frac{1}{\sin^2\theta}\frac{\partial^2}{\partial\varphi^2}\right]Y(\theta,\varphi) = \lambda\hbar^2 Y(\theta,\varphi), \tag{3.110}$$

由于 $[\hat{\boldsymbol{l}}^2, \hat{l}_z] = 0\ (\alpha = 1, 2, 3)$, $\hat{\boldsymbol{l}}^2$ 的本征态可以同时取为 $\hat{l}_z$ 的本征态. 令

$$Y(\theta,\varphi) = \Theta(\theta)\phi_m(\varphi), \tag{3.111}$$

代入方程 (3.110), 得

$$\frac{1}{\sin\theta}\frac{\mathrm{d}}{\mathrm{d}\theta}\left(\sin\theta\frac{\mathrm{d}\Theta}{\mathrm{d}\theta}\right) + \left(\lambda - \frac{m^2}{\sin^2\theta}\right)\Theta = 0, \quad (0 \leqslant \theta \leqslant \pi). \tag{3.112}$$

令 $\xi = \cos\theta(|\xi| \leqslant 1)$, 则式 (3.112) 化为

$$\frac{\mathrm{d}}{\mathrm{d}\xi}\left[(1-\xi^2)\frac{\mathrm{d}\Theta}{\mathrm{d}\xi}\right] + \left(\lambda - \frac{m^2}{1-\xi^2}\right)\Theta = 0, \tag{3.113a}$$

或

$$(1-\xi^2)\frac{\mathrm{d}^2\Theta}{\mathrm{d}\xi^2} - 2\xi\frac{\mathrm{d}\Theta}{\mathrm{d}\xi} + \left(\lambda - \frac{m^2}{1-\xi^2}\right)\Theta = 0, \tag{3.113b}$$

此即为连带勒让德 (Legendre) 方程, 在 $|\xi| \leqslant 1$ (或 $0 \leqslant \theta \leqslant \pi$) 范围中, 方程有两个正则奇点 $\xi = \pm 1$, 其余各点均为常点. 波函数的有限性要求参数 λ 应当取

$$\lambda = l(l+1), \quad l = 0, 1, 2, \cdots. \tag{3.114}$$

此时, 方程有一个多项式解 (另一个解为无穷级数), 即连带勒让德函数

$$\mathrm{P}_l^m(\cos\theta), \quad |m| \leqslant l, \tag{3.115}$$

它在 $|\xi| \leqslant 1$ 范围中是有界的, 是物理上允许的解. 利用正交归一性公式

$$\int_0^{\pi} \mathrm{P}_l^m(\cos\theta)\mathrm{P}_{l'}^m(\cos\theta)\sin\theta \mathrm{d}\theta = \frac{2}{(2l+1)}\frac{(l+m)!}{(l-m)!}\delta_{ll'}, \tag{3.116}$$

可得归一化波函数

$$\begin{gathered}\Theta_{lm}(\theta) = (-1)^m \sqrt{\frac{(2l+1)}{2}\frac{(l-m)!}{(l+m)!}}\mathrm{P}_l^m(\cos\theta), \\ m = l, l-1, \cdots, -(l-1), -l,\end{gathered} \tag{3.117}$$

它满足正交归一化条件

$$\int \Theta_{l'm}(\theta)\Theta_{lm}(\theta)\sin\theta \mathrm{d}\theta = \delta_{ll'}. \tag{3.118}$$

利用 $\mathrm{P}_l^{-m} = (-1)^m \dfrac{(l-m)!}{(l+m)!}\mathrm{P}_l^m$, 可证

$$\Theta_{l,-m} = (-1)^m \Theta_{lm}. \tag{3.119}$$

这样

$$\mathrm{Y}_{lm}(\theta,\varphi) = (-1)^m \sqrt{\frac{(2l+1)(l-m)!}{4\pi(l+m)!}}\mathrm{P}_l^m(\cos\theta)\mathrm{e}^{\mathrm{i}m\varphi}, \tag{3.120}$$

Y_{lm} 称为球谐函数, 它们具有性质

$$\begin{aligned}&\mathrm{Y}_{lm}^*(\theta,\varphi) = (-1)^m \mathrm{Y}_{lm}(\theta,\varphi), \\ &\int_0^{2\pi}\int_0^{\pi} \mathrm{Y}_{l'm'}^*(\theta,\varphi)\mathrm{Y}_{l,m}(\theta,\varphi)\sin\theta \mathrm{d}\theta \mathrm{d}\varphi = \delta_{ll'}\delta_{mm'},\end{aligned} \tag{3.121}$$

且

$$\begin{aligned}&\hat{\boldsymbol{l}}^2 \mathrm{Y}_{lm}(\theta,\varphi) = l(l+1)\hbar^2 \mathrm{Y}_{lm}(\theta,\varphi), \\ &\hat{l}_z \mathrm{Y}_{lm}(\theta,\varphi) = m\hbar \mathrm{Y}_{lm}(\theta,\varphi), \\ &l = 0, 1, 2, \cdots, \quad m = -l, -l+1, \cdots, l-1, l,\end{aligned} \tag{3.122}$$

即 $Y_{lm}(\theta,\varphi)$ 是 $\hat{\boldsymbol{l}}^2, \hat{l}_z$ 的共同本征函数, $\hat{\boldsymbol{l}}^2$ 的本征值为 $l(l+1)\hbar^2$, $\hat{l}_z$ 的本征值为 $m\hbar$. l 称为轨道角动量量子数, m 称为磁量子数. 在给定 l 的情况下, m 可以取 $(2l+1)$ 个不同值, 即有 $(2l+1)$ 个态, 因此对 $\hat{\boldsymbol{l}}^2$ 而言, $Y_{lm}(\theta,\varphi)$ 是 $(2l+1)$ 重简并的, 而 Y_{lm} 正是用 $\hat{l}_z$ 的本征值来对这些简并态进行分类的.

练习 3.8 证明: 为保证 $\hat{l}_z = -\mathrm{i}\hbar\dfrac{\partial}{\partial\varphi}$ 是厄米算符, 波函数 $\psi(r,\theta,\varphi)$ 必须满足单值性条件 $\psi(r,\theta,\varphi) = \psi(r,\theta,\varphi+2\pi)$.

证明 由厄米算符的定义, $\hat{l}_z$ 作为厄米算符, 对任意波函数 ψ 和 ϕ, 应满足

$$\int \phi^* \hat{l}_z \psi \mathrm{d}^3x = \int (\hat{l}_z\phi)^* \psi \mathrm{d}^3x.$$

如取 $\phi(r,\theta)$, 与 φ 无关, 则 $\hat{l}_z\phi = 0$, 因此

$$\int \phi^* \hat{l}_z \psi \mathrm{d}^3x = 0,$$

即

$$\int_0^\infty \mathrm{d}r r^2 \int_0^\pi \mathrm{d}\theta \sin\theta \phi^*(r,\theta) \int_0^{2\pi} \mathrm{d}\varphi \frac{\partial}{\partial\varphi}\psi(r,\theta,\varphi) = 0.$$

由于被积函数的 r, θ 部分是任意的, 因此上式要成立, 必须有

$$\int_0^{2\pi} \frac{\partial}{\partial\varphi}\psi(r,\theta,\varphi)\mathrm{d}\varphi = \psi(r,\theta,\varphi)|_0^{2\pi} = 0.$$

又由于 $\varphi = 0$ 的方向可任意选择, 上式立即给出

$$\psi(r,\theta,\varphi) = \psi(r,\theta,\varphi+2\pi).$$

3.7 力学量完全集

设有一组彼此独立而且彼此对易的厄米算符集 $\hat{A} \equiv \{\hat{A}_1, \hat{A}_2, \cdots\}$, 它们的共同本征态为 ψ_α, 相应的本征值为 A_α, 即

$$\hat{A}\psi_\alpha = A_\alpha\psi_\alpha, \tag{3.123}$$

α 实际上表示一组量子数. 若给定一组量子数 α 之后, 就能够确定体系的一个可能状态, 则称 $\hat{A} \equiv \{\hat{A}_1, \hat{A}_2, \cdots\}$ 构成体系的一组力学量完全集.

当体系处于 $\hat{A}$ 的完备的共同本征态 ψ_α 时, 力学量 A 同时有确定值 A_α, 即 $\hat{A}$ 的本征值, 也是 A 在共同本征态下的平均值. 如果体系不处于 $\hat{A}$ 的完备的共同本

征态, 而处于任一个态 ψ, 这时算符 $\hat{A}$ 和它所表示的力学量 A 之间的关系如何呢? 任何一个状态 ψ 可用 ψ_α 展开 (这里假定 $\hat{A}$ 的本征值是分立谱), 即

$$\psi = \sum_\alpha c_\alpha \psi_\alpha, \tag{3.124}$$

这里假定 ψ_α 已正交归一化, 即

$$(\psi_\alpha, \psi_\beta) = \delta_{\alpha\beta}. \tag{3.125}$$

式 (3.124) 的两边同乘以 ψ_α^*, 并对空间变量的整个区域积分, 利用 ψ_α 的正交归一性式 (3.125), 可知

$$c_\alpha = (\psi_\alpha, \psi). \tag{3.126}$$

设 ψ 已归一化, 由 ψ_α 的正交归一性式 (3.125), 可得出

$$\begin{aligned} 1 = (\psi, \psi) &= \sum_{\alpha,\beta} c_\alpha c_\beta (\psi_\alpha, \psi_\beta) \\ &= \sum_{\alpha,\beta} c_\alpha c_\beta \delta_{\alpha\beta} = \sum_\alpha |c_\alpha|^2, \end{aligned} \tag{3.127}$$

而任意力学量 A 在此态的平均值为

$$\begin{aligned} \langle A \rangle = (\psi, \hat{A}\psi) &= \sum_{\alpha,\beta} c_\alpha^* c_\beta (\psi_\alpha, \hat{A}\psi_\beta) = \sum_{\alpha,\beta} c_\alpha^* c_\beta A_\beta (\psi_\alpha, \psi_\beta) \\ &= \sum_{\alpha,\beta} c_\alpha^* c_\beta A_\beta \delta_{\alpha\beta} = \sum_\alpha |c_\alpha|^2 A_\alpha. \end{aligned} \tag{3.128}$$

由此可见, $|c_\alpha|^2$ 表示在 ψ 态下, 测量力学量 A 得到 A_α 值的概率. 正因为如此, c_α 常称为概率幅. 式 (3.127) 说明总概率等于 1.

综上所述, 量子力学中力学量与算符的关系为: **量子力学中表示力学量的算符 $\hat{A}$ 都是厄米算符, 其本征函数 ψ_α 组成完备系, 当体系处于任意 ψ 态时, 测量力学量 A 所得数值必定是算符 $\hat{A}$ 的本征值 A_α 之一, 且测得 A_α 的概率为 $|(\psi_\alpha, \psi)|^2$.**

例 3.5　三维运动粒子, 动量的三个分量构成一组力学量完全集, 其共同本征态就是平面波

$$\psi_{\boldsymbol{p}}(\boldsymbol{r}) = \frac{1}{(2\pi\hbar)^{3/2}} \exp\left(\frac{\mathrm{i}}{\hbar}\boldsymbol{p}\cdot\boldsymbol{r}\right),$$

任何一个平方可积波函数均可用它们展开为

$$\psi(\boldsymbol{r}) = \int \varphi(\boldsymbol{p})\psi_{\boldsymbol{p}}(\boldsymbol{r})\mathrm{d}^3p = \frac{1}{(2\pi\hbar)^{3/2}} \int \varphi(\boldsymbol{p}) \exp\left(\frac{\mathrm{i}}{\hbar}\boldsymbol{p}\cdot\boldsymbol{r}\right)\mathrm{d}^3p, \tag{3.129}$$

展开系数的模方 $|\varphi(\boldsymbol{p})|^2$ 代表在 $\psi(\boldsymbol{r})$ 态下, 测得动量为 $\boldsymbol{p}$ 的概率密度.

例 3.6 对一维自由粒子, $\hat{H}=\dfrac{\hat{p}_x^2}{2m}$, 对应能量 $E_k=\dfrac{k^2\hbar^2}{2m}$, 有两个能量本征态 $\exp(\pm kx)$, 能量二重简并, 因此 H 并不构成力学量完全集. 如果把空间反射 $\hat{P}$ 考虑进去, 由于 $[\hat{P},\hat{H}]=0$, 可选 (H,P) 为一个力学量完全集, 它们的共同本征态为

$$\cos kx,\ E_k=\frac{k^2\hbar^2}{2m},\quad \text{宇称}\quad \pi=+\quad (\text{偶宇称}),$$

$$\sin kx,\ E_k=\frac{k^2\hbar^2}{2m},\quad \text{宇称}\quad \pi=-\quad (\text{奇宇称}).$$

由此可见, 体系的力学量完全集中力学量的个数应不少于体系的自由度数目.

3.8 不确定性关系

若力学量 A 和 B 相应的算符 $\hat{A}$ 和 $\hat{B}$ 对易, 即 $[\hat{A},\hat{B}]=0$, 则力学量 A 和 B 有共同而完备的本征函数, 因而可同时具有确定值. 问题是当 $[\hat{A},\hat{B}]\neq 0$ 时, 力学量 A 和 B 又将如何取值呢? 一般而言, 它们不能同时有确定值. 下面从对易关系来肯定这一结论, 并估计在同一个态 ψ 中, 两个不对易算符 $\hat{A}$ 和 $\hat{B}$ 不确定程度之间的关系. 设两个力学量算符 (厄米算符)$\hat{A}$ 和 $\hat{B}$ 的对易关系为

$$[\hat{A},\hat{B}]=\mathrm{i}\hat{C}. \tag{3.130}$$

显然, $\hat{C}$ 也为厄米算符. 对体系的任意波函数 ψ, 考虑下列积分

$$I(\xi)=\int|\xi\hat{A}\psi+\mathrm{i}\hat{B}\psi|^2\mathrm{d}\tau\geqslant 0, \tag{3.131}$$

式中, ξ 为任意实参数. 利用 $\hat{A}$ 和 $\hat{B}$ 的厄米特性, 式 (3.131) 右边可表示成

$$\begin{aligned}I(\xi)&=(\xi\hat{A}\psi+\mathrm{i}\hat{B}\psi,\xi\hat{A}\psi+\mathrm{i}\hat{B}\psi)\\&=\xi^2(\hat{A}\psi,\hat{A}\psi)+\mathrm{i}\xi(\hat{A}\psi,\hat{B}\psi)-\mathrm{i}\xi(\hat{B}\psi,\hat{A}\psi)+(\hat{B}\psi,\hat{B}\psi)\\&=\xi^2(\psi,\hat{A}^2\psi)+\mathrm{i}\xi(\psi,[\hat{A},\hat{B}]\psi)+(\psi,\hat{B}^2\psi)\\&=\xi^2\langle A^2\rangle-\xi\langle C\rangle+\langle B^2\rangle\\&=\langle A^2\rangle\left(\xi-\frac{\langle C\rangle}{2\langle A^2\rangle}\right)^2+\left(\langle B^2\rangle-\frac{\langle C\rangle^2}{4\langle A^2\rangle}\right)\geqslant 0.\end{aligned} \tag{3.132}$$

取 $\xi=\langle C\rangle/2\langle A^2\rangle$, 则

$$\langle A^2\rangle\langle B^2\rangle\geqslant\frac{1}{4}\langle C\rangle^2, \tag{3.133a}$$

或

$$\sqrt{\langle A^2\rangle\langle B^2\rangle} \geqslant \frac{1}{2}|\langle C\rangle| = \frac{1}{2}|\langle[\hat{A},\hat{B}]\rangle|. \tag{3.133b}$$

注意到 $\langle A\rangle$ 和 $\langle B\rangle$ 均为实数, 所以

$$\Delta\hat{A} = \hat{A} - \langle A\rangle, \quad \Delta\hat{B} = \hat{B} - \langle B\rangle \tag{3.134}$$

也是厄米算符, 且

$$[\Delta\hat{A}, \Delta\hat{B}] = [\hat{A}, \hat{B}], \tag{3.135}$$

因此

$$\langle(\Delta A)^2\rangle\langle(\Delta B)^2\rangle \geqslant \frac{1}{4}\langle[\hat{A},\hat{B}]\rangle^2, \tag{3.136}$$

式中

$$\begin{aligned}\langle(\Delta A)^2\rangle &= \langle(\hat{A} - \langle A\rangle)^2\rangle = \langle\hat{A}^2 - 2\langle A\rangle\hat{A} + \langle A\rangle^2\rangle \\ &= \langle A^2\rangle - \langle A\rangle^2.\end{aligned} \tag{3.137}$$

同样

$$\langle(\Delta B)^2\rangle = \langle B^2\rangle - \langle B\rangle^2. \tag{3.138}$$

令

$$\Delta A = \sqrt{\langle A^2\rangle - \langle A\rangle^2}, \quad \Delta B = \sqrt{\langle B^2\rangle - \langle B\rangle^2}, \tag{3.139}$$

则

$$\Delta A \cdot \Delta B \geqslant \frac{1}{2}|\langle C\rangle| = \frac{1}{2}|\langle[\hat{A},\hat{B}]\rangle|. \tag{3.140}$$

若取 $\hat{A} = x$, $\hat{B} = \hat{p}_x$, 由于 $[x, \hat{p}_x] = \mathrm{i}\hbar$, 则

$$\Delta x \cdot \Delta p_x \geqslant \frac{1}{2}\hbar. \tag{3.141a}$$

同样

$$\Delta y \cdot \Delta p_y \geqslant \frac{1}{2}\hbar, \tag{3.141b}$$

$$\Delta z \cdot \Delta p_z \geqslant \frac{1}{2}\hbar. \tag{3.141c}$$

不确定性关系是波粒二象性和波函数统计解释的必然结果. 由于 x 与 $\hat{p}_x$ 不对易, x 与 p_x 就没有共同的本征态, 不管是否对坐标和相应的动量进行测量, 粒子客观上不可能同时具有确定的坐标和确定的动量. 这是一个量子效应, 是由力学量的

统计分布决定的, 绝不是测量技术或仪器精度的问题, 而是原则上根本不可能同时准确地确定它们. 对具体的测量而言, 不确定性关系给出了一个极限: 不可能实现比不确定性关系更精确的测量.

例 3.7 在势垒穿透中, 从经典力学上讲, 在势垒内部粒子的能量为动能与势能之和

$$E = \frac{p^2}{2m} + V(x), \tag{3.142}$$

在 $E < V(x)$ 的区域内, 粒子的动能变为负值, 这是没有意义的. 怎样理解势垒贯穿中在势垒内部粒子动能是负值的问题呢?

解 在量子力学中, 这个问题的提法就不成立. 因为在量子力学中式 (3.142) 变成算符的等式, 势能算符 $V(x)$ 与动能算符 $\hat{p}^2/2m$ 也就不对易, 即势能和动能不能同时具有确定值. 在这种情况下, 说在某一点或某一区域内粒子的能量等于动能与势能之和是没有意义的. 式 (3.142) 只说明在一个态中平均总能量等于平均动能与平均势能之和, 而在对一个态求平均时, 要对变量的整个区域积分. 当粒子在势垒范围内被发现时, 根据不确定性关系, 粒子的动能就在某一范围内不确定. 不妨估计这个不确定的范围. 因为势垒的宽度为 a, 粒子在势垒范围内说明粒子坐标的不确定度为 $\Delta x = a$, 由不确定性关系式 (3.141a) 知, $\Delta p^2 \geqslant \hbar^2/4a^2$, 所以粒子动能的不确定度为

$$\Delta T = \frac{(\Delta p)^2}{2m} \geqslant \frac{\hbar^2}{8ma^2}.$$

练习 3.9 试证明在角动量 $\hat{\boldsymbol{l}}^2$ 和 $\hat{l}_z$ 的共同本征态中, (1) l_x 和 l_y 的平均值为零; (2) l_x^2 和 l_y^2 的平均值相等; (3) $\Delta l_x \cdot \Delta l_y \geqslant \frac{1}{2}|m|\hbar^2$.

证明 (1) $\hat{\boldsymbol{l}}^2$ 和 $\hat{l}_z$ 的共同本征函数为球谐函数 $\mathrm{Y}_{lm}(\theta,\varphi)$, 即

$$\hat{\boldsymbol{l}}^2 \mathrm{Y}_{lm}(\theta,\varphi) = l(l+1)\hbar^2 \mathrm{Y}_{lm}(\theta,\varphi),$$

$$\hat{l}_z \mathrm{Y}_{lm}(\theta,\varphi) = m\hbar \mathrm{Y}_{lm}(\theta,\varphi).$$

利用对易关系 $[\hat{l}_y,\hat{l}_z] = \mathrm{i}\hbar\hat{l}_x$ 及 $\hat{l}_z$ 的厄米性, 可得

$$\begin{aligned}
\langle l_x \rangle &= \frac{1}{\mathrm{i}\hbar}\langle [\hat{l}_y,\hat{l}_z] \rangle = \frac{1}{\mathrm{i}\hbar}(\mathrm{Y}_{lm},(\hat{l}_y\hat{l}_z - \hat{l}_z\hat{l}_y)\mathrm{Y}_{lm}) \\
&= \frac{1}{\mathrm{i}\hbar}[(\mathrm{Y}_{lm},\hat{l}_y\hat{l}_z\mathrm{Y}_{lm}) - (\hat{l}_z\mathrm{Y}_{lm},\hat{l}_y\mathrm{Y}_{lm})] \\
&= -\mathrm{i}m(\mathrm{Y}_{lm},\hat{l}_y\mathrm{Y}_{lm}) + \mathrm{i}m(\mathrm{Y}_{lm},\hat{l}_y\mathrm{Y}_{lm}) \\
&= 0,
\end{aligned}$$

即

$$\langle l_x \rangle = 0. \tag{3.143}$$

同理可证

$$\langle l_y \rangle = 0. \tag{3.144}$$

(2) 因为

$$\begin{aligned}
\hat{l}_x^2 = \hat{l}_x \hat{l}_x &= \hat{l}_x \frac{1}{\mathrm{i}\hbar}[\hat{l}_y, \hat{l}_z] = \frac{1}{\mathrm{i}\hbar}(\hat{l}_x \hat{l}_y \hat{l}_z - \hat{l}_x \hat{l}_z \hat{l}_y) \\
&= \frac{1}{\mathrm{i}\hbar}\{\hat{l}_x \hat{l}_y \hat{l}_z - (\hat{l}_z \hat{l}_x - \mathrm{i}\hbar \hat{l}_y)\hat{l}_y\} \\
&= \frac{1}{\mathrm{i}\hbar}(\hat{l}_x \hat{l}_y \hat{l}_z - \hat{l}_z \hat{l}_x \hat{l}_y) + \hat{l}_y^2,
\end{aligned}$$

即

$$\hat{l}_x^2 - \hat{l}_y^2 = \frac{1}{\mathrm{i}\hbar}(\hat{l}_x \hat{l}_y \hat{l}_z - \hat{l}_z \hat{l}_x \hat{l}_y) = \frac{1}{\mathrm{i}\hbar}[\hat{l}_x \hat{l}_y, \hat{l}_z],$$

所以

$$\begin{aligned}
\langle \hat{l}_x^2 - \hat{l}_y^2 \rangle &= \frac{1}{\mathrm{i}\hbar}(\mathrm{Y}_{lm}, [\hat{l}_x \hat{l}_y, \hat{l}_z]\mathrm{Y}_{lm}) = \frac{1}{\mathrm{i}\hbar}[(\mathrm{Y}_{lm}, \hat{l}_x \hat{l}_y \hat{l}_z \mathrm{Y}_{lm}) - (\hat{l}_z \mathrm{Y}_{lm}, \hat{l}_x \hat{l}_y \mathrm{Y}_{lm})] \\
&= \frac{1}{\mathrm{i}\hbar}[m\hbar(\mathrm{Y}_{lm}, \hat{l}_x \hat{l}_y \mathrm{Y}_{lm}) - m\hbar(\mathrm{Y}_{lm}, \hat{l}_x \hat{l}_y \mathrm{Y}_{lm})] = 0,
\end{aligned}$$

即有

$$\langle \hat{l}_x^2 \rangle = \langle \hat{l}_y^2 \rangle. \tag{3.145}$$

(3) 由于

$$\begin{aligned}
\langle \hat{\boldsymbol{l}}^2 \rangle &= \langle \hat{l}_x^2 + \hat{l}_y^2 + \hat{l}_z^2 \rangle, \\
l(l+1)\hbar^2 &= \langle \hat{l}_x^2 \rangle + \langle \hat{l}_y^2 \rangle + m^2\hbar^2,
\end{aligned} \tag{3.146}$$

从式 (3.145) 和式 (3.146), 得

$$\langle \hat{l}_x^2 \rangle = \langle \hat{l}_y^2 \rangle = \frac{1}{2}[l(l+1) - m^2]\hbar^2. \tag{3.147}$$

又由式 (3.143) 和式 (3.144), 有

$$\begin{aligned}
\langle (\Delta l_x)^2 \rangle &= \langle l_x^2 \rangle - \langle l_x \rangle^2 = \langle l_x^2 \rangle, \\
\langle (\Delta l_y)^2 \rangle &= \langle l_y^2 \rangle - \langle l_y \rangle^2 = \langle l_y^2 \rangle.
\end{aligned} \tag{3.148}$$

从式 (3.147) 和式 (3.148), 得

$$\Delta l_x = \Delta l_y = \sqrt{\frac{1}{2}[l(l+1)-m^2]}\hbar, \tag{3.149}$$

$$\Delta l_x \cdot \Delta l_y = \frac{\hbar^2}{2}[l(l+1)-m^2]. \tag{3.150}$$

由于 $m=0,\pm 1,\cdots,\pm l$, 代入式 (3.150), 得

$$\Delta l_x \cdot \Delta l_y \geqslant \frac{\hbar^2}{2}[|m|(|m|+1)-m^2] = \frac{1}{2}|m|\hbar^2. \tag{3.151}$$

3.9 力学量随时间的演化

量子力学中力学量随时间的演化与经典力学有所不同. 经典力学中, 处于某一状态下的体系的每一个力学量, 作为时间的函数, 在每一时刻都有确定值. 量子力学中, 处于量子态 $\psi(\boldsymbol{r},t)$ 下的体系, 在每一时刻不是所有力学量都具有确定值, 一般而言, 只有确定的概率分布和平均值. 力学量 A 在任意态 ψ 下的平均值为

$$\langle A(t)\rangle = (\psi(t), \hat{A}\psi(t)), \tag{3.152}$$

将式 (3.152) 对时间 t 求微商, 得

$$\frac{\mathrm{d}\langle A(t)\rangle}{\mathrm{d}t} = \left(\frac{\partial\psi(t)}{\partial t}, \hat{A}\psi\right) + \left(\psi(t), \frac{\partial\hat{A}(t)}{\partial t}\psi(t)\right) + \left(\psi(t), \hat{A}\frac{\partial\psi(t)}{\partial t}\right).$$

利用薛定谔方程和 $\hat{H}$ 的厄米性, 得

$$\begin{aligned}\frac{\mathrm{d}\langle A(t)\rangle}{\mathrm{d}t} &= \left(\frac{1}{\mathrm{i}\hbar}\hat{H}\psi(t), A\psi\right) + \left(\psi, \frac{\partial\hat{A}}{\partial t}\psi\right) + \left(\psi, \hat{A}\frac{1}{\mathrm{i}\hbar}\hat{H}\psi\right)\\ &= -\frac{1}{\mathrm{i}\hbar}(\psi, \hat{H}\hat{A}\psi) + \left(\psi, \frac{\partial\hat{A}}{\partial t}\psi\right) + \frac{1}{\mathrm{i}\hbar}(\psi, \hat{A}\hat{H}\psi)\\ &= \frac{1}{\mathrm{i}\hbar}(\psi, [\hat{A},\hat{H}]\psi) + \left(\psi, \frac{\partial\hat{A}}{\partial t}\psi\right)\\ &= \frac{1}{\mathrm{i}\hbar}\langle[\hat{A},\hat{H}]\rangle + \left\langle\frac{\partial\hat{A}}{\partial t}\right\rangle,\end{aligned}$$

即有

$$\frac{\mathrm{d}}{\mathrm{d}t}\langle\hat{A}\rangle = \left\langle\frac{\partial\hat{A}}{\partial t}\right\rangle + \frac{1}{\mathrm{i}\hbar}\langle[\hat{A},\hat{H}]\rangle. \tag{3.153}$$

引入力学量对时间微商的算符 $\mathrm{d}\hat{A}/\mathrm{d}t$, 其定义是在任意态中, $\mathrm{d}\hat{A}/\mathrm{d}t$ 的平均值等于力学量 A 在该态中的平均值对时间的微商, 即

$$\left\langle \frac{\mathrm{d}\hat{A}}{\mathrm{d}t} \right\rangle = \frac{\mathrm{d}\langle \hat{A} \rangle}{\mathrm{d}t}. \tag{3.154}$$

比较式 (3.153) 和式 (3.154), 由 ψ 的任意性, 可得

$$\frac{\mathrm{d}\hat{A}}{\mathrm{d}t} = \frac{\partial \hat{A}}{\partial t} + \frac{1}{\mathrm{i}\hbar}[\hat{A}, \hat{H}], \tag{3.155}$$

式 (3.155) 给出了算符随时间的变化规律, 即算符运动方程. 要注意区分力学量算符对时间的偏微商 $\partial\hat{A}/\partial t$ 与力学量对时间微商的算符 $\mathrm{d}\hat{A}/\mathrm{d}t$.

3.10　波包的运动

考虑粒子在势场 $V(\boldsymbol{r})$ 中运动, 设用波包 $\psi(\boldsymbol{r}, t)$ 描述其状态. 下面讨论波包的运动与经典粒子运动的关系. 粒子的哈密顿算符为

$$\hat{H} = \frac{\boldsymbol{p}^2}{2m} + V(\boldsymbol{r}), \tag{3.156}$$

由于 $\partial \boldsymbol{r}/\partial t = 0$, 利用 $[x_\alpha, \hat{p_\beta}] = \mathrm{i}\hbar\delta_{\alpha\beta}$, 可得

$$\begin{aligned}\frac{\mathrm{d}\hat{\boldsymbol{r}}}{\mathrm{d}t} &= \frac{1}{\mathrm{i}\hbar}[\hat{\boldsymbol{r}}, \hat{H}] = \frac{1}{2m\mathrm{i}\hbar}[\hat{\boldsymbol{r}}, \hat{\boldsymbol{p}}^2] = \frac{1}{2m\mathrm{i}\hbar}[x_\alpha \boldsymbol{e_\alpha}, \hat{p}_\beta\hat{p}_\beta] = \frac{1}{2m\mathrm{i}\hbar}\boldsymbol{e_\alpha}[x_\alpha, \hat{p}_\beta\hat{p}_\beta] \\ &= \frac{1}{2m\mathrm{i}\hbar}\boldsymbol{e_\alpha}(\hat{p}_\beta[x_\alpha, \hat{p}_\beta] + [x_\alpha, \hat{p}_\beta]\hat{p}_\beta) = \frac{\hat{p}_\alpha\hat{\boldsymbol{e_\alpha}}}{m} = \frac{\hat{\boldsymbol{p}}}{m},\end{aligned}$$

即有

$$\hat{\boldsymbol{p}} = m\frac{\mathrm{d}\hat{\boldsymbol{r}}}{\mathrm{d}t} = m\hat{\boldsymbol{v}}. \tag{3.157}$$

由此可见, 经典力学中的动量表达式在量子力学中以算符的形式出现, 坐标对时间微商的算符就是速度算符 $\hat{\boldsymbol{v}}$. 同理, 由于 $\partial\hat{\boldsymbol{p}}/\partial t = 0$, 并利用 $[\hat{\boldsymbol{p}}, V(\boldsymbol{r})] = -\mathrm{i}\hbar\nabla V(\boldsymbol{r})$, 可得

$$\frac{\mathrm{d}\hat{\boldsymbol{p}}}{\mathrm{d}t} = \frac{1}{\mathrm{i}\hbar}[\hat{\boldsymbol{p}}, \hat{H}] = \frac{1}{\mathrm{i}\hbar}\left[\hat{\boldsymbol{p}}, \frac{\hat{\boldsymbol{p}}^2}{2m} + V(\boldsymbol{r})\right] = \frac{1}{\mathrm{i}\hbar}[\hat{\boldsymbol{p}}, V(\boldsymbol{r})] = -\nabla V(\boldsymbol{r}) = \hat{\boldsymbol{F}}, \tag{3.158}$$

式中, $\hat{\boldsymbol{F}}$ 为作用力算符. 经典力学中的运动方程在量子力学中以算符的形式出现, 动量对时间微商的算符正好等于力算符. 将式 (3.157) 和式 (3.158) 对态求平均, 即得坐标和动量平均值的运动方程

$$\frac{\mathrm{d}\langle \boldsymbol{r} \rangle}{\mathrm{d}t} = \frac{\langle \boldsymbol{p} \rangle}{m}, \quad \frac{\mathrm{d}\langle \boldsymbol{p} \rangle}{\mathrm{d}t} = \langle \boldsymbol{F} \rangle, \tag{3.159}$$

两式联立可得

$$m\frac{\mathrm{d}^2\langle \boldsymbol{r}\rangle}{\mathrm{d}t^2}=\langle \boldsymbol{F}\rangle. \tag{3.160}$$

这就是 Ehrenfest 定理, 其形式与经典牛顿方程相似. 但只有当 $\langle \boldsymbol{F}(\boldsymbol{r})\rangle$ 可以代之为 $\boldsymbol{F}(\langle \boldsymbol{r}\rangle)$ 时, 波包中心 $\langle \boldsymbol{r}\rangle$ 的运动规律才与经典粒子相同. 从物理上讲, 要用一个波包来描述粒子的运动, 波包必须很窄, 其大小与粒子相当. 此外, 还要求势场 $V(\boldsymbol{r})$ 在空间变化极缓慢, 使得波包中心处的势场与粒子感受到的势很接近. 但这还不够, 因为一般而言, 波包会随时间演化而扩散. 如要求波包描述经典粒子的运动, 必须在人们感兴趣的整个运动过程中波包扩散不太厉害.

下面以一维波包的运动为例, 更具体地分析一下波包扩散不厉害的条件. 试在波包中心 $\langle x\rangle$ 附近对 $V(x)$ 作泰勒级数展开, 令 $\xi=x-\langle x\rangle$, 得

$$\frac{\partial V(x)}{\partial x}=\frac{\partial V(\langle x\rangle)}{\partial\langle x\rangle}+\xi\frac{\partial^2 V(\langle x\rangle)}{\partial\langle x\rangle^2}+\frac{1}{2}\xi^2\frac{\partial^3 V(\langle x\rangle)}{\partial\langle x\rangle^3}+\cdots,$$

利用 $\langle\xi\rangle=0$, 可得

$$\left\langle\frac{\partial V}{\partial x}\right\rangle=\left(\psi,\frac{\partial V}{\partial x}\psi\right)=\frac{\partial V(\langle x\rangle)}{\partial\langle x\rangle}+\frac{1}{2}\frac{\partial^3 V(\langle x\rangle)}{\partial\langle x\rangle^3}\langle\xi^2\rangle+\cdots.$$

可见, 仅当

$$\frac{1}{2}\left|\frac{\partial^3 V(\langle x\rangle)}{\partial\langle x\rangle^3}\langle\xi^2\rangle\right|\ll\left|\frac{\partial V(\langle x\rangle)}{\partial\langle x\rangle}\right| \tag{3.161}$$

时, $\langle F(x)\rangle=-\langle\partial V(x)/\partial x\rangle$ 才可以近似代之为 $F(\langle x\rangle)=-\partial V(\langle x\rangle)/\partial\langle x\rangle$. 此时, 式 (3.160) 才与经典牛顿方程相同. 要求式 (3.161) 在整个运动过程中成立, 就要求: ① 波包很窄, 且在运动过程中扩散不厉害; ② 势 V 在空间变化很缓慢. 从式 (3.161) 还可见, 若 $V(x)=c+bx+ax^2$, 且 a, b, c 为常数, 则 $\partial^3V/\partial x^3=0$, 式 (3.161) 自动满足. 所以对线性势或谐振子势, 条件式 (3.161) 是满足的. 在此类势场中窄波包的中心的运动就与经典的轨道运动很相似.

例 3.8 α 粒子对原子的散射. 原子的半径为 $a\approx5\times10^{-10}$m. 天然放射性元素放出的 α 粒子能量约为几个 MeV. 这里设 $E_\alpha\approx5$MeV, 可估算出其动量为 $p_\alpha=\sqrt{2m_\alpha E_\alpha}\approx10^{-19}$kg·m/s. 在对原子的散射过程中, 穿越原子的时间约为

$$\delta t\approx a/v_\alpha=m_\alpha a/p_\alpha.$$

在此期间波包的扩散为 $\delta x\approx\delta p\delta t/m_\alpha=a\delta p/p_\alpha$. 按不确定性关系, $\delta p\approx\hbar/\delta x\approx10^{-24}$kg·m/s. 如要求在散射过程中可近似用轨道运动来描述 α 粒子, 必须 $\delta x\ll a$, 因而要求 $\delta p/p_\alpha\ll1$. 对于天然放射性元素放射出的 α 粒子, 其质量和能量都较大, $\delta p/p_\alpha\ll1$ 条件是满足的. 若讨论电子对原子的散射, 由于电子质量很小, 如对于

能量为 100eV 的电子, $\delta p \approx p_{\mathrm{e}} = \sqrt{2m_{\mathrm{e}}E_{\mathrm{e}}} \approx 54 \times 10^{-24}\mathrm{kg\cdot m/s}$, 用轨道概念来描述电子的运动就不恰当了.

定理 3.4 (位力 (virial) 定理) 当体系处于定态下, 关于平均值随时间的变化, 有一个有用的定理. 设粒子处于势场 $V(\boldsymbol{r})$ 中, 哈密顿算符为

$$\hat{H} = \frac{\hat{p}^2}{2m} + V(\boldsymbol{r}). \tag{3.162}$$

考虑 $\boldsymbol{r}\cdot\boldsymbol{p}$ 的平均值随时间的变化, 有

$$\mathrm{i}\hbar\frac{\mathrm{d}}{\mathrm{d}t}\langle\boldsymbol{r}\cdot\boldsymbol{p}\rangle = \langle[\boldsymbol{r}\cdot\boldsymbol{p},\hat{H}]\rangle = \frac{1}{2m}\langle[\boldsymbol{r}\cdot\boldsymbol{p},\hat{\boldsymbol{p}}^2]\rangle + \langle[\boldsymbol{r}\cdot\boldsymbol{p},V(\boldsymbol{r})]\rangle, \tag{3.163}$$

由于哈密顿算符 $\hat{H}$ 中 $V(\boldsymbol{r})$ 不显含时间, 体系处于定态, 即体系的状态总可表示为

$$\psi(\boldsymbol{r},t) = \psi(\boldsymbol{r})\mathrm{e}^{-\mathrm{i}Et/\hbar}. \tag{3.164}$$

在此定态下

$$\langle\boldsymbol{r}\cdot\hat{\boldsymbol{p}}\rangle = \int\psi^*(\boldsymbol{r},t)\boldsymbol{r}\cdot\hat{\boldsymbol{p}}\psi(\boldsymbol{r},t)\mathrm{d}^3x = \int\psi^*(\boldsymbol{r})\boldsymbol{r}\cdot\hat{\boldsymbol{p}}\psi(\boldsymbol{r})\mathrm{d}^3x, \tag{3.165}$$

也不显含时间, 因此

$$\frac{\mathrm{d}}{\mathrm{d}t}\langle\boldsymbol{r}\cdot\hat{\boldsymbol{p}}\rangle = 0. \tag{3.166}$$

又

$$\langle[\boldsymbol{r}\cdot\boldsymbol{p},\hat{\boldsymbol{p}}^2]\rangle = 2\mathrm{i}\hbar\hat{\boldsymbol{p}}^2, \quad [\boldsymbol{r}\cdot\boldsymbol{p},V(\boldsymbol{r})] = -\mathrm{i}\hbar\boldsymbol{r}\cdot\nabla V(\boldsymbol{r}), \tag{3.167}$$

把式 (3.166) 和式 (3.167) 代入式 (3.163), 得

$$\frac{1}{m}\langle\hat{\boldsymbol{p}}^2\rangle = \langle\boldsymbol{r}\cdot\nabla V\rangle \tag{3.168a}$$

或

$$2\langle\hat{T}\rangle = \langle\boldsymbol{r}\cdot\nabla V\rangle, \tag{3.168b}$$

式中, $\hat{T} = \dfrac{\hat{\boldsymbol{p}}^2}{2m}$ 为粒子动能算符. 此即为 virial 定理.

例 3.9 考虑 $V(x,y,z)$ 是 x,y,z 的 n 次齐次函数, 即 $V(cx,cy,cz) = c^nV(x,y,z)$ (c 为常数), 则有

$$n\langle V\rangle = 2\langle\hat{T}\rangle. \tag{3.169}$$

对谐振子势, $V(r) = \frac{1}{2}\mu\omega^2r^2$, $n = 2$, $\langle V\rangle = \langle\hat{T}\rangle$; 对库仑势, $V(r) = e_{\mathrm{s}}^2/r$, $n = -1$, $\langle V\rangle = -2\langle\hat{T}\rangle$; 对 δ 势, $V(r) = \gamma\delta(r)$, $n = -1$, $\langle V\rangle = -2\langle\hat{T}\rangle$.

3.11 守恒量及其性质

在任意态 ψ 下, 若 $\hat{A}$ 不显含时间, 即 $\partial\hat{A}/\partial t=0$, 且 $[\hat{A},\hat{H}]=0$, 则

$$\frac{\mathrm{d}}{\mathrm{d}t}\langle\hat{A}\rangle=\left\langle\frac{\partial\hat{A}}{\partial t}\right\rangle+\frac{1}{\mathrm{i}\hbar}\langle[\hat{A},\hat{H}]\rangle=0,\tag{3.170}$$

即 $\langle\hat{A}\rangle$ 是与时间无关的常量, 则力学量 A 称为守恒量. 事实上, 一般力学量算符, 如 $\hat{\boldsymbol{r}}$, $\hat{\boldsymbol{p}}$, $\hat{\boldsymbol{l}}$ 等都不显含时间. 它们的平均值之所以随时间变化, 完全是由于体系的状态随时间变化. 要特别注意的是, 式 (3.170) 要在任意态下成立时 A 才是守恒量. 尽管在定态中一切不显含时间的力学量的平均值和概率分布也不随时间而变, 但这些力学量不一定是守恒量.

除平均值不随时间改变外, 体系的守恒量无论在什么态下的概率分布也不随时间改变. 考虑到 $[\hat{H},\hat{A}]=0$, 选择包括 A 和 H 在内的一组力学量完全集, 其共同本征态记为 ψ_α , α 是一组完备的量子数, 即

$$\hat{H}\psi_\alpha=E_\alpha\psi_\alpha,\quad \hat{A}\psi_\alpha=A_\alpha\psi_\alpha.\tag{3.171}$$

这样, 体系的任何一状态 $\psi(t)$ 可用 ψ_α 展开

$$\psi(t)=\sum_\alpha c_\alpha(t)\psi_\alpha,\quad c_\alpha(t)=(\psi_\alpha,\psi).\tag{3.172}$$

在 $\psi(t)$ 态下, 在 t 时刻测量 A 得 A_α 的概率为 $|c_\alpha(t)|^2$. 利用薛定谔方程和 $\hat{H}$ 的厄米性, 可得

$$\begin{aligned}\frac{\mathrm{d}}{\mathrm{d}t}c_\alpha(t)&=\frac{\mathrm{d}}{\mathrm{d}t}(\psi_\alpha,\psi)=\left(\psi_\alpha,\frac{\partial}{\partial t}\psi\right)=\frac{1}{\mathrm{i}\hbar}(\psi_\alpha,\hat{H}\psi)\\&=\frac{1}{\mathrm{i}\hbar}(\hat{H}\psi_\alpha,\psi)=\frac{E_\alpha}{\mathrm{i}\hbar}(\psi_\alpha,\psi)\\&=\frac{E_\alpha}{\mathrm{i}\hbar}c_\alpha(t).\end{aligned}$$

这是 $c_\alpha(t)$ 的一阶微分方程, 其解为

$$c_\alpha(t)=c_\alpha(0)\exp\left(-\frac{\mathrm{i}}{\hbar}E_\alpha t\right),\tag{3.173}$$

所以

$$|c_\alpha(t)|^2=|c_\alpha(0)|^2,\tag{3.174}$$

即守恒量取值的概率分布与时间 t 无关.

由此可见, 体系在某一时刻是否处于某守恒量的本征态, 要由初始条件决定. 若初始时刻体系不处于守恒量 A 的本征态, A 无确定值, 则以后的状态也不会处于 A 的本征态, 测量 A 也不会有确定值, 但测量 A 所得可能值的概率分布和平均值不变. 也就是说, 量子体系的守恒量并不一定取确定值, 即体系的状态并不一定是某个守恒量的本征态. 例如, 中心力场 $V(\boldsymbol{r})$ 中的粒子, $[\boldsymbol{l}, \hat{H}] = 0$, 角动量 $\boldsymbol{l}$ 是守恒量, 但粒子的波函数并不一定是 $\boldsymbol{l}$ 的本征态. 量子体系的守恒量也不一定都可以同时取确定值. 例如, 中心力场 $V(\boldsymbol{r})$ 中的粒子, 角动量 $\hat{\boldsymbol{l}}$ 为守恒量, 但角动量的三个分量 $l_\alpha(\alpha = x, y, z)$ 彼此不对易, 除角量子数 $l = 0$ 的态 (s 态) 外, 一般而言, 它们并不能同时取确定值.

若初始时刻体系处于守恒量 A 的本征态, A 有确定值, 则体系将保持在该本征态, A 也有确定值. 正因为如此, 在处理实际问题时, 总是从所有的守恒量中选出一组守恒量构成完全集. 由于表示守恒量的算符必与哈密顿算符 $\hat{H}$ 对易, 所以它们的共同本征函数也是能量本征态. 据此, 可用守恒量的值或相应的量子数来标记这个态, 并称它们的量子数为好量子数. 例如, 中心力场 $V(\boldsymbol{r})$ 中的粒子, $[\hat{\boldsymbol{l}}^2, \hat{H}] = 0$, $[\hat{l}_z, \hat{H}] = 0$, 因此通常选 $(\hat{H}, \hat{\boldsymbol{l}}^2, \hat{l}_z)$ 为力学量完全集, 其共同本征态 ψ_{nlm} 就是 $(\hat{H}, \hat{\boldsymbol{l}}^2, \hat{l}_z)$ 同时有确定值的状态, 描述它们的主量子数 n, 角量子数 l, 磁量子数 m 都是好量子数.

练习 3.10　中心力场 $V(r)$ 中粒子的哈密顿算符为 $\hat{H} = \hat{\boldsymbol{p}}^2/2m + V(r)$, 证明角动量 $\boldsymbol{l}$ 和角动量的平方 $\boldsymbol{l}^2$ 为守恒量.

证明　由于角动量 $\boldsymbol{l}$ 和角动量的平方 $\boldsymbol{l}^2$ 均不显含时间 t, 要证明它们是守恒量只需证明它们的算符与哈密顿算符对易即可. 利用对易子运算规则和对易式 $[\hat{l}_\alpha, \hat{p}_\beta] = \varepsilon_{\alpha\beta\gamma}\hat{l}_\gamma$, 有

$$\begin{aligned}
[\hat{l}_\alpha, \hat{\boldsymbol{p}}^2] &= [\hat{l}_\alpha, \hat{p}_\beta\hat{p}_\beta] = \hat{p}_\beta[\hat{l}_\alpha, \hat{p}_\beta] + [\hat{l}_\alpha, \hat{p}_\beta]\hat{p}_\beta \\
&= \hat{p}_\beta\varepsilon_{\alpha\beta\gamma}\mathrm{i}\hbar\hat{l}_\gamma + \varepsilon_{\alpha\beta\gamma}\mathrm{i}\hbar\hat{l}_\gamma\hat{p}_\beta \\
&= \mathrm{i}\hbar\varepsilon_{\alpha\beta\gamma}(\hat{p}_\beta\hat{l}_\gamma + \hat{l}_\gamma\hat{p}_\beta) \\
&= 0,
\end{aligned}$$

$$\begin{aligned}
[\hat{l}_\alpha, V(r)] &= \varepsilon_{\alpha\beta\gamma}[x_\beta\hat{p}_\gamma, V(r)] = \varepsilon_{\alpha\beta\gamma}([x_\beta, V(r)]\hat{p}_\gamma + x_\beta[\hat{p}_\gamma, V(r)]) \\
&= \varepsilon_{\alpha\beta\gamma}x_\beta(-\mathrm{i}\hbar)\frac{\partial V(r)}{\partial x_\gamma} = (-\mathrm{i}\hbar)\varepsilon_{\alpha\beta\gamma}x_\beta\frac{x_\gamma}{r}V'(r) \\
&= 0.
\end{aligned}$$

所以

$$[\hat{l}_\alpha, \hat{H}] = \frac{1}{2m}[\hat{l}_\alpha, \hat{\boldsymbol{p}}^2] + [\hat{l}_\alpha, V(r)] = 0, \tag{3.175}$$

即角动量 $\boldsymbol{l}$ 是守恒量. 利用对易子运算规则和式 (3.175), 可得

$$[\hat{\boldsymbol{l}}^2, \hat{H}] = [\hat{l}_\alpha \hat{l}_\alpha, \hat{H}] = \hat{l}_\alpha [\hat{l}_\alpha, \hat{H}] + [\hat{l}_\alpha, \hat{H}]\hat{l}_\alpha = 0, \tag{3.176}$$

即角动量的平方 $\boldsymbol{l}^2$ 为守恒量.

3.12 能级简并与守恒量的关系

定理 3.5 设体系有两个彼此不对易的守恒量 F 和 G, 即 $[\hat{F}, \hat{H}] = 0, [\hat{G}, \hat{H}] = 0$, 但 $[\hat{F}, \hat{G}] \neq 0$, 则体系能级一般是简并的.

证明 由于 $[\hat{F}, \hat{H}] = 0$, $\hat{F}$ 和 $\hat{H}$ 可以有共同本征态 ψ

$$\hat{H}\psi = E\psi, \quad \hat{F}\psi = F\psi,$$

考虑到 $[\hat{G}, \hat{H}] = 0$, 有

$$\hat{H}\hat{G}\psi = \hat{G}\hat{H}\psi = E\hat{G}\psi,$$

即 $\hat{G}\psi$ 也是 $\hat{H}$ 的对应于本征值 E 的本征态. 又考虑到 $[\hat{F}, \hat{G}]\psi \neq 0$, 一般而言

$$\hat{F}\hat{G}\psi \neq \hat{G}\hat{F}\psi = F\hat{G}\psi,$$

即 $\hat{G}\psi$ 不是 $\hat{F}$ 的本征态 (不排除某些特殊的态满足 $[\hat{F}, \hat{G}]\psi = 0$). 但 ψ 是 $\hat{F}$ 的本征态, 因此, 一般而言 $\hat{G}\psi$ 与 ψ 不是同一个量子态, 但二者又是 $\hat{H}$ 的本征值 E 的本征态. 因此能级是简并的.

例 3.10 中心力场 $V(r)$ 中, $\hat{H} = \hat{\boldsymbol{p}}^2/2m + V(r)$, l_x 和 l_z 都是守恒量, 即 $[\hat{l}_z, \hat{H}] = 0$, $[\hat{l}_x, \hat{H}] = 0$, 但 $[\hat{l}_z, \hat{l}_x] \neq 0$, 因此能级必有简并.

推论 3.1 如果体系有一个守恒量 F, 而体系的某条能级不简并, 即对应于某能量本征值 E 只有一个本征态 ψ_E, 则 ψ_E 必为 $\hat{F}$ 的本征态.

这是因为 $\hat{H}\hat{F}\psi_E = \hat{F}\hat{H}\psi_E = E\hat{F}\psi_E$, 即 $\hat{F}\psi_E$ 也是 $\hat{H}$ 的本征值为 E 的本征态. 又能级 E 不简并, 这意味着 $\hat{F}\psi_E$ 与 ψ_E 至多相差一个常数因子, 不妨记为 F, 即 $\hat{F}\psi_E = F\psi_E$. 可见, ψ_E 是 $\hat{F}$ 的本征值为 F 的本征态.

3.13 守恒量与对称性的关系

在经典力学中, 一个体系的力学量一般而言是随时间而不断变化的, 但可能存在某些力学量, 在运动过程中保持不变, 这种力学量称为守恒量, 或者运动积分. 例如, 在中心力场中运动的质点, 角动量就是守恒量. 找到了体系的一个守恒量, 往往可以使问题的处理大为简化. 例如, 质点运动的牛顿方程为时间的二阶方程, 它的

求解通常是非常复杂的, 甚至找不到解析解, 这时如能找到一个守恒量, 则可以化为求解时间的一阶微分方程.

守恒定律与体系对称性的关系首先被雅可比 (C. G. Jacobi, 1842) 认识到. 对于一个能用拉氏函数 L 描述的体系, 若 L 在空间平移下具有不变性, 则体系的动量守恒. 若 L 在空间转动下具有不变性, 则体系的角动量守恒. 后来, J. R. Schutz 指出, L 在时间平移下的不变性, 将导致体系的能量守恒. 然而, 守恒定律与对称性的紧密联系只是在量子力学发展之后才更显著, 并逐步深入到物理学的基本术语中来. 这一点与量子力学的态叠加原理有深刻的联系.

与经典力学相比, 量子力学关于对称性的研究, 大大丰富了对微观体系的认识. 例如, 标记一个体系定态的量子数以及表征一个体系跃迁前后状态关系的选择定则, 总是与体系的某种对称性有直接的联系. 另外, 在处理各种实际问题时, 能严格求解的极少, 即使采用了物理上某些简化模型, 也往往很难求解. 但如果能找到体系的某种对称性, 就可以使问题求解在相当程度上简化, 或定性了解体系的能级状态. 这种情况在原子与分子物理、晶体物理、核物理、粒子物理等中是屡见不鲜的. 此外, 还有一些对称性, 如空间反射对称性, 在经典力学中得不出什么守恒定律, 而在量子力学中将导致宇称守恒及相应的跃迁选择定则.

设一个体系的哈密顿算符为 $\hat{H}$, 那么描述体系状态的波函数 ψ 随时间的变化满足薛定谔方程

$$\mathrm{i}\hbar\frac{\partial}{\partial t}\psi = \hat{H}\psi. \tag{3.177}$$

若存在某种变换, 相应的算符为 $\hat{S}$, 使波函数从 ψ 变为

$$\psi' = \hat{S}\psi, \tag{3.178}$$

体系对这一变换的不变性表现为 ψ' 满足与 ψ 相同形式的运动方程, 即

$$\mathrm{i}\hbar\frac{\partial}{\partial t}\psi' = \hat{H}\psi',$$

从而

$$\mathrm{i}\hbar\frac{\partial}{\partial t}\hat{S}\psi = \hat{H}\hat{S}\psi. \tag{3.179}$$

用 $\hat{S}^{-1}$ 作用于上式两边, 得

$$\mathrm{i}\hbar\frac{\partial}{\partial t}\psi = \hat{S}^{-1}\hat{H}\hat{S}\psi.$$

上式与式 (3.177) 比较, 得

$$\hat{S}^{-1}\hat{H}\hat{S} = \hat{H}, \tag{3.180a}$$

即

$$[\hat{S}, \hat{H}] = 0. \tag{3.180b}$$

考虑到概率守恒, 即有

$$(\psi, \psi) = (\hat{S}\psi, \hat{S}\psi) = (\psi, \hat{S}^+\hat{S}\psi), \tag{3.181}$$

从而

$$\hat{S}^+\hat{S} = \hat{I} \tag{3.182a}$$

或

$$\hat{S}^+ = \hat{S}^{-1}, \tag{3.182b}$$

所以 $\hat{S}$ 应为幺正算符.

$\hat{S}$ 可以为连续变换, 用一个或一组连续变化的参量来刻画, 如空间平移、空间旋转. $\hat{S}$ 也可以为分立变换, 如空间反射、时间反演. 不论哪种变换, 若 $\hat{S}$ 为厄米算符, 则 $\hat{S}$ 表示某个力学量, 又 $[\hat{S}, \hat{H}] = 0$, 可知 S 是守恒量. 若 $\hat{S}$ 不是厄米算符, 则 $\hat{S}$ 就不表示某个力学量. 对于连续变换, 可以考虑无穷小变换, 即令

$$\hat{S} = \hat{I} + \mathrm{i}\varepsilon\hat{F}, \tag{3.183}$$

其中, ε 为无穷小参量, $\hat{I}$ 为单位算符, 相应于恒等变换. 利用幺正变换的条件式 (3.182a), 可得

$$\hat{S}^+\hat{S} = (\hat{I} - \mathrm{i}\varepsilon\hat{F}^+)(\hat{I} + \mathrm{i}\varepsilon\hat{F}) = \hat{I} + \mathrm{i}\varepsilon(\hat{F} - \hat{F}^+) + O(\varepsilon^2),$$

即有

$$\hat{S}^+ = \hat{F}, \tag{3.184}$$

$\hat{F}$ 为厄米算符, 称为连续变换 $\hat{S}$ 的无穷小生成元. 正因 $\hat{F}$ 为厄米算符, 它可以用来定义一个与变换 $\hat{S}$ 相联系的力学量. 把式 (3.184) 代入式 (3.180b), 可得

$$[\hat{F}, \hat{H}] = 0. \tag{3.185}$$

可见, F 就是与对称变换 $\hat{S}$ 相应的守恒量.

应该指出, 这里所谓对称变换是保持体系的哈密顿算符不变的变换, 是从体系的哈密顿算符在某种变换下的不变性来讨论体系的对称性和守恒定律. 从根本来讲, 体系的一个对称变换是不改变体系的各物理量之间的相互关系的变换. 设 ψ 和 φ 分别描述体系的两个状态, 经过某种对称变换后, 则分别用 ψ' 和 φ' 描述. 对称变换意味着状态之间的关系不因变换而异. 按波函数的统计诠释, 必须要求

$$|(\psi, \varphi)| = |(\psi', \varphi')| = |(\hat{S}\psi, \hat{S}\varphi)|. \tag{3.186}$$

基于这个要求, 对称变换只能是幺正变换或反幺正变换, 即

$$\hat{S}^{+}\hat{S} = \hat{S}\hat{S}^{+} = \pm\hat{I}. \tag{3.187}$$

对于连续有限变换, 正如上面见到的那样, 可从恒等变换出发, 连续地经过无穷小变换而实现, 这种变换只能是幺正变换. 若一个体系存在一个守恒量, 则体系有某种对称性, 反之不一定正确. 对于幺正对称性变换, 的确存在相应的守恒量, 但对应于反幺正变换, 如时间反演不变性, 并不存在相应的守恒量.

练习 3.11　空间平移不变性与动量守恒.

空间平移不变性又称空间均匀性, 是指体系整体移动 $\delta\boldsymbol{r}$ 时, 体系的哈密顿算符保持不变. 首先考虑无穷小平移

$$\boldsymbol{r} \to \boldsymbol{r}' = \boldsymbol{r} + \delta\boldsymbol{r}. \tag{3.188}$$

空间平移算符记为 $\hat{D}$, 它对波函数的作用就是使体系的状态 $\psi(\boldsymbol{r})$ 变为

$$\psi'(\boldsymbol{r}) = \hat{D}\psi(\boldsymbol{r}). \tag{3.189}$$

从图 3.1 可见, ψ' 在 $\boldsymbol{r}+\delta\boldsymbol{r}$ 处的值等于 ψ 在 $\boldsymbol{r}$ 处的值, 即

$$\psi'(\boldsymbol{r}+\delta\boldsymbol{r}) = \psi(\boldsymbol{r}), \tag{3.190}$$

即

$$\hat{D}\psi(\boldsymbol{r}+\delta\boldsymbol{r}) = \psi(\boldsymbol{r}).$$

上式中的 $\boldsymbol{r}$ 换为 $\boldsymbol{r}-\delta\boldsymbol{r}$, 得

$$\hat{D}\psi(\boldsymbol{r}) = \psi(\boldsymbol{r}-\delta\boldsymbol{r}). \tag{3.191}$$

式 (3.191) 表明, 平移态 ψ' 在 $\boldsymbol{r}$ 处的值等于平移前波函数 ψ 在 $\boldsymbol{r}-\delta\boldsymbol{r}$ 处的值. 也就是, 体系整体平移 $\delta\boldsymbol{r}$, 相当于体系不动而坐标平移 $-\delta\boldsymbol{r}$, 前者叫主动变换, 而后者叫被动变换. 将式 (3.191) 右边作泰勒级数展开, 有

$$\psi(\boldsymbol{r}-\delta\boldsymbol{r}) = \psi(\boldsymbol{r}) - \delta\boldsymbol{r}\cdot\nabla\psi(\boldsymbol{r}) + \frac{1}{2}(-\delta\boldsymbol{r}\cdot\nabla)^2\psi(\boldsymbol{r}) + \cdots \tag{3.192}$$

$$= \sum_{n=0}^{\infty}\frac{1}{n!}(-\delta\boldsymbol{r}\cdot\nabla)^n\psi(\boldsymbol{r}) = \exp(-\delta\boldsymbol{r}\cdot\nabla)\psi(\boldsymbol{r})$$

$$= \exp\left(-\frac{\mathrm{i}}{\hbar}\delta\boldsymbol{r}\cdot\hat{\boldsymbol{p}}\right)\psi(\boldsymbol{r}), \tag{3.193}$$

式中

$$\hat{\boldsymbol{p}} = -\mathrm{i}\hbar\nabla \tag{3.194}$$

是空间平移的无穷小算子. 将式 (3.193) 代入式 (3.191), 可得平移算符为

$$\hat{D}(\delta\boldsymbol{r}) = \exp\left(-\frac{\mathrm{i}}{\hbar}\delta\boldsymbol{r}\cdot\hat{\boldsymbol{p}}\right). \tag{3.195}$$

对空间有限平移 $\boldsymbol{r} \to \boldsymbol{r}' = \boldsymbol{r} + \boldsymbol{a}$, 可看成是若干连续的无穷小平移构成的, 因此

$$\hat{D}(\boldsymbol{a}) = \exp\left(-\frac{\mathrm{i}}{\hbar}\boldsymbol{a}\cdot\hat{\boldsymbol{p}}\right). \tag{3.196}$$

若体系具有空间平移不变性, 则 $\hat{D}(\delta\boldsymbol{r})$ 是对称变换, 它与 $\hat{H}$ 对易, 即

$$\left[\exp\left(-\frac{\mathrm{i}}{\hbar}\delta\boldsymbol{r}\cdot\hat{\boldsymbol{p}}\right), \hat{H}\right] = 0, \tag{3.197}$$

由此得

$$[\hat{\boldsymbol{p}}, \hat{H}] = 0, \tag{3.198}$$

而 $\hat{\boldsymbol{p}}$ 正是动量算符, 它是厄米的. 所以 $\hat{\boldsymbol{p}}$ 是平移不变性的守恒量. 例如, 对自由粒子, 哈密顿算符为 $\hat{H} = \hat{\boldsymbol{p}}^2/2m$. 很显然 $[\hat{D}, \hat{H}] = 0$, 因而 $[\hat{\boldsymbol{p}}, \hat{H}] = 0$, 即动量守恒.

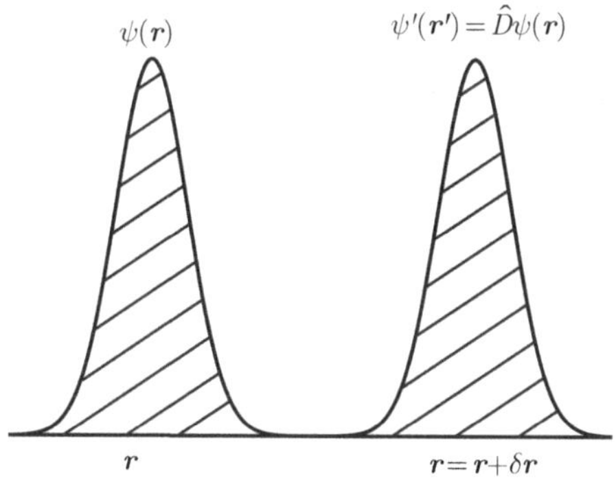

图 3.1 空间平移不变性

练习 3.12 空间旋转不变性与角动量守恒.

空间旋转不变性亦称空间各向同性, 是指体系绕任意轴 $\boldsymbol{n}$ 旋转 φ 角时, 体系的哈密顿算符不变. 当体系处于中心对称场或无外场时, 体系具有空间旋转不变性. 考虑体系沿 $\boldsymbol{n}$ 轴旋转无穷小角度 $\delta\varphi$, 即 $\delta\boldsymbol{\varphi} = \delta\varphi\boldsymbol{n}$, 如图 3.2 所示, 矢径改变为

$$\boldsymbol{r} \to \boldsymbol{r}' = \boldsymbol{r} + \delta\boldsymbol{r}, \tag{3.199}$$

矢径端点移动为

$$\delta\boldsymbol{r} = \delta\boldsymbol{\varphi} \times \boldsymbol{r}, \tag{3.200}$$

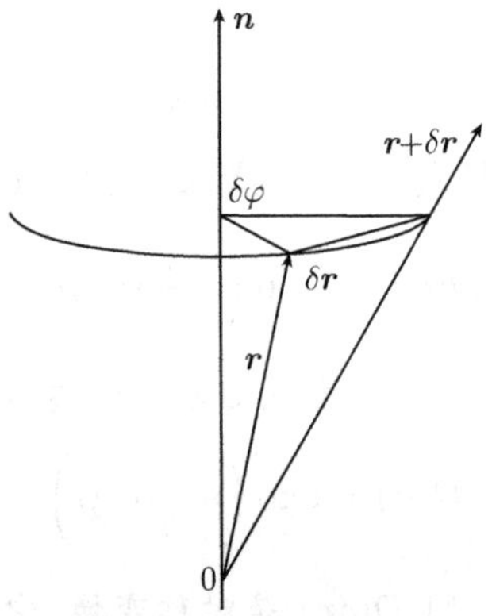

图 3.2　空间旋转不变

它的方向垂直于 $\delta\boldsymbol{\varphi}$ 与 $\boldsymbol{r}$ 所形成的平面. 波函数的相应变化为

$$\psi(\boldsymbol{r}) \to \psi'(\boldsymbol{r}) = \hat{R}\psi(\boldsymbol{r}), \tag{3.201}$$

在主动变换下, 对标量波函数 (无自旋粒子波函数), ψ' 在 $\boldsymbol{r}' = \boldsymbol{r} + \delta\boldsymbol{r}$ 处的值等于 ψ 在 $\boldsymbol{r}$ 处的值, 即

$$\psi'(\boldsymbol{r}') = \psi'(\boldsymbol{r} + \delta\boldsymbol{r}) = \psi(\boldsymbol{r}), \tag{3.202}$$

过渡到被动变换, $\boldsymbol{r} \to \boldsymbol{r} - \delta\boldsymbol{r}$, 联合式 (3.201) 和式 (3.202), 可得

$$\hat{R}\psi(\boldsymbol{r}) = \psi(\boldsymbol{r} - \delta\boldsymbol{r}). \tag{3.203}$$

式 (3.203) 右边作泰勒级数展开, 得

$$\begin{aligned}\psi(\boldsymbol{r} - \delta\boldsymbol{r}) &= \psi(\boldsymbol{r}) + (-\delta\boldsymbol{r}) \cdot \nabla\psi(\boldsymbol{r}) + \frac{1}{2}(-\delta\boldsymbol{r} \cdot \nabla)^2\psi(\boldsymbol{r}) + \cdots \\ &= \exp[-\delta\boldsymbol{r} \cdot \nabla]\psi(\boldsymbol{r}).\end{aligned}$$

把式 (3.200) 代入上式, 利用 $(\boldsymbol{n} \times \boldsymbol{r}) \cdot \nabla = \boldsymbol{n} \cdot (\boldsymbol{r} \times \nabla)$, 可得

$$\psi(\boldsymbol{r} - \delta\boldsymbol{r}) = \exp\left[-\frac{\mathrm{i}}{\hbar}\delta\boldsymbol{\varphi} \cdot (\boldsymbol{r} \times \hat{\boldsymbol{p}})\right]\psi(\boldsymbol{r}) = \exp\left[-\frac{\mathrm{i}}{\hbar}\delta\boldsymbol{\varphi} \cdot \hat{\boldsymbol{l}}\right]\psi(\boldsymbol{r}). \tag{3.204}$$

比较式 (3.203) 和式 (3.204), 得

$$\hat{R}(\delta\boldsymbol{\varphi}) = \exp\left[-\frac{\mathrm{i}}{\hbar}\delta\boldsymbol{\varphi} \cdot \hat{\boldsymbol{l}}\right]. \tag{3.205}$$

对绕轴 $\boldsymbol{n}$ 的有限转动 φ, 可视为若干连续的无穷小转动 $\delta\varphi$ 构成的, 因此

$$\hat{R}(\varphi)=\exp\left[-\frac{\mathrm{i}}{\hbar}\varphi\boldsymbol{n}\cdot\hat{\boldsymbol{l}}\right]. \tag{3.206}$$

对空间各向同性的体系, 如自由粒子、中心力场中的粒子, $\hat{R}$ 与 $\hat{H}$ 对易, 即

$$[\hat{R}(\delta\varphi),\hat{H}]=0, \tag{3.207}$$

从而

$$[\hat{\boldsymbol{l}},\hat{H}]=0, \tag{3.208}$$

即角动量 $\hat{\boldsymbol{l}}$ 为守恒量. 具有空间各向同性的体系, 角动量为守恒量, 但体系的状态, 并不一定是角动量算符的本征态, 这要由体系的初态性质来决定. 考虑到 $\hat{\boldsymbol{l}}$ 的三个分量彼此不对易, 但 $[\hat{\boldsymbol{l}}^2,\hat{l}_\alpha]=0$, 对于空间各向同性体系, 正如中心力场中一样, 其能量本征态可方便地选为 $(\hat{H},\hat{\boldsymbol{l}}^2,\hat{l}_z)$ 的共同本征态, 而体系的一般的状态可以表示成它们的线性叠加. 另外, $(\hat{\boldsymbol{l}}^2,\hat{l}_z)$ 的共同本征态在空间旋转下按确定的规律变化, 体系的力学量也可以按照它们在空间转动下的性质而进行分类, 从而引进不可约张量算子的概念.

练习 3.13 时间平移不变性与能量守恒.

时间平移不变性也称时间均匀性, 是指体系在作时间平移时, 体系的哈密顿算符保持不变. 当体系处于不变外场或没有外场时, 体系的哈密顿算符与时间无关 ($\partial\hat{H}/\partial t=0$), 体系具有时间平移不变性. 体系的薛定谔方程为

$$\mathrm{i}\hbar\frac{\partial}{\partial t}\psi(t)=\hat{H}\psi(t). \tag{3.209}$$

考虑无穷小时间平移变换 $t\to t'=t+\delta t$, 相应的平移算符 $\hat{D}(\delta t)$ 对波函数 $\psi(\boldsymbol{r},t)$ 的作用是使之变为时间平移态

$$\psi'(t)=\hat{D}(\delta t)\psi(t). \tag{3.210}$$

显然

$$\psi'(t')=\psi'(t+\delta t)=\psi(t). \tag{3.211}$$

让 $t\to t-\delta t$, 联合式 (3.210) 和式 (3.211), 得

$$\hat{D}(\delta t)\psi(t)=\psi(t-\delta t), \tag{3.212}$$

式 (3.212) 右边作泰勒级数展开, 可得

$$\begin{aligned}\psi(t-\delta t)&=\psi(t)+(-\delta t)\frac{\partial\psi(t)}{\partial t}+\frac{1}{2}(-\delta t)^2\frac{\partial^2\psi(t)}{\partial t^2}+\cdots\\&=\exp\left[-\delta t\frac{\partial}{\partial t}\right]\psi(t).\end{aligned} \tag{3.213}$$

把薛定谔方程 (3.209) 代入上式, 注意到式 (3.212), 可得

$$\hat{D}(\delta t)\psi(t) = \exp\left[-\frac{\mathrm{i}}{\hbar}\delta t\hat{H}\right]\psi(t), \tag{3.214}$$

即无穷小时间平移算符为

$$\hat{D}(\delta t) = \exp\left[-\frac{\mathrm{i}}{\hbar}\delta t\hat{H}\right]. \tag{3.215}$$

有限时间平移变换可视为若干连续的无穷小时间平移而构成的, 因此

$$\hat{D}(t) = \exp\left[-\frac{\mathrm{i}}{\hbar}t\hat{H}\right], \tag{3.216}$$

哈密顿算符 $\hat{H}$ 就是时间平移算符的生成算子. 很显然, 若体系的哈密顿算符 $\hat{H}$ 与时间有关, 即 $\hat{H}(t)$, 则时间平移算符 $\hat{D}(t)$ 就不与 $\hat{H}$ 对易, 此时体系的能量不守恒.

事实上, 若 $\hat{H}$ 不显含 t, 则体系的状态随时间的演化规律与时间零点的选取无关, 即体系具有时间均匀性. 此时, 从薛定谔方程 (3.209) 可知, 态随时间的变化可表示为

$$\psi(t) = \exp\left(-\frac{\mathrm{i}}{\hbar}\hat{H}t\right)\psi(0), \tag{3.217}$$

式中, $\exp(-\mathrm{i}\hat{H}t/\hbar)$ 正是对体系时间平移 t 的算符. 应当注意, 一个具有时间平移不变性的体系的状态, 并不一定就是能量本征态. 这取决于体系的初态, 若初态 $\psi(\boldsymbol{r},0)$ 是处于 $\hat{H}$ 的本征态 $\psi_E(\boldsymbol{r},0)$, E 为能量本征值, 则

$$\psi_E(t) = \exp\left(-\frac{\mathrm{i}}{\hbar}Et\right)\psi_E(0). \tag{3.218}$$

反之, 若初态是若干能量本征态的叠加

$$\psi_E(0) = \sum_E c_E\psi_E(0), \tag{3.219}$$

则

$$\psi(t) = \sum_E c_E\psi_E(0)\mathrm{e}^{-\mathrm{i}Et/\hbar}. \tag{3.220}$$

3.14　空间反射不变性与宇称守恒

宇称是没有经典对应的力学量, 宇称算符用 $\hat{P}$ 标记, 表示将波函数的坐标变量对原点作空间反演, 即

$$\hat{P}\psi(\boldsymbol{r}) = \psi(-\boldsymbol{r}). \tag{3.221}$$

宇称算符具有下述性质.

1. 宇称算符 $\hat{P}$ 是厄米算符

对体系的任意态 ψ 和 ϕ, 考虑如下积分

$$\int_{-\infty}^{+\infty} \phi^*(\boldsymbol{r})\hat{P}\psi(\boldsymbol{r})\mathrm{d}^3x = \int_{-\infty}^{+\infty} \phi^*(\boldsymbol{r})\psi(-\boldsymbol{r})\mathrm{d}^3x,$$

在上式右边的积分中, 用 $-\boldsymbol{r}$ 替换 $\boldsymbol{r}$, 得

$$\int_{-\infty}^{+\infty} \phi^*(\boldsymbol{r})\hat{P}\psi(\boldsymbol{r})\mathrm{d}^3x = -\int_{+\infty}^{-\infty} \phi^*(-\boldsymbol{r})\psi(\boldsymbol{r})\mathrm{d}^3x = \int_{-\infty}^{+\infty} \phi^*(-\boldsymbol{r})\psi(\boldsymbol{r})\mathrm{d}^3x,$$

将定义式 (3.221) 的复共轭代入上式左边, 得

$$\int_{-\infty}^{+\infty} \phi^*(\boldsymbol{r})\hat{P}\psi(\boldsymbol{r})\mathrm{d}^3x = \int_{-\infty}^{+\infty} [\hat{P}\phi(\boldsymbol{r})]^*\psi(\boldsymbol{r})\mathrm{d}^3x.$$

这正是厄米算符的定义, 所以

$$\hat{P}^+ = \hat{P}. \tag{3.222}$$

2. 宇称算符 $\hat{P}$ 是幺正算符

用 $\hat{P}$ 作用于宇称算符的定义式 (3.221), 得

$$\hat{P}^2\psi(\boldsymbol{r}) = \hat{P}\psi(-\boldsymbol{r}) = \psi(\boldsymbol{r}),$$

所以 $\hat{P}^2 = \hat{I}$($\hat{I}$ 是单位算符), 即 $\hat{P} = \hat{P}^{-1}$. 又由式 (3.222), 有

$$\hat{P}^{-1} = \hat{P}^+ = \hat{P}, \tag{3.223}$$

即宇称算符 $\hat{P}$ 是幺正算符.

3. 宇称算符的本征值

宇称算符 $\hat{P}$ 的本征值方程为

$$\hat{P}\psi_\lambda = \lambda\psi_\lambda, \tag{3.224}$$

用 $\hat{P}$ 作用于式 (3.224), 得

$$\hat{P}^2\psi_\lambda(\boldsymbol{r}) = \lambda\hat{P}\psi_\lambda(\boldsymbol{r}) = \lambda^2\psi_\lambda(\boldsymbol{r}) = \psi_\lambda(\boldsymbol{r}),$$

即

$$\lambda^2 = 1, \quad \lambda = \pm 1. \tag{3.225}$$

$\lambda = +1$ 对应的本征态, 即

$$\hat{P}\psi(\boldsymbol{r}) = \psi(-\boldsymbol{r}) = \psi(\boldsymbol{r}) \tag{3.226}$$

称为偶宇称态. $\lambda=-1$ 对应的本征态, 即

$$\hat{P}\psi(\boldsymbol{r})=\psi(-\boldsymbol{r})=-\psi(\boldsymbol{r}) \tag{3.227}$$

称为奇宇称态.

对一个不具有确定宇称的态 $\psi(\boldsymbol{r})$, 总可分成奇宇称态和偶宇称态之和, 即

$$\psi(\boldsymbol{r})=\psi_+(\boldsymbol{r})+\psi_-(\boldsymbol{r}), \tag{3.228a}$$

其中

$$\psi_\pm(\boldsymbol{r})=\frac{1}{2}(1\pm\hat{P})\psi(\boldsymbol{r}), \tag{3.228b}$$

$$\hat{P}\psi_\pm(\boldsymbol{r})=\pm\psi_\pm(\boldsymbol{r}). \tag{3.228c}$$

4. 偶宇称算符与奇宇称算符

假设算符 $\hat{A}$ 满足 $[\hat{A},\hat{P}]=0$, 即 $\hat{A}\hat{P}=\hat{P}\hat{A}$, 利用式 (3.223), 得

$$\hat{P}\hat{A}\hat{P}=\hat{A}, \tag{3.229}$$

则称 $\hat{A}$ 为偶宇称算符. 例如, 角动量算符 $\hat{\boldsymbol{l}}=\boldsymbol{r}\times\boldsymbol{p}$, 动能算符 $\hat{T}=\dfrac{\hat{\boldsymbol{p}}^2}{2m}$ 都是偶宇称算符. 假设算符 $\hat{A}$ 满足 $\{\hat{A},\hat{P}\}=\hat{A}\hat{P}+\hat{P}\hat{A}=0$, 则有

$$\hat{P}\hat{A}\hat{P}=-\hat{A}, \tag{3.230}$$

则称 $\hat{A}$ 为奇宇称算符. 例如, 动量算符 $\hat{\boldsymbol{p}}$, 坐标算符 $\hat{\boldsymbol{r}}$ 等就是奇宇称算符.

一般的算符 $\hat{A}$ 可能既不是偶宇称算符, 也不是奇宇称算符, 但总可表示为二者之和, 即

$$\hat{A}=A_++A_-,\quad \hat{A}_\pm=\frac{1}{2}(\hat{A}\pm\hat{P}\hat{A}\hat{P}),\quad \hat{P}\hat{A}_\pm\hat{P}=\pm\hat{A}_\pm. \tag{3.231}$$

这两类算符的矩阵元具有下列宇称选择定则. 设 $\psi_{\pi'}(\boldsymbol{r})$ 和 $\psi_{\pi''}(\boldsymbol{r})$ 分别代表宇称为 π' 和 π'' 的态, 则

$$\begin{aligned}(\psi_{\pi'}(\boldsymbol{r}),\hat{A}_+\psi_{\pi''})&=\int\psi^*_{\pi'}(\boldsymbol{r})\hat{A}_+\psi_{\pi''}(\boldsymbol{r})\mathrm{d}^3x=\int\psi^*_{\pi'}(\boldsymbol{r})\hat{P}\hat{A}_+\hat{P}\psi_{\pi''}(\boldsymbol{r})\mathrm{d}^3x\\&=\int[\hat{P}\psi_{\pi'}(\boldsymbol{r})]^*\hat{A}_+\hat{P}\psi_{\pi''}(\boldsymbol{r})\mathrm{d}^3x=\pi'\pi''\int\psi^*_{\pi'}(\boldsymbol{r})\hat{A}_+\psi_{\pi''}(\boldsymbol{r})\mathrm{d}^3x\\&=\delta_{\pi'\pi''}\int\psi^*_{\pi'}(\boldsymbol{r})\hat{A}_+\psi_{\pi''}(\boldsymbol{r})\mathrm{d}^3x.\end{aligned} \tag{3.232}$$

式 (3.232) 表明, 只有宇称相同的两态 ($\pi' = \pi''$) 之间, $\hat{A}_+$ 的矩阵元才可能不为 0. 类似可证明

$$\int \psi^*_{\pi'}(\boldsymbol{r})\hat{A}_-\psi_{\pi''}(\boldsymbol{r})\mathrm{d}^3x = \delta_{\pi',-\pi''}\int \psi^*_{\pi'}(\boldsymbol{r})\hat{A}_-\psi_{\pi''}(\boldsymbol{r})\mathrm{d}^3x, \tag{3.233}$$

即只有宇称相反的两态之间, $\hat{A}_-$ 的矩阵元才不为 0.

5. **宇称守恒**

若体系的哈密顿算符 $\hat{H}$ 具有空间反射不变性, 即

$$\hat{H}(\boldsymbol{r},\boldsymbol{p}) = \hat{H}(-\boldsymbol{r},-\boldsymbol{p}), \tag{3.234}$$

则对任意波函数 $\psi(\boldsymbol{r},t)$, 可得

$$\hat{P}\hat{H}(\boldsymbol{r},\boldsymbol{p})\psi(\boldsymbol{r},t) = \hat{H}(-\boldsymbol{r},-\boldsymbol{p})\hat{P}\psi(\boldsymbol{r},t) = \hat{H}(\boldsymbol{r},\boldsymbol{p})\hat{P}\psi(\boldsymbol{r},t), \tag{3.235}$$

由 $\psi(\boldsymbol{r},t)$ 的任意性, 便有

$$\hat{P}\hat{H}\hat{P}^{-1} = \hat{H}, \tag{3.236}$$

或

$$[\hat{P},\hat{H}] = 0, \tag{3.237}$$

既然 $\hat{P}$ 又不显含时间 t, 所以宇称守恒.

对具有宇称守恒的体系, 若体系的能量本征态不简并, 则该能量本征态必定有确定的宇称. 由于体系的宇称守恒, 故 $[\hat{P},\hat{H}] = 0$. 对能量本征态有

$$\begin{aligned} \hat{H}\psi &= E\psi, \\ \hat{H}\hat{P}\psi &= \hat{P}\hat{H}\psi = E\hat{P}\psi, \end{aligned} \tag{3.238}$$

即 $\hat{P}\psi$ 与 ψ 都是属于同一本征值 E 的本征态. 在能量无简并情况下, $\hat{P}\psi$ 与 ψ 至多相差一个常数因子

$$\hat{P}\psi = \lambda\psi,$$

故能量本征态 ψ 也是宇称的本征态, 因而能量本征态具有确定的宇称. 例如, 一维谐振子的能量本征态 $\psi_n(x)$ 不是简并的, 而宇称又为守恒量, 故可断定 $\psi_n(x)$ 具有确定宇称. 事实上

$$\hat{P}\psi_n(x) = \psi_n(-x) = (-1)^n\psi_n(x),$$

宇称为 $(-1)^n$.

如能级有简并, 则能量本征态并不一定具有确定宇称, 但总可以把诸简并态适当线性叠加, 构成宇称的本征态. 例如, 一维自由粒子, 哈密顿算符为

$$\hat{H} = \frac{1}{2m}\hat{p_x}^2 = -\frac{\hbar^2}{2m}\frac{\mathrm{d}^2}{\mathrm{d}x^2}.$$

显然

$$[\hat{P}, \hat{H}] = 0,$$

P 是守恒量. $\hat{H}$ 的本征态可选为 $\mathrm{e}^{+\mathrm{i}kx}$ 与 $\mathrm{e}^{-\mathrm{i}kx}$, 二者都相应于能量 $\hbar^2k^2/2m$, 分别代表沿 x 正方向和反方向传播的平面波, 也是动量算符 $\hat{p_x}$ 的本征值分别为 $\pm\hbar k$ 的本征态. 这两个态都不是宇称的本征态 ($k = 0$ 除外), 但可以把两个解进行线性叠加, 使之成为宇称的本征态

$$\frac{1}{2}(\mathrm{e}^{+\mathrm{i}kx} + \mathrm{e}^{-\mathrm{i}kx}) = \cos kx, \quad \text{偶宇称;}$$

$$\frac{1}{2}(\mathrm{e}^{+\mathrm{i}kx} - \mathrm{e}^{-\mathrm{i}kx}) = \sin kx, \quad \text{奇宇称.}$$

对一维运动的自由粒子, 存在两个守恒量: 动量 $\hat{p_x}$ 和宇称 $\hat{P}$, 而彼此又不对易

$$[\hat{p_x}, \hat{P}] \neq 0.$$

按定理 3.5, 能级一般是简并的 ($k = 0$ 态除外).

练习 3.14　求角动量本征函数 (球谐函数) 的宇称.

解　在球坐标系中, 对波函数的坐标变量 $\boldsymbol{r}$ 相对原点作空间反演 $\boldsymbol{r} \to -\boldsymbol{r}$, 相当于

$$(r, \theta, \varphi) \to (r, \pi - \theta, \pi + \varphi), \tag{3.239}$$

由于

$$\mathrm{Y}_{lm}(\theta, \varphi) = (-1)^m \sqrt{\frac{(2l+1)(l-m)!}{4\pi(l+m)!}}\mathrm{P}_l^m(\cos\theta)\mathrm{e}^{\mathrm{i}m\varphi},$$

$$\mathrm{P}_l^m(x) = (1-x^2)^{\frac{m}{2}}\frac{\mathrm{d}^m}{\mathrm{d}x^m}\mathrm{P}_l(x),$$

$$\mathrm{P}_l(x) = \frac{1}{2^l l!}\frac{\mathrm{d}^l}{\mathrm{d}x^l}(x^2-1)^l,$$

可见

$$\mathrm{P}_l(-x) = (-1)^l\mathrm{P}_l(x), \quad \mathrm{P}_l^m(-x) = (-1)^{l-m}\mathrm{P}_l^m(x),$$

所以

$$\hat{P}\mathrm{Y}_{lm}(\theta,\varphi)=\mathrm{Y}_{lm}(\pi-\theta,\pi+\varphi)=(-1)^m\sqrt{\frac{(2l+1)(l-m)!}{4\pi(l+m)!}}\mathrm{P}_l^m(-\cos\theta)\mathrm{e}^{\mathrm{i}m(\pi+\varphi)}$$
$$=(-1)^m\sqrt{\frac{(2l+1)(l-m)!}{4\pi(l+m)!}}(-1)^{l-m}\mathrm{P}_l^m(\cos\theta)(-1)^m\mathrm{e}^{\mathrm{i}m\varphi}$$
$$=(-1)^l\mathrm{Y}_{lm}(\theta,\varphi),$$

即

$$\hat{P}\mathrm{Y}_{lm}(\theta,\varphi)=(-1)^l\mathrm{Y}_{lm}(\theta,\varphi). \tag{3.240}$$

由此, $\mathrm{Y}_{lm}(\theta,\varphi)$ 的宇称为 $(-1)^l$.

3.15 周 期 势 场

自由粒子的能量本征态为非束缚态, 其能量是连续变化的, $E=\hbar^2k^2/2m(-\infty<k<+\infty)$; 谐振子场中运动的粒子的能量本征态为束缚态, 其能量是分立的; 在方势阱中运动的粒子, 束缚态的能量是分立的, 但散射态的能量则是连续的. 除此之外, 在周期势场中运动的粒子, 虽然它的能量本征态是非束缚态, 但其能谱有新的特征 —— 能带结构. 典型的例子是晶体中的电子在规则排列的正离子势场中的运动, 这种势场具有晶格的周期性. 为简单起见, 我们以一维情形为例, 但全部讨论也适用于三维情形. 同时, 我们将采用所谓单电子近似, 即认为每个电子都在固定的原子实和其余电子的平均场中运动, 这一势场仅与该电子的坐标有关. 这样, 便可以把晶体中电子运动的问题归结为求解在周期势场中运动的单电子定态薛定谔方程.

1. 平移不变性

设 $V(x)$ 是对坐标平移 a 的整数倍不变的周期场, 即有

$$V(x+na)=V(x),\quad n=0,\pm1,\pm2,\cdots \tag{3.241}$$

而体系的哈密顿算符为

$$\hat{H}=-\frac{\hbar^2}{2m}\frac{\mathrm{d}^2}{\mathrm{d}x^2}+V(x). \tag{3.242}$$

定义平移算符 $\hat{T}(a)$ 为

$$\hat{T}(a)\psi(x)=\psi(x+a), \tag{3.243}$$

而波函数 $\psi(x)$ 平移 a 就是

$$\psi(x+a)=\sum_n \frac{1}{n!}a^n\frac{\mathrm{d}^n}{\mathrm{d}x^n}\psi(x)=\sum_n \frac{1}{n!}\left(\frac{\mathrm{i}a}{\hbar}\right)^n \hat{p}^n\psi(x)=\exp\left(\frac{\mathrm{i}}{\hbar}a\hat{p}\right)\psi(x). \tag{3.244}$$

比较式 (3.243) 和式 (3.244), 平移算符是

$$\hat{T}(a)=\exp\left(\frac{\mathrm{i}}{\hbar}a\hat{p}\right). \tag{3.245}$$

由平移算符 $\hat{T}(a)$ 的定义式 (3.243) 及势场的平移不变性式 (3.241), 有

$$\begin{aligned}\hat{T}(a)\hat{H}\psi(x)&=\left[-\frac{\hbar^2}{2m}\frac{\mathrm{d}^2}{\mathrm{d}(x+a)^2}+V(x+a)\right]\psi(x+a)\\&=\left[-\frac{\hbar^2}{2m}\frac{\mathrm{d}^2}{\mathrm{d}x^2}+V(x)\right]\psi(x+a)\\&=\hat{H}\psi(x+a)=\hat{H}\hat{T}(a)\psi(x),\end{aligned} \tag{3.246}$$

即

$$[\hat{T}(a),\hat{H}]\psi(x)=0. \tag{3.247}$$

由于波函数 $\psi(x)$ 是任意的, 式 (3.247) 意味着平移算符 $\hat{T}(a)$ 与周期势场中的哈密顿算符 $\hat{H}$ 对易

$$[\hat{T}(a),\hat{H}]=0. \tag{3.248}$$

2. Floque **定理**

薛定谔方程是个二阶微分方程, 因此, 对每个能量本征值, 它有两个线性独立的解 φ_1 和 φ_2, 即

$$\hat{H}\varphi_i(x)=E\varphi_i(x),\quad i=1,2. \tag{3.249}$$

由于 $\hat{H}$ 与 $\hat{T}(a)$ 对易, 可知

$$\hat{T}\hat{H}\varphi_i(x)=E\hat{T}\varphi_i(x)=E\varphi_i(x+a)=\hat{H}\hat{T}\varphi_i(x)=\hat{H}\varphi_i(x+a), \tag{3.250}$$

即

$$\hat{H}\varphi_i(x+a)=E\varphi_i(x+a), \tag{3.251}$$

所以 $\varphi_i(x+a)$ 也是能量为 E 的本征函数, 它应为 $\varphi_i(x)$ 的线性组合

$$\varphi_i(x+a)=\sum_{j=1}^{2}c_{ij}\varphi_j. \tag{3.252}$$

尽管 $[\hat{T}(a),\hat{H}]=0$, $\hat{T}(a)$ 和 $\hat{H}$ 应有共同本征态, 但 $\hat{H}$ 的对应能量 E 的两个线性无关解 φ_1 和 φ_2 却不一定是 $\hat{T}(a)$ 的本征态. 下面可以证明, 如进行 φ_1 和 φ_2 的适当的线性叠加, 即

$$\psi(x)=\sum_{j=1}^{2} d_i\varphi_i(x)\quad (d_i\text{是待定常数}) \tag{3.253}$$

总可以使式 (3.253) 既是 $\hat{H}$ 的对应于能量本征值 E 的本征态, 同时也是 $\hat{T}$ 的本征态.

$$\hat{H}\psi(x)=E\psi(x), \tag{3.254a}$$

$$\hat{T}(a)\psi(x)=\psi(x+a)=\lambda\psi(x). \tag{3.254b}$$

证明 从式 (3.249) 可知, 任意叠加态式 (3.253) 很显然是满足式 (3.254a) 的. 因此, 实质上就是要证明叠加态式 (3.253) 是否能满足式 (3.254b). 将式 (3.253) 代入式 (3.254b), 并利用式 (3.252), 可得

$$\begin{aligned}\psi(x+a)&=(d_1c_{11}+d_2c_{21})\varphi_1(x)+(d_1c_{12}+d_2c_{22})\varphi_2(x)\\&=\lambda(d_1\varphi_1(x)+d_2\varphi_2(x)).\end{aligned} \tag{3.255}$$

再利用正交归一性, $(\varphi_i,\varphi_j)=\delta_{ij}$, 可得

$$\begin{cases} d_1c_{11}+d_2c_{21}=\lambda d_1,\\ d_1c_{12}+d_2c_{22}=\lambda d_2.\end{cases} \tag{3.256}$$

这是 d_1 和 d_2 的线性齐次方程组, 它有非平庸解的充要条件为

$$\begin{vmatrix} c_{11}-\lambda & c_{21}\\ c_{12} & c_{22}-\lambda\end{vmatrix}=0. \tag{3.257}$$

这是 λ 的二次方程, 总能求出它的两个根 λ_1 和 λ_2, 分别将 λ_1 和 λ_2 代入式 (3.256), 可求出 d_1 和 d_2 的两组解, 并将它们代入式 (3.253), 即求得相应的两个波函数 $\psi_1(x)$ 和 $\psi_2(x)$, 它们都满足式 (3.254b).

3. Bloch 定理

周期势场式 (3.241) 中粒子的波函数 $\psi_k(x)$ 是周期函数 $\phi(x)$ 调幅的平面波, 即

$$\psi_k(x)=\mathrm{e}^{\mathrm{i}kx}\phi(x),\quad \phi(x+a)=\phi(x). \tag{3.258}$$

证明 由于

$$\hat{T}(a+b)=\hat{T}(a)\hat{T}(b), \tag{3.259}$$

可得 $\hat{T}$ 的本征值之间的关系为

$$\lambda(a+b)=\lambda(a)\lambda(b). \tag{3.260}$$

对上式取对数, 有

$$\ln\lambda(a+b)=\ln\lambda(a)+\ln\lambda(b), \tag{3.261}$$

依此关系可把本征值写成

$$\lambda(a)=\exp(\mathrm{i}ka), \tag{3.262}$$

于是

$$\hat{T}(a)\psi_k(x)=\psi_k(x+a)=\mathrm{e}^{\mathrm{i}ka}\psi_k(x). \tag{3.263}$$

考虑到复指数的周期性, 不妨把 ka 限制在范围 $-\pi\leqslant ka\leqslant\pi$ 中, 即

$$-\frac{\pi}{a}\leqslant k\leqslant\frac{\pi}{a}. \tag{3.264}$$

可见 $\mathrm{e}^{\mathrm{i}kx}$ 必为 $\hat{T}(a)$ 的本征函数. 实际上, 由 $\hat{T}(a)$ 的定义, 可知

$$\hat{T}(a)\mathrm{e}^{\mathrm{i}kx}=\mathrm{e}^{\mathrm{i}k(x+a)}=\mathrm{e}^{\mathrm{i}ka}\mathrm{e}^{\mathrm{i}kx}. \tag{3.265}$$

这表明 $\mathrm{e}^{\mathrm{i}kx}$ 是 $\hat{T}(a)$ 的属于本征值 $\mathrm{e}^{\mathrm{i}ka}$ 的本征函数, 但本征值 $\mathrm{e}^{\mathrm{i}ka}$ 是无穷简并的. 这是因为

$$\varphi_{k,m}(x)=\mathrm{e}^{\mathrm{i}(k+2\pi m/a)x},\quad m=0,\pm1,\pm2,\cdots \tag{3.266}$$

也是 $\hat{T}(a)$ 的属于本征值 $\mathrm{e}^{\mathrm{i}ka}$ 的本征函数, 且当 k 在式 (3.264) 给定的范围内变化时是完备的. 因此, $\hat{H}$ 和 $\hat{T}(a)$ 的共同本征函数可按 $\varphi_{k,m}(x)$ 展开

$$\psi_k(x)=\sum_m c_m\varphi_{k,m}(x)=\sum_m c_m\mathrm{e}^{\mathrm{i}(k+\frac{2\pi m}{a})x}=\mathrm{e}^{\mathrm{i}kx}\phi(x), \tag{3.267}$$

式中

$$\phi(x)=\sum_m c_m\mathrm{e}^{\mathrm{i}\frac{2\pi m}{a}x} \tag{3.268}$$

是周期为 a 的周期函数.

4. Dirac 梳

讨论如图 3.3 所示的一个晶体势场的模型, 它是由 δ 势阱周期性排列而成的, 即

$$V(x)=-V_0\sum_{n=-\infty}^{+\infty}\delta(x+na),\quad V_0>0. \tag{3.269}$$

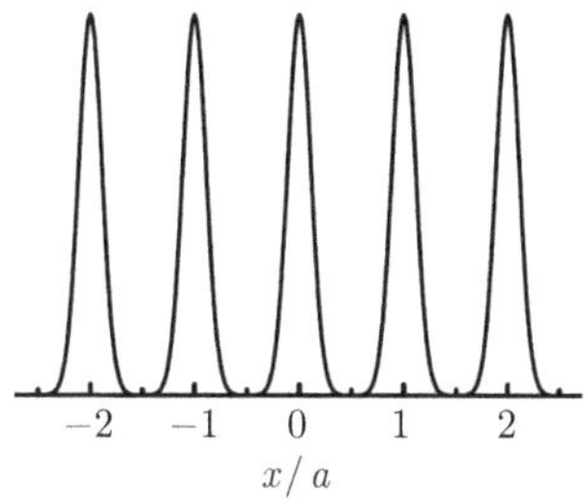

图 3.3 Dirac 梳

在 $0<x<a$ 范围内, $V(x)=0$ 成立, 薛定谔方程为

$$\psi''(x)+\alpha^2\psi=0, \tag{3.270}$$

式中

$$\alpha=\sqrt{2mE}/\hbar. \tag{3.271}$$

方程 (3.270) 的一般解为

$$\psi_k(x)=A\mathrm{e}^{\mathrm{i}\alpha x}+B\mathrm{e}^{-\mathrm{i}\alpha x}. \tag{3.272}$$

由式 (3.263), 可得在 $a<x<2a$ 范围中的波函数为

$$\psi_k(x)=\mathrm{e}^{\mathrm{i}ka}\psi_k(x-a)=\mathrm{e}^{\mathrm{i}ka}[A\mathrm{e}^{\mathrm{i}\alpha(x-a)}+B\mathrm{e}^{-\mathrm{i}\alpha(x-a)}]. \tag{3.273}$$

波函数 ψ, 而不是 ψ' 在 $x=a$ 处连续, 这一点可考虑薛定谔方程从 $a-\varepsilon$ 到 $a+\varepsilon$ 积分

$$\int_{a-\varepsilon}^{a+\varepsilon}\left[-\frac{\hbar^2}{2m}\frac{\mathrm{d}^2}{\mathrm{d}x^2}-V_0\delta(x-a)\right]\psi(x)\mathrm{d}x=E\int_{a-\varepsilon}^{a+\varepsilon}\psi(x)\mathrm{d}x, \tag{3.274}$$

然后让 $\varepsilon\to 0$ 而得出

$$\psi'(a+0)-\psi'(a-0)=-\frac{2mV_0}{\hbar^2}\psi(a). \tag{3.275}$$

由波函数在 $x=a$ 处连续, 得到

$$\psi(a-0)=\psi(a+0). \tag{3.276}$$

由式 (3.272) 和式 (3.273), 式 (3.275) 和式 (3.276) 变成

$$\begin{aligned}A\mathrm{e}^{\mathrm{i}\alpha a}+B\mathrm{e}^{-\mathrm{i}\alpha a}&=\mathrm{e}^{\mathrm{i}ka}(A+B),\\ \mathrm{i}\alpha\mathrm{e}^{\mathrm{i}ka}(A-B)-\mathrm{i}\alpha(A\mathrm{e}^{\mathrm{i}\alpha a}-B\mathrm{e}^{-\mathrm{i}\alpha a})&=-\frac{2mV_0}{\hbar^2}(A\mathrm{e}^{\mathrm{i}\alpha a}+B\mathrm{e}^{-\mathrm{i}\alpha a}),\end{aligned} \tag{3.277}$$

或

$$\begin{bmatrix} e^{i\alpha a}-e^{ika} & e^{-i\alpha a}-e^{ika} \\ i\alpha(e^{ika}-e^{i\alpha a})+\dfrac{2mV_0}{\hbar^2}e^{i\alpha a} & i\alpha(e^{-i\alpha a}-e^{ika})+\dfrac{2mV_0}{\hbar^2}e^{-i\alpha a} \end{bmatrix}\begin{pmatrix} A \\ B \end{pmatrix}=0, \tag{3.278}$$

式 (3.278) 有非零解的条件是行列式为零, 即

$$\begin{vmatrix} e^{i\alpha a}-e^{ika} & e^{-i\alpha a}-e^{ika} \\ i\alpha(e^{ika}-e^{i\alpha a})+\dfrac{2mV_0}{\hbar^2}e^{i\alpha a} & i\alpha(e^{-i\alpha a}-e^{ika})+\dfrac{2mV_0}{\hbar^2}e^{-i\alpha a} \end{vmatrix}=0. \tag{3.279}$$

令 $\varOmega=\dfrac{mV_0a}{\hbar^2}$, 由式 (3.279) 得

$$\cos ka=\cos\alpha a-\varOmega\frac{\sin\alpha a}{\alpha a}\equiv f(\alpha a). \tag{3.280}$$

此方程关系到 k 和 E. 我们选定 k 并图解出 E, 而不去选定 E 计算 k. 由于 $|\cos ka|\leqslant 1$, 所以

$$|f(\alpha a)|=\left|\cos\alpha a-\varOmega\frac{\sin\alpha a}{\alpha a}\right|\leqslant 1 \tag{3.281}$$

本征方程才有解. 此时有以下两种情形.

(1) $E<0$, 束缚态.

$$\alpha=i\beta,\quad \beta=\sqrt{2m|E|}/\hbar, \tag{3.282}$$

注意到, $\sin i\beta a=i\sinh\beta a$, $\cos i\beta a=\cosh\beta a$, 并且

$$f(i\beta a)=\cosh\beta a-\varOmega\frac{\sinh\beta a}{\beta a} \tag{3.283}$$

是关于变量 βa 陡峭单调上升的偶函数. 图 3.4 给出了 $f(i\beta a)$ 随 βa 的变化关系示意图. 从图可见, 它在 $\beta_0 a$ 处超过 1, 所以

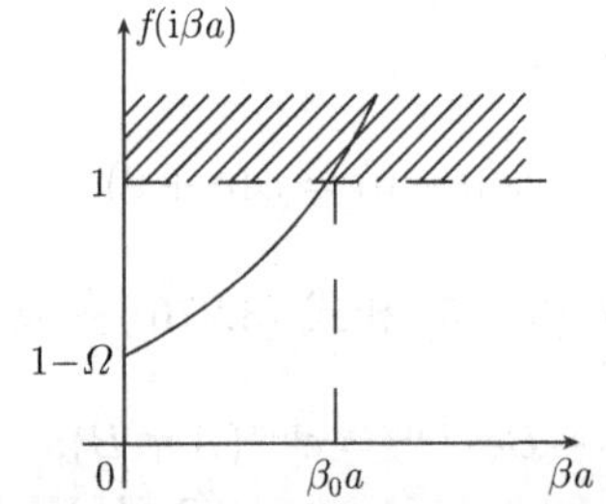

图 3.4　Dirac 梳的束缚态图解

$$|E| = \frac{\beta^2\hbar^2}{2m} < \frac{\beta_0^2\hbar^2}{2m} \equiv E_0, \tag{3.284}$$

又假定 E 是负的, 因此 $E > -E_0$.

(2) $E > 0$, 能带.

令 $\tan\theta = \dfrac{\Omega}{\alpha a}$, 则式 (3.280) 化为

$$\begin{aligned}\cos\alpha a - \frac{\Omega}{\alpha a}\sin\alpha a &= \sqrt{1+\Omega^2/(\alpha a)^2}\cos(\alpha a+\theta)\\ &= \sqrt{1+\Omega^2/(\alpha a)^2}\cos\left[\alpha a + \arctan\left(\frac{\Omega}{\alpha a}\right)\right],\end{aligned} \tag{3.285}$$

而式 (3.281) 可改写为

$$\left|\cos\left[\alpha a + \arctan\left(\frac{\Omega}{\alpha a}\right)\right]\right| \leqslant 1/\sqrt{1+\Omega^2/(\alpha a)^2}. \tag{3.286}$$

用图解法容易求出 αa 的允许值. 图 3.5 给出了在 $\Omega = 4$ 的情况下的计算结果. 从图可见, αa 的允许取值是分段连续的, 并在横轴上用粗线标志出, 每个允许区的上界为 $\alpha a = n\pi = ka, n = 1, 2, 3, \cdots$. 再由式 (3.271) 即可求得能量 $E = \dfrac{\hbar^2}{2ma^2}(\alpha a)^2$ 的允许范围. 若以 $\dfrac{\pi^2\hbar^2}{2ma^2}$ (宽度为 a 的无限深方势阱中的粒子的基态能量) 为单位, 则

$$E = \left(\frac{\alpha a}{\pi}\right)^2. \tag{3.287}$$

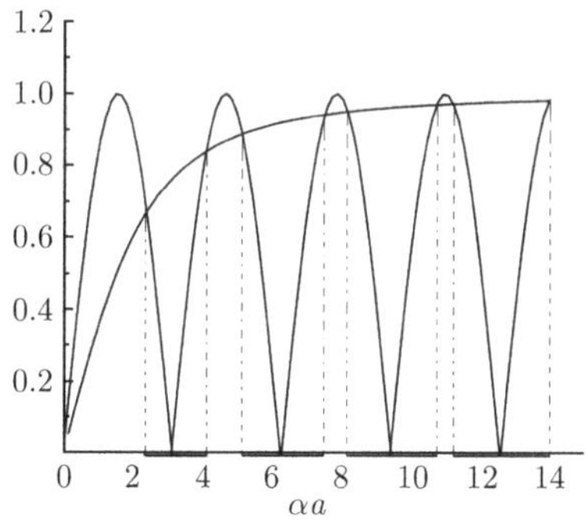

图 3.5 Dirac 梳能带的图解

图 3.6(a) 显示了能谱的带状结构, 即能量是分段连续的, 形成能带 (称为许可带), 而在相邻两许可带之间电子不能取值的能量区域, 称为禁带. 许可带的宽度随着 α 的增大 (能量的增大) 有逐渐变宽的倾向. 各导带上界分别为 n^2, 即无限深方势阱中粒子的能级位置. 图 3.6(b) 给出了能级与 Block 波数 αa 之间的关系.

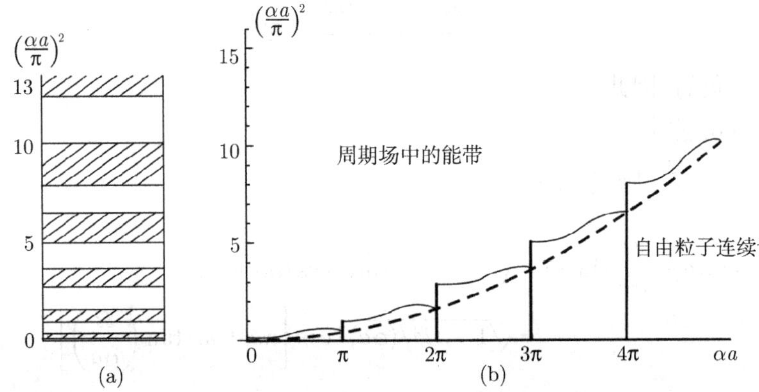

图 3.6　能谱的带状结构, 画斜线的是允许值

习　题

3.1　证明 $[\hat{p}_x, f(x)] = -\mathrm{i}\hbar\dfrac{\partial f}{\partial x}$,　$[\hat{p}_x^2, f(x)] = -\hbar^2\dfrac{\partial^2 f}{\partial x^2} - 2\mathrm{i}\hbar\dfrac{\partial f}{\partial x}\hat{p}_x$.

3.2　令 $\hat{l}_\pm = \hat{l}_x \pm \mathrm{i}\hat{l}_y$, 证明

$$[\hat{l}_z, \hat{l}_\pm] = \pm\hbar\hat{l}_\pm,\quad \hat{l}_\pm\hat{l}_\mp = \boldsymbol{l}^2 - \hat{l}_z \pm \hbar\hat{l}_z,\quad [\hat{l}_+, \hat{l}_-] = 2\hbar\hat{l}_z.$$

3.3　证明 $[\hat{l}_\alpha, \hat{\boldsymbol{p}}^2] = 0$,　$[\hat{l}_\alpha, \boldsymbol{r}^2] = 0$,　$[\hat{l}_\alpha, \boldsymbol{r}\cdot\hat{\boldsymbol{p}}] = 0$.

3.4　已知坐标 $\boldsymbol{r}$ 和动量算符 $\hat{\boldsymbol{p}}$ 均为厄米算符, 问位形空间中算符 $\boldsymbol{r}\cdot\hat{\boldsymbol{p}}$, $\boldsymbol{r}\times\hat{\boldsymbol{p}}$, $\boldsymbol{r}\times\hat{\boldsymbol{l}}$ 和 $\hat{\boldsymbol{p}}\times\hat{\boldsymbol{l}}$ 是不是厄米算符? 如不是, 构造相应的厄米算符.

3.5　若两个算符不对易, 是否一定没有共同本征态? 若两个厄米算符有共同本征态, 是否它们就彼此对易? 若两个厄米算符对易, 是否在所有态下它们都同时具有确定值?

3.6　设 $\hat{K} = \hat{L}\hat{M}, \hat{L}\hat{M} - \hat{M}\hat{L} = 1, \varphi$ 为 $\hat{K}$ 的属于 λ 本征值的本征矢, 即 $\hat{K}\varphi = \lambda\varphi$, 证明 $u = \hat{L}\varphi$ 与 $v = \hat{M}\varphi$ 也是 $\hat{K}$ 的本征函数, 相应的本征值分别为 $\lambda - 1$ 与 $\lambda + 1$.

3.7　证明

$$\boldsymbol{r}\times\hat{\boldsymbol{l}} + \hat{\boldsymbol{l}}\times\boldsymbol{r} = 2\mathrm{i}\hbar\boldsymbol{r},\quad \hat{\boldsymbol{p}}\times\hat{\boldsymbol{l}} + \hat{\boldsymbol{l}}\times\hat{\boldsymbol{p}} = 2\mathrm{i}\hbar\hat{\boldsymbol{p}},$$

$$\mathrm{i}\hbar(\hat{\boldsymbol{p}}\times\hat{\boldsymbol{l}} - \hat{\boldsymbol{l}}\times\hat{\boldsymbol{p}}) = [\hat{\boldsymbol{l}}^2, \hat{\boldsymbol{p}}].$$

3.8　定义径向动量算符

$$\hat{p}_r = \frac{1}{2}\left(\frac{1}{r}\boldsymbol{r}\cdot\hat{\boldsymbol{p}} + \hat{\boldsymbol{p}}\cdot\boldsymbol{r}\frac{1}{r}\right),$$

证明:

(1) $\hat{p}_r$ 是厄米算符, 即 $\hat{p}_r^\dagger = \hat{p}_r$; (2) $\hat{p}_r = -\mathrm{i}\hbar\left(\dfrac{\partial}{\partial r} + \dfrac{1}{r}\right)$; (3) $[r, \hat{p}_r] = \mathrm{i}\hbar$;

(4) $\hat{p}_r^2 = -\hbar^2\left(\dfrac{\partial^2}{\partial r^2} + \dfrac{2}{r}\dfrac{\partial}{\partial r}\right) = -\hbar^2 \dfrac{1}{r^2}\dfrac{\partial}{\partial r} r^2 \dfrac{\partial}{\partial r}$; (5) $\hat{\boldsymbol{p}}^2 = \dfrac{1}{r^2}\hat{\boldsymbol{l}}^2 + \hat{p}_r^2$.

3.9 利用不确定性关系估计类氢原子中电子的基态能量.

3.10 证明在哈密顿算符 $\hat{H} = \hat{\boldsymbol{p}}^2/2m + V(\boldsymbol{r})$ 的分立能谱的能量本征态下, 动量平均值为零, 即 $\langle \boldsymbol{p} \rangle = 0$.

3.11 设体系处于 $\psi = c_1 \mathrm{Y}_{11} + c_2 \mathrm{Y}_{10}$, 且 $|c_1|^2 + |c_2|^2 = 1$, 求 $\hat{\boldsymbol{l}}^2$ 及 $\hat{l}_x$, $\hat{l}_y$ 和 $\hat{l}_z$ 的可能值、相应的概率分布和平均值.

3.12 证明在 $\hat{l}_z$ 的本征态下, 角动量沿与 z 轴成 θ 角的方向上的分量的平均值为 $m\hbar\cos\theta$.

3.13 设力学量 A 不显含时间 t, 证明在束缚态下 $\mathrm{d}\langle A \rangle/\mathrm{d}t = 0$.

3.14 设力学量 A 不显含时间 t, $\hat{H}$ 为体系的哈密顿算符, 证明

$$-\hbar \mathrm{d}^2\langle A \rangle/\mathrm{d}t^2 = \langle [[\hat{A}, \hat{H}], \hat{H}] \rangle.$$

3.15 设 $\hat{A}$ 与 $\hat{B}$ 不对易, 且 $[\hat{A}, \hat{B}] = \hat{C}$, $[\hat{C}, \hat{A}] = 0$, $[\hat{C}, \hat{B}] = 0$, 证明:

(1) $[\hat{A}, \hat{B}^n] = n\hat{C}\hat{B}^{n-1}$, $[\hat{A}, \mathrm{e}^{\lambda\hat{B}}] = \lambda\hat{C}\mathrm{e}^{\hat{B}}$($\lambda$ 为参数), 特例 $[\hat{A}, f(\hat{B})] = \hat{C}f'(\hat{B})$, $f(x)$ 是可以表示成 x 正幂级数展开的函数;

(2) Glauber 公式 $\mathrm{e}^{\hat{A}+\hat{B}} = \mathrm{e}^{\hat{A}}\mathrm{e}^{\hat{B}}\mathrm{e}^{-\frac{1}{2}\hat{C}} = \mathrm{e}^{\hat{B}}\mathrm{e}^{\hat{A}}\mathrm{e}^{\frac{1}{2}\hat{C}}$.

3.16 对给定算符 $\hat{A}$ 和 $\hat{B}$, 证明

$$\mathrm{e}^{\hat{A}}\hat{B}\mathrm{e}^{-\hat{A}} = \hat{B} + [\hat{A}, \hat{B}] + \frac{1}{2}[\hat{A}, [\hat{A}, \hat{B}]] + \cdots.$$

第 4 章　电磁场中的带电粒子

4.1　带电粒子与电磁场的耦合

1. 哈密顿算符

考虑质量为 m, 荷电 q 的粒子在电磁场中的运动. 在经典力学中, 其拉格朗日量为

$$L = \frac{1}{2}m\boldsymbol{v}^2 - q\phi + q\boldsymbol{v}\cdot\boldsymbol{A}, \tag{4.1}$$

把式 (4.1) 代入拉氏方程

$$\frac{\partial L}{\partial \boldsymbol{r}} - \frac{\mathrm{d}}{\mathrm{d}t}\left(\frac{\partial L}{\partial \boldsymbol{v}}\right) = 0, \tag{4.2}$$

可得牛顿方程

$$m\ddot{\boldsymbol{r}} = q(\boldsymbol{E} + \boldsymbol{v}\times\boldsymbol{B}), \tag{4.3}$$

式中, 电场强度 $\boldsymbol{E}$ 和磁感应强度 $\boldsymbol{B}$ 为

$$\boldsymbol{E} = -\nabla\phi - \frac{\partial \boldsymbol{A}}{\partial t}, \quad \boldsymbol{B} = \nabla\times\boldsymbol{A}. \tag{4.4}$$

粒子的正则动量定义为

$$\boldsymbol{P} = \frac{\partial L}{\partial \boldsymbol{v}} = m\boldsymbol{v} + q\boldsymbol{A}, \tag{4.5}$$

哈密顿量为

$$H = \boldsymbol{v}\cdot\boldsymbol{P} - L = \frac{1}{2}m\boldsymbol{v}^2 + q\phi = \frac{1}{2m}(\boldsymbol{P} - q\boldsymbol{A})^2 + q\phi. \tag{4.6}$$

注意在这种情况下, 正则动量 $\boldsymbol{P}$ 不同于机械动量 $\boldsymbol{p} = m\boldsymbol{v}$, 二者之间的关系为 $\boldsymbol{P} = \boldsymbol{p} + q\boldsymbol{A}$. 有了哈密顿量后, 可把力学运动方程表示为正则方程

$$\dot{\boldsymbol{r}} = \frac{\partial H}{\partial \boldsymbol{P}}, \quad \boldsymbol{P} = -\frac{\partial H}{\partial \boldsymbol{r}}. \tag{4.7}$$

反过来, 由此正则方程 (4.7), 也可得牛顿方程 (4.3).

按照量子力学的正则量子化程序, 把正则动量 $\boldsymbol{P}$ 换成算符 $\hat{\boldsymbol{P}}$, 即

$$\boldsymbol{P} \to \hat{\boldsymbol{P}} = -\mathrm{i}\hbar\nabla, \tag{4.8}$$

则电磁场中荷电 q 的粒子的哈密顿算符表示为

$$\hat{H}=\frac{1}{2m}(\hat{\boldsymbol{P}}-q\boldsymbol{A})^2+q\phi, \tag{4.9}$$

因而电磁场中荷电粒子的薛定谔方程为

$$\begin{aligned}\mathrm{i}\hbar\frac{\partial}{\partial t}\psi&=\left[\frac{1}{2m}(\hat{\boldsymbol{P}}-q\boldsymbol{A})^2+q\phi\right]\psi\\&=\left[\frac{1}{2m}\boldsymbol{P}^2-\frac{q}{2m}(\hat{\boldsymbol{P}}\cdot\boldsymbol{A}+\boldsymbol{A}\cdot\hat{\boldsymbol{P}})+\frac{q^2}{2m}\boldsymbol{A}^2+q\phi\right]\psi.\end{aligned} \tag{4.10}$$

注意, 一般而言, $\hat{\boldsymbol{P}}$ 与 $\boldsymbol{A}$ 不对易, 这是因为对任意态波函数 ψ, 有

$$\begin{aligned}(\hat{\boldsymbol{P}}\cdot\boldsymbol{A}-\boldsymbol{A}\cdot\hat{\boldsymbol{P}})\psi&=-\mathrm{i}\hbar[\nabla\cdot(\boldsymbol{A}\psi)-\boldsymbol{A}\cdot\nabla\psi]\\&=-\mathrm{i}\hbar[(\nabla\cdot\boldsymbol{A})\psi+\boldsymbol{A}\cdot\nabla\psi-\boldsymbol{A}\cdot\nabla\psi]\\&=(-\mathrm{i}\hbar\nabla\cdot\boldsymbol{A})\psi,\end{aligned}$$

即有

$$[\hat{\boldsymbol{P}},\boldsymbol{A}]=-\mathrm{i}\hbar\nabla\cdot\boldsymbol{A}, \tag{4.11}$$

因而在哈密顿算符式 (4.10) 中不能随意地将 $\hat{\boldsymbol{P}}$ 与 $\boldsymbol{A}$ 交换次序. 方程 (4.10) 中出现 $\hat{\boldsymbol{P}}\cdot\boldsymbol{A}+\boldsymbol{A}\cdot\hat{\boldsymbol{P}}$ 项, 而不是 $2\boldsymbol{A}\cdot\hat{\boldsymbol{P}}$ 或 $2\hat{\boldsymbol{P}}\cdot\boldsymbol{A}$, 因为前者是所谓的Wely顺序, 它是厄米的, 而后者是非厄米的. 如果采用库仑规范, $\nabla\cdot\boldsymbol{A}=0$, 便有 $\hat{\boldsymbol{P}}\cdot\boldsymbol{A}=\boldsymbol{A}\cdot\hat{\boldsymbol{P}}$, 则方程 (4.10) 化为

$$\mathrm{i}\hbar\frac{\partial}{\partial t}\psi=\left[\frac{1}{2m}\boldsymbol{P}^2-\frac{q}{m}\boldsymbol{A}\cdot\hat{\boldsymbol{P}}+\frac{q^2}{2m}\boldsymbol{A}^2+q\phi\right]\psi. \tag{4.12}$$

为什么要将正则动量 $\boldsymbol{P}$ 而不是机械动量 $\boldsymbol{p}$ 换成 $-\mathrm{i}\hbar\nabla$. 这可用如下实例来说明. 设有电量为 q 的带电粒子位于一个非常长的螺线管附近 (图 4.1). 在 $t=0$ 时突然给螺线管通以强电流, 管内马上建立了强磁场. 虽然磁场局限在管内, 但矢势 $\boldsymbol{A}$ 在管外也不为零, 且由零突变为 $\boldsymbol{A}$. 由式 (4.9) 可见, 这必导致 $\hat{H}$ 的突变. 这样, 式 (4.10) 右边 $\hat{H}$ 的突变必然导致左边 $\partial\psi/\partial t$ 的突变. 但是, 在 $t=0$ 时, ψ 还来不及变化, 因而 $\nabla\psi$ 也就来不及变化. 由式 (4.4) 可知, 当不存在电场时, $\boldsymbol{E}=-\dfrac{\partial\boldsymbol{A}}{\partial t}$, $\boldsymbol{A}$ 的突然改变必将导致很强的感应电场 $\boldsymbol{E}$, 因而给带电粒子一个很大的冲力 $q\boldsymbol{E}$. 根据动量定理, 粒子机械动量的突然改变 $\mathrm{d}\boldsymbol{p}=\boldsymbol{p}-0=\boldsymbol{p}$ 应等于外力在 δt 这一瞬间给予粒子的冲量, 即 $\boldsymbol{p}=q\boldsymbol{E}\delta t=-q\delta\boldsymbol{A}=-q\boldsymbol{A}$, 但这时正则动量 $\boldsymbol{P}=\boldsymbol{p}+q\boldsymbol{A}$ 保持不变. 上面已提及, 在此过程中 $\nabla\psi$ 也来不及改变, 可见应将正则动量 $\boldsymbol{P}$ 而不是机械动量 $\boldsymbol{p}$ 换成算符 $-\mathrm{i}\hbar\nabla$.

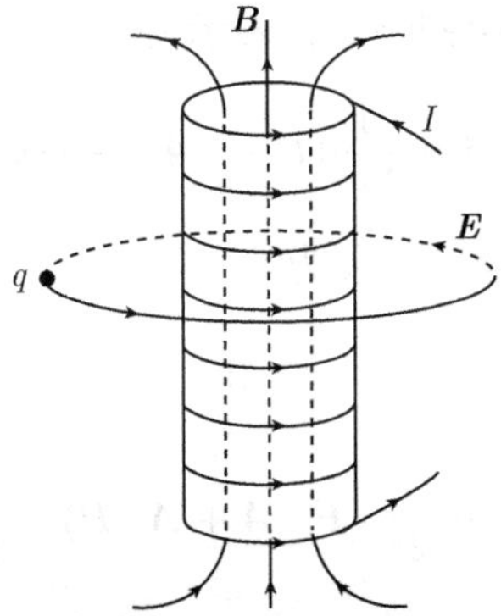

图 4.1　电荷 q 在无限长螺线管附近的现象

练习 4.1　试确定由式 (4.1) 给出的电磁场中荷电粒子的拉格朗日函数.

解　首先回顾一下拉格朗日理论体系, 对一个由 s 个独立的广义坐标 $q_\alpha(\alpha=1,2,3,\cdots,s)$ 和相应的广义速度 $\dot{q}_i$ 描述的 n 个质点体系, 基本形式的拉格朗日方程为

$$\frac{\mathrm{d}}{\mathrm{d}t}\left(\frac{\partial T}{\partial \dot{q}_\alpha}\right)-\frac{\partial T}{\partial q_\alpha}=Q_\alpha \tag{4.13}$$

其中, T 是用广义坐标 q_α 所表示出的动能, $\partial T/\partial \dot{q}_\alpha$ 为广义动量, 因动量对时间的微商等于力, 故 Q_α 称为广义力

$$Q_\alpha=\sum_{i=1}^{n}\boldsymbol{F}_i\cdot\frac{\partial \boldsymbol{r}_i}{\partial q_\alpha}. \tag{4.14}$$

对保守力系, 必存在势函数 $V(\boldsymbol{r}_1,\boldsymbol{r}_2,\cdots,\boldsymbol{r}_n)$, 且 $\boldsymbol{F}_i=-\nabla_i V$, 于是 $Q_\alpha=-\partial V/\partial q_\alpha$, 这样, 式 (4.13) 可改写为

$$\frac{\mathrm{d}}{\mathrm{d}t}\left(\frac{\partial T}{\partial \dot{q}_\alpha}\right)-\frac{\partial T}{\partial q_\alpha}=-\frac{\partial V}{\partial q_\alpha} \tag{4.15}$$

因为势函数 V 一般不含广义速度 $\dot{q}_\alpha$, 如令 $L=T-V$, 则式 (4.15) 进一步变为

$$\frac{\mathrm{d}}{\mathrm{d}t}\left(\frac{\partial L}{\partial \dot{q}_\alpha}\right)-\frac{\partial L}{\partial q_\alpha}=0. \tag{4.16}$$

如果势函数含广义速度 $\dot{q}_\alpha$, 但总可表示速度相关势 V 的形式如下

$$Q_\alpha=-\frac{\partial V}{\partial q_\alpha}+\frac{\mathrm{d}}{\mathrm{d}t}\frac{\partial V}{\partial \dot{q}_\alpha}, \tag{4.17}$$

则基本形式的拉格朗日方程 (4.13) 也可表为式 (4.16) 的形式.

作用于荷电粒子上电磁场的影响, 能用一个速度有关的广义势来描述. 下面从洛伦兹 (Lorentz) 力出发来确定这个势, 进而确定拉格朗日函数. 洛伦兹力为

$$\boldsymbol{F} = q(\boldsymbol{E} + \boldsymbol{v} \times \boldsymbol{B}) \tag{4.18}$$

用标势 ϕ 和矢势 $\boldsymbol{A}$ 表示电场强度 $\boldsymbol{E}$ 和磁场强度 $\boldsymbol{B}$

$$\boldsymbol{E} = -\nabla\phi - \frac{\partial \boldsymbol{A}}{\partial t}, \quad \boldsymbol{B} = \nabla \times \boldsymbol{A}. \tag{4.19}$$

将式 (4.19) 代入式 (4.18), 得

$$\boldsymbol{F} = q\left[-\nabla\phi - \frac{\partial \boldsymbol{A}}{\partial t} + \boldsymbol{v} \times (\nabla \times \boldsymbol{A})\right] \tag{4.20}$$

利用 $\boldsymbol{C} \times (\nabla \times \boldsymbol{D}) + \boldsymbol{D} \times (\nabla \times \boldsymbol{C}) = \nabla(\boldsymbol{C} \cdot \boldsymbol{D}) - (\boldsymbol{C} \cdot \nabla)\boldsymbol{D} - (\boldsymbol{D} \cdot \nabla)\boldsymbol{C}$, 并注意速度 $\boldsymbol{v}$ 不是位置显函数的性质, 可得三重矢积

$$\boldsymbol{v} \times (\nabla \times \boldsymbol{A}) = \nabla(\boldsymbol{v} \cdot \boldsymbol{A}) - (\boldsymbol{v} \cdot \nabla)\boldsymbol{A}. \tag{4.21}$$

矢势 $\boldsymbol{A}$ 对时间的全导数是

$$\frac{\mathrm{d}\boldsymbol{A}}{\mathrm{d}t} = \frac{\partial \boldsymbol{A}}{\partial t} + (\boldsymbol{v} \cdot \nabla)\boldsymbol{A}, \tag{4.22}$$

其中, 第一项是矢势对时间的显变化, 第二项源于这样的事实: 由于粒子的运动, 势获取值的位置改变了.

现将式 (4.21) 和式 (4.22) 代入式 (4.20), 得到

$$\boldsymbol{F} = q\left[-\nabla\phi + \nabla(\boldsymbol{v} \cdot \boldsymbol{A}) - \frac{\mathrm{d}\boldsymbol{A}}{\mathrm{d}t}\right]. \tag{4.23}$$

由于标势 $\phi(\boldsymbol{r}, t)$ 与速度 $\boldsymbol{v}$ 无关, 且

$$\frac{\mathrm{d}\boldsymbol{A}}{\mathrm{d}t} = \frac{\mathrm{d}}{\mathrm{d}t}\frac{\partial}{\partial \boldsymbol{v}}(\boldsymbol{v} \cdot \boldsymbol{A}), \tag{4.24}$$

式 (4.23) 可写为

$$\boldsymbol{F} = -\nabla\left(q\phi - q\boldsymbol{v} \cdot \boldsymbol{A}\right) + \frac{\mathrm{d}}{\mathrm{d}t}\frac{\partial}{\partial \boldsymbol{v}}\left(q\phi - q\boldsymbol{v} \cdot \boldsymbol{A}\right). \tag{4.25}$$

与式 (4.17) 比较, 可得速度有关的广义势为 $V = q\phi - q\boldsymbol{v} \cdot \boldsymbol{A}$, 再运用 $L = T - V$, 就得到拉格朗日量 (式 (4.1)).

2. 规范不变性

电磁场的规范不变性是指, 如 $\boldsymbol{A}$ 和 ϕ 作下列规范变换

$$\begin{aligned}&\boldsymbol{A}\to\boldsymbol{A}'=\boldsymbol{A}+\nabla\chi(\boldsymbol{r},t),\\&\phi\to\phi'=\phi-\frac{\partial}{\partial t}\chi(\boldsymbol{r},t),\end{aligned}\tag{4.26}$$

电场强度 $\boldsymbol{E}$ 和磁感应强度 $\boldsymbol{B}$ 都不改变. 在这种规范变换下, 经典牛顿方程中只出现 $\boldsymbol{E}$ 和 $\boldsymbol{B}$, 因而其规范不变性是显然的. 下面可证, 尽管在薛定谔方程中出现 $\boldsymbol{A}$ 和 ϕ, 但仍然具有规范不变性.

假设用 $\hat{H}'$ 表示 $\boldsymbol{A}'$ 和 ψ' 势的哈密顿算符, 则相应的薛定谔方程成为

$$\mathrm{i}\hbar\frac{\partial}{\partial t}\psi'=\hat{H}'\psi'.\tag{4.27}$$

若 ψ' 与 ψ 只相差一个相因子, 则规范变换并不改变物理量, 因为在物理量的计算中, 只有形如 $\psi^*\psi$ 的积分或者矩阵元 $(\psi,\cdots,\psi)$ 出现, 位相因子相消, 并不在其中出现. 可以证明, 设定

$$\psi'=\exp\left(\mathrm{i}\frac{q}{\hbar}\chi\right)\psi,\tag{4.28}$$

并将其代入式 (4.27), 可以得出 $\hat{H}$ 的薛定谔方程. 换言之, 即使规范变换之后, $\hat{H}'$ 的薛定谔方程的解仍然描述同样的物理状态, ψ' 与 ψ 只相差一个唯一的相因子 $\exp(\mathrm{i}qx/\hbar)$, 而物理观察量不受此相因子的影响.

因为 $\chi(\boldsymbol{r},t)$ 依赖于坐标和时间, 变换式 (4.28) 并非波函数的一个整体相位变换. 容易证明, 并非正则动量 $\hat{\boldsymbol{P}}=-\mathrm{i}\hbar\nabla$, 而是真正的运动动量 $\hat{\boldsymbol{p}}=\hat{\boldsymbol{P}}-q\boldsymbol{A}$ 才是可测量的量. 这是因为 $\hat{\boldsymbol{P}}$ 的平均值不是规范不变的, 而 $\hat{\boldsymbol{p}}$ 的平均值才是规范不变的. 因此, 在电磁场存在时, 是将正则动量 $\hat{\boldsymbol{P}}$ 换成算符 $-\mathrm{i}\hbar\nabla$, 而不是换成真正的动量 $\hat{\boldsymbol{p}}$, 这是确保规范不变性的唯一做法.

3. 定域的概率守恒与流密度

取式 (4.12) 的复共轭, 注意 ϕ, $\boldsymbol{A}$ 为实函数, 而 $\hat{\boldsymbol{P}}^*=-\hat{\boldsymbol{P}}$, 得

$$-\mathrm{i}\hbar\frac{\partial}{\partial t}\psi^*=\left[\frac{1}{2m}\boldsymbol{P}^2+\frac{q}{m}\boldsymbol{A}\cdot\hat{\boldsymbol{P}}+\frac{q^2}{2m}\boldsymbol{A}^2+q\phi\right]\psi^*,\tag{4.29}$$

$\psi^*\times$式(4.12) $-\ \psi\times$式(4.29), 并利用 $\nabla\cdot\boldsymbol{A}=0$, 得

$$\begin{aligned}\mathrm{i}\hbar\frac{\partial}{\partial t}(\psi^*\psi)&=\frac{1}{2m}(\psi^*\hat{\boldsymbol{P}}^2\psi-\psi\hat{\boldsymbol{P}}^2\psi^*)-\frac{q}{m}(\psi^*\boldsymbol{A}\cdot\hat{\boldsymbol{P}}\psi+\psi\boldsymbol{A}\cdot\hat{\boldsymbol{P}}\psi^*)\\&=\frac{1}{2m}\hat{\boldsymbol{P}}\cdot(\psi^*\hat{\boldsymbol{P}}\psi-\psi\hat{\boldsymbol{P}}\psi^*)-\frac{q}{m}\hat{\boldsymbol{P}}\cdot(\psi^*\boldsymbol{A}\psi)\\&=-\frac{\mathrm{i}\hbar}{2m}\nabla\cdot(\psi^*\hat{\boldsymbol{P}}\psi-\psi\hat{\boldsymbol{P}}\psi^*-2q\psi^*\boldsymbol{A}\psi),\end{aligned}$$

即

$$\frac{\partial \rho}{\partial t} + \nabla \cdot \boldsymbol{j} = 0, \tag{4.30}$$

式中

$$\rho = \psi^* \psi, \tag{4.31a}$$

$$\boldsymbol{j} = \frac{1}{2m}(\psi^* \hat{\boldsymbol{P}} \psi - \psi \hat{\boldsymbol{P}} \psi^* - 2q\boldsymbol{A}\psi^* \psi). \tag{4.31b}$$

令

$$\hat{\boldsymbol{\nu}} = \frac{1}{m}(\hat{\boldsymbol{P}} - q\boldsymbol{A}), \tag{4.32}$$

式 (4.31b) 中 $\boldsymbol{j}$ 可进一步化为

$$\begin{aligned} \boldsymbol{j} &= \frac{1}{2m}[\psi^*(\hat{\boldsymbol{P}} - q\boldsymbol{A})\psi + \psi(\hat{\boldsymbol{P}} - q\boldsymbol{A})^* \psi^*] \\ &= \frac{1}{2}(\psi^* \hat{\boldsymbol{\nu}} \psi + \psi \hat{\boldsymbol{\nu}}^* \psi^*) \\ &= \mathrm{Re}(\psi^* \hat{\boldsymbol{\nu}} \psi), \end{aligned} \tag{4.33}$$

这里, $\hat{\boldsymbol{\nu}}$ 可理解为粒子的速度算符, 而 $\boldsymbol{j}$ 为概率流密度.

4.2 中心力场中粒子的运动

物体在中心力场中的运动是自然界中非常广泛的一类问题. 例如, 电子在原子核的库仑场中的运动, 其突出特点是物体之间的相互作用只与它们之间的相对距离有关. 中心力场问题不论在经典力学, 还是在量子力学中都占有特别重要的地位. 最重要的几种中心力场, 如库仑场、各向同性谐振子场, 是量子力学中少数能够严格求解的几个例子. 库仑势 (以及屏蔽的库仑势)、各向同性谐振子势以及库仑势与线性中心势的组合分别是原子结构、原子核结构、强子结构唯象模型研究的基础.

1. 两体问题化为单体问题

实际中遇到的中心力场问题通常是两体问题. 设两个粒子的坐标分别为 $\boldsymbol{r}_1$ 和 $\boldsymbol{r}_2$, 质量分别为 m_1 和 m_2, 而相互作用 $V(|\boldsymbol{r}_1 - \boldsymbol{r}_2|)$ 仅依赖于两粒子之间的相对距离, 则两粒子的能量本征方程可表示为

$$\left[-\frac{\hbar^2}{2m_1}\nabla_1^2 - \frac{\hbar^2}{2m_2}\nabla_2^2 + V(|\boldsymbol{r}_1 - \boldsymbol{r}_2|)\right]\psi(\boldsymbol{r}_1, \boldsymbol{r}_2) = E_{\mathrm{T}}\psi(\boldsymbol{r}_1, \boldsymbol{r}_2), \tag{4.34}$$

式中, E_{T} 为系统的总能量. 引入质心坐标 $\boldsymbol{R}$ 和相对坐标 $\boldsymbol{r}$ 为

$$\begin{cases} \boldsymbol{R} = \dfrac{m_1 \boldsymbol{r}_1 + m_2 \boldsymbol{r}_2}{m_1 + m_2}, \\ \boldsymbol{r} = \boldsymbol{r}_1 - \boldsymbol{r}_2, \end{cases} \quad \text{或} \quad \begin{cases} \boldsymbol{r}_1 = \boldsymbol{R} + \dfrac{m_2}{m_1 + m_2}\boldsymbol{r}, \\ \boldsymbol{r}_2 = \boldsymbol{R} - \dfrac{m_1}{m_1 + m_2}\boldsymbol{r}. \end{cases} \tag{4.35}$$

由此, 可证明

$$\frac{1}{m_1}\nabla_1^2+\frac{1}{m_2}\nabla_2^2=\frac{1}{M}\nabla_R^2+\frac{1}{\mu}\nabla^2, \tag{4.36}$$

式中, $M=m_1+m_2$ 为总质量, $\mu=m_1m_2/(m_1+m_2)$ 为约化质量,

$$\nabla_R^2=\frac{\partial^2}{\partial X^2}+\frac{\partial^2}{\partial Y^2}+\frac{\partial^2}{\partial Z^2},\quad \nabla^2=\frac{\partial^2}{\partial x^2}+\frac{\partial^2}{\partial y^2}+\frac{\partial^2}{\partial z^2}. \tag{4.37}$$

这样, 方程 (4.34) 化为

$$\left[-\frac{\hbar^2}{2M}\nabla_R^2-\frac{\hbar^2}{2\mu}\nabla^2+V(r)\right]\psi=E_{\mathrm{T}}\psi. \tag{4.38}$$

此方程显然可分离变量, 即与经典力学一样, 可把质心运动与相对运动分开. 令

$$\psi=\phi(\boldsymbol{R})\psi(\boldsymbol{r}), \tag{4.39}$$

分离变量后, 得

$$-\frac{\hbar^2}{2M}\nabla_R^2\phi(\boldsymbol{R})=E_{\mathrm{c}}\phi(\boldsymbol{R}), \tag{4.40a}$$

$$\left[-\frac{\hbar^2}{2\mu}\nabla^2+V(r)\right]\psi(\boldsymbol{r})=(E_{\mathrm{T}}-E_{\mathrm{c}})\psi(\boldsymbol{r})=E\psi(\boldsymbol{r}), \tag{4.40b}$$

式 (4.40a) 是一个自由粒子的能量本征方程, 它描述质心运动, E_{c} 是质心运动的能量. 这一部分与我们研究的体系的内部结构无关, 不予考虑. 式 (4.40b) 描述两粒子的相对运动部分, $E=(E_{\mathrm{T}}-E_{\mathrm{c}})$ 是相对运动能量. 两粒子相对运动相当于一个质量为 μ 的粒子在中心力场 $V(r)$ 中的运动.

2. *角动量守恒与径向方程*

在中心力场 $V(r)$ 中, 粒子运动的能量、动量和角动量守恒, 其中最重要的特征是角动量守恒. 在经典力学中, 粒子角动量守恒是非常明显的. 这是因为中心力场是保守力场, 所受作用力 $\boldsymbol{F}$ 与势场 $V(r)$ 的关系可表示为

$$\boldsymbol{F}=-\nabla V(r)=-\frac{\mathrm{d}V}{\mathrm{d}r}\boldsymbol{e}_r, \tag{4.41}$$

从而角动量 $\boldsymbol{l}$ 随时间的变化为

$$\begin{aligned}\frac{\mathrm{d}\boldsymbol{l}}{\mathrm{d}t}&=\frac{\mathrm{d}}{\mathrm{d}t}(\boldsymbol{r}\times\boldsymbol{p})=\frac{\mathrm{d}\boldsymbol{r}}{\mathrm{d}t}\times\boldsymbol{p}+\boldsymbol{r}\times\frac{\mathrm{d}\boldsymbol{p}}{\mathrm{d}t}\\&=\boldsymbol{v}\times m\boldsymbol{v}+\boldsymbol{r}\times\boldsymbol{F}=-\boldsymbol{r}\times\nabla V(\boldsymbol{r})\\&=-\boldsymbol{r}\times\boldsymbol{r}\frac{1}{r}\frac{\mathrm{d}V(r)}{\mathrm{d}r}=0,\end{aligned} \tag{4.42}$$

其物理含义是, 粒子所受到的力矩为零. 又 $\boldsymbol{l}\cdot\boldsymbol{r}=0, \boldsymbol{l}\cdot\boldsymbol{p}=0$, 中心力场中经典粒子的运动必为平面运动. 运动平面的法线方向即守恒量 $\boldsymbol{l}$ 的方向. 在选择合适的参考系后, 中心力场中经典粒子的运动即可简化为在一个平面上的运动.

在量子力学中, 角动量也是守恒量. 这是因为角动量算符 $\hat{\boldsymbol{l}}$ 与哈密顿算符

$$\hat{H}=\frac{\hat{\boldsymbol{p}}^2}{2\mu}+V(r)=-\frac{\hbar^2}{2\mu}\nabla^2+V(r) \tag{4.43}$$

对易, 即

$$[\hat{\boldsymbol{l}},\hat{H}]=0, \tag{4.44}$$

但与经典力学有一个明显的不同, 即守恒量 $\hat{\boldsymbol{l}}$ 的三个分量彼此不对易, 中心力场中粒子的角动量的三个分量一般而言不能同时具有确定值 (除角动量为 0 的态外), 因此, 中心力场中粒子的运动在量子力学中不能简化为一个平面运动. 此外, 考虑到存在三个不对易的守恒量 $(\hat{l_x},\hat{l_y},\hat{l_z})$, 中心力场中粒子的能级一般是简并的. 因此, 仅考虑能量本征值, 还不足以把本征态完全确定下来, 而需要寻找另一组守恒量完全集, 用它们的好量子数来标记其共同本征态. 尽管 $\hat{\boldsymbol{l}}$ 的三个分量彼此不对易, 但 $[\hat{\boldsymbol{l}}^2,\hat{l}_\alpha]=0,(\alpha=x,y,z)$, 而且 $[\hat{\boldsymbol{l}}^2,\hat{H}]=0$, 通常选用 $(\hat{H},\hat{\boldsymbol{l}}^2,\hat{l}_z)$ 作为守恒量完全集, 用它们的共同本征态来对能量本征态进行分类. 此时, 属于同一能级的诸简并态可以完全标记清楚, 它们的正交归一性也自动得到保证.

考虑的能量本征方程为

$$\left[-\frac{\hbar^2}{2\mu}\nabla^2+V(r)\right]\psi(\boldsymbol{r})=E\psi(\boldsymbol{r}). \tag{4.45}$$

中心力场具有球对称性, 采用球坐标系, 以便于将径向部分与角度部分分开处理. 在球坐标系中, 拉普拉斯算符可表示为

$$\begin{aligned}\nabla^2&=\frac{1}{r^2}\frac{\partial}{\partial r}\left(r^2\frac{\partial}{\partial r}\right)+\frac{1}{r^2\sin\theta}\frac{\partial}{\partial\theta}\left(\sin\theta\frac{\partial}{\partial\theta}\right)+\frac{1}{r^2\sin^2\theta}\frac{\partial}{\partial\varphi^2} \\ &=\frac{1}{r^2}\frac{\partial}{\partial r}\left(r^2\frac{\partial}{\partial r}\right)-\frac{\hat{\boldsymbol{l}}^2}{\hbar^2 r^2}=\frac{1}{r}\frac{\partial^2}{\partial r^2}r-\frac{\hat{\boldsymbol{l}}^2}{\hbar^2 r^2},\end{aligned} \tag{4.46}$$

能量本征方程 (4.45) 化为

$$\left[-\frac{\hbar^2}{2\mu}\frac{1}{r^2}\frac{\partial}{\partial r}r^2\frac{\partial}{\partial r}+\frac{\hat{\boldsymbol{l}}^2}{2\mu r^2}+V(r)\right]\psi(\boldsymbol{r})=E\psi(\boldsymbol{r}), \tag{4.47}$$

式中, 左边第二项称为“离心势能”, 角动量越大, 则离心势能越大. 第一项可以表示为 $\hat{p}_r^2/2\mu$, 称为径向动能, 其中

$$\hat{p}_r=-\mathrm{i}\hbar\left(\frac{\partial}{\partial r}+\frac{1}{r}\right)=\hat{p}_r^\dagger \tag{4.48}$$

是径向动量. 如取 ψ 为 $(\hat{H},\hat{\boldsymbol{l}}^2,\hat{l}_z)$ 的共同本征态, 即

$$\begin{gathered}\psi(r,\theta,\varphi)=R_l\mathrm{Y}_{lm}(\theta,\varphi),\\ l=0,1,2,\cdots,\quad m=l,l-1,\cdots,-l,\end{gathered}\tag{4.49}$$

则得到径向方程

$$\left[\frac{1}{r}\frac{\mathrm{d}^2}{\mathrm{d}r^2}r+\frac{2\mu}{\hbar^2}(E-V(r))-\frac{l(l+1)}{r^2}\right]R_l(r)=0.\tag{4.50}$$

不同的中心力场 $V(r)$ 就决定了不同的径向波函数及能量本征值. 径向方程中不含磁量子数 m, 因此, 能量本征值与 m 无关. 这是容易理解的, 因为中心场的球对称性, 粒子的能量显然与 z 轴的取向无关. 但中心力场中运动的粒子的能量与角量子数 l 有关, 在给定 l 下, m 有 $(2l+1)$ 个可能值. 因此, 一般而言, 中心力场中粒子的能级是 $(2l+1)$ 重简并的. 在求解径向方程 (4.50) 时, 有时作下述替换是方便的.

令

$$R_l(r)=\chi_l(r)/r,\tag{4.51}$$

则

$$\chi_l''+\left[\frac{2\mu}{\hbar^2}(E-V(r))-\frac{l(l+1)}{r^2}\right]\chi_l=0.\tag{4.52}$$

求解径向方程 (4.50) 或方程 (4.52), 即可得出粒子能量的本征值 E 及径向波函数 R 或约化径向波函数 χ.

3. 径向方程的解在 $r\to0$ 邻域的行为

通常遇到的中心力场, 如库仑势 $V\propto\frac{1}{r}$, 汤川势 $V\propto\frac{1}{r}\mathrm{e}^{-\alpha r}$, 线性势 $V\propto r$, 谐振子势 $V\propto r^2$, 对数势 $V\propto\ln r$ 等, 都满足条件

$$r^2V(r)\xrightarrow{r\to0}0.\tag{4.53}$$

在条件式 (4.53) 下, 当 $r\to0$ 时, 径向方程 (4.50) 的渐近形式为

$$\frac{\mathrm{d}^2R_l}{\mathrm{d}r^2}+\frac{2}{r}\frac{\mathrm{d}R_l}{\mathrm{d}r}-\frac{l(l+l)}{r^2}R_l=0.\tag{4.54}$$

显然, $r=0$ 是渐近方程 (4.54) 的正则奇点. 在 $r=0$ 点邻域, 令 $R\propto r^s$, 并代入上式, 就得到指标方程

$$s(s+1)-l(l+1)=0,\tag{4.55}$$

其解为

$$s_1=l,\quad s_2=-(l+1).\tag{4.56}$$

这样, 当 $r \to 0$ 时, 方程 (4.50) 的两个渐近解为

$$R_l(r) \propto r^l, \quad R_l(r) \propto \frac{1}{r^{l+1}}. \tag{4.57}$$

$R(r) \propto r^{-(l+1)}$ 是物理上不允许的, 理应抛弃. 按照波函数的统计诠释, 在 $r=0$ 邻域任意体积元中找到粒子的概率应为有限值. 令 $R(r) \propto r^{-s}$, 则当 $r \to 0$ 时, 必须有 $s < 3/2$. 因此, 当 $l \neq 0$ 时, $R(r) \propto r^{-(l+1)}$ 是不许的. 对 $l=0$ 的渐近解 $R_0(r) \propto r^{-1}$, 尽管不违反统计诠释的要求, 但解

$$\psi_0(r,\theta,\varphi) = R_0(r)\mathrm{Y}_{00}(\theta,\varphi) = \frac{1}{\sqrt{4\pi}}R_0(r) \propto \frac{1}{r} \tag{4.58}$$

并不满足能量本征方程 (4.45). 只要注意到

$$\nabla^2 \frac{1}{r} = -4\pi\delta(\boldsymbol{r}), \tag{4.59}$$

即知当包括 $r=0$ 点在内, $\psi_0 \propto \dfrac{1}{r}$ 不是薛定谔方程 (4.45) 的解. 由此得出结论: 当 $r \to 0$ 时, 径向方程 (4.50) 的径向波函数只能取 $R(r) \propto r^l$ 的渐近解. 这等价地要求约化径向方程 (4.52) 的解满足

$$\chi_l(r) = rR_l(r) \xrightarrow{r\to 0} 0. \tag{4.60}$$

4. 朗道坠落

假定势场是吸引势, 且 $V(r) = -\alpha r^{-s}(\alpha > 0)$, s 是个数, 则体系的哈密顿算符为

$$\hat{H} = \frac{\hat{\boldsymbol{p}}^2}{2\mu} - \frac{\alpha}{r^s}, \tag{4.61}$$

按不确定性关系, 定性地, 动能项必与 r^{-2} 成正比, 可将式 (4.61) 改写成

$$\hat{H} = \frac{c}{r^2} - \frac{\alpha}{r^s} \tag{4.62}$$

其中, c, α 均大于零. 式 (4.62) 右边第一项表示斥力, 动能项相当于正比于 r^{-2} 的排斥势, 第二项表示吸引力. 若 $s<2$, 则当 $r \to 0$ 时, 第一项斥力为主, 第二项相对于第一项可略去; 当 $r \to \infty$ 时, 第二项吸引力为主, 第一项相相对于第二项可略去. $r \to 0$ 的排斥力防止体系坍缩成一点, $r \to \infty$ 的吸引力防止体系碎裂飞散, 使得体系有可能形成束缚态. 如库仑场 $s=1$, 氢原子中的电子在核库仑场中可以形成稳定的束缚态. 量子力学就从根本上解释了氢原子的稳定性, 克服了玻尔理论中硬性靠手摆上去的方法规定原子定态的不足.

反之, 若 $s>2$, 则当 $r \to 0$ 时, 第二项吸引力为主; 当 $r \to \infty$ 时, 第一项斥力为主, 于是体系不可能出现稳定的束缚态. 特别是, $r \to 0$ 时, $E \to -\infty$, 这意味着

在这种情况下, 体系的最低能级是负无穷大. 体系达到稳定平衡时, 其能量最小, 粒子必然处于最低能级. 但现在的最低能是负无穷, 这必然导致粒子在这个下限为负无穷的“能谱”中不断“坠落”, 并在坠落过程中不断释放出能量. 这当然是不可能, 也不合理的. 这时的实际情况是: 与体系动能部分相应的斥力不能抵抗吸引力, 从而使体系发生坍缩.

事实上, 可严格证明, 式 (4.61) 的体系存在束缚态的条件为 $0<s<2$, 并且在 $E\sim 0^-$ 附近存在无限多条束缚态能级. 根据位力定理, 在任何束缚态中, 有下列平均值关系

$$\langle T\rangle=\frac{\langle \boldsymbol{p}^2\rangle}{2\mu}=-\frac{s}{2}\langle V\rangle, \tag{4.63}$$

所以

$$E=\langle T+V\rangle=\left(1-\frac{2}{s}\right)\langle T\rangle \tag{4.64}$$

由于 $\langle T\rangle>0$, 而束缚态 $E<0$, 所以存在束缚态的条件为 $0<s<2$. 式 (4.64) 也可写成

$$E=\left(1-\frac{s}{2}\right)\langle V\rangle=-\alpha\left(1-\frac{s}{2}\right)\left\langle\frac{1}{r^s}\right\rangle, \tag{4.65}$$

如能构造一个波包, 其径向分布概率集中在 r_0 附近的 δr 范围内, 而且 $\delta r\ll r_0$, 则

$$E\approx-\alpha\left(1-\frac{s}{2}\right)\frac{1}{r_0^s}, \tag{4.66}$$

只要 r_0 足够大, $|E|$ 就可以小于任意指定正数. 这样就得到无限多条在 $E\sim 0^-$ 附近密集的能级.

练习 4.2　无限深球方势阱. 考虑粒子在半径为 a 的球形刚性匣子中运动, 这相当于粒子在一个无限深球方势阱中运动, 势场为

$$V(r)=\begin{cases}0, & r<a,\\ \infty, & r>a.\end{cases} \tag{4.67}$$

解　径向方程为

$$R_l''(r)+\frac{2}{r}R_l'(r)+\left[k^2-\frac{l(l+1)}{r^2}\right]R_l(r)=0,\quad 0<r<a, \tag{4.68}$$

径向波函数 $R_l(r)$ 满足的边界条件为

$$R_l(r)|_{r=a}=0. \tag{4.69}$$

引入无量纲变量

$$\rho=kr,\quad k=\sqrt{2mE}/\hbar, \tag{4.70}$$

则式 (4.68) 化为

$$\frac{\mathrm{d}^2R_l}{\mathrm{d}\rho^2}+\frac{2}{\rho}\frac{\mathrm{d}R_l}{\mathrm{d}\rho}+\left[1-\frac{l(l+1)}{\rho^2}\right]R_l=0, \tag{4.71}$$

令

$$R_l=u_l(\rho)/\sqrt{\rho}, \tag{4.72}$$

则

$$u''+\frac{1}{\rho}u'+\left[1-\frac{(l+1/2)^2}{\rho^2}\right]u=0. \tag{4.73}$$

此为半奇数 $(l+1/2)$ 阶的贝塞尔(Bessel)方程. 它的两个线性独立解为 $\mathrm{J}_{l+1/2}(\rho)$ 与 $\mathrm{J}_{-l-1/2}(\rho)$. 定义球贝塞尔函数和球诺依曼(Neumann)函数

$$\mathrm{j}_l(\rho)=\sqrt{\frac{\pi}{2\rho}}\mathrm{J}_{l+1/2}(\rho),\quad \mathrm{n}_l(\rho)=(-1)^{l+1}\sqrt{\frac{\pi}{2\rho}}\mathrm{J}_{l+1/2}(\rho), \tag{4.74}$$

则方程 (4.71) 的解取为 $\mathrm{j}_l(\rho)$ 和 $\mathrm{n}_l(\rho)$, 它们在 $\rho\to 0$ 时的渐近行为是

$$\mathrm{j}_l(\rho)\to\rho^l/(2l+1)!!,\quad \mathrm{n}_l(\rho)\to-(2l-1)!!\rho^{-(l+1)}, \tag{4.75}$$

但当 $\rho\to 0$ 时, $\mathrm{n}_l(\rho)$ 解是物理上不能接受的. 因此, 在无限深球方势阱内的解应取

$$R_{kl}(r)=c_{kl}\mathrm{j}_l(kr), \tag{4.76}$$

其中, c_{kl} 是归一化常数, k 或 E 由束缚态边界条件式 (4.69) 确定, 即

$$\mathrm{j}_l(ka)=0. \tag{4.77}$$

当 a 取有限值时, k 只能取一系列分立值. 令 $\mathrm{j}_l(x)=0$ 的根依次记为 $x_{n_r,l}$, $n_r=0,1,2,\cdots$, 则粒子的能量本征值表为

$$E_{n_r,l}=\frac{\hbar^2}{2ma^2}x^2_{n_r,l},\quad n_r=0,1,2,\cdots, \tag{4.78}$$

较低的几个根 x_{n_rl} 见表 4.1.

对 s 态 $(l=0)$, $ka=(n_r+1)\pi$, 粒子的能量本征值为

$$E_{n,0}=\frac{(n_r+1)^2\pi^2\hbar^2}{2ma^2},\ n_r=0,1,2\cdots. \tag{4.79}$$

利用球贝塞尔函数的积分公式及边条件, 可求出径向波函数式 (4.76) 的归一化常数

$$c_{kl}=\left[-\frac{2}{a^3}/\mathrm{j}_{l-1}(ka)\mathrm{j}_{l+1}(ka)\right]^{1/2}. \tag{4.80}$$

此时

$$\int_0^a R_{k_1l}(r)R_{k_2l}(r)r^2\mathrm{d}r=\delta_{k_1k_2}. \tag{4.81}$$

表 4.1　球贝塞尔函数 $j_l(x)=0$ 的根 $x_{n_r,l}$

l	n_r			
	0	1	2	3
0	π	2π	3π	4π
1	4. 493	4. 725	10. 904	14. 066
2	5. 764	9. 095	12. 323	
3	6.988	10. 417	13. 698	
4	8. 183	11. 705		
5	9. 356	12. 967		
6	10. 513	14. 207		
7	11. 657			
8	12. 791			
9	13. 916			

练习 4.3　三维各向同性谐振子. 考虑质量为 μ 的粒子在三维各向同性谐振子势

$$V(r)=\frac{1}{2}\mu\omega^2r^2 \tag{4.82}$$

中运动, ω 为经典谐振子的自然振动的角频率.

解　在球坐标系中, 径向方程为

$$R_l''(r)+\frac{2}{r}R_l'(r)+\left[\frac{2\mu}{\hbar^2}\left(E-\frac{1}{2}\mu\omega^2r^2\right)-\frac{l(l+1)}{r^2}\right]R_l(r)=0, \tag{4.83}$$

令

$$\alpha=\sqrt{\frac{\mu\omega}{\hbar}},\quad k=\sqrt{\frac{2E}{\omega\hbar}},\quad \rho=\alpha r, \tag{4.84}$$

则

$$R_l''(\rho)+\frac{2}{\rho}R_l'(\rho)+\left[k^2-\rho^2-\frac{l(l+1)}{\rho^2}\right]R_l(\rho)=0. \tag{4.85}$$

显然, $\rho=0,\infty$ 是微分方程的奇点. 在 $r=0$ 邻域, 物理上可接受的径向波函数的渐近行为 $R_l(\rho)\sim\rho^l\ (\rho\to 0)$. 当 $\rho\to\infty$ 时, 方程 (4.85) 化为

$$R_l''(\rho)-\rho^2R_l(\rho)=0, \tag{4.86}$$

其解为 $R_l(\rho)\sim\exp(\pm\rho^2/2)$, 但 $\exp(\rho^2/2)$ 不满足束缚条件, 舍去. 所以, $R_l(\rho)\sim\exp(-\rho^2/2)(\rho\to\infty)$. 这样, 可令方程 (4.85) 的解为

$$R_l(\rho)=\rho^l\mathrm{e}^{-\rho^2/2}u_l(\rho), \tag{4.87}$$

代入式 (4.85), 可得

$$u_l''+\frac{2}{\rho}(l+1-\rho^2)u_l'+[k^2-(2l+3)]u_l=0, \tag{4.88}$$

再令

$$\xi = \rho^2, \tag{4.89}$$

方程 (4.88) 化为

$$\xi \frac{\mathrm{d}^2 u_l}{\mathrm{d}\xi^2} + \left[\left(l + \frac{3}{2}\right) - \xi\right] \frac{\mathrm{d}u_l}{\mathrm{d}\xi} + \left[\frac{k^2}{4} - \frac{l + 3/2}{2}\right] u_l = 0, \tag{4.90}$$

这正是合流超几何方程, 方程中相应的参数为

$$\alpha = \frac{1}{2}\left(l + \frac{3}{2} - \frac{k^2}{2}\right), \quad \gamma = l + \frac{3}{2}, \tag{4.91}$$

方程 (4.90) 有两个解, 即 $\mathrm{F}(\alpha, \gamma, \xi)$ 与 $\xi^{1-\gamma}\mathrm{F}(\alpha-\gamma+1, 2-\gamma, \xi)$. 由于 $\xi^{1-\gamma} \propto r^{-2l-1}$, 这个解是物理上不能接受的. 因此, 方程 (4.90) 的解只能取

$$u_l \propto \mathrm{F}(\alpha, \gamma, \xi). \tag{4.92}$$

合流超几何函数 $\mathrm{F}(\alpha, \gamma, \xi)$ 可以表示成幂级数

$$\mathrm{F}(\alpha, \gamma, \xi) = 1 + \frac{\alpha}{\gamma}\xi + \frac{\alpha(\alpha+1)}{\gamma(\gamma+1)}\frac{\xi^2}{2!} + \frac{\alpha(\alpha+1)(\alpha+2)}{\gamma(\gamma+1)(\gamma+2)}\frac{\xi^3}{3!} + \cdots, \tag{4.93}$$

级数的相邻的高幂次 ($n \to \infty$) 项的比值与 e^{ξ} 的无穷级数相同, 因此, 当 $\xi \to \infty$ 时, $\mathrm{F}(\alpha, \gamma, \xi) \propto \mathrm{e}^{\xi}$. 这样的无穷级数代入式 (4.87), 所得径向波函数在 $\xi \to \infty$ 时趋于 ∞, 不满足束缚态边条件. 因此, 对束缚态, 要求无穷级数解在有限级次中断, 即

$$\alpha = \frac{1}{2}\left(l + \frac{3}{2} - \frac{k^2}{2}\right) = -n_r, \quad n_r = 0, 1, 2, \cdots, \tag{4.94}$$

将式 (4.84) 代入上式, 得

$$E = (2n_r + l + 3/2)\,\omega\hbar, \tag{4.95}$$

令

$$n = 2n_r + l, \tag{4.96}$$

则

$$E \equiv E_n = \left(n + \frac{3}{2}\right)\omega\hbar, \quad n = 0, 1, 2, \cdots. \tag{4.97}$$

此即三维各向同性谐振子的能量本征值, 相应的归一化径向波函数为

$$\begin{aligned} R_{n_r,l}(r) = \alpha^{3/2}\left[\frac{2^{l+2-n_r}(2l+2n_r+1)!!}{\sqrt{\pi}n_r![(2l+1)!!]^2}\right]^{1/2}(\alpha r)^l \mathrm{e}^{-\alpha^2 r^2/2} \\ \times \mathrm{F}(-n_r, l+3/2, \alpha^2 r^2). \end{aligned} \tag{4.98}$$

最低的几个径向波函数是

$$
\begin{aligned}
R_{0,l} &= \alpha^{3/2}\left[\frac{2^{l+2}}{\sqrt{\pi}(2l+1)!!}\right]^{1/2}(\alpha r)^l \exp\left(-\tfrac{1}{2}\alpha^2 r^2\right), \\
R_{1,l} &= \alpha^{3/2}\left[\frac{2^{l+3}}{\sqrt{\pi}(2l+3)!!}\right]^{1/2}(\alpha r)^l \exp\left(-\tfrac{1}{2}\alpha^2 r^2\right)\left(\tfrac{2l+3}{2}-\alpha^2 r^2\right), \\
R_{2,l} &= \alpha^{3/2}\left[\frac{2^{l+3}}{\sqrt{\pi}(2l+5)!!}\right]^{1/2}(\alpha r)^l \exp\left(-\tfrac{1}{2}\alpha^2 r^2\right) \\
&\quad \times\left[\frac{(2l+3)(2l+5)}{4}-(2l+5)\alpha^2 r^2+\alpha^4 r^4\right].
\end{aligned} \tag{4.99}
$$

从式 (4.96) 和式 (4.97) 可见, 对三维各向同性谐振子势, 能级只依赖于径向量子数 n_r 和角量子数 l 的一种特殊的组合, 即只依赖于 $n = 2n_r + l$. 对给定能级 E_n, 即 n 一定, l 取值为

$$
l = n - 2n_r = \begin{cases} 0, 2, \cdots, n \ (n\text{为偶数}); \\ 1, 3, \cdots, n \ (n\text{为奇数}), \end{cases}
$$

而 l 一定时, m 可取 $-l, -l+1, \cdots, l-1, l$, 共 $2l+1$ 个值. 由此可知, 能级的简并度为

$$
f_n = \frac{1}{2}(n+1)(n+2). \tag{4.100}
$$

例如, n 为偶数情况

$$
f_n = \sum_{l=0,2,\cdots,n}(2l+1) = \frac{1}{2}(n+1)(n+2),
$$

n 为奇数情况, 可类似地证明.

三维各向同性谐振子也可在直角坐标系中求解. 利用 $r^2 = \sum\limits_{i=1}^{3} x_i^2$, 三维各向同性谐振子可分解为三个独立的一维谐振子, 即

$$
\hat{H} = \sum_{i=1}^{3}\hat{H}_i = -\frac{\hbar^2}{2\mu}\nabla^2 + \frac{1}{2}\mu\omega^2 r^2, \tag{4.101}
$$

其中

$$
\hat{H}_i = -\frac{\hbar^2}{2\mu}\frac{\partial^2}{\partial x_i^2} + \frac{1}{2}\mu\omega^2 x_i^2.
$$

它们的本征函数可以分离变量, 相当于选 $\hat{H}_i (i = 1, 2, 3)$ 为守恒量完全集, 其共同本征态为

$$
\begin{aligned}
&\Phi_{n_1 n_2 n_3}(x, y, z) = \varphi_{n_1}(x)\varphi_{n_2}(y)\varphi_{n_3}(z), \\
&\qquad n_1, n_2, n_3 = 0, 1, 2, \cdots,
\end{aligned} \tag{4.102}
$$

即三个一维谐振子能量本征态之积. 相应的能量本征值为

$$E_{n_1n_2n_3} = \left(n_1+\frac{1}{2}\right)\omega\hbar + \left(n_2+\frac{1}{2}\right)\omega\hbar + \left(n_3+\frac{1}{2}\right)\omega\hbar = \left(n+\frac{3}{2}\right)\omega\hbar, \quad (4.103)$$

$$n = n_1+n_2+n_3 = 0,1,2,\cdots,$$

与式 (4.97) 相同. 可类似地求出能级的简并度. 对于给定能级 E_n, 即 n 一定时有

$$\begin{array}{rcccccc} n_1 = & 0, & 1, & 2, & \cdots, & n-1, & n \\ n_2+n_3 = & n, & n-1, & n-2, & \cdots, & 1, & 0 \\ (n_2,n_3) = & n+1, & n, & n-1, & \cdots, & 2, & 1 \end{array}$$

所以 (n_1,n_2,n_3) 可能取值的数目, 即能级的简并度

$$f_n = 1+2+\cdots+n+n+1 = \frac{1}{2}(n+1)(n+2)$$

与式 (4.100) 相同.

实际上, 波函数 $\psi_{nlm}(r,\theta,\varphi)$ 与 $\Phi_{n_1,n_2,n_3}(x,y,z)$ 是三维各向同性谐振子的态空间的两种不同的基矢. 前者是 $(\hat{H},\hat{\boldsymbol{l}},\hat{l}_z)$ 的共同本征态, 后者是 $(\hat{H}_x,\hat{H}_y,\hat{H}_z)$ 的共同本征态. 属于同一能级的量子态的数目 (简并度) 是相同的, 但基矢选择不同, 彼此之间通过一个幺正变换相联系. 例如, $n=1$ 的能级有三个态, 可以取为

$$\psi_{n_rlm} \to \psi_{011},\ \psi_{010},\ \psi_{01-1}$$

或

$$\Phi_{n_1n_2n_3} \to \Phi_{100},\ \Phi_{010},\ \Phi_{001}.$$

不难证明

$$\begin{pmatrix} \psi_{011} \\ \psi_{01-1} \\ \psi_{001} \end{pmatrix} = \begin{pmatrix} -1/\sqrt{2} & -\mathrm{i}/\sqrt{2} & 0 \\ 1/\sqrt{2} & -\mathrm{i}/\sqrt{2} & 0 \\ 0 & 0 & 1 \end{pmatrix} \begin{pmatrix} \Phi_{100} \\ \Phi_{010} \\ \Phi_{001} \end{pmatrix}.$$

4.3 氢原子及类氢离子

氢原子(H)是最简单的原子, 由原子核和一个核外电子构成, 而其原子核就是一个质子. 类氢离子, 如 He^+, Li^{++} 等, 是经电离后只剩一个电子的原子, 它与氢原子有类似的构成, 差别仅在于原子核的电荷及质量有所不同. 氢原子和类氢离子的薛定谔方程是量子力学中为数不多的可严格求解的例子. 具体解出氢原子和类氢离子的薛定谔方程, 可得出氢原子和类氢离子的能级与波函数, 从而定量地解释其

光谱线规律及其他一些重要特征. 同时, 对氢原子和类氢离子的定量认识也是理解复杂原子及分子结构的基础.

氢原子和类氢离子的原子核带正电荷 $+Ze$(对氢原子 $Z=1$, 而对类氢离子 $Z>1$), 而核外只有一个带负电荷 $-e$ 的电子. 取无穷远处为势能的零点, 则原子核与电子之间的库仑作用能为

$$V(r)=-\frac{Ze_{\mathrm{s}}^2}{r},\quad e_{\mathrm{s}}^2=\frac{e^2}{4\pi\varepsilon_0},\tag{4.104}$$

式中, Z 为原子序数. 氢原子和类氢离子的约化径向方程为

$$\chi_l''+\left[\frac{2\mu}{\hbar^2}\left(E+\frac{Ze_{\mathrm{s}}^2}{r}\right)-\frac{l(l+1)}{r^2}\right]\chi_l=0,\tag{4.105}$$

式中, $\mu=Mm/(M+m)$ 为折合质量, M 和 m 分别是原子核和电子的质量. 令

$$\rho=\alpha r,\quad \alpha=\sqrt{-\frac{8\mu E}{\hbar^2}},\quad \beta=\frac{2Z\mu e_{\mathrm{s}}^2}{\alpha\hbar^2},\tag{4.106}$$

则方程 (4.105) 可简化为

$$\frac{\mathrm{d}^2\chi_l}{\mathrm{d}\rho^2}+\left[\frac{\beta}{\rho}-\frac{l(l+1)}{\rho^2}-\frac{1}{4}\right]\chi_l=0.\tag{4.107}$$

显然, $\rho=0,\ \infty$ 是方程的两个奇点. 为求解方程 (4.107), 我们首先考察其在这两个奇点邻域的行为. 首先考虑 $\rho\to 0$ 时的渐近行为. 正如 4.2 节分析的那样, 当 $r\to 0$ 时, 方程 (4.107) 的物理上可接收的渐近解为

$$\chi_l(\rho)\propto\rho^{l+1}.\tag{4.108}$$

其次考虑 $\rho\to\infty$ 时的渐近行为. 对束缚态 $(E<0)$, 当 $\rho\to\infty$ 时, 方程 (4.107) 化为

$$\frac{\mathrm{d}^2\chi_l}{\mathrm{d}\rho^2}-\frac{1}{4}\chi_l=0,\tag{4.109}$$

其解为 $\chi_l(\rho)\propto\exp(\pm\rho/2)$. 考虑到束缚态边界条件, 即当 $\rho\to\infty$ 时, $\chi_l(\rho)\to 0$, 只能取

$$\chi_l(\rho)\propto\exp(-\rho/2),\tag{4.110}$$

于是, 让方程 (4.107) 的解具有如下形式:

$$\chi_l(\rho)=\rho^{l+1}\mathrm{e}^{-\frac{1}{2}\rho}u_l(\rho),\tag{4.111}$$

代入方程 (4.107), 得

$$\rho\frac{\mathrm{d}^2u_l}{\mathrm{d}\rho^2}+[2(l+1)-\rho]\frac{\mathrm{d}u_l}{\mathrm{d}\rho}-[(l+1)-\beta]u_l=0.\tag{4.112}$$

这个方程属下列合流超几何方程

$$\rho\frac{\mathrm{d}^2u}{\mathrm{d}\rho^2}+(\gamma-\rho)\frac{\mathrm{d}u}{\mathrm{d}\rho}-\alpha u=0, \tag{4.113}$$

参数

$$\gamma=2(l+1)\geqslant 2\ (\text{正整数}),\quad \alpha=l+1-\beta. \tag{4.114}$$

方程 (4.113) 在 $\rho=0$ 邻域有界的解为合流超几何函数

$$u=\mathrm{F}(\alpha,\gamma,\rho)=1+\frac{\alpha}{\gamma}\rho+\frac{\alpha(\alpha+1)}{\gamma(\gamma+1)}\frac{\rho^2}{2!}+\frac{\alpha(\alpha+1)(\alpha+2)}{\gamma(\gamma+1)(\gamma+2)}\frac{\rho^3}{3!}+\cdots \tag{4.115}$$

可以显示, 无穷级数解 $\mathrm{F}(\alpha,\gamma,\rho)$ 在 $\rho\to\infty$ 时行为 $\mathrm{F}(\alpha,\gamma,\rho)\to \mathrm{e}^{\rho}$. 这样的解代入式 (4.111), 不能满足无穷远处的束缚态边界条件. 为了得到物理上允许的解, 要求无穷级数 (4.115) 必须在有限项中断. 从式 (4.115) 可以看出, 只要 α 等于 0 或负整数即可满足这一要求, 于是

$$\alpha=l+1-\beta=-n_r,\ n_r=0,1,2,\cdots. \tag{4.116}$$

令 $n=n_r+l+1$, 则 $\beta=n$. 将式 (4.106) 代入, 得

$$E=E_n=-\frac{\mu Z^2e_{\mathrm{s}}^4}{2\hbar^2n^2}=-\frac{Z^2e_{\mathrm{s}}^2}{2an^2}=-\frac{1}{2}\mu(\alpha c)^2\frac{Z^2}{n^2}=-\frac{1}{2}\mu v_n^2 \tag{4.117}$$

式中, $a=\dfrac{\hbar^2}{\mu e_{\mathrm{s}}^2}$ 称为玻尔半径, $v_n=\alpha c\dfrac{Z}{n}$ 称为玻尔第 n 轨道速度, $\alpha=\dfrac{e_{\mathrm{s}}^2}{\hbar c}=\dfrac{1}{137}$ 称为精细结构常数, 它表征电磁相互作用的强度. 相应于 E_n 的径向波函数为

$$\begin{aligned}R_{nl}(r)&=\frac{\chi_{nl}(r)}{r}=N_{nl}\mathrm{e}^{-\frac{1}{2}\rho}\rho^l\mathrm{F}(-n+l+1,2l+2,\rho),\\ N_{nl}&=\frac{2}{a^{3/2}(2l+1)!}\sqrt{\frac{(n+l)!}{(n-l-1)!}},\end{aligned} \tag{4.118}$$

式中, $\rho=\alpha r$, N_{nl} 为归一化常数, 它的形式保证

$$\int_0^\infty R_{nl}^2(r)r^2\mathrm{d}r=\int_0^\infty \chi_{nl}^2(r)\mathrm{d}r=1. \tag{4.119}$$

表 4.2 列出了属于较低的几个能级的径向波函数. 可以看出, 径向波函数, 除原点和无穷远点外, 有 $n_r=n-l-1$ 个节点数目. 氢原子及类氢离子的定态波函数是守恒量完全集 $(\hat{H},\hat{\boldsymbol{l}}^2,\hat{l}_z)$ 的共同本征态, 且属于能级 E_n 的定态波函数表示为

$$\psi_{nlm}(r,\theta,\varphi)=R_{nl}(r)\mathrm{Y}_{lm}(\theta,\varphi)$$

$$l=0,1,2,\cdots,n-1,\quad m=l,l-1,\cdots,-l. \tag{4.120}$$

表 4.2　氢原子 (Z=1) 和类氢离子 (Z>1) 的最低几条能级的径向波函数

n	l	n_r	光谱符号 (nl)	$R_{nl}(r)$
1	0	0	1s	$2\left(\frac{Z}{a}\right)^{3/2}\exp\left(-\frac{Zr}{a}\right)$
2	0	1	2s	$\left(\frac{Z}{2a}\right)^{3/2}\left(2-\frac{Zr}{a}\right)\exp\left(-\frac{Zr}{2a}\right)$
	1	0	2p	$\left(\frac{Z}{2a}\right)^{3/2}\frac{Zr}{\sqrt{3}a}\exp\left(-\frac{Zr}{2a}\right)$
3	0	2	3s	$2\left(\frac{Z}{3a}\right)^{3/2}\left[1-\frac{2Zr}{3a}+\frac{2}{27}\left(\frac{Zr}{a}\right)^2\right]\exp\left(-\frac{Zr}{3a}\right)$
	1	1	3p	$\frac{8}{27\sqrt{6}}\left(\frac{Z}{a}\right)^{3/2}\left(\frac{Zr}{a}\right)\left(1-\frac{Zr}{6a}\right)\exp\left(-\frac{Zr}{3a}\right)$
	2	0	3d	$\frac{4}{81\sqrt{30}}\left(\frac{Z}{a}\right)^{3/2}\left(\frac{Zr}{a}\right)^2\exp\left(-\frac{Zr}{3a}\right)$

1. 有关能级的讨论

(1) 能级是 n^2 简并度的. 这是因为给定主量子数 n, 有 n 个 l 值, 而对每一个角量子数 l 的值, 又有 $2l+1$ 个磁量子数 m 的值. 这样, 能级 E_n 对应的波函数 $\psi_{nlm}(r,\theta,\varphi)$ 的个数, 即简并度为

$$\sum_{l=0}^{n-1}(2l+1)=n^2, \tag{4.121}$$

能级对磁量子数 m 简并, 即 E_n 与 m 无关, 其原因是势场为中心力场, 它是球对称的, 电子的能量与空间取向无关; 能级对角量子数 l 简并, 即 E_n 与 l 无关, 这是源于库仑场的作用. 碱金属中价电子所处的势场也是中心力场, 但由于原子实中其他电子的屏蔽作用, 价电子所受力场不是简单的库仑场, 尽管它所受力场仍只与 r 有关, 而与取向无关. 这时, 碱金属电子能级为

$$E_{nl}=-\frac{1}{2}\mu(\alpha c)^2\frac{1}{(n-\Delta_l)^2}, \tag{4.122}$$

Δ_l 与 l 有关, 从而能级 E_{nl} 与 l 有关. 例如, 在中心力场 $V(r)=-\frac{e_s^2}{r}-\frac{b}{r^2}$ 中, $\Delta_l=\frac{2\mu b}{(2l+1)\hbar}$. 因此, 在一般中心力场中, 电子的能级 E_{nl} 是 $(2l+1)$ 度简并的, 仅对库仑场, 电子的能级才是 n^2 度简并的.

(2) 从式 (4.117) 可见, 能级 E_n 随 n 的增大而增大, 而相邻能级的间距

$$\Delta E_n=-\frac{1}{2}\mu(Z\alpha c)^2\Delta\left(\frac{1}{n^2}\right)=\mu(Z\alpha c)^2\frac{1}{n^3} \tag{4.123}$$

随 n 的增大而减小. 对氢原子

$$\mu_{\mathrm{H}}=\frac{m_{\mathrm{e}}m_{\mathrm{H}}}{m_{\mathrm{e}}+m_{\mathrm{H}}}=\frac{m_{\mathrm{e}}}{1+\dfrac{m_{\mathrm{e}}}{m_{\mathrm{H}}}}=\frac{m_{\mathrm{e}}}{1+\dfrac{1}{1836}}=\frac{1836}{1837}m_{\mathrm{e}}, \tag{4.124}$$

基态能级为 $E_1=-\dfrac{1}{2}\mu_{\mathrm{H}}(\alpha c)^2=13.6\mathrm{eV}$. 当 $n\to\infty$ 时, 能量为 $E_\infty=0$, 电子可脱离原子核而电离, 电离能为 $E_\infty-E_1=13.6\mathrm{eV}$.

(3) 利用能级公式 (4.117), 可解释氢原子和类氢离子的光谱线的规律. 电子从高能级 E_n 向低能级 E_m 跃迁时, 发射出的光线的波数为

$$\tilde{\nu}=\frac{c}{v}=\frac{1}{\lambda}=\frac{E_n-E_m}{hc}=Z^2R\left(\frac{1}{m^2}-\frac{1}{n^2}\right),\quad n>m, \tag{4.125a}$$

$$R=\frac{\mu e_{\mathrm{s}}^4}{4\pi\hbar^3c}\ (\text{Rydberg 常数}), \tag{4.125b}$$

与光谱规律的里兹并合原则完全一致. 所有的到同一低态的跃迁频率组成一个谱系. 对氢原子 $(Z=1)$, 到 $m=1$ 的态的跃迁构成Lyman线系, 处于紫外光谱区; 到 $m=2$ 的态的跃迁构成对应Balmer线系, 处于可见光区, 首先被发现; 到 $m=3$ 的态的跃迁构成Paschen线系; 到 $m=4$ 的态的跃迁构成Brackett线系; 到 $m=5$ 的态的跃迁构成Pfund线系.

对类氢离子, 应特别提及著名的Pickering线系, 该线系是1896年在船舻座 ζ 星的可见光谱线中发现的, 并与氢原子光谱中的Balmer线系很相似, 具有相同的极限. 后来在氢和氦混合气体中也观测到了这个线系. 若把此线系归入氢原子光谱, 则会出现分数量子数. 玻尔把它解释为 He^+ 发出的光谱线. 按类氢离子能级公式 (4.117), He^+ 能级公式为

$$E_n=-\frac{1}{2}\mu_{\mathrm{He}}(\alpha c)^2\frac{4}{n^2}, \tag{4.126}$$

从 E_n 跃迁到 E_m 发出的光的波数为

$$\tilde{\nu}=\frac{E_n-E_m}{hc}=4R_{\mathrm{He}}\left(\frac{1}{m^2}-\frac{1}{n^2}\right), \tag{4.127}$$

对 $m=4,n=5,6,7,\cdots$, 有

$$\tilde{\nu}=R_{\mathrm{He}}\left(\frac{1}{2^2}-\frac{4}{n^2}\right)\xrightarrow{n\to\infty}\frac{1}{4}R_{\mathrm{He}}, \tag{4.128}$$

这里 R_{He} 是 He^+ 的 Redberg 常数, 它与氢原子的 R_{H} 略有差异,

$$\frac{R_{\mathrm{He}}}{R_{\mathrm{H}}}=\frac{\mu_{\mathrm{He}}}{\mu_{\mathrm{H}}}=\frac{1+\dfrac{1}{1836}}{1+\dfrac{1}{4\times1836}}=1.000\,408\,4, \tag{4.129}$$

即 R_{He} 略大于 R_{H}. 如果忽略这种微小差异, 式 (4.128) 与Balmer线系很相似, 特别是其极限位置几乎相同.

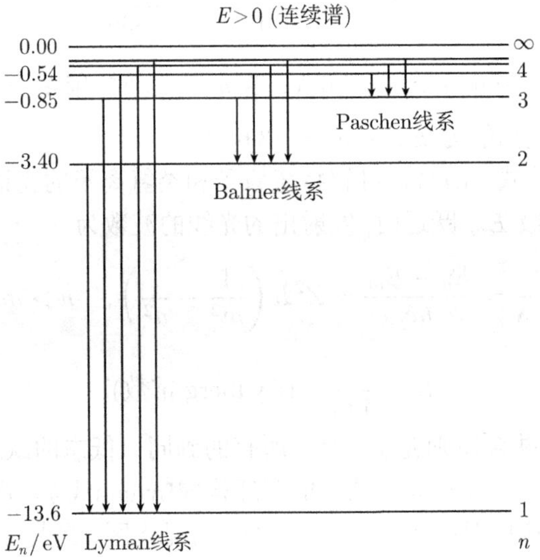

图 4.2　氢原子的能级与谱系

玻尔的看法很快在Evans的实验中得到了证实. 爱因斯坦在得知Evans的实验证实了Pickering线系是 He^+ 光谱线之后, 对玻尔的量子论给予了极高评价, 认为是最伟大的发现之一. 有人观察到激发能级直到 $n=100$ 的类氢离子, 称为Rydeberg原子, 其直径比基态的直径约大 10^5 倍.

2. *有关波函数的讨论*

氢原子和类氢离子的定态波函数 $\psi_{nlm}(r,\theta,\varphi)$ 是由 $(\hat{H},\hat{l}^2,\hat{l}_z)$ 的本征值相应的三个好量子数 (n,l,m) 确定. 按光谱学上的习惯, 把 l=0, 1, 2, 3, 4, 5, 6, 7, $\cdots$ 的态记为 s、p、d、f、g、h、i、j, $\cdots$. 有时还借用玻尔的量子论观点, 习惯上称为 s 轨道、p 轨道, 等等.

已知氢原子和类氢离子的定态波函数, 就可讨论氢原子和类氢离子在空间各点的概率分布. 当氢原子或类氢离子处于定态 $\psi_{nlm}(r,\theta,\varphi)$ 时, 在 (r,θ,φ) 点周围体积元 $\mathrm{d}\tau=r^2\sin\theta\mathrm{d}r\mathrm{d}\theta\mathrm{d}\varphi$ 内找到电子的概率为

$$\begin{aligned}w_{nlm}(r,\theta,\varphi)\mathrm{d}\tau&=|\psi_{nlm}(r,\theta,\varphi)|^2r^2\sin\theta\mathrm{d}r\mathrm{d}\theta\mathrm{d}\varphi\\&=|\psi_{nlm}(r,\theta,\varphi)|^2r^2\mathrm{d}r\mathrm{d}\Omega.\end{aligned}\tag{4.130}$$

(1) 径向概率分布.

式 (4.130) 对 θ 从 0 到 π 积分, 而对 φ 从 0 到 2π 积分, 并注意到 $\mathrm{Y}_{lm}(\theta,\varphi)$ 的正交归一性, 便得到在 $(r, r+\mathrm{d}r)$ 的球壳内找到电子的概率为

$$\begin{aligned} w_{nl}(r)\mathrm{d}r &= \int_0^{2\pi}\mathrm{d}\varphi\int_0^{\pi}\sin\theta\mathrm{d}\theta|\psi_{nlm}(r,\theta,\varphi)|^2 r^2\mathrm{d}r\mathrm{d}\varphi \\ &= R_{nl}^2(r)r^2\mathrm{d}r = \chi_{nl}^2(r)\mathrm{d}r. \end{aligned} \tag{4.131}$$

电子处于比较低的几条能级时的径向概率分布, 如图 4.3 所示, 从曲线可更清楚地看到, 径向波函数除原点和无穷远点外的确有 $n_r = n - l - 1$ 个节点, 而且有 $n - l$

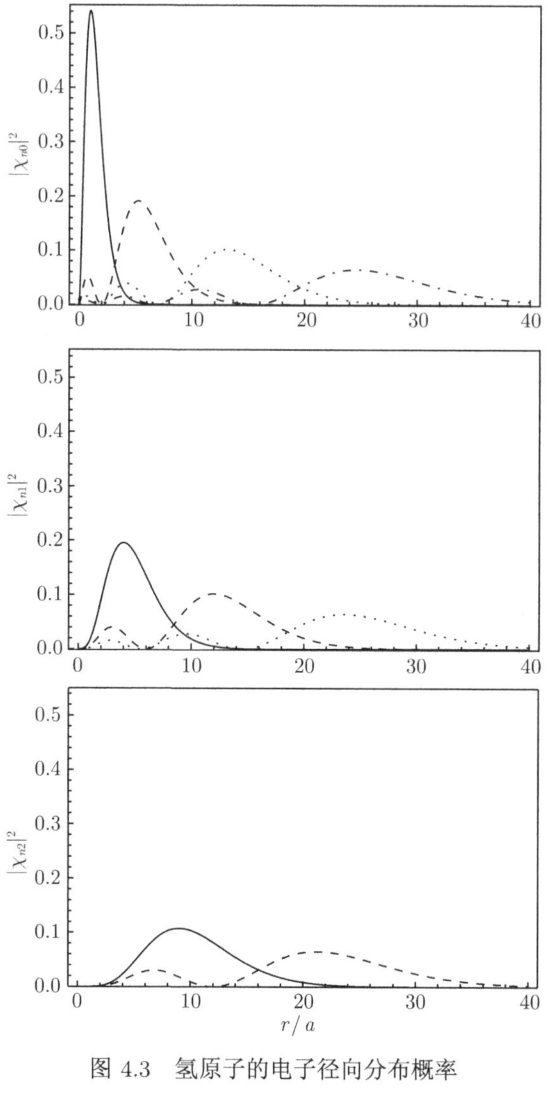

图 4.3 氢原子的电子径向分布概率

个极大值, 其中一个主极大和一些辅极大. 与玻尔的量子论不同, 量子力学中电子无轨道概念, 只能确定其位置的分布概率. 值得注意的一个有趣的事实是, 属于各能级的所谓圆轨道, 即给定 n 下, $l=n-1$ 的轨道, 其径向概率分布的最大值对应的半径, 即最概然半径, 可由径向波函数式 (4.118) 计算 $|\chi_{n,n-1}|$ 的极值点位置求出

$$r_n = n^2\frac{a}{Z}, \tag{4.132}$$

即氢原子和类氢离子的最概然半径与玻尔的量子论给出的半径相同.

(2) 角向概率分布.

式 (4.130) 对 r 从 0 到 ∞ 积分, 并注意到 $R_{nl}(r)$ 的正交归一性, 可得在方向 (θ,φ) 附近立体角 $\mathrm{d}\Omega=\sin\theta\mathrm{d}\theta\mathrm{d}\varphi$ 内的概率为

$$\begin{aligned} w_{lm}(\theta,\varphi)\mathrm{d}\Omega &= \int_0^\infty |R_{nl}(r)\mathrm{Y}_{lm}(\theta,\varphi)|^2 r^2\mathrm{d}r\mathrm{d}\Omega = |\mathrm{Y}_{lm}(\theta,\varphi)|^2\mathrm{d}\Omega \\ &= N_{lm}^2[\mathrm{P}_l^{|m|}(\theta)]^2\mathrm{d}\Omega, \end{aligned} \tag{4.133}$$

它与 φ 无关, 这是因为 $\psi_{nlm}(r,\theta,\varphi)$ 是守恒量 l_z 的本征态, 角分布将保持对 z 轴的旋转对称性. 因此, 可用通过 z 轴的任何一个平面上的曲线来刻画概率密度随 θ 的变化曲线, 而在全空间的分布曲面, 只需用此曲线绕 z 轴旋转一周即可得到. 如图 4.4 所示, 给出了在一些 (l,m) 态中 $w_{lm}(\theta,\varphi)$ 对 θ 的函数关系. 值得注意的是, 尽管氢原子和类氢离子哈密顿算符是球对称的, 但还不能说在一切状态下的电子分布都是球对称的. 事实上, 仅在 s 态下, 电子的概率分布才是球对称的.

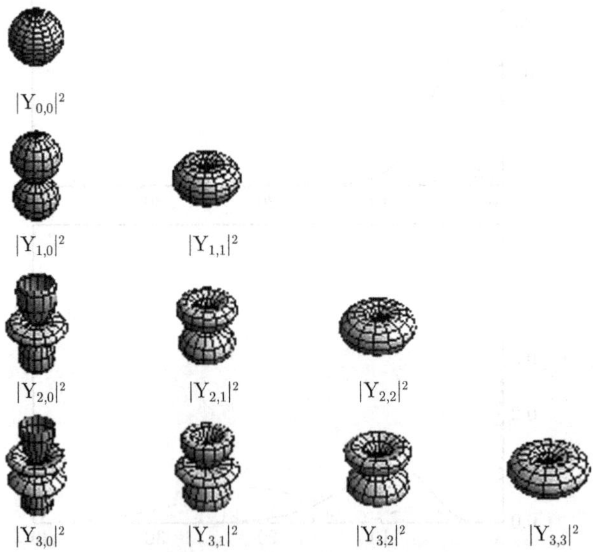

图 4.4 电子的角分布概率

3. 电流密度与磁矩

在 $\psi_{nlm}(r,\theta,\varphi)$ 态下, 电子的概率流密度为

$$\boldsymbol{j}=-\frac{\mathrm{i}\hbar}{2\mu}(\psi_{nlm}^*\nabla\psi_{nlm}-\psi_{nlm}\nabla\psi_{nlm}^*), \tag{4.134}$$

利用球坐标系中梯度算符的表达式

$$\nabla=\frac{\partial}{\partial r}\boldsymbol{e_r}+\frac{1}{r}\frac{\partial}{\partial\theta}\boldsymbol{e_\theta}+\frac{1}{r\sin\theta}\frac{\partial}{\partial\varphi}\boldsymbol{e_\varphi}, \tag{4.135}$$

由于 $\psi_{nlm}(r,\theta,\varphi)$ 中径向波函数 $R_{nl}(r)$ 及 θ 部分波函数 $\mathrm{P}_l^m(\theta)$ 都是实数, 从式 (4.134) 可见, $j_r=j_\theta=0$. 概率流的唯一非零分量是 φ 分量, 即

$$\begin{aligned}j_\varphi&=-\frac{\mathrm{i}\hbar}{2\mu}\left[\psi_{nlm}^*\frac{1}{r\sin\theta}(\mathrm{i}m)\psi_{nlm}-\psi_{nlm}\frac{1}{r\sin\theta}(-\mathrm{i}m)\psi_{nlm}^*\right]\\&=\frac{m\hbar}{\mu}\frac{1}{r\sin\theta}|\psi_{nlm}(r,\theta,\varphi)|^2.\end{aligned} \tag{4.136}$$

如图 4.5 所示, 设 $\mathrm{d}\sigma$ 是垂直于电流方向的面元, 则通过此面元的电流元为

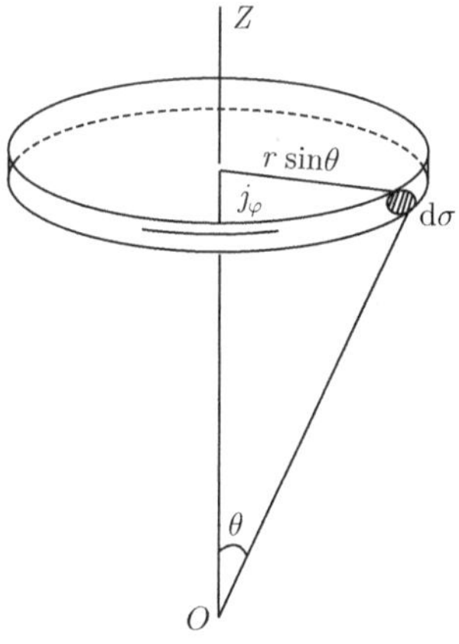

图 4.5 氢原子中的电流由绕 z 轴的圆周电流组成

$$\mathrm{d}I=-ej_\varphi\mathrm{d}\sigma, \tag{4.137}$$

此电流元绕 z 轴围成的面积为 $S=\pi(r\sin\theta)^2$, 那么电流元式 (4.137) 对磁矩的贡献为

$$\mathrm{d}\mu_z=S\mathrm{d}I=-\frac{m\hbar e}{\mu}\mid\psi_{nlm}\mid^2\pi r\sin\theta\mathrm{d}\sigma=-\frac{m\hbar e}{2\mu}\mid\psi_{nlm}\mid^2\mathrm{d}\tau, \tag{4.138}$$

其中, $d\tau = 2\pi r\sin\theta$ 是横截面积为 $d\sigma$ 的环的体积. 利用波函数的正交归一性, 可得总磁矩为

$$\mu_z = -\frac{m\hbar e}{2\mu}\int |\psi_{nlm}|^2\,d\tau = -\frac{e}{2\mu}m\hbar = -m\mu_B, \tag{4.139}$$

式中, $\mu_B = e\hbar/2\mu = 5.79\times10^9\text{eV/G}$, 称为玻尔磁子. 特别注意, 式 (4.139) 与波函数的具体形式无关, 适用于一切中心力场中的束缚态. μ_z 与角动量 z 分量的正负号相反是源于电子带负电之故. 量子数 $m = 0, \pm1, \pm2, \cdots$ 表明磁矩是量子化的, 是玻尔磁子的整数倍. 量子数 m 决定磁矩的大小, 所以称为磁量子数. 对 $l = 0$ 的态, 没有磁矩, 因为电流为零. 此外

$$\frac{\mu_z}{l_z} = -g\frac{e}{2\mu} \tag{4.140}$$

称为回转磁比率, 其中 g 称为朗德因子或直接称 g 因子, 而这里 $g = 1$ 是轨道角动量的特征.

4.4　赫尔曼–费曼 (HF) 定理

定理 4.1 (HF 定理)　设体系的哈密顿算符 $\hat{H}$ 含有某参量 λ, 且 $\hat{H}$ 的本征值为 E_n 的归一化本征函数 (束缚态) 为 ψ_n (n 为表征本征态的一组量子数), 则

$$\frac{\partial E_n}{\partial\lambda} = \left(\psi_n, \frac{\partial\hat{H}}{\partial\lambda}\psi_n\right) \equiv \left\langle\frac{\partial\hat{H}}{\partial\lambda}\right\rangle_n. \tag{4.141}$$

证明　ψ_n 满足能量本征方程

$$\hat{H}\psi_n = E_n\psi_n, \tag{4.142}$$

视 λ 为参变量, 式 (4.142) 对 λ 求导, 得

$$\frac{\partial\hat{H}}{\partial\lambda}\psi_n + \hat{H}\frac{\partial\psi_n}{\partial\lambda} = \frac{\partial E_n}{\partial\lambda}\psi_n + E_n\frac{\partial\psi_n}{\partial\lambda}, \tag{4.143}$$

以 ψ_n^* 左乘式 (4.143), 并对坐标空间积分, 得

$$\left(\psi_n, \frac{\partial\hat{H}}{\partial\lambda}\psi_n\right) + \left(\psi_n, \hat{H}\frac{\partial\psi_n}{\partial\lambda}\right) = \frac{\partial E_n}{\partial\lambda}(\psi_n,\psi_n) + E_n\left(\psi_n, \frac{\partial\psi_n}{\partial\lambda}\right). \tag{4.144}$$

利用 $(\psi_n,\psi_n) = 1$ 及 $\hat{H}$ 的厄米性质, 有

$$\left(\psi_n, \hat{H}\frac{\partial\psi_n}{\partial\lambda}\right) = \left(\hat{H}\psi_n, \frac{\partial\psi_n}{\partial\lambda}\right) = E_n\left(\psi_n, \frac{\partial\psi_n}{\partial\lambda}\right), \tag{4.145}$$

代入式 (4.144), 即得HF定理.

练习 4.4 已知一维谐振子 $\hat{H}=\dfrac{\hat{p}^2}{2\mu}+\dfrac{1}{2}\mu\omega^2x^2$ 对应于能级 $E_n=\left(n+\dfrac{1}{2}\right)\omega\hbar$ 的本征函数为 ψ_n, 求处于 ψ_n 态时动能和势能的平均值.

解 视 ω 为参变量, 对 ω 求导, 有

$$\frac{\partial\hat{H}}{\partial\omega}=\mu\omega x^2=\frac{2}{\omega}V(x),\quad \frac{\partial E_n}{\partial\omega}=(n+\frac{1}{2})\hbar, \tag{4.146}$$

根据 HF 定理, 可得

$$\frac{2}{\omega}\langle V(x)\rangle=\left(n+\frac{1}{2}\right)\hbar, \tag{4.147}$$

即

$$\langle V(x)\rangle_n=\frac{1}{2}\left(n+\frac{1}{2}\right)\omega\hbar=\frac{1}{2}E_n, \tag{4.148}$$

再利用

$$\langle\hat{T}\rangle_n+\langle V\rangle_n=E_n, \tag{4.149}$$

可求出

$$\langle\hat{T}\rangle_n=\langle V\rangle_n=\frac{1}{2}E_n. \tag{4.150}$$

练习 4.5 质量为 μ 的粒子在中心力场 $V(r)=\lambda r^\nu$, $\nu>-2$, $\nu/\lambda>0$ 中运动, 试利用HF定理及位力定理分析能级构造式对 $\mu, \lambda, \hbar$ 的依赖关系.

解 哈密顿算符为

$$\hat{H}=\hat{T}+V=-\frac{\hbar^2}{2\mu}\nabla^2+\lambda r^\nu, \tag{4.151}$$

令 $\beta=\hbar^2/2\mu$, λ 和 β 是独立的参数, 则

$$\beta\frac{\partial\hat{H}}{\partial\beta}=\hat{T},\quad \lambda\frac{\partial\hat{H}}{\partial\lambda}=V. \tag{4.152}$$

根据 HF 定理, 对任何一个束缚态, 有

$$\langle\hat{T}\rangle=\beta\frac{\partial E}{\partial\beta},\quad \langle V\rangle=\lambda\frac{\partial E}{\partial\lambda}, \tag{4.153}$$

两式相加, 即得

$$\beta\frac{\partial E}{\partial\beta}+\lambda\frac{\partial E}{\partial\lambda}=\langle\hat{T}+V\rangle=E. \tag{4.154}$$

由位力定理, 则得

$$\langle\hat{T}\rangle=\frac{\nu}{2}\langle V\rangle, \tag{4.155}$$

代入式 (4.153), 得

$$\beta\frac{\partial E}{\partial\beta}=\frac{\nu}{2}\lambda\frac{\partial E}{\partial\lambda}. \tag{4.156}$$

将式 (4.156) 代入式 (4.154), 可得

$$\left(1+\frac{\nu}{2}\right)\lambda\frac{\partial E}{\partial\lambda}=E,\quad \left(1+\frac{2}{\nu}\right)\beta\frac{\partial E}{\partial\beta}=E, \tag{4.157}$$

式 (4.157) 积分, 分别得到 E 与 λ 和 β 之间的构造关系

$$E=c_1\lambda^{2/(2+\nu)},\quad E=c_2\beta^{\nu/(2+\nu)}, \tag{4.158}$$

c_1 和 c_2 为积分常数, 分别与 λ 和 β 无关. 比较式 (4.158) 两式, 可得

$$E=c\lambda^{2/(2+\nu)}\beta^{\nu/(2+\nu)}=c\lambda^{2/(2+\nu)}\left(\frac{\hbar^2}{2\mu}\right)^{\nu/(2+\nu)}, \tag{4.159}$$

c 与 λ 和 β 无关, 是无量纲纯数 (与 ν 及量子数有关). 式 (4.159) 是量纲正确的唯一可能的能量构造式.

从式 (4.159) 可见, $\nu>-2$ 时, 作用强度 $|\lambda|$ 增大, $|E|$ 随之增大. 若 λ 与粒子质量无关, 则 $\nu<0$ 时, μ 增大, $|E|$ 也增大; 若 λ 与粒子质量无关, 由式 (4.151) 和式 (4.152), 可得出

$$\mu\frac{\partial E}{\partial\mu}=-\langle\hat{T}\rangle<0, \tag{4.160}$$

即粒子质量的增大总是导致能级的代数值下降. 还可看出, 如果 $\lambda\propto\mu^{\nu/2}$, 则 E 与 μ 无关. 属于这种情况的有名的例子就是谐振子, 即 $V(r)=\lambda r^2=\frac{1}{2}\mu\omega^2r^2$, $\nu=2,\lambda=\frac{1}{2}\mu\omega^2$, 能级 $E_n=\left(n+\frac{3}{2}\right)\omega\hbar$, $n=0,1,2,\cdots$, 如 ω 保持不变, E_n 就与 μ 无关.

练习 4.6　质量为 μ 的粒子在势场 $V_1(x)$ 中运动时, 束缚态能级为 $E_n(1)$; 在 $V_2(x)$ 中运动时, 束缚态能级为 $E_n(2), n=1,2,3,\cdots$ 为能级编号. 设对于任何 x 值, $V_1(x)<V_2(x)$, 试证明 $E_n(1)<E_n(2)$.

证明　令

$$V(\lambda,x)=(1-\lambda)V_1(x)+\lambda V_2(x), \tag{4.161}$$

则

$$V(0,x)=V_1(x),\ V(1,x)=V_2(x), \tag{4.162}$$

且

$$\frac{\partial V}{\partial\lambda}=V_2(x)-V_1(x)\geqslant 0. \tag{4.163}$$

由 HF 定理

$$\frac{\partial E_n}{\partial \lambda} = \left\langle \frac{\partial \hat{H}}{\partial \lambda} \right\rangle_n = \left\langle \frac{\partial V}{\partial \lambda} \right\rangle_n \geqslant 0, \tag{4.164}$$

即 $E_n(\lambda)$ 是 λ 的单调上升函数, 所以

$$E_n(1) \leqslant E_n(2). \tag{4.165}$$

练习 4.7 类氢离子中电子处于束缚态 ψ_{nlm}, 计算 $\langle r^\lambda \rangle, \lambda = -1, -2, -3$.

解 已知类氢离子的哈密顿算符为

$$\hat{H} = \frac{\hat{\boldsymbol{p}}^2}{2\mu} - \frac{Ze_s^2}{r}, \tag{4.166}$$

能量本征态 ψ_{nlm} 对应的能级为

$$E_n = -\frac{e_s^2}{2a}\frac{Z^2}{n^2}, \quad n = n_r + l + 1 = 1, 2, 3, \cdots, \tag{4.167}$$

其中, $a = \hbar^2/\mu e_s^2$ 为玻尔半径. 视 Z 为参变量, 按HF定理, 可得

$$\left\langle \frac{\partial \hat{H}}{\partial Z} \right\rangle = \left\langle \frac{\partial V}{\partial Z} \right\rangle = -e_s^2 \left\langle \frac{1}{r} \right\rangle, \quad \frac{\partial E_n}{\partial Z} = -\frac{Ze_s^2}{n^2 a}, \tag{4.168}$$

由此

$$\left\langle \frac{1}{r} \right\rangle = \frac{Z}{n^2 a}. \tag{4.169}$$

能量本征态 ψ_{nlm} 为 $(\hat{H}, \hat{\boldsymbol{l}}^2, \hat{l}_z)$ 的共同本征态, 满足能量本征方程

$$\frac{\hat{p}_r^2}{2\mu}\psi_{nlm} + \left[\frac{l(l+1)\hbar^2}{2\mu r^2} - \frac{Ze_s^2}{r}\right]\psi_{nlm} = E_n \psi_{nlm}, \tag{4.170}$$

式中, $\hat{p}_r = -\mathrm{i}\hbar\left(\frac{\partial}{\partial r} + \frac{1}{r}\right)$ 为径向动量算符. 哈密顿算符等价于

$$\hat{H} = \frac{\hat{p}_r^2}{2\mu} + \frac{l(l+1)\hbar^2}{2\mu r^2} - \frac{Ze_s^2}{r} \tag{4.171}$$

视 l 为参变量, 式 (4.171) 对 l 求导, 利用 HF 定理, 即有

$$\frac{\partial E_n}{\partial l} = \left\langle \frac{\partial \hat{H}}{\partial l} \right\rangle = \left(l + \frac{1}{2}\right)\frac{\hbar^2}{\mu}\left\langle \frac{1}{r^2} \right\rangle, \tag{4.172}$$

由 $n = n_r + l + 1$, 有

$$\frac{\partial E_n}{\partial l} = \frac{\partial E_n}{\partial n} = \frac{Z^2 e_s^2}{n^3 a}, \tag{4.173}$$

代入式 (4.172), 即得

$$\left\langle \frac{1}{r^2} \right\rangle = \frac{Z^2}{n^3\left(l+\frac{1}{2}\right)a^2}. \tag{4.174}$$

利用 $[\hat{\boldsymbol{l}}^2, \hat{p}_r] = 0$, $\left[\hat{p}_r, \frac{1}{r}\right] = \frac{\mathrm{i}\hbar}{r^2}$, $\left[\hat{p}_r, \frac{1}{r^2}\right] = \frac{2\mathrm{i}\hbar}{r^3}$, 可得

$$[\hat{H}, \hat{p}_r] = \mathrm{i}\hbar\left(-\frac{\hat{\boldsymbol{l}}^2}{\mu r^3} + \frac{Ze_{\mathrm{s}}^2}{r^2}\right), \tag{4.175}$$

$\hat{p}_r$ 不显含时间 t, 由其平均值随时间的演化方程, 可知

$$(\psi_{nlm}, [\hat{H}, \hat{p}_r]\psi_{nlm}) = 0, \tag{4.176}$$

将式 (4.175) 代入式 (4.176), 得

$$-\frac{l(l+1)\hbar^2}{\mu}\left\langle \frac{1}{r^3} \right\rangle + Ze_{\mathrm{s}}^2\left\langle \frac{1}{r^2} \right\rangle = 0, \tag{4.177}$$

将式 (4.174) 代入式 (4.177), 即得

$$\left\langle \frac{1}{r^3} \right\rangle = \frac{Z}{l(l+1)a}\left\langle \frac{1}{r^2} \right\rangle = \frac{Z^3}{n^3 l\left(l+\frac{1}{2}\right)(l+1)a^3}. \tag{4.178}$$

4.5 朗道能级

考虑质量 μ、荷电 $-e$ 的电子在垂直于均匀磁场 $\boldsymbol{B}$ 的平面内运动. 选择 z 轴沿均匀磁场方向, 即 $\boldsymbol{B} = (0, 0, B)$. 显然, 由 $\boldsymbol{B} = \nabla \times \boldsymbol{A}$ 不能唯一地决定矢量势 $\boldsymbol{A}$. 对目前的计算, 很方便的一种可能的表示为

$$\boldsymbol{A} = \left(-\frac{B}{2}y, \frac{B}{2}x, 0\right) = \frac{1}{2}\boldsymbol{B} \times \boldsymbol{r}. \tag{4.179}$$

荷电粒子的哈密顿算符为

$$\begin{aligned}\hat{H} &= \frac{1}{2\mu}\left[\left(\hat{P}_x - \frac{eB}{2}y\right)^2 + \left(\hat{P}_y + \frac{eB}{2}x\right)^2 + \hat{P}_z^2\right] \\ &= \frac{1}{2\mu}(\hat{P}_x^2 + \hat{P}_y^2) + \frac{1}{2}\mu\omega_{\mathrm{L}}^2(x^2+y^2) + \omega_{\mathrm{L}}\hat{l}_z + \frac{1}{2\mu}\hat{P}_z^2,\end{aligned} \tag{4.180}$$

式中

$$\omega_{\mathrm{L}} = \frac{eB}{2\mu}, \quad \hat{l}_z = x\hat{P}_y - y\hat{P}_x = -\mathrm{i}\hbar\frac{\partial}{\partial\varphi}, \tag{4.181}$$

ω_L 称为拉莫尔频率, $B(\omega_L)$ 的线性项表示电子的轨道磁矩与外磁场的作用, 而 $B^2(\omega_L^2)$ 项为反磁项. 由于粒子沿 z 轴方向自由运动, 下面集中讨论电子在 xy 平面中的运动. 此时, $\hat{H}$ 的本征方程为

$$\left[-\frac{\hbar^2}{2\mu}\nabla^2+\frac{1}{2}\mu\omega_L^2\rho^2+\omega_L\hat{l}_z\right]\psi(\rho,\varphi)=E\psi(\rho,\varphi), \tag{4.182}$$

式中, ∇^2 是二维拉普拉斯算符

$$\nabla^2=\frac{1}{\rho}\frac{\partial}{\partial\rho}\left(\rho\frac{\partial}{\partial\rho}\right)+\frac{1}{\rho^2}\frac{\partial^2}{\partial\varphi^2}. \tag{4.183}$$

粒子的能量本征态可取为守恒量完全集 $(\hat{H},\hat{l}_z)$ 的共同本征态, 即

$$\psi(\rho,\varphi,z)=R(\rho)\mathrm{e}^{\mathrm{i}m\varphi},\quad m=0,\pm1,\pm2,\cdots, \tag{4.184}$$

代入方程 (4.182), 可求出径向方程

$$\left[-\frac{\hbar^2}{2\mu}\left(\frac{\mathrm{d}^2}{\mathrm{d}\rho^2}+\frac{1}{\rho}\frac{\mathrm{d}}{\mathrm{d}\rho}-\frac{m^2}{\rho^2}\right)+\frac{1}{2}\mu\omega_L^2\rho^2\right]R(\rho)=(E-m\hbar\omega_L)R(\rho). \tag{4.185}$$

令

$$\xi=\alpha\rho,\quad \alpha=\sqrt{\frac{\mu\omega_L}{\hbar}},\quad \lambda=\frac{2}{\hbar\omega_L}(E-m\hbar\omega_L), \tag{4.186}$$

则方程 (4.185) 化为

$$\left[\frac{\mathrm{d}^2}{\mathrm{d}\xi^2}+\frac{1}{\xi}\frac{\mathrm{d}}{\mathrm{d}\xi}-\frac{m^2}{\xi^2}+(\lambda-\xi^2)\right]R(\xi)=0. \tag{4.187}$$

显然, $\xi=0,\infty$ 为方程的奇点, 其中 $\xi=0$ 是方程的二阶正则极点.

首先求奇点邻域方程 (4.187) 的渐近解. 当 $\xi\to0$ 时, 方程 (4.187) 的渐近形式为

$$\left(\frac{\mathrm{d}^2}{\mathrm{d}\xi^2}+\frac{1}{\xi}\frac{\mathrm{d}}{\mathrm{d}\xi}-\frac{m^2}{\xi^2}\right)R(\xi)=0. \tag{4.188}$$

令 $R\propto\xi^s$, 代入上式, 得

$$s^2-m^2=0,$$

从而

$$s=\pm|m|, \tag{4.189}$$

渐近解 $R\propto\xi^{-|m|}$ 是物理上不允许的, 应抛弃. 只有与 $s=|m|$ 相应的渐近解 $R\propto\xi^{|m|}$ 才是物理上允许的. 当 $\xi\to\infty$ 时, 方程 (4.187) 的渐近形式为

$$\frac{\mathrm{d}^2R}{\mathrm{d}\xi^2}-\xi^2R=0, \tag{4.190}$$

其解为 $R \propto \exp(\pm\xi^2/2)$, 其中满足束缚态边界条件的解只能是 $R \propto \exp(-\xi^2/2)$. 这样, 让方程 (4.187) 的解具有形式

$$R(\xi) = \rho^{|m|}\mathrm{e}^{-\frac{1}{2}\xi^2}u(\xi), \tag{4.191}$$

代入方程 (4.187), 得

$$\frac{\mathrm{d}^2\mu}{\mathrm{d}\xi^2} + \left(\frac{2\mid m\mid+1}{\xi} - 2\xi\right)\frac{\mathrm{d}u}{\mathrm{d}\xi} + [\lambda - 2(\mid m\mid+1)]\mu = 0, \tag{4.192}$$

再令

$$\eta = \xi^2, \tag{4.193}$$

得

$$\eta\frac{\mathrm{d}^2u}{\mathrm{d}\eta^2} + (\mid m\mid+1-\eta)\frac{\mathrm{d}u}{\mathrm{d}\eta} - \left(\frac{\mid m\mid+1}{2} - \frac{\lambda}{4}\right)u = 0. \tag{4.194}$$

这正是合流超几何方程. 相应的参数为

$$\alpha = \frac{\mid m\mid+1}{2} - \frac{\lambda}{4}, \quad \gamma = \mid m\mid+1, \tag{4.195}$$

要求

$$\alpha = \frac{\mid m\mid+1}{2} - \frac{\lambda}{4} = -n_\rho, \quad n_\rho = 0, 1, 2, \cdots. \tag{4.196}$$

将式 (4.186) 代入式 (4.196), 得

$$\begin{gathered} E = E_n = (n+1)\hbar\omega_{\mathrm{L}}, \\ n = 2n_\rho + |m| + m = 0, 2, 4, \cdots, \quad n_\rho = 0, 1, 2, \cdots. \end{gathered} \tag{4.197}$$

忽略 z 方向运动 ($p_z = 0$) 之后, 能量 $E_n(0)$ 是量子化的. 相应的能量本征函数为

$$\psi_{n_\rho|m|}(\rho, \varphi, z) = N_{n_\rho|m|}\rho^{|m|}\mathrm{e}^{-\frac{1}{2}\alpha^2\rho^2}\mathrm{F}(-n_\rho, \mid m\mid+1, \alpha^2\rho^2)\mathrm{e}^{\mathrm{i}m\varphi}, \tag{4.198}$$

式中, $N_{n_\rho|m|}$ 为归一化系数

$$N_{n_\rho|m|} = \frac{\alpha^{|m|+1}}{|m|!}\sqrt{\frac{2(n_\rho+|m|)!}{n_\rho!}}. \tag{4.199}$$

容易看出, 所有 $m \leqslant 0$ 的态所对应的能量都相同, 因而能级简并度为 ∞.

朗道能级的简并度还与规范选择有关. 下面考察朗道 (Landau) 规范

$$A_x = -By, \quad A_y = A_z = 0, \tag{4.200}$$

此规范与式 (4.179) 相比, 相当于作了一规范变换, 即

$$\boldsymbol{A}=\frac{1}{2}\boldsymbol{B}\times\boldsymbol{r}\rightarrow\boldsymbol{A}'=\boldsymbol{A}+\nabla\chi,\quad \chi=-\frac{1}{2}Bxy, \tag{4.201}$$

在此规范下, 电子在 xy 平面内运动的哈密顿算符为

$$\hat{H}=\frac{1}{2\mu}[(\hat{P}_x-eBy)^2+\hat{P}_y^2]. \tag{4.202}$$

$\hat{H}$ 的本征函数是 $(\hat{H},\hat{P}_x)$ 的共同本征态

$$\psi(x,y,z)=\phi(y)\mathrm{e}^{\mathrm{i}P_x x/\hbar}, \tag{4.203}$$

其中, $\phi(y)$ 满足

$$\frac{1}{2\mu}\left[(P_x-eBy)^2-\hbar^2\frac{\mathrm{d}^2}{\mathrm{d}y^2}\right]\phi(y)=E\phi(y). \tag{4.204}$$

令

$$y_0=\frac{P_x}{eB},\quad \omega_{\mathrm{c}}=\frac{eB}{\mu}=2\omega_{\mathrm{L}}, \tag{4.205}$$

式 (4.204) 可化为

$$-\frac{\hbar^2}{2\mu}\phi''(y)+\frac{1}{2}\mu\omega_{\mathrm{c}}^2(y-y_0)^2\phi(y)=E\phi(y), \tag{4.206}$$

式 (4.206) 描述的是一个平衡点在 y_0 点的一维谐振子, 其本征值为

$$E_n=\left(n'+\frac{1}{2}\right)\omega_{\mathrm{c}}\hbar=(n+1)\omega_{\mathrm{L}}\hbar,\quad n=2n'=0,2,4,\cdots$$

与式 (4.197) 一致, 相应本征函数为

$$\psi_{ny_0}(x,y,z)=N_n\mathrm{e}^{-\alpha^2(y-y_0)^2/2}H_n(\alpha(y-y_0))\mathrm{e}^{\mathrm{i}P_x x/\hbar}, \tag{4.207}$$

$$\alpha=\sqrt{\frac{2\mu\omega_{\mathrm{L}}}{\hbar}},\quad y_0=\frac{P_x}{eB},$$

它依赖于 n 和 y_0, 而 y_0 依赖于 P_x, 可以取 $(-\infty,+\infty)$ 中一切实数值, 但能级 E_n 不依赖于 y_0, 因而能级为无穷度简并.

当然, 这是电子只受磁场作用, 而无其他限制的情况. 如果电子局限在 xy 平面上有限区域面积 S 中运动, 其能级的简并度又如何呢? 不妨假设电子在 x 方向被限制在 $[-a/2,a/2]$ 的范围内运动, 则 $\hat{P}_x$ 的本征值不再是连续的, 而是取分立值

$$P_x=2\pi\hbar n/a,\quad n=0,\pm1,\pm2,\cdots, \tag{4.208}$$

平衡位置 y_0 也取分立值

$$y_0 = \frac{2\pi\hbar n}{eBa}, \quad n = 0, \pm 1, \pm 2, \cdots, \tag{4.209}$$

两相邻平衡位置的间距为

$$\Delta y_0 = \frac{2\pi\hbar}{eBa}. \tag{4.210}$$

若电子在 y 方向被限制在 $[-b/2, b/2]$ 的范围内运动, 由于边界条件改变了, 能量的本征值与本征函数也将发生改变, 但对 y 方向的长度

$$b \gg \frac{1}{\alpha} = \sqrt{\frac{\hbar}{eB}}, \tag{4.211}$$

这里 $|y| < 1/\alpha$ 是经典振子的运动范围, 可由振子总能量等于势能的条件得出, 那些 y_0 离边界有 n 个 $1/\alpha$ 的运动状态, 可以忽略边界的影响, 仍采用式 (4.207) 和式 (4.208) 作为近似解. 此时 y 有界必导致只能取有限个数值, 其个数可近似为

$$f \approx \frac{b}{\Delta y_0} = \frac{eBab}{2\pi\hbar} = \frac{eBS}{2\pi\hbar}, \tag{4.212}$$

式中, $S = ab$ 为 xy 平面上电子运动范围的面积. y_0 可取值的个数, 就是能级 E_n 的简并度.

4.6 阿哈罗诺夫–玻姆 (AB) 效应

在考虑带电粒子在电磁场中的运动时, 常会出现两个值得深思的问题: 一是在经典电动力学中, 描述电磁场的基本物理量是电场强度 $\boldsymbol{E}$ 和磁感应强度 $\boldsymbol{B}$, 它们出现在荷电粒子的基本动力学方程中, 而引入矢势 $\boldsymbol{A}$ 和标势 φ 只是为了计算方便, 对给定的电磁场, $\boldsymbol{A}$ 和 φ 并不能唯一确定. 与经典电动力学不同, 在量子力学中, 描述荷电粒子在电磁场中的动力学方程中会出现粒子所在区域的矢势 $\boldsymbol{A}$ 和标势 φ, 那么 $\boldsymbol{A}$ 和 φ 是否存在可观测的物理效应呢? 二是确定体系状态的波函数只能准确到一个位相因子, 即 $\psi(\boldsymbol{r}, t)$ 和 $\mathrm{e}^{\mathrm{i}\alpha}\psi(\boldsymbol{r}, t)$ (α 为实数) 描述体系的同一状态, 那么波函数中的相位是否真的无关紧要呢? 阿哈罗诺夫和玻姆(Y. Aharonov, D. Bohm, 1959)首先预言在电磁场强度为零, 但矢势和标势不为零的区域中运动的两束相干的荷电粒子, 波函数会发生不同的相位变化, 因而, 当两束粒子重新会聚后, 就会出现干涉现象. 不久, 钱伯斯(R. G. Chambers, 1960) 果然在实验中观察到了这种干涉现象. 后来人们称之为AB效应, 并从量子力学理论本身的自洽性论证了AB效应的正确性. 钱伯斯实验装置如图 4.6 所示, 与电子的双缝衍射实验装置相似, 不同点在于紧靠双缝的暗角处放置一个垂直于纸面的细长螺线管 (图中圆形区域). 当螺

线管不通电时, 在屏幕上可观察到电子双缝衍射花样. 当螺线管通电后, 发现在花样包络不变的条件下, 干涉极大值与极小值的位置发生了移动.

在螺线管不通电的情况下, 电子的薛定谔方程为

$$\mathrm{i}\hbar\frac{\partial\psi_0(\boldsymbol{r},t)}{\partial t}=\frac{\hat{\boldsymbol{p}}^2}{2\mu}\psi_0(\boldsymbol{r},t), \tag{4.213}$$

自由电子的波函数由平面波描述

$$\psi_0(\boldsymbol{r},t)=\psi_0(\boldsymbol{r})\mathrm{e}^{-\frac{\mathrm{i}}{\hbar}Et}, \tag{4.214}$$

在屏幕上 P 点的概率幅为

$$\psi_0(\boldsymbol{r})=\psi_{10}(\boldsymbol{r})+\psi_{20}(\boldsymbol{r}), \tag{4.215}$$

式中, ψ_{10} 和 ψ_{20} 分别表示螺线管不通电时, 电子通过缝 1 的路径 C_1 及其邻域各路径到达 P 点的概率幅与电子通过缝 2 的路径 C_2 及其邻域各路径到达 P 点的概率幅.

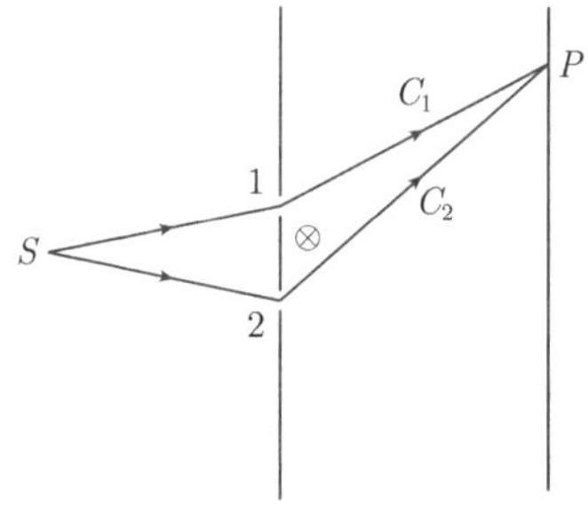

图 4.6 AB 效应实验装置

当螺线管通电时, 管内的 $\boldsymbol{B}\neq 0$, 管外的 $\boldsymbol{B}=0$, 但对于管外环绕螺线管的闭合回路 C (如路径 C_2 与 C_1 反方向的路径 C_1^- 所构成的回路), 有 $\oint_C \boldsymbol{A}\cdot\mathrm{d}\boldsymbol{l}\neq 0$, 可见管外的 $\boldsymbol{A}\neq 0$. 此时的薛定谔方程为

$$\mathrm{i}\hbar\frac{\partial\psi(\boldsymbol{r},t)}{\partial t}=\frac{1}{2\mu}(\hat{\boldsymbol{P}}+e\boldsymbol{A})^2\psi(\boldsymbol{r},t). \tag{4.216}$$

令

$$\psi(\boldsymbol{r},t)=g(\boldsymbol{r})\psi_0(\boldsymbol{r},t), \tag{4.217}$$

若能求出 $g(\boldsymbol{r})$, 与式 (4.214) 相比较, 即可知干涉条纹是否会发生移动. 将式 (4.217) 代入式 (4.216), 得

$$\mathrm{i}\hbar g(\boldsymbol{r})\frac{\partial\psi_0(\boldsymbol{r},t)}{\partial t}=\frac{1}{2\mu}(\hat{\boldsymbol{P}}^2+2e\boldsymbol{A}\cdot\hat{\boldsymbol{P}}+e^2\boldsymbol{A}^2)g(\boldsymbol{r})\psi_0(\boldsymbol{r},t), \tag{4.218}$$

利用

$$\hat{\boldsymbol{P}}^2(g\psi_0) = \psi_0\hat{\boldsymbol{P}}^2 g + g\hat{\boldsymbol{P}}^2\psi_0 + 2(\hat{\boldsymbol{P}}\psi_0)\cdot(\hat{\boldsymbol{P}}g),$$
$$\boldsymbol{A}\cdot\boldsymbol{P}(g\psi_0) = \psi_0\boldsymbol{A}\cdot\boldsymbol{P}g + g\boldsymbol{A}\cdot\boldsymbol{P}\psi_0,$$

代入式 (4.218) 后, 减去 $g(\boldsymbol{r})$ 与式 (4.213) 之积, 可得

$$\psi_0\frac{1}{2\mu}(\hat{\boldsymbol{P}}+e\boldsymbol{A})^2 g + \frac{1}{\mu}(\hat{\boldsymbol{P}}\psi_0)\cdot(\hat{\boldsymbol{P}}+e\boldsymbol{A})g = 0. \tag{4.219}$$

显然, 若

$$(\hat{\boldsymbol{P}}+e\boldsymbol{A})g(\boldsymbol{r}) = 0, \tag{4.220}$$

则式 (4.219) 两项均为零, 薛定谔方程 (4.216) 得到满足. 将 $\hat{\boldsymbol{P}} = -\mathrm{i}\hbar\nabla$ 代入式 (4.220), 得

$$\nabla g(\boldsymbol{r}) = -\mathrm{i}\frac{e}{\hbar}\boldsymbol{A}g(\boldsymbol{r}). \tag{4.221}$$

用微元路径 $\mathrm{d}\boldsymbol{l}$ 点乘上式, 可得 $g(\boldsymbol{r})$ 的全微分

$$\mathrm{d}g(\boldsymbol{r}) = \nabla g(\boldsymbol{r})\cdot\mathrm{d}\boldsymbol{l} = -\mathrm{i}\frac{e}{\hbar}g(\boldsymbol{r})\boldsymbol{A}\cdot\mathrm{d}\boldsymbol{l},$$

即

$$\frac{\mathrm{d}g(\boldsymbol{r})}{g(\boldsymbol{r})} = -\mathrm{i}\frac{e}{\hbar}\boldsymbol{A}\cdot\boldsymbol{l}. \tag{4.222}$$

两边沿 S 到 P 的任一路径积分, 并记 $g(s) = D$, 可得

$$g(\boldsymbol{r}) = D\exp\left(-\mathrm{i}\frac{e}{\hbar}\int_S^P \boldsymbol{A}\cdot\mathrm{d}\boldsymbol{l}\right), \tag{4.223}$$

将式 (4.223) 代入式 (4.217), 即得

$$\psi(\boldsymbol{r},t) = \exp\left(-\mathrm{i}\frac{e}{\hbar}\int_S^P \boldsymbol{A}\cdot\mathrm{d}\boldsymbol{l}\right)\psi_0(\boldsymbol{r},t). \tag{4.224}$$

可见, 螺线管通电时电子的波函数比螺线管不通电时多了一个附加相位因子. 螺线管通电后在屏 P 点的概率幅为

$$\begin{aligned}\psi(\boldsymbol{r}) &= \psi_1(\boldsymbol{r}) + \psi_2(\boldsymbol{r})\\ &= \exp\left(-\mathrm{i}\frac{e}{\hbar}\int_{C_1}\boldsymbol{A}\cdot\mathrm{d}\boldsymbol{l}\right)\left[\psi_{10}(\boldsymbol{r}) + \exp\left(-\mathrm{i}\frac{e}{\hbar}\oint_C \boldsymbol{A}\cdot\mathrm{d}\boldsymbol{l}\right)\psi_{20}(\boldsymbol{r})\right]. \end{aligned}\tag{4.225}$$

当计算概率密度 $|\psi(\boldsymbol{r})|^2$ 时, 式 (4.225) 方括号外的相因子的模为 1, 因而没有可观察的物理效应, 不予考虑. 而由 C_2 与 C_1^- 构成一个闭合回路 C, 容易得出, 通过螺线管的磁通为

$$\Phi = \oint_C \boldsymbol{A}\cdot\mathrm{d}\boldsymbol{l} = \int_S \nabla\times\boldsymbol{A}\cdot\mathrm{d}\boldsymbol{S} = \int_S \boldsymbol{B}\cdot\mathrm{d}\boldsymbol{S}, \tag{4.226}$$

式中, S 是以 C 为边界的任意曲面. 因此, 在有磁场的情况下, 通过两条路径的电子的波函数有一个相差

$$\delta\phi = -\frac{e}{\hbar}\Phi = -\frac{2\pi e}{h}\Phi. \tag{4.227}$$

这导致极大值与极小值将发生一个平移, 但这个相因子不会改变单缝衍射的强度分布, 故花样的包络保持不变. 随磁通 Φ 的变化, 相差 $\delta\phi$(因而干涉条纹) 也随之而变化; 磁通变化的周期为 $\Phi_0 = h/e$. 这已在实验中观察到, 称为 AB 振荡.

习　题

4.1　证明在规范变换下, 正则动量算符 $\hat{\boldsymbol{P}} = -\mathrm{i}\hbar\nabla$ 的平均值随规范而异, 而运动动量算符 $\hat{\boldsymbol{p}} = \hat{\boldsymbol{P}} - q\boldsymbol{A}$ 的平均值保持不变.

4.2　证明在规范变换下, 概率密度 $\rho = \psi^*\psi$ 和概率流密度 $\boldsymbol{j} = \frac{1}{2m}[\psi^*\hat{\boldsymbol{P}}\psi - \psi\hat{\boldsymbol{P}}\psi^*] - \frac{q}{m}\boldsymbol{A}\psi^*\psi$ 均不变.

4.3　证明: (1) $[\hat{\nu_\alpha}, \hat{\nu_\beta}] = \mathrm{i}\hbar\frac{q}{m^2}\varepsilon_{\alpha\beta\gamma}B_\gamma, (\alpha,\beta,\gamma = 1,2,3)$, 即 $\hat{\boldsymbol{\nu}}\times\hat{\boldsymbol{\nu}} = \mathrm{i}\hbar\frac{q}{m^2}\boldsymbol{B}$; (2) $[\hat{\boldsymbol{\nu}}, \hat{\boldsymbol{\nu}}^2] = \mathrm{i}\hbar\frac{q}{m^2}(\hat{\boldsymbol{\nu}}\times\boldsymbol{B} - \boldsymbol{B}\times\hat{\boldsymbol{\nu}})$; (3) 在只有磁场的情况下, 哈密顿算符可写成 $\hat{H} = \frac{1}{2}m\hat{\boldsymbol{\nu}}^2$, 且$m\frac{\mathrm{d}\hat{\boldsymbol{\nu}}}{\mathrm{d}t} = \frac{1}{2}q(\hat{\boldsymbol{\nu}}\times\boldsymbol{B} - \boldsymbol{B}\times\hat{\boldsymbol{\nu}})$.

4.4　根据氢原子光谱的理论, 讨论下列体系的能谱: (1) 电子偶素 (指 $\mathrm{e^+e^-}$ 束缚态); (2) μ 原子 (指氢原子核外电子被 μ^- 粒子取代而形成的原子); (3) μ 子偶数 (指 $\mu^+\mu^-$ 束缚态).

4.5　粒子在Hulthen势场 $V(r) = -V_0/(\mathrm{e}^{r/a} - 1)(V_0, a > 0)$ 中运动, 证明束缚态能级 E_n 满足不等式 $E_n > -\mu V_0^2 a^2/2n^2\hbar^2, n = 1,2,3,\cdots$.

4.6　粒子在势场 $V(r) = c\ln(r/r_0)$ $(c > 0,\ r_0 > 0)$ 中运动, c 和 r_0 为与质量无关的常数, 证明: (1) 各束缚态动能平均值相等; (2) 能级间距与粒子质量无关.

4.7　粒子在中心势场 $V(r)$ 中运动, 证明在径向量子数 n_r 相同的各束缚态中, 角量子数 l 越大, 能级越高.

4.8　对中心力场 $V(r)$ 的任何一个束缚态, 证明 $\left\langle\frac{\mathrm{d}V}{\mathrm{d}r}\right\rangle - \left\langle\frac{\hat{\boldsymbol{l}}}{\mu r^3}\right\rangle = \frac{2\pi\hbar}{\mu}|\psi(0)|^2$, 并解释其经典力学含义. 提示: 利用 $\left[\frac{\partial}{\partial r}, \hat{H}\right] = \frac{\hbar^2}{\mu r^2}\frac{\partial}{\partial r} - \frac{\hat{\boldsymbol{l}}^2}{\mu r^3} + \frac{\mathrm{d}V}{\mathrm{d}r}$.

4.9　设粒子在一个球方势阱 $V(r) = \begin{cases} 0, r < a \\ V_0, r > a \end{cases}$ 中运动, (1) 求 $l = 0$ 时的能级; (2) 证明恰好具有一条 $l \neq 0$ 的能级的条件是 $\mathrm{j}_{l-1}\left(\sqrt{\frac{2mV_0}{\hbar^2}}a\right) = 0$.

4.10　设碱金属原子中的价电子所受原子实的作用近似表示为 $V(r)=-\frac{e_s^2}{r}-\lambda\frac{e_s^2 a}{r^2}$, a 为玻尔半径, 求价电子的能级. 提示: 令 $l(l+1)-2\lambda=l'(l'+1)$, 即 $l'=-\frac{1}{2}+\left(l+\frac{1}{2}\right)\left[1-\frac{8\lambda}{(2l+1)^2}\right]$.

4.11　对类氢离子的 $(\hat{H},\hat{\boldsymbol{l}},\hat{l}_z)$ 的共同本征态 ψ_{nlm} , 试从径向方程证明 $\langle r^\lambda\rangle$ 之间的递推关系 (Kramers公式)

$$\frac{\lambda}{n^2}\langle r^\lambda\rangle-(2\lambda+1)\frac{a}{Z}\langle r^{\lambda-1}\rangle+\frac{\lambda}{4}[(2l+1)^2-\lambda^2]\frac{a^2}{Z^2}\langle r^{\lambda-2}\rangle=0,$$

给出此公式成立的条件, 并用于计算 $\langle r^\lambda\rangle$, $\lambda=2,1,-1,-2,-3,-4$.

4.12　设粒子在二维各向同性谐振子势场 $V(x,y)=\frac{1}{2}\mu\omega^2(x^2+y^2)$ 中运动, 求粒子的能量本征函数和相应的能量本征值, 并讨论能级的简并度.

4.13　考虑质量为 μ, 荷电为 q 的粒子限制在半径为 R 的环上运动. 在圆环的中心有一细长的磁通管, 磁通量为 Φ, 磁场限制在细管内, 在管外磁场为零. 求圆环上荷电粒子的本征态波函数及相应的本征能谱.

4.14　设带电粒子在相互垂直的均匀电场 $\boldsymbol{E}$ 及均匀磁场 $\boldsymbol{B}$ 中运动, 求其能谱及波函数.

4.15　设带电粒子在均匀磁场 $\boldsymbol{B}$ 及三维各向同性谐振子场 $V(r)=\frac{1}{2}\mu\omega^2r^2$ 中运动, 求能谱公式.

第5章　量子力学的表述形式

5.1　狄拉克符号

在经典力学中, 常用矢量形式讨论问题而不指明坐标系. 类似地, 量子力学中描写态和力学量, 也可以不用具体表象. 这种描述方式是狄拉克首先引进的, 这样的一套符号称为狄拉克(Dirac)符号.

量子力学体系的任一个态可用右矢 $|\ \rangle$ 表示. 若要标志某特殊的态, 则在其内标上某记号. 例如, $|\psi\rangle$ 表示波函数 ψ 描述的状态. 对于本征态, 常用本征值或相应的量子数标在右矢内. 例如, $|x'\rangle$ 表示 x 坐标算符的本征值为 x' 的本征态, $|\boldsymbol{p}'\rangle$ 表示动量算符的本征值为 p' 的本征态, $|E_n\rangle$ 或 $|n\rangle$ 表示哈密顿算符的本征值为 E_n 的本征态, $|lm\rangle$ 表示 $(\hat{\boldsymbol{l}}^2, \hat{l}_z)$ 的共同本征态, 本征值分别为 $l(l+1)\hbar^2$ 和 $m\hbar$.

量子态的以上表示都只是一个抽象的态, 并未涉及具体的表象. 由于量子力学中的波函数是复数, 相应的态矢量是复矢量, 所以除了右矢外, 也可以用它的复共轭来表示, 称为左矢, 记作 $\langle\ |$. 如同一个复数的实部和虚部 (或取为复数和它的共轭复数) 是两个独立的部分一样, 左矢和右矢也是性质不同的相互独立的态矢量, 不能相加, 它们在同一表象中的相应分量互为共轭复数. 例如 $\langle\psi|$ 是 $|\psi\rangle$ 的复共轭态.

态 $|\psi\rangle$ 与 $|\phi\rangle$ 的标积用 $\langle\psi|\phi\rangle$ 表示, 且 $\langle\psi|\phi\rangle^* = \langle\phi|\psi\rangle$. 若 $\langle\psi|\phi\rangle = 0$, 则称 $|\psi\rangle$ 与 $|\phi\rangle$ 正交. 若 $|\psi\rangle$ 是归一化态矢量, 则 $\langle\psi|\psi\rangle = 1$. 设力学量完全集 $\hat{F}$ 的本征态为 $|F_i\rangle$, 本征值为 F_i, 且是分立的, 即

$$\hat{F}|F_i\rangle = F_i|F_i\rangle, \tag{5.1}$$

则 $|F_i\rangle$ 的正交归一条件为

$$\langle F_i|F_j\rangle = \delta_{ij}. \tag{5.2}$$

如果 $\hat{F}$ 的本征值组成连续谱 λ, 即

$$\hat{F}|\lambda\rangle = \lambda|\lambda\rangle, \tag{5.3}$$

则正交化为 δ 函数

$$\langle\lambda|\lambda'\rangle = \delta(\lambda - \lambda'). \tag{5.4}$$

例如, $\hat{\boldsymbol{l}}^2$ 和 $\hat{l}_z$ 的共同本征态 $|lm\rangle$, 正交归一条件为

$$\langle l'm'|lm\rangle = \delta_{l'l}\delta_{m'm}, \tag{5.5}$$

坐标 $\boldsymbol{x}$ 的本征矢正交归一化为

$$\langle \boldsymbol{x}' | \boldsymbol{x} \rangle = \delta(\boldsymbol{x}' - \boldsymbol{x}), \tag{5.6}$$

动量 $\boldsymbol{p}$ 的本征矢正交归一化为

$$\langle \boldsymbol{p}' | \boldsymbol{p} \rangle = \delta(\boldsymbol{p}' - \boldsymbol{p}). \tag{5.7}$$

5.2 希尔伯特空间

1. 希尔伯特空间的态矢

所谓希尔伯特(Hilbert)空间就是定义在复数域上的完备的线性内积空间. 量子态用希尔伯特空间的态矢表示, 量子力学完全集 F 的共同本征态 $|F\rangle$ 就构成了一个希尔伯特空间的基矢, 这是因为态矢满足希尔伯特空间的以下性质.

(1)**封闭性**. 量子体系的任意两个态 $|\psi_1\rangle$ 和 $|\psi_2\rangle$ 的线性和为 $|\psi\rangle = c_1|\psi_1\rangle + c_2|\psi_2\rangle$, 其中 c_1 和 c_2 是任意两个复数. 按态叠加原理, $|\psi\rangle$ 仍是体系的一个可能状态, 仍属于该空间. 若 c 是任意复常数, 则对量子体系的任意态 $|\psi\rangle$, 按波函数统计解释, $c|\psi\rangle$ 与 $|\psi\rangle$ 表示体系的同一状态, 即仍属于该空间.

(2)**完备性**. 量子体系的任一态矢 $|\psi\rangle$ 可按力学量完全集算符 $\hat{F}_i$ 的共同本征态 $|F_i\rangle$ 展开

$$|\psi\rangle = \sum_i a_i |F_i\rangle, \tag{5.8}$$

利用基矢 $|F_i\rangle$ 的正交归一性 $\langle F_i | F_j \rangle = \delta_{ij}$, 可知

$$a_i = \langle F_i | \psi \rangle, \tag{5.9}$$

它表示 $|\psi\rangle$ 在基矢 $|F_i\rangle$ 上的投影, 与一个矢量在坐标系中一个轴上的分量相似.

(3)**内积**. 态矢 $|\psi\rangle$ 和 $|\varphi\rangle$ 的内积定义为

$$\langle \psi | \varphi \rangle = \langle \varphi | \psi \rangle^*. \tag{5.10}$$

由此可见, 态矢满足希尔伯特空间的三个要求, 而力学量完全集算符的共同本征态所具有的正交归一完备性正好使之构成该空间的基矢.

2. 希尔伯特空间的算符

在希尔伯特空间, 线性算符的作用是把一个态矢量变成另一个态矢量, 是该空间或其子空间的一种变换. 对希尔伯特空间中的任一态矢 $|\psi\rangle$, 若存在一种变换 $\hat{F}$, 它作用于 $|\psi\rangle$ 上使之变为另一个态矢 $|\varphi\rangle$, 且 $|\varphi\rangle$ 仍属于这个空间, 即

$$|\varphi\rangle = \hat{F} |\psi\rangle, \tag{5.11}$$

则 $\hat{F}$ 称为算符. 这样定义的算符是线性算符, 还应满足

$$\hat{F}(\alpha|\psi\rangle + \beta|\psi\rangle) = \alpha\hat{F}|\psi\rangle + \beta\hat{F}|\psi\rangle. \tag{5.12}$$

对希尔伯特空间中任意态矢, 可如第 3 章一样定义相应的算符及算符间的关系, 这里不再重复叙述. 如厄米算符 $\hat{A} = \hat{A}^\dagger$: $\langle\varphi|\hat{A}|\psi\rangle = \langle\hat{A}\varphi|\psi\rangle = \langle\psi|\hat{A}|\varphi\rangle^*$. 这种算符的平均值是实数

$$\langle\psi|\hat{A}|\psi\rangle = \langle\psi|\hat{A}^\dagger|\psi\rangle^* = \langle\psi|\hat{A}|\psi\rangle^*. \tag{5.13}$$

又如积算符 $\hat{A}\hat{B}$: $(\hat{A}\hat{B})|\psi\rangle = \hat{A}(\hat{B}|\psi\rangle)$. 对算符之积, 应特别小心, 一般情况下, $\hat{A}\hat{B} \neq \hat{B}\hat{A}$, 并通常定义 $\hat{A}$ 与 $\hat{B}$ 的对易子为

$$[\hat{A}, \hat{B}] = \hat{A}\hat{B} - \hat{B}\hat{A}. \tag{5.14}$$

5.3 态和力学量的表象表示

1. 量子态的不同表象

先讨论分立谱的情况. 设力学量算符 $\hat{F}$ 的属于本征值 F_n 的归一化本征函数为 $|F_n\rangle$, 即 $\hat{F}|F_n\rangle = F_n|F_n\rangle$, 且 $\langle F_m|F_n\rangle = \delta_{mn}$, 则任何一态矢 $|\psi\rangle$ 都可用 $|F_n\rangle$ 展开为

$$|\psi\rangle = \sum_k a_k|F_k\rangle, \tag{5.15}$$

利用基矢的正交归一性, 可知

$$a_k = \langle F_k|\psi\rangle, \tag{5.16}$$

它表示 $|\psi\rangle$ 在以 $\hat{F}$ 的本征态构成的希尔伯特空间中基矢 $|F_k\rangle$ 方向上的投影. 当所有 a_k 都给定, 就给定了一个态. 这组数 $\{a_k\}$ 就是态矢 $|\psi\rangle$ 在 F 表象中的表示, 并可将它写成一个列矩阵

$$\psi = \begin{pmatrix} a_1 \\ a_2 \\ a_3 \\ \vdots \end{pmatrix} = \begin{pmatrix} \langle F_1|\psi\rangle \\ \langle F_2|\psi\rangle \\ \langle F_3|\psi\rangle \\ \vdots \end{pmatrix}. \tag{5.17}$$

把式 (5.16) 代入式 (5.15), 得

$$|\psi\rangle = \sum_n \langle F_n|\psi\rangle|F_n\rangle = \sum_n |F_n\rangle\langle F_n|\psi\rangle. \tag{5.18}$$

在式 (5.18) 中, 可以把 $|F_n\rangle\langle F_n|$ 看成是一个投影算符

$$\hat{P}_n = |F_n\rangle\langle F_n|, \tag{5.19}$$

它对任意态矢运算后, 就把该态矢变成它在基矢 $|F_n\rangle$ 方向上的分量. 例如

$$\hat{P}_n|\psi\rangle = |F_n\rangle\langle F_n|\psi\rangle = a_n|F_n\rangle. \tag{5.20}$$

它就是态矢 $|\psi\rangle$ 在 $|F_n\rangle$ 方向上的分量. $|\psi\rangle$ 是任意态矢, 因此

$$\sum_n |F_n\rangle\langle F_n| = \hat{I} \quad (\text{单位算符}). \tag{5.21}$$

此式表示力学量完全集算符 $\hat{F}$ 的本征态是封闭的, 并对任何一组完备的基矢 $|F_n\rangle$ 都是成立的. 此关系式对表象变换极为方便. 在 F 表象中, $|\psi\rangle$ 和 $|\varphi\rangle$ 分别表示为

$$\begin{aligned} |\psi\rangle &= \sum_n |F_n\rangle\langle F_n|\psi\rangle = \sum_n a_n|F_n\rangle, \\ |\varphi\rangle &= \sum_n |F_n\rangle\langle F_n|\varphi\rangle = \sum_n b_n|F_n\rangle, \end{aligned} \tag{5.22}$$

两态矢的标积为

$$\begin{aligned} \langle\varphi|\psi\rangle &= \sum_{i,j} b_i^* a_j \langle F_i|F_j\rangle = \sum_{i,j} b_i^* a_j \delta_{ij} = \sum_i b_i^* a_i \\ &= (b_1^*, b_2^*, b_3^*, \cdots) \begin{pmatrix} a_1 \\ a_2 \\ a_3 \\ \vdots \end{pmatrix} = \varphi^\dagger \psi. \end{aligned} \tag{5.23}$$

在连续谱的情况下, $\hat{F}$ 的本征谱 λ 是连续的, 其本征态 $|\lambda\rangle$ 正交化为 δ 函数

$$\langle\lambda|\lambda'\rangle = \delta(\lambda - \lambda'), \tag{5.24}$$

封闭性关系为

$$\int \mathrm{d}\lambda |\lambda\rangle\langle\lambda| = \hat{I}, \tag{5.25}$$

任一态矢 $|\psi\rangle$ 展开为

$$|\psi\rangle = \int \mathrm{d}\lambda |\lambda\rangle\langle\lambda|\psi\rangle = \int \mathrm{d}\lambda \psi(\lambda)|\lambda\rangle, \tag{5.26}$$

展开系数

$$\psi(\lambda) = \langle\lambda|\psi\rangle \tag{5.27}$$

为态矢 $|\psi\rangle$ 在 F 表象中的表示.

例 5.1 讨论一维粒子的任意一态矢 $|\psi\rangle$ 在坐标表象和动量表象中的表示.

解 坐标 x 和动量算符 $\hat{p}$ 的本征方程为

$$\hat{x}|x\rangle = x|x\rangle, \quad \hat{p}|p\rangle = p|p\rangle, \tag{5.28}$$

由于本征值 x 和 p 都是连续的, 它们的本征态正交化为 δ 函数

$$\langle x'|x''\rangle = \delta(x'-x''), \quad \langle p'|p''\rangle = \delta(p'-p''). \tag{5.29}$$

在坐标表象中, 量子态 $|\psi\rangle$ 按坐标本征态 $|x\rangle$ 展开为

$$|\psi\rangle = \int \mathrm{d}x|x\rangle\langle x|\psi\rangle = \int \mathrm{d}x\psi(x)|x\rangle, \tag{5.30}$$

$\langle x|\psi\rangle = \psi(x)$ 就是态矢 $|\psi\rangle$ 在坐标表象中的表示. 两个量子态 $|\psi\rangle$ 和 $|\varphi\rangle$ 的标积表示成

$$\langle\psi|\varphi\rangle = \int \mathrm{d}x\langle\psi|x\rangle\langle x|\varphi\rangle = \int \mathrm{d}x\psi^*(x)\varphi(x). \tag{5.31}$$

如动量本征态在坐标表象中表示成

$$\langle x|p\rangle = \psi_p(x) = \frac{1}{\sqrt{2\pi\hbar}}\mathrm{e}^{\frac{\mathrm{i}}{\hbar}px}, \tag{5.32}$$

而坐标本征态 $|x\rangle$ 在其自身表象中的表示为

$$\langle x|x'\rangle = \delta(x-x'). \tag{5.33}$$

在动量表象中, 量子态 $|\psi\rangle$ 用动量本征态 $|p\rangle$ 展开为

$$|\psi\rangle = \int \mathrm{d}p|p\rangle\langle p|\psi\rangle = \int \mathrm{d}p\varphi(p)|p\rangle, \tag{5.34}$$

$\langle p|\psi\rangle = \varphi(p)$ 就是 $|\psi\rangle$ 在动量表象中的表示. 这里为避免与坐标表象中 $\psi(x)$ 在符号上的混淆, $\langle p|\psi\rangle$ 记成 $\varphi(p)$, 而不用 $\psi(p)$.

量子态 $|\psi\rangle$ 在坐标表象中的表示 $\langle x|\psi\rangle$ 与在动量表象中的表示 $\langle p|\psi\rangle$ 之间的关系为

$$\langle x|\psi\rangle = \int \mathrm{d}p\langle x|p\rangle\langle p|\psi\rangle = \frac{1}{\sqrt{2\pi\hbar}}\int \mathrm{d}p\mathrm{e}^{\frac{\mathrm{i}}{\hbar}px}\langle p|\psi\rangle, \tag{5.35a}$$

$$\langle p|\psi\rangle = \int \mathrm{d}x\langle p|x\rangle\langle x|\psi\rangle = \frac{1}{\sqrt{2\pi\hbar}}\int \mathrm{d}x\mathrm{e}^{-\frac{\mathrm{i}}{\hbar}px}\langle x|\psi\rangle. \tag{5.35b}$$

这正是量子态 $|\psi\rangle$ 在坐标表象中的表示 $\langle x|\psi\rangle = \psi(x)$ 和在动量表象中的表示 $\langle p|\psi\rangle = \varphi(p)$ 之间的傅里叶变换.

2. 力学量的表象表示

设力学量算符 $\hat{Q}$ 作用于希尔伯特空间中任意量子态 $|\psi\rangle$ 上变成希尔伯特空间中的另一态矢 $|\varphi\rangle$, 即

$$|\varphi\rangle = \hat{Q}|\psi\rangle. \tag{5.36}$$

对分立谱情形, 在以 $|F_n\rangle$ 为基底的 F 表象中, 式 (5.36) 表示成

$$\sum_n b_n|F_n\rangle = \hat{Q}\sum_j a_j|F_j\rangle = \sum_j a_j\hat{Q}|F_j\rangle, \tag{5.37}$$

两边左乘 $\langle F_i|$, 得

$$\sum_n b_n\langle F_i|F_n\rangle = \sum_j a_j\langle F_i|\hat{Q}|F_j\rangle, \tag{5.38}$$

利用正交归一性, $\langle F_i|F_n\rangle = \delta_{in}$, 得

$$b_i = \sum_j Q_{ij}a_j, \tag{5.39}$$

其中, $Q_{ij} = \langle F_i|\hat{Q}|F_j\rangle$. 将式 (5.39) 写成矩阵形式为

$$\begin{pmatrix} b_1 \\ b_2 \\ b_3 \\ \vdots \end{pmatrix} = \begin{pmatrix} Q_{11} & Q_{12} & Q_{13} & \cdots \\ Q_{21} & Q_{22} & Q_{23} & \cdots \\ Q_{31} & Q_{32} & Q_{33} & \cdots \\ \vdots & \vdots & \vdots & \vdots \end{pmatrix}\begin{pmatrix} a_1 \\ a_2 \\ a_3 \\ \vdots \end{pmatrix} \tag{5.40}$$

或简记为

$$\varphi = Q\psi. \tag{5.41}$$

矩阵 Q 称为算符 $\hat{Q}$ 在 F 表象中的表示. 它的矩阵元 Q_{ij} 刻画 F 表象中的基矢 $|F_j\rangle$ 在 $\hat{Q}$ 作用后在 F 表象中 $|F_i\rangle$ 方向的分量, 因此, 一旦矩阵 Q 给定, 任何一个量子态在 $\hat{Q}$ 作用下的变化就完全确定了.

对于连续谱的情形, $\hat{F}$ 的属于连续本征值 λ 的本征态记为 $|\lambda\rangle$, 则算符 $\hat{Q}$ 对希尔伯特空间中任意一态矢 $|\psi\rangle$ 的作用方程

$$|\varphi\rangle = \hat{Q}|\psi\rangle \tag{5.42}$$

可表示为

$$\int \mathrm{d}\lambda'|\lambda'\rangle\langle\lambda'|\varphi\rangle = \int \mathrm{d}\lambda'\hat{Q}|\lambda'\rangle\langle\lambda'|\psi\rangle, \tag{5.43}$$

两边左乘 $\langle\lambda|$, 并利用 $\langle\lambda|\lambda'\rangle = \delta(\lambda-\lambda')$, 得

$$\langle\lambda|\varphi\rangle = \int \mathrm{d}\lambda'\langle\lambda|\hat{Q}|\lambda'\rangle\langle\lambda'|\psi\rangle \tag{5.44a}$$

或写成

$$\varphi(\lambda)=\int \mathrm{d}\lambda' Q_{\lambda\lambda'}\psi(\lambda'), \tag{5.44b}$$

式中, $\varphi(\lambda)$ 和 $\psi(\lambda')$ 分别为态矢 $|\varphi\rangle$ 和 $|\psi\rangle$ 在 $\hat{F}$ 表象中的态矢,

$$Q_{\lambda\lambda'}=\langle\lambda|\hat{Q}|\lambda'\rangle \tag{5.45}$$

称为 $\hat{Q}$ 在 F 表象中的矩阵元. 通常使用算符更为方便, 若能把 $Q_{\lambda\lambda'}$ 化为 $\hat{Q}_\lambda\delta(\lambda-\lambda')$ 的形式, 即可求出 F 表象中的算符 $\hat{Q}_\lambda$. 在不引起混淆的情况下, 通常略去下脚标.

例 5.2 在一维情况下动量 p 表象中的坐标算符 $\hat{x_p}$ 和动量算符 $\hat{p_p}$.

解 在 p 表象中, 算符 $\hat{Q}$ 的矩阵元为 $Q_{pp'}=\langle p|\hat{Q}|p'\rangle$, 它与算符的关系为

$$\langle p|\hat{Q}|p'\rangle=\hat{Q}_p\delta(p-p'). \tag{5.46}$$

先求 p 表象中的坐标算符 $\hat{x_p}$.

$$\begin{aligned}\langle p|\hat{x}|p'\rangle&=\int \mathrm{d}x\mathrm{d}x'\langle p|x\rangle\langle x|\hat{x}|x'\rangle\langle x'|p'\rangle=\int \mathrm{d}x\mathrm{d}x'\psi_p^*(x)x'\delta(x-x')\psi_{p'}(x')\\&=\frac{1}{2\pi\hbar}\int \mathrm{d}x\mathrm{d}x'\mathrm{e}^{-\frac{\mathrm{i}}{\hbar}px}x'\delta(x-x')\mathrm{e}^{\frac{\mathrm{i}}{\hbar}p'x'}=\frac{1}{2\pi\hbar}\int \mathrm{d}xx\mathrm{e}^{-\frac{\mathrm{i}}{\hbar}(p-p')x}\\&=\frac{1}{2\pi\hbar}\int \mathrm{d}x\mathrm{i}\hbar\frac{\partial}{\partial p}\mathrm{e}^{\frac{\mathrm{i}}{\hbar}(p'-p)x}=\mathrm{i}\hbar\frac{\partial}{\partial p}\left[\frac{1}{2\pi\hbar}\int \mathrm{d}x\mathrm{e}^{\frac{\mathrm{i}}{\hbar}(p'-p)x}\right]\\&=\mathrm{i}\hbar\frac{\partial}{\partial p}\delta(p-p'),\end{aligned}$$

所以

$$\hat{x}_p=\mathrm{i}\hbar\frac{\partial}{\partial p}. \tag{5.47}$$

再求 p 表象中的动量算符 $\hat{p_p}$. 由于

$$\langle p|\hat{p}|p'\rangle=\langle p|\ p'|p'\rangle=p'\delta(p-p')=p\delta(p'-p),$$

所以

$$\hat{p}_p=p. \tag{5.48}$$

坐标算符和动量算符在坐标表象和动量表象中的算符形式列于表 5.1. 从表中可见, 一个力学量算符在不同表象中的算符形式是不相同的. 在具体问题的求解中, 可根据方便, 选择不同的表象.

表 5.1 坐标算符和动量算符在坐标表象和动量表象中的算符形式

	坐标表象	动量表象
坐标算符 $\hat{x}$	x	$\mathrm{i}\hbar\dfrac{\partial}{\partial p}$
动量算符 $\hat{p}$	$-\mathrm{i}\hbar\dfrac{\partial}{\partial x}$	p

3. 量子力学公式的表象表示

(1)**力学量的平均值**. 力学量 Q 对态矢 $|\psi\rangle$ 的平均值表示为

$$\langle Q\rangle = \langle\psi|\hat{Q}|\psi\rangle. \tag{5.49}$$

在具有分立谱 F_n 的 F 表象中

$$|\psi\rangle = \sum_n a_n|F_n\rangle, \quad a_n = \langle F_n|\psi\rangle, \tag{5.50}$$

其共轭表示为

$$\langle\psi| = \sum_n a_n^*\langle F_n|, \tag{5.51}$$

代入平均值公式, 得

$$\langle Q\rangle = \sum_{n,m} a_n^* a_m \langle F_n|\hat{Q}|F_m\rangle = \sum_{n,m} a_n^* Q_{nm} a_m, \tag{5.52}$$

写成矩阵形式为

$$Q = (a_1^*, a_2^*, a_3^*, \cdots)\begin{pmatrix} Q_{11} & Q_{12} & Q_{13} & \cdots \\ Q_{21} & Q_{22} & Q_{23} & \cdots \\ Q_{31} & Q_{32} & Q_{33} & \cdots \\ \vdots & \vdots & \vdots & \vdots \end{pmatrix}\begin{pmatrix} a_1 \\ a_2 \\ a_3 \\ \vdots \end{pmatrix}. \tag{5.53}$$

如果 F 表象就是 Q 表象, 则 $\hat{Q}$ 的矩阵元为 $Q_{mn} = \langle Q_n|\hat{Q}|Q_m\rangle = Q_n\delta_{nm}$, 即算符在其自身表象中是对角矩阵, 其对角元为该算符的本征值.

在具有连续谱 λ 的 F 表象中

$$\langle Q\rangle = \int \mathrm{d}\lambda\mathrm{d}\lambda'\langle\psi|\lambda\rangle\langle\lambda|\hat{Q}|\lambda'\rangle\langle\lambda'|\psi\rangle = \int \mathrm{d}\lambda\mathrm{d}\lambda'\psi^*(\lambda)\hat{Q}_{\lambda\lambda'}\psi(\lambda'), \tag{5.54}$$

如 $\hat{Q}$ 是关于 λ 的定域算符, 则 $Q_{\lambda\lambda'} = Q_\lambda\delta(\lambda-\lambda')$, 上式化为

$$\langle Q\rangle = \int \mathrm{d}\lambda\mathrm{d}\lambda'\psi^*(\lambda)\hat{Q}_\lambda\delta(\lambda-\lambda')\psi(\lambda') = \int \mathrm{d}\lambda\psi^*(\lambda)\hat{Q}_\lambda\psi(\lambda'). \tag{5.55}$$

对 x 表象, 并略去 $\hat{Q}_x$ 的脚标 x, 即得熟知的平均值公式

$$\langle Q\rangle = \int \mathrm{d}x\psi^*(x)\hat{Q}\psi(x). \tag{5.56}$$

(2)**本征方程**. 算符 $\hat{Q}$ 的具有分立谱 Q' 的本征方程为

$$\hat{Q}|Q'\rangle = Q'|Q'\rangle. \tag{5.57}$$

在具有分立谱 F_n 的 F 表象中

$$|Q'\rangle = \sum_n a_n |F_n\rangle, \quad a_n = \langle F_n|Q'\rangle, \tag{5.58}$$

代入本征方程 (5.57), 得

$$\sum_n a_n \hat{Q}|F_n\rangle = Q' \sum_m a_m |F_m\rangle, \tag{5.59}$$

两边同乘 $\langle F_i|$, 利用 $\langle F_i|F_n\rangle = \delta_{in}$, 得

$$\sum_j a_j \langle F_i|\hat{Q}|F_j\rangle = Q' a_i \tag{5.60a}$$

或

$$\sum_j (Q_{ij} - Q'\delta_{ij}) a_j = 0. \tag{5.60b}$$

此即 $\hat{Q}$ 的本征方程在 F 表象中的形式. 它是关于 a_i 的线性齐次代数方程组, 它有非平庸解的充要条件为

$$\det|Q_{ij} - Q'\delta_{ij}| = 0, \tag{5.61}$$

写成矩阵形式为

$$\begin{vmatrix} Q_{11} - Q' & Q_{12} & \cdots \\ Q_{21} & Q_{22} - Q' & \cdots \\ \vdots & \vdots & \vdots \end{vmatrix} = 0. \tag{5.62}$$

设 Q 矩阵的维数是 N, 则式 (5.62) 是 Q' 的 N 次代数方程. 若 $\hat{Q}$ 是厄米算符, 相应地, Q 是厄米矩阵, 则总可以解出 Q' 的 N 个实根 (可能有重根, 如为 k 重根, 则当成 k 个根), 它们都是 $\hat{Q}$ 的本征值, $Q'_i(i = 1, 2, 3, \cdots, N)$. 依次用 Q'_i 代入 Q 的矩阵方程 (5.60b), 可求出相应的解 $a_k^{(i)}(k = 1, 2, 3, \cdots, N)$, 并写成列矢量

$$\begin{pmatrix} a_1^{(i)} \\ a_2^{(i)} \\ a_3^{(i)} \\ \vdots \end{pmatrix}, \tag{5.63}$$

它就是 $\hat{Q}$ 的第 i 个本征值 Q'_i 相应的本征态在 F 表象中的表示. 对于有重根的情况, 本征函数就不能唯一地确定, 通常找与之对易的另外力学量算符, 并求它们的共同本征态, 以消除简并.

对有连续谱 λ 的 F 表象, 算符 $\hat{Q}$ 的本征方程 (5.57) 化为

$$\int \mathrm{d}\lambda' \langle\lambda|\hat{Q}|\lambda'\rangle\langle\lambda'|Q\rangle = Q'\langle\lambda|Q\rangle \tag{5.64a}$$

或

$$\int \mathrm{d}\lambda' Q_{\lambda\lambda'}\psi_{Q'}(\lambda') = Q'\psi_{Q'}(\lambda). \tag{5.64b}$$

若 $\hat{Q}$ 是定域算符, 即有 $Q_{\lambda\lambda'} = \langle\lambda|\hat{Q}|\lambda'\rangle = \hat{Q}_\lambda\delta(\lambda-\lambda')$, 其中 $\hat{Q}_\lambda$ 是算符 $\hat{Q}$ 在 F 表象中的形式, 则上式化为

$$\int \mathrm{d}\lambda' \hat{Q}_\lambda\delta(\lambda-\lambda')\psi_{Q'}(\lambda') = Q'\psi_{Q'}(\lambda), \tag{5.65a}$$

简化后

$$\hat{Q}_\lambda\psi_{Q'}(\lambda) = Q'\psi_{Q'}(\lambda), \tag{5.65b}$$

$\psi_{Q'}(\lambda)$ 是算符 $\hat{Q}$ 的属于本征值 Q' 的本征态在 F 表象中的表示. 式 (5.65b) 就是 $\hat{Q}$ 的本征值方程在 F 表象中的形式.

(3)**薛定谔方程**. 薛定谔方程的狄拉克表示形式为

$$\mathrm{i}\hbar\frac{\partial}{\partial t}|\psi(t)\rangle = \hat{H}|\psi(t)\rangle. \tag{5.66}$$

在具有分立谱的 F 表象中

$$|\psi(t)\rangle = \sum_n a_n(t)|F_n\rangle, \quad a_n(t) = \langle F_n|\psi(t)\rangle, \tag{5.67}$$

代入方程 (5.66), 得

$$\sum_m \mathrm{i}\hbar\frac{\partial a_m(t)}{\partial t}|F_m\rangle = \sum_m a_m(t)\hat{H}|F_m\rangle, \tag{5.68}$$

两边同时乘 $\langle F_n|$, 并利用 $\langle F_n|F_m\rangle = \delta_{nm}$, 得

$$\mathrm{i}\hbar\frac{\partial a_n(t)}{\partial t} = \sum_m \langle F_n|\hat{H}|F_m\rangle a_m(t) = \sum_m H_{nm}a_m(t), \tag{5.69}$$

写成矩阵形式为

$$\mathrm{i}\hbar\frac{\partial}{\partial t}\begin{pmatrix} a_1(t) \\ a_2(t) \\ a_3(t) \\ \vdots \end{pmatrix} = \begin{pmatrix} H_{11} & H_{12} & H_{13} & \cdots \\ H_{21} & H_{22} & H_{23} & \cdots \\ H_{31} & H_{32} & H_{33} & \cdots \\ \vdots & \vdots & \vdots & \vdots \end{pmatrix}\begin{pmatrix} a_1(t) \\ a_2(t) \\ a_3(t) \\ \vdots \end{pmatrix}, \tag{5.70}$$

简记为

$$i\hbar\frac{\partial}{\partial t}\psi(t) = H\psi(t). \tag{5.71}$$

在具有连续谱的 F 表象中, 态矢 $|\psi(t)\rangle$ 展开为

$$|\psi(t)\rangle = \int d\lambda'|\lambda'\rangle\langle\lambda'|\psi(t)\rangle = \int d\lambda'\psi(\lambda',t)|\lambda'\rangle, \tag{5.72}$$

代入薛定谔方程 (5.66), 得

$$\int d\lambda' i\hbar\frac{\partial\psi(\lambda',t)}{\partial t}|\lambda'\rangle = \int d\lambda'\psi(\lambda',t)\hat{H}|\lambda'\rangle, \tag{5.73}$$

两边同时左乘 $\langle\lambda|$, 并注意到 $\langle\lambda|\lambda'\rangle = \delta(\lambda-\lambda')$, 得

$$i\hbar\frac{\partial}{\partial t}\psi(\lambda,t) = \int d\lambda'\langle\lambda|\hat{H}|\lambda'\rangle\psi(\lambda',t) = \int d\lambda' H_{\lambda\lambda'}\psi(\lambda',t). \tag{5.74}$$

此方程也可化为

$$i\hbar\frac{\partial}{\partial t}\psi(\lambda,t) = \int \hat{H}_\lambda\delta(\lambda-\lambda')\psi(\lambda',t)d\lambda' = \hat{H}_\lambda\psi(\lambda,t), \tag{5.75}$$

式中, $\psi(\lambda,t)$ 是态矢 $|\psi(t)\rangle$ 在 F 表象中的表示, $\hat{H}_\lambda$ 是哈密顿算符在 F 表象中的形式.

例 5.3 质量为 μ 的粒子在势 $V(r)$ 中运动, 求其薛定谔方程在坐标和动量表象中的形式.

解 薛定谔方程一般地可表示为

$$i\hbar\frac{\partial}{\partial t}|\psi(t)\rangle = \left(\frac{\hat{\boldsymbol{p}}^2}{2\mu} + \hat{V}\right)|\psi(t)\rangle. \tag{5.76}$$

先写出坐标表象中的形式. 为此, 在坐标表象中展开态矢 $|\psi(t)\rangle$ 为

$$|\psi(t)\rangle = \int d^3x'|\boldsymbol{r}'\rangle\langle\boldsymbol{r}'|\psi(t)\rangle = \int d^3x'\psi(\boldsymbol{r}',t)|\boldsymbol{r}'\rangle, \tag{5.77}$$

代入方程 (5.76), 得

$$\int d^3x' i\hbar\frac{\partial\psi(\boldsymbol{r}',t)}{\partial t}|\boldsymbol{r}'\rangle = \int d^3x'\left(\frac{\hat{\boldsymbol{p}}^2}{2\mu} + \hat{V}\right)|\boldsymbol{r}'\rangle\psi(\boldsymbol{r}',t), \tag{5.78}$$

两边同时左乘 $\langle\boldsymbol{r}|$, 并利用坐标本征态的正交化条件 $\langle\boldsymbol{r}|\boldsymbol{r}'\rangle = \delta(\boldsymbol{r}-\boldsymbol{r}')$, 得

$$\begin{aligned}\int d^3x' i\hbar\frac{\partial\psi(\boldsymbol{r}',t)}{\partial t}\delta(\boldsymbol{r}-\boldsymbol{r}') &= \int d^3x'\langle\boldsymbol{r}|\frac{\hat{\boldsymbol{p}}^2}{2\mu} + \hat{V}|\boldsymbol{r}'\rangle\psi(\boldsymbol{r}',t)\\ &= \int d^3x'\left[\langle\boldsymbol{r}|\frac{\hat{\boldsymbol{p}}^2}{2\mu}|\boldsymbol{r}'\rangle + V(r)\delta(\boldsymbol{r}-\boldsymbol{r}')\right]\psi(\boldsymbol{r}',t),\end{aligned}$$

再利用 δ 函数的性质, 得

$$\mathrm{i}\hbar\frac{\partial\psi(\boldsymbol{r},t)}{\partial t}=\int \mathrm{d}^3x'\langle\boldsymbol{r}|\frac{\hat{\boldsymbol{p}}^2}{2\mu}|\boldsymbol{r}'\rangle\psi(\boldsymbol{r}',t)+V(r)\psi(\boldsymbol{r},t), \tag{5.79}$$

其中

$$\begin{aligned}\langle\boldsymbol{r}|\frac{\hat{\boldsymbol{p}}^2}{2\mu}|\boldsymbol{r}'\rangle&=\int \mathrm{d}^3p'\left\langle\boldsymbol{r}|\frac{\hat{\boldsymbol{p}}^2}{2\mu}|\boldsymbol{p}'\right\rangle\langle\boldsymbol{p}'|\boldsymbol{r}'\rangle\\&=\frac{1}{(2\pi\hbar)^3}\int \mathrm{d}^3p'\frac{\boldsymbol{p}'^2}{2\mu}\mathrm{e}^{\frac{\mathrm{i}}{\hbar}\boldsymbol{p}'\cdot(\boldsymbol{r}-\boldsymbol{r}')}\\&=-\frac{\hbar^2}{2\mu}\nabla^2\delta(\boldsymbol{r}-\boldsymbol{r}'),\end{aligned}$$

代入式 (5.79) 的右边, 并完成对 $\boldsymbol{r}'$ 的积分, 即得

$$\mathrm{i}\hbar\frac{\partial\psi(\boldsymbol{r},t)}{\partial t}=\left[-\frac{\hbar^2}{2\mu}\nabla^2+V(\boldsymbol{r})\right]\psi(\boldsymbol{r},t), \tag{5.80}$$

此即为熟知的坐标表象中的薛定谔方程.

下面讨论动量 $\boldsymbol{p}$ 表象中的形式. 以动量本征态 $|\boldsymbol{p}'\rangle$ 展开态矢 $|\psi(t)\rangle$ 为

$$|\psi(t)\rangle=\int \mathrm{d}^3p'|\boldsymbol{p}'\rangle\langle\boldsymbol{p}'|\psi(t)\rangle=\int \mathrm{d}^3p'\psi(\boldsymbol{p}',t)|\boldsymbol{p}'\rangle, \tag{5.81}$$

其中, $\varphi(\boldsymbol{p},t)=\langle\boldsymbol{p}|\psi(t)\rangle$ 是动量空间中的波函数. 把式 (5.81) 代入薛定谔方程的一般形式 (5.76), 得

$$\int \mathrm{d}^3p'\mathrm{i}\hbar\frac{\partial\varphi(\boldsymbol{p}',t)}{\partial t}|\boldsymbol{p}'\rangle=\int \mathrm{d}^3p'\left(\frac{\hat{\boldsymbol{p}'}^2}{2\mu}+\hat{V}\right)|\boldsymbol{p}'\rangle\psi(\boldsymbol{p}',t),$$

两边左乘 $\langle\boldsymbol{p}|$, 并利用正交化条件 $\langle\boldsymbol{p}|\boldsymbol{p}'\rangle=\delta(\boldsymbol{p}-\boldsymbol{p}')$ 和 $\hat{\boldsymbol{p}}|\boldsymbol{p}\rangle=\boldsymbol{p}|\boldsymbol{p}\rangle$, 得

$$\begin{aligned}\int \mathrm{d}^3p'\mathrm{i}\hbar\frac{\partial\varphi(\boldsymbol{p}',t)}{\partial t}\delta(\boldsymbol{p}-\boldsymbol{p}')&=\int \mathrm{d}^3p'\langle\boldsymbol{p}|\frac{\hat{\boldsymbol{p}}^2}{2\mu}+\hat{V}|\boldsymbol{p}'\rangle\psi(\boldsymbol{p}',t)\\&=\int \mathrm{d}^3p'\left[\frac{\boldsymbol{p}^2}{2\mu}\delta(\boldsymbol{p}-\boldsymbol{p}\prime)+\langle\boldsymbol{p}|\hat{V}|\boldsymbol{p}'\rangle\right]\psi(\boldsymbol{p}',t),\end{aligned}$$

再利用 δ 函数的性质, 有

$$\mathrm{i}\hbar\frac{\partial\varphi(\boldsymbol{p},t)}{\partial t}=\frac{\boldsymbol{p}^2}{2\mu}\varphi(\boldsymbol{p},t)+\int \mathrm{d}^3p'\langle\boldsymbol{p}|\hat{V}|\boldsymbol{p}'\rangle\psi(\boldsymbol{p}',t), \tag{5.82}$$

其中

$$\begin{aligned}\langle \boldsymbol{p}|\hat{V}|\boldsymbol{p}'\rangle &= \int \mathrm{d}^3x\mathrm{d}^3x'\langle \boldsymbol{p}|\boldsymbol{r}\rangle\langle \boldsymbol{r}|\hat{V}|\boldsymbol{r}'\rangle\langle \boldsymbol{r}'|\boldsymbol{p}'\rangle \\ &= \frac{1}{(2\pi\hbar)^3}\int \mathrm{d}^3x\mathrm{d}^3x' V(r)\delta(\boldsymbol{r}-\boldsymbol{r}')\mathrm{e}^{\frac{\mathrm{i}}{\hbar}(\boldsymbol{p}'\cdot\boldsymbol{r}'-\boldsymbol{p}\cdot\boldsymbol{r})} \\ &= \frac{1}{(2\pi\hbar)^3}\int \mathrm{d}^3x V(r)\mathrm{e}^{\frac{\mathrm{i}}{\hbar}(\boldsymbol{p}'-\boldsymbol{p})\cdot\boldsymbol{r}} \\ &= \frac{1}{(2\pi\hbar)^3}\int \mathrm{d}^3x V\left(\mathrm{i}\hbar\frac{\partial}{\partial p}\right)\mathrm{e}^{\frac{\mathrm{i}}{\hbar}(\boldsymbol{p}'-\boldsymbol{p})\cdot\boldsymbol{r}} \\ &= V\left(\mathrm{i}\hbar\frac{\partial}{\partial p}\right)\delta(\boldsymbol{p}-\boldsymbol{p}'),\end{aligned}$$

代入式 (5.82) 的左边, 并完成对 $\boldsymbol{p}'$ 的积分, 可得

$$\mathrm{i}\hbar\frac{\partial\varphi(\boldsymbol{p},t)}{\partial t} = \left[\frac{\boldsymbol{p}^2}{2\mu} + V\left(\mathrm{i}\hbar\frac{\partial}{\partial \boldsymbol{p}}\right)\right]\varphi(\boldsymbol{p},t), \tag{5.83}$$

此即动量 $\boldsymbol{p}$ 表象中的薛定谔方程.

5.4 表象变换

1. 态的表象变换

设力学量完全集算符 $\hat{F}$ 和另一组力学量完全集算符 $\hat{F}'$ 的共同本征态分别为 $|F_n\rangle$ 和 $|F'_\alpha\rangle$. 它们分别构成希尔伯特空间中的两组正交归一的完备基矢, 即

$$\langle F_n|F_m\rangle = \delta_{nm}, \quad \langle F'_\alpha|F'_\beta\rangle = \delta_{\alpha\beta}, \tag{5.84}$$

而希尔伯特空间中任意一态矢 $|\psi\rangle$ 可分别用这两组基矢展开为

$$|\psi\rangle = \sum_n a_n|F_n\rangle = \sum_\alpha a'_\alpha|F'_\alpha\rangle, \tag{5.85}$$

式中, $a_n = \langle F_n|\psi\rangle$, $a'_\alpha = \langle F'_\alpha|\psi\rangle$, 而 $\{a_n\}$ 和 $\{a'_\alpha\}$ 分别构成态矢 $|\psi\rangle$ 在 F 和 F' 表象中的表示.

现在考察态矢 $|\psi\rangle$ 在 F 和 F' 表象中的表示 $\{a_n\}$ 和 $\{a'_\alpha\}$ 之间的关系. 为此, 以 $\langle F'_\alpha|$ 左乘 $|\psi\rangle$ 的展开式 (5.85), 并利用正交归一性, 得

$$a'_\alpha = \sum_n \langle F'_\alpha|F_n\rangle a_n = \sum_n S_{\alpha n}a_n, \tag{5.86}$$

式中, $S_{\alpha n} = \langle F'_\alpha | F_n \rangle$ 是 F' 表象的基矢与 F 表象的基矢之间的标积. 把上式写成矩阵形式为

$$\begin{pmatrix} a'_1 \\ a'_2 \\ a'_3 \\ \vdots \end{pmatrix} = \begin{pmatrix} S_{11} & S_{12} & S_{13} & \cdots \\ S_{21} & S_{22} & S_{23} & \cdots \\ S_{31} & S_{32} & S_{33} & \cdots \\ \vdots & \vdots & \vdots & \vdots \end{pmatrix} \begin{pmatrix} a_1 \\ a_2 \\ a_3 \\ \vdots \end{pmatrix}, \tag{5.87a}$$

简记为

$$\psi_{F'} = S\psi_F. \tag{5.87b}$$

此式即为同一态矢 $|\psi\rangle$ 在 F 表象和 F' 表象中的表示之间的关系. 以 $\langle F_n|$ 左乘 $|\psi\rangle$ 的展开式 (5.85), 并利用正交归一性, 同样可得

$$a_n = \sum_\alpha \langle F_n | F'_\alpha \rangle a'_\alpha = \sum_\alpha \langle F'_\alpha | F_n \rangle^* a'_\alpha = \sum_\alpha S^*_{\alpha n} a'_\alpha = \sum_\alpha (S^\dagger)_{n\alpha} a'_\alpha, \tag{5.88a}$$

式中, $S^\dagger$ 矩阵是 S 矩阵的厄米共轭矩阵, 把式 (5.88a) 写成矩阵形式为

$$\psi_F = S^\dagger \psi_{F'}. \tag{5.88b}$$

从式 (5.87b) 和式 (5.88b), 有

$$\psi_F = S^\dagger \psi_{F'} = S^\dagger S \psi_F, \tag{5.89}$$

即有 $S^\dagger S = I$. 同样, 由 $\psi_{F'} = S\psi = SS^\dagger \psi_{F'}$, 可知,$SS^\dagger = I$. 所以

$$SS^\dagger = S^\dagger S = I, \tag{5.90}$$

即变换矩阵 S 是一幺正矩阵, 同一态矢 $|\psi\rangle$ 在 F 和 F' 表象中的表示互为幺正变换.

2. 力学量的表象变换

力学量算符 $\hat{Q}$ 在 F 和 F' 表象中均可表示为矩阵

$$Q_{nm} = \langle F_n | \hat{Q} | F_m \rangle, \quad Q'_{\alpha\beta} = \langle F'_\alpha | \hat{Q} | F'_\beta \rangle, \tag{5.91}$$

利用

$$\begin{aligned} |F'_\alpha\rangle &= \sum_n \langle F_n | F'_\alpha \rangle |F_n\rangle = \sum_n S^*_{\alpha n} |F_n\rangle, \\ |F'_\beta\rangle &= \sum_m \langle F_m | F'_\beta \rangle |F_m\rangle = \sum_m S^*_{\beta m} |F_m\rangle, \end{aligned} \tag{5.92}$$

可得

$$
\begin{aligned}
Q'_{\alpha\beta} &= \sum_{n,m} S_{\alpha n} S^*_{\beta m} \langle F_n|\hat{Q}|F_m\rangle = \sum_{n,m} S_{\alpha n} Q_{nm} S^*_{\beta m} \\
&= \sum_{n,m} S_{\alpha n} Q_{nm} S^\dagger_{m\beta} = (SQS^\dagger)_{\alpha\beta},
\end{aligned} \tag{5.93}
$$

即

$$
Q' = SQS^\dagger, \tag{5.94}
$$

式中, Q' 和 Q 分别是算符 $\hat{Q}$ 在 F' 表象和 F 表象中的矩阵表示, 而 S 是从 F' 表象到 F 表象的幺正变换矩阵.

3. 通过幺正变换求算符的本征值

既然表象变换不改变算符的本征值, 就只要将 $\hat{B}$ 的矩阵表示变换到自身表象, 则 $\hat{B}$ 在其自身表象中必为对角矩阵, 对角元为 $\hat{B}$ 的本征值. 下面介绍由 A 表象到 B 表象变换矩阵的一种求法. 设 $\hat{B}$ 的本征方程为

$$
\hat{B}|b_k\rangle = b_i|b_k\rangle, \tag{5.95}
$$

左乘 $\langle a_i|$, 并插入 A 表象的单位算符 $\hat{I} = \sum_j |a_j\rangle\langle a_j|$, 即有

$$
\sum_j \langle a_i|\hat{B}|a_j\rangle\langle a_j|b_k\rangle = b_k\langle a_i|b_k\rangle, \tag{5.96}
$$

其矩阵形式为

$$
\begin{pmatrix} \langle a_1|\hat{B}|a_1\rangle & \langle a_1|\hat{B}|a_2\rangle & \cdots \\ \langle a_2|\hat{B}|a_1\rangle & \langle a_2|\hat{B}|a_2\rangle & \cdots \\ \vdots & \vdots & \vdots \end{pmatrix} \begin{pmatrix} \langle a_1|b_k\rangle \\ \langle a_2|b_k\rangle \\ \vdots \end{pmatrix} = b_k \begin{pmatrix} \langle a_1|b_k\rangle \\ \langle a_2|b_k\rangle \\ \vdots \end{pmatrix}, \tag{5.97}
$$

简记为

$$
B^{(A)}\psi^{(A)}_{b_k} = b_k\psi^{(A)}_{b_k}, \tag{5.98}
$$

可见算符 $\hat{B}$ 的属于本征值 b_k 的本征矢在 A 表象的矩阵表示 $\langle a_j|b_k\rangle$ 正好是 A 表象到 B 表象的变换矩阵的第 k 列元素 $S_{jk} = \langle a_j|b_k\rangle$. 这表明, 由 A 表象到 B 表象的变换矩阵 S 就是 $\hat{B}$ 的本征矢在 A 表象的矩阵表示按列排成的矩阵.

练习 5.1 在 $(\hat{\boldsymbol{l}}^2, \hat{l}_z)$ 的共同表象中, $\hat{l}_x$ 的矩阵表示为

$$
l_x = \frac{\hbar}{\sqrt{2}} \begin{pmatrix} 0 & 1 & 0 \\ 1 & 0 & 1 \\ 0 & 1 & 0 \end{pmatrix}, \tag{5.99}
$$

求它的本征值和归一化本征函数, 并将 l_x 对角化.

解　设$\hat{l}_x$ 的本征值为 $\lambda\hbar$, 相应的本征函数为 ψ_λ, 则有 $\hat{l}_x\varphi_\lambda=\lambda\varphi_\lambda$. 令 $\varphi_\lambda=\begin{pmatrix}a_1\\a_2\\a_3\end{pmatrix}$, 代入本征方程有

$$\frac{\hbar}{\sqrt{2}}\begin{pmatrix}0&1&0\\1&0&1\\0&1&0\end{pmatrix}\begin{pmatrix}a_1\\a_2\\a_3\end{pmatrix}=\lambda\hbar\begin{pmatrix}a_1\\a_2\\a_3\end{pmatrix},\tag{5.100}$$

即

$$\begin{cases}-\lambda a_1+\dfrac{1}{\sqrt{2}}a_2=0,\\\dfrac{1}{\sqrt{2}}a_1-\lambda a_2+\dfrac{1}{\sqrt{2}}a_3=0,\\\dfrac{1}{\sqrt{2}}a_2-\lambda a_3=0.\end{cases}\tag{5.101}$$

要使 $a_i, i=1,2,3$ 有非零解的条件为

$$\begin{vmatrix}-\lambda&\dfrac{1}{\sqrt{2}}&0\\\dfrac{1}{\sqrt{2}}&-\lambda&\dfrac{1}{\sqrt{2}}\\0&\dfrac{1}{\sqrt{2}}&-\lambda\end{vmatrix}=0,\tag{5.102}$$

由此得 $\lambda=1,0,-1$. 当 $\lambda=1$ 时, 从式 (5.101), 可得 $a_1=a_3$, $a_2=\sqrt{2}a_3$, 再利用归一化条件 $\varphi_+^\dagger\varphi_+=1$, 有 $4a_3^2=1$, 取 $a_3=\dfrac{1}{2}$, 即得 $\hat{l}_x$ 的本征矢的矩阵表示为

$$\varphi_+=\frac{1}{2}\begin{pmatrix}1\\\sqrt{2}\\1\end{pmatrix}.$$

当 $\lambda=0$ 时, 从式 (5.101), 可得 $a_2=0$, $a_1=-a_3$, 利用归一化条件 $\varphi_0^\dagger\varphi_0=1$, 有 $2a_1^2=1$, 取 $a_1=\dfrac{1}{\sqrt{2}}$, 所以

$$\varphi_0=\frac{1}{2}\begin{pmatrix}\sqrt{2}\\0\\-\sqrt{2}\end{pmatrix}.$$

当 $\lambda=-1$ 时, 从式 (5.101), 可得 $a_3=a_1$, $a_2=-\sqrt{2}a_1$, 利用归一化条件 $\varphi_-^\dagger\varphi_-=1$, 有 $4a_1^2=1$, 取 $a_1=\dfrac{1}{2}$, 所以

$$\varphi_-=\frac{1}{2}\begin{pmatrix}1\\-\sqrt{2}\\1\end{pmatrix}.$$

只要将 $\hat{l}_x$ 在 $(\boldsymbol{l}^2,l_z)$ 表象的矩阵表示变换到 l_x 表象, 就可将矩阵 l_x 对角化. 由 $(\boldsymbol{l}^2,l_z)$ 表象到 l_x 表象的变换矩阵 S, 就是 $\hat{l}_x$ 的本征矢在 $(\boldsymbol{l}^2,l_z)$ 表象的矩阵表示 ψ_+, ψ_0 和 ψ_- 按列排成的矩阵

$$S=\frac{1}{2}\begin{pmatrix}1&\sqrt{2}&1\\\sqrt{2}&0&-\sqrt{2}\\1&-\sqrt{2}&1\end{pmatrix},\tag{5.103}$$

将 l_x 作幺正变换 $l_x\to l_x'=S^+l_xS$, 则

$$l_x'=\begin{pmatrix}\hbar&0&0\\0&0&0\\0&0&-\hbar\end{pmatrix},\tag{5.104}$$

由此可见, l_x 在其自身表象的矩阵表示是对角矩阵, 其对角元为 l_x 的本征值.

5.5 线性谐振子与粒子数表象

1. 哈密顿算符的因式化分解

先前已讨论过线性谐振子问题, 通过求解线性谐振子的能量本征方程, 得到了线性谐振子的能级和能量本征态. 现在我们再就这一问题从不同的角度讨论. 这就是薛定谔 1942 年提出的因式分解法. 一维谐振子的哈密顿算符为

$$\hat{H}=-\frac{\hbar^2}{2\mu}\frac{\partial^2}{\partial x^2}+\frac{1}{2}\mu\omega^2x^2,\tag{5.105}$$

引入新变量

$$\xi=\sqrt{\frac{\mu\omega}{\hbar}}x,\tag{5.106}$$

则

$$\hat{H}=\frac{1}{2}\omega\hbar\left(\xi^2-\frac{\partial^2}{\partial\xi^2}\right)=\frac{1}{2}\omega\hbar\left[\left(\xi-\frac{\partial}{\partial\xi}\right)\left(\xi+\frac{\partial}{\partial\xi}\right)+1\right].\tag{5.107}$$

令

$$\hat{a} = \frac{1}{\sqrt{2}}\left(\xi + \frac{\partial}{\partial \xi}\right), \quad \hat{a}^\dagger = \frac{1}{\sqrt{2}}\left(\xi - \frac{\partial}{\partial \xi}\right), \tag{5.108}$$

则

$$\hat{H} = \left(\hat{a}^\dagger \hat{a} + \frac{1}{2}\right)\omega\hbar = \left(\hat{N} + \frac{1}{2}\right)\omega\hbar, \tag{5.109}$$

式中

$$\hat{N} = \hat{a}^\dagger \hat{a}. \tag{5.110}$$

2. 算符 $\hat{a}, \hat{a}^\dagger$ 及 $\hat{N}$ 的对易式

将式 (5.106) 代入式 (5.108), 可得

$$\hat{a} = \sqrt{\frac{\mu\omega}{2\hbar}}\left(x + \frac{\mathrm{i}}{\mu\omega}\hat{p}\right), \quad \hat{a}^\dagger = \sqrt{\frac{\mu\omega}{2\hbar}}\left(x - \frac{\mathrm{i}}{\mu\omega}\hat{p}\right). \tag{5.111}$$

利用基本对易关系 $[x, \hat{p}] = \mathrm{i}\hbar$, 易证

$$[\hat{a}, \hat{a}^\dagger] = 1, \tag{5.112}$$

由此

$$[\hat{N}, \hat{a}] = -\hat{a}, \tag{5.113}$$

$$[\hat{N}, \hat{a}^\dagger] = \hat{a}^\dagger, \tag{5.114}$$

$\hat{N}$ 是厄米算符, 并可证 $\hat{N}$(因而 $\hat{H}$) 是正定算符. 这是因为在任意态 ψ 下, $\hat{N}$ 的平均值

$$\langle N \rangle = (\psi, \hat{a}^\dagger \hat{a}\psi) = (\hat{a}\psi, \hat{a}\psi) \geqslant 0. \tag{5.115}$$

3. $\hat{N}$ 和 $\hat{H}$ 的共同本征值和本征态

从式 (5.109) 和式 (5.110) 可知, $\hat{N}$ 和 $\hat{H}$ 彼此对易, 即 $[\hat{N}, \hat{H}] = 0$, 且当求出 $\hat{N}$ 的本征值后, $\hat{H}$ 的本征值也就知道了. 下面来求正定厄米算符 $\hat{N}$ 的本征值.

设 $\hat{N}$ 的本征值 n(正实数) 的本征态表示为 $|n\rangle$, 则

$$\hat{N}|n\rangle = n|n\rangle, \tag{5.116}$$

利用代数关系式 (5.113), 可得

$$[\hat{N}, \hat{a}]|n\rangle = \hat{N}\hat{a}|n\rangle - \hat{a}\hat{N}|n\rangle = \hat{N}\hat{a}|n\rangle - n\hat{a}|n\rangle = -\hat{a}|n\rangle, \tag{5.117}$$

因此

$$\hat{N}\hat{a}|n\rangle = (n-1)\hat{a}|n\rangle, \tag{5.118}$$

即 $\hat{a}|n\rangle$ 也是 $\hat{N}$ 的本征态, 相应的本征值为 $(n-1)$. 利用式 (5.113) 和式 (5.118), 同理可得

$$\hat{N}\hat{a}^2|n\rangle = (\hat{a}\hat{N} - \hat{a})\hat{a}|n\rangle = \hat{a}(n-1)\hat{a}|n\rangle - \hat{a}^2|n\rangle = (n-2)\hat{a}^2|n\rangle, \tag{5.119}$$

即 $\hat{a}^2|n\rangle$ 是 $\hat{N}$ 的属于本征值 $(n-2)$ 的本征态. 继续作下去, 不难证明, 从 $\hat{N}$ 的某个本征态 $|n\rangle$ 出发, 用算符 $\hat{a}$ 逐次运算, 可得出 $\hat{N}$ 的一系列本征态

$$|n\rangle,\ \hat{a}|n\rangle,\ \hat{a}^2|n\rangle,\ \cdots, \tag{5.120}$$

相应的 $\hat{N}$ 的本征值为

$$n,\ n-1,\ n-2,\ \cdots. \tag{5.121}$$

考虑到 $\hat{N}$ 是正定厄米算符, 它的所有本征值必须大于或等于 0. 设 $\hat{N}$ 的最小本征值为 n_0, 相应的本征态记为 $|n_0\rangle$, 它必须满足

$$\hat{a}|n_0\rangle = 0. \tag{5.122}$$

否则, 若 $\hat{a}|n_0\rangle \neq 0$, 由式 (5.118) 可知, $\hat{a}|n_0\rangle$ 是属于 $\hat{N}$ 的本征值为 n_0-1 的本征态, 这与假设 n_0 是最小本征值矛盾. 由此可得

$$\hat{N}|n_0\rangle = \hat{a}^\dagger\hat{a}|n_0\rangle = 0, \tag{5.123}$$

与 $\hat{N}|n_0\rangle = n_0|n_0\rangle$ 比较, 即知 $|n_0\rangle$ 是 $\hat{N}$ 的本征态, 对应本征值为 $n_0=0$. 正因如此, 可记为 $|0\rangle$, 并称为真空态.

类似地, 利用代数关系式 (5.114), 可得

$$\hat{N}\hat{a}^\dagger|n\rangle = (\hat{a}^\dagger\hat{N} + \hat{a}^\dagger)|n\rangle = (n+1)\hat{a}^\dagger|n\rangle, \tag{5.124}$$

即 $\hat{a}^\dagger|n\rangle$ 也是 $\hat{N}$ 的本征态, 但相应的本征值为 $(n+1)$. 因此, 从 $\hat{N}$ 的最小本征值 $n=0$ 相应的本征态 $|0\rangle$ 出发, 逐次用 $\hat{a}^\dagger$ 运算, 可得出 $\hat{N}$ 的全部本征态

$$|0\rangle, \quad \hat{a}^\dagger|0\rangle, \quad \hat{a}^{\dagger 2}|0\rangle, \quad \cdots, \tag{5.125}$$

相应的 $\hat{N}$ 的全部本征值为

$$0, 1, 2, \cdots. \tag{5.126}$$

考虑到 $\hat{a}|n\rangle$ 是 $\hat{N}$ 的属于本征值 $(n-1)$ 的本征态, 而 $|n-1\rangle$ 也是 $\hat{N}$ 的属于本征值 $(n-1)$ 的本征态. 由于线性谐振子的能级无简并, 所以 $\hat{a}|n\rangle$ 和 $|n-1\rangle$ 是线性谐振子的同一状态, 二者至多相差一个常数因子. 令

$$\hat{a}|n\rangle = c|n-1\rangle, \tag{5.127}$$

式 (5.127) 左乘其厄米共轭态, 可得

$$n = \langle n|\hat{a}^\dagger \hat{a}|n\rangle = \langle n-1|c^* c|n-1\rangle = |c|^2. \tag{5.128}$$

为简单起见, 取 c 为实数, 得 $c=\sqrt{n}$, 代入式 (5.127), 即有

$$\hat{a}|n\rangle = \sqrt{n}|n-1\rangle. \tag{5.129}$$

同理可证

$$\hat{a}^\dagger|n\rangle = \sqrt{n+1}|n+1\rangle. \tag{5.130}$$

利用式 (5.130), 便可用真空态 $|0\rangle$ 表示归一化的本征态 $|n\rangle$ 为

$$\begin{gathered}|n\rangle = \frac{\hat{a}^\dagger}{\sqrt{n}}|n-1\rangle = \frac{\hat{a}^\dagger}{\sqrt{n}}\frac{\hat{a}^\dagger}{\sqrt{n-1}}|n-2\rangle = \cdots = \frac{1}{\sqrt{n!}}(\hat{a}^\dagger)^n|0\rangle,\\ \langle n'|n\rangle = \delta_{n'n},\end{gathered} \tag{5.131}$$

它也是 $\hat{H}$ 的本征态

$$\hat{H}|n\rangle = E_n|n\rangle, \quad E_n = \left(n+\frac{1}{2}\right)\omega\hbar. \tag{5.132}$$

4. 粒子数表象

以 $(\hat{N},\hat{H})$ 的共同本征态完备系 $|n\rangle$ 作为希尔伯特空间的基矢所构成的表象称为能量表象或粒子数表象. 这一称呼的原因来自 n 的物理意义. 谐振子的能量为 $E_n=(n+1/2)\omega\hbar$. 若以基态能量 $E_0=\omega\hbar/2$ 为计算能量的起点, 则谐振子定态的能量正好是 $\omega\hbar$ 的整数倍, 它与外界交换能量的最小单位为 $\omega\hbar$, 可以看成每一个基元粒子 (对于电磁场的谐振动, 就是光子; 对于固体中离子场的谐振动, 就是声子) 所具有的能量. 当谐振子处于 $|n\rangle$ 态时, 可看成有 n 个基元粒子处于 $\omega\hbar$ 的能级; 当谐振子处于 $|0\rangle$ 态时, 就是没有基元粒子的状态, 故称之为真空态. 这样, 就可以用 n 来标志处于 $\omega\hbar$ 能级上的基元粒子的数目, 与 n 相对应的算符 $\hat{N}$ 就称为粒子数算符, 以 $|n\rangle$ 为基底的表象也就称为粒子数表象. 式 (5.129) 和式 (5.130) 表明, $\hat{a}$ 和 $\hat{a}^\dagger$ 分别使 $\hat{N}$ 的本征值减少或增加 1, 即从 n 粒子态分别变为 $(n-1)$ 粒子态和 $(n+1)$ 粒子态, 所以 $\hat{a}$ 和 $\hat{a}^\dagger$ 分别称为湮灭算符和产生算符.

在粒子数表象中, 利用式 (5.129) 和式 (5.130) 及 $|n\rangle$ 的正交归一性, 可得 $\hat{a}$ 和 $\hat{a}^\dagger$ 的矩阵元

$$\langle n'|\hat{a}|n\rangle = \sqrt{n}\langle n'|n-1\rangle = \sqrt{n}\delta_{n',n-1}, \tag{5.133}$$

$$\langle n'|\hat{a}^\dagger|n\rangle = \sqrt{n+1}\langle n'|n+1\rangle = \sqrt{n+1}\delta_{n',n+1}. \tag{5.134}$$

由式 (5.111) 可以用 $\hat{a}$ 和 $\hat{a}^\dagger$ 表示 x 和 $\hat{p}$ 为

$$x=\sqrt{\frac{\hbar}{2\mu\omega}}(\hat{a}^\dagger+\hat{a}),\quad \hat{p}=\mathrm{i}\sqrt{\frac{\mu\omega\hbar}{2}}(\hat{a}^\dagger-\hat{a}), \tag{5.135}$$

结合式 (5.133)、式 (5.134) 和式 (5.135), 可得 x 和 $\hat{p}$ 的矩阵元为

$$\langle n'|x|n\rangle=\sqrt{\frac{\hbar}{2\mu\omega}}(\sqrt{n+1}\delta_{n',n+1}+\sqrt{n}\delta_{n',n-1}), \tag{5.136}$$

$$\langle n'|\hat{p}|n\rangle=\mathrm{i}\sqrt{\frac{\mu\omega\hbar}{2}}(\sqrt{n+1}\delta_{n',n+1}-\sqrt{n}\delta_{n',n-1}). \tag{5.137}$$

5. 能量本征态在坐标表象中的表达式

首先考虑基态 $|0\rangle$, 满足

$$\hat{a}|0\rangle=0, \tag{5.138}$$

用 $\langle x|$ 左乘式 (5.138), 并插入单位算符 $\hat{I}=\int \mathrm{d}x'|x'\rangle\langle x'|$, 便有

$$\int \mathrm{d}x'\langle x|\hat{a}|x'\rangle\langle x'|0\rangle=0, \tag{5.139}$$

利用连续谱表象中算符的矩阵元与微分算符的关系, 式 (5.139) 化为

$$\int \mathrm{d}x'\hat{a}_x\delta(x-x')\psi_0(x')=0,$$

由 δ 函数的性质, 并将 $\hat{a}$ 在坐标表象中的表示式 (5.108) 代入上式, 得

$$\frac{1}{\sqrt{2}}\left(\xi+\frac{\partial}{\partial\xi}\right)\psi_0(\xi)=0. \tag{5.140}$$

解之, 并归一化, 得

$$\psi_0(\xi)=\sqrt{\frac{\alpha}{\sqrt{\pi}}}\mathrm{e}^{-\xi^2/2},\quad \xi=\alpha x=\sqrt{\frac{\mu\omega}{\hbar}}x. \tag{5.141}$$

激发态的定态波函数可用式 (5.131) 求得. 用 $\langle x|$ 左乘式 (5.131) 两边, 有

$$\psi_n(x)=\langle x|n\rangle=\frac{1}{\sqrt{n!}}\langle x|\hat{a}^{\dagger n}|0\rangle. \tag{5.142}$$

插入坐标表象中的单位算符, 可得

$$\begin{aligned}\psi_n(x)&=\frac{1}{\sqrt{n!}}\int \mathrm{d}x'\langle x|\hat{a}^{\dagger n}|x'\rangle\langle x'|0\rangle=\frac{1}{\sqrt{n!}}\hat{a}_x^{\dagger n}\psi_0(x)\\&=\frac{1}{\sqrt{n!}}\left(\frac{1}{\sqrt{2}}\right)^n\left(\xi-\frac{\partial}{\partial\xi}\right)^n\sqrt{\frac{\alpha}{\sqrt{\pi}}}\mathrm{e}^{-\xi^2/2}\\&=\sqrt{\frac{\alpha}{\sqrt{\pi}2^n n!}}\mathrm{e}^{-\alpha^2x^2/2}\mathrm{H}_n(\alpha x),\end{aligned} \tag{5.143}$$

式中, $\mathrm{H}_n(\xi)$ 为厄米多项式.

5.6　海森伯图景和相互作用图景

在量子力学中, 体系在任何时刻的状态由希尔伯特空间的一个单位矢量来描述, 在这一空间中, 可由体系的力学量的完备系的共同本征矢来定义坐标. 考虑体系从一时刻到另一时刻的变化方式. 对于这个时间依赖关系, 可以从不同观点来看, 即可以作为态矢的变化、力学量的变化或者两者都变化.

1. 薛定谔图景

迄今为止, 描述体系状态的波函数依赖于时间, 其随时间的演化遵从薛定谔方程

$$\mathrm{i}\hbar\frac{\partial}{\partial t}|\psi(t)\rangle = \hat{H}|\psi(t)\rangle, \tag{5.144}$$

而任何一个力学量的平均值

$$\langle A\rangle = \langle\psi(t)|\hat{A}|\psi(t)\rangle \tag{5.145}$$

随时间的演化为

$$\frac{\mathrm{d}}{\mathrm{d}t}\langle A\rangle = \left\langle\frac{\partial\hat{A}}{\partial t}\right\rangle + \frac{1}{\mathrm{i}\hbar}\langle[\hat{A},\hat{H}]\rangle. \tag{5.146}$$

对不显含时间 t 的力学量 $\hat{A}$, 上式第一项为零, 其平均值随时间的演化完全归之于波函数随时间的演化. 这种描述方式称为薛定谔图景.

2. 时间演化算符

为研究波函数 $|\psi(t)\rangle$ 随时间的演化, 定义一个时间演化算符 $\hat{U}(t,t_0)$, 即方程 (5.144) 的解可以形式上表示为

$$|\psi(t)\rangle = \hat{U}(t,t_0)|\psi(t_0)\rangle. \tag{5.147}$$

显然

$$\hat{U}(t_0,t_0) = \hat{I}. \tag{5.148}$$

此外, 算符 $\hat{U}(t,t_0)$ 必须满足性质

$$\hat{U}(t,t_1)\hat{U}(t_1,t_0) = \hat{U}(t,t_0), \tag{5.149}$$

这是因为

$$|\psi(t)\rangle = \hat{U}(t,t_1)|\psi(t_1)\rangle = \hat{U}(t,t_1)\hat{U}(t_1,t_0)|\psi(t_0)\rangle,$$

与式 (5.147) 比较就知式 (5.149) 成立. 从性质式 (5.149) 可知, 逆算符 $\hat{U}^{-1}(t,t_0)$ 存在. 事实上, 令 $t=t_0$, 并利用式 (5.148), 有 $\hat{U}(t_0,t_1)\hat{U}(t_1,t_0)=1$, 所以

$$\hat{U}^{-1}(t_1,t_0)=\hat{U}(t_0,t_1). \tag{5.150}$$

还可证明 $\hat{U}(t,t_0)$ 是幺正算符, 即

$$\hat{U}^{-1}(t,t_0)=\hat{U}^\dagger(t,t_0). \tag{5.151}$$

将式 (5.147) 代入式 (5.144), 可得 $\hat{U}(t,t_0)$ 满足方程

$$\mathrm{i}\hbar\frac{\partial}{\partial t}\hat{U}(t,t_0)=\hat{H}\hat{U}(t,t_0), \tag{5.152}$$

取其厄米共轭, 并注意到 $\hat{H}$ 是厄米的, 可得

$$-\mathrm{i}\hbar\frac{\partial}{\partial t}\hat{U}^\dagger(t,t_0)=\hat{U}^\dagger(t,t_0)\hat{H}, \tag{5.153}$$

$\hat{U}^\dagger(t,t_0)\times$ 式(5.152) − 式(5.153) $\times\hat{U}(t,t_0)$, 可得

$$\frac{\partial}{\partial t}[\hat{U}^\dagger(t,t_0)\hat{U}(t,t_0)]=0.$$

上式与式 (5.148) 一起意味着

$$\hat{U}^\dagger(t,t_0)\hat{U}(t,t_0)=\hat{I}, \tag{5.154}$$

以 $U^{-1}(t,t_0)$ 右乘式 (5.154), 得 $\hat{U}^\dagger(t,t_0)=\hat{U}^{-1}(t,t_0)$, 即得证. $\hat{U}(t,t_0)$ 的幺正性也保证了概率守恒, 即

$$\begin{aligned}\langle\psi(t)|\psi(t)\rangle&=\langle\hat{U}(t,t_0)\psi(t_0)|\hat{U}(t,t_0)|\psi(t_0)\rangle\\&=\langle\psi(t_0)|\hat{U}^\dagger(t,t_0)\hat{U}(t,t_0)|\psi(t_0)\rangle\\&=\langle\psi(t_0)|\psi(t_0)\rangle.\end{aligned} \tag{5.155}$$

方程 (5.152) 两边从 t_0 到 t 积分, 并利用初始条件式 (5.148), 可得积分方程

$$\hat{U}(t,t_0)=1-\frac{\mathrm{i}}{\hbar}\int_{t_0}^{t}\mathrm{d}t_1\hat{H}(t_1)\hat{U}(t_1,t_0). \tag{5.156}$$

这个方程可以用迭代法求解. 用这个方程本身所得 $\hat{U}(t_1,t_0)$ 代入第二项中的 $\hat{U}(t_1,t_0)$, 得

$$\begin{aligned}\hat{U}(t,t_0)=&1+\left(-\frac{\mathrm{i}}{\hbar}\right)\int_{t_0}^{t}\mathrm{d}t_1\hat{H}(t_1)\\&+\left(-\frac{\mathrm{i}}{\hbar}\right)^2\int_{t_0}^{t}\mathrm{d}t_1\int_{t_0}^{t_1}\mathrm{d}t_2\hat{H}(t_1)\hat{H}(t_2)\hat{U}(t_2,t_0).\end{aligned} \tag{5.157}$$

重复上述过程迭代 $\hat{U}(t_2,t_0)$, 这样一直继续下去, 可得到如下无穷多项级数

$$\begin{aligned}\hat{U}(t,t_0) =&1+\left(-\frac{\mathrm{i}}{\hbar}\right)\int_{t_0}^{t}\mathrm{d}t_1\hat{H}(t_1)+\left(-\frac{\mathrm{i}}{\hbar}\right)^2\int_{t_0}^{t}\mathrm{d}t_1\int_{t_0}^{t_1}\mathrm{d}t_2\hat{H}(t_1)\hat{H}(t_2)\\&+\left(-\frac{\mathrm{i}}{\hbar}\right)^3\int_{t_0}^{t}\mathrm{d}t_1\int_{t_0}^{t_1}\mathrm{d}t_2\int_{t_0}^{t_2}\mathrm{d}t_3\hat{H}(t_1)\hat{H}(t_2)\hat{H}(t_3)+\cdots.\end{aligned}\tag{5.158}$$

式 (5.158) 中的多重积分具有不同上限, 可改写为具有相同上限的形式. 例如, 第三项积分可改写为

$$I_2=\int_{t_0}^{t}\mathrm{d}t_1\int_{t_0}^{t_1}\mathrm{d}t_2\hat{H}(t_1)\hat{H}(t_2)=\int_{t_0}^{t}\mathrm{d}t_1\int_{t_0}^{t}\mathrm{d}t_2\hat{H}(t_1)\hat{H}(t_2)\theta(t_1-t_2).\tag{5.159}$$

在 (t_1,t_2) 平面内, 式 (5.159) 是遍及图 5.1 所示对角线下方的面积分. 现交换式 (5.159) 中的积分变量, 有

$$I_2=\int_{t_0}^{t}\mathrm{d}t_2\int_{t_0}^{t_2}\mathrm{d}t_1\hat{H}(t_2)\hat{H}(t_1)=\int_{t_0}^{t}\mathrm{d}t_2\int_{t_0}^{t}\mathrm{d}t_1\hat{H}(t_2)\hat{H}(t_1)\theta(t_2-t_1),\tag{5.160}$$

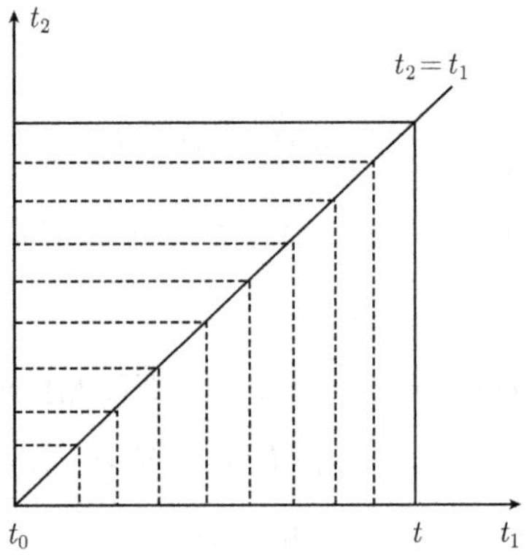

图 5.1　在 (t_1,t_2) 平面上的双重积分

在 (t_1,t_2) 平面内, 现在的面积分正好遍及对角线上方的三角形, 因此, I_2 可以写成遍及图中整个正方形的积分之半, 即

$$\begin{aligned}I_2&=\frac{1}{2}\int_{t_0}^{t}\mathrm{d}t_1\int_{t_0}^{t}\mathrm{d}t_2[\hat{H}(t_1)\hat{H}(t_2)\theta(t_1-t_2)+\hat{H}(t_2)\hat{H}(t_1)\theta(t_2-t_1)]\\&=\frac{1}{2}\int_{t_0}^{t}\mathrm{d}t_1\int_{t_0}^{t_1}\mathrm{d}t_2T[\hat{H}(t_1)\hat{H}(t_2)],\end{aligned}\tag{5.161}$$

式中, T 称为编时算符, 它使各 $\hat{H}(t)$ 按时间从左到右递减的次序排列

$$T[\hat{H}(t_1)\hat{H}(t_2)]=\hat{H}(t_1)\hat{H}(t_2)\theta(t_1-t_2)+\hat{H}(t_2)\hat{H}(t_1)\theta(t_2-t_1).\tag{5.162}$$

展开式中的第 n 项的积分, 可用类似的方式处理. 结果为

$$\begin{aligned}I_n=&\int_{t_0}^{t}\mathrm{d}t_1\int_{t_0}^{t_1}\mathrm{d}t_2\cdots\int_{t_0}^{t_{n-1}}\mathrm{d}t_n\hat{H}(t_1)\hat{H}(t_2)\cdots\hat{H}(t_n)\\=&\frac{1}{n!}\int_{t_0}^{t}\mathrm{d}t_1\int_{t_0}^{t}\mathrm{d}t_2\cdots\int_{t_0}^{t}\mathrm{d}t_nT[\hat{H}(t_1)\hat{H}(t_2)\cdots\hat{H}(t_n)].\end{aligned}\tag{5.163}$$

这样级数展开式 (5.158) 可写为如下形式

$$\begin{aligned}\hat{U}(t,t_0)=&\sum_{n=0}^{\infty}\frac{1}{n!}\left(-\frac{\mathrm{i}}{\hbar}\right)^n\int_{t_0}^{t}\mathrm{d}t_1\cdots\int_{t_0}^{t}\mathrm{d}t_nT[\hat{H}(t_1)\cdots\hat{H}(t_n)]\\=&T\exp\left(-\frac{\mathrm{i}}{\hbar}\int_{t_0}^{t}\hat{H}(\tau)\mathrm{d}\tau\right).\end{aligned}\tag{5.164}$$

3. 海森伯图景

将式 (5.147) 代入式 (5.145), 力学量平均值随时间的变化可重新写成如下形式

$$\begin{aligned}\langle A(t)\rangle&=\langle\hat{U}(t,t_0)\psi(t_0)|\hat{A}\hat{U}(t,t_0)|\psi(t_0)\rangle\\&=\langle\psi(t_0)|\hat{U}^\dagger(t,t_0)\hat{A}\hat{U}(t,t_0)|\psi(t_0)\rangle\\&=\langle\psi(t_0)|\hat{A}_{\mathrm{H}}(t)|\psi(t_0)\rangle,\end{aligned}\tag{5.165}$$

式中

$$\hat{A}_{\mathrm{H}}(t)=\hat{U}^\dagger(t,t_0)\hat{A}\hat{U}(t,t_0).\tag{5.166}$$

按照式 (5.165), $\langle A(t)\rangle$ 随时间的变化完全由算符 $\hat{A}_{\mathrm{H}}(t)$ 来承担, 而态矢保持为 $|\psi(t_0)\rangle$, 不随时间变化, 即

$$|\psi_{\mathrm{H}}\rangle=\hat{U}^\dagger(t,t_0)|\psi(t)\rangle=|\psi(t_0)\rangle.\tag{5.167}$$

这种图景称为海森伯图景. 按式 (5.166), 利用式 (5.152) 及其厄米共轭式 (5.153), 可得算符 $\hat{A}_{\mathrm{H}}(t)$ 随时间的变化方程

$$\begin{aligned}\frac{\mathrm{d}}{\mathrm{d}t}\hat{A}_{\mathrm{H}}(t)=&\hat{U}^\dagger\frac{\partial\hat{A}}{\partial t}\hat{U}+\left(\frac{\mathrm{d}}{\mathrm{d}t}\hat{U}^\dagger\right)\hat{A}\hat{U}+\hat{U}^\dagger\hat{A}\left(\frac{\mathrm{d}}{\mathrm{d}t}\hat{U}\right)\\=&\frac{\partial\hat{A}_{\mathrm{H}}}{\partial t}+\frac{1}{\mathrm{i}\hbar}(-\hat{U}^\dagger\hat{H}\hat{A}\hat{U}+\hat{U}^\dagger\hat{A}\hat{H}\hat{U}),\end{aligned}\tag{5.168}$$

其中已定义

$$\frac{\partial\hat{A}_{\mathrm{H}}}{\partial t}=\hat{U}^\dagger(t,t_0)\frac{\partial\hat{A}}{\partial t}\hat{U}(t,t_0).\tag{5.169}$$

利用式 (5.154), 并注意 $\hat{H}_{\rm H}=\hat{U}^{\dagger}\hat{H}\hat{U}=\hat{H}$, 式 (5.168) 简化为

$$\begin{aligned}\frac{\rm d}{{\rm d}t}\hat{A}_{\rm H}(t)&=\frac{\partial\hat{A}_{\rm H}}{\partial t}+\frac{1}{{\rm i}\hbar}(-\hat{U}^{\dagger}\hat{H}\hat{U}\hat{U}^{\dagger}\hat{A}\hat{U}+\hat{U}^{\dagger}\hat{A}\hat{U}\hat{U}^{\dagger}\hat{H}\hat{U})\\&=\frac{\partial\hat{A}_{\rm H}}{\partial t}+\frac{1}{{\rm i}\hbar}(-\hat{H}_{\rm H}\hat{A}_{\rm H}+\hat{A}_{\rm H}\hat{H}_{\rm H}),\end{aligned}$$

因此

$$\frac{\rm d}{{\rm d}t}\hat{A}_{\rm H}(t)=\frac{\partial\hat{A}_{\rm H}}{\partial t}+\frac{1}{{\rm i}\hbar}[\hat{A}_{\rm H},\hat{H}_{\rm H}],\tag{5.170}$$

此即为海森伯方程.

从式 (5.166) 和式 (5.167) 可见, 海森伯图景中, 波函数不随时间变化, 而算符随时间变化, 并遵从海森伯方程 (5.170).

例 5.4 在海森伯图景中自由粒子的坐标和动量随时间的变化. 自由粒子哈密顿算符为 $\hat{H}=\hat{\boldsymbol{p}}^2/2m$, 很显然 $[\hat{\boldsymbol{p}},\hat{H}]=0$, 即 $\boldsymbol{p}$ 为守恒量, 所以 $\hat{p}(t)=\hat{p}(0)=\hat{\boldsymbol{p}}$. 在海森伯图景中坐标算符为 $\hat{\boldsymbol{r}}(t)={\rm e}^{{\rm i}\hat{H}t/\hbar}\boldsymbol{r}{\rm e}^{-{\rm i}\hat{H}t/\hbar}$, 其随时间的变化为

$$\begin{aligned}\frac{\rm d}{{\rm d}t}\hat{\boldsymbol{r}}(t)&=\frac{1}{{\rm i}\hbar}[\boldsymbol{r}(t),\hat{H}]=\frac{1}{{\rm i}\hbar}{\rm e}^{{\rm i}\hat{H}t/\hbar}\left[\boldsymbol{r},\frac{\hat{\boldsymbol{p}}^2}{2m}\right]{\rm e}^{-{\rm i}\hat{H}t/\hbar}\\&={\rm e}^{{\rm i}\hat{H}t/\hbar}\frac{\hat{\boldsymbol{p}}}{m}{\rm e}^{-{\rm i}\hat{H}t/\hbar}=\frac{\hat{\boldsymbol{p}}}{m},\end{aligned}$$

因此

$$\hat{\boldsymbol{r}}(t)=\boldsymbol{r}+\frac{\hat{\boldsymbol{p}}}{m}t.$$

例 5.5 在海森保图景中一维谐振子坐标和动量随时间的变化. 一维谐振子哈密顿算符为 $\hat{H}=\hat{p}^2/2m+m\omega^2x^2/2$, 坐标和动量算符在海森伯图景中的形式为

$$\hat{x}(t)={\rm e}^{{\rm i}\hat{H}t/\hbar}x{\rm e}^{-{\rm i}\hat{H}t/\hbar},\quad \hat{p}(t)={\rm e}^{{\rm i}\hat{H}t/\hbar}\hat{p}{\rm e}^{-{\rm i}\hat{H}t/\hbar},$$

那么

$$\frac{\rm d}{{\rm d}t}\hat{x}(t)=\frac{1}{{\rm i}\hbar}[\hat{x}(t),\hat{H}]=\frac{1}{{\rm i}\hbar}{\rm e}^{{\rm i}\hat{H}t/\hbar}[x,\hat{H}]{\rm e}^{-{\rm i}\hat{H}t/\hbar}=\hat{p}(t)/m,$$

$$\frac{\rm d}{{\rm d}t}\hat{p}(t)=\frac{1}{{\rm i}\hbar}[\hat{p}(t),\hat{H}]=\frac{1}{{\rm i}\hbar}{\rm e}^{{\rm i}\hat{H}t/\hbar}[\hat{p},\hat{H}]{\rm e}^{-{\rm i}\hat{H}t/\hbar}=-m\omega^2\hat{x}(t).$$

因此

$$\frac{{\rm d}^2}{{\rm d}t^2}\hat{x}(t)=\frac{1}{m}\frac{\rm d}{{\rm d}t}\hat{p}(t)=-\omega^2\hat{x}(t),$$

此方程形式上与经典谐振子的牛顿方程相同, 其解可表示为

$$\hat{x}(t)=c_1\cos\omega t+c_2\sin\omega t,$$

$$\hat{p}(t) = m\frac{\mathrm{d}}{\mathrm{d}t}\hat{x}(t) = -m\omega c_1 \sin\omega t + m\omega c_2 \cos\omega t.$$

利用初始条件

$$\hat{x}(0) = c_1 = x, \quad \hat{p}(0) = m\omega c_2 = \hat{p},$$

最后得

$$\hat{x}(t) = x\cos\omega t + \frac{\hat{p}}{m\omega}\sin\omega t,$$

$$\hat{p}(t) = \hat{p}\cos\omega t - m\omega x\sin\omega t.$$

从以上两例可见, 经典理论同量子论之间形式上的相似在海森伯图景中尤其显著. 事实上, 量子体系的运动, 正如经典体系的运动一样, 在海森伯图景中是作为一种与之相联系的动力学变量的运动出现的.

4. 相互作用图景

量子力学的任何问题本质在于或多或少完全地确定幺正算符 $\hat{U}(t,t_0)$ 的性质. 因而方程 (5.152) 的解是理论的中心问题. 对体系哈密顿算符 $\hat{H}$ 而言, 方程 (5.152) 往往很难严格求解, 这时可将哈密顿算符 $\hat{H}$ 分成两部分, 即

$$\hat{H} = \hat{H}_0 + \hat{H}', \tag{5.171}$$

其中, $\hat{H}'$ 在所考虑的问题中是一个小的微扰, 而 $\hat{H}_0$ 相应的薛定谔方程是可求解的. 在这种情况下, 在介于薛定谔图景和海森伯图景之间的相互作用图景中作微扰论计算, 则要方便得多. 引入变换算符

$$\hat{U}^{(0)}(t,t_0) = T\exp\left(-\frac{\mathrm{i}}{\hbar}\int_{t_0}^{t}\hat{H}_0(\tau)\mathrm{d}\tau\right), \tag{5.172}$$

明显地, 因 $\hat{H}_0$ 是厄米算符, $U^{(0)}(t,t_0)$ 是幺正算符, 即

$$U^{(0)+}(t,t_0)U^{(0)}(t,t_0) = U^{(0)}(t,t_0)U^{(0)+}(t,t_0) = \hat{I}, \tag{5.173}$$

并满足

$$\begin{gathered}\mathrm{i}\hbar\frac{\partial}{\partial t}U^{(0)}(t,t_0) = \hat{H}_0 U^{(0)}(t,t_0),\\ \hat{U}^{(0)}(t_0,t_0) = 1.\end{gathered} \tag{5.174}$$

在 $\hat{H}_0$ 不显含时间 t 时, 方程 (5.174) 的解为

$$\hat{U}^{(0)}(t,t_0) = \mathrm{e}^{-\frac{\mathrm{i}}{\hbar}\hat{H}_0(t-t_0)}, \tag{5.175}$$

从幺正变换 $U^{(0)}(t,t_0)$, 可定义相互作用图景

$$|\psi_{\mathrm{I}}(t)\rangle = \hat{U}^{(0)\dagger}(t,t_0)|\psi(t)\rangle, \tag{5.176}$$

$$\hat{A}_{\rm I}(t) = \hat{U}^{(0)\dagger}(t,t_0)\hat{A}\hat{U}^{(0)}(t,t_0). \tag{5.177}$$

当 $\hat{H}' = 0$ 时, $\hat{H} = \hat{H}_0$, 相互作用图景就等同于海森伯图景. 式 (5.176) 两边对时间微分, 并利用式 (5.174) 及其厄米共轭, 可得

$$\begin{aligned}
{\rm i}\hbar\frac{\partial}{\partial t}|\psi_{\rm I}(t)\rangle &= {\rm i}\hbar\left(\frac{\partial}{\partial t}\hat{U}^{(0)\dagger}\right)|\psi_{\rm s}(t)\rangle + \hat{U}^{(0)\dagger}\left(\frac{\partial}{\partial t}|\psi_{\rm s}(t)\rangle\right)\\
&= -\hat{H}_0\hat{U}^{(0)\dagger}|\psi_{\rm s}(t)\rangle + \hat{U}^{(0)\dagger}\hat{H}|\psi_{\rm s}(t)\rangle\\
&= -\hat{H}_0|\psi_{\rm I}(t)\rangle + \hat{U}^{(0)\dagger}\hat{H}|\psi_{\rm s}(t)\rangle,
\end{aligned} \tag{5.178}$$

再利用幺正条件式 (5.173), 并注意到 $\hat{H}_0 = \hat{U}^{(0)\dagger}\hat{H}_0\hat{U}^{(0)}$, 式 (5.178) 化为

$$\begin{aligned}
{\rm i}\hbar\frac{\partial}{\partial t}|\psi_{\rm I}(t)\rangle &== -\hat{U}^{(0)\dagger}\hat{H}_0\hat{U}^{(0)}|\psi_{\rm I}(t)\rangle + \hat{U}^{(0)\dagger}\hat{H}\hat{U}^{(0)}\hat{U}^{(0)\dagger}|\psi_{\rm s}(t)\rangle\\
&= \hat{U}^{(0)\dagger}(\hat{H} - \hat{H}_0)\hat{U}^{(0)}|\psi_{\rm I}(t)\rangle\\
&= \hat{U}^{(0)\dagger}\hat{H}'\hat{U}^{(0)}|\psi_{\rm I}(t)\rangle\\
&= \hat{H}'_{\rm I}|\psi_{\rm I}(t)\rangle,
\end{aligned}$$

即

$${\rm i}\hbar\frac{\partial}{\partial t}|\psi_{\rm I}(t)\rangle = \hat{H}'_{\rm I}|\psi_{\rm I}(t)\rangle. \tag{5.179}$$

按类似的方式, 式 (5.177) 的时间微分给出

$$\frac{{\rm d}\hat{A}_{\rm I}(t)}{{\rm d}t} = \frac{\partial \hat{A}_{\rm I}}{\partial t} + \frac{1}{{\rm i}\hbar}[\hat{A}_{\rm I}, \hat{H}_{0{\rm I}}]. \tag{5.180}$$

由此可见, 相互作用图景中态矢和力学量都随时间变化, 只不过态矢按 $\hat{H}'$ 变化, 而力学量按 $\hat{H}_0$ 变化. 若 $\hat{H}'$ 是一个小的扰动, 这个图景是很有用的.

薛定谔图景、海森伯图景和相互作用图景严格地提供量子现象的等价描述. 表 5.2 给出了三种图景中的态矢量和力学量的运动方程, 同时给出不同图景中相应量之间的关系. 在相互作用图景中哈密顿算符分成两部分: $H_{\rm I} = \hat{H}_{0{\rm I}} + \hat{H}'_{\rm I}$. 从变换关系, 可知 $\hat{H}_{\rm H} = \hat{H}$, $\hat{H}_{0{\rm I}} = \hat{H}_0$. 一般来说, $\hat{H}_{\rm I} \neq \hat{H}$, $\hat{H}_{0{\rm H}} \neq \hat{H}_0$, 且 $\hat{H}'$, $\hat{H}'_{\rm H}$ 和 $\hat{H}'_{\rm I}$ 全都不同. $\hat{U}(t,t_0)$ 和 $\hat{U}^{(0)}(t,t_0)$ 是幺正算符, 它们满足微分方程

$${\rm i}\hbar\frac{\partial \hat{U}(t,t_0)}{\partial t} = \hat{H}\hat{U}(t,t_0), \quad {\rm i}\hbar\frac{\partial \hat{U}^{(0)}(t,t_0)}{\partial t} = \hat{H}_0\hat{U}^{(0)}(t,t_0),$$

其初始条件为 $\hat{U}(t_0,t_0) = 1$, $\hat{U}^{(0)}(t_0,t_0) = 1$, 其解的一般形式为

$$\begin{aligned}
\hat{U}(t,t_0) &= T\exp\left(-\frac{\rm i}{\hbar}\int_{t_0}^{t}\hat{H}(\tau){\rm d}\tau\right),\\
\hat{U}^{(0)}(t,t_0) &= T\exp\left(-\frac{\rm i}{\hbar}\int_{t_0}^{t}\hat{H}_0(\tau){\rm d}\tau\right).
\end{aligned}$$

如果 $\hat{H}$ 和 $\hat{H}_0$ 与时间无关, 则

$$\hat{U}(t,t_0)=\exp(-\mathrm{i}\hat{H}(t-t_0)/\hbar),\quad \hat{U}^{(0)}(t,t_0)=\exp(-\mathrm{i}\hat{H}_0(t-t_0)/\hbar).$$

表 5.2 三种图景中的态矢量和力学量的运动方程(用下标 H 和 I 分别标记海森伯和相互作用图景, 无下标的量指薛定谔图景)

薛定谔图景	$\mathrm{i}\hbar\dfrac{\partial}{\partial t}\|\psi(t)\rangle=\hat{H}\|\psi(t)\rangle$ $\mathrm{i}\hbar\dfrac{\mathrm{d}\hat{A}}{\mathrm{d}t}=\mathrm{i}\hbar\dfrac{\partial\hat{A}}{\partial t}+[\hat{A},\hat{H}]$ $\|\psi(t)\rangle=\hat{U}(t,t_0)\|\psi(t_0)\rangle$
海森伯图景	$\mathrm{i}\hbar\dfrac{\mathrm{d}\hat{A}_{\mathrm{H}}}{\mathrm{d}t}=\mathrm{i}\hbar\dfrac{\partial\hat{A}_{\mathrm{H}}}{\partial t}+[\hat{A}_{\mathrm{H}},\hat{H}_{\mathrm{H}}]$ $\|\psi_{\mathrm{H}}\rangle=\hat{U}^{\dagger}(t,t_0)\|\psi(t)\rangle=\|\psi(t_0)\rangle$ $\hat{A}_{\mathrm{H}}=\hat{U}^{\dagger}(t,t_0)\hat{A}\hat{U}(t,t_0)$
相互作用图景	$\mathrm{i}\hbar\dfrac{\partial}{\partial t}\|\psi_{\mathrm{I}}\rangle=\hat{H}'_{\mathrm{I}}\|\psi_{\mathrm{I}}\rangle$ $\mathrm{i}\hbar\dfrac{\mathrm{d}\hat{A}_{\mathrm{I}}}{\mathrm{d}t}=\mathrm{i}\hbar\dfrac{\partial\hat{A}_{\mathrm{I}}}{\partial t}+[\hat{A}_{\mathrm{I}},\hat{H}_{0\mathrm{I}}]$ $\|\psi_{\mathrm{I}}\rangle=\hat{U}^{(0)\dagger}(t,t_0)\|\psi(t)\rangle$ $\hat{A}_{\mathrm{I}}=\hat{U}^{(0)\dagger}(t,t_0)\hat{A}\hat{U}^{(0)}(t,t_0)$

5.7 密度算符与密度矩阵

1. 纯态的密度算符和密度矩阵

纯态是指可以用一个态矢量 $|\psi\rangle$ 描写的状态. 考虑到随时间的演化, 该量子态记为 $|\psi(t)\rangle$, 并设已归一化, $\langle\psi(t)|\psi(t)\rangle=1$, 则可定义与量子态 $|\psi(t)\rangle$ 相应的密度算符为

$$\hat{\rho}(t)=|\psi(t)\rangle\langle\psi(t)|. \tag{5.181}$$

它是一投影算符, 且有如下性质

$$(\hat{\rho})^2=\hat{\rho},\quad \hat{\rho}^{+}=\hat{\rho}. \tag{5.182}$$

借助薛定谔方程 $\mathrm{i}\hbar\mathrm{d}|\psi(t)\rangle/\mathrm{d}t=\hat{H}|\psi(t)\rangle$, 可得 $\hat{\rho}(t)$ 随时间的演化为

$$\frac{\mathrm{d}}{\mathrm{d}t}\hat{\rho}(t)=\frac{\mathrm{d}|\psi(t)\rangle}{\mathrm{d}t}\langle\psi(t)|+|\psi(t)\rangle\frac{\mathrm{d}}{\mathrm{d}t}\langle\psi(t)|=\frac{1}{\mathrm{i}\hbar}[\hat{H},\hat{\rho}(t)]. \tag{5.183}$$

若采用一个具体表象, 如 F 表象, 即以 $\hat{F}$ 的本征态 $|n\rangle$ 为基矢的表象, $\hat{F}|n\rangle = F_n|n\rangle$, 假设 F_n 分立, 则 $\hat{\rho}$ 可表成矩阵形式

$$\rho_{nm}(t) = \langle n|\hat{\rho}(t)|m\rangle = \langle n|\psi(t)\rangle\langle\psi(t)|m\rangle = c_n(t)c_m^*(t), \tag{5.184}$$

式中, $c_n(t) = \langle n|\psi(t)\rangle$. ρ_{nm} 称为密度矩阵, 其对角元 $\rho_{nn}(t) = |c_n(t)|^2$ 表示在 $|\psi(t)\rangle$ 态下测量 F 得 F_n 值的概率. 由 $|\psi(t)\rangle$ 的归一化, 可得密度矩阵的对角元之和为 1,

$$\mathrm{tr}\rho = \sum_n \langle n|\psi(t)\rangle\langle\psi(t)|n\rangle = \sum_n |c_n(t)|^2 = 1. \tag{5.185}$$

如果 $|\psi(t)\rangle$ 就是 $\hat{F}$ 的某一本征态, 则 $\rho_{nm} = \langle n|k\rangle\langle k|m\rangle = \delta_{nk}\delta_{km}$, 即所有非对角元为零, 而对角元只剩下一个元素 ρ_{kk} 不为零. 如果 $\hat{\rho}$ 的非对角元 $\rho_{nm} \neq 0$ $(n \neq m)$, 则在 $|\psi\rangle$ 态下测量 F 得 F_n 或 F_m 的概率必定都不为零, 而且两者有关. 反之, 若测 F 得 F_n 或 F_m 的概率为零, 则 $\rho_{nm} = 0$. 在 $|\psi\rangle$ 态下, 力学量 A 的平均值为

$$\begin{aligned}\langle A\rangle = \langle\psi|\hat{A}|\psi\rangle &= \sum_{n,m}\langle\psi|n\rangle\langle n|\hat{A}|m\rangle\langle m|\psi\rangle \\ &= \sum_{n,m} c_n^* A_{nm} c_m = \sum_{n,m}\rho_{mn}A_{nm} \\ &= \sum_m (\rho A)_{mm} = \sum_n (A\rho)_{nn},\end{aligned}$$

即

$$\langle A\rangle = \mathrm{tr}(\rho A) = \mathrm{tr}(A\rho). \tag{5.186}$$

对 $A = F$ 的情况, $A_{nm} = F_n\delta_{nm}$, 则 $\langle F\rangle = \mathrm{tr}(\rho F) = \sum_n |c_n|^2 F_n$. 测量 F, 得 F_n 值的概率为 $p(n) = \mathrm{tr}(\hat{p}_n\hat{\rho}) = \mathrm{tr}(\hat{\rho}\hat{p}_n) = |c_n|^2$, 式中 $\hat{p}_n = |n\rangle\langle n|$ 为投影到 $\hat{F}$ 具有本征值 F_n 的本征态所张子空间的投影算符, 这是因为

$$\mathrm{tr}(\hat{\rho}\hat{p}_n) = \mathrm{tr}(|\psi\rangle\langle\psi|n\rangle\langle n|) = \mathrm{tr}(\langle n|\psi\rangle\langle\psi|n\rangle) = c_n c_n^* = |c_n|^2.$$

2. 混合态的密度算符与密度矩阵

设 $|\psi_i\rangle$ $(i = 1, 2, 3, \cdots)$ 表示体系的一组力学量完全集的正交归一的共同本征态, 即

$$\langle\psi_i|\psi_j\rangle = \delta_{ij}, \quad \sum_i |\psi_i\rangle\langle\psi_i| = \hat{I}. \tag{5.187}$$

假定 t 时刻体系处于 $|\psi_k\rangle$ 的概率为 $p_k(0 \leqslant p_k \leqslant 1, \sum\limits_k p_k = 1)$, 即处于一系列纯态的某种统计混合态, 定义此混合态相应的密度算符为

$$\hat{\rho} = \sum_i |\psi_i(t)\rangle p_i\langle\psi_i(t)| = \sum_i p_i\hat{\rho}_i, \tag{5.188}$$

式中, $\hat{\rho}_i$ 是与纯态 $|\psi_i\rangle$ 相应的密度算符. 这种推广的密度算符, 除 $\hat{\rho}^2=\hat{\rho}$ 不再成立之外, 具有与纯态相应的密度算符相同的性质, 即 $\hat{\rho}^+=\hat{\rho}$, $\mathrm{tr}\rho=1$, 但

$$\begin{aligned}\hat{\rho}^2&=\sum_{i,j}p_ip_j|\psi_i\rangle\langle\psi_i|\psi_j\rangle\langle\psi_j|=\sum_{i,j}p_ip_j|\psi_i\rangle\delta_{ij}\langle\psi_j|\\&=\sum_i p_i^2|\psi_i\rangle\langle\psi_i|\quad(p_i^2\leqslant p_i)\\&\leqslant\sum_i p_i|\psi_i\rangle\langle\psi_i|=\hat{\rho}.\end{aligned}\tag{5.189}$$

在混合态下, 密度算符式 (5.188) 随时间的演化及力学量的平均值公式在形式上也不变, 即仍然分别遵从式 (5.183) 和式 (5.186).

在以力学量完全集 F 的本征态 $|n\rangle$ 为基矢的表象中, $\hat{\rho}$ 表示为密度矩阵

$$\rho_{nm}=\sum_i p_i\langle n|\psi_i\rangle\langle\psi_i|m\rangle=\sum_i p_ic_n^ic_m^{i*},\quad c_n^i=\langle n|\psi_i\rangle,\tag{5.190}$$

其对角元为 $\rho_{nn}=\sum\limits_i p_i|c_n^i|^2\geqslant 0$. $|c_n^i|^2$ 是纯态 $|\psi_i\rangle$ 下测量得到 F_n 值的概率. ρ_{nn} 称为混合态下量子态 $|n\rangle$ 的布局, 即在混合态下测得体系处于 $|n\rangle$ 态的概率. 非对角元 ρ_{nm} 表征在 $\hat{\rho}$ 描述的混合态下, $|n\rangle$ 和 $|m\rangle$ 的相干.

3. 复合体系, 约化密度矩阵

量子力学中描述一个体系的量子态时, 通常假定了它是一个孤立体系, 与外界环境 (包括测量装置) 完全隔离, 但这只是一种近似. 实际上, 所研究的体系总是一个更大的体系的一个小部分 (子体系). 注意力局限于那个子体系, 而对其余部分无兴趣时, 对子体系的量子态的描述就会出现新的特征. 从量子力学理论上讲, 对于一个多自由度的体系, 如果测量与它的部分自由度相关的可观测量, 则测量就是不完全测量. 同样, 对一个复合体系, 若只对其子体系的力学量进行测量, 也是一个不完全测量. 为了描述子体系的量子态, 就需引进约化密度矩阵.

考虑复合体系 $A+B$, 设 $|i\rangle_A$ 构成子体系 A 的一组量子态完全集, $|\alpha\rangle$ 构成子体系 B 的一组量子态完全集, 则 $|i_A\alpha_B\rangle\equiv|i\rangle_A\otimes|\alpha\rangle_B$ ($|i\rangle_A$ 与 $|\alpha\rangle_B$ 的直积, 简记为 $|i\rangle_A|\alpha\rangle_B$) 可以构成复合体系 $A+B$ 的一组量子态完备基 (称为非耦合表象), 即 $A+B$ 体系的任一个量子态总可表示为这组完备基的线性叠加

$$|\psi\rangle_{AB}=\sum_{i,\alpha}c_{i\alpha}|i\rangle_A|\alpha\rangle_B,\ \sum_{i,\alpha}|c_{i\alpha}|^2=1,\tag{5.191}$$

相应的密度算符为

$$\hat{\rho}_{AB}=|\psi\rangle_{AB\,AB}\langle\psi|=\sum_{i,\alpha,j,\beta}c_{i\alpha}c_{j\beta}^*|i\rangle_A|\alpha\rangle_{B\,A}\langle j|_B\langle\beta|,\tag{5.192}$$

对复合体系 $(A+B)$ 而言, 这是一个纯态.

设 Q_A 是子体系 A 的一个可观测量 (只依赖于 A 的动力学变量). 当把 A 看成复分体系 $A+B$ 的子体系时, 这个可观测量应表示成 $\hat{G}=\hat{G}_A\otimes\hat{I}_B$, $\hat{I}_B$ 为单位算符作用于子体系 B 的量子态上. 在 $|\psi\rangle_{AB}$ 态下计算 Q_A 的平均值

$$\langle Q\rangle=\mathrm{tr}(\rho_{AB}Q), \tag{5.193}$$

在非耦合表象中

$$\begin{aligned}\langle Q\rangle &= {}_{AB}\langle\psi|\hat{Q}_A\otimes\hat{I}_B|\psi\rangle_{AB}\\ &=\sum_{j,\beta}\sum_{i,\alpha}c_{i\alpha}c^*_{j\beta}{}_A\langle j|_B\langle\beta|\hat{Q}_A\otimes\hat{I}_B|i\rangle_A|\alpha\rangle_B\\ &=\sum_{i,j,\alpha}c^*_{j\alpha}c_{i\alpha}{}_A\langle j|Q_A|i\rangle_A,\end{aligned} \tag{5.194}$$

它可表示成

$$\langle Q\rangle=\mathrm{tr}_A(\rho_A Q_A), \tag{5.195a}$$

$$\rho_A=\sum_{i,j,\alpha}c^*_{j\alpha}c_{i\alpha}|i\rangle_{AA}\langle j|=\mathrm{tr}_B(\rho_{AB}), \tag{5.195b}$$

$\rho_A=\mathrm{tr}_B(\rho_{AB})$ 称为约化密度矩阵, 它具有如下性质

$$\rho_A^+=\rho_A,\quad \mathrm{tr}_A\rho_A=1,\quad \rho_A\text{是非负的}. \tag{5.196}$$

因此 ρ_A 可以对角化, 本征值为非负实数, 而且所有的本征值之和为 1. 但一般而言,$\rho_A^2\neq\rho_A$, 除非 $|\psi\rangle_{AB}$ 为一个简单的直积态, 即式 (5.191) 中只有一项, 如 $|\psi\rangle_{AB}=|i\rangle_A|\alpha\rangle_B$. 由此, 对一个较大体系的子体系, 即使较大体系的量子态是一个纯态, 可用一个波函数来描写, 子体系的态也不一定是一个纯态.

4. 纯系综和混合系综

在量子力学理论中, 通过态矢量可以得到关于纯态所描述系统的最完全的知识. 对于这样的状态, 可通过重复实验进行多次测量. 由许多处于相同状态 (都由相同的态矢量 $|\psi\rangle$ 描写) 的系统所组成的集合称为纯系综. 另一类称为混合系综. 混合态由许多不同态矢量 $|\psi_i\rangle(i=1,2,\cdots,N)$ 描写的子系统组成, 由态矢量 $|\psi_i\rangle$ 描写的子系统在该系统内以一定的概率 p_i 出现. 因此, 我们需要用一系列态矢量以及所出现的概率这两组集合

$$\{|\psi_i\rangle|i=1,2,\cdots,n\},\quad \{p_i|i=1,2,\cdots,n\} \tag{5.197}$$

来描写一个混合系综. 应当指出, 标记 i 可取分立的值, 也可取连续值.

纯系综和混合系综的区别. 若 N 个态矢量 $|\psi_i\rangle(i=1,2,\cdots,N)$ 构成正交归一完全集, 则由它们组成的叠加态矢量

$$|\psi\rangle=\sum_{i=1}^{N}c_i|\psi_i\rangle \tag{5.198}$$

所描写的是纯态而不是混合态. 为了区分由式 (5.198) 叠加态 $|\psi\rangle$ 与由式 (5.197) 两组集合所描写的状态之间的区别, 我们来考察任一力学量 A 的平均值. 在式 (5.198) 的叠加态中, 力学量 A 的平均值为

$$\begin{aligned}\langle A\rangle\equiv\langle\psi|A|\psi\rangle&=\sum_{i,j}c_i^*c_j\langle\psi_i|A|\psi_j\rangle\\&=\sum_i|c_i|^2\langle\psi_i|A|\psi_i\rangle+\sum_{i\neq j}c_i^*c_j\langle\psi_i|A|\psi_j\rangle,\end{aligned} \tag{5.199}$$

而在式 (5.197) 的混合态中, A 的平均值为

$$\langle A\rangle\equiv\sum_{i}^{N}p_i\langle\psi_i|A|\psi_i\rangle. \tag{5.200}$$

可见, 一个纯态可以看成某些组分态的叠加态, 但这是一种相干叠加态, 而混合态则是各组分态的非相干叠加.

习　题

5.1　试写出一维无限深势阱中处于基态的粒子在坐标表象和动量表象中的波函数.

5.2　求一维无限深势阱中粒子的动量算符在能量表象中的矩阵元.

5.3　若体系的哈密顿算符 $\hat{H}$ 不显含时间, 用矩阵方法证明在能量表象中有 $\sum\limits_n(E_n-E_m)|x_{nm}|^2=\dfrac{\hbar^2}{2\mu}$.

5.4　设 $\hat{F}(\boldsymbol{r},\boldsymbol{p})$ 为厄米算符, 证明在能量表象中的求和规则

$$\sum_n(E_n-E_k)|F_{nk}|^2=\frac{1}{2}\langle k|[\hat{F},[\hat{H},\hat{F}]]|k\rangle.$$

5.5　对于谐振子的能量本征态 $|n\rangle$, 计算 x, p, x^2 和 p^2 的平均值及 Δx 和 Δp.

5.6　某量子体系的能量算符为 $\hat{H}=\dfrac{5}{3}\hat{a}^\dagger\hat{a}+\dfrac{2}{3}(\hat{a}^{\dagger2}+\hat{a}^2)$, 其中 $\hat{a}=\dfrac{1}{\sqrt{2}}(q+\mathrm{i}\hat{p})$, $\hat{a}^\dagger=\dfrac{1}{\sqrt{2}}(q-\mathrm{i}\hat{p})$, $[q,\hat{p}]=\mathrm{i}$, $\hat{p}=-\mathrm{i}\dfrac{\partial}{\partial q}$, 求 $\hat{H}$ 的本征值和本征态.

5.7　在动量表象中求一维谐振子的能级和波函数.

5.8　在 $(\hat{l}^2, \hat{l}_z)$ 表象中, 求 $\hat{l}_y$ 在 $l=1$ 的子空间中的矩阵表示, 并利用矩阵方法求出其本征值和本征矢.

5.9　设算符 $\hat{F}$ 在 A 表象中的矩阵表示为 $F=\begin{bmatrix} 0 & \mathrm{e}^{\mathrm{i}\theta} \\ \mathrm{e}^{-\mathrm{i}\theta} & 0 \end{bmatrix}$($\theta$ 为实常数), 求:(1) $\hat{F}$ 的本征值及本征矢在 A 表象中的矩阵表示; (2) 使矩阵对角化的幺正变换矩阵 S.

5.10　厄米算符 $\hat{A}$ 和 $\hat{B}$ 满足 $\hat{A}^2=\hat{B}^2=\hat{I}, \hat{A}\hat{B}+\hat{B}\hat{A}=0$, 求: (1) 算符 $\hat{A}$ 和 $\hat{B}$ 的本征值; (2) 在 A 表象中 $\hat{A}$ 和 $\hat{B}$ 及其本征矢的矩阵表示式; (3) 在 B 表象中 $\hat{A}$ 和 $\hat{B}$ 及其本征矢的矩阵表示式; (4) A 表象到 B 表象的幺正变换矩阵 S.

第 6 章　束缚态近似方法

在研究实际量子体系时, 除了极少数问题 (如氢原子) 外, 往往不能严格求解. 为此, 除了采用恰当的近似模型以简化问题外, 常常还需要发展各种近似计算方法. 特别是, 随着计算机的发展, 基于数值计算的各种近似方法得到了广泛应用. 不论哪种近似方法都是在处理各种复杂问题时发展起来的, 都有各自的优点和适用范围. 在处理我们遇到的实际问题时, 可根据需要采用或发展近似方法. 至目前为止, 人们已提出的近似方法很多, 如微扰论、变分法、WKB 近似等, 其中最广泛而基本的近似方法是微扰论和变分法.

6.1　非简并态微扰论

假设体系的不含时哈密顿量算符为 $\hat{H}$, 则体系的能量本征方程为 $\hat{H}\psi = E\psi$. 此方程的求解一般都很困难. 现将体系的哈密顿量算符分成两个部分: $\hat{H} = \hat{H}_0 + \hat{H}' = \hat{H}_0 + \varepsilon\hat{W}$, 其中 ε 是刻画某种相互作用强度的参数, 是一个小参量, 即 $|\varepsilon| \ll 1$. $\hat{H}_0$ 和 $\hat{H}'$ 分别称为未微扰和微扰哈密顿算符. 如果 $\hat{H}_0$ 的本征方程容易求解, 则可把微扰 $\hat{H}'$ 的影响逐级考虑进去, 以得出能量本征方程 $\hat{H}\psi = E\psi$ 的尽可能精确的解, 其基本精神是逐级近似.

设 $\hat{H}_0$ 的本征方程已解出, 其能级有一些是非简并的. 也可能有一些能级是简并的, 例如, 氢原子的基态是非简并的, 而激发态是简并的. 现讨论不简并能级怎样受微扰的影响. 设 $\hat{H}_0$ 的本征方程为

$$\hat{H}_0\psi_n^{(0)} = E_n^{(0)}\psi_n^{(0)},$$

而完全哈密顿 $\hat{H}$ 的本征方程为

$$(\hat{H}_0 + \varepsilon\hat{W})\psi = E\psi. \tag{6.1}$$

将 ψ 用 $\hat{H}_0$ 的本征态 $\psi_n^{(0)}$ 展开为

$$\psi = \sum_n a_n\psi_n^{(0)},$$

将此式代入完全哈密顿方程 (6.1), 得

$$\sum_n a_n(E_n^{(0)} + \varepsilon\hat{W} - E)\psi_n^{(0)} = 0,$$

两边左乘 $\psi_m^{(0)*}$, 并积分, 利用 $\psi_n^{(0)}$ 的正交归一性, 得

$$\sum_n a_n[(E_n^{(0)} - E)\delta_{mn} + \varepsilon W_{mn}]\psi_n^{(0)} = 0 \tag{6.2a}$$

或

$$a_m(E_m^{(0)} - E + \varepsilon W_{mm}) + \varepsilon \sum_{n\neq m} a_n W_{mn} = 0. \tag{6.2b}$$

将展开系数 a_m 和能量本征值 E 用微扰强度参数 ε 的幂级数展开为

$$\begin{aligned} a_m &= a_m^{(0)} + \varepsilon a_m^{(1)} + \varepsilon^2 a_m^{(2)} + \cdots, \\ E &= E^{(0)} + \varepsilon E^{(1)} + \varepsilon^2 E^{(2)} + \cdots, \end{aligned}$$

式中, 右上角小括号内的数字表示近似级别, 如 $a_m^{(2)}$ 表示是 ε 的二级小量. 将上式代入 a_m 满足的方程 (6.2a), 并按 ε 幂排列为

$$\begin{aligned} &(E_m^{(0)} - E^{(0)})a_m^{(0)} \\ &+\varepsilon\left[(E_m^{(0)} - E^{(0)})a_m^{(1)} - E^{(1)}a_m^{(0)} + \sum_n W_{mn}a_n^{(0)}\right] \\ &+\varepsilon^2\left[(E_m^{(0)} - E^{(0)})a_m^{(2)} - E^{(1)}a_m^{(1)} - E^{(2)}a_m^{(0)} + \sum_n W_{mn}a_n^{(1)}\right] \\ &+\varepsilon^3\left[(E_m^{(0)} - E_k^{(0)})a_m^{(3)} - E^{(1)}a_m^{(2)} - E^{(2)}a_m^{(1)} + \sum_n W_{mn}a_n^{(2)}\right] \\ &+\cdots = 0. \end{aligned} \tag{6.3}$$

此式将确定不同级别近似的能量本征值和展开波函数.

1. 零级近似

$$(E_m^{(0)} - E^{(0)})a_m^{(0)} = 0, \quad m = 1, 2, 3, \cdots. \tag{6.4}$$

选其中一能级 $m = k$, 它是 $\hat{H}_0$ 的任一非简并能级, 即有

$$E^{(0)} = E_k^{(0)}, \quad \psi^{(0)} = \sum_n a_n^{(0)}\psi_n^{(0)} = \sum_n \delta_{nk}\psi_n^{(0)} = \psi_k^{(0)}. \tag{6.5}$$

2. 一级近似

考虑到 ε 的一次项, 并将零级近似解代入, 得

$$(E_m^{(0)} - E_k^{(0)})a_m^{(1)} - E^{(1)}\delta_{mk} + \sum_n W_{mn}\delta_{nk} = 0. \tag{6.6}$$

$m=k$ 时, 可得能级 k 的一级修正量为

$$E^{(1)}=W_{kk}=(\psi_k^0,\hat{W}\psi_k^0), \tag{6.7}$$

而 $m\neq k$ 时, 可得除 k 态外, 其他态的概率幅

$$a_m^{(1)}=\frac{W_{mk}}{E_k^{(0)}-E_m^{(0)}}\quad(m\neq k). \tag{6.8}$$

显然不能获得 $a_k^{(1)}$, 因此, 必须用别的办法求出, 即用波函数的归一化条件. 一级近似波函数为

$$\psi=\psi^{(0)}+\varepsilon\psi^{(1)}=\psi_k^{(0)}+\varepsilon\left(a_k^{(1)}\psi_k^{(0)}+\sum_{n\neq k}a_n^{(1)}\psi_n^{(0)}\right), \tag{6.9}$$

准确到一级近似, 波函数的归一化条件为

$$(\psi,\psi)=(\psi^{(0)},\psi^{(0)})+\varepsilon(\psi^{(0)},\psi^{(1)})+\varepsilon(\psi^{(1)},\psi^{(0)})=1.$$

这要求

$$(\psi^{(0)},\psi^{(1)})+(\psi^{(1)},\psi^{(0)})=0,$$

即有

$$\varepsilon(a_k^{(1)}+a_k^{(1)*})=0.$$

因此, $a_k^{(1)}$ 必为纯虚数. 令 $a_k^{(1)}=\mathrm{i}c$(c 为实数), 可得

$$\begin{aligned}\psi&=\psi_k^{(0)}+\mathrm{i}c\varepsilon\psi_k^{(0)}+\varepsilon\sum_{n\neq k}a_n^{(1)}\psi_k^{(0)}=\mathrm{e}^{\mathrm{i}c\varepsilon}\psi_k^{(0)}+\varepsilon\sum_{n\neq k}a_n^{(1)}\psi_k^{(0)}\\&=\mathrm{e}^{\mathrm{i}c\varepsilon}\left[\psi_k^{(0)}+\varepsilon\sum_{n\neq k}a_n^{(1)}\psi_k^{(0)}\right].\end{aligned} \tag{6.10}$$

可见, $a_k^{(1)}\psi_k^{(0)}$ 项的贡献是使整个波函数增加了一个无关紧要的相因子, 故可取

$$a_k^{(1)}=0.$$

这样, 第 k 个非简并能级的一级近似能量和相应的波函数为

$$E_k=E_k^{(0)}+\varepsilon W_{kk}=E_n^{(0)}+H'_{kk}, \tag{6.11a}$$

$$\psi_k=\psi_k^{(0)}+\varepsilon\sum_{n\neq k}\frac{W_{nk}}{E_k^{(0)}-E_n^{(0)}}\psi_n^{(0)}=\psi_k^{(0)}+\sum_{n\neq k}\frac{H'_{nk}}{E_k^{(0)}-E_n^{(0)}}\psi_n^{(0)}, \tag{6.11b}$$

式中, $H'_{nk}=(\psi_n^{(0)},\hat{H}'\psi_k^{(0)})$ 是微扰项 $\hat{H}'$ 的矩阵元.

3. 二级近似

考虑到 ε 的二次项, 并将一级近似解代入, 得

$$(E_n^{(0)} - E_k^{(0)})a_m^{(2)} - W_{kk}a_m^{(1)} - E^{(2)}\delta_{mk} + \sum_n W_{mn}a_n^{(1)} = 0. \tag{6.12}$$

$m = k$ 时, 可得能级 k 的二级修正量为

$$E^{(2)} = \sum_{n\neq k} W_{kn}a_n^{(1)} = \sum_{n\neq k}\frac{W_{kn}W_{nk}}{E_k^{(0)} - E_n^{(0)}} = \sum_{n\neq k}\frac{|W_{nk}|^2}{E_k^{(0)} - E_n^{(0)}}. \tag{6.13}$$

$m \neq k$ 时, 可得除 k 态外, 其他态的几率幅

$$a_m^{(2)} = \sum_{n\neq k}\frac{W_{mn}W_{nk}}{(E_k^{(0)} - E_m^{(0)})(E_k^{(0)} - E_n^{(0)})} - \frac{W_{kk}W_{mk}}{(E_k^{(0)} - E_m^{(0)})^2} \quad (m \neq k), \tag{6.14}$$

其中同样不能得到 $a_k^{(2)}$. 为此, 必须再一次使用波函数的正交归一化条件. 利用准确到二级近似的归一化条件, 可得

$$(\psi^{(0)}, \psi^{(2)}) + (\psi^{(2)}, \psi^{(0)}) + (\psi^{(1)}, \psi^{(1)}) = 0,$$

即有

$$a_k^{(2)} + a_k^{(2)*} + \sum_{m,n} a_m^{(1)*}a_n^{(1)}\delta_{mn} = 0 \quad (m, n \neq k).$$

$a_k^{(2)}$ 可取为实数. 否则, 如一级近似波函数一样产生一个无关紧要的相因子. 因此

$$a_k^{(2)} = -\frac{1}{2}\sum_n |a_n^{(1)}|^2 = -\frac{1}{2}\sum_{n\neq k}\frac{|W_{nk}|^2}{(E_k^{(0)} - E_n^{(0)})^2}.$$

这样, 得到准确到二级的能量为

$$E_k = E_k^{(0)} + H'_{kk} + \sum_{n\neq k}\frac{|H'_{nk}|^2}{E_k^{(0)} - E_n^{(0)}}, \tag{6.15}$$

相应的波函数为

$$\begin{aligned}\psi_k = {}& \psi_k^{(0)} + \sum_{n\neq k}\frac{H'_{nk}}{E_k^{(0)} - E_n^{(0)}}\psi_n^{(0)} \\ & + \sum_{m\neq k}\left[\sum_{n\neq k}\frac{H'_{mn}H'_{nk}}{(E_k^{(0)} - E_m^{(0)})(E_k^{(0)} - E_n^{(0)})} - \frac{H'_{mk}H'_{kk}}{(E_k^{(0)} - E_m^{(0)})^2}\right]\psi_m^{(0)} \\ & - \frac{1}{2}\left[\sum_{n\neq k}\frac{|H'_{nk}|^2}{(E_k^{(0)} - E_n^{(0)})^2}\right]\psi_k^{(0)},\end{aligned} \tag{6.16}$$

其中, 波函数 ψ_k 的最后一项可与零级近似波函数合并, 剩下的二级修正波函数部分则与 $\psi_k^{(0)}$ 正交. 前面只给出了体系能级和波函数的至二级的近似, 但所述方法和步骤可求出体系的更高次的修正.

几点讨论:

(1) 非简并微扰论讨论非微扰哈密顿量 $\hat{H}_0$ 的非简并能级 $E_k^{(0)}$ 及相应波函数 $\psi_k^{(0)}$ 如何受到微扰 $\hat{H}'$ 的影响, 而不管 $n \neq k$ 的能级 $E_n^{(0)}$ 是否简并, 即微扰计算公式中求和是指对一切 $n(n \neq k)$ 的能级和量子态求和, $E_n^{(0)}$ 既可以是简并的, 也可以是非简并的.

(2) 用微扰论处理具体问题时, 如何恰当地划分 $\hat{H}_0$ 和 $\hat{H}'$ 是至关重要的, 否则微扰论不能应用. 一般而言, 要遵从两个原则: 一方面应要求 $\hat{H}_0$ 的本征解比较容易得到, 同时要求 $\hat{H}'$ 的矩阵元的计算比较容易; 另一方面, 又要求 H 的主要部分应尽可能地包含在 $\hat{H}_0$ 中, 使 $\hat{H}'$ 的矩阵元较小, 以保证

$$\left|\frac{H'_{nk}}{E_k^{(0)} - E_n^{(0)}}\right| \ll 1, \tag{6.17}$$

使微扰计算收敛较快, 因为高阶计算是很麻烦的. 这意味着, 即使 $|H'_{nk}|$ 很小, 但 $E_k^{(0)}$ 的邻近有一条或几条能级, 即 $|E_k^{(0)} - E_n^{(0)}|$ 也很小, 也不能使条件得到满足, 从而非简并微扰论也不太适用. 这就是所谓的近简并情况, 可尝试用 6.2 节所讲的简并微扰论来处理.

练习 6.1 非线性谐振子. 线性谐振子受到 $\hat{H}' = \beta x^3$ 的微扰后, 体系的哈密顿算符为

$$\hat{H} = -\frac{\hbar^2}{2\mu}\frac{\mathrm{d}^2}{\mathrm{d}x^2} + \frac{1}{2}\mu\omega^2 x^2 + \beta x^3, \tag{6.18}$$

求能级的二级近似.

解 线性谐振子的哈密顿算符 $\hat{H}_0$ 的本征函数和能级记为 $\psi_n^{(0)}$ 和 $E_n^{(0)}$, 则

$$\hat{H}_0\psi_n^{(0)} = \left(-\frac{\hbar^2}{2\mu}\frac{\mathrm{d}^2}{\mathrm{d}x^2} + \frac{1}{2}\mu\omega^2 x^2\right)\psi_n^{(0)} = E_n^{(0)}\psi_n^{(0)},$$

其中

$$E_n^{(0)} = \left(n + \frac{1}{2}\right)\omega\hbar, \quad n = 0, 1, 2, \cdots.$$

要计算能级至二级的微扰修正, 关键是要算出矩阵元

$$\hat{H}_{nm} = \langle n|\hat{H}'|m\rangle = \beta(x^3)_{nm}.$$

为此, 采用粒子数表象较方便, 即

$$x=\sqrt{\frac{\hbar}{2\mu\omega}}(\hat{a}^{\dagger}+\hat{a}),$$

$$\hat{a}^{\dagger}|n\rangle=\sqrt{n+1}|n+1\rangle,\quad \hat{a}|n\rangle=\sqrt{n}|n-1\rangle,$$

由此 x 的不为零的矩阵元为

$$x_{n+1,n}=x_{n,n+1}=\sqrt{\frac{(n+1)\hbar}{2\mu\omega}},$$

从上式可算出 x^2 及 x^3 的不为零的矩阵元.

既然 x 不为零的矩阵元的两脚标相差 1, 那么 x^2 不为零的矩阵元只有两种可能: 要么 x^2 的两脚标相等, 要么 x^2 的两脚标相差 2, 即有

$$\begin{aligned}(x^2)_{nn}&=\langle n|x^2|n\rangle=\sum_m\langle n|x|m\rangle\langle m|x|n\rangle=\sum_m x_{nm}x_{mn}\\&=x_{n,n-1}x_{n-1,n}+x_{n,n+1}x_{n+1,n}\\&=\frac{n\hbar}{2\mu\omega}+\frac{(n+1)\hbar}{2\mu\omega}\\&=(2n+1)\frac{\hbar}{2\mu\omega},\end{aligned}$$

$$\begin{aligned}(x^2)_{n,n+2}&=\langle n|x^2|n+2\rangle=\sum_m\langle n|x|m\rangle\langle m|x|n+2\rangle\\&=x_{n,n+1}x_{n+1,n+2}=\sqrt{(n+1)(n+2)}\frac{\hbar}{2\mu\omega}.\end{aligned}$$

又因 x^2 为厄米算符, 上式两边为实数, 取复共轭, 可得

$$(x^2)_{n,n+2}=(x^2)_{n+2,n}=\sqrt{(n+1)(n+2)}\frac{\hbar}{2\mu\omega}.$$

同样, x^3 的不为零的矩阵元为

$$\begin{aligned}(x^3)_{n,n+1}&=(x^3)_{n+1,n}=(x^2)_{n,n+2}x_{n+2,n}+(x^2)_{n,n}x_{n,n+1}\\&=\sqrt{(n+2)(n+1)}\frac{\hbar}{2\mu\omega}\sqrt{\frac{(n+2)\hbar}{2\mu\omega}}+(2n+1)\frac{\hbar}{2\mu\omega}\sqrt{\frac{(n+1)\hbar}{2\mu\omega}}\\&=\ 3\left[\frac{(n+1)\hbar}{2\mu\omega}\right]^{3/2},\end{aligned}$$

$$(x^3)_{n,n+3} = (x^3)_{n+3,n} = (x^2)_{n,n+2}x_{n+2,n+3}$$
$$= \sqrt{(n+2)(n+1)}\frac{\hbar}{2\mu\omega}\sqrt{\frac{(n+3)\hbar}{2\mu\omega}}$$
$$= \sqrt{(n+3)(n+2)(n+1)}\left(\frac{\hbar}{2\mu\omega}\right)^{3/2}.$$

由此可得能级的一级、二级修正值分别为

$$E_n^{(1)} = H'_{nn} = \beta(x^3)_{nn} = 0,$$

$$E_n^{(2)} = \sum_{m\neq n}\frac{|H'_{nm}|^2}{E_n^{(0)} - E_m^{(0)}}$$
$$= \beta^2\left[\frac{|(x^3)_{n,n+1}|}{E_n^{(0)} - E_{n+1}^{(0)}} + \frac{|(x^3)_{n,n+3}|}{E_n^{(0)} - E_{n+3}^{(0)}} + \frac{|(x^3)_{n,n-1}|}{E_n^{(0)} - E_{n-1}^{(0)}} + \frac{|(x^3)_{n,n-3}|}{E_n^{(0)} - E_{n-3}^{(0)}}\right]$$
$$= -\frac{5\beta^2}{4\omega\hbar}\left(\frac{\hbar}{\mu\omega}\right)^3\left(n^2 + n + \frac{11}{30}\right).$$

这样, 在微扰 $\hat{H}' = \beta x^3$ 作用下, 线性谐振子能级的二级近似为

$$E_n = E_n^{(0)} + E_n^{(1)} + E_n^{(2)} \tag{6.19}$$
$$= \left(n + \frac{1}{2}\right)\omega\hbar - \frac{5\beta^2}{4\omega\hbar}\left(\frac{\hbar}{2\mu\omega}\right)^3\left(n^2 + n + \frac{11}{30}\right). \tag{6.20}$$

练习 6.2 类氢离子能级的相对论动能修正. 电子在原子核库仑场中作低速运动, 计及电子的相对论动能修正后, 哈密顿算符为

$$\hat{H} = \frac{1}{2\mu}\hat{\boldsymbol{p}}^2 - \frac{1}{8\mu^3c^2}\hat{\boldsymbol{p}}^4 - \frac{Ze_s^2}{r}, \tag{6.21}$$

其中第二项即为相动论动能的一次修正, 可作为微扰处理, 计算这个修正项对能级的影响.

解 不计相对论动能修正时, 类氢离子的能量本征方程为

$$\hat{H}_0\psi_{nlm}^{(0)} = \left(\frac{\hat{\boldsymbol{p}}^2}{2\mu} - \frac{e_s^2}{r}\right)\psi_{nlm}^{(0)} = E_n^{(0)}\psi_{nlm}^{(0)},$$

其中

$$\psi_{nlm}^{(0)} = R_{n,l}(r)\mathrm{Y}_{l,m}(\theta,\varphi), \quad E_n^{(0)} = -\frac{Ze_s^2}{2n^2a^2}, \quad a = \frac{\hbar^2}{\mu e_s^2}.$$

微扰 $\hat{H}'$ 可表示成

$$\hat{H}' = -\frac{1}{8\mu^3c^2}\hat{\boldsymbol{p}}^4 = -\frac{1}{2\mu c^2}\left(\frac{\hat{\boldsymbol{p}}^2}{2\mu}\right)^2 = -\frac{1}{2\mu c^2}(\hat{H}_0 - V)^2$$
$$= -\frac{1}{2\mu c^2}(\hat{H}_0^2 + V^2 - \hat{H}_0V - V\hat{H}_0).$$

由于 $\hat{\boldsymbol{p}}^4$ 与 $\hat{\boldsymbol{l}}^2$ 和 $\hat{l}_z$ 都对易, $\hat{H}'$ 作用于 $\psi_{nlm}^{(0)}$ 不改变量子数 l, m, 所以在属于同一个 $E_n^{(0)}$ 的各个简并态之间, $\hat{H}'$ 的非对角矩阵元全部为零, 即

$$\langle nlm|\hat{H}'|nl'm'\rangle = \langle \hat{H}'\rangle_{nlm}\delta_{ll'}\delta_{mm'}.$$

因此, 在计算能级的一级微扰修正时, 可用非简并定态微扰论公式, 即

$$E_{nlm}^{(1)} = \langle H'\rangle_{nlm} = -\frac{1}{2\mu c^2}\langle \hat{H}_0{}^2 + V^2 - \hat{H}_0V - V\hat{H}_0\rangle_{nlm}$$
$$= -\frac{1}{2\mu c^2}[(E_n^{(0)})^2 - 2E_n^{(0)}\langle V\rangle_{nlm} + \langle V^2\rangle_{nlm}]. \tag{6.22}$$

按位力定理

$$\langle V\rangle_{nlm} = 2E_n^{(0)}. \tag{6.23}$$

利用公式

$$\left\langle \frac{1}{r^2}\right\rangle_{nlm} = \frac{Z^2}{(l+\frac{1}{2}n^3a^2)},$$

可得

$$\langle V^2\rangle_{nlm} = \left\langle \frac{Z^2e_s^2}{r^2}\right\rangle_{nlm} = \frac{1}{n^3(l+1/2)}\left(\frac{Z^2e_s^2}{a}\right)^2. \tag{6.24}$$

将式 (6.23) 和式 (6.24) 代入式 (6.22), 即得能级的一级微扰修正为

$$E_{nlm}^{(1)} = -\mu c^2\left(\frac{e_s^2}{\hbar c}\right)\frac{Z^4}{2n^4}\left(\frac{n}{l+1/2} - \frac{3}{4}\right). \tag{6.25}$$

能级的 l 简并性已经消除了. 对氢原子 $(Z=1)$ 的基态, 修正为

$$E_{100}^{(1)} = -\frac{5}{8}\left(\frac{1}{137}\right)^4\mu c^2 = -9.1\times 10^{-4}\mathrm{eV}, \tag{6.26}$$

它的绝对值相对于氢原子的基态能量 $E_1^{(0)} = -13.6$ eV 的绝对值小得多, 但与电子的自旋–轨道耦合能量同数量级.

6.2　简并态微扰论

一般而言, 除一维束缚态外, 体系的能级常常是简并的, 特别是体系的激发态一般都是简并的, 其简并度与对称性有关, 对称性越高, 简并度越大. 例如, 氢原子体系是球对称的, 即在三维空间旋转下是不变的, 其能级简并度为 n^2, n 为主量子

数, 但若在 z 轴方向加一附加电场, 则体系将有附加的能量 $-e\varepsilon z$, 其中 ε 是电场强度, $-e$ 是电子的电荷, 这时体系只是绕 z 轴旋转是不变的, 对称性降低了, 结果是能级将发生分裂, 简并将被部分或全部解除. 这就是熟知的斯塔克 (Stark) 现象. 如果外加电场很弱, 以致于附加项 $-e\varepsilon z$ 可视为微扰, 那么我们可用微扰论来处理. 不过, 这里我们遇到了一个问题, 即如何计算微扰对氢原子激发态的影响, 因为氢原子激发态是 n^2 度简并的, 而不是非简并的. 为此, 我们需要简并态微扰论.

设 $\hat{H}_0$ 的本征方程为 (为表述简单, 采用狄拉克符号)

$$\hat{H}_0|n\nu\rangle = E_n^{(0)}|n\nu\rangle, \quad \nu = 1, 2, 3, \cdots, f_n,$$
$$\langle m\mu|n\nu\rangle = \delta_{mn}\delta_{\mu\nu}.$$

这里, ν 是标记简并态的量子数, f_n 是能级 $E_n^{(0)}$ 的简并度, 并已设诸简并态彼此正交归一化. 例如, 氢原子的属于能级 E_n 的本征函数为 $|nlm\rangle$, 其简并度为 n^2, 角动量量子数 l 和磁量子数 m 就是标记简并态的量子数, 也就是说, 对第 n 个能级 E_n, n 给定后, $l = 0, 1, 2, \cdots, n-1$, 而对每一个 l, m 又可取 $-l, -l+1, \cdots, l$, 共 $2l+1$ 个值, 即有 $\sum\limits_{l=0}^{n}(2l+1) = n^2$ 个波函数对应同一能级 E_n. 这 n^2 个简并本征态构成了希尔伯特空间的一个子空间. 凡属此子空间的任意波函数都是 E_n 相应的波函数, 即该子空间是封闭的.

$\hat{H}$ 的本征方程为

$$\hat{H}|\psi\rangle = (\hat{H}_0 + \varepsilon\hat{W})|\psi\rangle = E|\psi\rangle,$$

以 $\langle m\mu|$ 左乘上式, 得

$$\langle m\mu|(\hat{H}_0 + \varepsilon\hat{W})|\psi\rangle = E\langle m\mu|\psi\rangle,$$

利用完备性关系 $\sum\limits_{n\nu}|n\nu\rangle\langle n\nu| = \hat{I}$, 上式化为

$$\sum_{n\nu}\langle m\mu|\hat{H}_0 + \varepsilon\hat{W}|n\nu\rangle\langle n\nu|\psi\rangle = E\langle m\mu|\psi\rangle,$$

即

$$E_m^{(0)}c_{m\mu} + \varepsilon W_{m\mu,m\mu} + \varepsilon\sum_{n\nu\neq m\mu}W_{m\mu,n\nu}c_{n\nu} = Ec_{m\mu}, \tag{6.27}$$

式中

$$W_{m\mu,n\nu} = \langle m\mu|\hat{W}|n\nu\rangle, \quad c_{n\nu} = \langle n\nu|\psi\rangle$$

分别是 $\hat{H}_0$ 表象中 $\hat{W}$ 的矩阵表示和 $|\psi\rangle$ 态的表示.

现用微扰论逐级近似求解 $\hat{H}_0$ 表象中的能量本征方程 (6.27). 为此, 采用与非简并微扰论类似的方式, 将能量和波函数按强度参数 ε 进行展开

$$\begin{aligned} E &= E^{(0)} + \varepsilon E^{(1)} + \varepsilon^2 E^{(2)} + \cdots, \\ c_{n\nu} &= c_{n\nu}^{(0)} + \varepsilon c_{n\nu}^{(1)} + \varepsilon^2 c_{n\nu}^{(2)} + \cdots. \end{aligned}$$

代入式 (6.27), 则有

$$\begin{aligned} &(E^{(0)} - E_m^{(0)})c_{m\mu}^{(0)} \\ &+\varepsilon\left[(E^{(0)} - E_m^{(0)})c_{m\mu}^{(1)} + E^{(1)}c_{m\mu}^{(0)} - \sum_{n\nu} W_{m\mu,n\nu}c_{n\nu}^{(0)}\right] \\ &+ \cdots = 0. \end{aligned} \tag{6.28}$$

零级近似为

$$(E^{(0)} - E_m^{(0)})c_{m\mu}^{(0)} = 0,$$

事先取定要处理的第 k 个简并能级, 即有

$$E^{(0)} = E_k^{(0)}, \quad c_{m\mu}^{(0)} = a_\mu \delta_{mk},$$

a_μ 待定. 虽然还不能确定零级近似波函数, 但它们只能是 $E_k^{(0)}$ 能级的诸简并态 $|k\mu\rangle$ 的某种线性组合, 即它们总是在 $E_k^{(0)}$ 的诸简并态所张开的 f_k 维希尔伯特子空间中.

考虑 ε 的一次项方程, 得一级近似为

$$(E_m^{(0)} - E_k^{(0)})c_{m\mu}^{(1)} - E^{(1)}a_\mu\delta_{mk} + \sum_{n\nu} W_{m\mu,n\nu}a_\nu\delta_{nk} = 0, \tag{6.29}$$

$m = k$ 时, 式 (6.29) 化为

$$\sum_{\nu=1}^{f_k}(W_{\mu\nu} - E^{(1)}\delta_{\mu\nu})a_\nu = 0. \tag{6.30}$$

由于要处理的能级 k 是事先给定的, 在上面的公式中已把 k 脚标略去, 即已令 $W_{k\mu,k\nu} \equiv W_{\mu\nu}$. 这就是 a_ν 满足的线性齐次代数方程组. 它有非平庸解的充要条件是系数行列式为零

$$\det|W_{\mu\nu} - E^{(1)}\delta_{\mu\nu}| = 0,$$

它是 $E^{(1)}$ 满足的 f_k 次方程. 根据 $W_{\mu\nu}$ 的厄米性, 方程必有 f_k 个实根,

$$E_{k\alpha}^{(1)}, \quad \alpha = 1, 2, 3, \cdots, f_k,$$

将每一个根分别代入式 (6.30), 可求出相应的 $a_{\alpha\nu}$, $\nu=1,2,3,\cdots,f_k$. 这样一共可得出 f_k 组解 $(\alpha=1,2,3,\cdots,f_k)$. 于是, 求得了 f_k 个新的零级波函数

$$|\psi_{k\alpha}^{(0)}\rangle=\sum_{\nu=1}^{f_k}a_{\alpha\nu}|k\nu\rangle,\quad \alpha=1,2,3,\cdots,f_k. \tag{6.31}$$

它们是原来 $E_k^{(0)}$ 的诸简并态的线性组合, 相应的能量本征值为

$$E_{k\alpha}=E_k^{(0)}+\varepsilon E_{k\alpha}^{(1)},\quad \alpha=1,2,3,\cdots,f_k. \tag{6.32}$$

此即计及微扰一级修正后的能量本征值. 若 $E_{k\alpha}^{(1)}$ 无重根, 则原来 f_k 重简并的能级 $E_k^{(0)}$ 就完全解除简并, 分裂为 f_k 条能级 $E_{k\alpha}$, 相应的波函数为 $|\psi_{k\alpha}\rangle$; 若 $E_{k\alpha}^{(1)}$ 有重根, 则能级简并只是部分解除, 而属于重根的零级近似波函数仍然无法完全确定下来. 事实上, 从对称性分析, 而无需具体计算, 就可知 $\hat{H}_0$ 的能级是否简并, 是几重简并. 同样的分析, 也可确定能级是否简并, 是几重简并. 一般而言, 加上微扰后, $\hat{H}$ 的对称性, 即体系的对称性比 $\hat{H}_0$ 低. 因此, 若 $\hat{H}_0$ 的能级是简并的, 加上微扰后, 简并会部分或完全解除.

几点讨论:

所求出的新的零级近似波函数和一级微扰近似下的能量本征值, 有下列一些性质.

(1) 新的零级近似波函数 $|\psi_{k\alpha}\rangle$ 与原来 $\hat{H}_0$ 的本征态 $|k\mu\rangle$ 之间相差一幺正变换.

证明 对于 $E_{k\alpha}^{(1)}$ 根, 有

$$\sum_{\nu}(W_{\mu\nu}-E_{k\alpha}^{(1)}\delta_{\mu\nu})a_{\alpha\nu}=0, \tag{6.33}$$

取其复共轭, 并作替换 $\mu\leftrightarrow\nu$, $\alpha\leftrightarrow\beta$, 得

$$\sum_{\mu}(W_{\nu\mu}^*-E_{k\beta}^{(1)}\delta_{\nu\mu})a_{\beta\mu}^*=0.$$

由于 $W_{\mu\nu}$ 是厄米矩阵, $W_{\nu\mu}^*=(W^\dagger)_{\mu\nu}=W_{\mu\nu}$, 上式化为

$$\sum_{\mu}(W_{\mu\nu}-E_{k\beta}^{(1)}\delta_{\nu\mu})a_{\beta\mu}^*=0. \tag{6.34}$$

$\sum\limits_{\mu}$ 式(6.33) $\times\, a_{\beta\mu}^*-\sum\limits_{\nu}$ 式(6.34) $\times\, a_{\alpha\nu}$, 得

$$(E_{k\beta}^{(1)}-E_{k\alpha}^{(1)})\sum_{\mu,\nu}a_{\beta\mu}^*a_{\alpha\nu}\delta_{\mu\nu}=(E_{k\beta}^{(1)}-E_{k\alpha}^{(1)})\sum_{\mu}a_{\beta\mu}^*a_{\alpha\mu}=0, \tag{6.35}$$

即有

$$\sum_{\mu} a^*_{\beta\mu} a_{\alpha\mu} = \delta_{\beta\alpha}, \tag{6.36}$$

写成矩阵形式为

$$\sum_{\mu} (S)_{\alpha\mu} (S^\dagger)_{\mu\beta} = (I)_{\beta\alpha} \tag{6.37a}$$

或

$$\boldsymbol{S}\boldsymbol{S}^\dagger = \boldsymbol{I}, \tag{6.37b}$$

式中, $\boldsymbol{S}$ 是以 $a_{\alpha\mu}$ 为 α 行 μ 列的矩阵, $\boldsymbol{I}$ 为单位矩阵.

(2) 新的零级近似波函数也彼此正交, 即

$$\langle \psi^{(0)}_{k\alpha'} | \psi^{(0)}_{k\alpha} \rangle = \delta_{\alpha\alpha'}. \tag{6.38}$$

证明

$$\begin{aligned}\langle \psi^{(0)}_{k\alpha'} | \psi^{(0)}_{k\alpha} \rangle &= \sum_{\mu,\nu} a^*_{\alpha'\mu} a_{\alpha\nu} \langle k\mu | k\nu \rangle = \sum_{\mu,\nu} a^*_{\alpha'\mu} a_{\alpha\nu} \delta_{\mu\nu} \\ &= \sum_{\mu} a^*_{\alpha'\mu} a_{\alpha\mu} = \delta_{\alpha\alpha'}.\end{aligned}$$

上式最后一步利用了式 (6.36).

(3) 在 $E^{(0)}_k$ 的诸简并态为基矢所张开的 f_k 维希尔伯特子空间中, 微扰 $\hat{H}' = \varepsilon\hat{W}$ 是对角化的, 因而 $\hat{H}$ 是完全对角化的.

证明

$$\langle \psi^{(0)}_{k\alpha'} | \hat{W} | \psi^{(0)}_{k\alpha} \rangle = \sum_{\mu,\nu} a^*_{\alpha'\mu} a_{\alpha\nu} \langle k\mu | \hat{W} | k\nu \rangle = \sum_{\mu,\nu} a^*_{\alpha'\mu} W_{\mu\nu} a_{\alpha\nu}, \tag{6.39}$$

利用式 (6.33) 和式 (6.36), 可得

$$\langle \psi^{(0)}_{k\alpha'} | \hat{W} | \psi^{(0)}_{k\alpha} \rangle = \sum_{\mu,\nu} a^*_{\alpha'\mu} E^{(1)}_{k\alpha} a_{\alpha\nu} \delta_{\mu\nu} = \sum_{\mu} E^{(1)}_{k\alpha} a^*_{\alpha'\mu} a_{\alpha\mu} = E^{(1)}_{k\alpha} \delta_{\alpha'\alpha}. \tag{6.40}$$

此即表示能量一级修正 $\varepsilon E^{(1)}_{k\alpha}$ 正好是微扰 $\hat{H}' = \varepsilon\hat{W}$ 在新的零级波函数 $|\psi^{(0)}_{k\alpha}\rangle$ 下的平均值. 这样, E_k 能级一级近似就是 $\hat{H}$ 在新的零级近似波函数 $|\psi^{(0)}_{k\alpha}\rangle$ 下的对角元

$$E_k = \langle \psi^{(0)}_{k\alpha} | \hat{H}_0 + \hat{H}' | \psi^{(0)}_{k\alpha} \rangle = E^{(0)}_k + \varepsilon E^{(0)}_{k\alpha}. \tag{6.41}$$

(4) 如果最初的零级波函数选择得很恰当, 已经使微扰对角化, 即 $\langle k\mu | \hat{W} | k\nu \rangle = W_{\mu\nu}\delta_{\mu\nu}$, 则 $E^{(1)}_{k\alpha} = W_{\mu\mu}$, $\mu = 1, 2, 3, \cdots, f_k$. 若 $W_{\mu\mu}$ 无简并, $|k\mu\rangle$ 就是要找的零级波函数了.

简并态微扰论中, 未微扰哈密顿量 $\hat{H}_0$ 的选择是很重要的, 应充分考虑体系的对称性. 如果选用的 $\hat{H}_0$ 使相应的本征方程容易求解, 同时又具有与 $\hat{H}$ 同样的对称性, 也就是 $\hat{H}_0$ 和 $\hat{H}$ 彼此对易, 那么计算将无需使用简并微扰论, 只要用非简并微扰论就行了, 如例 6.2 就是这种情况, 即使选择的 $\hat{H}_0$ 不与 $\hat{H}$ 对易, 只要尽可能在容易求解的前提下使 $\hat{H}'$ 接近对角化, 则计算也将大为简化.

(5) 近简并情况. 设 $\hat{H}_0$ 的本征能级中有一些能级彼此很靠近, 即使这些能级每一条都不简并, 非简并态微扰论仍然不适用. 用上面所讲的简并态微扰论处理也不能令人满意, 因为在这种情况下, 微扰有可能把这些紧邻的几条能级相应的态强烈混合. 此时, 更好的处理办法是, 首先在这些紧邻能级所有的状态所张开的子空间中把 $\hat{H}'$ 对角化, 即不仅仅限于某一能级的计算, 而是把这些紧邻的所有能级 (本身既可以是非简并的, 也可以是简并的) 一视同仁, 首先加以考虑.

例 6.1 设体系的哈密顿算符为 $\hat{H} = \hat{H}_0 + \hat{H}'$, $\hat{H}_0$ 有两条非简并能级 E_1 和 E_2 很靠近, 而其他能级则相隔甚远, 令

$$\hat{H}_0|\varphi_1\rangle = E_1|\varphi_1\rangle, \quad \hat{H}_0|\varphi_2\rangle = E_2|\varphi_2\rangle. \tag{6.42}$$

这时 $\hat{H}$ 的对角化可局限在 $|\varphi_1\rangle$ 和 $|\varphi_2\rangle$ 张开的二维空间中进行. 为简单起见, 设 $H'_{11} = H'_{22} = 0$, 则在此空间的矩阵表示为

$$H = \begin{pmatrix} E_1 & H'_{12} \\ H'_{21} & E_2 \end{pmatrix},$$

式中

$$H'_{12} = \langle\varphi_1|\hat{H}'|\varphi_2\rangle = H'^*_{21}.$$

设 H 的本征态表示为

$$|\psi\rangle = c_1|\varphi_1\rangle + c_2|\varphi_2\rangle,$$

则 H 的本征方程 $\hat{H}|\psi\rangle = E|\psi\rangle$ 可化为

$$\begin{pmatrix} E_1 - E & H'_{12} \\ H'^*_{12} & E_2 - E \end{pmatrix} \begin{pmatrix} c_1 \\ c_2 \end{pmatrix} = 0, \tag{6.43}$$

久期方程为

$$\begin{vmatrix} E_1 - E & H'_{12} \\ H'^*_{12} & E_2 - E \end{vmatrix} = 0,$$

解之, 可得出 E 的两个根

$$\begin{aligned} E_\pm &= \frac{1}{2}\left[(E_1 + E_2) \pm \sqrt{(E_1 - E_2)^2 + 4|H'_{12}|^2}\right] \\ &= E_c \pm |H'_{12}|\sqrt{1 + \cot^2\theta}, \end{aligned} \tag{6.44}$$

式中

$$E_c = \frac{1}{2}(E_1 + E_2), \quad d = \frac{1}{2}(E_2 - E_1),$$
$$\cot\theta = \frac{d}{|H'_{12}|}, \quad E_2 > E_1.$$

令

$$H'_{12} = |H'_{12}|\mathrm{e}^{-\mathrm{i}\gamma},$$

若 H' 为实数, 则 $\gamma = 0$(斥力), 或 $\gamma = \pi$(引力). 将 E_- 代入式 (6.43), 可得

$$\frac{c_1}{c_2} = \frac{H'_{12}}{E_- - E_1} = -\frac{\cos(\theta/2)}{\sin(\theta/2)}\mathrm{e}^{-\mathrm{i}\gamma},$$

相应的本征态可表示为

$$|\psi_-\rangle = \cos\frac{\theta}{2}|\varphi_1\rangle - \sin\frac{\theta}{2}\mathrm{e}^{\mathrm{i}\gamma}|\varphi_2\rangle = \begin{pmatrix} \cos\frac{\theta}{2} \\ -\sin\frac{\theta}{2}\mathrm{e}^{\mathrm{i}\gamma} \end{pmatrix}. \tag{6.45}$$

类似地可求出相应于 E_+ 的本征态

$$|\psi_+\rangle = \sin\frac{\theta}{2}|\varphi_1\rangle + \cos\frac{\theta}{2}\mathrm{e}^{\mathrm{i}\gamma}|\varphi_2\rangle = \begin{pmatrix} \sin\frac{\theta}{2} \\ \cos\frac{\theta}{2}\mathrm{e}^{\mathrm{i}\gamma} \end{pmatrix}. \tag{6.46}$$

这样, $\psi_\pm$ 就是 $\hat{H}$ 的属于能级 $E_\pm$ 的本征矢, 在以 $\psi_\pm$ 为基矢的空间中, $\hat{H}$ 是对角化的.

6.3 斯塔克效应

斯塔克 (J. Stark, 1913) 观察到氢原子的巴耳末线系在外电场中发生分裂. 此后, 凡是在外电场作用下光谱线的平移一般都称为斯塔克效应. 这种效应在实验上要比在磁场作用下光谱线分裂的塞曼效应更难观察到, 这是因为必须要产生不击穿的强电场. 就实验观察而言, 其重要性要比塞曼效应小得多. 光谱线是原子在其分立的允许的能级之间跃迁产生的, 因此谱线实质上是由在外电场作用下原子能级的移动所致, 这很容易用量子力学给予理论上的解释和计算. 从实验观察发现, 在氢和类氢原子中, 光谱线的分裂宽度与电场强度 $\mathcal{E}$ 成正比, 称为线性斯塔克效应, 而在所有其他原子中, 光谱线的分裂宽度与电场强度的平方 $\mathcal{E}^2$ 成正比, 称为二次斯塔克效应. 本质上是由于氢原子的势场比其他原子的势场具有更高的对称性. 下面给出线性斯塔克效应的理论解释.

原子中电子所受额外电场力为 $-e\boldsymbol{\mathcal{E}}$, 于是电子的额外势能为 $-e\boldsymbol{\mathcal{E}}\cdot\boldsymbol{r}$. 实际上, 由于原子的线度很小 (大约 1Å的数量级), 在如此小的空间区域, 不论怎样, 可认为外电场是均匀的, 至少是一精度很高的近似. 因此, 可设外电场是均匀的, 并取 z 轴沿外电场的方向. 这样, 在外电场中氢原子的哈密顿算符为

$$\hat{H}=-\frac{\hbar^2}{2\mu}\nabla^2-\frac{e_{\mathrm{s}}^2}{r}-e\mathcal{E}z. \tag{6.47}$$

由于外电场的势能比库仑势在氢原子内 ($r\approx a, a$ 为玻尔半径) 小得多, 可视 $\hat{H}'=-e\mathcal{E}z$ 为微扰, $\hat{H}$ 中除 $\hat{H}'$ 外为未微扰哈密顿算符 $\hat{H}_0$, 而 $\hat{H}_0$ 的本征能量和相应的本征波函数已给出. 为方便起见, $\hat{H}_0$ 的属于本征值 $E_n^{(0)}$ 的本征态用狄拉克符号记为 $|nlm\rangle$.

考虑氢原子第一激发能级 $E_2^{(0)}$ 在外电场中的分裂. 此能级简并度为 $2^2=4$, 相应的四个波函数记为 $|nlm\rangle=|n\nu\rangle(n=2)$, 并有下列对应关系

$$\nu=\begin{cases}1 & \to & l=0 & m=0,\\ 2 & \to & l=1 & m=0,\\ 3 & \to & l=1 & m=1,\\ 4 & \to & l=1 & m=-1.\end{cases}$$

于是, 零级近似波函数为

$$|\alpha\rangle=\sum_{\nu=1}^{4}c_\nu|\nu\rangle,$$

其展开系数满足久期方程

$$\sum_{\nu=1}^{4}(H'_{\mu\nu}-E_2^{(1)}\delta_{\mu\nu})c_\nu=0. \tag{6.48}$$

$E_2^{(1)}$ 是待定的 $E_2^{(0)}$ 的一级近似微扰修正. 16 个微扰矩阵元 $\hat{H}'_{\mu\nu}$ 中只有 2 个是独立的, 这是因为在坐标 $\boldsymbol{r}$ 表象中 $\hat{H}'_{\mu\nu}$ 可表达为

$$\begin{aligned}H'_{\mu\nu}&=\langle nl'm'|\hat{H}'|nlm\rangle=\int \mathrm{d}^3x\mathrm{d}^3x'\langle nl'm'|\boldsymbol{r}'\rangle\langle\boldsymbol{r}'|\hat{H}'|\boldsymbol{r}\rangle\langle\boldsymbol{r}|nlm\rangle\\&=-\int\psi^*_{nl'm'}(r,\theta,\varphi)e\mathcal{E}r\cos\theta\psi_{nlm}(r,\theta,\varphi)r^2\sin\theta\mathrm{d}r\mathrm{d}\theta\mathrm{d}\varphi\\&=-e\mathcal{E}\int\mathrm{d}rr^3R_{nl'}(r)R_{nl}(r)\int\mathrm{d}\theta\mathrm{d}\varphi\sin\theta\mathrm{Y}^*_{l'm'}(\theta,\varphi)\cos\theta\mathrm{Y}_{lm}(\theta,\varphi).\end{aligned}$$

利用公式

$$\cos\theta\mathrm{Y}_{l,m}(\theta,\varphi)=a_{l,m}\mathrm{Y}_{l+1,m}(\theta,\varphi)+a_{l-1,m}\mathrm{Y}_{l-1,m}(\theta,\varphi),$$

$$a_{l,m} = \sqrt{\frac{(l+1)^2 - m^2}{(2l+1)(2l+3)}},$$

只当两个态的角量子数差 $\Delta l = \pm 1$, 磁量子数相同 $(\Delta m = 0)$ 时, $\hat{H}'$ 的矩阵元才不为零. 另外, 由于 $H'_{\mu\nu}$ 是厄米算符 $\hat{H}'$ 的矩阵, 它一定是厄米矩阵, 即有 $H'_{\mu\nu} = H'^{*}_{\nu\mu}$, 又 $H'_{\mu\nu}$ 为实矩阵, 所以有 $H'_{\mu\nu} = H'_{\nu\mu}$. 因此, 从以上两点讨论可知, 不为零的矩阵元为

$$H'_{12} = H'_{21} = -e\mathcal{E}\sqrt{\frac{1}{3}}\int_0^{\infty} r^3 R_{20}^2(r)\mathrm{d}r = -3e\mathcal{E}a. \tag{6.49}$$

久期方程 (6.48) 可表示为

$$\begin{bmatrix} -E^{(1)} & -3e\mathcal{E}a & 0 & 0 \\ -3e\mathcal{E}a & -E^{(1)} & 0 & 0 \\ 0 & 0 & -E^{(1)} & 0 \\ 0 & 0 & 0 & -E^{(1)} \end{bmatrix} \begin{pmatrix} c_1 \\ c_2 \\ c_3 \\ c_4 \end{pmatrix} = 0, \tag{6.50}$$

它有非平庸解的条件为

$$\begin{vmatrix} -E^{(1)} & -3e\mathcal{E}a & 0 & 0 \\ -3e\mathcal{E}a & -E^{(1)} & 0 & 0 \\ 0 & 0 & -E^{(1)} & 0 \\ 0 & 0 & 0 & -E^{(1)} \end{vmatrix} = 0,$$

即

$$(-E^{(1)})^2 \begin{vmatrix} -E^{(1)} & -3e\mathcal{E}a \\ -3e\mathcal{E}a & -E^{(1)} \end{vmatrix} = (E^{(1)})^2\left[(E^{(1)})^2 - (3e\mathcal{E}a)^2\right] = 0,$$

解出得

$$E^{(1)} = \pm 3e\mathcal{E}a, 0, 0. \tag{6.51}$$

可见, 尚有两个为 0 的重根, 简并部分解出. 原来四度简并的能级分裂为三个能级 (图 6.1). 这样, 原来氢原子巴耳末线系的第一条谱线分裂为三条相近的谱线, 谱线分裂宽度

$$\Delta\nu = \frac{\Delta E}{h} = \frac{3ea}{h}\mathcal{E} \tag{6.52}$$

正比于电场强度 $\mathcal{E}$.

用 $E^{(1)} = 3e\mathcal{E}a$ 代入久期方程 (6.50), 求出 $c_2/c_1 = -1$, $c_3 = c_4 = 0$. 因此, 归一化波函数可表示为

$$|\psi_1^{(0)}\rangle = \frac{1}{\sqrt{2}}(|200\rangle - |210\rangle), \tag{6.53}$$

相应能量为

$$-\frac{e_s^2}{2a} \cdot \frac{1}{2^2} + 3e\mathcal{E}a. \tag{6.54}$$

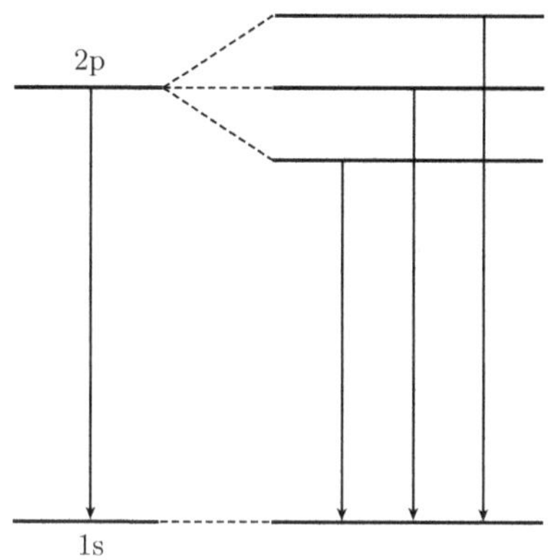

图 6.1 氢原子 Lyman 线系第一条谱线在电场中的分裂

用 $E^{(1)} = -3e\mathcal{E}a$ 代入久期方程 (6.50), 求出 $c_2/c_1 = 1$, $c_3 = c_4 = 0$, 所以

$$|\psi_2^{(0)}\rangle = \frac{1}{\sqrt{2}}(|200\rangle + |210\rangle), \tag{6.55}$$

相应能量为

$$-\frac{e_s^2}{2a} \cdot \frac{1}{2^2} - 3e\mathcal{E}a. \tag{6.56}$$

$E^{(1)} = 0$ 是二重根, 代入久期方程, 得 $c_1 = c_2 = 0$, c_3 和 c_4 为不同时为零的常数, 不能唯一确定. 这是源于简并未完全解除, 仍用原来的零级波函数标记

$$|\psi_3^{(0)}\rangle = |211\rangle, \quad |\psi_4^{(0)}\rangle = |21-1\rangle. \tag{6.57}$$

这样, 仍可以保证波函数的正交归一性.

从另一个角度看, 电偶极矩 $\boldsymbol{D}$ 在电场中的能量为 $\Delta E = -\boldsymbol{D} \cdot \boldsymbol{\mathcal{E}} = -D\mathcal{E}\cos\theta$, 故可认为处于零级近似态 $|\psi_i^{(0)}\rangle (i = 1, 2, 3, 4)$ 的氢原子在电场中被极化, 产生大小为 $D = 3ea$ 的电偶极矩. 在 $|\psi_1^{(0)}\rangle$ 和 $|\psi_2^{(0)}\rangle$ 态中, 电偶极矩取向分别与外电场平行 $(\theta = 0)$ 和反平行 $(\theta = \pi)$, 而在 $|\psi_3^{(0)}\rangle$ 和 $|\psi_4^{(0)}\rangle$ 态中, 电偶极矩取向与外电场垂直 $(\theta = \pi/2)$.

6.4 变分原理及变分法

仅当体系的哈密顿算符能分成两部分 $\hat{H}_0 + \varepsilon\hat{W}$, 且 $\hat{H}_0|\psi^{(0)}\rangle = E^{(0)}|\psi^{(0)}\rangle$ 的解容易求出或已知, 而 $\hat{H}' = \varepsilon\hat{W}$ 为一小量算符 $(\varepsilon \ll 1)$ 时, 定态微扰论对于逐级求出

$\hat{H}|\psi\rangle = E|\psi\rangle$ 的近似解是很有用的. 然而, 并非所有情况下哈密顿算符都能这样划分. 在处理这类问题时的一种非常有效的方法是变分法, 它主要用于计算复杂体系的基态, 尽管它用于激发态也是可行的.

定理 6.1　设 $\hat{H}$ 为体系的哈密顿算符, $|\psi\rangle$ 是希尔伯特空间中的任意态矢, 而能量平均值

$$E[\psi] = \frac{\langle\psi|\hat{H}|\psi\rangle}{\langle\psi|\psi\rangle} \tag{6.58}$$

可视为态矢 $|\psi\rangle$ 的泛函, 则任何使此泛函稳定的态矢 $|\psi\rangle$ 都是 $\hat{H}$ 的本征态, 且对这样选择的态矢, 泛函 $E[\psi]$ 的值就是 $|\psi\rangle$ 的相应本征值.

这个定理指出: 在希尔伯特空间中, $\hat{H}$ 的本征方程 $\hat{H}|\psi\rangle = E|\psi\rangle$ 等价于变分方程

$$\delta E[\psi] = 0. \tag{6.59}$$

证明　将能量平均值方程改写为如下形式 $\langle\psi|\hat{H}|\psi\rangle = E\langle\psi|\psi\rangle$, 对 $|\psi\rangle$ 作变分 $|\delta\psi\rangle$, 并记泛函 E 的相应改变为 δE, 则

$$\langle\delta\psi|\hat{H}|\psi\rangle + \langle\psi|\hat{H}|\delta\psi\rangle = \delta E\langle\psi|\psi\rangle + E\langle\delta\psi|\psi\rangle + E\langle\psi|\delta\psi\rangle, \tag{6.60a}$$

或

$$\delta E\langle\psi|\psi\rangle = \langle\delta\psi|(\hat{H}-E)|\psi\rangle + \langle\psi|(\hat{H}-E)|\delta\psi\rangle, \tag{6.60b}$$

只要 $\langle\psi|\psi\rangle$ 保持有限, 即平方可积性, 变分方程 $\delta E = 0$ 就等效于

$$\langle\delta\psi|(\hat{H}-E)|\psi\rangle + \langle\psi|(\hat{H}-E)|\delta\psi\rangle = 0,$$

这里 $|\delta\psi\rangle$ 是 $|\psi\rangle$ 的变分, 而 $\langle\delta\psi|$ 是 $|\psi\rangle$ 的共轭态矢 $\langle\psi|$ 的变分, 因而变分 $|\delta\psi\rangle$ 和 $\langle\delta\psi|$ 是不独立的. 但上式对任意 $|\delta\psi\rangle$ 成立, 不妨将 $|\delta\psi\rangle$ 换为 $\mathrm{i}|\delta\psi\rangle$, 于是得到

$$-\mathrm{i}\langle\delta\psi|(\hat{H}-E)|\psi\rangle + \mathrm{i}\langle\psi|(\hat{H}-E)|\delta\psi\rangle = 0,$$

由上述两个方程, 可以导出两个等效的方程

$$\langle\delta\psi|(\hat{H}-E)|\psi\rangle = 0, \quad \langle\psi|(\hat{H}-E)|\delta\psi\rangle = 0.$$

如果我们承认 $|\delta\psi\rangle$ 和 $\langle\delta\psi|$ 是任意的, 且是独立的, 则这两个方程与单个方程等价. 因此, 尽管 $|\delta\psi\rangle$ 和 $\langle\delta\psi|$ 不独立, 但它们可以被当成独立的来处理. 于是

$$(\hat{H}-E)|\psi\rangle = 0, \quad \langle\psi|(\hat{H}-E) = 0.$$

取 $\langle\psi|(\hat{H}-E) = 0$ 的厄米共轭, 得

$$(\hat{H}^{\dagger}-E)|\psi\rangle = 0.$$

再利用是厄米算符 ($\hat{H}^\dagger = \hat{H}$) 可知, 两个方程是等同的. 因此, 任何使 E 稳定的态矢 $|\psi\rangle$ 是 $\hat{H}$ 的本征态, 并且泛函 E 的稳定值就是 $\hat{H}$ 的相应本征值.

反过来, 凡满足 $\hat{H}$ 的本征方程的本征态必定使能量平均值稳定. 设 $\hat{H}|\psi_\lambda\rangle = E_\lambda|\psi_\lambda\rangle$, E_λ 是实本征值, $|\psi_\lambda\rangle$ 是相应的本征态, 则

$$E_\lambda = \langle\psi_\lambda|\hat{H}|\psi_\lambda\rangle,$$

这里已设定本征态 $|\psi_\lambda\rangle$ 归一化

$$\langle\psi_\lambda|\psi_\lambda\rangle = 1. \tag{6.61}$$

让 $|\psi_\lambda\rangle$ 作变分 $|\delta\psi_\lambda\rangle$, 相应地能量 E_λ 的改变为 δE_λ, 则

$$\delta E_\lambda = \langle\delta\psi_\lambda|\hat{H}|\psi_\lambda\rangle + \langle\psi_\lambda|\hat{H}|\delta\psi_\lambda\rangle = E_\lambda[\langle\delta\psi_\lambda|\psi_\lambda\rangle + \langle\psi_\lambda|\delta\psi_\lambda\rangle]. \tag{6.62}$$

同时, 为保证归一化, $|\psi_\lambda\rangle$ 的变化应受到限制

$$\langle\delta\psi_\lambda|\psi_\lambda\rangle + \langle\psi_\lambda|\delta\psi_\lambda\rangle = 0, \tag{6.63}$$

代入式 (6.62), 可得

$$\delta E_\lambda = 0, \tag{6.64}$$

也就是说, 从 $\hat{H}$ 的本征方程求出的本征态, 一定使能量平均值取稳定值.

定理 6.2 设 $\hat{H}$ 是有下限的厄米算符, 而 $|n\rangle$ 是 $\hat{H}$ 的属于本征值 E_n 的正交归一本征态, 即 $\hat{H}|n\rangle = E_n|n\rangle$, $\langle n|n\rangle = 1$, $n = 0, 1, 2, \cdots$, 且 $E_0 \leqslant E_1 \leqslant \cdots$, 则 $\hat{H}$ 对任意态矢 $|\psi\rangle$ 的平均值

$$E = \frac{\langle\psi|\hat{H}|\psi\rangle}{\langle\psi|\psi\rangle} \tag{6.65}$$

的最小值为

(1) E_0, $|\psi\rangle$ 为任意态矢;

(2) E_1, $|\psi\rangle$ 为满足 $\langle 0|\psi\rangle = 0$ 的任意态矢;

(3) E_n, $|\psi\rangle$ 为满足 $\langle 0|\psi\rangle = \langle 1|\psi\rangle = \cdots = \langle n-1|\psi\rangle = 0$ 的任意态矢.

所谓有下限的算符 $\hat{H}$ 是指, 对任意态矢 $|\psi\rangle$, 式 (6.65) 总是大于某一个固定的常数.

证明 对任意态矢 $|\psi\rangle$ 作变分 $|\delta\psi\rangle$, 相应地, 泛函的改变为 δE, 则有

$$\delta E = \frac{1}{\langle\psi|\psi\rangle}\{\langle\delta\psi|(\hat{H} - E)|\psi\rangle + \langle\psi|(\hat{H} - E)|\delta\psi\rangle\}.$$

令 $(\hat{H} - E)|\psi\rangle = f$, 并设 $\delta\psi = \varepsilon f, \varepsilon > 0$ 为无穷小常数, 则

$$\delta E = \frac{2}{\langle\psi|\psi\rangle}\varepsilon f^\dagger f \geqslant 0.$$

若要求取极值, 即 $\delta E=0$, 则 $f=0$, 即要求 $|\psi\rangle$ 满足

$$(\hat{H}-E)|\psi\rangle=0.$$

此即 E 和 $|\psi\rangle$ 是 $\hat{H}$ 的本征值和本征函数, 而 $\hat{H}$ 的最小本征值为 E_0. 因此

$$E=\frac{\langle\psi|\hat{H}|\psi\rangle}{\langle\psi|\psi\rangle}\geqslant E_0. \tag{6.66}$$

试取一组正交基 $|\nu_i\rangle(i=0,1,2,\cdots)$, 并让 $|\nu_0\rangle=|0\rangle$. 先考虑由 $|\nu_i\rangle(i\geqslant 1)$ 所张开的子空间, 所有与 $|0\rangle$ 正交的态矢都属于这个子空间. 设 ψ 是属于此子空间的任意态矢 ψ, 则

$$\langle 0|\hat{H}|\psi\rangle=E_0\langle 0|\psi\rangle=0$$

所以 $\hat{H}|\psi\rangle$ 也属于 $|\nu_i\rangle(i\geqslant 1)$ 所张子空间. 在 $|\nu_i\rangle(i\geqslant 1)$ 所张子空间中重复前面的论点, 即可证, 对任意满足 $\langle 0|\psi\rangle=0$ 的态矢 $|\psi\rangle$, 有

$$E=\frac{\langle\psi|\hat{H}|\psi\rangle}{\langle\psi|\psi\rangle}\geqslant E_1. \tag{6.67}$$

依次类推, 设 $|\psi\rangle$ 满足条件 $\langle 0|\psi\rangle=\langle 1|\psi\rangle=\cdots=\langle n-1|\psi\rangle=0$, 则有

$$E=\frac{\langle\psi|\hat{H}|\psi\rangle}{\langle\psi|\psi\rangle}\geqslant E_n. \tag{6.68}$$

在自然界中真实存在的物理体系的哈密顿算符的本征值都是有下限的, 否则体系不稳定. 因此, 上述定理实际上给出了用变分原理求基态和激发态的方法, 那就是, 根据具体问题的特点先对波函数作一定的限制, 即选择某种在数学形式上比较简单, 在物理上也比较合理的试探波函数, 然后给出该试探波函数形式下的能量平均值 $\langle\hat{H}\rangle$, 并让 $\langle\hat{H}\rangle$ 取极小值, 从而定出在所取试探形式下的最好的波函数, 用它作为严格解的近似. 其一般步骤是, 先用变分法求基态的波函数, 然后求激发态的波函数. 例如, 求第一激发态的波函数, 试取为 $|\psi_1\rangle$. 先要求此波函数与已求出的基态波函数 $|\psi_0\rangle$ 正交. 若 $|\psi_1\rangle$ 与 $|\psi_0\rangle$ 不正交, $\langle\psi_1|\psi_0\rangle\neq 0$, 可把 $|\psi_1\rangle$ 换成 $|\psi_1'\rangle=|\psi_1\rangle-\langle\psi_1|\psi_0\rangle|\psi_0\rangle$, 则 $|\psi_1'\rangle$ 与 $|\psi_0\rangle$ 正交, $\langle\psi_1'|\psi_0\rangle=0$. 再利用与处理基态相似的办法来处理. 若要找第二激发态, 则要求试探波函数与已求出的基态和第一激发态波函数都正交. 由此可见, 用变分法求基态波函数和能量是比较方便的, 而处理激发态比较麻烦, 而且近似性也比较差. 但在很多情况下由于对称性考虑, 这些正交性条件是自动满足的. 例如, 对角动量守恒的体系, 由于各态的角量子数不同, 它们的正交性可自动得到满足.

正因为变分法求激发态的能量和波函数的近似值时, 先要逐次求出所有低能态的能级和波函数, 并且要求所选择的尝试波函数与所有低能级的波函数正交, 而且

很难估计所求近似结果的误差. 所以, 人们往往把变分法与其他方法 (如微扰论) 结合, 在实际应用中显得更有效. 变分原理的具体形式有多种, 也不仅仅限于求束缚态问题, 在其他问题中都有非常广泛而深入的应用. 例如, 变分法能够用于计算散射振幅. 以下仅介绍求束缚态问题的两种具体方法.

1. 里兹 (Ritz) 变分法

里兹方法是求体系基态近似能量和波函数的方法, 其基本步骤是首先选定体系的含有待定参数 $c_1, c_2, \cdots$ 的基态试探波函数

$$\psi(\boldsymbol{r}, c_1, c_2, \cdots),$$

用此波函数计算能量平均值

$$\langle H\rangle = \frac{\displaystyle\int \psi^* \hat{H}\psi \mathrm{d}\tau}{\displaystyle\int \psi^*\psi \mathrm{d}\tau},$$

求 $\langle H\rangle$ 的极值, $\delta\langle H\rangle = 0$, 即

$$\sum_i \frac{\partial\langle H\rangle}{\partial c_i}\delta c_i = 0. \tag{6.69}$$

由于 δc_i 是任意的, 所以

$$\frac{\partial\langle H\rangle}{\partial c_i} = 0, \quad i = 1, 2, 3, \cdots. \tag{6.70}$$

这就是 c_i 满足的方程. 解出上列方程组, 求得 c_i, 代入 $\langle H\rangle$ 与 ψ, 分别求得近似基态能量及基态波函数.

2. 瑞利–里兹 (Rayleigh-Ritz) 线性变分法

最方便的变分函数是采用一组固定的线性独立的函数 $\phi_1, \phi_2, \phi_3, \cdots$, 为一组坐标空间中的正交归一基矢, 则体系的哈密顿算符的本征方程

$$\hat{H}|\psi\rangle = E|\psi\rangle$$

的近似解为

$$|\psi\rangle = \sum_{i=1}^{N} c_i|\phi_i\rangle, \tag{6.71}$$

线性组合系数 c_i 为待定参数. 将式 (6.71) 代入式 (6.70), 得

$$\sum_{j=1}^{N}\langle\phi_i|\hat{H}|\phi_j\rangle c_j = Ec_i, \tag{6.72}$$

定义 $H_{ij}=\langle\phi_i|\hat{H}|\phi_j\rangle$, 式 (6.72) 改写为

$$\sum_j (H_{ij}-E\delta_{ij})c_j=0. \tag{6.73}$$

这是含有 N 个独立变量 $c_i(i=1,2,\cdots,N)$ 的齐次方程组, 它有非零解的条件是其系数行列式为零, 即

$$\det|H_{ij}-E\delta_{ij}|=0.$$

解这个行列式, 即可得其能量本征值 $E_i^N(i=1,2,\cdots,N)$. 将每一个能量本征值 E_i^N 代入式 (6.73), 可确定一组待定参数 $c_j^i(j=1,2,\cdots,N)$, 再代入式 (6.71), 就确定了相应的近似本征函数 $|\psi\rangle$. 如果 $\hat{H}$ 的本征方程决定的本征谱是正定的, 那么

$$E_i\leqslant E_i^N,\quad i=1,2,\cdots,N. \tag{6.74}$$

这里 E_i 是 $\hat{H}$ 的真实本征值, E_i^N 是 $\hat{H}$ 的矩阵方程的本征值. 因此, 如果选择的基 $|\phi_i\rangle$ 中还含有变分参数, 这些变分参数应如此决定, 以保证 E_i^N 取极小值.

6.5 氦原子及类氦离子的基态

氦原子及类氦离子 (如Li^+、Be^{2+}、B^{3+}、C^{4+} 等) 由带正电量 Ze 的原子核和核外两个电子组成, 由于核的质量比电子大得多, 而被认为是静止不动的. 这样, 氦原子的哈密顿量为

$$\hat{H}=-\frac{\hbar^2}{2m}\nabla_1^2-\frac{Ze_{\rm s}^2}{r_1}-\frac{\hbar^2}{2m}\nabla_2^2-\frac{Ze_{\rm s}^2}{r_2}+\frac{e_{\rm s}^2}{r_{12}}, \tag{6.75}$$

式中, m 为电子质量, r_1 和 r_2 分别为两电子到核的距离, 而 r_{12} 是两电子间的距离. 可以看出, $\hat{H}$ 由三部分组成, 其中

$$\hat{H}_i=-\frac{\hbar^2}{2m}\nabla_i^2-\frac{Ze_{\rm s}^2}{r_i},\quad i=1,2$$

分别是原子核核场中两个电子的哈密顿, 而最后一项

$$\hat{H}_{12}=\frac{e_{\rm s}^2}{r_{12}}$$

是两个电子间的库仑相互作用能.

若 $\hat{H}$ 中不含 $\hat{H}_{12}$ 项, 即不含两电子间的相互作用项, 则两个电子分别在原子核库仑引力场中互不相关地运动, 其基态是两个电子均处于 1s 轨道, 基态波函数是两个类氢原子基态波函数的乘积. 考虑到每个电子感受到的原子核的库仑引力会

因 $\hat{H}_{12}$ 项的存在而受到另一个电子的屏蔽, 致使核的有效电荷小于 Ze, 因此, 选择试探波函数为

$$\psi(\boldsymbol{r}_1,\boldsymbol{r}_2)=\psi_{100}(\boldsymbol{r}_1)\psi_{100}(\boldsymbol{r}_2)=\frac{Z'^3}{\pi a^3}\mathrm{e}^{-\frac{Z'}{a}(\boldsymbol{r}_1+\boldsymbol{r}_2)}, \tag{6.76}$$

其中有效核电荷数 Z' 看成变分参数, $\psi_{100}(\boldsymbol{r})$ 具有类氢原子基态波函数形式

$$\psi_{100}(\boldsymbol{r})=R_{10}(r)\mathrm{Y}_{00}(\hat{r})=\frac{1}{\sqrt{4\pi}}\left(\frac{Z'}{a}\right)^{3/2}2\mathrm{e}^{-Z'r/a}, \tag{6.77}$$

并满足方程

$$\left(-\frac{\hbar^2}{2m}\nabla_i^2-\frac{Z'e_\mathrm{s}^2}{r_i}\right)\psi_{100}(\boldsymbol{r}_i)=-\frac{Z'^2e_\mathrm{s}^2}{2a}\psi_{100}(\boldsymbol{r}_i). \tag{6.78}$$

哈密顿算符式 (6.75) 对试探波函数式 (6.76) 的平均值为

$$\begin{aligned}\langle\hat{H}\rangle=&\int\psi^*(r_1,r_2)\left[-\frac{\hbar^2}{2m}\nabla_1^2-\frac{Ze_\mathrm{s}^2}{r_1}-\frac{\hbar^2}{2m}\nabla_2^2-\frac{Ze_\mathrm{s}^2}{r_2}+\frac{e_\mathrm{s}^2}{r_{12}}\right]\psi(r_1,r_2)\mathrm{d}\tau_1\mathrm{d}\tau_2\\=&\int\psi^*(r_1,r_2)\left[-\frac{\hbar^2}{2m}\nabla_1^2-\frac{Z'e_\mathrm{s}^2}{r_1}-\frac{\hbar^2}{2m}\nabla_2^2-\frac{Z'e_\mathrm{s}^2}{r_2}\right]\psi(r_1,r_2)\mathrm{d}\tau_1\mathrm{d}\tau_2\\&+\int\psi^*(r_1,r_2)\left[\frac{(Z'-Z)e_\mathrm{s}^2}{r_1}+\frac{(Z'-Z)e_\mathrm{s}^2}{r_2}\right]\psi(r_1,r_2)\mathrm{d}\tau_1\mathrm{d}\tau_2\\&+\int\psi^*(r_1,r_2)\frac{e_\mathrm{s}^2}{r_{12}}\psi(r_1,r_2)\mathrm{d}\tau_1\mathrm{d}\tau_2.\end{aligned} \tag{6.79}$$

现将这三项积分计算如下:

第一积分中, r_1 和 r_2 的地位对称, 积分应为只有 r_1 项积分的两倍, 再利用式 (6.78), 可得

$$\begin{aligned}I_1=&\int\psi^*(r_1,r_2)\left[-\frac{\hbar^2}{2m}\nabla_1^2-\frac{Z'e_\mathrm{s}^2}{r_1}-\frac{\hbar^2}{2m}\nabla_2^2-\frac{Z'e_\mathrm{s}^2}{r_2}\right]\psi(r_1,r_2)\mathrm{d}\tau_1\mathrm{d}\tau_2\\=&2\int\psi_{100}^*(r_1)\left[-\frac{\hbar^2}{2m}\nabla_1^2-\frac{Z'e_\mathrm{s}^2}{r_1}\right]\psi_{100}(r_1)\mathrm{d}\tau_1\\=&-\frac{Z'^2e_\mathrm{s}^2}{a}.\end{aligned} \tag{6.80}$$

第二积分中, 由于同样的理由, 积分应为只有 r_1 项积分的 2 倍, 可得

$$\begin{aligned}I_2=&\int\psi^*(r_1,r_2)\left[\frac{(Z'-Z)e_\mathrm{s}^2}{r_1}+\frac{(Z'-Z)e_\mathrm{s}^2}{r_2}\right]\psi(r_1,r_2)\mathrm{d}\tau_1\mathrm{d}\tau_2\\=&2\int\psi_{100}^*(r_1)\frac{(Z'-Z)e_\mathrm{s}^2}{r_1}\psi_{100}(r_1)\mathrm{d}\tau_1\end{aligned}$$

$$
\begin{aligned}
&=2\left(\frac{Z'^3}{\pi a^3}\right)(Z'-Z)e_s^2 4\pi\int_0^\infty \mathrm{e}^{-2\frac{Z'}{a}r_1}\frac{1}{r_1}r_1^2\mathrm{d}r_1\\
&=2\left(\frac{Z'^3}{\pi a^3}\right)(Z'-Z)e_s^2 4\pi\times\left(\frac{a}{2Z'}\right)^2\\
&=\frac{2Z'(Z'-Z)e_s^2}{a}.
\end{aligned}\tag{6.81}
$$

计算第三项积分时, 利用公式

$$
\frac{1}{r_{12}}=\frac{1}{|\boldsymbol{r}_1-\boldsymbol{r}_2|}=\begin{cases}\dfrac{1}{r_1}\displaystyle\sum_{l=0}^{\infty}\left(\frac{r_2}{r_1}\right)^l \mathrm{P}_l(\cos\theta), & r_2<r_1;\\ \dfrac{1}{r_2}\displaystyle\sum_{l=0}^{\infty}\left(\frac{r_1}{r_2}\right)^l \mathrm{P}_l(\cos\theta), & r_2>r_1,\end{cases}
$$

$$
\mathrm{P}_l(\cos\theta)=\frac{4\pi}{2l+1}\sum_{m=-l}^{l}\mathrm{Y}_{lm}^*(\theta_1,\varphi_1)\mathrm{Y}_{lm}(\theta_2,\varphi_2),
$$

其中, θ 是 $\boldsymbol{r_1}$ 与 $\boldsymbol{r_2}$ 的夹角, 可得

$$
\begin{aligned}
I_3=&\int\psi^*(r_1,r_2)\frac{e_s^2}{r_{12}}\psi(r_1,r_2)\mathrm{d}\tau_1\mathrm{d}\tau_2=(4\pi)^2\left(\frac{Z'^3}{\pi a^3}\right)^2 e_s^2\int_0^\infty \mathrm{d}r_1 r_1^2\mathrm{e}^{-\frac{2Z'}{a}r_1}\\
&\times\left[\int_0^{r_1}\frac{1}{r_1}\mathrm{e}^{-\frac{2Z'}{a}r_2}r_2^2\mathrm{d}r_2+\int_{r_1}^{\infty}\frac{1}{r_2}\mathrm{e}^{-\frac{2Z'}{a}r_2}r_2^2\mathrm{d}r_2\right]\\
=&\frac{5Z'e_s^2}{8a}.
\end{aligned}\tag{6.82}
$$

将式 (6.80)、式 (6.81) 和式 (6.82) 代入式 (6.79), 可得

$$
\begin{aligned}
\langle\hat{H}\rangle&=-Z'^2\frac{e_s^2}{a}+2Z'(Z'-Z)\frac{e_s^2}{a}+\frac{5}{8}Z'\frac{e_s^2}{a}\\
&=\left[Z'^2-2Z'\left(Z-\frac{5}{16}\right)\right]\frac{e_s^2}{a}.
\end{aligned}\tag{6.83}
$$

由极值条件

$$
\frac{\partial\langle\hat{H}\rangle}{\partial Z'}=\frac{e_s^2}{a}\left[Z'-\left(Z-\frac{5}{16}\right)\right]=0,
$$

可得

$$
Z'=Z-\frac{5}{16},\tag{6.84}
$$

代入式 (6.83), 可得基态能量近似值为

$$
E_{\text{var}}=-\left(Z-\frac{5}{16}\right)^2\frac{e_s^2}{a}.\tag{6.85}
$$

如果把电子相互作用项 $\hat{H}_{12} = e_s^2/r_{12}$ 认为是微扰, 一级微扰能量可通过令式 (6.83) 中 $Z' = Z$ 而得到, 即

$$E_{\text{pert}} = -\left(Z^2 - \frac{5}{8}Z\right)\frac{e_s^2}{a}. \tag{6.86}$$

将变分法计算与一级微扰论计算结果比较是有意义的, 二者有如下关系

$$E_{\text{var}} = E_{\text{pert}} - \frac{25}{256}\frac{e_s^2}{a}. \tag{6.87}$$

因此变分法所得数值比微扰计算得出的数值小一个与 Z 无关的量, 即

$$\frac{25}{256}\frac{e_s^2}{a} = 2.637\text{eV}. \tag{6.88}$$

实验上通常是测量原子的离化能 I, 即从原子中剥夺一个电子使之电离所需的能量. 对氦原子或类氦离子, 当电离一个电子后, 剩下一个电子仍处于 1s 轨道, 按类氢原子能量公式, 它的能量为 $-e_s^2Z^2/2a$. 因此, 离化能量的变分法的计算结果为

$$I = -\frac{e_s^2 Z^2}{2a} + \left(Z - \frac{5}{16}\right)^2 \frac{e_s^2}{a} = \frac{1}{2}Z\left(Z - \frac{5}{4}\right)\frac{e_s^2}{a} + \left(\frac{5}{16}\right)^2 \frac{e_s^2}{a}, \tag{6.89}$$

而一级微扰论计算结果为

$$I = -\frac{e_s^2 Z^2}{2a} - \left(-Z^2 + \frac{5}{8}Z\right)\frac{e_s^2}{a} = \frac{1}{2}Z\left(Z - \frac{5}{4}\right)\frac{e_s^2}{a}. \tag{6.90}$$

表 6.1 给出了计算结果与实验观测值的比较. 可以看出, 计算值与观测值符合得很好, 特别是 Z 越大的离子, 计算值与观测值的相对偏离越小. 这应该与人们所期望的一致, 因为 Z 越大的离子, 相对于原子核的库仑吸引力来说, 电子之间库仑斥力的重要性就越小. 还可以看出, 变分法的计算值更接近于观测值. 这是因为氦原子及类氦离子的波函数在 $Z - 5/16$ 而不是 Z 时给出最好的能量值. 这个结果印证了每个电子屏蔽原子核对另一个电子的作用, 使有效的核电荷减少了电子电荷的 5/16.

表 6.1 类氦离子的基态能量及离化能 (单位: eV)

类氢原子	Z	$E_{实}$	$E_{计（微扰）}$	$E_{计（变分法）}$	$I_{实}$	$I_{计（微扰）}$	$I_{计（变分法）}$
He	2	−79.010	−74.828	−77.485	24.590	20.408	23.065
Li^+	3	−198.087	−193.871	−196.528	71.426	71. 426	74.083
Be^{++}	4	−371.574	−367.335	−369.992	153.894	147. 655	152.312
B^{3+}	5	−599.495	−595.219	−597.876	259.370	255.094	257.751
C^{4+}	6	−881.876	−877.523	−880.180	392.096	387.743	390.400
N^{5+}	7	−1218.709	−1214.246	−1216.903	52.064	547.601	550.258
O^{6+}	8	−1610.016	−1605.390	−1608.047	739.296	34.670	737.327

习　题

6.1　求证非简并能级 $E_k^{(0)}$ 的二级修正项可表示为 $E_k^{(2)} = (\psi_k^{(0)}, \hat{H}'\psi_k^{(1)})$. 因此, 如求得波函数的一级修正 $\psi_k^{(1)}$, 则利用上式即可求出能量二级修正.

6.2　求证非简并能级 $E_k^{(0)}$ 的三级修正项 $E_k^{(3)}$ 可以表成

$$\sum_{n,m\neq k} \frac{H'_{kn}H'_{nm}H'_{mk}}{(E_k^{(0)} - E_n^{(0)})(E_k^{(0)} - E_m^{(0)})} - H'_{kk}\sum_{n\neq k} \frac{|H'_{nk}|^2}{(E_k^{(0)} - E_n^{(0)})^2},$$

而

$$E_k^{(3)} = (\psi_k^{(1)}, (\hat{H}' - E_k^{(1)})\psi_k^{(1)}),$$

即能量的三级修正是 $\hat{H}' - E_k^{(1)}$ 在波函数一级修正项 $\psi_k^{(1)}$ 下的平均值.

6.3　一维无限深势阱 $(0 < x < a)$ 中的粒子, 受到微扰

$$H'(x) = \begin{cases} 2\lambda\dfrac{x}{a}, & 0 < x < \dfrac{a}{2}; \\ 2\lambda\left(1 - \dfrac{x}{a}\right), & \dfrac{a}{2} < x < a \end{cases}$$

的作用, 求基态能量的一级修正.

6.4　一个粒子在二维无限深势阱

$$V(x,y) = \begin{cases} 0, & 0 < x, y < a; \\ \infty, & x, y < 0,\ x, y > a \end{cases}$$

中运动, 现加上微扰 $\hat{H}' = \lambda xy$, $0 \leqslant x, y \leqslant a$, 求基态及第一激发态的能量修正.

6.5　实际原子核不是一个点电荷, 它具有一定大小, 可近似视为半径为 R 的均匀分布球体. 试用微扰论估计这种非点电荷效应对原子的 1s 能级的修正 (假设 1s 电子波函数近似取为类氢原子的 1s 态波函数). 提示: 均匀分布于半径为 R 的球内的电荷 Ze 产生的静电势为

$$\varphi(r) = \begin{cases} \dfrac{Ze}{4\pi\varepsilon_0 R}\left(\dfrac{3}{2} - \dfrac{1}{2}\dfrac{r^2}{R^2}\right), & r < R; \\ \dfrac{Ze}{4\pi\varepsilon_0 r}, & r > R. \end{cases}$$

非点电荷效应看成微扰

$$\hat{H}' = \begin{cases} -\dfrac{Ze_s^2}{R}\left(\dfrac{3}{2} - \dfrac{1}{2}\dfrac{r^2}{R^2}\right) + \dfrac{Ze_s^2}{r}, & r < R; \\ 0, & r > R. \end{cases}$$

6.6　求氢原子的 $n = 3$ 能级在外电场中的斯塔克分裂.

6.7　质量为 m 的粒子在汤川势阱 $V(r)=-V_0\dfrac{a}{r}\mathrm{e}^{-r/a}(V_0, a>0)$ 中运动, 用变分法估算形成束缚态所需临界 V_0 值. 提示: 取试探波函数 $\psi(\lambda, r)=\exp\left(-\dfrac{\lambda}{2a}r\right)$, λ 为变分参数.

6.8　设体系的哈密顿算符为 $\hat{H}$, 能级为 $E_1, E_2, \cdots, E_n, \cdots$, ψ 为归一化的试探波函数 (作为基态波函数的近似). 令

$$K_n=\langle\psi|\hat{H}^n|\psi\rangle,\quad n=1,2,3,\cdots,$$

证明:

$$K_1-\sqrt{K_2-K_1^2}\leqslant E_1\leqslant K_1,$$

此式给出了基态能级 E_1 的上限和下限.

第7章 量子跃迁

7.1 含时微扰论——量子跃迁概率

在实际问题中, 往往要计算在某种外界作用下体系在定态之间的跃迁概率. 这是在含时扰动 $V(t)$ 的影响下发生的问题, 即外界扰动一个体系, 使之状态发生跃迁. 这种跃迁是 $V(t)$ 在有限时间间隔 $t=0$ 到 $t=T$ 内作用于体系而引起的. 在 $V(t)$ 作用下, 波函数随时间的演化由薛定谔方程给出, 但解此方程一般有很大困难, 仅对弱势 $V(t)$ 引发的跃迁可视为微扰问题.

现假定在无外界作用时, 已知体系的不显含时哈密顿算符 $\hat{H}_0$ 的本征态方程的解为

$$\hat{H}_0|\psi_n\rangle = E_n|\psi_n\rangle, \tag{7.1}$$

那么含时波函数

$$\psi_n(t) = |\psi_n\rangle e^{-iE_nt/\hbar} \tag{7.2}$$

是方程

$$i\hbar\frac{\partial}{\partial t}|\psi_n(t)\rangle = \hat{H}_0|\psi_n(t)\rangle \tag{7.3}$$

的解. 假定初始 $t=0$ 时刻, 体系处于 $|\psi_k(0)\rangle$ 态, 即有

$$|\psi(0)\rangle = |\psi_k(0)\rangle. \tag{7.4}$$

在计入微扰后, 体系的哈密顿算符为 $\hat{H} = H_0 + V(t)$, 量子态随时间的演化遵从薛定谔方程

$$i\hbar\frac{\partial|\psi(t)\rangle}{\partial t} = [\hat{H}_0 + V(t)]|\psi(t)\rangle. \tag{7.5}$$

在这种情况下, 体系不能保持在原有的本征态, 而是 H_0 的各本征态的叠加

$$|\psi(t)\rangle = \sum_n c_{nk}(t)e^{-iE_nt/\hbar}|\psi_n\rangle. \tag{7.6}$$

将式 (7.6) 代入方程 (7.5), 并利用方程 (7.1), 得

$$i\hbar\sum_n \frac{dc_{nk}(t)}{dt}e^{-iE_nt/\hbar}|\psi_n\rangle = \sum_n c_{nk}(t)V(t)e^{-iE_nt/\hbar}|\psi_n\rangle, \tag{7.7}$$

式 (7.7) 两边同乘以 $\langle\psi_m|$, 并利用 $\langle\psi_m|\psi_n\rangle=\delta_{mn}$, 得

$$\mathrm{i}\hbar\frac{\mathrm{d}c_{mk}(t)}{\mathrm{d}t}=\sum_n c_{nk}(t)V_{mn}\mathrm{e}^{\mathrm{i}\omega_{mn}t}, \tag{7.8}$$

式中

$$V_{mn}=\langle\psi_m|V(t)|\psi_n\rangle,\quad \omega_{mn}=(E_m-E_n)/\hbar. \tag{7.9}$$

按照波函数的统计解释, 在 t 时刻发现系统处于终态 $|\psi_m(t)\rangle$ 的概率幅 $c_{mk}(t)$ 为

$$\langle\psi_m(t)|\psi(t)\rangle=c_{mk}(t). \tag{7.10}$$

考虑到初始条件, 体系从 $|\psi_k(0)\rangle$ 态跃迁到 $|\psi_m(t)\rangle$ 态的概率为

$$P_{mk}(t)=|c_{mk}(t)|^2\quad(m\neq k), \tag{7.11}$$

而单位时间的跃迁概率, 即跃迁速率为

$$p_{mk}=\frac{\mathrm{d}}{\mathrm{d}t}P_{mk}(t)=\frac{\mathrm{d}}{\mathrm{d}t}|c_{mk}(t)|^2. \tag{7.12}$$

现在的任务是根据方程 (7.8), 在给定的初始条件式 (7.4), 即 $c_{nk}(0)=\delta_{nk}$ 下计算概率幅 $c_{mk}(t)$. 这个问题的求解是很困难的. 考虑 $V(t)$ 是小微扰势的情况, 即 V_{mn} 很小, 以致 $|c_{mk}(t)|^2$ 随时间变化很缓慢, 体系仍有很大的概率处于原来状态, 即 $|c_{mk}(t)|^2\ll 1\ (m\neq k)$. 这样, 可用微扰逐级近似的方法 (含时微扰论) 求解. 首先将方程 (7.8) 变成积分方程, 即对两边从 0 到 t 积分, 并利用初始条件, 可得

$$c_{mk}(t)=\delta_{mk}-\frac{\mathrm{i}}{\hbar}\sum_n\int_0^t V_{mn}(t')\mathrm{e}^{\mathrm{i}\omega_{mn}t'}c_{nk}(t')\mathrm{d}t'. \tag{7.13}$$

这个方程可用迭代法求解. 用这个方程本身所得 $c_{nk}(t')$ 的值代入第二项中的 $c_{nk}(t')$, 重复这一过程, 一直到产生无穷多数, 这样就将 $c_{mk}(t)$ 用所有的 $c_{mk}(0)=\delta_{mk}$ 表示, 并希望只保留级数的前几项就可得到有效的近似.

$$\begin{aligned}c_{mk}(t)=&\,\delta_{mk}+\left(-\frac{\mathrm{i}}{\hbar}\right)\int_0^t\mathrm{d}t_1V_{mk}(t_1)\mathrm{e}^{\mathrm{i}\omega_{mk}t_1}\\&+\left(-\frac{\mathrm{i}}{\hbar}\right)^2\sum_n\int_0^t\mathrm{d}t_1\int_0^{t_1}\mathrm{d}t_2V_{mn}(t_1)V_{nk}(t_2)\mathrm{e}^{\mathrm{i}\omega_{mn}t_1}\mathrm{e}^{\mathrm{i}\omega_{nk}t_2}+\cdots.\end{aligned} \tag{7.14}$$

利用完备性 $\sum\limits_n|n\rangle\langle n|=\hat{I}$, 式 (7.14) 可进一步表示成

$$\begin{aligned}c_{mk}(t)=&\,\langle m|\Big[1+\left(-\frac{\mathrm{i}}{\hbar}\right)\int_0^t\mathrm{d}t_1V_{\mathrm{I}}(t_1)\\&+\left(-\frac{\mathrm{i}}{\hbar}\right)^2\int_0^t\mathrm{d}t_1\int_0^{t_1}\mathrm{d}t_2V_{\mathrm{I}}(t_1)V_{\mathrm{I}}(t_2)+\cdots\Big]|k\rangle,\end{aligned} \tag{7.15}$$

式中, V_{I} 是相互作用绘景中的微扰表达式

$$V_{\mathrm{I}}(t)=\mathrm{e}^{\mathrm{i}\hat{H}_0 t/\hbar}V(t)\mathrm{e}^{-\mathrm{i}\hat{H}_0 t/\hbar}. \tag{7.16}$$

多重积分可用编时算符改写成如下形式

$$\begin{aligned}&\int_0^t \mathrm{d}t_1\int_0^{t_1}\mathrm{d}t_2\cdots\int_0^{t_{n-1}}\mathrm{d}t_n V_{\mathrm{I}}(t_1)V_{\mathrm{I}}(t_2)\cdots V_{\mathrm{I}}(t_n)\\ =&\frac{1}{n!}\int_0^t \mathrm{d}t_1\int_0^{t}\mathrm{d}t_2\cdots\int_0^{t}\mathrm{d}t_n T[V_{\mathrm{I}}(t_1)V_{\mathrm{I}}(t_2)\cdots V_{\mathrm{I}}(t_n)].\end{aligned} \tag{7.17}$$

这样式 (7.15) 最终可表达为如下简洁形式

$$\begin{aligned}c_{mk}(t)=&\langle m|\sum_n\frac{1}{n!}\left(-\frac{\mathrm{i}}{\hbar}\right)^n\int_0^t\mathrm{d}t_1\cdots\int_0^t\mathrm{d}t_n T[V_{\mathrm{I}}(t_1)V_{\mathrm{I}}(t_2)\cdots V_{\mathrm{I}}(t_n)]|k\rangle\\ =&\langle m|T\exp\left(-\frac{\mathrm{i}}{\hbar}\int_0^t V_{\mathrm{I}}(\tau)\mathrm{d}\tau\right)|k\rangle.\end{aligned} \tag{7.18}$$

如果仅限于一级近似, 则在时刻 t 发现系统处于 m 态 $(m\neq k)$ 的概率幅 $c_{mk}^{(1)}(t)$ 为

$$c_{mk}^{(1)}(t)=\langle m|\frac{1}{\mathrm{i}\hbar}\int_0^t V_{\mathrm{I}}(\tau)\mathrm{d}\tau|k\rangle=\frac{1}{\mathrm{i}\hbar}\int_0^t V_{mk}(\tau)\mathrm{e}^{\mathrm{i}\omega_{mk}\tau}\mathrm{d}\tau, \tag{7.19}$$

从而

$$P_{mk}(t)=\frac{1}{\hbar^2}\left|\int_0^t V_{mk}(\tau)\mathrm{e}^{\mathrm{i}\omega_{mk}\tau}\mathrm{d}\tau\right|^2. \tag{7.20}$$

此即微扰论一级近似下的跃迁概率公式. 此公式成立的条件是

$$|P_{mk}(t)|\ll 1\quad (m\neq k), \tag{7.21}$$

即跃迁概率很小, 体系有很大的概率仍停留在初始状态. 否则, 还必须考虑高次近似. 体系从一个态到另一个态的跃迁, 实际上都是微扰在有限时间间隔内作用于体系而引起的. 假定微扰 $V(t)$ 在 $0<t<T$ 时间间隔内作用于体系, 则 $t>T$ 后体系从态 k 跃迁到态 m 的一级近似概率幅为

$$c_{mk}^{(1)}(T)=\frac{1}{\mathrm{i}\hbar}\int_0^T V_{mk}(t)\mathrm{e}^{\mathrm{i}\omega_{mk}t}\mathrm{d}t=\frac{1}{\mathrm{i}\hbar}\int_{-\infty}^{+\infty}V_{mk}(t)\mathrm{e}^{\mathrm{i}\omega_{mk}t}\mathrm{d}t. \tag{7.22}$$

现仔细考察 $c_{mk}^{(1)}$ 的意义. 为此, 将微扰作傅里叶变换

$$V(t)=\int_{-\infty}^{+\infty}V(\omega)\mathrm{e}^{-\mathrm{i}\omega t}\mathrm{d}\omega, \tag{7.23}$$

将式 (7.23) 代入式 (7.22), 得

$$\begin{aligned} c_{mk}^{(1)}(T) &= \frac{1}{\mathrm{i}\hbar}\int_{-\infty}^{+\infty}\mathrm{d}t\mathrm{e}^{\mathrm{i}\omega_{mk}t}\int_{-\infty}^{+\infty}\mathrm{d}\omega V_{mk}(\omega)\mathrm{e}^{-\mathrm{i}\omega t} \\ &= \frac{1}{\mathrm{i}\hbar}\int_{-\infty}^{+\infty}\mathrm{d}\omega V_{mk}(\omega)\int_{-\infty}^{+\infty}\mathrm{d}t\mathrm{e}^{\mathrm{i}(\omega_{mk}-\omega)t}, \end{aligned} \tag{7.24}$$

利用

$$\frac{1}{2\pi}\int_{-\infty}^{+\infty}\mathrm{e}^{\mathrm{i}(\omega_{mk}-\omega)t}\mathrm{d}t = \delta(\omega_{mk}-\omega), \tag{7.25}$$

可得

$$c_{mk}^{(1)}(T) = \frac{2\pi}{\mathrm{i}\hbar}V_{mk}(\omega_{mk}), \tag{7.26}$$

从而跃迁概率为

$$P_{mk} = \frac{4\pi^2}{\hbar^2}|V_{mk}(\omega_{mk})|^2. \tag{7.27}$$

由此可见, 对 $t > T$, 跃迁概率 P_{mk} 是常数, 仅当 $V_{mk}(\omega_{mk}) \neq 0$ 时, P_{mk} 才不等于零, 即受能量守恒的限制, 微扰中只有频率 $\omega = \omega_{mk}$ 的傅里叶分量 $V_{mk}(\omega_{mk})$ 对跃迁才有贡献, 这就是跃迁的共振行为.

关于跃迁需要说明几点:

(1) 通常所谓跃迁是指末态不同于初态的情况, 但能级也有简并的情况. 在此情况下, 量子跃迁并不意味着末态能量与初态能量不同. 例如, 弹性散射, 粒子从动量为 $\boldsymbol{p}_i$ 的初态跃迁到动量为 $\boldsymbol{p}_f$ 的末态, 动量方向改变了, 但动量大小不变, 因而能量并未改变.

(2) 从初态 k 到末态 m 的跃迁概率, 除与初末态有关外, 还与微扰 $V(t)$ 有关. 如果 $V(t)$ 具有某种对称性, 使 $V_{mk}(t) = 0$, 则 $P_{mk} = 0$, 即在一级近似下, 不能从初态 k 跃迁到末态 m, 或者说从 k 态到 m 态的跃迁是禁戒的. 要实现从初态 k 到末态 m 的跃迁, 必须满足 $P_{mk} \neq 0$ 的条件, 由此条件可得出光谱线的选择定则.

(3) 利用 $V(t)$ 的厄米性, $V_{mk} = V_{km}^*$, 可知从 k 态到 m 态的跃迁概率等于从 m 态到 k 态的概率, 即 $P_{mk} = P_{km}$, 但应注意, 由于能级一般有简并, 而且简并度不尽相同. 所以, 从能级 E_k 到能级 E_m 的跃迁概率一般不等于从能级 E_m 到能级 E_k 的概率. 如果要计算能级 E_k 跃迁到能级 E_m 的概率, 则需要考虑所有到能级 E_m 诸简并态的跃迁概率；如果体系的初态简并而未完全确定, 则从诸简并态出发的跃迁概率都要逐个计算, 并求其平均 (已假定各简并态出现的概率相同). 简而言之, 计算从能级 E_k 到能级 E_m 的跃迁概率应对初始能级诸简并态求平均, 对终止能级诸简并态求和. 例如, 一般中心力场中电子能级 E_{nl} 相应的态为 $|nlm\rangle, m = l, l-1, l-2, \cdots, -l$, 其简并度为 $(2l+1)$. 所以, 从能级 E_{nl} 到能级 $E_{n'l'}$

的跃迁概率为

$$P_{nl\to n'l'}=\frac{1}{2l+1}\sum_{m,m'}P_{n'l'm',nlm},\tag{7.28}$$

其中, $P_{n'l'm',nlm}$ 是从态 $|nlm\rangle$ 到态 $|n'l'm'\rangle$ 的跃迁概率.

练习 7.1　电荷为 q 的线性谐振子在 $t=0$ 处于基态, 设 $t\geqslant 0$ 时, 如在 $\varepsilon=\varepsilon_0\mathrm{e}^{-t/\tau}$ 的电场中, 求谐振子在 $t\to\infty$ 时处于激发态的概率.

解　在外电场中谐振子的哈密顿算符为

$$\begin{aligned}\hat{H}&=\hat{H}_0-q\boldsymbol{\varepsilon}\cdot\boldsymbol{r}=\hat{H}_0-q\varepsilon_0\mathrm{e}^{-t/\tau}\boldsymbol{e}_1\cdot\boldsymbol{r}\\&=\hat{H}_0-q\varepsilon_0x\mathrm{e}^{-t/\tau}.\end{aligned}$$

注意, 微扰中特征时间 τ 表征微扰具有明显作用的这段时间, 并且由电场给予振子的总动量 P 正比于特征时间 τ, 即

$$P=\int_0^\infty q\varepsilon(t)\mathrm{d}t=\int_0^\infty q\varepsilon_0\mathrm{e}^{-t/\tau}\mathrm{d}t=q\varepsilon_0\tau.\tag{7.29}$$

H_0 是线性谐振子哈密顿算符, 且有 $\hat{H}_0|n\rangle=E_n|n\rangle$, $E_n=\left(n+\dfrac{1}{2}\right)\omega\hbar$. $t=0$ 时谐振子处于基态 $|0\rangle$, t 时刻处于激发态 $|n\rangle$ 的概率幅为

$$c_{n0}(t)=\frac{1}{\mathrm{i}\hbar}\int_0^t H'_{n0}\mathrm{e}^{\mathrm{i}\omega_{n0}t'}\mathrm{d}t'=-q\varepsilon_0\frac{1}{\mathrm{i}\hbar}\int_0^t x_{n0}\mathrm{e}^{-t'/\tau}\mathrm{e}^{\mathrm{i}\omega_{n0}t'}\mathrm{d}t'.$$

利用 $\hat{x}=\sqrt{\dfrac{\hbar}{2\mu\omega}}(\hat{a}+\hat{a}^\dagger)$, 得

$$\begin{aligned}x_{m,n}=\langle m|\hat{x}|n\rangle&=\sqrt{\frac{\hbar}{2\mu\omega}}\langle m|(\hat{a}+\hat{a}^\dagger)|n\rangle\\&=\sqrt{\frac{\hbar}{2\mu\omega}}(\sqrt{n}\langle m|n-1\rangle+\sqrt{n+1}\langle m|n+1\rangle)\\&=\sqrt{\frac{n\hbar}{2\mu\omega}}\delta_{m,n-1}+\sqrt{\frac{(n+1)\hbar}{2\mu\omega}}\delta_{m,n+1},\end{aligned}$$

即振子坐标的矩阵元仅在初末态量子数相差 1 的状态之间才有非零值, 因此振子从基态只能跃迁到 $n=1$ 的态, 由式 (7.19) 给出的从 $n=0$ 到 $n=1$ 的跃迁概率幅为

$$c_{10}^{(1)}(t)=\frac{\mathrm{i}}{\hbar}q\varepsilon_0\sqrt{\frac{\hbar}{2\mu\omega}}\int_0^t\mathrm{e}^{-t'/\tau}\mathrm{e}^{\mathrm{i}\omega t'}\mathrm{d}t'=\mathrm{i}q\varepsilon_0\sqrt{\frac{1}{2\mu\omega\hbar}}\frac{1-\mathrm{e}^{-(\frac{1}{\tau}-\mathrm{i}\omega)t}}{\dfrac{1}{\tau}-\mathrm{i}\omega}.$$

当 $t\to\infty$ 时, 体系处于 $|1\rangle$ 态的概率为

$$\begin{aligned}P_{0\to1}&=\lim_{t\to\infty}|c_{10}^{(1)}(t)|^2=\frac{q^2\varepsilon_0^2}{2\mu\omega\hbar}\left|\frac{1}{\frac{1}{\tau}-\mathrm{i}\omega}\right|^2\\&=\frac{q^2\varepsilon_0^2\tau^2}{2\mu\omega\hbar(1+\omega^2\tau^2)}=\frac{P^2}{2\mu\omega\hbar(1+\omega^2\tau^2)}.\end{aligned}$$

基态跃迁到 $n>1$ 态的跃迁概率要由微扰理论的高级近似求得. 下面给出基态到高激发态的跃迁概率. 由式 (7.18) 给出的从基态到 n 态的概率幅为

$$\begin{aligned}c_{n0}(t)&=\left\langle n\left|T\exp\left(\frac{1}{\mathrm{i}\hbar}\int_0^t V_{\mathrm{I}}(t)\mathrm{d}t\right)\right|0\right\rangle\\&=\left\langle n\left|\sum_{k=0}^{\infty}\left(\frac{1}{\mathrm{i}\hbar}\right)^k\int_0^t\mathrm{d}t_1\int_0^{t_1}\mathrm{d}t_2\cdots\int_0^{t_{k-1}}\mathrm{d}t_nV_{\mathrm{I}}(t_1)V_{\mathrm{I}}(t_2)\cdots V_{\mathrm{I}}(t_k)\right|0\right\rangle,\end{aligned}\tag{7.30}$$

其中, $V_{\mathrm{I}}(t)=\mathrm{e}^{\mathrm{i}\hat{H}_0t/\hbar}V(t)\mathrm{e}^{-\mathrm{i}\hat{H}_0t/\hbar}$, 而振子坐标 x 的矩阵元仅在量子数差 1 的状态之间才有非零值, 所以

$$\begin{aligned}c_{n0}(t)=&\left(\frac{1}{\mathrm{i}\hbar}\right)^n\int_{-\infty}^t\langle n|V_{\mathrm{I}}(t_1)|n-1\rangle\mathrm{d}t_1\\&\times\int_{-\infty}^{t_1}\langle n-1|V_{\mathrm{I}}(t_2)|n-2\rangle\mathrm{d}t_2\cdots\int_{-\infty}^{t_{n-1}}\langle 1|V_{\mathrm{I}}(t_n)|0\rangle\mathrm{d}t_n\\=&\left(\frac{\mathrm{i}q\varepsilon_0}{\hbar}\right)^n\sqrt{n!}\left(\sqrt{\frac{\hbar}{2\mu\omega}}\right)^n\frac{1}{n!(\mathrm{i}\omega-1/\tau)^n}[\mathrm{e}^{(\mathrm{i}\omega-1/\tau)t}-1]^n,\end{aligned}\tag{7.31}$$

由此, 当 $t\to\infty$ 时, 体系处于 $|n\rangle$ 态的概率为

$$\begin{aligned}P_{0\to n}&=\lim_{t\to\infty}|c_{n0}|^2=\frac{1}{n!}\left(\frac{q^2\varepsilon_0^2\tau^2}{2\mu\omega\hbar(1+\omega^2\tau^2)}\right)^n\\&=\frac{1}{n!}\left(\frac{P^2}{2\mu\omega\hbar(1+\omega^2\tau^2)}\right)^n.\end{aligned}\tag{7.32}$$

从式可以看到, 如果 $\tau\gg1/\omega$, 即微扰明显起作用的这段时间远大于振子经典振动周期, 则概率 $P_{0\to n}$ 很小, 这是所谓绝热情况. 在另一极端情况 $\tau\ll1/\omega$, 则 $P_{0\to n}$ 很大, 而概率表现为振子的经典能量 $P^2/2\mu$ 与能量量子 $\omega\hbar$ 的比值. 要使微扰理论有效, 跃迁到激发态的概率必须远小于留在基态的概率, 对此的充分条件是 $P^2/2\mu\ll\omega\hbar$. 在这一条件满足的情况下, n 越大, 概率 $P_{0\to n}$ 越小, 意味着从基态跃迁到越高的激发态的概率越小, 这正好与预料之中的一样. 同时, 振子激发的可能性纯粹是一种量子力学效应, 因为从半经典观点来看, 从场中接收的能量 $P^2/2\mu$

不足以发生最低的能量跃变 $\omega\hbar$. 可是在量子化体系中, 量 $P^2/2\mu$ 事实上并不代表振子从场中接收的能量, 所以这只是一种表面上的佯谬.

在结束本节之前, 将简述一下与时间有关的形式微扰论. 实际上, 从式 (7.5) 到式 (7.13), 就是采用未受扰哈密顿 H_0 表象, 将含时薛定谔图景变到了相互作用图景. 值得仔细一些考虑这种改变. 薛定谔图景的态矢为 $|\psi(t)\rangle$, 它遵从方程 (7.5), 那么

$$|\psi(t)\rangle = \mathrm{e}^{-\frac{\mathrm{i}}{\hbar}\hat{H}_0 t}|\psi_{\mathrm{I}}(t)\rangle \tag{7.33}$$

式中, 下标 I 表示相互作用图景. 将式 (7.33) 代入方程 (7.5), 可得

$$\mathrm{i}\hbar\frac{\partial}{\partial t}|\psi_{\mathrm{I}}(t)\rangle = V_{\mathrm{I}}(t)|\psi_{\mathrm{I}}(t)\rangle, \tag{7.34}$$

式中

$$V_{\mathrm{I}} = \mathrm{e}^{\frac{\mathrm{i}}{\hbar}\hat{H}_0 t} V \mathrm{e}^{-\frac{\mathrm{i}}{\hbar}\hat{H}_0 t}. \tag{7.35}$$

方程 (7.34) 正是相互作用图景中态矢的演化方程, 而式 (7.35) 正是相互作用图景中的微扰. 将方程 (7.34) 从 t_0 到 t 积分, 得

$$|\psi_{\mathrm{I}}(t)\rangle = |\psi_{\mathrm{I}}(t_0)\rangle - \frac{\mathrm{i}}{\hbar}\int_{t_0}^{t}\mathrm{d}t' V_{\mathrm{I}}(t')|\psi_{\mathrm{I}}(t')\rangle. \tag{7.36}$$

用迭代法求解这个方程, 可得

$$|\psi_{\mathrm{I}}(t)\rangle = \hat{U}(t,t_0)|\psi_{\mathrm{I}}(t_0)\rangle, \tag{7.37}$$

式中, 幺正算符 $\hat{U}(t,t_0)$ 为

$$\hat{U}(t,t_0) = \sum_{n=0}^{\infty}\left(-\frac{\mathrm{i}}{\hbar}\right)^n \int_{t_0}^{t}\mathrm{d}t_1\int_{t_0}^{t_1}\mathrm{d}t_2\cdots\int_{t_0}^{t_{n-1}}\mathrm{d}t_n V_{\mathrm{I}}(t_1)V_{\mathrm{I}}(t_2)\cdots V_{\mathrm{I}}(t_n).$$

上式积分具有不同的上限, 颇为不便, 使用编时乘积算符 T, 可改写为

$$\hat{U}(t,t_0) = \sum_{n=0}^{\infty}\frac{1}{n!}\left(-\frac{\mathrm{i}}{\hbar}\right)^n \int_{t_0}^{t}\mathrm{d}t_1\int_{t_0}^{t}\mathrm{d}t_2\cdots\int_{t_0}^{t}\mathrm{d}t_n T[V_{\mathrm{I}}(t_1)V_{\mathrm{I}}(t_2)\cdots V_{\mathrm{I}}(t_n)].$$

进一步简化为

$$\hat{U}(t,t_0) = T\exp\left(-\frac{\mathrm{i}}{\hbar}\int_{t_0}^{t}\mathrm{d}\tau V_{\mathrm{I}}(\tau)\right). \tag{7.38}$$

这个式子的含义是: 在指数展开中, 积分的 n 次幂要写成 n 个积分的乘积, 这时要用编时算符对被积函数运算.

现在定义一个算符 $\hat{S}$, 称为 S 矩阵, 将初态 $|\psi_{\rm I}(-\infty)\rangle$ 演化到末态 $|\psi_{\rm I}(+\infty)\rangle$, 即

$$S=\lim_{\substack{t_0\to-\infty\\ t\to+\infty}}\hat{U}(t,t_0)=T\exp\left(-\frac{\rm i}{\hbar}\int_{-\infty}^{+\infty}{\rm d}\tau V_{\rm I}(\tau)\right). \tag{7.39}$$

假如当 $t\to\pm\infty$ 时, $\hat{H}\to\hat{H}_0$, 那么初始时刻的一个本征态在薛定谔图景中为

$$|\psi_n(t)\rangle={\rm e}^{-{\rm i}E_nt/\hbar}|\psi_n\rangle,\quad \hat{H}_0|\psi_n\rangle=E_n|\psi_n\rangle, \tag{7.40}$$

相应的相互作用图景的态矢变成

$$|\psi_{\rm I}(t)\rangle={\rm e}^{{\rm i}\hat{H}_0t/\hbar}|\psi_n(t)\rangle=|\psi_n\rangle. \tag{7.41}$$

因此, 如果已知在遥远的过去时间 $(t\to-\infty)$ 体系处于 $|i\rangle$ 态, 则在遥远的将来时间 $(t\to+\infty)$ 处于 $S|i\rangle$ 态, 则在遥远的将来发现体系处于 $|f\rangle$ 态的概率幅为 $\langle f|S|i\rangle$, 从 $|i\rangle$ 态跃迁到 $|f\rangle$ 态的概率由 $|\langle f|S|i\rangle|^2$ 给出. 通常跃迁概率是指末态不同于初态的情况. 为此, 定义跃迁算符 $\hat{T}=\hat{S}-1$, 当 $|i\rangle\neq|f\rangle$ 时, $S_{fi}=T_{fi}$, 所以跃迁概率也可表示成

$$P_{fi}=|S_{fi}|^2=|T_{fi}|^2\quad(i\neq f). \tag{7.42}$$

要注意式 (7.42) 中 $|i\rangle$ 和 $|f\rangle$ 态都是 $\hat{H}_0$ 的本征态. 这要求 $t\to\pm\infty$ 时, $\hat{H}\to\hat{H}_0$ 或 $V(t)\to0$. 这里在数学上碰到一个收敛性问题. 在通常情况下, 如不作特殊处理, 当 $t_0\to-\infty, t\to+\infty$ 时, $\hat{U}(t,t_0)$ 不收敛 (发散或振荡). 在形式上可把 V 写成

$$V\to{\rm e}^{-\varepsilon|t|/\hbar}V, \tag{7.43}$$

以便 $t\to\pm\infty$ 时, $V(t)\to0$. 绝热因子 ${\rm e}^{-\varepsilon|t|/\hbar}$ 的引入就可避免计算过程中的发散困难, 在计算的最后结果中才让 $\varepsilon\to0^+$. 这种技巧称为绝热近似. 例如, 对不含时间的微扰 V, 即常微扰就需要引入这个绝热因子.

7.2 绝热微扰和瞬时微扰

讨论两个极端情况, 即体系哈密顿算符随时间缓慢变化和体系受到一个突发而有限的微扰作用. 一般而言, 当体系的哈密顿算符含时情况下, 体系的态随时间的变化遵从薛定谔方程

$${\rm i}\hbar\frac{\partial}{\partial t}|\psi(t)\rangle=\hat{H}(t)|\psi(t)\rangle, \tag{7.44}$$

此方程通常难于求解. 假如体系的哈密顿算符能分成两部分, 即 $\hat{H}=\hat{H}_0+V(t)$, 其中 $\hat{H}_0$ 不显含时间, 而 $V(t)$ 在 $0,t<T$ 之间随时间变化, 那么从式 (7.19) 可知, 从

初始 $|m\rangle$ 态跃迁到 $t=T$ 时 $|k\rangle$ 态的微扰论一级近似跃迁几率幅为

$$c_{km}^{(1)}(t)=\frac{1}{\mathrm{i}\hbar}\int_0^t\langle k|V(t)|m\rangle\mathrm{e}^{\mathrm{i}\omega_{km}t}\mathrm{d}t, \tag{7.45}$$

对上式分部积分, 并注意在 $t=0$ 和 $t=T$ 时 V_{km} 为零, 可得

$$c_{km}^{(1)}(T)=\frac{1}{\omega_{km}\hbar}\int_0^T\mathrm{e}^{\mathrm{i}\omega_{km}t}\frac{\mathrm{d}}{\mathrm{d}t}\langle k|V(t)|m\rangle\mathrm{d}t, \tag{7.46}$$

从而跃迁概率为

$$P_{m\to k}=\frac{1}{\omega_{km}^2\hbar^2}\left|\int_0^T\mathrm{e}^{\mathrm{i}\omega_{km}t}\frac{\mathrm{d}}{\mathrm{d}t}\langle k|V(t)|m\rangle\mathrm{d}t\right|^2. \tag{7.47}$$

如果外加微扰 $V(t)$ 是缓慢变化的, 使之满足下列条件

$$\omega_{km}^{-1}\frac{\mathrm{d}}{\mathrm{d}t}\langle k|V(t)|m\rangle\ll|\hbar\omega_{km}|=|E_k-E_m|, \tag{7.48}$$

即在体系的特征时间 ω_{nm}^{-1} 之内发生的微扰随时间的变化远小于初态和末态能量之差, 则式 (7.47) 积分中的第二个因子与第一个因子相比变化很慢, 所以可以拿到积分号外, 得到

$$P_{m\to k}=\frac{4}{\omega_{km}^4\hbar^2}\left|\frac{\mathrm{d}}{\mathrm{d}t}\langle k|V(t)|m\rangle\right|^2\sin^2\left(\frac{T}{2}\omega_{km}\right). \tag{7.49}$$

从条件式 (7.48) 可以看到, 概率 $P_{k\to m}$ 是很小的. 式 (7.48) 通常称为绝热近似.

如果微扰是突然加上的, 即如果 $V(t)$ 从零增到一最大值 V 所经历的时间 Δt 短于体系的特征时间 ω_{km}^{-1}, 即

$$\omega_{km}^{-1}\frac{\mathrm{d}}{\mathrm{d}t}\langle k|V(t)|m\rangle\gg|E_k-E_m|, \tag{7.50}$$

这时对式 (7.47) 积分的主要贡献来自施加微扰的时间间隔 Δt 内. 在此时间间隔内因子 $\mathrm{e}^{\mathrm{i}\omega_{km}t}$ 变化很小, 因而可认为是一常数而移到积分号外, 于是得到

$$P_{m\to k}=\frac{|\langle k|V|m\rangle|^2}{\omega_{km}^2\hbar^2}=\frac{|\langle k|V|m\rangle|^2}{(E_k-E_m)^2} \tag{7.51}$$

式中, V 是微扰的最大值. 但应注意, 仅当最大值 V 足够小以致微扰论有效时, 式 (7.51) 才可以用来计算突发微扰所引起的跃迁几率. 以上我们讨论的是只有微扰 $V(t)$ 显含时间, 绝热近似和突发近似及其成立的条件. 对通常 $H(t)$, 可以不用微扰论而更一般地来讨论这两个极端情况.

首先讨论绝热情况, 即哈密顿算符 $\hat{H}(t)$ 随时间变化足够缓慢, 这时可预期方程 (7.44) 的解可用 $\hat{H}(t)$ 的瞬时本征函数来近似, 即

$$\hat{H}(t)|n(t)\rangle=E_n(t)|n(t)\rangle, \tag{7.52}$$

其中, $E_n(t)$ 是瞬时能量本征值, 一般要随时间变化. $|n(t)\rangle$ 是包括 $\hat{H}(t)$ 在内的一组力学量完全集的共同本征态, n 代表一组完备的量子数. 假定在 $t=0$ 时刻, 体系处于能量本征值 $E_m(0)$ 的瞬时本征态 $|\psi(0)\rangle = |m(0)\rangle$, 那么 $t>0$ 时刻态矢 $|\psi(t)\rangle$ 应是怎样呢? 哈密顿算符含时的体系, 能量不守恒, 不存在严格的定态, 体系会发生跃变, 考虑 $|\psi(t)\rangle$ 表示为所有 $|n(t)\rangle$ 的如下相干叠加

$$|\psi(t)\rangle = \sum_n c_n(t) \exp\left(-\frac{\mathrm{i}}{\hbar}\int_0^t E_n(\tau)\mathrm{d}\tau\right)|n(t)\rangle, \tag{7.53}$$

其中, $|c_n(t)|^2$ 表示 t 时刻体系处于 $|n(t)\rangle$ 的概率. 将式 (7.53) 代入式 (7.44), 并利用式 (7.52), 可得

$$\sum_n [\dot{c}_n|n\rangle + c_n|\dot{n}\rangle] \exp\left(-\frac{\mathrm{i}}{\hbar}\int_0^t E_n(\tau)\mathrm{d}\tau\right) = 0. \tag{7.54}$$

上式左乘 $\langle k(t)|$, 并利用归一化条件 $\langle k(t)|n(t)\rangle = \delta_{kn}$, 得

$$\dot{c}_k = -\sum_n c_n\langle k|\dot{n}\rangle \exp\left[-\frac{\mathrm{i}}{\hbar}\int_0^t (E_n - E_k)\mathrm{d}\tau\right]. \tag{7.55}$$

现求 $\langle k|\dot{n}\rangle$ 的表达式. 将式 (7.52) 对时间微分, 可得

$$\frac{\partial \hat{H}}{\partial t}|n\rangle + \hat{H}|\dot{n}\rangle = \frac{\partial E_n}{\partial t}|n\rangle + E_n|\dot{n}\rangle, \tag{7.56}$$

上式左乘 $\langle k|$, 对 $k \neq n$, 得

$$\langle k|\frac{\partial \hat{H}}{\partial t}|n\rangle = (E_n - E_k)\langle k|\dot{n}\rangle, \quad k \neq n. \tag{7.57}$$

我们还需要 $\langle n|\dot{n}\rangle$ 的表达式. 将 $\langle n|n\rangle = 1$ 对时间微分, 得

$$\langle \dot{n}|n\rangle + \langle n|\dot{n}\rangle = 0, \tag{7.58}$$

因两项互为复共轭, 所以每一个都是纯虚数, 所以可令 $\langle n|\dot{n}\rangle = \mathrm{i}\theta_n(t)$, 其中 $\theta_n(t)$ 是实的. 现将 $|n(t)\rangle$ 的相位改变 $\gamma_n(t)$, 这是允许的, 因为本征函数的相在每一瞬时是任意的. 对新的本征函数 $|n'(t)\rangle = \mathrm{e}^{\mathrm{i}\gamma_n(t)}|n(t)\rangle$,

$$\langle n'|\dot{n}'\rangle = \langle n|\dot{n}\rangle + \mathrm{i}\dot{\gamma}_n = \mathrm{i}(\theta_n + \dot{\gamma}_n), \tag{7.59}$$

这样, 选择相角 $\gamma_n(t) = -\int_0^t \theta_n(\tau)\mathrm{d}\tau$, 以使 $\langle n'|\dot{n}'\rangle = 0$. 以后, 假定所有相角都已按此方法加以选定并略去撇号. 将式 (7.57) 代入式 (7.55), 可得

$$\dot{c}_k = \sum_{n\neq k} \frac{c_n}{\omega_{kn}\hbar}\langle k|\frac{\partial \hat{H}}{\partial t}|n\rangle \exp\left[\mathrm{i}\int_0^t \omega_{kn}(\tau)\mathrm{d}\tau\right]. \tag{7.60}$$

现在假设所有出现在式 (7.60) 右边的量 (c_n, ω_{kn}, $|n(t)\rangle$, $\partial\hat{H}/\partial t$) 变化极慢, 实际上可以看成不随时间变化, 这样就可估计 c_k 的值. 在 $t=0$ 时刻体系处于 $|\psi(0)\rangle=|m(0)\rangle$, 即 $c_n=\delta_{nm}$, 代入式 (7.60) 的右边而得一级微扰近似结果

$$\dot{c}_k=(\hbar\omega_{km})^{-1}\langle k|\frac{\partial\hat{H}}{\partial t}|m\rangle\mathrm{e}^{\mathrm{i}\omega_{km}t},\quad k\neq m,\tag{7.61}$$

积分后给出

$$c_k=\left(\mathrm{i}\hbar\omega_{km}^2\right)^{-1}\langle k|\frac{\partial\hat{H}}{\partial t}|m\rangle\left(\mathrm{e}^{\mathrm{i}\omega_{km}t}-1\right),\quad k\neq m.\tag{7.62}$$

于是体系从 $t=0$ 时刻的初态 $|m(0)\rangle$ 跃迁到 $t>0$ 时刻 $|k(t)\rangle$ 的概率为

$$P_{m\to k}=4\left[\left(\hbar\omega_{km}^2\right)^{-1}\langle k|\frac{\partial\hat{H}}{\partial t}|m\rangle\right]^2\sin^2(\omega_{km}t/2).\tag{7.63}$$

显然, 在绝热一级近似下, $k\neq m$ 项可以略去的条件为

$$\left|\omega_{km}^{-1}\langle k|\dot{\hat{H}}|m\rangle\right|\ll|E_k-E_m|.\tag{7.64}$$

在这一条件下, 体系从初态 $|m(0)\rangle$ 跃迁到其他态 $|k\rangle$ $(k\neq m)$ 的概率才可忽略.

如果 $\hat{H}(t)$ 随时间变化足够缓慢, 绝热近似条件式 (7.64) 成立, 则式 (7.55) 化为

$$\dot{c}_m=-\langle m|\dot{m}\rangle c_m,\tag{7.65}$$

积分得

$$c_m=\exp\left[-\int_0^t\langle m|\dot{m}\rangle\mathrm{d}\tau\right]c_m(0)=\mathrm{e}^{\mathrm{i}\gamma_m(t)}c_m(0),\tag{7.66}$$

因此, 如体系初态 $c_n(0)=\delta_{nm}$, 在绝热近似式 (7.64) 下, 式 (7.53) 中所有 $n\neq m$ 项可以忽略, 因而

$$|\psi(t)\rangle=\exp[\mathrm{i}(\alpha_m(t)+\gamma_m(t))]|m(t)\rangle\tag{7.67}$$

式中

$$\alpha_m(t)=-\frac{1}{\hbar}\int_0^t E_m(\tau)\mathrm{d}\tau,\quad\gamma_m(t)=\mathrm{i}\int_0^t\langle m|\dot{m}\rangle\mathrm{d}\tau.\tag{7.68}$$

$\alpha_m(t)$ 称为动力学相, 它只依赖于瞬时本征值 $E_n(t)$ 随时间的变化. $\gamma_m(t)$ 依赖于 $\langle m|\dot{m}\rangle$, 即与瞬时能量本征态 $|m(t)\rangle$ 有关, 称为绝热相.

其次讨论突发微扰的情况, 即体系受到一个突发但有限的微扰作用, 即

$$\hat{H}'(t)=\begin{cases}0, & t<0;\\ V, & 0<t<\varepsilon,\end{cases}\quad(\varepsilon\to0^+),\tag{7.69}$$

即一个常微扰 V 在一个很短时间 $(0,\varepsilon)$ 中突发地作用. 由于薛定谔方程 (7.44) 是时间的一阶导数, 有

$$|\psi(\varepsilon)\rangle-|\psi(0)\rangle=\frac{1}{\mathrm{i}\hbar}\int_0^{\varepsilon}\hat{H}'(t)|\psi(t)\rangle\mathrm{d}t\stackrel{\varepsilon\to 0^+}{\longrightarrow}0, \tag{7.70}$$

即在空间每一点上的波函数在突发瞬时 $(t=0)$ 是时间的连续函数, 虽然它的时间导数未必如此. 这里所指瞬时 $(\varepsilon\to 0^+)$ 是指 ε 远小于体系的特征时间, 以致在如此短的时间内, 体系的状态还来不及改变, 即 $|\psi(0^-)\rangle=|\psi(0^+)\rangle$. 为此, 考虑这样一种情况, 即哈密顿算符从一个不含时的形式 $\hat{H}_0$ 间断地变到另一个不含时的形式 $\hat{H}_1$. 假设当 $t<0$ 时, $\hat{H}=H_0$ 和 $t>0$ 时, $\hat{H}=\hat{H}_1$, 有

$$\hat{H}_0|n\rangle=E_n|n\rangle,\quad \hat{H}_1|\mu\rangle=E_\mu|\mu\rangle, \tag{7.71}$$

$|n\rangle$ 和 $|\mu\rangle$ 为完备正交归一函数集. 通解可以写成

$$\begin{aligned}|\psi\rangle&=\sum_n a_n\mathrm{e}^{-\mathrm{i}E_nt/\hbar}|n\rangle,\quad t<0,\\|\psi\rangle&=\sum_\mu b_\mu\mathrm{e}^{-iE_\mu t/\hbar}|\mu\rangle,\quad t>0,\end{aligned} \tag{7.72}$$

式中, a_n 和 b_μ 都是与时间无关的. 由于波函数在 $t=0$ 时是时间的连续函数, b 容易通过 a 来表示. 为此, 令 $t=0$ 时的两个解 (7.72) 相等, 左乘 $\langle\mu|$, 可得

$$b_\mu=\sum_n a_n\langle\mu|n\rangle. \tag{7.73}$$

假如系统开始时处于 $|m\rangle$ 态, 所以 $a_n=\langle n|m\rangle$, 式 (7.73) 意味着 $b_\mu=\langle\mu|m\rangle$, 且出现与初态具有不同能量的终态. 突发微扰占据很短但有限的时间间隔 Δt 时, 仍然使用式 (7.73), 这样引入的误差应该是足够小. 因此, 在突发微扰作用下, 从初始时刻的 $|m\rangle$ 态跃迁到 $|\mu\rangle$ 的概率为

$$P_{m\to\mu}=|\langle\mu|m\rangle|^2. \tag{7.74}$$

例 7.1 荷电粒子线性谐振子处于基态, 这时突然加上一随时间变化的电场, 试计算激发到振子的第 n 个能级的概率.

解 如果电场充分弱使微扰理论有效, 则可以应用表达式 (7.51), 可是瞬时近似法, 它与微扰法无关, 甚至在电场很强时也适用. 假定电场是在 $t=0$ 时突然加上的, 对 $t\leqslant 0$, 振子处于基态 $\psi_0(x)$. 既然微扰是突然加上的 (微扰加上的时间小于特征时间 ω^{-1}), $t=0^+$ 时的波函数将与 $t=0^-$ 时一样, 即

$$\psi_0(x)=\sqrt{\frac{\alpha}{\sqrt{\pi}}}\exp\left(-\alpha^2x^2/2\right), \tag{7.75}$$

式中, $\alpha=\sqrt{\mu\omega/\hbar}$. 可是, 对于 $t=0^+$, 体系的哈密顿算符是

$$\hat{H}=-\frac{\hbar^2}{2\mu}\frac{\mathrm{d}^2}{\mathrm{d}x^2}+\frac{1}{2}\mu\omega^2x^2-q\varepsilon x, \tag{7.76}$$

或者通过新变量 $x'=x-q\varepsilon/\mu\omega^2$ 表示

$$\hat{H}=-\frac{\hbar^2}{2\mu}\frac{\mathrm{d}^2}{\mathrm{d}x'^2}+\frac{1}{2}\mu\omega^2x'^2-\frac{q^2\varepsilon^2}{2\mu\omega^2}. \tag{7.77}$$

现在, 除一个常数外, 哈密顿算符是一个与无微扰振子有同样频率, 但在 $x=a$ 点附近振荡 $(a=q\varepsilon/\mu\omega^2)$ 的振子的哈密顿算符. 所以, 相应的波函数 $\phi_n(x)$ 可由无微扰时的谐振子波函数 $\psi_n(x)$ 作代换 $x\to x-a$ 而求得, 这样

$$\phi_n(x)=\psi_n(x-a)=\sqrt{\frac{\alpha}{\sqrt{\pi}2^nn!}}\exp[-\alpha^2(x-a)^2/2]H_n(\alpha(x-a)). \tag{7.78}$$

初始波函数 $\psi_0(x)$ 不是新哈密顿算符的本征函数, 但它可写为新本征函数的叠加

$$\psi_0=\sum_{n=0}^{\infty}c_n\phi_n(x)=\sum_{n=0}^{\infty}c_n\psi_n(x-a), \tag{7.79}$$

其中, c_n 是常数. 于是振子在电场中的与时间 $(t\geqslant 0)$ 有关的波函数为

$$\psi(x,t)=\sum_{n=0}^{\infty}c_n\psi_n(x-a)\mathrm{e}^{-\mathrm{i}E_nt/\hbar}, \tag{7.80}$$

在 $t>0$ 时找到振子处于能量为 $E_n=\left(n+\dfrac{1}{2}\right)\omega\hbar-\dfrac{q^2\varepsilon^2}{2\mu\omega^2}$ 的状态 ϕ_n 的概率等于 $|c_n|^2$. 现在

$$\begin{aligned}c_n&=\int_{-\infty}^{+\infty}\psi_n^*(x-a)\psi_0(x)\mathrm{d}x\\&=\frac{\alpha}{\sqrt{\pi 2^nn!}}\int_{-\infty}^{+\infty}\mathrm{H}_n(\alpha(x-a))\exp\left[-\frac{1}{2}\alpha^2x^2-\frac{1}{2}\alpha^2(x-a)^2\right]\mathrm{d}x.\end{aligned} \tag{7.81}$$

令 $\xi=\alpha(x-a)$, 则上面的积分化为

$$c_n=\frac{1}{\sqrt{\pi 2^nn!}}\int_{-\infty}^{+\infty}\mathrm{H}_n(\xi)\exp\left[-(\xi^2+\xi_0\xi+\xi_0^2/2)\right]\mathrm{d}\xi. \tag{7.82}$$

式中, $\xi_0=\alpha a$. 式 (7.82) 的积分可借助厄米函数 $\mathrm{H}_n(\xi)$ 的母函数算出, 方法是在以下展开式中令相应系数相等

$$\int_{-\infty}^{+\infty}\mathrm{e}^{-s^2+2s\xi}\mathrm{e}^{-(\xi^2+\xi_0\xi+\xi_0^2/2)}\mathrm{d}\xi=\sum_n\frac{s^n}{n!}\int_{-\infty}^{+\infty}\mathrm{H}_n(\xi)\mathrm{e}^{-(\xi^2+\xi_0\xi+\xi_0^2/2)}\mathrm{d}\xi. \tag{7.83}$$

为此, 计算式 (7.83) 的左边, 并将结果展开成 s 的级数

$$\begin{aligned}\text{上式左边} &= \int_{-\infty}^{+\infty} \mathrm{e}^{-(s^2-2s\xi+\xi^2+\xi_0\xi+\xi_0^2/2)}\mathrm{d}\xi = \int_{-\infty}^{+\infty} \mathrm{e}^{-(\xi+\frac{\xi_0-2s}{2})^2}\mathrm{e}^{-\xi_0^2/4}\mathrm{e}^{-s\xi_0}\mathrm{d}\xi \\ &= \sqrt{\pi}\mathrm{e}^{-\xi_0^2/4}\mathrm{e}^{-s\xi_0} = \sqrt{\pi}\mathrm{e}^{-\xi_0^2/4}\sum_n \frac{(-1)^n}{n!}\xi_0^n s^n.\end{aligned}$$

让上式与式 (7.83) 右边 s^n 相等, 即可得

$$\int_{-\infty}^{+\infty} \mathrm{H}_n(\xi)\mathrm{e}^{-(\xi^2+\xi_0\xi+\xi_0^2/2)}\mathrm{d}\xi = (-1)^n\sqrt{\pi}\mathrm{e}^{-\xi_0^2/4}\xi_0^n, \tag{7.84}$$

代入式 (7.82), 即得

$$c_n = (-1)^n\frac{(\alpha a)^n \exp\left(-\frac{1}{4}\alpha^2 a^2\right)}{\sqrt{2^n n!}}. \tag{7.85}$$

最后荷电振子从基态激发到第 n 能级的概率为

$$P_n = |c_n|^2 = \frac{(\alpha a)^{2n} \exp\left(-\frac{1}{2}\alpha^2 a^2\right)}{2^n n!}. \tag{7.86}$$

这一表达式具有泊松分布的形式 $\frac{1}{n!}(\bar{n})^n\mathrm{e}^{-\bar{n}}$, 平均值 $\bar{n}$ 为

$$\bar{n} = \frac{1}{2}(\alpha a)^2 = \frac{q^2\varepsilon^2}{2\mu\omega^3\hbar}. \tag{7.87}$$

上面给出的方法不管场多强都适用. 如果 $\varepsilon \gg (\mu\omega^3\hbar)^{1/2}/q$, 即 $\bar{n} \gg 1$, 则有 $P_0 = \mathrm{e}^{-\bar{n}} \ll 1$, 即振子留在其基态的概率是很小的. 既然对于 $n=\bar{n}$, P_n 达到其极大值, 最可几的激发态是具有能量 $E_{\bar{n}}$ 的状态. 相反的极限情况, $\bar{n} \ll 1$, 对应于一很弱的扰动场. 在这种情况下, 从式可得 $P_n \approx \frac{1}{n}(\bar{n})^n$. 这一表达式随 n 很快地减小, 则除 $n=1$ 的情况外, 其值可忽略不计, 并有

$$P_1 \approx \bar{n} = \frac{q^2\varepsilon^2}{2\mu\omega^3\hbar} \ll 1. \tag{7.88}$$

在这种情况下, 微扰理论是有效的. 正如所料, 这一结果与利用关于突然加上微扰的微扰理论式 (7.51) 所求得的结果一样.

7.3 常微扰引起的跃迁——费米黄金规则

如图 7.1 所示, 考虑在时间间隔 $(0,T)$ 中常微扰所引起的跃迁, 即微扰哈密顿 $\hat{H}'$ 为

$$\hat{H}'(t) = \begin{cases} V(\boldsymbol{r}), & 0 \leqslant t \leqslant T; \\ 0, & \text{其他时间}, \end{cases} \tag{7.89}$$

那么频率为 ω 的常微扰的傅里叶分量为

$$V(\omega)=\frac{1}{2\pi}\int_{-\infty}^{+\infty}H'\mathrm{e}^{\mathrm{i}\omega t}\mathrm{d}t=\frac{V}{2\pi}\int_{0}^{T}\mathrm{e}^{\mathrm{i}\omega t}\mathrm{d}t \tag{7.90}$$
$$=\frac{V}{2\pi\mathrm{i}\omega}(\mathrm{e}^{\mathrm{i}\omega T}-1),$$

代入式 (7.27), 可得从 k 态到 m 态的跃迁概率为

$$P_{mk}=\frac{|V_{mk}|^2}{\hbar^2\omega_{mk}^2}|1-\mathrm{e}^{\mathrm{i}\omega_{mk}T}|^2=\frac{|V_{mk}|^2}{\hbar^2}\frac{\sin^2(\omega_{mk}T/2)}{(\omega_{mk}/2)^2}, \tag{7.91}$$

式中, $H'_{mk}=\langle m|H'|k\rangle$ 是常微扰 H' 在初态 k 和末态 m 之间的矩阵元, 与时间无关. 如图 7.2 所示, $P_{mk}(T)$ 随 ω_{mk} 变化. 从图可见, 当微扰作用的时间 T 足够长 ($\omega_{mk}T\gg 1$) 时, $P_{mk}(T)$ 只在 $\omega_{mk}\approx 0$ 的一个窄范围内不为零. 利用

$$\lim_{T\to\infty}\frac{\sin^2\omega_{mk}T/2}{(\omega_{mk}/2)^2}=\pi T\delta(\omega_{mk}/2)=2\pi T\delta(\omega_{mk}), \tag{7.92}$$

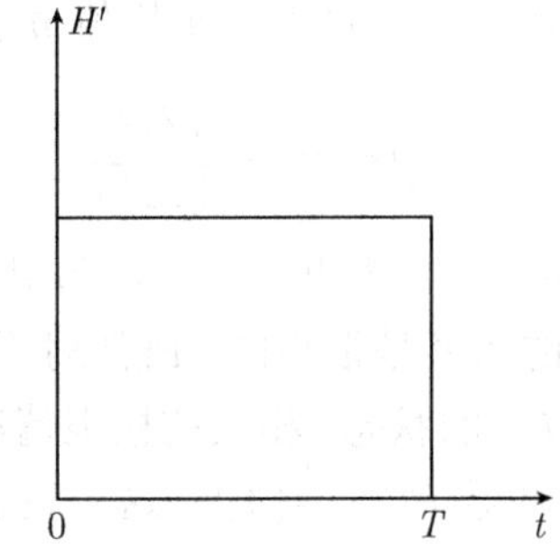

图 7.1 常微化

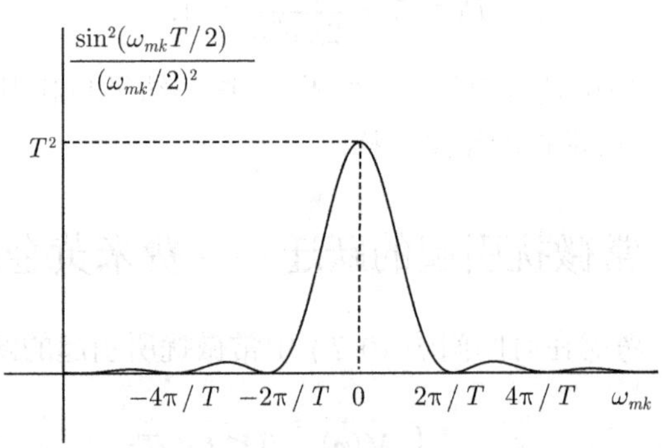

图 7.2 $\frac{\sin^2(\omega_{mk}T/2)}{(\omega_{mk}/2)^2}$ 在 $\omega_{mk}=0$ 处最大值随时间 T 的增长而变锐

可知, 当 $\omega_{mk}T \gg 1$ 时,

$$P_{mk}(T) = \frac{2\pi T}{\hbar^2}|V_{mk}|^2\delta(\omega_{mk}), \tag{7.93}$$

而跃迁速率, 即单位时间的跃迁概率 (表征跃迁快慢) 为

$$p_{mk} = P_{mk}/T = \frac{2\pi}{\hbar^2}|V_{mk}|^2\delta(\omega_{mk}) = \frac{2\pi}{\hbar}|V_{mk}|^2\delta(E_m - E_k), \tag{7.94}$$

上式表明, 对常微扰而言, T 足够长的跃迁有两个特点: 一是跃迁速率与时间无关; 二是在末态能量近似等于初态能量的情况下, 才有显著的跃迁发生.

值得注意的是, 初看起来式 (7.94) 中的 δ 函数与一级微扰论成立的条件 (计算所得的跃迁速率很小) 相矛盾. 事实上, 只有出现跃迁到位于连续区域内的一组末态的情况下, 式 (7.94) 才有意义. 设 $\rho(E_m)$ 是未微扰体系的末态的态密度, 即在 $(E_m, E_m + \mathrm{d}E_m)$ 范围内末态的数目为 $\rho(E_m)\mathrm{d}E_m$. 这样, 从初态 k 到 $E_m \sim E_k$ 附近一系列末态的跃迁速率为

$$p_{mk} = \int p_{mk}\rho(E_m)\mathrm{d}E_m, \tag{7.95}$$

将式 (7.94) 代入式 (7.95), 有

$$p_{mk} = \frac{2\pi}{\hbar}\rho(E_k)|V_{mk}|^2, \tag{7.96}$$

此式称为费米黄金规则.

可将方程 (7.96) 扩充到更高级的微扰. 式 (7.39) 的展开式可写为

$$\begin{aligned} S = \sum_n S^{(n)} = \sum_n \left(-\frac{\mathrm{i}}{\hbar}\right)^n \int_{-\infty}^{+\infty} \mathrm{d}t_1 \int_{-\infty}^{t_1} \mathrm{d}t_2 \cdots \int_{-\infty}^{t_n} \mathrm{d}t_n \\ V_{\mathrm{I}}(t_1)V_{\mathrm{I}}(t_2)\cdots V_{\mathrm{I}}(t_n). \end{aligned} \tag{7.97}$$

在 $\hat{H}_0$ 表象中, 从 $|i\rangle$ 跃迁到 $|f\rangle$ 的概率幅为

$$S_{fi} = \langle f|S|i\rangle = \sum_n S_{fi}^{(n)}. \tag{7.98}$$

在零级近似, $S^{(0)} = 1$, 即有 $S_{fi}^{(0)} = \delta_{fi}$, 即初末态要相同. 一级近似为

$$S_{fi}^{(1)} = -\frac{\mathrm{i}}{\hbar}\int_{-\infty}^{+\infty} \mathrm{d}t\langle f|V_{\mathrm{I}}(t)|i\rangle. \tag{7.99}$$

根据式 (7.35), 有

$$\langle f|V_{\mathrm{I}}(t)|i\rangle = \langle f|\mathrm{e}^{\frac{\mathrm{i}}{\hbar}\hat{H}_0 t}V\mathrm{e}^{-\frac{\mathrm{i}}{\hbar}\hat{H}_0 t}|i\rangle = \langle f|V|i\rangle\mathrm{e}^{\frac{\mathrm{i}}{\hbar}(E_f - E_i)t} \tag{7.100}$$

于是式 (7.99) 变为

$$S_{fi}^{(1)}=-\frac{\mathrm{i}}{\hbar}\langle f|V|i\rangle\int_{-\infty}^{+\infty}\mathrm{d}t\mathrm{e}^{\mathrm{i}\omega_{fi}t}=-\frac{2\pi\mathrm{i}}{\hbar}\langle f|V|i\rangle\delta(\omega_{fi}). \tag{7.101}$$

如果初末态不同, 即彼此正交, 保留到一级项, 跃迁概率为

$$|S_{fi}^{(1)}|^2=\frac{4\pi^2}{\hbar^2}|\langle f|V|i\rangle|^2\delta^2(\omega_{fi}). \tag{7.102}$$

每当遇到 δ 函数的平方时, 一般说来好的办法是沿着推导的步骤回去寻找它的来源.

$$\delta^2(\omega_{fi})=\delta(\omega_{fi})\frac{1}{2\pi}\int_{-\infty}^{+\infty}\mathrm{d}t\mathrm{e}^{\mathrm{i}\omega_{fi}t}=\frac{1}{2\pi}\delta(\omega_{fi})\int_{-\infty}^{+\infty}\mathrm{d}t. \tag{7.103}$$

这里允许发生跃迁的时间为无穷大. 如用 $\pm T/2$ 置换积分的上下限 $\pm\infty$, 以使时间的间隔为有限, 则得

$$\delta^2(\omega_{fi})=\frac{1}{2\pi}\delta(\omega_{fi})T. \tag{7.104}$$

在式 (7.102) 中利用上式, 并整个用 T 来除, 得到

$$\frac{1}{T}|S_{fi}^{(1)}|^2=\frac{2\pi}{\hbar^2}|\langle f|V|i\rangle|^2\delta(\omega_{fi})=\frac{2\pi}{\hbar}|\langle f|V|i\rangle|^2\delta(E_f-E_i), \tag{7.105}$$

此式即为单位时间的跃迁概率. 这与式 (7.94) 相一致.

现考虑二级近似, 由式 (7.97) 和式 (7.35), 可得

$$\begin{aligned}\langle f|S^{(2)}|i\rangle&=\left(-\frac{\mathrm{i}}{\hbar}\right)^2\int_{-\infty}^{+\infty}\mathrm{d}t_1\int_{-\infty}^{t_1}\mathrm{d}t_2\langle f|V_{\mathrm{I}}(t_1)V_{\mathrm{I}}(t_2)|i\rangle\\&=\left(-\frac{\mathrm{i}}{\hbar}\right)^2\sum_n\int_{-\infty}^{+\infty}\mathrm{d}t_1\int_{-\infty}^{t_1}\mathrm{d}t_2\langle f|V_{\mathrm{I}}(t_1)|n\rangle\langle n|V_{\mathrm{I}}(t_2)|i\rangle,\end{aligned} \tag{7.106}$$

其中

$$\begin{aligned}\int_{-\infty}^{t_1}\mathrm{d}t_2\langle n|V_{\mathrm{I}}(t_2)|i\rangle&=\int_{-\infty}^{t_1}\mathrm{d}t_2\exp\{[\mathrm{i}(E_n-E_i)t_2-\varepsilon|t_2|]/\hbar\}\langle n|V|i\rangle\\&=\frac{\hbar\exp[\mathrm{i}(E_n-E_i)t_1/\hbar]}{\mathrm{i}(E_n-E_i-\mathrm{i}\varepsilon)}\langle n|V|i\rangle,\end{aligned} \tag{7.107}$$

因此

$$\begin{aligned}\langle f|S^{(2)}|i\rangle=&\left(\frac{\mathrm{i}}{\hbar}\right)^2\sum_n\int_{-\infty}^{+\infty}\mathrm{d}t_1\exp\left[\frac{\mathrm{i}}{\hbar}(E_f-E_n)t_1-\frac{1}{\hbar}\varepsilon|t_1|\right]\\&\times\frac{\exp[\mathrm{i}(E_n-E_i)t_1/\hbar]}{(E_n-E_{\mathrm{i}}-i\varepsilon)}\langle f|V|n\rangle\langle n|V|i\rangle\end{aligned}$$

$$
\begin{aligned}
&=\frac{\mathrm{i}}{\hbar}\sum_{n}\frac{1}{E_n-E_i-\mathrm{i}\varepsilon}\int_{-\infty}^{+\infty}\mathrm{d}t_1 \\
&\quad\times\exp[\mathrm{i}(E_f-E_i)t_1/\hbar-\varepsilon|t_1|/\hbar]\langle f|V|n\rangle\langle n|V|i\rangle \\
&=\frac{\mathrm{i}}{\hbar}\sum_{n}\frac{1}{E_n-E_i-\mathrm{i}\varepsilon}2\pi\delta(E_f-E_i)\langle f|V|n\rangle\langle n|V|i\rangle \\
&=-2\pi\mathrm{i}\sum_{n}\frac{\langle f|V|n\rangle,\langle n|V|i\rangle}{E_i-E_n+\mathrm{i}\varepsilon}\delta(E_f-E_i) \\
&=-2\pi\mathrm{i}\delta(E_f-E_i)\langle f|V\frac{1}{E_i-\hat{H}_0+\mathrm{i}\varepsilon}V|i\rangle.
\end{aligned}\tag{7.108}
$$

对更高级微扰项, 也可类似计算. 最后得

$$
S_{fi}=\langle f|S|i\rangle=\delta_{fi}-2\pi\mathrm{i}\delta(E_f-E_i)\langle f|t|i\rangle \tag{7.109}
$$

其中

$$
\begin{aligned}
t\ &=\ V+V\frac{1}{E-\hat{H}_0+\mathrm{i}0^+}V \\
&\quad+V\frac{1}{E-\hat{H}_0+\mathrm{i}0^+}V\frac{1}{E-\hat{H}_0+\mathrm{i}0^+}V+\cdots
\end{aligned}\tag{7.110}
$$

式中, $E=E_f=E_i$. 式 (7.110) 可改写成下列迭代形式

$$
t=V+V\frac{1}{E-\hat{H}_0+\mathrm{i}0^+}t \tag{7.111}
$$

当 $|f\rangle\neq|i\rangle$ 时, $\langle f|S|i\rangle=\langle f|T|i\rangle$, 由式 (7.109), 可得

$$
\langle f|T|i\rangle=-2\pi\mathrm{i}\delta(E_f-E_i)\langle f|t|i\rangle\quad(i\neq f). \tag{7.112}
$$

考虑高级项的微扰后, 代替方程 (7.95), 从 $|i\rangle$ 跃迁到 $|f\rangle$ 的概率为

$$
p_{fi}=\frac{2\pi}{\hbar^2}|t_{fi}|^2\delta(\omega_{fi})=\frac{2\pi}{\hbar}|t_{fi}|^2\delta(E_f-E_i), \tag{7.113}
$$

式中, $|f\rangle|\neq|i\rangle$, 但要求 $E_f=E_i$, 实际上只对跃迁到连续谱适用. 这样, 考虑高次微扰后, 费米黄金规则变为

$$
p_{fi}=\frac{2\pi}{\hbar}|t_{fi}|^2\rho(E_i). \tag{7.114}
$$

练习 7.2 试求在得出式 (7.107) 时涉及的如下积分

$$
I=\int_{-\infty}^{t_1}\mathrm{d}t_2\exp\left[\mathrm{i}(E_n-E_i)t_2/\hbar-\varepsilon|t_2|/\hbar\right]. \tag{7.115}
$$

解　对 $t_1 < 0$ 情况, $t_2 \leqslant t_1 < 0$, 有

$$\begin{aligned} I &= \int_{-\infty}^{t_1} \mathrm{d}t_2 \exp\left\{[\mathrm{i}(E_n - E_i) + \varepsilon]t_2/\hbar\right\} \\ &= \frac{\hbar}{\mathrm{i}} \frac{\exp[\mathrm{i}(E_n - E_i)t_1/\hbar]}{E_n - E_i - \mathrm{i}\varepsilon} \end{aligned}$$

对于 $t_1 > 0$ 情况, 分成两段积分, 即

$$\begin{aligned} I &= \int_{-\infty}^{0} \mathrm{d}t_2 \exp\left\{[\mathrm{i}(E_i - E_n)t_2 + \varepsilon]t_2/\hbar\right\} + \int_{0}^{t_1} \mathrm{d}t_2 \exp\left\{[\mathrm{i}(E_n - E_i)t_2 - \varepsilon]t_2/\hbar\right\} \\ &= \frac{\hbar}{\mathrm{i}} \frac{1}{(E_n - E_i - \mathrm{i}\varepsilon)} + \frac{\hbar}{\mathrm{i}} \frac{\exp[\mathrm{i}(E_n - E_i)t_1/\hbar] - 1}{(E_n - E_i) + \mathrm{i}\varepsilon}. \end{aligned}$$

利用

$$\begin{aligned} \frac{1}{x + \mathrm{i}\varepsilon} - \frac{1}{x - \mathrm{i}\varepsilon} &= -\frac{2\mathrm{i}\varepsilon}{x^2 + \varepsilon^2}, \\ \lim_{\varepsilon \to 0^+} \frac{2\mathrm{i}\varepsilon}{x^2 + \varepsilon^2} &= 2\mathrm{i}\pi\delta(x), \end{aligned}$$

可得

$$\frac{1}{x + \mathrm{i}\varepsilon} = \frac{1}{x - \mathrm{i}\varepsilon} - 2\pi\mathrm{i}\delta(x), \quad \varepsilon \to 0^+,$$

于是 I 可化成

$$\begin{aligned} I =& \frac{\hbar}{\mathrm{i}} \left\{ \frac{1}{(E_n - E_i) - \mathrm{i}\varepsilon} + \left[\frac{1}{(E_n - E_i) - \mathrm{i}\varepsilon} - 2\pi\mathrm{i}\delta(E_n - E_i) \right] \right. \\ & \left. \times (\exp[\mathrm{i}(E_n - E_i)t_1/\hbar] - 1) \right\} \\ =& \frac{\hbar}{\mathrm{i}} \left\{ \frac{1}{(E_n - E_i) - \mathrm{i}\varepsilon} + \frac{1}{(E_n - E_i) - \mathrm{i}\varepsilon} (\exp[\mathrm{i}(E_n - E_i)t_1/\hbar] - 1) \right. \\ & \left. -2\pi\mathrm{i}\delta(E_n - E_i)(\exp[\mathrm{i}(E_n - E_i)t_1/\hbar] - 1) \right\} \\ =& \frac{\hbar}{\mathrm{i}} \frac{\exp[\mathrm{i}(E_n - E_i)t_1/\hbar]}{(E_n - E_i) - \mathrm{i}\varepsilon}. \end{aligned}$$

可见, 无论是 $t_1 > 0$, 还是 $t_1 < 0$, 均可得到

$$I = \int_{-\infty}^{t_1} \mathrm{d}t_2 \exp\left[\mathrm{i}(E_n - E_i)t_2/\hbar - \varepsilon|t_2|/\hbar\right] = \frac{\hbar}{\mathrm{i}} \frac{\exp[\mathrm{i}(E_n - E_i)t_1/\hbar]}{(E_n - E_i) - \mathrm{i}\varepsilon}.$$

7.4　散射的玻恩近似

散射实验是探索物质结构的重要手段. 回顾现代物理学的发展过程, 就会发现情况确实如此. 在原子物理学中, 卢瑟福 α 粒子被金箔的散射实验, 发现了原子核; 弗兰克–赫兹由电子通过水银蒸气的散射实验, 确立了原子能级的存在. 在核物理

学中, 原子核有结构的第一个明确证据, 来自卢瑟福对 α 粒子被氮原子的散射反应的观察. 在基本粒子物理学的研究中, 散射实验不仅提供了实验数据, 而且也是产生粒子本身的主要方法. 在这些散射实验中, 入射和出散粒子束的能量是连续的而非离散的能级, 并通过散射粒子的角分布、极化等的测量来了解粒子的内部结构和相互作用信息. 由于散射实验的观测都是在离开碰撞区很远的地方进行, 角分布等观察量依赖于散射波在无穷远处的渐近行为, 它与入射粒子能量、相互作用等有关.

在量子散射问题中, 设一束粒子以稳定的入射流密度 $j_{\rm i}$(单位时间穿过单位截面的粒子数) 入射. 由于靶粒子的作用, 设单位时间有 $\mathrm{d}n$ 个粒子沿 (θ,φ) 方向立体角 $\mathrm{d}\Omega$ 出射, 那么

$$\mathrm{d}\sigma = \mathrm{d}n(\theta,\varphi)/j_{\rm i}, \tag{7.116}$$

即单位时间单位入射粒子流散射到 (θ,φ) 方向立体角 $\mathrm{d}\Omega$ 内的粒子数称为微分散射截面, 它具有面积的量纲, 并与 (θ,φ) 有关. 进一步假定粒子从初态 i(入射态) 在势场作用下跃迁到末态 (散射态) 的跃迁速率 (单位时间内的跃迁概率) 为 $p_{i\to f}$, 那么 $\mathrm{d}n = p_{i\to f}\mathrm{d}\Omega$, 代入式 (7.116), 有

$$\frac{\mathrm{d}\sigma_{i\to f}}{\mathrm{d}\Omega} = \frac{p_{i\to f}}{j_{\rm i}}, \tag{7.117}$$

称为散射截面的角分布. 如将沿各方向出射的粒子都计算在内, 即得总截面

$$\sigma = \int \mathrm{d}\Omega \frac{\mathrm{d}\sigma(\theta,\varphi)}{\mathrm{d}\Omega} = \int_0^{2\pi}\mathrm{d}\varphi\int_0^{\pi}\mathrm{d}\theta\sin\theta\frac{\mathrm{d}\sigma(\theta,\varphi)}{\mathrm{d}\Omega}. \tag{7.118}$$

假定在散射过程中相互碰撞的粒子的内部态不改变 (内部激发自由度被冻结), 此为弹性散射. 在弹性散射过程中, 只有相对运动状态发生改变. 入射粒子与靶子的相互作用用定域势 $V(\boldsymbol{r})$ 描述. 还假定 $V(\boldsymbol{r})$ 具有有限力程 a, 即在 $|\boldsymbol{r}|>a$ 区域, $V(\boldsymbol{r})=0$, 粒子是自由的, 且入射粒子在 $V(\boldsymbol{r})$ 作用下不足以形成束缚态, 即 $V(\boldsymbol{r})$ 是排斥势或是吸引势, 但入射粒子能量足够高, 以致 $V(\boldsymbol{r})$ 不足以把它们束缚在一起. 下面讨论粒子在这种势场中的散射. 这个问题可以用与时间有关的或与时间无关的微扰论来处理.

先从与时间有关的理论开始, 讨论费米黄金规则的一个应用. 无微扰哈密顿算符 $\hat{H}_0 = \hat{\boldsymbol{p}}^2/2m$ 是自由粒子的哈密顿算符, 而将散射势 $V(\boldsymbol{r})$ 作为常微扰处理. 设想体系置于边长为 L 的非常大的立方箱子内, 初态和末态在箱内已归一化. $(\hat{H}_0,\hat{\boldsymbol{p}})$ 的正交归一本征态为

$$\psi_{\boldsymbol{p}}(\boldsymbol{r}) = L^{-3/2}\mathrm{e}^{\frac{\mathrm{i}}{\hbar}\boldsymbol{p}\cdot\boldsymbol{r}}, \tag{7.119}$$

其中, 动量的本征值为

$$p_i = \frac{2\pi\hbar n_i}{L}, \quad i=1,2,3;\ n_i = 0,\pm1,\pm2,\cdots. \tag{7.120}$$

因此具有动量 $\boldsymbol{p}$, 并在 d^3p 内的自由粒子的状态数目为

$$\left(\frac{L}{2\pi\hbar}\right)^3 \mathrm{d}^3p = \left(\frac{L}{2\pi\hbar}\right)^3 p^2\mathrm{d}p\mathrm{d}\Omega, \tag{7.121}$$

式中, $\mathrm{d}\Omega$ 为 $\boldsymbol{p}$ 方向的微元立体角. 利用 $E = p^2/2m$, 则能量在 $(E, E+\mathrm{d}E)$ 范围, 动量 $\boldsymbol{p}$ 方向 (θ,φ) 立体角 $\mathrm{d}\Omega$ 内的状态数为

$$\rho(E)\mathrm{d}E\mathrm{d}\Omega = \left(\frac{L}{2\pi\hbar}\right)^3 p^2\mathrm{d}p\mathrm{d}\Omega = \left(\frac{L}{2\pi\hbar}\right)^3 mp\mathrm{d}E\mathrm{d}\Omega, \tag{7.122}$$

由此得到

$$\rho(E) = \left(\frac{L}{2\pi\hbar}\right)^3 mp. \tag{7.123}$$

现令 $\boldsymbol{p}_i$ 和 $\boldsymbol{p}_f$ 分别为入射和散射粒子的动量, 且 $E = E_i = E_f$, 利用式 (7.114), 得每单位时间从初态 i(能量 E_i) 跃迁到末态 (能量 $\sim E_f$) 在 $\boldsymbol{p}_f$ 方向立体角 $\mathrm{d}\Omega$ 中的跃迁概率为

$$p_{fi} = \frac{2\pi}{\hbar}|\langle \boldsymbol{p}_f|T|\boldsymbol{p}_i\rangle|^2\rho(E). \tag{7.124}$$

令 $\mathrm{d}\sigma(\theta,\varphi)$ 是散射过程的微分截面, 即每单位时间每单位入射通量散射到 $\boldsymbol{p}_f$ 方向 (θ,φ) 立体角 $\mathrm{d}\Omega$ 内的粒子数. 这样可得散射的角分布

$$\frac{\mathrm{d}\sigma}{\mathrm{d}\Omega} = \left(\frac{v_i}{L^3}\right)^{-1} p_{fi} = \frac{mL^3}{p_i}p_{fi} \tag{7.125}$$

从式 (7.123)、式 (7.124) 和式 (7.126), 得到

$$\frac{\mathrm{d}\sigma}{\mathrm{d}\Omega} = \left(\frac{m}{2\pi\hbar^2}\right)^2 \left|\int \mathrm{e}^{-\mathrm{i}\boldsymbol{k}_f\cdot\boldsymbol{r}} T \mathrm{e}^{\boldsymbol{k}_i\cdot\boldsymbol{r}}\mathrm{d}^3x\right|^2. \tag{7.126}$$

如只考虑一级微扰论近似, 即取 $t = V$, 则

$$\frac{\mathrm{d}\sigma}{\mathrm{d}\Omega} = \left(\frac{m}{2\pi\hbar^2}\right)^2 \left|\int \mathrm{e}^{-\mathrm{i}\boldsymbol{q}\cdot\boldsymbol{r}} V\mathrm{d}^3x\right|^2, \tag{7.127}$$

式中, $\boldsymbol{q} = \boldsymbol{k}_f - \boldsymbol{k}_i$, 是由靶转够给入射粒子的动量, 称为转移动量. 作为上式用法的例子, 考虑电荷为 q_1 的粒子被电荷为 q_2 的粒子的散射. 取位势为屏蔽库仑势

$$V(r) = \frac{q_1q_2}{4\pi\varepsilon_0 r}\mathrm{e}^{-r/a} = \frac{\gamma}{r}\mathrm{e}^{-r/a}, \tag{7.128}$$

其中, a 为屏蔽长度. 其傅里叶变换为

$$\begin{aligned}\bar{V}(\boldsymbol{q}) &= \int V(r)\mathrm{e}^{\mathrm{i}\boldsymbol{q}\cdot\boldsymbol{r}}\mathrm{d}^3x = \gamma\int_0^\infty r^2\mathrm{d}r\int_0^{2\pi}\mathrm{d}\varphi\int_0^\pi \mathrm{d}\theta\mathrm{e}^{\mathrm{i}qr\cos\theta}\frac{\mathrm{e}^{-r/a}}{r} \\ &= \frac{4\pi\gamma}{q^2 + (1/a^2)},\end{aligned} \tag{7.129}$$

式中, 转移动量 $\boldsymbol{q}=\boldsymbol{k}_f-\boldsymbol{k}_i$ 的平方为

$$\begin{aligned} q^2 &= (\boldsymbol{k}_i-\boldsymbol{k}_f)^2 = k_i^2+k_f^2-2\boldsymbol{k}_i\cdot\boldsymbol{k}_f \\ &= k_i^2+k_f^2-2k_ik_f\cos\theta = 2k^2(1-\cos\theta) \\ &= 4k^2\sin^2(\theta/2), \end{aligned} \tag{7.130}$$

式中, $k_i^2=k_f^2=k^2$, θ 是 $\boldsymbol{k}_i$ 和 $\boldsymbol{k}_f$ 之间的夹角, 即散射角. 将式 (7.129) 和式 (7.130) 代入式 (7.127), 得出

$$\frac{\mathrm{d}\sigma}{\mathrm{d}\Omega}=\frac{m^2\gamma^2}{4p^4[\sin^2(\theta/2)+1/4k^2a^2]}. \tag{7.131}$$

在 $a\to\infty$ 的极限下, 式 (7.128) 的位势变为库仑势, 而式 (7.131) 则变为卢瑟福散射截面.

7.5 周期性微扰下的跃迁

设微扰哈密顿算符

$$\hat{H}'=\hat{A}\cos\omega t=\hat{F}(\mathrm{e}^{\mathrm{i}\omega t}+\mathrm{e}^{-\mathrm{i}\omega t}) \tag{7.132}$$

从 $t=0$ 开始作用于体系, 式中 $\hat{F}=\hat{A}/2$ 是与时间无关的微扰算符. 从 k 态到 m 态的跃迁矩阵元为

$$\begin{aligned} H'_{mk}(\omega_{mk}) &= \frac{1}{2\pi}\int_0^t F_{mk}[\mathrm{e}^{\mathrm{i}(\omega+\omega_{mk})t}+\mathrm{e}^{-\mathrm{i}(\omega-\omega_{mk})t}]\mathrm{d}t \\ &= \frac{F_{mk}}{2\pi\mathrm{i}}\left[\frac{\mathrm{e}^{\mathrm{i}(\omega_{mk}+\omega)t}-1}{\omega_{mk}+\omega}+\frac{\mathrm{e}^{\mathrm{i}(\omega_{mk}-\omega)t}-1}{\omega_{mk}-\omega}\right], \end{aligned} \tag{7.133}$$

当 $\omega=\omega_{mk}$ 时, 上式第二项的分子分母都等于零. 按求极限的法则, 同时将分子和分母对 $\omega_{mk}-\omega$ 求微商, 可得出此项与 t 成正比. 由于第一项不随时间增加, 因此仅第二项起主要作用. 类似地, 当 $\omega=-\omega_{mk}$ 时, 仅第一项起主要作用. 因此, 当 $\omega\neq\pm\omega_{mk}$ 时, 式 (7.133) 右边两项都不随时间增加. 由此可见, 只有当

$$\omega=\pm\omega_{mk} \text{ 或 } E_m=E_k\pm\hbar\omega \tag{7.134}$$

时才出现明显的跃迁. 也就是说, 只有当外界微扰含有频率 ω_{mk} 时, 体系才能从 k 态跃迁到 m 态. 这时体系吸收或发射的能量是 $\hbar\omega_{mk}$. 满足式 (7.134) 的跃迁是一个共振现象. 因此, 只需讨论 $\omega=\pm\omega_{mk}$ 的情况.

把式 (7.133) 代入式 (7.27), 当 $\omega=\omega_{mk}$ 时, 式 (7.133) 右边只取第二项, 当 $\omega=-\omega_{mk}$ 时, 只取第一项, 于是, 得到从 k 态跃迁到 m 态的概率为

$$P_{mk}=\frac{4|F_{mk}|^2}{\hbar^2}\frac{\sin^2\dfrac{1}{2}(\omega_{mk}\pm\omega)t}{(\omega_{mk}\pm\omega)^2},\tag{7.135}$$

当 t 足够长, 以致可以看成 $t\to\infty$ 时, 利用式 (7.92)、式 (7.135) 化为

$$P_{mk}=\frac{2\pi t}{\hbar^2}|F_{mk}|^2\delta(\omega_{mk}\pm\omega)=\frac{2\pi t}{\hbar}|F_{mk}|^2\delta(E_m-E_k\pm\hbar\omega),\tag{7.136}$$

跃迁速率为

$$p_{mk}=\frac{2\pi}{\hbar^2}|F_{mk}|^2\delta(\omega_{mk}\pm\omega)=\frac{2\pi}{\hbar}|F_{mk}|^2\delta(E_m-E_k\pm\hbar\omega).\tag{7.137}$$

上式表明, 当 t 足够大时, 跃迁过程遵守能量守恒定律. 比较式 (7.137) 和式 (7.94) 可见, 常微扰的跃迁速率是周期性微扰的跃迁速率在 $\omega\to 0$ 的极限.

对在两个分立状态之间的跃迁, 我们应当假定辐射的频率是辅展的, 而在不同频率成分之间没有周相关系, 所以该辐射能够用单位频率范围内的强度来表征, 即设频率在 $(\omega,\omega+\mathrm{d}\omega)$ 之间的辐射的强度为 $\rho(\omega)\mathrm{d}\omega$, 于是两分立态之间的跃迁速率为

$$w_{mk}=\int p_{mk}\rho(\omega)\mathrm{d}\omega=\frac{2\pi}{\hbar^2}|F_{mk}|^2\rho(|\omega_{mk}|).\tag{7.138}$$

下面限于初态 k 是分立的束缚态而末态是游离态的情况. 在这种情况下, $E_m=E_k+\omega\hbar$. 设 $\rho(E_m)$ 是未微扰体系的末态的态密度, 即在 $(E_m,E_m+\mathrm{d}E_m)$ 范围内末态的数目为 $\rho(E_m)\mathrm{d}E_m$. 这样, 从初态 k 到 $E_m\sim E_k$ 附近一系列末态的跃迁速率为

$$w_{mk}=\int p_{mk}\rho(E_m)\mathrm{d}E_m=\frac{2\pi}{\hbar}\rho(E_k)|V_{mk}|^2,\quad E_k=E_m\pm\omega\hbar.\tag{7.139}$$

例 7.2 将处于基态的氢原子置于电场 $\boldsymbol{\mathcal{E}}(t)=\boldsymbol{\mathcal{E}}_0\sin\omega t$ 中, 试求每单位时间原子被电离的概率. 处于电离态时电子的波函数可为平面波.

解 若用 $\boldsymbol{r}$ 表示电子的位矢, e 表示电子电荷, 则微扰取为如下形式

$$\begin{gathered}V=-e\boldsymbol{r}\cdot\boldsymbol{\mathcal{E}}(t)=-e\boldsymbol{r}\cdot\boldsymbol{\mathcal{E}}_0\sin\omega t=V_0\mathrm{e}^{-\mathrm{i}\omega t}+V_0^*\mathrm{e}^{+\mathrm{i}\omega t},\\ V_0=\frac{e}{2\mathrm{i}}\boldsymbol{r}\cdot\boldsymbol{\mathcal{E}}_0.\end{gathered}\tag{7.140}$$

为使氢原子从基态电离, 所需的最小能量是 $-E_1=me_{\mathrm{s}}^4/2\hbar^2$, 由此得到 $\omega>me_{\mathrm{s}}^4/2\hbar^3$. 注意, 取电子的末态为平面波所作的近似, 仅当 $\omega\gg me_{\mathrm{s}}^4/2\hbar^3$ 时才是准确的, 在这种情况下电离出来的电子具有很大的动能. 电子的初末态分别为

$$\psi_{100}(r)=(\pi a^3)^{-1/2}\mathrm{e}^{-r/a},\quad \psi_k=(2\pi)^{-3/2}\mathrm{e}^{\mathrm{i}\boldsymbol{k}\cdot\boldsymbol{r}},\tag{7.141}$$

因而微扰矩阵元为

$$\begin{aligned} V_0^{k1} &= \int \psi_k^* \left(\frac{e}{2\mathrm{i}}\boldsymbol{\mathcal{E}}_0 \cdot \boldsymbol{r}\right) \psi_{100}(r)\mathrm{d}^3 x \\ &= \frac{e}{2\mathrm{i}}(2\pi)^{-3/2}(\pi a^3)^{-1/2} \int \mathrm{e}^{-\mathrm{i}\boldsymbol{k}\cdot\boldsymbol{r}-r/a}(\boldsymbol{\mathcal{E}}_0 \cdot \boldsymbol{r})\mathrm{d}^3 x. \end{aligned} \tag{7.142}$$

为计算积分, 引入极轴沿 $\boldsymbol{k}$ 方向的球坐标 (r,θ,ϕ), 这样有

$$\boldsymbol{\mathcal{E}}_0 \cdot \boldsymbol{r} = \mathcal{E}_0 r[\cos\Theta\cos\theta + \sin\Theta\sin\theta\cos(\Phi-\phi)], \tag{7.143}$$

式中, Θ 和 Φ 是 $\boldsymbol{\mathcal{E}}_0$ 的极角. 将式 (7.143) 代入式 (7.142), 并注意到对 ϕ 的积分使式 (7.143) 中的第二项的贡献为零, 得到

$$V_0^{k1} = \frac{\mathrm{i}e}{2^{5/2}\pi^2 a^{3/2}} 2\pi\cos\Theta \int_0^\infty r^3\mathrm{d}r \int_{-1}^{+1} x\mathrm{d}x\mathrm{e}^{-\mathrm{i}krx-r/a}, \tag{7.144}$$

式中, $x=\cos\theta$. 作式 (7.144) 中的积分后, 得

$$V_0^{k1} = \frac{e\mathcal{E}_0\cos\Theta}{\pi(2a)^{3/2}} \frac{16ka^5}{(1+k^2a^2)^3}. \tag{7.145}$$

考虑到对于归一化为 δ 函数的本征态 $\psi_{\boldsymbol{k}}$, 按封闭性关系 $\int |\boldsymbol{k}\rangle\mathrm{d}\boldsymbol{k}\langle\boldsymbol{k}| = 1$, 由此看到, 波矢在区间 $(\boldsymbol{k},\boldsymbol{k}+\mathrm{d}\boldsymbol{k})$ 内的状态 $\psi_{\boldsymbol{k}}$ 的数目为 d^3k. 因而有

$$\rho(E)\mathrm{d}E\mathrm{d}\Omega = \mathrm{d}^3k = k^2\mathrm{d}k\mathrm{d}\Omega_k, \tag{7.146}$$

其中, $\mathrm{d}\Omega_k$ 是 $\boldsymbol{k}$ 相对电场方向的立体角. 从而对这些态有

$$\rho(E) = \frac{mk}{\hbar^2} = \frac{mp}{\hbar^3}. \tag{7.147}$$

将式 (7.145)、式 (7.147) 和关系式 $E_k = E_1 + \omega\hbar$ 代入式 (7.139), 求得每单位时间内原子抛出一个电子进入 $\boldsymbol{k}$ 方向微元立体角 $\mathrm{d}\Omega$ 的电离概率为

$$\mathrm{d}p_{k1} = \frac{2^6 ma^7e^2}{\pi\hbar^3} \frac{\mathcal{E}_0^2k^3\cos^2\Theta}{(1+k^2a^2)^6}\mathrm{d}\Omega_k \tag{7.148}$$

利用 $E_1 = -me_{\mathrm{s}}^4/2\hbar^2 = -e_{\mathrm{s}}^2/2a = -\hbar\omega_0$, 方程 $E_k = E_1 + \hbar\omega$ 表明 $1+k^2a^2 = \omega/\omega_0$, 因而

$$\mathrm{d}p_{k1} = \frac{64me^2\mathcal{E}_0^2a^4}{\pi\hbar^3}\left(\frac{\omega_0}{\omega}\right)^6\left(\frac{\omega}{\omega_0}-1\right)^{3/2}\cos^2\Theta\mathrm{d}\Omega_k. \tag{7.149}$$

概率对外加场的方向是对称的, 而沿任何垂直于场方向为零. 将式 (7.149) 对发射电子的所有方向积分, 得到原子的总电离概率为

$$\begin{aligned} p_{k1} &= \frac{64me^2\mathcal{E}_0^2a^4}{\pi\hbar^3}\left(\frac{\omega_0}{\omega}\right)^6\left(\frac{\omega}{\omega_0}-1\right)^{3/2} 2\pi\int_0^\pi \cos^2\Theta\sin\Theta\mathrm{d}\Theta \\ &= \frac{256me^2\mathcal{E}_0^2a^4}{3\hbar^3}\left(\frac{\omega_0}{\omega}\right)^6\left(\frac{\omega}{\omega_0}-1\right)^{3/2}. \end{aligned} \tag{7.150}$$

对于 $\omega \approx \omega_0$(接近电离阈), 这一概率像 $(\omega-\omega_0)^{3/2}$ 那样从零开始增加. 对于 $\omega \gg \omega_0$, 它像 $\omega^{-9/2}$ 那样减小. 当 $\omega = \dfrac{4}{3}\omega_0$ 时概率有极大值.

7.6　能量–时间不确定性关系

从图 7.2 可见, 跃迁概率 P_{mk} 有极大值 $|H'_{mk}|^2T^2/\hbar^2$, 而其第一对极小值位于 $\omega_{mk}T = \pm 2\pi$ 处, 即出现在

$$E_m = E_k \pm \frac{2\pi\hbar}{T}, \tag{7.151}$$

这表明, 若 T 不趋于无穷大, 则跃迁过程不严格遵守能量守恒定律. 由式 (7.151) 可求出图 7.2 中主极大的范围是

$$\frac{4\pi\hbar}{T} = \frac{2h}{T}, \tag{7.152}$$

E_m 的不确定范围

$$\Delta E_m \geqslant h/T, \tag{7.153}$$

如果从 $t=0$ 到 T 这段时间用 Δt 来表示, 能量的不确定范围用 ΔE 来表示, 则式 (7.153) 可表示为

$$\Delta E \Delta t \geqslant h/2, \tag{7.154}$$

这就是能量–时间测不准关系. 它表明, 若测量体系末态能量的时间为 Δt, 则这个末态能量的不确定范围 ΔE 由能量–时间测不准关系给出. 以上通过体系末态能量的测定这一特例得到了能量–时间测不准关系, 还可以从其他物理过程得到这个关系.

下面利用力学量随时间变化的公式给出一个更普遍的表达式. 设体系的哈密顿算符为 $\hat{H}$, $\hat{A}$ 为另一不显含 t 的力学量算符, 则不确定关系为

$$\Delta E \cdot \Delta A \geqslant \frac{1}{2}|\langle[\hat{A},\hat{H}]\rangle|, \tag{7.155}$$

其中

$$\Delta E = |\langle(\hat{H}-\langle\hat{H}\rangle)^2\rangle|^{1/2}, \quad \Delta A = |\langle(\hat{A}-\langle\hat{A}\rangle)^2\rangle|^{1/2} \tag{7.156}$$

分别表示在给定状态下能量 E 和力学量 A 的不确定度. 利用

$$\frac{\mathrm{d}}{\mathrm{d}t}\langle\hat{A}\rangle = \langle[\hat{A},\hat{H}]\rangle/\mathrm{i}\hbar, \tag{7.157}$$

式 (7.155) 可表示为

$$\Delta E \cdot \Delta A \geqslant \frac{\hbar}{2}\left|\frac{\mathrm{d}}{\mathrm{d}t}\langle\hat{A}\rangle\right| \tag{7.158}$$

或

$$\Delta E \cdot \frac{\Delta A}{\left|\frac{\mathrm{d}}{\mathrm{d}t}\langle\hat{A}\rangle\right|} \geqslant \frac{\hbar}{2}, \tag{7.159}$$

令

$$\tau_A = \frac{\Delta A}{\left|\frac{\mathrm{d}}{\mathrm{d}t}\langle\hat{A}\rangle\right|}, \tag{7.160}$$

则

$$\Delta E \cdot \tau_A \geqslant \frac{\hbar}{2}. \tag{7.161}$$

这里, τ_A 是 $\langle\hat{A}\rangle$ 改变 ΔA 所需的时间, 表征 $\langle\hat{A}\rangle$ 变化的快慢的周期. 在给定状态下, 每个力学量 A 都有相应的 τ_A. 在这些 τ_A 中, 最小的一个记为 Δt, 它当然也满足式 (7.161), 即

$$\Delta E \cdot \Delta t \geqslant \frac{\hbar}{2}, \tag{7.162}$$

这就是能量–时间测不准关系. 式中, ΔE 表示状态能量的不确定度, 而 Δt 为该状态的特征时间, 可理解为状态性质有明显改变所需要的时间. 式 (7.162) 表明, Δt 和 ΔE 不能都任意小下去, 而要受到相互制约.

例 7.3 考虑用一波包来描述自由粒子的状态, 在组态空间中波的宽度为 Δx, 在动量空间中在确定动量 p_0 附近有宽度为 Δp 的一个分布, 那么 $\Delta x\Delta p \approx \hbar$ 成立. 波包的群速度是 $v = \partial E/\partial p|_{p=p_0}$, 粒子通过点 x_0 的时刻有 $\Delta t \approx \Delta x/v$ 的不确定性. 又因 $E = E(p)$, 粒子在能量上的不确定性 $\Delta E = \partial E/\partial p|_{p=p_0}\Delta p = v\Delta p$, 因此

$$\Delta t\Delta E \approx \frac{\Delta x}{v}\Delta E = \Delta x\Delta p \approx \hbar.$$

这意味着要足够精确地测量一个态的能量, 就需要充分长的时间, 如果不可能做到 (如由于态的寿命有限), 此态的能量就保持不确定. 从这个意义上讲, 时间–能量不确定性关系与坐标–动量不确定性关系有关, 但物理解释却完全不同. 在不同时刻, 测量装置能够测量系统一个给定的可观察量 (如位置、动量或能量). 时间还借助宏观的钟给定, 钟是与测量装置联系在一起的. 因此, 时间不是系统的可观察量, 而是个由实数 t 描述的参量.

例 7.4 粒子初始时刻 $(t=0)$ 处于粒子的能量分别为 E_1 和 E_2 的能量本征态 ψ_1 和 ψ_2 的叠加态 $\psi(\boldsymbol{r},0) = c_1\psi_1(\boldsymbol{r}) + c_2\psi_2(\boldsymbol{r})$, 则 t 时刻粒子的状态为

$$\psi(\boldsymbol{r},t) = c_1\psi_1\mathrm{e}^{-\mathrm{i}E_1t/\hbar} + c_2\psi_2\mathrm{e}^{-\mathrm{i}E_2t/\hbar},$$

它是一个非定态, 在此状态下, 各力学量的概率分布一般要随时间改变. 如粒子在空间的概率密度为

$$\varrho(\boldsymbol{r},t)=|\psi(\boldsymbol{r},t)|^2=c_1^2|\psi_1(\boldsymbol{r})|^2+c_2^2|\psi_2(\boldsymbol{r})|^2 \\ +c_1^*c_2\psi_1^*(\boldsymbol{r})\psi_2(\boldsymbol{r})\mathrm{e}^{-\mathrm{i}\omega t}+c_1c_2^*\psi_1(\boldsymbol{r})\psi_2^*(\boldsymbol{r})\mathrm{e}^{\mathrm{i}\omega t},$$

其中, $\omega=(E_2-E_1)/\hbar=\Delta E/\hbar$, ΔE 可视为在叠加态下测量体系能量时出现的不确定度. 由此可见, $\rho(\boldsymbol{r},t)$ 随时间而周期性变化, 周期 $T=2\pi/\omega=h/\Delta E$. 动量以及其他力学量的概率分布也有同样的变化周期. 这个周期是表征体系性质变化快慢的特征时间, 记为 $\Delta t=T$, 它与 ΔE 之间有如下关系:

$$\Delta t\cdot\Delta E\approx h.$$

对定态而言, 能量是完全确定的, 即 $\Delta E=0$. 同时, 所有不显含时间 t 的力学量的概率分布都不随时间改变, 即变化周期或特征时间 $\Delta t=\infty$. 这与上式显然是自洽的.

7.7　光的吸收与辐射的半经典理论

在光的照射下, 原子吸收光而从低能级跃迁到高能级的现象, 称为光吸收. 在光的照射下, 原子从高能级跃迁到低能级并发出光的现象, 称为受激辐射. 在没有外界光的照射下, 处于激发态的原子自发跃迁到低能级而发出光的现象, 称为自发辐射. 图 7.3 是这三种情形的示意图.

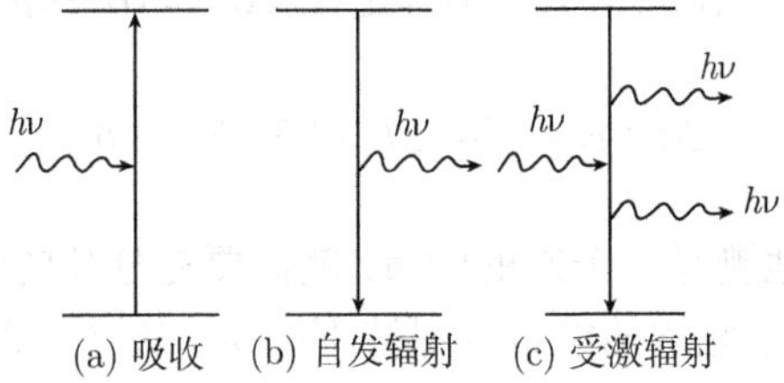

图 7.3　光与原子的相互作用

对原子吸收或放出的光进行光谱分析, 可获取关于原子能级及有关性质的知识. 光谱分析中有两个重要观测量——谱线频率与谱线相对强度, 前者取决于初末态的能量差 ΔE, 并由频率条件 $\nu=\Delta E/h$ 确定, 后者则与跃迁速率成正比. 光的吸收和辐射现象涉及光子的产生和湮灭, 其严格处理需要用量子电动力学, 即需要把电磁场量子化, 光子即电磁场的量子. 本节将不这样严格处理, 而是利用半经典理论处理光与原子的相互作用, 即用经典电磁场描述光, 用量子力学描述原子, 把

光视为一个与时间无关的外界微扰, 利用含时微扰论计算原子的跃迁速率, 并给出电偶极辐射的选择定则. 但量子力学无法解释自发辐射现象, 因为在无外界作用时, 原子的能量是守恒量, 原子一旦处于激发态, 应永远停留在该态上, 不会自发辐射光子而跃迁到低能级去, 这个问题的严格处理要采用量子电动力学. 这里介绍爱因斯坦 (A. Einstein, 1917) 提出的自发辐射理论, 他基于热力学和统计物理中的平衡条件建立了自发辐射概率与受激辐射概率之间的关系, 从而求出自发跃迁的速率, 并由此求得原子处于激发态能级的平均寿命和激发能级的自然宽度.

1. 光的吸收与受激辐射

首先考虑入射光是平面单色光的情况. 平面单色光的电磁场强度为

$$\begin{cases} \boldsymbol{E} = \boldsymbol{E}_0 \cos(\omega t - \boldsymbol{k}\cdot\boldsymbol{r}), \\ \boldsymbol{B} = \dfrac{\boldsymbol{k}}{ck} \times \boldsymbol{E}, \end{cases} \tag{7.163}$$

其中, ω 为角频率, $\boldsymbol{k}$ 为波矢, 其方向即光的传播方向. 在原子中, 电子的速度 $v \ll c$(光速), 磁场对电子的作用远小于电场作用

$$\frac{|e\boldsymbol{v}\times\boldsymbol{B}|}{e\boldsymbol{E}} \sim \frac{v}{c} \ll 1, \tag{7.164}$$

因此, 只需考虑电场的作用. 另外, 对可见光, 其波长 λ 为 $4000 \sim 7000$Å, 而原子的线度约为 1Å (玻尔半径 a_0 数量级), 从而在原子大小范围中, $\boldsymbol{k}\cdot\boldsymbol{r} \sim a_0/\lambda \ll 1$, 电场变化极微, 可以看成均匀电场

$$\boldsymbol{E} = \boldsymbol{E}_0 \cos\omega t, \tag{7.165}$$

入射可见光对原子中电子的作用可表示为

$$\hat{H}' = e\boldsymbol{E}\cdot\boldsymbol{r} = -\boldsymbol{D}\cdot\boldsymbol{E}_0\cos\omega t = \hat{F}(\mathrm{e}^{\mathrm{i}\omega t} + \mathrm{e}^{-\mathrm{i}\omega t}), \tag{7.166}$$

代入跃迁速率的一级微扰公式 (7.12), 得

$$p_{mk} = \frac{2\pi}{\hbar^2}|F_{mk}|^2\delta(\omega_{mk} \pm \omega), \tag{7.167}$$

式中

$$|F_{mk}|^2 = |\langle m|\hat{F}|k\rangle|^2 = |\langle m| - \frac{1}{2}\boldsymbol{D}\cdot\boldsymbol{E}_0|k\rangle|^2 = \frac{1}{4}|\boldsymbol{D}_{mk}|^2 E_0^2\cos^2\theta, \tag{7.168}$$

其中, θ 是 $\boldsymbol{D}$ 与 $\boldsymbol{E}_0$ 的夹角. 若入射光为非偏振光, 则光偏振方向, 即 $\boldsymbol{E}_0$ 方向是完全无规的, 因此要对空间各方向求平均

$$\overline{\cos^2\theta} = \frac{1}{4\pi}\int \mathrm{d}\Omega\cos^2\theta = \frac{1}{4\pi}\int_0^{2\pi}\mathrm{d}\varphi\int_0^{\pi}\cos^2\theta\sin\theta\mathrm{d}\theta = \frac{1}{3}, \tag{7.169}$$

所以

$$|F_{mk}|^2 = \frac{1}{12}|\boldsymbol{D}_{mk}|^2\boldsymbol{E}_0^2, \tag{7.170}$$

代入式 (7.167), 有

$$p_{mk} = \frac{\pi}{6\hbar^2}\boldsymbol{E}_0^2|\boldsymbol{D}_{mk}|^2\delta(\omega_{mk} \pm \omega). \tag{7.171}$$

以上讨论的是理想的单色光. 现推广到自然光. 这时要对式 (7.171) 中各种频率成分的贡献求和. 设角频率为 ω 的入射光的能量密度为 $\rho(\omega)$, 即

$$\begin{aligned}\rho(\omega) &= \frac{1}{T}\int_0^T \frac{1}{2}\left(\varepsilon_0\boldsymbol{E}^2 + \frac{1}{\mu_0}\boldsymbol{B}^2\right)\mathrm{d}t = \frac{1}{T}\int_0^T \varepsilon_0\boldsymbol{E}^2\mathrm{d}t \\ &= \frac{1}{T}\int_0^T \varepsilon_0\boldsymbol{E}_0^2\cos^2\omega t\mathrm{d}t = \frac{1}{2}\varepsilon_0\boldsymbol{E}_0^2.\end{aligned} \tag{7.172}$$

这样, 只要把式 (7.171) 中的 $\boldsymbol{E}_0^2$ 换为 $2\rho(\omega)/\varepsilon_0$, 并对 ω 积分即得自然光引起的跃迁速率

$$p_{mk} = \frac{\pi}{3\varepsilon_0\hbar^2}|\boldsymbol{D}_{mk}|^2\int \rho(\omega)\delta(\omega_{mk} \pm \omega)\mathrm{d}\omega = \frac{4\pi^2 e_{\mathrm{s}}^2}{3\hbar^2}|\boldsymbol{r}_{mk}|^2\rho(|\omega_{mk}|). \tag{7.173}$$

对于受激辐射, $\hbar\omega_{mk} = E_m - E_k < 0$, $\rho(-\omega_{mk}) = \rho(|\omega_{mk}|)$; 对于光吸收, $\hbar\omega_{mk} = E_m - E_k > 0$, $\rho(\omega_{mk}) = \rho(|\omega_{mk}|)$. 公式 (7.173) 说明两个事实: 一是受激辐射与跃迁吸收的速率相等, 这是因为 $|\boldsymbol{r}_{mk}| = |\boldsymbol{r}_{km}|$; 二是跃迁速率与入射光中角频率等于原子玻尔频率的能量密度 $\rho(|\omega_{mk}|)$ 成正比. 如果入射光中没有这个频率成分, 则 $p_{mk} = 0$, 即不能引起这两个能级之间的跃迁. 跃迁速率还与 $|\boldsymbol{r}_{mk}|^2$ 成正比, 它是否为零取决于初末态的性质.

2. 电偶极跃迁的选择定则

设原子初态 $|k\rangle = |nlm\rangle$, 宇称 $\pi = (-1)^l$; 末态 $|m\rangle = |n'l'm'\rangle$, 宇称 $\pi' = (-1)^{l'}$. 考虑到 $\boldsymbol{r}$ 为奇宇称算符, 只有当宇称 $\pi' = -\pi$ 时, $\boldsymbol{r}_{mk}$ 才可能不为零. 由此得出电偶极辐射的宇称选择定则为宇称改变. 另外, 由于 $|\boldsymbol{r}_{mk}|^2 = |x_{mk}|^2 + |y_{mk}|^2 + |z_{mk}|^2$, 只要这三个坐标矩阵元之一不为零, 这个跃迁就能够发生. 利用

$$\begin{cases} x = r\sin\theta\cos\varphi = \dfrac{1}{2}r\sin\theta(\mathrm{e}^{\mathrm{i}\varphi} + \mathrm{e}^{-\mathrm{i}\varphi}), \\ y = r\sin\theta\sin\varphi = \dfrac{1}{2\mathrm{i}}r\sin\theta(\mathrm{e}^{\mathrm{i}\varphi} - \mathrm{e}^{-\mathrm{i}\varphi}), \\ z = r\cos\theta, \end{cases}$$

以及

$$\cos\theta|lm\rangle = \sqrt{\frac{(l+m)(l-m)}{(2l+1)(2l-1)}}|l-1,m\rangle + \sqrt{\frac{(l+m+1)(l-m+1)}{(2l+1)(2l+3)}}|l+1,m\rangle,$$

$$\begin{aligned}\sin\theta \mathrm{e}^{\pm \mathrm{i}\varphi}|lm\rangle &= \pm\sqrt{\frac{(l\pm m+1)(l\pm m+2)}{(2l+1)(2l+3)}}|l+1,m\pm 1\rangle \\ &\quad +\sqrt{\frac{(l\mp m)(l\mp m+1)}{(2l-1)(2l+1)}}|l-1,m\pm 1\rangle,\end{aligned}$$

再根据球谐函数的正交性 $\langle l'm'|lm\rangle = \delta_{l'l}\delta_{m'm}$, 可以看出, 只有当

$$l' = l\pm 1, \quad m' = m, \quad m\pm 1, \tag{7.174}$$

时 $\boldsymbol{r}_{mk}$ 才可能不为零. 据此, 电偶极辐射的角动量选择定则为

$$\Delta l = l' - l = \pm 1, \quad \Delta m = m' - m = 0, \pm 1. \tag{7.175}$$

讨论原子与光的相互作用问题时, 由于可见光和紫外光的波长远大于原子半径, 即 $\boldsymbol{k}\cdot\boldsymbol{r}\sim 10^{-2}$, 只考虑电偶极跃迁已是很好的近似. 但是, 如果讨论的是 X 射线, 其频率较高, 则 $\boldsymbol{k}\cdot\boldsymbol{r}$ 不可忽略. 这时就要进一步考虑磁偶极、电四极乃至磁四极、电八极跃迁, 它们的选择定则与式 (7.175) 有所不同, 而且跃迁概率也小得多. 此外, 以上未考虑电子自旋. 计及电子自旋及自旋–轨道耦合作用后, 电子状态用好量子数 $nljm_j$ 来描述, 电偶极辐射的选择定则为

$$\begin{gathered}\text{宇称改变}\\ \Delta l = \pm 1; \quad \Delta j = 0, \pm 1; \quad \Delta m_j = 0, \pm 1.\end{gathered} \tag{7.176}$$

3. 自发辐射的爱因斯坦理论

爱因斯坦唯象地引入三个系数 A_{mk}, B_{mk} 和 B_{km}, 分别描述高能级 E_m 与低能级 E_k 之间的自发辐射, 受激辐射和吸收. 单位时间内原子自发地从能级 E_m 跃迁到能级 E_k 而辐射能量为 $\hbar\omega_{mk}$ 的光子的概率 A_{mk}, 称为自发辐射系数. 单位时间内原子在能量密度为 $\rho(\omega)\mathrm{d}\omega$ 的光波作用下从能级 E_m 跃迁到能级 E_k 而辐射能量为 $\hbar\omega_{mk}$ 的光子的概率为

$$p_{mk} = B_{mk}\rho(\omega_{mk}), \tag{7.177}$$

而从低能级 E_k 到高能级 E_m 的跃迁概率为

$$p_{km} = B_{km}\rho(\omega_{km}), \tag{7.178}$$

其中, B_{mk} 和 B_{km} 分别称为受激辐射系数和吸收系数. 由式 (7.173), 可知

$$B_{km} = B_{mk} = \frac{4\pi^2 e_{\mathrm{s}}^2}{3\hbar^2}|\boldsymbol{r}_{mk}|^2. \tag{7.179}$$

设能级 E_m 有 N_m 个原子, 能级 E_k 有 N_k 个原子, 则单位时间内通过自发辐射和受激辐射由 E_m 跃迁到 E_k 的原子数为

$$N_m[A_{mk}+B_{mk}\rho(\omega_{mk})], \tag{7.180}$$

单位时间内吸收光子从 E_k 跃迁到 E_m 的原子数为

$$N_k B_{km}\rho(\omega_{mk}). \tag{7.181}$$

当原子与辐射场处于热平衡时, 式 (7.180) 与式 (7.181) 相等, 即有

$$N_m[A_{mk}+B_{mk}\rho(\omega_{mk})]=N_k B_{km}\rho(\omega_{mk}), \tag{7.182}$$

由此得

$$\rho(\omega_{mk})=\frac{A_{mk}}{B_{km}}\frac{1}{N_k/N_m-B_{mk}/B_{km}}. \tag{7.183}$$

由玻尔兹曼 (Boltzmann) 分布给出两能级原子数之比为

$$\frac{N_k}{N_m}=\frac{\mathrm{e}^{-\beta E_k}}{\mathrm{e}^{-\beta E_m}}=\mathrm{e}^{\beta(E_m-E_k)}=\mathrm{e}^{\beta\hbar\omega_{mk}},\quad \beta=\frac{1}{\kappa T}, \tag{7.184}$$

代入式 (7.183), 可得

$$\rho(\omega_{mk})=\frac{A_{mk}}{B_{km}}\frac{1}{\mathrm{e}^{\beta\hbar\omega_{mk}}-B_{mk}/B_{km}}. \tag{7.185}$$

另外, 在热平衡状态下, 辐射场的能量密度遵守普朗克公式

$$\rho(\omega)=\frac{\hbar\omega^3}{\pi^2c^3}\frac{1}{\mathrm{e}^{\beta\hbar\omega}-1}, \tag{7.186}$$

比较式 (7.185) 和式 (7.186), 可得

$$\frac{A_{mk}}{B_{mk}}=\frac{\hbar\omega_{mk}^3}{\pi^2c^3},\quad \frac{B_{mk}}{B_{km}}=1. \tag{7.187}$$

将上式与式 (7.179) 联立, 则有

$$A_{mk}=\frac{\hbar\omega_{mk}^3}{\pi^2c^3}\times\frac{4\pi^2e_{\mathrm{s}}^2}{3\hbar^2}|\boldsymbol{r}_{mk}|^2=\frac{4e_{\mathrm{s}}^2\omega_{mk}^3}{3\hbar c^3}|\boldsymbol{r}_{mk}|^2. \tag{7.188}$$

既然 A_{mk} 也由 $|\boldsymbol{r}_{mk}|^2$ 决定, 那么自发辐射选择定则也由式 (7.175) 或式 (7.176) 确定.

(1) 自发辐射强度. 自发辐射强度 I_{mk} 定义为单位时间内原子由能级 E_m 自发跃迁到能级 E_k 所辐射的能量. 它等于光子的能量 $\hbar\omega_{mk}$ 乘以由能级 E_m 自发跃迁到能级 E_k 的原子数, 即

$$I_{mk}=N_mA_{mk}\hbar\omega_{mk}=N_m\frac{4e_{\mathrm{s}}^2\omega_{mk}^4}{3c^3}|\boldsymbol{r}_{mk}|^2. \tag{7.189}$$

(2) 原子在能级 E_m 的平均寿命与能级的自然宽度. 处于能级 E_m 的 N_m 个原子, 在时间 $t \to t + \mathrm{d}t$ 之间自发跃迁到能级 E_k 的原子数为

$$\mathrm{d}N_m = -A_{mk}N_m\mathrm{d}t, \tag{7.190}$$

由此得

$$N_m(t) = N_m(0)\mathrm{e}^{-A_{mk}t}. \tag{7.191}$$

当 $N_m(t)$ 减少到 $N_m(0)/e$, 所需时间满足 $A_{mk}t = 1$, 由此所得的 t 为

$$\tau_{mk} = \frac{1}{A_{mk}}, \tag{7.192}$$

称为原子由能级 E_m 向能级 E_k 自发跃迁的平均寿命. 氢原子 2p 态向 1s 态自发跃迁的平均寿命 $\tau_{21} \sim 10^{-9}$s. 通常把平均寿命 $\tau \gg 10^{-8}$s 的激发态称为亚稳态.

如果从能级 E_m 向多个低能级自发跃迁, 则原子在能级 E_m 的平均寿命为

$$\tau_m = \frac{1}{\sum\limits_k A_{mk}}, \tag{7.193}$$

能级 E_m 的不确度 ΔE 称为自然宽度 $\varGamma$, 由能量–时间不确定性关系 $\Delta t \cdot \Delta E \sim \hbar$, 有

$$\varGamma \sim \frac{\hbar}{\tau_m} = \hbar \sum_k A_{mk}. \tag{7.194}$$

习　题

7.1　设体系的能量本征态和本征值记为 ψ_n 和 E_n $(n = 0, 1, 2, \cdots)$, 初始时刻 $(t = 0)$ 体系处于基态 ψ_0, $t \geqslant 0$ 后, 体系受到微扰 $H'(x,t) = F(x)\mathrm{e}^{-t/\tau}$ 作用, 试用一级微扰近似计算在足够长时间后 $(t/\tau \gg 1)$, 体系激发到 ψ_n 态的概率.

7.2　一个质量为 μ 的粒子束缚在 $\left(-\dfrac{a}{2}, \dfrac{a}{2}\right)$ 的一维无限深势阱中, 求: (1) 粒子基态和最低两个激发态的能级与相应的波函数;(2) 试写出从最低两个激发态到基态间电偶极跃迁的矩阵元, 说明是否为零; (3) 给出系统任意两态间电偶极跃迁的一般选择定则.

7.3　氢原子处于基态, 受到脉冲电场 $\varepsilon(t) = \varepsilon_0\delta(t)$ (ε_0 为常数) 作用, 求作用后 $(t > 0)$ 发现氢原子仍处于基态的概率 (精确解和微扰论解).

7.4　线性谐振子受到依赖于时间的位势 $V(x,t) = p(t)x$ 的微扰, 其中 $P(t) = \dfrac{P_0}{\sqrt{\pi}}\mathrm{e}^{-t^2/\tau^2}$, 在 $t = -\infty$ 时谐振子处于基态. 利用一级微扰理论计算谐振子在 $t = +\infty$ 时处于第 n 态的概率. 讨论 τ 非常长和非常短的极限情况. 必须用哪一级的微扰论才能得到在 $t = +\infty$ 时发现谐振子处于第 13 态的概率不为零? 这个概率将怎样依赖于 P_0?

7.5 氢原子受到电场 $\varepsilon = \varepsilon_0 \mathrm{e}^{-\gamma|t|}$ 的微扰. 假定 $t = -\infty$ 时原子处于基态, 试求 $t = \infty$ 时原子处于 $|nlm\rangle$ 态的概率 $P(nlm)$. γ 为何值时 $P(nlm)$ 为极大? 证明对于这个 γ 值,

$$P(nlm) = \frac{e^2\varepsilon_0^2|\langle nlm|z|0\rangle|^2}{(E_n - E_0)^2},$$

l 和 m 为何值时, $P(nlm)$ 不等于零?

7.6 利用玻恩近似计算位势 $V(r) = V_0 \mathrm{e}^{-r^2/a^2}$ 的微分散射截面, 证明总截面为

$$\sigma = \int \frac{\mathrm{d}\sigma}{\mathrm{d}\Omega}\mathrm{d}\Omega = \frac{\pi^2}{4}\left(\frac{2mV_0}{\hbar^2}\right)^2 a^6 \left(\frac{1 - \mathrm{e}^{-2k^2a^2}}{2k^2a^2}\right).$$

讨论 σ 作为入射粒子能量函数的行为.

7.7 考速中子从双原子分子的散射. 假定分子沿着 y 轴排成一行, 而中子沿着 z 方向射入. 位势由下式表示: $V(\boldsymbol{r}) = a\delta(x)\delta(y-b)\delta(z) + a\delta(x)\delta(y+b)\delta(z)$. 利用玻恩近似计算微分散射截面. 量子力学的结果如何与经典所期望的结果相比较.

7.8 电荷为 Ze 的原子核突然发生 β^- 衰变, 核电荷变成 $(Z+1)e$, 求衰变前原子 Z 中的一个 K 电子 (1s 轨道上的电子) 在衰变后仍然保持在新原子的 K 轨道的概率.

7.9 对氢原子, 求: (1) 2p 态的自发辐射系数和平均寿命; (2) 从 2p→ 1s 所发出的光谱线的强度; (3) 从第一激发态到基态的自发辐射概率.

第 8 章　自旋与泡利方程

8.1　电子自旋的提出

1. 提出电子自旋的实验依据

(1) **施特恩–格拉赫实验.** 如图 8.1 所示, 让处于基态的氢原子束 (原始实验中是银原子, 其后菲普斯和泰勒用氢原子束, 由于氢原子只有一个电子, 因而更具说服力) 在真空中通过狭缝进入非均匀磁场区, 最后撞在感光胶片上, 显像后的相片上看到两条黑斑, 这表明氢原子在经过不均匀磁场区域时分成了两束. 由此可判断, 氢原子具有磁矩, 它通过非均匀磁场区时才会受力偏转.

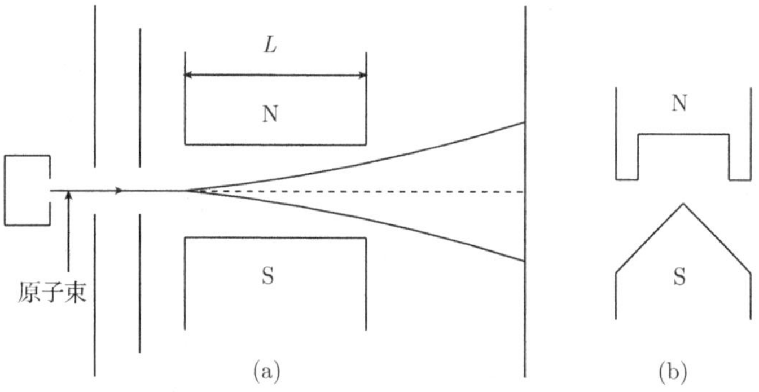

图 8.1　施特恩–格拉赫实验装置示意图

(a) 装置的侧视图; (b) 通过磁铁的截面

如果原子具有磁矩 $\boldsymbol{\mu}$, 在非均匀磁场 $\boldsymbol{B}$ 中, 原子不仅受到力矩, 而且还受到力 $\boldsymbol{F}$ 的作用. 原子在磁场中的势能为 $V = -\boldsymbol{\mu}\cdot\boldsymbol{B}$, 其对应的力为

$$\boldsymbol{F} = -\nabla V = \nabla(\boldsymbol{\mu}\cdot\boldsymbol{B}) = \boldsymbol{\mu}\cdot\nabla\boldsymbol{B} = \mu_z\frac{\partial B}{\partial z}\boldsymbol{e}_z, \tag{8.1}$$

这里, 磁场 $\boldsymbol{B}$ 沿 z 轴方向是不均匀的. 在此力的作用下, 原子在通过非均匀磁场区域时沿 z 轴方向上移动的距离为

$$S = \frac{1}{2}at^2 = \frac{1}{2m}\frac{\partial B}{\partial z}\left(\frac{L}{\nu}\right)^2\mu_z. \tag{8.2}$$

氢原子中电子的轨道磁矩 $\boldsymbol{\mu}=-\frac{e}{2m}\boldsymbol{l}$, 其中 $\boldsymbol{l}$ 是轨道角动量. 按玻尔的量子论或量子力学, 轨道磁矩的 z 分量

$$\mu_z=-\frac{e}{2m}l_z=-\frac{e}{2m}m_l\hbar=m_l\mu_{\rm B},\quad m_l=l,l-1,\cdots,-l \tag{8.3}$$

共有 $(2l+1)$ 个可能取值, l 为轨道角量子数. 氢原子处于基态, $l=0$, 因此氢原子不应有轨道磁矩. 实验观测到氢原子分成两束, 这迫使人们提出一种假说：电子有内在磁矩. 一束原子分成强度相等的两束意味着所有电子具有绝对值相等的磁矩, 并有两种可能的取向, 即平行于或反平行于磁场. 原则上, 磁矩也可以来自原子核, 即核磁矩, 但核磁矩与玻尔磁子 $\mu_{\rm B}$ 之比约等于相应的质量比 $m_{\rm e}/m_{\rm p}\approx 1/1837$, 比值很小, 由核磁矩引起的分离也很小, 只能在更精细的实验中辨认出来.

(2) **碱金属原子光谱的双线结构.** 原子光谱的多重分裂现象进一步证明了电子自旋的存在. 事实上, 乌伦贝克和古德史密特提出自旋假说的主要根据就是碱金属原子的双分裂. 例如, 钠原子光谱中有一条很亮的黄线 ($\lambda=5893$Å), 这条谱线是钠原子外一个价电子从第一轨道激发态 2p → 1s 跃迁产生的. 如用分辨力较高的光谱仪进行观测, 就会发现它是由靠得很近的两条谱线组成的, 即钠黄双线: D_1, $\lambda=5890$Å; D_2, $\lambda=5896$Å(图 8.2). 诚然, 2p 能级是三度简并的 ($m=0,\pm1$), 其简并度能被外场消除. 然而, 在没有外场时, 从实验分析可知, 碱金属原子的能级, 除 s 态外, 都是双层的, 而且对于给定轨道角动量量子数 l, 双层间隔随主量子数 n 的增大而减小, 可见电子自旋只有两个可能取向. 正如轨道角动量一样, 可设电子自旋角动量量子数为 s. 依轨道角动量取向的考虑, 自旋角动量的取向应该有 $2s+1$ 个, 而自旋取向只能有两个, 即 $2s+1=2$, 所以 $s=1/2$.

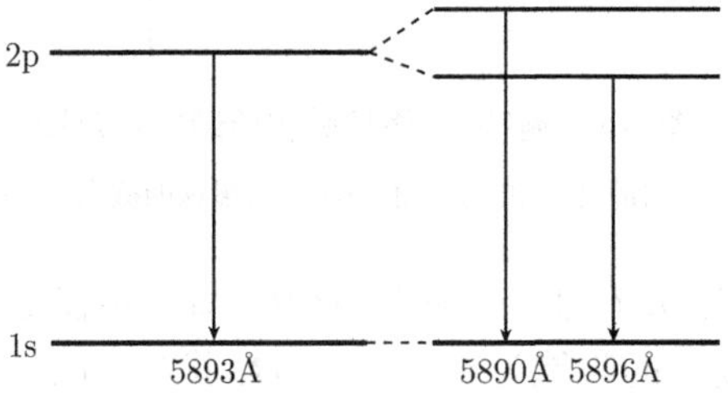

图 8.2 钠黄双线

2. 电子自旋假设

自旋是完全没有经典对应的物理量, 它首先出现在量子论中. 电子是最先被探测到有自旋的粒子. 随着原子光谱实验的发展, 发现了光谱的精细结构、在电磁场中的反常分裂和空间取向量子化. 这些实验现象无法从当时已有的理论予以解释. 为此, 乌伦贝克和古德史密特(G. Uhlenbeck, S. A. Goudsmit, 1925) 提出了电子自

旋的假说.

每个电子具内禀角动量或者自旋 $\boldsymbol{s}$, 其大小是 $\frac{1}{2}\hbar$, 而且伴随一磁矩 $\boldsymbol{\mu_s} = -g_s\frac{e}{2m}\boldsymbol{s}$, $g_s = 2$. 由此可知, 电子自旋量子数为半整数. 自旋的这个特征标志着自旋与轨道角动量之间的更深刻的区别. 轨道角动量的 z 分量有最大磁矩 $l\mu_{\mathrm{B}}$. 根据测量, 电子自旋 $\frac{1}{2}\hbar$ 也有磁矩 μ_{B}, 但不是上述推论的 $\frac{1}{2}\mu_{\mathrm{B}}$. 这是非常奇怪的. 为解开这个谜, 引入一个因子 g, 磁矩 $\boldsymbol{\mu}$ 与角动量 $\boldsymbol{j}$ 之间的一般关系可写为

$$\boldsymbol{\mu}_j = g\frac{q}{2m}\boldsymbol{j}, \tag{8.4}$$

式中, $\boldsymbol{j}$ 代表轨道角动量 $\boldsymbol{l}$ 或自旋角动量 $\boldsymbol{s}$, q 是粒子的电荷, g 称为回转磁因子 (简称朗德 g 因子). 对轨道角动量, $g = 1$, 而对自旋, $g = 2$. 由于电子带负电荷 $(q = -e)$, 其磁矩总与角动量反向. 如果把轨道角动量 $\boldsymbol{l}$ 与自旋 $\boldsymbol{s}$ 耦合成总角动量 $\boldsymbol{j}$, 则其总磁矩 $\boldsymbol{\mu}_j$ 并不平行于总角动量 $\boldsymbol{j}$, 这是因为自旋与轨道角动量的 g 因子不同. 如图 8.3 所示, 总磁矩 $\boldsymbol{\mu}_j$ 绕总角动量 $\boldsymbol{j}$ 进动, 因此, 按时间平均, 其结果是只有 $\boldsymbol{j}$ 方向有分量.

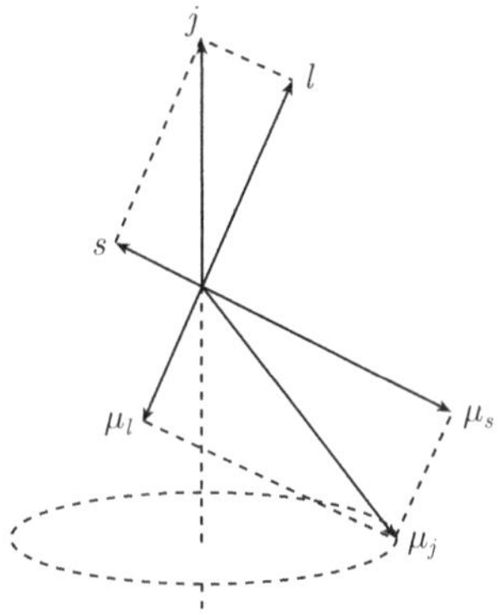

图 8.3 轨道角动量 ($\boldsymbol{l}$) 与自旋角动量 ($\boldsymbol{s}$) 的矢量和, 以及相应的磁矩 $\boldsymbol{\mu}_l$ 与 $\boldsymbol{\mu}_s$ 的矢量和

还应当指出, 乌伦贝克和古德史密特最初提出的电子自旋概念具有机械性质, 认为电子一方面绕原子核运转, 相应有轨道角动量, 另一方面又有自转, 相应的自旋为 $s = \frac{1}{2}\hbar$. 自旋角动量在任意方向的投影, 有且只有两个可能的取值 $\pm\frac{1}{2}\hbar$, 与自旋相联系的磁矩为 $\mu_{\mathrm{B}} = \frac{e\hbar}{2m}$(玻尔磁子). 电子自旋的机械图像一开始就被人们所怀疑, 洛伦兹 (H.A.Lorentz) 在论文尚未正式发表之时就指出了这一点. 设想电子为均匀分布的电荷小球, 其经典半径$r_{\mathrm{c}} = \frac{e_{\mathrm{s}}^2}{mc^2} = 2.8 \times 10^{-5}$Å. 利用不确定性关系, 其动量为 $p \approx \Delta p \approx \frac{\hbar}{r_{\mathrm{c}}} = \frac{\hbar mc^2}{e_{\mathrm{s}}^2} = \frac{mc}{\alpha}, \alpha = \frac{e_{\mathrm{s}}^2}{\hbar c} = \frac{1}{137}$, 所以速度 $v \approx 137c$, 远远超

过光速. 这是不正确的. 事实上, 电子自旋及相应的磁矩是电子本身的内禀角动量与内禀磁矩. 它们的存在标志电子还有一个新的自由度. 现已证实, 除静质量、电荷外, 自旋及内禀磁矩也是标志各种粒子的很重要的物理量. 狄拉克(P. Dirac, 1928) 指出, 电子的自旋是相对论量子力学理论不可缺少的结果, 且 $g_s = 2$ 可以从其电子的相对论单粒子方程导出, 所预期的值 2 与经验值 $g_s = 2.0023$ 之间还略有差别, 只有通过量子电动力学, 考虑电子与其自身的辐射场的相互作用后才能理解.

8.2 电子自旋算符, 泡利矩阵

1. 自旋算符

自旋是一种角动量, 但与轨道角动量不同, 它无经典对应. 在非相对论量子力学中, 可根据其角动量的特征加以描述. 设自旋算符 $\hat{\boldsymbol{s}}$ 的三个分量 $\hat{s}_i(i=1,2,3)$ 满足与轨道角动量相同的对易关系, 即

$$[\hat{s}_i, \hat{s}_j] = \mathrm{i}\hbar\varepsilon_{ijk}\hat{s}_k, \tag{8.5}$$

也可表示成

$$\hat{\boldsymbol{s}} \times \hat{\boldsymbol{s}} = \mathrm{i}\hbar\hat{\boldsymbol{s}}. \tag{8.6}$$

引入无量纲算符, 即泡利算符

$$\hat{\boldsymbol{s}} = \frac{\hbar}{2}\hat{\boldsymbol{\sigma}}, \tag{8.7}$$

则对易关系式 (8.5) 化为

$$[\hat{\sigma}_i, \hat{\sigma}_j] = 2\mathrm{i}\varepsilon_{ijk}\hat{\sigma}_k \tag{8.8}$$

或

$$\hat{\boldsymbol{\sigma}} \times \hat{\boldsymbol{\sigma}} = 2\mathrm{i}\hat{\boldsymbol{\sigma}}. \tag{8.9}$$

自旋 $\hat{\boldsymbol{s}}$ 沿任何指定方向的投影 (本征值) 只能取 $\pm\frac{1}{2}\hbar$, 这导致 $\hat{\boldsymbol{\sigma}}$ 沿任何指定方向的投影只能取 ±1, 因而 $\hat{\sigma}_i^2(i=1,2,3)$ 的取值只能为 1, 即

$$\hat{\sigma}_i^2 = \hat{I}, \quad i = 1,2,3, \tag{8.10}$$

式中, $\hat{I}$ 是单位算符. 利用对易关系式 (8.8) 和式 (8.10), 可以证明 $\hat{\boldsymbol{\sigma}}$ 的各分量还满足反对易关系

$$\hat{\sigma}_i\hat{\sigma}_j + \hat{\sigma}_j\hat{\sigma}_i = 2\delta_{ij} \text{ 或 } \{\hat{\sigma}_i, \hat{\sigma}_j\} = 2\delta_{ij}. \tag{8.11}$$

事实上, 让 $\hat{\sigma}_y$ 分别左乘和右乘对易关系 $\hat{\sigma}_y\hat{\sigma}_z - \hat{\sigma}_z\hat{\sigma}_y = 2\mathrm{i}\hat{\sigma}_x$ 两边, 并利用 $\hat{\sigma}_y^2 = \hat{I}$, 可得

$$\hat{\sigma}_z - \hat{\sigma}_y\hat{\sigma}_z\hat{\sigma}_y = 2\mathrm{i}\hat{\sigma}_y\hat{\sigma}_x,$$
$$\hat{\sigma}_y\hat{\sigma}_z\hat{\sigma}_y - \hat{\sigma}_z = 2\mathrm{i}\hat{\sigma}_x\hat{\sigma}_y,$$

两式相加, 即得 $\hat{\sigma}_x\hat{\sigma}_y+\hat{\sigma}_y\hat{\sigma}_x=0$. 同理, $\hat{\sigma}_y\hat{\sigma}_z+\hat{\sigma}_y\hat{\sigma}_z=0$, $\hat{\sigma}_z\hat{\sigma}_x+\hat{\sigma}_x\hat{\sigma}_z=0$. 概括起来, $\hat{\sigma}_i\hat{\sigma}_j+\hat{\sigma}_j\hat{\sigma}_i=0\ (i\neq j)$. 此式与式 (8.10) 结合起来就给出式 (8.11). 进而将式 (8.8) 和式 (8.11) 相加, 即得

$$\hat{\sigma}_i\hat{\sigma}_j=\delta_{ij}+\mathrm{i}\varepsilon_{ijk}\hat{\sigma}_k, \tag{8.12}$$

它与厄米性 $\hat{\boldsymbol{\sigma}}^\dagger=\hat{\boldsymbol{\sigma}}$ 一起构成了泡利算符的全部代数性质. 总自旋算符的平方为

$$\hat{\boldsymbol{s}}^2=\hat{s}_1^2+\hat{s}_2^2+\hat{s}_3^2=\frac{\hbar^2}{4}(\hat{\sigma}_1^2+\hat{\sigma}_2^2+\hat{\sigma}_3^2)=\frac{3}{4}\hbar^2\hat{I}=\frac{1}{2}\left(\frac{1}{2}+1\right)\hbar^2\hat{I}, \tag{8.13}$$

由于 $\hat{\boldsymbol{s}}^2$ 正比于单位算符, 显然有

$$[\hat{\boldsymbol{s}}^2,\hat{s}_i]=0. \tag{8.14}$$

2. 泡利矩阵

以上是自旋算符的代数性质, 与具体表象无关. 下面在 $\hat{\sigma}_3$ 对角化表象中讨论泡利算符的矩阵形式. 由于 $\hat{\sigma}_3$ 只能取 ±1, 所以 $\hat{\sigma}_3$ 在其自身表象中可表示为矩阵形式

$$\hat{\sigma}_3=\begin{pmatrix}1&0\\0&-1\end{pmatrix}.$$

令 $\hat{\sigma}_1$ 的矩阵形式为

$$\hat{\sigma}_1=\begin{pmatrix}a&b\\c&d\end{pmatrix},$$

考虑到 $\hat{\sigma}_1\hat{\sigma}_3+\hat{\sigma}_3\hat{\sigma}_1=0$, 得

$$\begin{pmatrix}a&-b\\c&-d\end{pmatrix}=\begin{pmatrix}-a&-b\\c&d\end{pmatrix},$$

所以 $a=d=0$. 于是 $\hat{\sigma}_1$ 简化为

$$\hat{\sigma}_1=\begin{pmatrix}0&b\\c&0\end{pmatrix},$$

再根据厄米性要求 $\hat{\sigma}_1^\dagger=\hat{\sigma}_1$, 可得 $c=b^*$, 所以

$$\hat{\sigma}_1=\begin{pmatrix}0&b\\b^*&0\end{pmatrix},$$

而

$$\hat{\sigma}_1^2=\begin{pmatrix}bb^*&0\\0&b^*b\end{pmatrix}=\begin{pmatrix}|b|^2&0\\0&|b|^2\end{pmatrix}=I,$$

所以 $|b|^2=1$, 因而, 可令 $b=\mathrm{e}^{\mathrm{i}\alpha}$, α 为实数. 于是

$$\hat{\sigma}_1=\begin{pmatrix}0 & \mathrm{e}^{\mathrm{i}\alpha}\\ \mathrm{e}^{-\mathrm{i}\alpha} & 0\end{pmatrix}.$$

利用 $\hat{\sigma}_2=-\mathrm{i}\hat{\sigma}_3\hat{\sigma}_1$, 得

$$\hat{\sigma}_2=\begin{pmatrix}0 & -\mathrm{i}\mathrm{e}^{\mathrm{i}\alpha}\\ \mathrm{i}\mathrm{e}^{-\mathrm{i}\alpha} & 0\end{pmatrix}.$$

力学量算符在任何表象中都有一个相位不定性. 我们遵从泡利的选择, 取 $\alpha=0$, 得泡利算符的矩阵表示

$$\hat{\sigma}_1=\begin{pmatrix}0 & 1\\ 1 & 0\end{pmatrix},\quad \hat{\sigma}_2=\begin{pmatrix}0 & -\mathrm{i}\\ \mathrm{i} & 0\end{pmatrix},\quad \hat{\sigma}_3=\begin{pmatrix}1 & 0\\ 0 & -1\end{pmatrix}. \tag{8.15}$$

8.3　电子自旋波函数

考虑电子自旋后, 电子不再是一个简单的具有三个空间自由度的粒子, 它还有自旋自由度. 为描述自旋自由度, 引入自旋 z 分量 s_z 作为波函数的一个新自变量, 于是波函数在坐标空间的表示为

$$\psi(\boldsymbol{r},s_z,t) \tag{8.16}$$

由于 s_z 只能取 $\pm\dfrac{\hbar}{2}$ 两个分离值, 与自旋算符在 s_z 对角化表象中是 2×2 矩阵相对应, 使用二分量波函数形式

$$\psi(\boldsymbol{r},s_z,t)=\begin{pmatrix}\psi\left(\boldsymbol{r},+\dfrac{1}{2}\hbar,t\right)\\ \psi\left(\boldsymbol{r},-\dfrac{1}{2}\hbar,t\right)\end{pmatrix}=\begin{pmatrix}\psi_1(\boldsymbol{r},t)\\ \psi_2(\boldsymbol{r},t)\end{pmatrix}=\psi_1(\boldsymbol{r},t)\chi_{+1/2}+\psi_2(\boldsymbol{r},t)\chi_{-1/2} \tag{8.17}$$

称为旋量波函数. $\chi_\pm$ 是 $\hat{s}_z$ 的本征态, 本征值为 $\pm\dfrac{1}{2}\hbar$, 即

$$\hat{s}_z\chi_{\pm 1/2}=\pm\frac{1}{2}\hbar\chi_{\pm 1/2}, \tag{8.18}$$

$$\alpha\equiv\chi_{+1/2}=\begin{pmatrix}1\\ 0\end{pmatrix},\quad \beta\equiv\chi_{-1/2}=\begin{pmatrix}0\\ 1\end{pmatrix}. \tag{8.19}$$

$\chi_{\pm 1/2}$ 分别表示自旋向上和向下的态, 它们构成了电子的自旋态的一组完备基矢, 任何一个自旋态 $\chi(s_z)$ 都可用它们来展开

$$\chi(s_z)=a\chi_{+1/2}+b\chi_{-1/2}=\begin{pmatrix}a\\ b\end{pmatrix}. \tag{8.20}$$

自旋波函数式 (8.16) 正是电子的计及空间坐标的波函数, 可理解为考虑自旋后的电子波函数按 s_z 表象基矢的展开, 其物理意义就非常明显, 即 $|\psi_1(\boldsymbol{r},t)|^2$ 和 $|\psi_2(\boldsymbol{r},t)|^2$ 分别表示 t 时刻在空间 $\boldsymbol{r}$ 处找到电子自旋向上和自旋向下的概率密度. 所以, 归一化条件为

$$\sum_{s_z=\pm\hbar/2}\int \mathrm{d}^3x|\psi(\boldsymbol{r},s_z,t)|^2=\int \mathrm{d}^3x\left[\left|\psi\left(\boldsymbol{r},+\frac{1}{2}\hbar,t\right)\right|^2+\left|\psi\left(\boldsymbol{r},-\frac{1}{2}\hbar,t\right)\right|^2\right]$$
$$=1, \tag{8.21}$$

即电子波函数的归一化包括对空间的积分和对自旋的求和.

练习 8.1 在 σ_z 表象中, 求 $\hat{\boldsymbol{\sigma}}$ 在 $\boldsymbol{n}(\sin\theta\cos\varphi,\sin\theta\sin\varphi,\cos\theta)$ 方向的投影 $\hat{\boldsymbol{\sigma}}\cdot\boldsymbol{n}$ 的本征值和本征态.

解 在 σ_z 表象中, 泡利矩阵取式 (8.15) 的形式, 那么 $\boldsymbol{\sigma}\cdot\boldsymbol{n}$ 的矩阵形式为

$$\boldsymbol{\sigma}\cdot\boldsymbol{n}=\begin{pmatrix}\cos\theta & \sin\theta\mathrm{e}^{-\mathrm{i}\varphi}\\ \sin\theta\mathrm{e}^{\mathrm{i}\varphi} & -\cos\theta\end{pmatrix} \tag{8.22}$$

其本征值方程为

$$\begin{pmatrix}\cos\theta & \sin\theta\mathrm{e}^{-\mathrm{i}\varphi}\\ \sin\theta\mathrm{e}^{\mathrm{i}\varphi} & -\cos\theta\end{pmatrix}\begin{pmatrix}a\\ b\end{pmatrix}=\lambda\begin{pmatrix}a\\ b\end{pmatrix},$$

即

$$\begin{pmatrix}\cos\theta-\lambda & \sin\theta\mathrm{e}^{-\mathrm{i}\varphi}\\ \sin\theta\mathrm{e}^{\mathrm{i}\varphi} & -\cos\theta-\lambda\end{pmatrix}\begin{pmatrix}a\\ b\end{pmatrix}=0. \tag{8.23}$$

这是关于 a 和 b 的齐次线性方程组, 它有非零解的条件是其系数行列式为零,

$$\begin{vmatrix}\cos\theta-\lambda & \sin\theta\mathrm{e}^{-\mathrm{i}\varphi}\\ \sin\theta\mathrm{e}^{\mathrm{i}\varphi} & -\cos\theta-\lambda\end{vmatrix}=0, \tag{8.24}$$

即有 $\lambda^2=1$, 取 $\lambda=\pm1$. 这正是泡利算符的本征值. 将 $\lambda=+1$ 代入方程 (8.23), 得

$$\begin{cases}\cos\theta a+\sin\theta\mathrm{e}^{-\mathrm{i}\varphi}b=a;\\ \sin\theta\mathrm{e}^{\mathrm{i}\varphi}a-\cos\theta b=b,\end{cases}$$

从而 $b=\dfrac{\sin\theta\mathrm{e}^{\mathrm{i}\varphi}}{1+\cos\theta}a=\tan\dfrac{\theta}{2}\mathrm{e}^{\mathrm{i}\varphi}a$. 波函数归一化条件要求 $a^2+b^2=1$, 就有 $a^2\left(1+\tan^2\dfrac{\theta}{2}\right)=1$, 于是 $a^2=1/\left(1+\tan^2\dfrac{\theta}{2}\right)=\cos^2\dfrac{\theta}{2}$, 取 $a=\cos\dfrac{\theta}{2}$, 所以

$b=\sin\dfrac{\theta}{2}\mathrm{e}^{\mathrm{i}\varphi}$. 这样 $\boldsymbol{\sigma}\cdot\boldsymbol{n}$ 的对应本征值 $\lambda=+1$ 的本征态为

$$|+1\rangle'=\begin{pmatrix}\cos\dfrac{\theta}{2}\\ \sin\dfrac{\theta}{2}\mathrm{e}^{\mathrm{i}\varphi}\end{pmatrix}=\cos\frac{\theta}{2}|+1\rangle+\sin\frac{\theta}{2}\mathrm{e}^{\mathrm{i}\varphi}|-1\rangle, \tag{8.25}$$

其中, 已知 σ_z 的本征值 ±1 相应的本征态为 $|\pm1\rangle$, 即 $\sigma_z|\pm1\rangle=\pm1|\pm1\rangle$. 同样, 将 $\lambda=-1$ 代入方程 (8.23), 并利用波函数归一化条件, 可得 $b=\cot\dfrac{\theta}{2}\mathrm{e}^{\mathrm{i}\varphi}a$ 和 $a^2=\sin^2\dfrac{\theta}{2}$. 相应的本征态记为 $|-1\rangle'$, 因为 $|-1\rangle'$ 和 $|+1\rangle'$ 是正交的, 于是可取 $b=\cos\dfrac{\theta}{2}$, $a=-\sin\dfrac{\theta}{2}\mathrm{e}^{-\mathrm{i}\varphi}$, 因此

$$|-1\rangle'=\begin{pmatrix}-\sin\dfrac{\theta}{2}\mathrm{e}^{\mathrm{i}\varphi}\\ \cos\dfrac{\theta}{2}\end{pmatrix}=-\sin\frac{\theta}{2}\mathrm{e}^{-\mathrm{i}\varphi}|+1\rangle+\cos\frac{\theta}{2}|-1\rangle. \tag{8.26}$$

练习 8.2　设 σ_z 的本征值为 ±1 的本征态为 $|\pm1\rangle$, 而 $\boldsymbol{\sigma}\cdot\boldsymbol{n}$ ($\boldsymbol{n}$ 是单位矢量) 的本征值为 ±1 的本征态矢量为 $|\pm1\rangle'$, 求旋转算符 U, 它使得

$$U|+1\rangle=|+1\rangle',\quad U|-1\rangle=|-1\rangle'. \tag{8.27}$$

解　假设 U 的矩阵表示是 $U=\begin{pmatrix}a&b\\c&d\end{pmatrix}$, 并取 $|+1\rangle=\begin{pmatrix}1\\0\end{pmatrix}$ 和 $|-1\rangle=\begin{pmatrix}0\\1\end{pmatrix}$, 那么条件式 (8.27) 可写为

$$\begin{pmatrix}a&b\\c&d\end{pmatrix}\begin{pmatrix}1\\0\end{pmatrix}=\begin{pmatrix}\cos\dfrac{\theta}{2}\\ \sin\dfrac{\theta}{2}\mathrm{e}^{\mathrm{i}\varphi}\end{pmatrix},$$

$$\begin{pmatrix}a&b\\c&d\end{pmatrix}\begin{pmatrix}0\\1\end{pmatrix}=\begin{pmatrix}-\sin\dfrac{\theta}{2}\mathrm{e}^{-\mathrm{i}\varphi}\\ \cos\dfrac{\theta}{2}\end{pmatrix},$$

由此可得

$$\begin{pmatrix}a\\c\end{pmatrix}=\begin{pmatrix}\cos\dfrac{\theta}{2}\\ \sin\dfrac{\theta}{2}\mathrm{e}^{\mathrm{i}\varphi}\end{pmatrix},\quad \begin{pmatrix}b\\d\end{pmatrix}=\begin{pmatrix}-\sin\dfrac{\theta}{2}\mathrm{e}^{-\mathrm{i}\varphi}\\ \cos\dfrac{\theta}{2}\end{pmatrix}.$$

最终

$$
\begin{aligned}
U &= \begin{pmatrix} \cos\frac{\theta}{2} & -\sin\frac{\theta}{2}\mathrm{e}^{-\mathrm{i}\varphi} \\ \sin\frac{\theta}{2}\mathrm{e}^{\mathrm{i}\varphi} & \cos\frac{\theta}{2} \end{pmatrix} = \begin{pmatrix} \cos\frac{\theta}{2} & 0 \\ 0 & \cos\frac{\theta}{2} \end{pmatrix} \\
&\quad + \begin{pmatrix} 0 & -\sin\frac{\theta}{2}\cos\varphi \\ \sin\frac{\theta}{2}\cos\varphi & 0 \end{pmatrix} \\
&\quad + \begin{pmatrix} 0 & \mathrm{i}\sin\frac{\theta}{2}\sin\varphi \\ \mathrm{i}\sin\frac{\theta}{2}\sin\varphi & 0 \end{pmatrix} \\
&= \cos\frac{\theta}{2}\boldsymbol{I} - \mathrm{i}\sin\frac{\theta}{2}\cos\varphi\sigma_2 - \mathrm{i}\sin\frac{\theta}{2}(-\sin\varphi)\sigma_1 \\
&= \cos\frac{\theta}{2}\boldsymbol{I} - \mathrm{i}\sin\frac{\theta}{2}(\hat{\boldsymbol{u}}\cdot\boldsymbol{\sigma}),
\end{aligned}
$$

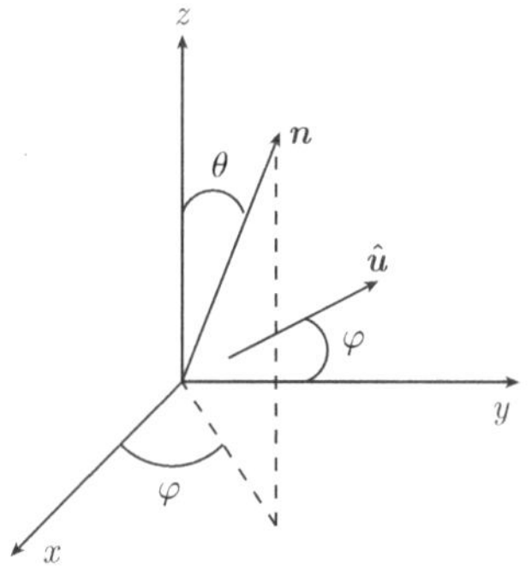

图 8.4 自旋空间的旋转

其中

$$\hat{\boldsymbol{u}} = -\sin\varphi\boldsymbol{e}_1 + \cos\varphi\boldsymbol{e}_2 = \frac{\boldsymbol{e}_3\times\boldsymbol{n}}{|\boldsymbol{e}_3\times\boldsymbol{n}|}.$$

又

$$\exp\left(-\mathrm{i}\frac{1}{2}\theta\hat{\boldsymbol{u}}\cdot\boldsymbol{\sigma}\right) = \cos\frac{\theta}{2} - \mathrm{i}\hat{\boldsymbol{u}}\cdot\boldsymbol{\sigma}\sin\frac{\theta}{2},$$

于是旋转算符是

$$U = \exp\left(-\frac{\mathrm{i}}{\hbar}\theta\hat{\boldsymbol{u}}\cdot\boldsymbol{S}\right) = \exp\left(-\mathrm{i}\frac{1}{2}\theta\hat{\boldsymbol{u}}\cdot\boldsymbol{\sigma}\right), \tag{8.28}$$

$\hat{\boldsymbol{u}}$ 是系统绕旋转轴方向的单位矢量.

8.4 泡利方程

1. 泡利方程的引入

已知荷电 $-e$ 的电子在电磁场中的哈密顿算符为

$$\hat{H}=\frac{1}{2m}(\hat{\boldsymbol{P}}+e\boldsymbol{A})^2-e\varphi, \tag{8.29}$$

其中, $\hat{\boldsymbol{P}}$ 为正则动量, 在坐标表象中为 $\hat{\boldsymbol{P}}=-\mathrm{i}\hbar\nabla$. $\boldsymbol{A}$ 和 φ 分别是电磁场的矢势和标势, 它们与电场强度 $\boldsymbol{E}$ 和磁感应强度 $\boldsymbol{B}$ 的关系为

$$\boldsymbol{E}=-\nabla\varphi-\frac{\partial\boldsymbol{A}}{\partial t},\quad \boldsymbol{B}=\nabla\times\boldsymbol{A}. \tag{8.30}$$

考虑电子 (电荷 $-e$) 有自旋后, 由于自旋与磁场相互作用, 电子增加了额外势能

$$\hat{W}_s=-\hat{\boldsymbol{\mu}}_s\cdot\boldsymbol{B}=\frac{e\hbar}{2m}\boldsymbol{\sigma}\cdot\boldsymbol{B}=\mu_{\mathrm{B}}\hat{\boldsymbol{\sigma}}\cdot\boldsymbol{B}, \tag{8.31}$$

式中

$$\hat{\boldsymbol{\mu}}_s=-\frac{e}{m}\hat{\boldsymbol{s}}=-\frac{e\hbar}{2m}\hat{\boldsymbol{\sigma}}=-\mu_{\mathrm{B}}\hat{\boldsymbol{\sigma}} \tag{8.32}$$

是电子的内禀磁矩. 于是, 电子在电磁场中的哈密顿算符 $\hat{H}$ 应为

$$\hat{H}=\frac{1}{2m}(\hat{\boldsymbol{P}}+e\boldsymbol{A})^2-e\varphi-\boldsymbol{\mu}_s\cdot\boldsymbol{B}, \tag{8.33}$$

相应的薛定谔方程即为泡利方程

$$\mathrm{i}\hbar\frac{\partial\psi}{\partial t}=\left[\frac{1}{2m}(\hat{\boldsymbol{P}}+e\boldsymbol{A})^2-e\varphi+\mu_{\mathrm{B}}\hat{\boldsymbol{\sigma}}\cdot\boldsymbol{B}\right]\psi, \tag{8.34}$$

式中, ψ 为旋量波函数. 由泡利矩阵, 容易看出, 式 (8.34) 对 $\hat{\sigma}_3$ 并不耦合, 只对 $\hat{\sigma}_1$ 和 $\hat{\sigma}_2$ 耦合. 若采用库仑规范 $\nabla\cdot\boldsymbol{A}=0$, 则式 (8.33) 化为

$$\hat{H}=\frac{1}{2m}\hat{\boldsymbol{P}}^2+\frac{e}{m}\boldsymbol{A}\cdot\hat{\boldsymbol{P}}+\frac{e^2}{2m}\boldsymbol{A}^2-\hat{\boldsymbol{\mu}}_s\cdot\boldsymbol{B}\psi. \tag{8.35}$$

对均匀磁场, 选择磁场 $\boldsymbol{B}$ 沿 z 轴方向, 即 $\boldsymbol{B}=(0,0,B)$. 此时, $\boldsymbol{A}$ 不能唯一地从 $\boldsymbol{B}=\nabla\times\boldsymbol{A}$ 确定, 这里取下列可能的表示

$$\boldsymbol{A}=\left(-\frac{1}{2}By,+\frac{1}{2}Bx,0\right)=\frac{1}{2}\boldsymbol{B}\times\boldsymbol{r}, \tag{8.36}$$

那么式 (8.35) 中右边第二项化为

$$\begin{aligned}\frac{e}{m}\boldsymbol{A}\cdot\hat{\boldsymbol{P}}&=\frac{e}{2m}(\boldsymbol{B}\times\boldsymbol{r})\cdot\hat{\boldsymbol{P}}=\frac{e}{2m}(\boldsymbol{r}\times\hat{\boldsymbol{P}})\cdot\boldsymbol{B}\\&=\frac{e}{2m}\hat{\boldsymbol{l}}\cdot\boldsymbol{B}=-\hat{\boldsymbol{\mu}}_l\cdot\boldsymbol{B},\end{aligned} \tag{8.37}$$

式中, $\hat{\boldsymbol{\mu}}_l = -\dfrac{e}{2m}\hat{\boldsymbol{l}}$是电子的轨道角动量带来的磁矩, 称为轨道磁矩, 而式 (8.35) 右边第三项是反磁项, 比较小, 通常舍去.

2. 定域的概率守恒

将泡利方程 (8.34) 写成

$$\mathrm{i}\hbar\frac{\partial\psi}{\partial t} = \left[\frac{1}{2m}\hat{\boldsymbol{P}}^2 + \frac{e}{2m}(\hat{\boldsymbol{P}}\cdot\boldsymbol{A} + \boldsymbol{A}\cdot\hat{\boldsymbol{P}}) + \frac{e^2}{2m}\boldsymbol{A}^2 + \mu_{\mathrm{B}}\hat{\boldsymbol{\sigma}}\cdot\boldsymbol{B}\psi\right]\psi, \tag{8.38}$$

取其复共轭, 并转置矩阵, 注意 $\boldsymbol{A}$, φ 为实数, 得

$$-\mathrm{i}\hbar\frac{\partial\psi^\dagger}{\partial t} = \left[\frac{1}{2m}\hat{\boldsymbol{P}}^2 - \frac{e}{2m}(\hat{\boldsymbol{P}}\cdot\boldsymbol{A} + \boldsymbol{A}\cdot\hat{\boldsymbol{P}}) + \frac{e^2}{2m}\boldsymbol{A}^2\psi\right]\psi^\dagger + \mu_{\mathrm{B}}\psi^\dagger\hat{\boldsymbol{\sigma}}\cdot\boldsymbol{B}, \tag{8.39}$$

$\psi^\dagger \times$ 式(8.38) $-$ 式(8.39) $\times\, \psi$, 得

$$\begin{aligned}\mathrm{i}\hbar\frac{\partial}{\partial t}(\psi^\dagger\psi) = &\frac{1}{2m}(\psi^\dagger\hat{\boldsymbol{P}}^2\psi - \psi\hat{\boldsymbol{P}}^2\psi^\dagger)\\ &+\frac{e}{2m}[\psi^\dagger(\hat{\boldsymbol{P}}\cdot\boldsymbol{A} + \boldsymbol{A}\cdot\hat{\boldsymbol{P}})\psi + \psi(\hat{\boldsymbol{P}}\cdot\boldsymbol{A} + \boldsymbol{A}\cdot\hat{\boldsymbol{P}})\psi^\dagger],\end{aligned} \tag{8.40}$$

式 (8.40) 右边第一项可写成

$$\begin{aligned}\psi^\dagger\hat{\boldsymbol{P}}^2\psi - \psi\hat{\boldsymbol{P}}^2\psi^\dagger &= -\hbar^2(\psi^\dagger\nabla^2\psi - \psi\nabla^2\psi^\dagger)\\ &= -\hbar^2\nabla\cdot[\psi^\dagger\nabla\psi - (\nabla\psi^\dagger)\psi],\end{aligned}$$

而第二项可写成

$$\begin{aligned}&\psi^\dagger(\hat{\boldsymbol{P}}\cdot\boldsymbol{A} + \boldsymbol{A}\cdot\hat{\boldsymbol{P}})\psi + \psi(\hat{\boldsymbol{P}}\cdot\boldsymbol{A} + \boldsymbol{A}\cdot\hat{\boldsymbol{P}})\psi^\dagger\\ =&-\mathrm{i}\hbar\{\psi^\dagger(\nabla\cdot\boldsymbol{A} + \boldsymbol{A}\cdot\nabla)\psi + [(\nabla\cdot\boldsymbol{A} + \boldsymbol{A}\cdot\nabla)\psi^\dagger]\psi\}\\ =&-\mathrm{i}\hbar\{2\psi^\dagger\psi\nabla\cdot\boldsymbol{A} + 2\boldsymbol{A}\cdot[\psi^\dagger\nabla\psi + (\nabla\psi^\dagger)\psi]\}\\ =&-\mathrm{i}2\hbar\nabla\cdot(\boldsymbol{A}\psi^\dagger\psi),\end{aligned}$$

从而式 (8.40) 可写成

$$\mathrm{i}\hbar\frac{\partial}{\partial t}(\psi^\dagger\psi) = -\frac{\hbar^2}{2m}\nabla\cdot[\psi^\dagger\nabla\psi - (\nabla\psi^\dagger)\psi] - \mathrm{i}\frac{e\hbar}{m}\nabla\cdot(\boldsymbol{A}\psi^\dagger\psi), \tag{8.41}$$

或

$$\frac{\partial\rho}{\partial t} + \nabla\cdot\boldsymbol{j} = 0, \tag{8.42}$$

其中

$$\rho = \psi^\dagger\psi \quad (\text{概率密度}), \tag{8.43}$$

$$\boldsymbol{j}=-\frac{\mathrm{i}\hbar}{2m}[\psi^\dagger\nabla\psi-(\nabla\psi^\dagger)\psi]+\frac{e}{m}\boldsymbol{A}\psi^\dagger\psi\quad(\text{概率流密度}). \tag{8.44}$$

它们分别乘以电荷 e 就是电荷密度和电流密度. 电流密度不含自旋, 这是因为电流密度是由电子的轨道运动引起的. 但是, 电子自旋产生磁矩, 它又能用相应的电流表示, 称这部分电流密度 $\boldsymbol{j}_s$ 为自旋电流密度. 这部分电流密度不会出现在连续性方程中, 因为方程中的电荷守恒表现为电荷的对流. 为计算自旋电流密度, 利用麦克斯韦方程, 可知

$$\nabla\times\boldsymbol{B}=\mu_0(\boldsymbol{j}_e+\nabla\times\langle\boldsymbol{\mu}_s\rangle), \tag{8.45}$$

式中, 用磁矩平均密度 $\langle\boldsymbol{\mu}_s\rangle$ 代替了磁化强度, 平均遍及自旋态, 磁偶极矩密度为

$$\langle\boldsymbol{\mu}_s\rangle=-\mu_{\mathrm{B}}\psi^\dagger\hat{\boldsymbol{\sigma}}\psi. \tag{8.46}$$

这样

$$\nabla\times\boldsymbol{B}=\mu_0\boldsymbol{j}=\mu_0(\boldsymbol{j}_e+\boldsymbol{j}_s), \tag{8.47}$$

而

$$\boldsymbol{j}_s=-\mu_{\mathrm{B}}\nabla\times(\psi^\dagger\hat{\boldsymbol{\sigma}}\psi) \tag{8.48}$$

是由电子的磁矩引起的电流, 与电子的轨道电流等价.

8.5　电子自旋共振

电子自旋共振 (ESR) 是电子在静磁场作用下能级发生分裂, 并在垂直于静磁场的弱交变磁场作用下所引起的共振吸收和共振发射现象. 它由扎沃伊斯基 (Zavoisky, 1945) 首次观测到. 顺磁性物质中原子的固有磁矩主要源于原子内未成对电子的自旋磁矩, 这是因为成对电子的自旋反平行排列, 其自旋磁矩相互抵消, 而电子的轨道磁矩由于晶体场的作用也几乎对顺磁性没有贡献, 因此在顺磁性物质中的共振大都是自旋共振, 并称之为电子顺磁共振 (EPR). 与电子磁矩相似, 原子核磁矩在外磁场中也会引起分裂, 并在垂直交变磁场作用下引起共振, 称为核磁共振 (NMR). 只是核磁子 μ_{N} 比玻尔磁子 μ_{B} 小三个数量级, 因此用于核磁共振的频率比顺磁共振的小三个数量级, 已到了无线电波的范围. 这种核磁共振由布洛赫和珀塞尔 (Block, Purcell, 1946) 首先在固体中观测到. 几乎在这十年以后, 才由拉比 (Rabi) 首先用于测量气体原子的核回磁比. 目前, 磁共振技术可用于研究原子、分子、凝聚物质的结构和性质, 也可用于研究化学反应及生物大分子. 磁共振技术使用的是从射频到微波的频率, 测量精度高, 已成为科学研究的重要技术手段. 正因为如此, 下面以电子自旋共振为例介绍磁共振的量子力学原理.

让电子在一个稳定的、在 z 方向上空间均匀的磁场 $\boldsymbol{B}_0$ 中运动. 从经典电动力学看, 电子将以角速度 ω_0 绕场方向旋转, 其中电子电荷为 $-e$. 这是由于洛伦兹力与离心力平衡的原因

$$eB_0v = eB_0\omega_0 r = mr\omega_0^2, \tag{8.49}$$

于是$\omega_0 = \dfrac{eB_0}{m} = 2\omega_{\mathrm{L}}$, 其中 $\omega_{\mathrm{L}} = \dfrac{eB_0}{2m}$ 是所谓的拉莫尔 (Larmor) 频率, 它是轨道角动量绕场方向进动的频率. 从量子力学看, 电子在某一确定位置, 只有自旋自由度, 从而

$$\hat{H}_s = -\hat{\boldsymbol{\mu}}_s \cdot \boldsymbol{B}_0 = \mu_{\mathrm{B}}\hat{\boldsymbol{\sigma}} \cdot \boldsymbol{B}_0 = \mu_{\mathrm{B}}B_0\hat{\sigma}_z, \tag{8.50}$$

相应的定态本征方程为

$$\mu_{\mathrm{B}}\boldsymbol{B}_0\hat{\sigma}_z\chi(s_z) = E\chi(s_z). \tag{8.51}$$

令 $\chi(s_z) = \begin{pmatrix} a \\ b \end{pmatrix}$, 代入方程 (8.51), 可得

$$\mu_{\mathrm{B}}B_0\begin{pmatrix} 1 & 0 \\ 0 & -1 \end{pmatrix}\begin{pmatrix} a \\ b \end{pmatrix} = E\begin{pmatrix} a \\ b \end{pmatrix}, \tag{8.52}$$

其解为

$$E_+ = \omega_{\mathrm{L}}\hbar = \mu_{\mathrm{B}}B_0,\ \chi_+ = \begin{pmatrix} 1 \\ 0 \end{pmatrix}, \tag{8.53a}$$

$$E_- = -\omega_{\mathrm{L}}\hbar = -\mu_{\mathrm{B}}B_0,\ \chi_- = \begin{pmatrix} 0 \\ 1 \end{pmatrix}. \tag{8.53b}$$

即自旋向上的 χ_+ 态比自旋向下的 χ_- 态能量高. 又 $[\hat{H}_s, \hat{s}_z] = 0$, 故 s_z 是守恒量, 也就是说, 电子的自旋态要发生改变, 必须要与外界交换能量. 考虑均匀磁场中电子与时间有关的解, 能更清楚地看到这一点. 可解与时间有关的方程

$$\mathrm{i}\hbar\frac{\partial\chi}{\partial t} = \mu_{\mathrm{B}}B_0\sigma_z\chi = \omega_{\mathrm{L}}\hbar\chi \tag{8.54}$$

而得到

$$a = a_0\mathrm{e}^{-\mathrm{i}\omega_{\mathrm{L}}t}, \quad b = b_0\mathrm{e}^{\mathrm{i}\omega_{\mathrm{L}}t}, \tag{8.55}$$

从而一般解为

$$\chi(s_z, t) = a_0\mathrm{e}^{-\mathrm{i}\omega_L t}\chi_+ + b_0\mathrm{e}^{\mathrm{i}\omega_{\mathrm{L}}t}\chi_-, \tag{8.56}$$

a_0 和 b_0 由初始条件和归一化条件决定. 用 $\chi(s_z, t)$ 计算 $\boldsymbol{s}$ 的平均值, 可得

$$\langle \boldsymbol{s} \rangle = \frac{\hbar}{2}\langle \boldsymbol{\sigma} \rangle = \frac{\hbar}{2}\chi^+\hat{\boldsymbol{\sigma}}\chi = \frac{\hbar}{2}(2a_0b_0\cos\omega_0 t,\ 2a_0b_0\sin\omega_0 t,\ a_0^2 - b_0^2). \tag{8.57}$$

显然自旋在场方向的分量是守恒的, 而绕 $\boldsymbol{B}_0$ 轴运动的频率是双倍拉莫尔频率, 这是由于电子的回转磁因子 $g_s=2$ 所致.

在 xy 平面内再加上一个角频率为 ω_1, 振幅小于 $\boldsymbol{B}_0$ 的弱磁场. 于是总磁场的形式为

$$\boldsymbol{B}=(B_1\cos\omega_1 t,\ B_1\sin\omega_1 t,\ B_0),\tag{8.58}$$

泡利方程为

$$\mathrm{i}\hbar\frac{\partial}{\partial t}\begin{pmatrix}a(t)\\ b(t)\end{pmatrix}=\mu_{\mathrm{B}}\begin{pmatrix}B_0 & B_1\mathrm{e}^{-\mathrm{i}\omega_1 t}\\ B_1\mathrm{e}^{\mathrm{i}\omega_1 t} & -B_0\end{pmatrix}\begin{pmatrix}a(t)\\ b(t)\end{pmatrix},\tag{8.59}$$

令 $\gamma=\dfrac{B_1}{B_0}\ll 1$, 则方程 (8.59) 化为

$$\frac{\mathrm{d}a(t)}{\mathrm{d}t}=-\frac{1}{2}\mathrm{i}\omega_0 a(t)-\frac{1}{2}\mathrm{i}\gamma\omega_0\mathrm{e}^{-\mathrm{i}\omega_1 t}b(t),\tag{8.60a}$$

$$\frac{\mathrm{d}b(t)}{\mathrm{d}t}=-\frac{1}{2}\mathrm{i}\gamma\omega_0\mathrm{e}^{\mathrm{i}\omega_1 t}a(t)+\frac{1}{2}\mathrm{i}\omega_0 b(t).\tag{8.60b}$$

上面两式对 t 求导数并代入, 得

$$a''(t)+\mathrm{i}\omega_1 a'(t)+\frac{1}{4}(\gamma^2\omega_0^2+\omega_0^2-2\omega_0\omega_1)a(t)=0,\tag{8.61a}$$

$$b''(t)-\mathrm{i}\omega_1 b'(t)+\frac{1}{4}(\gamma^2\omega_0^2+\omega_0^2-2\omega_0\omega_1)b(t)=0.\tag{8.61b}$$

这是两个二阶常微分方程. 引入

$$\delta=\omega_0-\omega_1,\quad \varOmega=\sqrt{\delta^2+\gamma^2\omega_0^2},\tag{8.62}$$

其一般解为

$$a(t)=\alpha_1\mathrm{e}^{\mathrm{i}\frac{1}{2}(\varOmega-\omega_1)t}+\alpha_2\mathrm{e}^{-\mathrm{i}\frac{1}{2}(\varOmega+\omega_1)t},\tag{8.63a}$$

$$b(t)=\beta_1\mathrm{e}^{\mathrm{i}\frac{1}{2}(\varOmega+\omega_1)t}+\beta_2\mathrm{e}^{-\mathrm{i}\frac{1}{2}(\varOmega-\omega_1)t}.\tag{8.63b}$$

将式 (8.63) 代入式 (8.60), 得

$$(\varOmega+\delta)\alpha_1\mathrm{e}^{\mathrm{i}\frac{1}{2}(\varOmega-\omega_1)t}-(\varOmega-\delta)\alpha_2\mathrm{e}^{-\mathrm{i}\frac{1}{2}(\varOmega+\omega_1)t}=-\gamma\omega_0\mathrm{e}^{-\mathrm{i}\omega_1 t}b(t),\tag{8.64a}$$

$$(\varOmega-\delta)\beta_1\mathrm{e}^{\mathrm{i}\frac{1}{2}(\varOmega+\omega_1)t}-(\varOmega+\delta)\beta_2\mathrm{e}^{-\mathrm{i}\frac{1}{2}(\varOmega-\omega_1)t}=-\gamma\omega_0\mathrm{e}^{\mathrm{i}\omega_1 t}a(t),\tag{8.64b}$$

其中, α_i 和 β_i 由初始条件决定. 若 $t=0$, 电子处于自旋向下的态 χ_-, 即 $a(0)=0$, $b(0)=1$, 则由式 (8.63) 和式 (8.64), 可得

$$\alpha_1+\alpha_2=0,\quad \beta_1+\beta_2=1,\tag{8.65a}$$

$$(\Omega+\delta)\alpha_1-(\Omega-\delta)\alpha_2=-\gamma\omega_0, \tag{8.65b}$$

$$(\Omega-\delta)\beta_1-(\Omega+\delta)\beta_2=0, \tag{8.65c}$$

解之, 得

$$\alpha_1=-\frac{1}{2}\gamma\frac{\omega_0}{\Omega},\quad \alpha_2=\frac{1}{2}\gamma\frac{\omega_0}{\Omega},\quad \beta_1=\frac{1}{2}\left(1+\frac{\delta}{\Omega}\right),\quad \beta_2=\frac{1}{2}\left(1-\frac{\delta}{\Omega}\right). \tag{8.66}$$

将式 (8.66) 代入式 (8.63), 得

$$a(t)=-\frac{1}{2}\gamma\frac{\omega_0}{\Omega}\left[e^{i\frac{1}{2}\Omega t}-e^{-i\frac{1}{2}\Omega t}\right]e^{-i\frac{1}{2}\omega_1 t}=-i\gamma\frac{\omega_0}{\Omega}\sin\left(\frac{1}{2}\Omega t\right)e^{-i\frac{1}{2}\omega_1 t}, \tag{8.67a}$$

$$\begin{aligned}b(t)&=\frac{1}{2}\left[\left(1+\frac{\delta}{\Omega}\right)e^{i\frac{1}{2}\Omega t}+\left(1-\frac{\delta}{\Omega}\right)e^{-i\frac{1}{2}\Omega t}\right]e^{i\frac{1}{2}\omega_1 t}\\&=\left[\cos\left(\frac{1}{2}\Omega t\right)+i\frac{\delta}{\Omega}\sin\left(\frac{1}{2}\Omega t\right)\right]e^{i\frac{1}{2}\omega_1 t}.\end{aligned} \tag{8.67b}$$

于是 t 时刻电子处于自旋向上的概率为

$$|a(t)|^2=\gamma^2\left(\frac{\omega_0}{\Omega}\right)^2\sin^2\left(\frac{1}{2}\Omega t\right), \tag{8.68}$$

而仍处于自旋向下态的概率为

$$|b(t)|^2=\cos^2\left(\frac{1}{2}\Omega t\right)+\left(\frac{\delta}{\Omega}\right)^2\sin^2\left(\frac{1}{2}\Omega t\right). \tag{8.69}$$

若 $\delta=0$, 则 $\omega_1=\omega_0$, 即振荡磁场的频率 ω_1 等于自旋频率 ω_0. 相应地, $\Omega=\gamma\omega_0$, 则有

$$\chi(S_z,t)=\begin{pmatrix}-i\sin\left(\frac{1}{2}\gamma\omega_0 t\right)e^{-i\frac{1}{2}\omega_1 t}\\ \cos\left(\frac{1}{2}\gamma\omega_0 t\right)e^{i\frac{1}{2}\omega_1 t}\end{pmatrix}. \tag{8.70}$$

电子在 $t=0$ 时刻处于自旋向下的态, 而当

$$\frac{1}{2}\gamma\omega_0 t=\left(n+\frac{1}{2}\right)\pi,\quad n=0,1,2,\cdots, \tag{8.71}$$

即

$$t=\frac{\hbar}{\mu_B B_1}\left(n+\frac{1}{2}\right)\pi \tag{8.72}$$

时, 电子仍处于自旋向下的概率为 0, 而处于自旋向上的概率为 1. 从 $t=0$ 经过

$t=\dfrac{\pi\hbar}{2\mu_{\rm B}B_1}$ 的时间, 电子从自旋向下的态翻转为自旋向上的态, 即从 E_- 能级跃迁到 E_+ 能级. 也就是说, 电子的自旋 s_z 以 $\Delta t=\dfrac{\pi\hbar}{2\mu_{\rm B}B_1}$ 为半周期来回翻转, 并在 E_- 和 E_+ 能级之间来回跃迁的同时, 从外场吸收或放出能量 $2\mu_{\rm B}B_0$. 这种现象就称为自旋共振. 电子共振时, $\omega_1=\omega_0=\dfrac{eB_0}{m}$ 称为共振条件.

8.6 电子的自旋轨道耦合

1. 自旋轨道耦合能

电子具有自旋磁矩 $\boldsymbol{\mu}_s$, 它在原子里运动将受到一磁场的作用. 从玻尔轨道量子化的角度来看, 价电子以一定速度围绕原子实运动, 根据运动的相对性原理, 也可以看成是原子实相对于电子以同样大小的速度运动. 由于原子实是带电体, 带电体运动将产生磁场, 而 $\boldsymbol{B}$ 就是这个磁场在电子所在位置的值. 这个磁场是电子轨道运动引起的, 因此, 它与自旋磁矩 $\boldsymbol{\mu}_s$ 的相互作用能 $W_{\rm so}$ 称为自旋–轨道耦合能.

由电磁学中毕奥–萨伐尔 (Biot-Savart) 定律, 在相对于电子静止的坐标系中, 原子实运动在电子处产生的磁感应强度为

$$\boldsymbol{B}=\frac{\mu_0}{4\pi}\frac{Z'e}{r^3}\boldsymbol{r}\times\boldsymbol{v},\tag{8.73}$$

式中, $\boldsymbol{r}$ 为原子实到电子的距离, $\boldsymbol{v}$ 为原子实相对于电子的速度, $Z'e$ 是原子实作用于电子的有效电荷, 其数值与内层电子对价电子的屏蔽情况有关. 托马斯(L. H. Thomas, 1926) 通过相对论性坐标变换得到了在相对于原子实静止的坐标系中的结果

$$\boldsymbol{B}=\frac{1}{2}\frac{\mu_0}{4\pi}\frac{Z'e}{r^3}\boldsymbol{r}\times\boldsymbol{v},\tag{8.74}$$

由于电子的轨道角动量 $\boldsymbol{l}=\boldsymbol{r}\times m\boldsymbol{v}$, 所以

$$\boldsymbol{B}=\frac{1}{2}\frac{\mu_0}{4\pi}\frac{Z'e}{mr^3}\boldsymbol{l}.\tag{8.75}$$

由此, 自旋–轨道相互作用能为

$$\begin{aligned}W_{\rm so}&=-\boldsymbol{\mu}_s\cdot\boldsymbol{B}=\frac{\mu_0}{4\pi}\frac{Z'e^2}{2m^2r^3}\boldsymbol{s}\cdot\boldsymbol{l}\\&=\frac{1}{2m^2c^2r}\frac{{\rm d}V(r)}{{\rm d}r}\boldsymbol{s}\cdot\boldsymbol{l}.\end{aligned}\tag{8.76}$$

虽然托马斯的工作仍是基于经典轨道概念, 但所得结果与量子力学一致. 在中心力场 $V(r)$ 中运动的电子的相对论波动方程 —— 狄拉克方程在过渡到非相对论极限时, 哈密顿算符中也出现自旋 - 轨道耦合项, 并且形式上与托马斯给出的结果式 (8.76) 相同.

2. 无耦合表象与耦合表象

在中心力场中运动的电子, 若忽略自旋–轨道耦合, 则可以选 $(\hat{H},\hat{\boldsymbol{l}}^2,\hat{l}_z,\boldsymbol{s}_z)$ 为守恒量完全集, 其共同本征态记为 ψ_{nlmm_s}, 在 $(\boldsymbol{r},s_z)$ 表象中可写成

$$\psi_{nlmm_s}(\boldsymbol{r},s_z)=\psi_{nlm}(\boldsymbol{r})\chi_{m_s}(s_z), \tag{8.77}$$

以此正交本征态为基矢的表象称为无耦合表象.

当计及自旋轨道耦合之后, 轨道和自旋角动量都不再是守恒量, 这是因为

$$[\hat{\boldsymbol{l}},\hat{\boldsymbol{s}}\cdot\hat{\boldsymbol{l}}]\neq 0,\quad [\hat{\boldsymbol{s}},\hat{\boldsymbol{s}}\cdot\hat{\boldsymbol{l}}]\neq 0. \tag{8.78}$$

考虑轨道角动量 $\boldsymbol{l}$ 和自旋角动量 $\boldsymbol{s}$ 分别属于不同自由度, 彼此应对易, 即

$$[\hat{l}_\alpha,\hat{s}_\beta]=0,\quad \alpha,\beta=x,y,z. \tag{8.79}$$

定义总角动量 $\boldsymbol{j}=\boldsymbol{l}+\boldsymbol{s}$, 相应的算符为

$$\hat{\boldsymbol{j}}=\hat{\boldsymbol{l}}+\hat{\boldsymbol{s}}, \tag{8.80}$$

利用式 (8.79) 和式 (8.80) 容易证明 $\hat{\boldsymbol{j}}$ 也满足角动量对易式

$$[\hat{j}_\alpha,\hat{j}_\beta]=\mathrm{i}\hbar\varepsilon_{\alpha\beta\gamma}\hat{j}_\gamma, \tag{8.81}$$

即 $\hat{\boldsymbol{j}}$ 具有角动量算符的一般性质, 如总角动量平方算符 $\hat{\boldsymbol{j}}^2$ 与其任一分量 $\hat{j}_\alpha$ 对易

$$[\hat{\boldsymbol{j}}^2,\hat{j}_\alpha]=0,\quad \alpha=x,y,z. \tag{8.82}$$

还可证明

$$[\hat{\boldsymbol{j}}^2,\hat{\boldsymbol{s}}\cdot\hat{\boldsymbol{l}}]=0,\quad [\hat{\boldsymbol{l}}^2,\hat{\boldsymbol{s}}\cdot\hat{\boldsymbol{l}}]=0, \tag{8.83}$$

即 $\boldsymbol{j}^2$ 和 $\boldsymbol{l}^2$ 都是守恒量. 因此, 在中心力场中电子的能量本征态可选守恒量完全集 $(\hat{H},\hat{\boldsymbol{l}}^2,\hat{\boldsymbol{j}}^2,\hat{j}_z)$ 的共同本征态. 其空间角度和自旋部分可取为 $(\hat{\boldsymbol{l}}^2,\hat{\boldsymbol{j}}^2,\hat{j}_z)$ 的共同本征态. 此共同本征态在 (θ,φ,s_z) 表象中可表示为

$$\phi(\theta,\varphi,s_z)=\begin{pmatrix}\phi(\theta,\varphi,\hbar/2)\\ \phi(\theta,\varphi,-\hbar/2)\end{pmatrix}=\begin{pmatrix}\phi_1(\theta,\varphi)\\ \phi_2(\theta,\varphi)\end{pmatrix}. \tag{8.84}$$

因为 ϕ 是 $\hat{\boldsymbol{l}}^2$ 的本征态, 有

$$\hat{\boldsymbol{l}}^2\phi=c\phi,$$

即

$$\begin{cases}\hat{\boldsymbol{l}}^2\phi_1=c\phi_1,\\ \hat{\boldsymbol{l}}^2\phi_2=c\phi_2,\end{cases} \tag{8.85}$$

式 (8.85) 表明, ϕ_1 和 ϕ_2 都是 $\hat{\boldsymbol{l}}^2$ 的本征态, 且对应的本征值相同, 因此, 它们必具有相同的轨道角动量量子数 l. 另外, 要求 ϕ 也是 $\hat{j}_z$ 的本征态, 即有

$$\hat{j}_z\begin{pmatrix}\phi_1(\theta,\varphi)\\ \phi_2(\theta,\varphi)\end{pmatrix}=m_j\hbar\begin{pmatrix}\phi_1(\theta,\varphi)\\ \phi_2(\theta,\varphi)\end{pmatrix},\tag{8.86}$$

即

$$\hat{l}_z\begin{pmatrix}\phi_1(\theta,\varphi)\\ \phi_2(\theta,\varphi)\end{pmatrix}+\frac{\hbar}{2}\begin{pmatrix}1&0\\0&-1\end{pmatrix}\begin{pmatrix}\phi_1(\theta,\varphi)\\ \phi_2(\theta,\varphi)\end{pmatrix}=m_j\hbar\begin{pmatrix}\phi_1(\theta,\varphi)\\ \phi_2(\theta,\varphi)\end{pmatrix},\tag{8.87}$$

因此

$$\begin{aligned}\hat{l}_z\phi_1&=\left(m_j-\frac{1}{2}\right)\hbar\phi_1,\\ \hat{l}_z\phi_2&=\left(m_j+\frac{1}{2}\right)\hbar\phi_2.\end{aligned}\tag{8.88}$$

这表明, 虽然 ϕ_1 和 ϕ_2 都是 $\hat{l}_z$ 的本征态, 但本征值相差 $\hbar$, 因此式 (8.84) 可写成

$$\phi(\theta,\varphi,s_z)=\begin{pmatrix}a\mathrm{Y}_{lm}\\ b\mathrm{Y}_{lm+1}\end{pmatrix},\tag{8.89}$$

式中, a 和 b 是待定常数. 式 (8.89) 是 $\hat{\boldsymbol{l}}^2$ 和 $\hat{j}_z$ 的共同本征态, 本征值分别是 $l(l+1)\hbar^2$ 和 $m_j=(m+1/2)\hbar$.

最后要求 ϕ 为 $\hat{\boldsymbol{j}}^2$ 的本征态. $\hat{\boldsymbol{j}}^2$ 用式 (8.80) 表达为

$$\begin{aligned}\hat{\boldsymbol{j}}^2&=(\hat{\boldsymbol{l}}+\hat{\boldsymbol{s}})^2=\hat{\boldsymbol{l}}^2+\hat{\boldsymbol{s}}^2+2\hat{\boldsymbol{l}}\cdot\hat{\boldsymbol{s}}\\ &=\begin{pmatrix}\hat{\boldsymbol{l}}^2+\frac{3}{4}\hbar^2+\hbar\hat{l}_z & \hbar\hat{l}_-\\ \hbar\hat{l}_+ & \hat{\boldsymbol{l}}^2+\frac{3}{4}\hbar^2-\hbar\hat{l}_z\end{pmatrix},\end{aligned}\tag{8.90}$$

其中, $\hat{l}_\pm=\hat{l}_x\pm\mathrm{i}\hat{l}_y$. 将式 (8.90) 代入 $\hat{\boldsymbol{j}}^2$ 的本征方程

$$\hat{\boldsymbol{j}}^2\begin{pmatrix}a\mathrm{Y}_{lm}\\ b\mathrm{Y}_{lm+1}\end{pmatrix}=\lambda\hbar^2\begin{pmatrix}a\mathrm{Y}_{lm}\\ b\mathrm{Y}_{lm+1}\end{pmatrix}\quad(\lambda\ \text{为无量纲待定常数}),\tag{8.91}$$

并利用

$$\hat{l}_\pm\mathrm{Y}_{lm}=\hbar\sqrt{(l\mp m)(l\pm m+1)}\mathrm{Y}_{lm\pm1},\tag{8.92}$$

可得

$$\begin{cases}\left[l(l+1)+\dfrac{3}{4}+m-\lambda\right]a\mathrm{Y}_{lm}+\sqrt{(l-m)(l+m+1)}b\mathrm{Y}_{lm}=0,\\ \sqrt{(l-m)(l+m+1)}a\mathrm{Y}_{lm+1}+\left[l(l+1)+\dfrac{3}{4}-(m+1)-\lambda\right]b\mathrm{Y}_{lm+1}=0.\end{cases}\tag{8.93}$$

上两式分别乘以 Y_{lm}^* 和 Y_{lm+1}^*, 并对 (θ,φ) 积分后, 得

$$\begin{cases}\left[l(l+1)+\dfrac{3}{4}+m-\lambda\right]a+\sqrt{(l-m)(l+m+1)}b=0,\\ \sqrt{(l-m)(l+m+1)}a+\left[l(l+1)+\dfrac{3}{4}-(m+1)-\lambda\right]b=0.\end{cases}\tag{8.94}$$

这是确定 a 和 b 的线性齐次方程, 有非平庸解的充要条件是

$$\begin{vmatrix} l(l+1)+\dfrac{3}{4}+m-\lambda & \sqrt{(l-m)(l+m+1)} \\ \sqrt{(l-m)(l+m+1)} & l(l+1)+\dfrac{3}{4}-(m+1)-\lambda \end{vmatrix}=0,\tag{8.95}$$

解之, 得

$$\lambda_1=(l+1/2)(l+3/2),\quad \lambda_2=(l-1/2)(l+1/2).\tag{8.96}$$

这两个根也可写成

$$\lambda=j(j+1),\quad j=l\pm 1/2.\tag{8.97}$$

将 $j=l+1/2$ 这个根代入式 (8.94) 中任何一式, 得

$$a/b=\sqrt{(l+m+1)/(l-m)},\tag{8.98}$$

同样, 将 $j=l-1/2$ 这个根代入式 (8.94), 得

$$a/b=-\sqrt{(l-m)/(l+m+1)}.\tag{8.99}$$

将式 (8.98) 和式 (8.99) 分别代入式 (8.89), 利用波函数归一化条件, 并取适当的相位, 可得出

$$\phi(\theta,\varphi,s_z)=\begin{cases}\dfrac{1}{\sqrt{2l+1}}\begin{pmatrix}\sqrt{l+m+1}\mathrm{Y}_{lm}\\ \sqrt{l-m}\mathrm{Y}_{lm+1}\end{pmatrix}, & j=l+1/2,\\ \dfrac{1}{\sqrt{2l+1}}\begin{pmatrix}-\sqrt{l-m}\mathrm{Y}_{lm}\\ \sqrt{l+m+1}\mathrm{Y}_{lm+1}\end{pmatrix}, & j=l-1/2.\end{cases}\tag{8.100}$$

它们是 $(\hat{\boldsymbol{l}}^2,\hat{\boldsymbol{j}}^2,\hat{j}_z)$ 的共同本征态, 相应的本征值分别为 $l(l+1)\hbar^2$, $j(j+1)\hbar^2$ 和 $m_j\hbar=(m+1/2)\hbar$. 当 $j=l+1/2$ 时, m 的最大取值为 l, 而最小取值为 $-(l+1)$, 即 $m=l,l-1,\cdots,-(l+1)$, 从而

$$\begin{aligned}m_j&=m+1/2=l+1/2,l-1/2,\cdots,-(l+1/2)\\&=j,j-1,\cdots,-j+1,-j,\end{aligned}$$

共 $(2j+1)$ 个可能取值. 当 $j=l-1/2(l\neq 0)$ 时, m 的最大取值为 l, 而最小取值为 $-(l+1)$, 但 $m=l$ 或 $m=-l-1$ 时, $\phi=0$, 无意义, 所以 $m=l-1,l-2,\cdots,-(l-1),-l$, 并有

$$
\begin{aligned}
m_j &= m+1/2 = l-1/2, l-3/2,\cdots,-(l-3/2),-(l-1/2)\\
&= j, j-1,\cdots,-(j-1),-j,
\end{aligned}
$$

共 $(2j+1)$ 个可能取值.

概括起来, $(\hat{\boldsymbol{l}}^2,\hat{\boldsymbol{j}}^2,\hat{j}_z)$ 的共同本征态可记为 ϕ_{ljm_j}, 对应的本征值为 $l(l+1)\hbar^2$, $j(j+1)\hbar^2$ 和 $m_j\hbar\ (m_j=j,j-1,\cdots,-j)$. 对 $j=l+1/2$, $m_j=m+1/2$ 的情况,

$$
\begin{aligned}
\phi_{ljm_j}(\theta,\varphi,s_z) &= \frac{1}{\sqrt{2l+1}}\begin{pmatrix}\sqrt{l+m+1}\mathrm{Y}_{lm}\\ \sqrt{l-m}\mathrm{Y}_{lm+1}\end{pmatrix}\\
&= \frac{1}{\sqrt{2j}}\begin{pmatrix}\sqrt{j+m_j}\mathrm{Y}_{j-1/2,m_j-1/2}\\ \sqrt{j-m_j}\mathrm{Y}_{j-1/2,m_j+1/2}\end{pmatrix}.
\end{aligned}
\tag{8.101}
$$

对 $j=l-1/2$, $m_j=m+1/2$ 的情况,

$$
\begin{aligned}
\phi_{ljm_j}(\theta,\varphi,s_z) &= \frac{1}{\sqrt{2l+1}}\begin{pmatrix}-\sqrt{l-m}\mathrm{Y}_{lm}\\ \sqrt{l+m+1}\mathrm{Y}_{lm+1}\end{pmatrix}\\
&= \frac{1}{\sqrt{2j+2}}\begin{pmatrix}-\sqrt{j-m_j+1}\mathrm{Y}_{j+1/2,m_j-1/2}\\ \sqrt{j+m_j+1}\mathrm{Y}_{j+1/2,m_j+1/2}\end{pmatrix}.
\end{aligned}
\tag{8.102}
$$

练习 8.3　证明

$$
\langle jm_j|\hat{\sigma}_z|jm_j\rangle = \begin{cases} m_j/j, & j=l+\dfrac{1}{2};\\ -m_j/(j+1), & j=l-\dfrac{1}{2}\quad (l\neq 0). \end{cases}
\tag{8.103}
$$

证明　利用式 (8.101), 对 $j=l+1/2$, 有

$$
\phi_{ljm}=\sqrt{\frac{j+m_j}{2j}}\alpha\mathrm{Y}_{j-\frac{1}{2},m_j-\frac{1}{2}}+\sqrt{\frac{j-m_j}{2j}}\beta\mathrm{Y}_{j-\frac{1}{2},m_j+\frac{1}{2}},
$$

再利用 $\hat{\sigma}_z\alpha=\alpha$, $\hat{\sigma}_z\beta=-\beta$, α 和 β 正交以及球谐函数的正交性, 得

$$
\langle jm_j|\hat{\sigma}_z|jm_j\rangle=\frac{j+m_j}{2j}-\frac{j-m_j}{2j}=\frac{m_j}{j}.
$$

类似地, 对 $j=l-1/2\ (l\neq 0)$, 可得

$$
\langle jm_j|\hat{\sigma}_z|jm_j\rangle=\frac{j-m_j+1}{2j+2}-\frac{j+m_j+1}{2j+2}=-\frac{m_j}{j+1}.
$$

8.7 两个电子自旋的耦合

考虑两个电子组成的体系 (如中性氦原子就有两个电子) 的自旋态. 设两个电子的自旋算符分别为 $\hat{\boldsymbol{s}}_1$ 和 $\hat{\boldsymbol{s}}_2$, 则两个电子自旋算符之和为 $\hat{\boldsymbol{s}}=\hat{\boldsymbol{s}}_1+\hat{\boldsymbol{s}}_2$. 由于 $\hat{\boldsymbol{s}}_1$ 和 $\hat{\boldsymbol{s}}_2$ 分别属于两个电子, 即涉及不同自由度, $[\hat{s}_{1\alpha},\hat{s}_{2\beta}]=0$, $\alpha,\beta=x,y,z$. 由此可证, $\hat{\boldsymbol{s}}$ 的三个分量满足对易式

$$[\hat{s}_\alpha,\hat{s}_\beta]=\mathrm{i}\hbar\varepsilon_{\alpha\beta\gamma}\hat{s}_\gamma. \tag{8.104}$$

令

$$\hat{\boldsymbol{s}}^2=\hat{s}_x^2+\hat{s}_y^2+\hat{s}_z^2, \tag{8.105}$$

利用式 (8.104), 可证

$$[\hat{\boldsymbol{s}}^2,\hat{s}_\alpha]=0,\quad \alpha=x,y,z. \tag{8.106}$$

两个电子组成的体系的自旋自由度为 2, 可选 $(\hat{s}_{1z},\hat{s}_{2z})$ 为对易自旋力学量完全集, 也可以选 $(\hat{\boldsymbol{s}}^2,\hat{s}_z)$ 为对易自旋力学量完全集. 若选 $(\hat{s}_{1z},\hat{s}_{2z})$ 为自旋力学量的完全集 (无耦合表象), 那么它们的共同本征态有四个

$$\begin{aligned}&\chi_{1/2}(\hat{s}_{1z})\chi_{1/2}(\hat{s}_{2z}),\quad \chi_{-1/2}(\hat{s}_{1z})\chi_{-1/2}(\hat{s}_{2z}),\\&\chi_{1/2}(\hat{s}_{1z})\chi_{-1/2}(\hat{s}_{2z}),\quad \chi_{-1/2}(\hat{s}_{1z})\chi_{1/2}(\hat{s}_{2z}).\end{aligned} \tag{8.107}$$

现求 $(\hat{\boldsymbol{s}}^2,\hat{s}_z)$ 自旋力学量的完全集 (耦合表象) 的共同本征态. 为此, 先考察这四个自旋态是不是 $\hat{s}_z$ 和 $\hat{\boldsymbol{s}}^2$ 的本征态. 显然, 它们是 $\hat{s}_z=\hat{s}_{1z}+\hat{s}_{2z}$ 的本征态, 本征值分别为 $\hbar$, $-\hbar$, 0, 0. 利用

$$\begin{aligned}\hat{\sigma}_x\chi_{1/2}=\chi_{-1/2},&\quad \hat{\sigma}_x\chi_{-1/2}=\chi_{1/2},\\ \hat{\sigma}_y\chi_{1/2}=\mathrm{i}\chi_{-1/2},&\quad \hat{\sigma}_y\chi_{-1/2}=-\mathrm{i}\chi_{1/2},\\ \hat{\sigma}_z\chi_{1/2}=\chi_{1/2},&\quad \hat{\sigma}_z\chi_{-1/2}=-\chi_{-1/2}\end{aligned} \tag{8.108}$$

及

$$\begin{aligned}\hat{\boldsymbol{s}}^2&=(\hat{\boldsymbol{s}}_1+\hat{\boldsymbol{s}}_2)^2=\hat{\boldsymbol{s}}_1^2+\hat{\boldsymbol{s}}_2^2+2\hat{\boldsymbol{s}}_1\cdot\hat{\boldsymbol{s}}_2\\&=\frac{3}{2}\hbar^2+\frac{1}{2}\hbar^2(\hat{\sigma}_{1x}\hat{\sigma}_{2x}+\hat{\sigma}_{1y}\hat{\sigma}_{2y}+\hat{\sigma}_{1z}\hat{\sigma}_{2z}),\end{aligned} \tag{8.109}$$

可得

$$\begin{aligned}\hat{\boldsymbol{s}}^2\chi_{1/2}(s_{1z})\chi_{1/2}(s_{2z})&=2\hbar^2\chi_{1/2}(s_{1z})\chi_{1/2}(s_{2z}),\\ \hat{\boldsymbol{s}}^2\chi_{-1/2}(s_{1z})\chi_{-1/2}(s_{2z})&=2\hbar^2\chi_{-1/2}(s_{1z})\chi_{-1/2}(s_{2z}),\end{aligned} \tag{8.110}$$

所以 $\chi_{-1/2}(s_{1z})\chi_{-1/2}(s_{2z})$ 是 $\hat{\boldsymbol{s}}^2$ 的本征态, 本征值为 $2\hbar^2$, 即总自旋量子数 $s=1$. 另两个态 $\chi_{1/2}(s_{1z})\chi_{-1/2}(s_{2z})$ 和 $\chi_{-1/2}(s_{1z})\chi_{1/2}(s_{2z})$ 是 $\hat{s}_z$ 的两个简并的本征态, 它们不是 $\hat{\boldsymbol{s}}^2$ 的本征态. 然而, 我们可以把它们线性叠加, 以构成 $\hat{\boldsymbol{s}}^2$ 的本征态. 令

$$\chi = c_1\chi_{1/2}(s_{1z})\chi_{-1/2}(s_{2z}) + c_2\chi_{-1/2}(s_{1z})\chi_{1/2}(s_{2z}), \tag{8.111}$$

代入本征方程

$$\hat{\boldsymbol{s}}^2\chi = \lambda\hbar^2\chi, \tag{8.112}$$

λ 无量纲, 待定. 利用式 (8.108) 和式 (8.109), 有

$$\begin{aligned}\hat{\boldsymbol{s}}^2\chi_{1/2}(s_{1z})\chi_{-1/2}(s_{2z}) &= \hbar^2\left[\chi_{1/2}(s_{1z})\chi_{-1/2}(s_{2z}) + \chi_{-1/2}(s_{1z})\chi_{1/2}(s_{2z})\right],\\ \hat{\boldsymbol{s}}^2\chi_{-1/2}(s_{1z})\chi_{1/2}(s_{2z}) &= \hbar^2\left[\chi_{1/2}(s_{1z})\chi_{-1/2}(s_{2z}) + \chi_{-1/2}(s_{1z})\chi_{1/2}(s_{2z})\right],\end{aligned} \tag{8.113}$$

代入式 (8.112), 可得

$$\begin{aligned}&(c_1+c_2)\left[\chi_{1/2}(s_{1z})\chi_{-1/2}(s_{2z}) + \chi_{-1/2}(s_{1z})\chi_{1/2}(s_{2z})\right]\\ =&\lambda\left[c_1\chi_{1/2}(s_{1z})\chi_{-1/2}(s_{2z}) + c_2\chi_{-1/2}(s_{1z})\chi_{1/2}(s_{2z})\right],\end{aligned}$$

即有

$$\begin{cases}(1-\lambda)c_1 + c_2 = 0,\\ c_1 + (1-\lambda)c_2 = 0.\end{cases} \tag{8.114}$$

此方程有非平庸解的充要条件为

$$\begin{vmatrix}1-\lambda & 1\\ 1 & 1-\lambda\end{vmatrix} = 0, \tag{8.115}$$

解出

$$\lambda = 0,\ 2. \tag{8.116}$$

用 $\lambda=0$ 代入式 (8.114), 得

$$c_1/c_2 = -1. \tag{8.117}$$

用 $\lambda=2$ 代入式 (8.114), 得

$$c_1/c_2 = 1. \tag{8.118}$$

再利用归一化条件, 并取适当相角, 可求出 $\hat{\boldsymbol{s}}^2$ 的归一化本征态为

$$\begin{aligned}&\frac{1}{\sqrt{2}}[\chi_{1/2}(s_{1z})\chi_{-1/2}(s_{2z}) - \chi_{-1/2}(s_{1z})\chi_{1/2}(s_{2z})], s=0;\\ &\frac{1}{\sqrt{2}}[\chi_{1/2}(s_{1z})\chi_{-1/2}(s_{2z}) + \chi_{-1/2}(s_{1z})\chi_{1/2}(s_{2z})], s=1.\end{aligned} \tag{8.119}$$

现将 $(\hat{\boldsymbol{s}}^2, \hat{s}_z)$ 的共同本征态记为 χ_{sm_s}, 那么 χ_{sm_s} 可表达为如下形式

$$
\begin{aligned}
&\chi_{11} = \chi_{1/2}(s_{1z})\chi_{1/2}(s_{2z}),\\
&\chi_{10} = \frac{1}{\sqrt{2}}[\chi_{1/2}(s_{1z})\chi_{-1/2}(s_{2z}) + \chi_{-1/2}(s_{1z})\chi_{1/2}(s_{2z})],\\
&\chi_{1-1} = \chi_{-1/2}(s_{1z})\chi_{-1/2}(s_{2z}),\\
&\chi_{00} = \frac{1}{\sqrt{2}}[\chi_{1/2}(s_{1z})\chi_{-1/2}(s_{2z}) - \chi_{-1/2}(s_{1z})\chi_{1/2}(s_{2z})].
\end{aligned}
\tag{8.120}
$$

$s = 1(m_s = +1, 0, -1)$ 的态称为自旋三重态, 它们对于两个电子交换是对称的. $s = 0(m_s = 0)$ 的态称为自旋单态, 它对于两电子交换是反对称的. 图 8.5 有助于形象地理解三重态与单态.

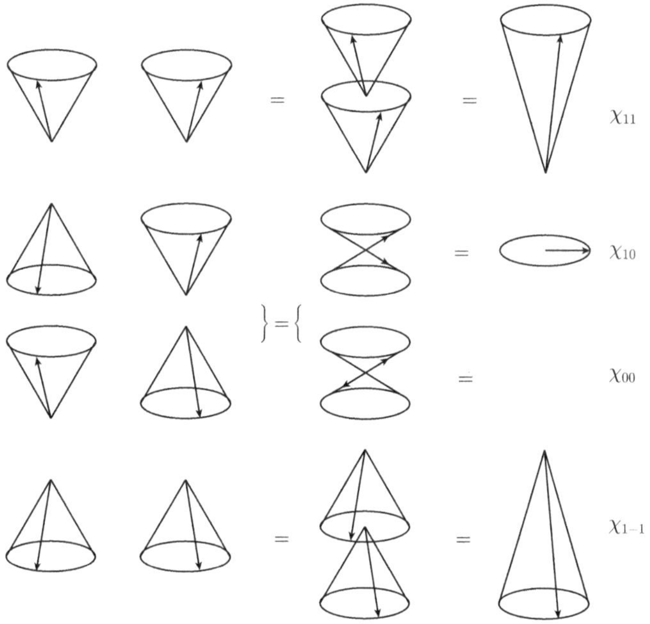

图 8.5　两个电子自旋三重 (平行) 态与单 (反平行) 态

8.8　碱金属原子光谱的双线结构

碱金属原子有一个价电子, 原子核及内层满壳电子（“原子实”）对它的作用, 可近似地用一个屏蔽库仑场 $V(r)$ 描述. 碱金属原子的低激发能级是由价电子激发而来. 价电子的哈密顿算符可表成

$$
\hat{H} = \hat{H}_0 + \hat{H}' = \frac{\hat{\boldsymbol{p}}^2}{2\mu} + V(r) + \xi(r)\hat{\boldsymbol{l}} \cdot \hat{\boldsymbol{s}}, \quad \xi(r) = \frac{1}{2\mu^2 c^2 r}\frac{\mathrm{d}V}{\mathrm{d}r}, \tag{8.121}
$$

式中, $\hat{H}' = \xi(r)\hat{\boldsymbol{l}}\cdot\hat{\boldsymbol{s}}$ 是自旋–轨道耦合能.

首先, 讨论哈密顿算符式 (8.121) 的守恒量完全集. 在无耦合表象中, 取 $(\hat{H}_0, \hat{\boldsymbol{l}}^2, \hat{l}_z, \hat{s}_z)$ 为力学量完全集. 但由于

$$[\hat{H}', \hat{l}_z] \neq 0, \quad [\hat{H}', \hat{s}_z] \neq 0, \tag{8.122}$$

因而

$$[\hat{H}, \hat{l}_z] \neq 0, \quad [\hat{H}, \hat{s}_z] \neq 0, \tag{8.123}$$

即 l_z 和 s_z 不是守恒量, 相应的量子数 m_l 和 m_s 不是好量子数. 在有自旋–轨道耦合的情况下, 耦合表象 $(\hat{H}, \hat{\boldsymbol{l}}^2, \hat{\boldsymbol{j}}^2, \hat{j}_z)$ 才构成守恒量完全集, 也就是说, 它们中任何两个都是对易的. 这里需注意到

$$\hat{\boldsymbol{l}}\cdot\hat{\boldsymbol{s}} = \frac{1}{2}(\hat{\boldsymbol{j}}^2 - \hat{\boldsymbol{l}}^2 - \hat{\boldsymbol{s}}^2), \tag{8.124}$$

就容易验证这一点. 这样, 角度部分及自旋部分波函数可选为 $(\hat{\boldsymbol{l}}^2, \hat{\boldsymbol{j}}^2, \hat{j}_z)$ 的共同本征态 $\langle\theta, \varphi, s_z|ljm\rangle = \phi_{ljm}(\theta, \varphi, s_z)$. 令

$$\psi(r, \theta, \varphi, s_z) = R(r)\phi_{ljm_j}(\theta, \varphi, s_z), \tag{8.125}$$

代入薛定谔方程

$$\left[-\frac{\hbar^2}{2\mu}\frac{1}{r^2}\frac{\partial}{\partial r}r^2\frac{\partial}{\partial r} + \frac{\hat{\boldsymbol{l}}^2}{2\mu r^2} + V(r) + \xi(r)\hat{\boldsymbol{l}}\cdot\hat{\boldsymbol{s}}\right]\psi = E\psi, \tag{8.126}$$

利用

$$\begin{aligned}\hat{\boldsymbol{l}}\cdot\hat{\boldsymbol{s}}\phi_{ljm} &= \frac{1}{2}(\hat{\boldsymbol{j}}^2 - \hat{\boldsymbol{l}}^2 - \hat{\boldsymbol{s}}^2)\phi_{ljm_j} = \frac{1}{2}\left[j(j+1) - l(l+1) - \frac{3}{4}\right]\hbar^2\phi_{ljm_j} \\ &= \begin{cases}\dfrac{1}{2}l\hbar^2\phi_{ljm_j}, & j = l + 1/2; \\ -\dfrac{1}{2}(l+1)\hbar^2\phi_{ljm_j}, & j = l - 1/2(l \geqslant 1),\end{cases}\end{aligned} \tag{8.127}$$

当 $V(r)$ 给定后, 可求解方程 (8.126), 得出能量本征值, 它与量子数 (n, l, j) 都有关, 记为 E_{nlj}. 能级与量子数 m_j 无关, 因而能级对量子数 m_j 还存在 $2j+1$ 度简并. 在原子中, $V(r) < 0$(吸引力), $V'(r) > 0$, 从而 $\xi(r) > 0$. 因此

$$E_{nlj=l+1/2} > E_{nlj=l-1/2}, \tag{8.128}$$

即 $j = l + 1/2$ 能级高于 $j = l - 1/2(l \neq 0)$ 能级, 但自旋轨道耦合项较小, 两条能级很靠近, 这就是碱金属双线结构的由来.

自旋轨道耦合造成的能级分裂 $\Delta E = E_{nlj=l+1/2} - E_{nlj=l-1/2}$, 不仅与 n, l 有关, 还与原子序数有关. 例如, 类氢原子的势场为

$$V(r) = -\frac{Ze_s^2}{r}, \quad \xi(r)\hat{\boldsymbol{l}}\cdot\hat{\boldsymbol{s}} = \frac{Ze_s^2}{2\mu^2c^2}\frac{1}{r^3}\hat{\boldsymbol{l}}\cdot\hat{\boldsymbol{s}}, \tag{8.129}$$

作为一级微扰论估计, 双线分裂大小为

$$\Delta E = \frac{Ze_s^2\hbar^2}{2\mu^2c^2}\left\langle\frac{1}{r^3}\right\rangle\left(\frac{l}{2}+\frac{l+1}{2}\right), \tag{8.130}$$

利用

$$\langle nl|\frac{1}{r^3}|nl\rangle = \left(\frac{Z}{na}\right)^3\frac{1}{l(l+1/2)(l+1)}, \tag{8.131}$$

可得

$$\Delta E = \frac{Ze_s^2\hbar^2}{2\mu^2c^2}\left(\frac{Z}{na}\right)^3\frac{1}{l(l+1)}. \tag{8.132}$$

可见自旋轨道耦合造成的分裂 ΔE 随 Z 增大而迅速增大, 但随 l 增大而减小. 对碱金属原子, 锂的双线分裂就很小, 不易测出. 从钠开始就比较显著. 图 8.6, 给出了钠原子的能级图. 钠原子组态是 $(1s)^2(2s)^2(2p)^6(3s)^1$, 即价电子处于 $^3s_{1/2}$ 能级. 对

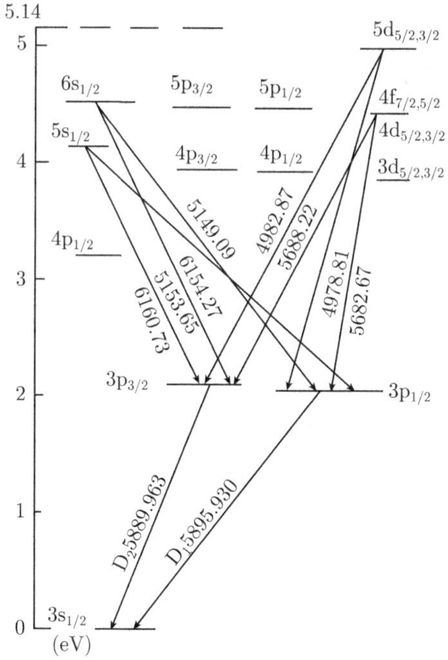

图 8.6 钠原子能级图及光谱的双线结构 (图中只标出了可见光部分的双线)

于 s 能级 ($l=0$), 没有自旋轨道耦合分裂. 钠原子的第一激发态是价电子激发到 3p 能级, 由于自旋轨道耦合, 3p 能级分裂为两条, $3p_{3/2}$ 能级略高于 $3p_{1/2}$ 能级. 这两条靠近的能级上的电子往基态跃迁, 就产生钠黄线, 即

$$\begin{aligned} &3p_{3/2}\to 3s_{1/2} \quad D_2 \quad \lambda\approx 5890\text{Å}\\ &3p_{1/2}\to 3s_{1/2} \quad D_1 \quad \lambda\approx 5896\text{Å}\end{aligned}$$

$d, f, \cdots$ 能级分裂都非常小, 一般实验中观测不出来, 这是由于在这些能级上的电子离开原子核的平均距离较大, 自旋轨道耦合作用很小的缘故.

8.9 塞曼效应

在强磁场中原子光谱发生分裂 (一般为 3 条) 的现象, 虽然没有考虑自旋, 正常塞曼 (Zeeman) 效应也能得到解释. 这是因为在强磁场中, 电子的自旋轨道耦合相对外场与电子轨道磁矩的作用很小, 可以忽略, 而外场与自旋的相互作用只会使能级整个发生移动, 对谱线不会产生影响. 但在弱磁场的情况下, 电子的自旋轨道耦合不能忽略, 从而导致复杂塞曼效应. 下面以碱金属为例讨论塞曼效应.

1. *简单塞曼效应*

在足够强的磁场中, 外磁场引起的附加能量远大于自旋–轨道相互作用能. 在这种情况下, 自旋–轨道耦合能可忽略. 在原子大小范围内, 实验中常用的磁场可视为均匀磁场, 让磁场强度$\boldsymbol{B}$ 沿 z 轴方向, 即 $\boldsymbol{B}=(0,0,B)$, 相应的势可取为 $\boldsymbol{A}=\left(-\dfrac{B}{2}y,\dfrac{B}{2}x,0\right)$. 碱金属原子中只有一个价电子, 在原子核及内层满壳层电子所产生的屏蔽库仑场 $V(r)$ 中运动. 从式 (8.35) 到式 (8.37) 可得, 价电子的总哈密顿算符为

$$\hat{H}=\frac{\hat{\boldsymbol{p}}^2}{2\mu}+V(r)+\frac{eB}{2\mu}(\hat{l}_z+2\hat{s}_z)+\frac{e^2B^2}{8\mu}(x^2+y^2). \tag{8.133}$$

在原子中, $x^2+y^2\approx a_0^2\approx(10^{-10})^2\text{m}^2$, 通常实验中的磁感应强度 $B<10^{-3}\text{T}$, 可算出式 (8.133) 中 B^2 项远小于 B 项,

$$\left|\frac{B^2\text{项}}{B\text{项}}\right|\approx\frac{e^2B^2a^2}{8\mu}\Big/\frac{eB\hbar}{2\mu}<10^{-4},$$

因而可略去 B^2 项, 从而

$$\hat{H}=\frac{\hat{\boldsymbol{p}}^2}{2\mu}+V(r)+\frac{eB}{2\mu}(\hat{l}_z+2\hat{s}_z), \tag{8.134}$$

其中

$$\hat{H}_0 = \frac{\hat{\boldsymbol{p}}^2}{2\mu} + V(r). \tag{8.135}$$

在这种情况下, $(\hat{H}, \hat{H}_0, \hat{\boldsymbol{l}}^2, \hat{l}_z, \hat{s}_z)$ 构成相互对易的守恒量. 设 $\hat{H}_0$ 的能量本征值为 E_{nl}, 对应的本征态可以取为 $(\hat{H}_0, \hat{\boldsymbol{l}}^2, \hat{l}_z, \hat{s}_z)$ 的共同本征态

$$\psi_{nlmm_s}(r,\theta,\varphi,s_z) = \psi_{nlm}(r,\theta,\varphi)\chi_{m_s}(s_z), \tag{8.136a}$$

$$\psi_{nlm}(r,\theta,\varphi) = R_{nl}(r)\mathrm{Y}_{lm}(\theta,\varphi), \tag{8.136b}$$

则 $\hat{H}$ 的本征值为

$$\begin{aligned} E_{nlmm_s} &= E_{nl} + \frac{eB\hbar}{2\mu}(m + 2m_s), \quad m_s = \pm 1/2 \\ &= E_{nl} + \omega_{\mathrm{L}}\hbar(m \pm 1), \end{aligned} \tag{8.137}$$

其中, E_{nl} 就是屏蔽库仑场中粒子的能量本征方程 $\hat{H}_0\psi_{nlm} = E_{nl}\psi_{nlm}$ 的能量本征值, 它与主量子数 n 和角量子数 l 都有关, 但对纯库仑场, 它仅与主量子数 n 有关.

如图 8.7 所示, 考虑光辐射跃迁选择定则 $\Delta m_s = 0$, 跃迁只能分别在 $m_s = +1/2$ 及 $m_s = -1/2$ 两组能级内部进行. 尽管能级有所改变, 对谱线分裂却没有影响. 也就是说, 磁场与自旋的相互作用只会使能级整个发生移动, 对谱线不会产生影响.

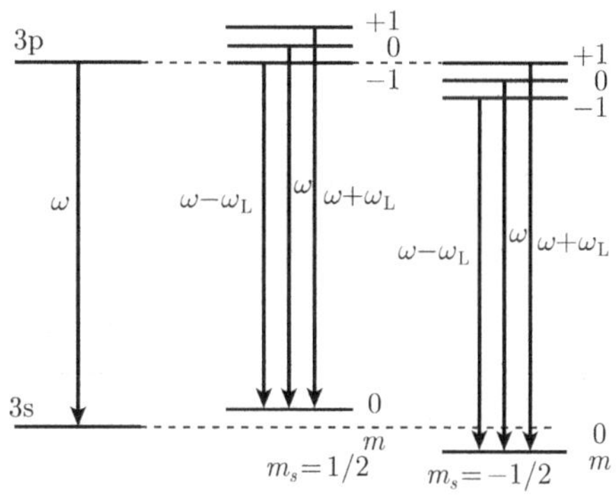

图 8.7 钠黄线的正常塞曼分裂

2. 反常塞曼效应

在弱磁场中, 除轨道磁矩和自旋磁矩与外磁场作用能外, 还需要考虑自旋轨道耦合能, 因为后者并不比前者小. 体系的哈密顿算符为

$$\begin{aligned} \hat{H} &= \frac{\hat{\boldsymbol{p}}^2}{2\mu} + V(r) + \frac{eB}{2\mu}(\hat{l}_z + 2\hat{s}_z) + \xi(r)\hat{\boldsymbol{l}}\cdot\hat{\boldsymbol{s}} \\ &= \frac{\hat{\boldsymbol{p}}^2}{2\mu} + V(r) + \xi(r)\hat{\boldsymbol{l}}\cdot\hat{\boldsymbol{s}} + \frac{eB}{2\mu}\hat{j}_z + \frac{eB}{2\mu}\hat{s}_z. \end{aligned} \tag{8.138}$$

容易证明, $\hat{l}^2, \hat{j}^2, \hat{j}_z$ 与式 (8.138) 前四项对易. 尽管 $\hat{l}^2, \hat{j}_z$ 也与最后一项对易, 但 $\hat{j}^2$ 与最后一项不对易, 这致使 $\hat{j}^2$ 不再是守恒量. 因此要严格处理上式最后一项是很麻烦的. 为此, 先不考虑最后一项. 此时, $(\hat{l}^2, \hat{j}^2, \hat{j}_z)$ 仍为守恒量, $\hat{H}$ 的本征态仍可表示为

$$\psi_{nljm_j}(r,\theta,\varphi) = R_{nl}(r)\phi_{ljm_j}(\theta,\varphi,s_z), \tag{8.139}$$

相应的能量本征值为

$$E_{nljm_j} = E_{nlj} + m_j\omega_{\mathrm{L}}\hbar, \tag{8.140}$$

式中, E_{nlj} 是考虑自旋轨道耦合作用后无外磁场时碱金属原子的能级, 它是 $(2j+1)$ 重简并的, 而在有磁场的情况下, 简并完全消除 $(m_j = j, j-1, \cdots, -j)$. 由于 $j = l \pm 1/2$ 是半奇数, $(2j+1)$ 为偶数, 故 E_{nlj} 分裂为偶数个能级, 这就容易理解反常塞曼效应的特点, 即光谱线分裂为偶数条.

现在讨论式 (8.138) 的最后一项的贡献. 在弱磁场中, 式 (8.138) 最后一项可以看成微扰. 在简并态微扰论一级近似下, 可略去不同 j 态的混合, 局限在 E_{nlj} 的诸简并态所张开的 $(2j+1)$ 维子空间中把式 (8.138) 的 H 对角化. 由于 $[\hat{j}_z, \hat{s}_z] = 0$, 所以 $\omega_{\mathrm{L}}\hat{s}_z$ 已经是对角化的. 利用式 (8.103), 并结合式 (8.140), 即得能级的近似表达式

$$E_{nljm} = E_{nlj} + \begin{cases} \left(1+\dfrac{1}{2j}\right)m_j\omega_{\mathrm{L}}\hbar, & j = l+1/2; \\ \left(1-\dfrac{1}{2j+2}\right)m_j\omega_{\mathrm{L}}\hbar, & j = l-1/2. \end{cases} \tag{8.141}$$

如图 8.8 所示, 钠黄线在弱磁场中的塞曼分裂.

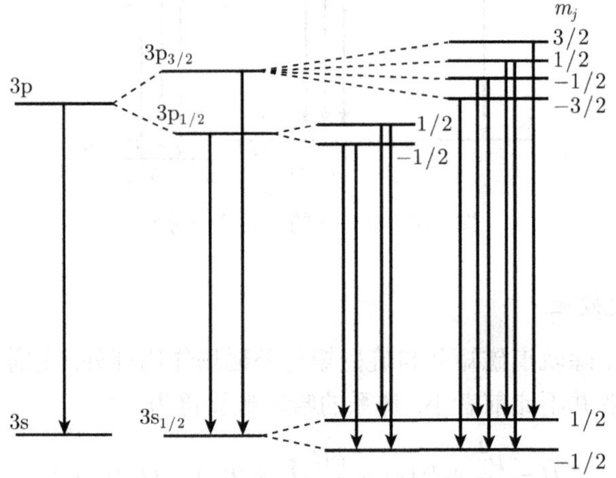

图 8.8　钠黄线的反常塞曼分裂

习　题

8.1　证明 $\hat{\sigma}_1\hat{\sigma}_2\hat{\sigma}_3 = \mathrm{i}$.

8.2　设 $\hat{\boldsymbol{A}}$ 和 $\hat{\boldsymbol{B}}$ 是与 $\hat{\boldsymbol{\sigma}}$ 对易的任何矢量算符, 证明

$$(\hat{\boldsymbol{\sigma}}\cdot\hat{\boldsymbol{A}})(\hat{\boldsymbol{\sigma}}\cdot\hat{\boldsymbol{B}}) = \hat{\boldsymbol{A}}\cdot\hat{\boldsymbol{B}} + \mathrm{i}\boldsymbol{\sigma}\cdot(\hat{\boldsymbol{A}}\times\hat{\boldsymbol{B}}).$$

8.3　令 $\hat{\sigma}_\pm = \dfrac{1}{2}(\hat{\sigma}_x \pm \mathrm{i}\hat{\sigma}_y)$, 在泡利表象中

$$\hat{\sigma}_+ = \begin{pmatrix} 0 & 1 \\ 0 & 0 \end{pmatrix}, \quad \hat{\sigma}_- = \begin{pmatrix} 0 & 0 \\ 1 & 0 \end{pmatrix},$$

证明:

$$\hat{\sigma}_x\alpha = \beta, \quad \hat{\sigma}_x\beta = \alpha, \quad \hat{\sigma}_y\alpha = \mathrm{i}\beta, \quad \hat{\sigma}_y\beta = -\mathrm{i}\alpha,$$

$$\hat{\sigma}_+\alpha = 0, \quad \hat{\sigma}_+\beta = \alpha, \quad \hat{\sigma}_-\alpha = \beta, \quad \hat{\sigma}_-\beta = 0,$$

说明 $\hat{\sigma}_\pm$ 有何意义.

8.4　设 $\boldsymbol{\alpha}$ 是与 $\hat{\boldsymbol{\sigma}}$ 对易的任何矢量, $\alpha = |\boldsymbol{\alpha}|$, $\hat{\boldsymbol{\alpha}} = \boldsymbol{\alpha}/\alpha$, 证明

$$\mathrm{e}^{\mathrm{i}\hat{\boldsymbol{\sigma}}\cdot\boldsymbol{\alpha}} = \cos\alpha + \mathrm{i}\hat{\boldsymbol{\sigma}}\cdot\hat{\boldsymbol{\alpha}}\sin\alpha.$$

8.5　用转动算符式 (8.28) 作用于 s_z 本征态上的方法, 求 s_x 和 s_y 的本征态.

8.6　证明 $(\hat{\boldsymbol{\sigma}}_1\cdot\hat{\boldsymbol{\sigma}}_2)^2 = 3 - 2(\hat{\boldsymbol{\sigma}}_1\cdot\hat{\boldsymbol{\sigma}}_2)$, 并利用此结果, 求 $(\hat{\boldsymbol{\sigma}}_1\cdot\hat{\boldsymbol{\sigma}}_2)$ 的本征值.

8.7　令 $\hat{P}_{12} = \dfrac{1}{2}(1 + \hat{\boldsymbol{\sigma}}_1\cdot\hat{\boldsymbol{\sigma}}_2)$, 证明 $\hat{P}_{12}^2 = \hat{I}, \hat{P}_{12} = \hat{\mathbf{s}}^2/\hbar^2 - 1$, 并由此证明

$$\hat{P}_{12}\chi_{sm_s} = (-1)^{s+1}\chi_{sm_s},$$

说明 $\hat{P}_{12}$ 有何物理意义.

8.8　(1) 在 σ_z 表象中, 求 $\hat{\sigma}_x$ 的本征态; (2) 求 σ_z 表象到 σ_x 表象的变换矩阵 S; (3) 验证

$$S\sigma_x S^{-1} = S\begin{pmatrix} 0 & 1 \\ 1 & 0 \end{pmatrix}S^{-1} = \begin{pmatrix} 1 & 0 \\ 0 & -1 \end{pmatrix}.$$

8.9　(1) 设电子处于自旋态 $\chi_+(\sigma_z = 1)$, 求 $\hat{\sigma}_n = \hat{\boldsymbol{\sigma}}\cdot\boldsymbol{n}$($\boldsymbol{n}$ 是单位矢量) 的可能测值及相应的概率; (2) 对于 $\sigma_n = +1$ 的自旋态, 求 $\hat{\boldsymbol{\sigma}}$ 各分量的可能测值和相应的概率以及 $\hat{\boldsymbol{\sigma}}$ 的平均值.

8.10　在自旋态 $\chi_{+1/2}(s_z) = \begin{pmatrix} 1 \\ 0 \end{pmatrix}$ 下, 求 $\langle(\Delta s_x)^2\rangle\langle(\Delta s_y)^2\rangle =?$

8.11　设氢原子的状态是

$$\psi=\begin{pmatrix}\dfrac{\sqrt{1}}{2}R_{21}(r)\mathrm{Y}_{11}(\theta,\varphi)\\-\dfrac{\sqrt{3}}{2}R_{21}(r)\mathrm{Y}_{10}(\theta,\varphi)\end{pmatrix},$$

求:(1) 轨道和自旋角动量 z 分量 $\hat{l}_z$ 和 $\hat{s}_z$ 的平均值; (2) 总磁矩 $\hat{\boldsymbol{M}}=-\dfrac{e}{2\mu}\hat{\boldsymbol{l}}-\dfrac{e}{\mu}\hat{\boldsymbol{s}}$ 的 z 分量的平均值.

8.12　电子的磁矩算符为 $\hat{\boldsymbol{\mu}}=-\dfrac{e}{2m}(\hat{\boldsymbol{l}}+2\hat{\boldsymbol{s}})$, 磁矩的观测值为

$$\mu=\langle ljm_j|\hat{\mu}_z|ljm_j\rangle|_{m_j=j},$$

$|ljm_j\rangle$ 是 $(\hat{\boldsymbol{l}}^2,\hat{\boldsymbol{j}}^2,\hat{j}_z)$ 的共同本征态, 求磁矩的观测值 μ.

8.13　有一个定域电子 (作为近似模型, 可以不考虑轨道运动) 受到均匀磁场作用, 磁场 $\boldsymbol{B}$ 指向正 x 方向. 磁作用势为

$$\hat{H}=\frac{eB}{\mu}\hat{s}_x=\mu_{\mathrm{B}}B\hat{\sigma}_x.$$

设 $t=0$ 时电子的自旋向上, 即 $s_z=\hbar/2$, 求 $t>0$ 时 $\hat{\boldsymbol{s}}$ 的平均值.

8.14　对两个自旋 1/2 粒子组成的体系, 定义张量算符

$$\hat{s}_{12}=\frac{3}{r^2}(\hat{\boldsymbol{\sigma}}_1\cdot\boldsymbol{r})(\hat{\boldsymbol{\sigma}}_2\cdot\boldsymbol{r})-\hat{\boldsymbol{\sigma}}_1\cdot\hat{\boldsymbol{\sigma}}_2,$$
$$\boldsymbol{r}=\boldsymbol{r}_1-\boldsymbol{r}_2.$$

(1) 证明:

$$\hat{s}_{12}=6(\hat{\boldsymbol{s}}\cdot\boldsymbol{r})^2/r^2-2\hat{\boldsymbol{s}}^2,$$
$$\hat{s}_{12}^2=4\hat{\boldsymbol{s}}^2-2\hat{s}_{12},$$

其中, $\hat{\boldsymbol{s}}=\hat{\boldsymbol{s}}_1+\hat{\boldsymbol{s}}_2$ 为总自旋算符. 再进一步证明 $\hat{s}_{12}$ 的任意正整数次幂均可表示成 $\hat{s}_{12}$ 和 $\hat{\boldsymbol{s}}^2$ 的线性组合; (2) 证明:

$$[\hat{s}_{12},\hat{\boldsymbol{s}}^2]=0,\ [\hat{s}_{12},\hat{\boldsymbol{j}}]=0,$$

这里

$$\hat{\boldsymbol{j}}=\hat{\boldsymbol{l}}+\hat{\boldsymbol{s}},\ \hat{\boldsymbol{l}}=\boldsymbol{r}\times\boldsymbol{p},\ \hat{\boldsymbol{p}}=\hat{\boldsymbol{p}}_1+\hat{\boldsymbol{p}}_2;$$

(3) 求 $\hat{s}_{12}$ 的本征值; (4) 证明对空间所有方向求平均后, $\hat{s}_{12}$ 的平均值为 0.

第 9 章 多粒子体系

9.1 多粒子体系的薛定谔方程

粒子在势场 $V(r)$ 中的薛定谔方程推广到一般的量子力学体系, 可表示为

$$\mathrm{i}\hbar\frac{\partial}{\partial t}\psi = \hat{H}\psi, \tag{9.1}$$

式中, $\hat{H}$ 为体系的哈密顿算符, 它可以不显含 t, 也可以显含 t. 在 $\hat{H}$ 不显含 t 的情况下, 可以写出不含时的薛定谔方程, 即能量本征方程

$$\hat{H}\psi = E\psi. \tag{9.2}$$

对于有经典对应的体系, $\hat{H}$ 可以把经典哈密顿量量子化而得出. 在无经典对应的情况, 则只能根据实验表现出来的特征, 建立其哈密顿量算符, 而其正确性则只能靠实验来检验.

对于 N 个多粒子组成的体系, 设粒子质量分别为 $m_i(i=1,2,\cdots,N)$, 第 i 个粒子受到的外场作用能为 $V(\boldsymbol{r}_i,t)$, 而各粒子之间的相互作用能为 $V(\boldsymbol{r}_1,\boldsymbol{r}_2,\cdots,\boldsymbol{r}_N)$, 则在坐标表象中哈密顿算符为

$$\hat{H} = \sum_{i=1}^{N}\left[\frac{\hat{\boldsymbol{p}}_i^2}{2m_i} + V(\boldsymbol{r}_i,t)\right] + V(\boldsymbol{r}_1,\boldsymbol{r}_2,\cdots,\boldsymbol{r}_N), \tag{9.3}$$

波函数依赖于全部粒子的 $3N$ 个坐标和时间 t, 即

$$\psi = \psi(\boldsymbol{r}_1,\boldsymbol{r}_2,\boldsymbol{r}_3,\cdots,\boldsymbol{r}_N,t). \tag{9.4}$$

对多体问题的处理, 在量子力学中也面临与经典物理同样的困难, 因为多体问题比单粒子体系复杂得多.

N 个粒子体系的波动方程定义在 $3N$ 维空间中, 这个空间称为体系的位形空间, 该空间中任意一个点的坐标是由体系全部粒子的三维坐标 $(x_i,y_i,z_i)(i=1,2,3,\cdots,N)$ 决定的. 位形空间中任意一个点的坐标决定了三维空间中全部粒子作为整体的态. 因而, 在 $3N$ 维坐标位形空间中的一个点 $(x_1,y_1,z_1,\cdots,x_N,y_N,z_N)$ 也称为体系的位形点. 位形空间中无穷小体积元定义为

$$\mathrm{d}\tau = \mathrm{d}V_1\mathrm{d}V_2\cdots\mathrm{d}V_N, \quad \mathrm{d}V_i = \mathrm{d}x_i\mathrm{d}y_i\mathrm{d}z_i. \tag{9.5}$$

这样, t 时刻在位形空间中的小体积元 $\mathrm{d}\tau$ 内发现体系的概率为

$$\begin{aligned}\mathrm{d}w(\boldsymbol{r}_1,\boldsymbol{r}_2,\cdots,\boldsymbol{r}_N,t)=&\rho(\boldsymbol{r}_1,\boldsymbol{r}_2,\cdots,\boldsymbol{r}_N,t)\mathrm{d}\tau\\=&\psi^*(\boldsymbol{r}_1,\boldsymbol{r}_2,\cdots,\boldsymbol{r}_N,t)\psi(\boldsymbol{r}_1,\boldsymbol{r}_2,\cdots,\boldsymbol{r}_N,t)\mathrm{d}\tau.\end{aligned}\tag{9.6}$$

定义各粒子子空间体积元 $\mathrm{d}\tau_i,\mathrm{d}\tau_{ij},\cdots$ 为

$$\begin{aligned}&\mathrm{d}\tau=\mathrm{d}V_i\mathrm{d}\tau_i,\\&\mathrm{d}\tau=\mathrm{d}V_i\mathrm{d}V_j\mathrm{d}\tau_{ij},\\&\cdots\end{aligned}\tag{9.7}$$

对式 (9.6) 作除粒子 i 外的其他所有粒子的坐标积分, 即对 $\mathrm{d}\tau_i$ 积分, 就得到 t 时刻发现粒子 i 在 $\boldsymbol{r}_i$ 至 $\boldsymbol{r}_i+\mathrm{d}\boldsymbol{r}_i$ 之间而不论其他粒子在何处的概率

$$\mathrm{d}w(\boldsymbol{r}_i,t)=\rho(\boldsymbol{r}_i,t)\mathrm{d}V_i=\mathrm{d}V_i\int\psi^*(\boldsymbol{r}_1,\boldsymbol{r}_2,\cdots,\boldsymbol{r}_N,t)\psi(\boldsymbol{r}_1,\boldsymbol{r}_2,\cdots,\boldsymbol{r}_N,t)\mathrm{d}\tau_i.\tag{9.8}$$

类似地

$$\begin{aligned}\mathrm{d}w(\boldsymbol{r}_i,\boldsymbol{r}_j,t)=&\rho(\boldsymbol{r}_i,t)\mathrm{d}V_i\mathrm{d}V_j\\=&\mathrm{d}V_i\mathrm{d}V_j\int\psi^*(\boldsymbol{r}_1,\boldsymbol{r}_2,\cdots,\boldsymbol{r}_N,t)\psi(\boldsymbol{r}_1,\boldsymbol{r}_2,\cdots,\boldsymbol{r}_N,t)\mathrm{d}\tau_{ij}\end{aligned}\tag{9.9}$$

为 t 时刻粒子 i 处在 $\boldsymbol{r}_i$ 至 $\boldsymbol{r}_i+\mathrm{d}\boldsymbol{r}_i$ 之间, 粒子 j 处在 $\boldsymbol{r}_j$ 至 $\boldsymbol{r}_j+\mathrm{d}\boldsymbol{r}_j$ 之间, 而不论其他粒子在何处的概率, 等等.

现求位形空间中概率密度 ρ 的连续性方程. 为此, 用 ψ^* 左乘方程 (9.1) 的两边, 再减去相应的复共轭方程, 并考虑到式 (9.3), 得

$$\begin{aligned}&\mathrm{i}\hbar\frac{\partial}{\partial t}[\psi^*(\boldsymbol{r}_1,\boldsymbol{r}_2,\cdots,\boldsymbol{r}_N,t)\psi(\boldsymbol{r}_1,\boldsymbol{r}_2,\cdots,\boldsymbol{r}_N,t)]\\=&\sum_{i=1}^{N}-\frac{\hbar^2}{2m_i}[\psi^*(\boldsymbol{r}_1,\boldsymbol{r}_2,\cdots,\boldsymbol{r}_N,t)\nabla_i^2\psi(\boldsymbol{r}_1,\boldsymbol{r}_2,\cdots,\boldsymbol{r}_N,t)\\&-\psi(\boldsymbol{r}_1,\boldsymbol{r}_2,\cdots,\boldsymbol{r}_N,t)\nabla_i^2\psi^*(\boldsymbol{r}_1,\boldsymbol{r}_2,\cdots,\boldsymbol{r}_N,t)],\end{aligned}$$

令

$$\begin{aligned}\boldsymbol{j}_i=&-\frac{\mathrm{i}\hbar}{2m_i}[\psi^*(\boldsymbol{r}_1,\boldsymbol{r}_2,\cdots,\boldsymbol{r}_N,t)\nabla_i\psi(\boldsymbol{r}_1,\boldsymbol{r}_2,\cdots,\boldsymbol{r}_N,t)\\&-\psi(\boldsymbol{r}_1,\boldsymbol{r}_2,\cdots,\boldsymbol{r}_N,t)\nabla_i\psi^*(\boldsymbol{r}_1,\boldsymbol{r}_2,\cdots,\boldsymbol{r}_N,t)],\end{aligned}\tag{9.10}$$

则式 (9.10) 可写成

$$\frac{\partial\rho(\boldsymbol{r}_1,\boldsymbol{r}_2,\cdots,\boldsymbol{r}_N,t)}{\partial t}+\sum_{i=1}^{N}\nabla_i\cdot\boldsymbol{j}_i(\boldsymbol{r}_1,\boldsymbol{r}_2,\cdots,\boldsymbol{r}_N,t)=0,\tag{9.11}$$

即位形概率密度的变化由概率流决定. $\boldsymbol{j}_i$ 是全部粒子的坐标和时间的函数, 它表示只有 i 在运动而其余 $(N-1)$ 个粒子不动的状态下的流密度. 为求得其余粒子在任何位置时粒子 i 的流密度, 必须对式 (9.10) 中除 i 以外的其余粒子的坐标积分, 即

$$\boldsymbol{j}_i(\boldsymbol{r}_i,t)=\int \boldsymbol{j}_i(\boldsymbol{r}_1,\boldsymbol{r}_2,\cdots,\boldsymbol{r}_N,t)\mathrm{d}\tau_i. \tag{9.12}$$

可证明, 这个流密度也满足连续性方程. 为此, 式 (9.11) 对 $\mathrm{d}\tau_i$ 积分, 得

$$\begin{aligned}\int \frac{\partial}{\partial t}\rho(\boldsymbol{r}_1,\boldsymbol{r}_2,\cdots,\boldsymbol{r}_N,t)\mathrm{d}\tau_i&=\frac{\partial}{\partial t}\int \rho(\boldsymbol{r}_1,\boldsymbol{r}_2,\cdots,\boldsymbol{r}_N,t)\mathrm{d}\tau_i\\&=\frac{\partial\rho(\boldsymbol{r}_i,t)}{\partial t},\end{aligned} \tag{9.13}$$

而

$$\begin{aligned}\sum_{k=1}^{N}\int \nabla_k\cdot\boldsymbol{j}_k(\boldsymbol{r}_1,\boldsymbol{r}_2,\cdots,\boldsymbol{r}_N,t)\mathrm{d}\tau_i&=\int \nabla_i\cdot\boldsymbol{j}_i(\boldsymbol{r}_1,\boldsymbol{r}_2,\cdots,\boldsymbol{r}_N,t)\mathrm{d}\tau_i\\&\quad+\sum_{k\neq i}^{N}\int \nabla_k\cdot\boldsymbol{j}_k(\boldsymbol{r}_1,\boldsymbol{r}_2,\cdots,\boldsymbol{r}_N,t)\mathrm{d}\tau_i.\end{aligned}$$

由式 (9.7) 可知, 体元 $\mathrm{d}\tau_i$ 包含了除粒子 i 外的其余全部粒子坐标. 上式第二项能转化为超面积积分, 并且如果 ψ 在无穷远处等于零, 则等于零. 而第一项是对不同变量的微分和积分, 利用式 (9.12), 得

$$\int \nabla_i\cdot\boldsymbol{j}_i(\boldsymbol{r}_1,\cdots,\boldsymbol{r}_N,t)\mathrm{d}\tau_i=\nabla_i\cdot\int \boldsymbol{j}_i(\boldsymbol{r}_1,\cdots,\boldsymbol{r}_N,t)\mathrm{d}\tau_i=\nabla_i\cdot\boldsymbol{j}_i(\boldsymbol{r}_i,t). \tag{9.14}$$

这样, 就得到三维空间中的单粒子连续性方程

$$\frac{\partial\rho(\boldsymbol{r}_i,t)}{\partial t}+\nabla_i\cdot\boldsymbol{j}_i(\boldsymbol{r}_i,t)=0. \tag{9.15}$$

类似地, 位形空间的连续性方程 (9.11) 对 $\mathrm{d}\tau_{ij}$ 积分, 可得两粒子连续性方程.

9.2 多粒子体系的总动量和总角动量

1. 总动量守恒

在经典力学中, 多粒子体系在内力作用下只有总动量保持常数, 因而按牛顿定律, 质心以不变速度作直线运动. 但如果有外力作用, 则在单位时间内总动量的变化等于作用于体系中各粒子上的全部外力之和. 可以证明, 这条经典力学规律在量

子领域中也保持其正确性. 为此, 设体系全部粒子的总动量算符为 $\hat{\boldsymbol{p}}$. 显然, $\hat{\boldsymbol{p}}$ 是全部单粒子动量 $\hat{\boldsymbol{p}}_i(i=1,2,\cdots,N)$ 之和

$$\hat{\boldsymbol{p}}=\sum_{i=1}^{N}\hat{\boldsymbol{p}}_i=-\mathrm{i}\hbar\sum_{i=1}^{N}\nabla_i. \tag{9.16}$$

现考虑动量的时间微商算符. 按力学量随时间演化公式及其时间微商算符的定义

$$\frac{\mathrm{d}\hat{\boldsymbol{p}}}{\mathrm{d}t}=\frac{\mathrm{i}}{\hbar}[\hat{H},\hat{\boldsymbol{p}}]=\frac{\mathrm{i}}{\hbar}(\hat{H}\hat{\boldsymbol{p}}-\hat{\boldsymbol{p}}\hat{H}), \tag{9.17}$$

式中

$$\hat{H}=\sum_{i=1}^{N}\left(\frac{\hat{\boldsymbol{p}}_i^2}{2m_i}+V_i(\boldsymbol{r}_i,t)\right)+\sum_{i\neq j=1}^{N}V_{ij}(\boldsymbol{r}_i,\boldsymbol{r}_j), \tag{9.18}$$

代入式 (9.17), 得

$$\frac{\mathrm{d}\hat{\boldsymbol{p}}}{\mathrm{d}t}=\left(\sum_{j=1}^{N}V_j+\sum_{j\neq k=1}^{N}V_{jk}\right)\left(\sum_{i=1}^{N}\nabla_i\right)-\left(\sum_{i=1}^{N}\nabla_i\right)\left(\sum_{j=1}^{N}V_j+\sum_{j\neq k=1}^{N}V_{jk}\right), \tag{9.19}$$

由于 $V_j(\boldsymbol{r}_j)$ 仅依赖于粒子 j 的坐标 $\boldsymbol{r}_j$, 所以

$$V_j\left(\sum_{i=1}^{N}\nabla_i\right)-\left(\sum_{i=1}^{N}\nabla_i\right)V_j=-\nabla_jV_j(\boldsymbol{r}_j). \tag{9.20}$$

假定粒子间的力仅依赖于粒子间的距离, 则 $V_{jk}=V_{jk}(r_{jk})$. 于是, $\sum\limits_{i=1}^{N}\nabla_i$ 中只有 $\nabla_j+\nabla_k$ 作用于 V_{jk} 上. 因而, 只需考察下式

$$V_{jk}(\nabla_j+\nabla_k)-(\nabla_j+\nabla_k)V_{jk}=-\nabla_jV_{jk}-\nabla_kV_{jk}, \tag{9.21}$$

而

$$\nabla_jV_{jk}=\frac{\mathrm{d}V_{jk}}{\mathrm{d}r_{jk}}\nabla_jr_{jk}=\frac{\mathrm{d}V_{jk}}{\mathrm{d}r_{jk}}\frac{\boldsymbol{r}_{jk}}{r_{jk}}, \tag{9.22a}$$

$$\nabla_kV_{jk}=\frac{\mathrm{d}V_{jk}}{\mathrm{d}r_{jk}}\nabla_kr_{jk}=-\frac{\mathrm{d}V_{jk}}{\mathrm{d}r_{jk}}\frac{\boldsymbol{r}_{jk}}{r_{jk}}, \tag{9.22b}$$

因而

$$\nabla_jV_{jk}+\nabla_kV_{jk}=0, \tag{9.23}$$

作用力等于负的反作用力, 这正是牛顿第一定律. 将式 (9.20) 和式 (9.23) 代入式 (9.19), 有

$$\frac{\mathrm{d}\hat{\boldsymbol{p}}}{\mathrm{d}t}=-\sum_{i}^{N}\nabla_iV_i(\boldsymbol{r}_i,t), \tag{9.24}$$

即总动量的时间微商算符等于作用于体系的外场的合力算符. 如果没有外场, 则

$$\frac{\mathrm{d}\hat{\boldsymbol{p}}}{\mathrm{d}t}=0, \tag{9.25}$$

即在无外力作用下, 粒子间有相互作用的体系的总动量守恒. 注意算符方程 (9.25) 的物理意义在于: 总动量的平均值不随时间变化, 而且发现某一定值 $\boldsymbol{p}$ 的概率也不变.

2. 总角动量守恒

考虑 N 个粒子体系的总轨道角动量. 体系的总轨道角动量算符当然是各粒子轨道角动量算符之和, 即

$$\hat{\boldsymbol{l}}=\sum_{i=1}^{N}\hat{\boldsymbol{l}}_i. \tag{9.26}$$

角动量分量的时间微商算符为

$$\frac{\mathrm{d}\hat{l}^\alpha}{\mathrm{d}t}=\frac{\mathrm{i}}{\hbar}[\hat{H},\hat{l}^\alpha]. \tag{9.27}$$

可以证明, 每个角动量分量算符与总角动量平方算符对易, 且不同粒子的角动量算符互相对易 (因为在不同的坐标空间之中), 即

$$[\hat{l}_i^\alpha,\hat{\boldsymbol{l}}^2]=0,\quad [\hat{l}_i^\alpha,\hat{l}_j^\beta]=\mathrm{i}\hbar\varepsilon^{\alpha\beta\gamma}\delta_{ij}\hat{l}_i^\gamma. \tag{9.28}$$

还可证明

$$[\hat{\boldsymbol{p}}_i^2,\hat{l}_i^\alpha]=0. \tag{9.29}$$

现将哈密顿算符式 (9.18) 的动能部分分成两部分

$$\frac{\hat{\boldsymbol{p}}_i^2}{2m_i}=\frac{\hat{p}_{r_i}^2}{2m_i}+\frac{\hat{\boldsymbol{l}}_i^2}{2m_i r_i^2}, \tag{9.30}$$

由于粒子角动量的每个分量分别与 $\hat{\boldsymbol{p}}_i^2$ 和 $\hat{\boldsymbol{l}}_i^2$ 对易, 从式 (9.30) 可知

$$\left[\hat{l}_i^\alpha,\frac{\hat{p}_{r_i}^2}{2m_i}\right]=0. \tag{9.31}$$

为计算式 (9.27), 还需利用对易关系 $[V_i,\hat{l}_i^\alpha]$ 和 $[V_{ij},\hat{l}_i^\alpha]$, 则有

$$[V_i,\hat{l}_i^\alpha]=-\mathrm{i}\hbar\varepsilon^{\alpha\beta\gamma}\left[V_i,x_i^\beta\frac{\partial}{\partial x_i^\gamma}\right]=\mathrm{i}\hbar\varepsilon^{\alpha\beta\gamma}x_i^\beta\frac{\partial V_i}{\partial x_i^\gamma}. \tag{9.32}$$

类似地

$$[V_{ij},\hat{l}_i^\alpha]=\mathrm{i}\hbar\varepsilon^{\alpha\beta\gamma}x_i^\beta\frac{\partial V_{ij}}{\partial x_i^\gamma}. \tag{9.33}$$

可用相对坐标 $\boldsymbol{r}_{ij}=\boldsymbol{r}_i-\boldsymbol{r}_j$ 来表示式 (9.33) 中的微商

$$\frac{\partial}{\partial x_i^\gamma}=\frac{\partial r_{ij}}{\partial x_i^\gamma}\frac{\partial}{\partial r_{ij}}=\frac{x_i^\gamma-x_j^\gamma}{r_{ij}}\frac{\partial}{\partial r_{ij}},\tag{9.34}$$

代入式 (9.33), 得

$$[V_{ij},\hat{l}_i^\alpha]=\mathrm{i}\hbar\varepsilon^{\alpha\beta\gamma}x_i^\beta\frac{x_i^\gamma-x_j^\gamma}{r_{ij}}\frac{\partial V_{ij}}{\partial r_{ij}}=-\mathrm{i}\hbar\varepsilon^{\alpha\beta\gamma}\frac{x_i^\beta x_j^\gamma}{r_{ij}}\frac{\partial V_{ij}}{\partial r_{ij}}.\tag{9.35}$$

利用式 (9.28)~ 式 (9.35) 可计算总角动量分量的时间微商式 (9.27), 则有

$$\frac{\mathrm{d}\hat{l}^\alpha}{\mathrm{d}t}=-\varepsilon^{\alpha\beta\gamma}\sum_{i=1}^N x_i^\beta\frac{\partial V_i}{\partial x_i^\gamma}+\sum_{i\neq j=1}^N\varepsilon^{\alpha\beta\gamma}\frac{x_i^\beta x_j^\gamma+x_j^\beta x_i^\gamma}{r_{ij}}\frac{\partial V_{ij}}{\partial r_{ij}},\tag{9.36}$$

上式第二项为零, 所以

$$\frac{\mathrm{d}\hat{l}^\alpha}{\mathrm{d}t}=-\varepsilon^{\alpha\beta\gamma}\sum_{i=1}^N x_i^\beta\frac{\partial V_i}{\partial x_i^\gamma}=-\sum_{i=1}^N(\boldsymbol{r}_i\times\nabla_i V_i)^\alpha,\tag{9.37}$$

即轨道角动量的时间微商算符等于作用于体系的力矩算符. 如果外力或外力矩为零, 则总角动量守恒.

$$\frac{\mathrm{d}\hat{l}^\alpha}{\mathrm{d}t}=0.\tag{9.38}$$

这样, 在外力矩为零的情况下, 总角动量算符的平均值为常数, 发现角动量分量为某定值的概率不变. 当包含粒子的内禀自旋时, 总角动量算符为

$$\hat{\boldsymbol{j}}=\sum_{i=1}^N(\hat{\boldsymbol{l}}_i+\hat{\boldsymbol{s}}_i).\tag{9.39}$$

如果没有外电磁场, 即没有作用于自旋上的力, 总角动量守恒定律仍然有效, 因为此时哈密顿算符与 $\hat{\boldsymbol{s}}_i$ 的每一个分量对易.

9.3 多粒子体系的质心运动

在经典力学中, 多粒子体系的质心运动不依赖其组分间的相对运动. 下面要表明这一点在量子力学中仍然是正确的. 考虑质量分别为 $m_1,m_2,\cdots,m_N$ 的 N 粒子体系, 只计及两粒子间相互作用的哈密顿算符为

$$\hat{H}=\sum_{i=1}^N\frac{\hat{\boldsymbol{p}}_i^2}{2m_i}+\sum_{i\neq j=1}^N V_{ij}(r_{ij}).\tag{9.40}$$

在适当的坐标系下表示哈密顿算符, 可将其分为质心运动和相对运动哈密顿算符. 引入雅可比 (Jaccobi) 坐标

$$\left\{\begin{array}{l} \boldsymbol{\rho}_1=\dfrac{m_1\boldsymbol{r}_1}{m_1}-\boldsymbol{r}_2, \\ \boldsymbol{\rho}_2=\dfrac{m_1\boldsymbol{r}_1+m_2\boldsymbol{r}_2}{m_1+m_2}-\boldsymbol{r}_3, \\ \cdots\cdots \\ \boldsymbol{\rho}_k=\dfrac{\sum\limits_{i=1}^{k}m_i\boldsymbol{r}_i}{\sum\limits_{i=1}^{k}m_i}-\boldsymbol{r}_{k+1}, \\ \cdots\cdots \\ \boldsymbol{\rho}_N=\dfrac{\sum\limits_{i=1}^{N}m_i\boldsymbol{r}_i}{\sum\limits_{i=1}^{N}m_i}\equiv\boldsymbol{\rho}_{\mathrm{c}}. \end{array}\right. \tag{9.41}$$

这是两体质心坐标和相对坐标的推广. 它的构成原理是第 $k+1$ 个粒子指向前 k 个粒子的质心的矢量. 使用雅可比坐标, 动能算符化为

$$\hat{T}=\sum_{i=1}^{N}\frac{\hat{\boldsymbol{p}}_i^2}{2m_i}=-\frac{\hbar^2}{2M}\nabla^2-\sum_{i=1}^{N-1}\frac{\hbar^2}{2\mu_i}\nabla_i^2, \tag{9.42}$$

其中, M 是系统的总质量, μ_i 是折合质量

$$M=\sum_{i=1}^{N}m_i,\quad \frac{1}{\mu_k}=\frac{1}{\sum\limits_{i=1}^{k}m_i}+\frac{1}{m_{k+1}}, \tag{9.43}$$

而 ∇^2 和 ∇_i^2 分别是质心坐标和相对坐标的拉普拉斯算符

$$\nabla^2=\frac{\partial^2}{\partial(\rho_{\mathrm{c}}^1)^2}+\frac{\partial^2}{\partial(\rho_{\mathrm{c}}^2)^2}+\frac{\partial^2}{\partial(\rho_{\mathrm{c}}^3)^2},\quad \nabla_i^2=\frac{\partial^2}{\partial(\rho_i^1)^2}+\frac{\partial^2}{\partial(\rho_i^2)^2}+\frac{\partial^2}{\partial(\rho_i^3)^2}. \tag{9.44}$$

利用式 (9.41) 和式 (9.42), 式 (9.40) 的能量本征方程为

$$\left[-\frac{\hbar^2}{2M}\nabla^2-\sum_{i=1}^{N-1}\frac{\hbar^2}{2\mu_i}\nabla_i^2+V(\boldsymbol{\rho}_1,\boldsymbol{\rho}_2,\cdots,\boldsymbol{\rho}_{N-1})\right]\psi=E_{\mathrm{T}}\psi. \tag{9.45}$$

注意, 式 (9.45) 中相互作用势 V 不依赖质心坐标 $\boldsymbol{\rho}_{\rm c}$. 从式 (9.45) 可知, 哈密顿算符明显地分成质心部分 $\hat{H}_{\rm c}$ 和相对部分 $\hat{H}_{\rm r}$, 即

$$\hat{H}_{\rm c}=-\frac{\hbar^2}{2M}\nabla^2,\quad \hat{H}_{\rm r}=-\sum_{i=1}^{N-1}\frac{\hbar^2}{2\mu_i}\nabla_i^2+V(\boldsymbol{\rho}_1,\cdots,\boldsymbol{\rho}_{N-1}). \tag{9.46}$$

这样, 体系的波函数 $\psi(\boldsymbol{\rho}_{\rm c},\boldsymbol{\rho}_1,\cdots,\boldsymbol{\rho}_{N-1})$ 可分离成质心部分 $\phi(\boldsymbol{\rho}_{\rm c})$ 和相对部分 $\psi(\boldsymbol{\rho}_1,\cdots,\boldsymbol{\rho}_{N-1})$, 即

$$\psi(\boldsymbol{\rho}_{\rm c},\boldsymbol{\rho}_1,\boldsymbol{\rho}_2,\cdots,\boldsymbol{\rho}_{N-1})=\phi(\boldsymbol{\rho}_{\rm c})\psi(\boldsymbol{\rho}_1,\boldsymbol{\rho}_2,\cdots,\boldsymbol{\rho}_{N-1}), \tag{9.47}$$

代入式 (9.45), 分离变数后, 得

$$-\frac{\hbar^2}{2M}\nabla^2\phi=E_{\rm c}\phi, \tag{9.48}$$

$$\left[-\sum_{i=1}^{N-1}\frac{\hbar^2}{2\mu_i}\nabla_i^2+V(\boldsymbol{\rho}_1,\boldsymbol{\rho}_2,\cdots,\boldsymbol{\rho}_{N-1})\right]\psi=(E_{\rm T}-E_{\rm c})\psi=E\psi. \tag{9.49}$$

式 (9.48) 描述质心的运动, 它是一个自由粒子的能量本征方程, $E_{\rm c}$ 是质心运动能量, 与所研究的体系的内部结构无关, 不予考虑. 式 (9.49) 描述 N 粒子的内部相对运动, $E=E_{\rm T}-E_{\rm c}$ 是内部相对运动能量.

9.4　多粒子体系的小振动

作为多粒子体系最简单的例子, 考虑两个相互作用的全同粒子在平衡位置的小振动. 在这种情况下, 除无相互作用时的体系总能量之外, 尚需附加上作为相对距离函数的相互作用势能. 如图 9.1 所示, 体系的总势能为

$$V(x_1,x_2)=V(x_1)+V(x_2)+V_{12}(a+x_2-x_1). \tag{9.50}$$

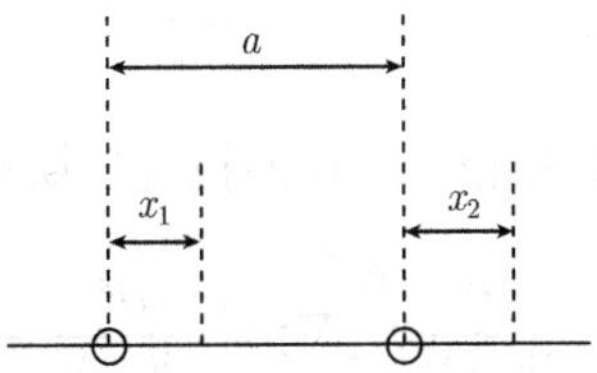

图 9.1　两相互作用的全同粒子的小振动

考虑两粒子在其平衡位置作小振动, 可把势在平衡位置附近展开为

$$V(x_i)=V(0)+\left.\frac{{\rm d}V(x_i)}{{\rm d}x_i}\right|_{x_i=0}x_i+\frac{1}{2!}\left.\frac{{\rm d}^2V(x_i)}{{\rm d}x_i^2}\right|_{x_i=0}x_i^2+\cdots,\quad i=1,2. \tag{9.51}$$

$$V_{12}(a+x_2-x_1)=V_{12}(a)+\left.\frac{\mathrm{d}V_{12}(x)}{\mathrm{d}x}\right|_{x=a}(x_2-x_1)$$
$$+\frac{1}{2!}\left.\frac{\mathrm{d}^2V_{12}(x)}{\mathrm{d}x^2}\right|_{x=a}(x_2-x_1)^2+\cdots. \tag{9.52}$$

因为两粒子处于平衡位置时, $V_i(0)$ 取极小值, 而两个粒子之间的相对距离为 a 时, $V_{12}(a)$ 取极小值, 所以

$$\left.\frac{\mathrm{d}V(x_i)}{\mathrm{d}x_i}\right|_{x_i=0}=0,\quad \left.\frac{\mathrm{d}V_{12}}{\mathrm{d}x}\right|_{x=a}=0. \tag{9.53}$$

为简单起见, 可设 $V(0)=0$, $V_{12}(a)=0$, 这不会产生实质性的物理差别. 两粒子作小振动, 我们只保留展开式 (9.51) 和式 (9.52) 到二次幂项, 并令

$$\left.\frac{\mathrm{d}^2V(x)}{\mathrm{d}x^2}\right|_{x=0}+\left.\frac{\mathrm{d}^2V_{12}(x)}{\mathrm{d}x^2}\right|_{x=a}=m\omega^2,\quad \left.\frac{\mathrm{d}^2V_{12}(x)}{\mathrm{d}x^2}\right|_{x=a}=\lambda, \tag{9.54}$$

则体系的总势能为

$$V(x_1,x_2)=\frac{1}{2}m\omega^2(x_1^2+x_2^2)-\lambda x_1x_2. \tag{9.55}$$

体系的哈密顿算符为

$$\hat{H}=-\frac{\hbar^2}{2m}\left(\frac{\partial^2}{\partial x_1^2}+\frac{\partial^2}{\partial x_2^2}\right)+\frac{1}{2}m\omega^2(x_1^2+x_2^2)-\lambda x_1x_2. \tag{9.56}$$

定义简正坐标

$$q_1=\frac{1}{\sqrt{2}}(x_1+x_2),\quad q_2=\frac{1}{\sqrt{2}}(x_1-x_2), \tag{9.57}$$

则式 (9.56) 化为

$$\hat{H}=-\frac{\hbar^2}{2m}\left(\frac{\partial^2}{\partial q_1^2}+\frac{\partial^2}{\partial q_2^2}\right)+\frac{1}{2}m\omega^2(q_1^2+q_2^2)-\frac{1}{2}\lambda(q_1^2-q_2^2). \tag{9.58}$$

令

$$m\omega_1^2=m\omega^2-\lambda,\quad m\omega_2^2=m\omega^2+\lambda, \tag{9.59}$$

代入式 (9.58), 得

$$\hat{H}=-\frac{\hbar^2}{2m}\left(\frac{\partial^2}{\partial q_1^2}+\frac{\partial^2}{\partial q_2^2}\right)+\frac{1}{2}m\omega_1^2q_1^2+\frac{1}{2}m\omega_2^2q_2^2. \tag{9.60}$$

显然, 两个耦合谐振子体系的哈密顿算符式 (9.56) 变换成了两个独立振子 (振动频率分别为 ω_1 和 ω_2) 的哈密顿算符之和. 这样, 体系的波函数和能量可由下列的能量本征方程的解而得到.

$$\left[-\frac{\hbar^2}{2m}\left(\frac{\partial^2}{\partial q_1^2}+\frac{\partial^2}{\partial q_2^2}\right)+\frac{1}{2}m\omega_1^2q_1^2+\frac{1}{2}m\omega_2^2q_2^2\right]\psi=E\psi. \tag{9.61}$$

用分离变量法可求解上述方程. 令

$$\psi(q_1, q_2) = \psi(q_1)\psi(q_2), \quad E = E_1 + E_2, \tag{9.62}$$

将式 (9.62) 代入式 (9.61), 并用 $\psi(q_1)\psi(q_2)$ 除之, 可得两个各自独立的方程

$$-\frac{\hbar^2}{2m}\frac{\partial^2\psi_1}{\partial q_1^2} + \frac{1}{2}m\omega_1^2 q_1^2\psi_1 = E_1\psi_1, \tag{9.63}$$

$$-\frac{\hbar^2}{2m}\frac{\partial^2\psi_2}{\partial q_2^2} + \frac{1}{2}m\omega_2^2 q_2^2\psi_2 = E_2\psi_2. \tag{9.64}$$

这两个方程各自描述频率分别为 ω_1 和 ω_2 的谐振子. 因此, 两个解的形式一样, 可统一地表示为

$$\psi_{n_i}(q_i) = \sqrt{\frac{\alpha_i}{\sqrt{\pi}2^n n_i!}}\mathrm{e}^{-\alpha_i^2 q_i^2/2}\mathrm{H}_{n_i}(\alpha_i q_i) \quad (n_i = 0, 1, 2, \cdots;\ i = 1, 2), \tag{9.65}$$

式中, $\alpha_i = \sqrt{m\omega_i/\hbar}$, 能量本征值为

$$E_{n_i} = \left(n_i + \frac{1}{2}\right)\omega_i\hbar \quad (n_i = 0, 1, 2, \cdots; i = 1, 2). \tag{9.66}$$

将式 (9.65) 和式 (9.66) 代入式 (9.62), 可得体系的本征函数和能量本征值为

$$\psi_{n_1 n_2}(q_1, q_2) = \psi_{n_1}(q_1)\psi_{n_2}(q_2), \tag{9.67a}$$

$$E_{n_1 n_2} = \left(n_1 + \frac{1}{2}\right)\omega_1\hbar + \left(n_2 + \frac{1}{2}\right)\omega_2\hbar. \tag{9.67b}$$

此结果可直接推广到 N 个粒子体系在平衡点附近作小振动的问题.

9.5　全同粒子与交换对称性

1. 全同粒子与全同性原理

把具有完全相同质量、电荷、自旋、磁矩、寿命等固有性质的粒子称为全同粒子. 人们正是根据粒子的内禀属性对自然界中的粒子进行分类的, 并称之为电子、质子、中子、光子等. 既然同一类的粒子具有完全相同的内禀的客观属性, 因而在相同物理条件下, 它们具有相同物理行为. 与经典力学不同, 全同粒子是不可区分的. 例如, 氦原子有两个电子, 即使在某一时刻给这两个电子编了号, 但其后在某处发现了一个电子, 也无法判断它到底是哪一个电子. 这种情况在经典力学中是不会发生的, 因为可从粒子的运动轨道来区分不同的粒子. 量子力学中, 粒子的状态是用波函数来描述的, 如果描述两个粒子的波没有重叠, 自然可以区分到底是哪个粒子, 但如果描述两个粒子的波发生重叠, 这两个全同粒子就无法区分. 全同粒子的不可区分性称为全同性原理. 由此, 可以得到全同粒子的一些重要性质.

2. 全同粒子的交换对称性

全同粒子体系的一个基本特征是哈密顿算符对于任何两个粒子交换是不变的，即交换对称性. 例如, 氦原子中的两个电子组成的体系, 其哈密顿算符为

$$\hat{H}(\boldsymbol{r}_1,\boldsymbol{r}_2)=\frac{\hat{\boldsymbol{p}}_1^2}{2m}-\frac{2e_{\mathrm{s}}^2}{r_1}+\frac{\hat{\boldsymbol{p}}_2^2}{2m}-\frac{2e_{\mathrm{s}}^2}{r_2}+\frac{e_{\mathrm{s}}^2}{|\,\boldsymbol{r}_1-\boldsymbol{r}_2\,|}. \tag{9.68}$$

正如全同性原理指出的那样, 本来给全同粒子编号是无意义的, 但为研究其交换对称性, 只好先给全同粒子编号, 然后再考虑交换粒子会带来什么变化. 为此, 引入交换算符 $\hat{P}_{12}$, 它表示交换第 1 个粒子与第 2 个粒子的运算. 由此

$$\hat{H}(\boldsymbol{r}_2,\boldsymbol{r}_1)=\hat{P}_{12}\hat{H}(\boldsymbol{r}_1,\boldsymbol{r}_2)=\frac{\hat{\boldsymbol{p}}_2^2}{2m}-\frac{2e_{\mathrm{s}}^2}{r_2}+\frac{\hat{\boldsymbol{p}}_1^2}{2m}-\frac{2e_{\mathrm{s}}^2}{r_1}+\frac{e_{\mathrm{s}}^2}{|\,\boldsymbol{r}_2-\boldsymbol{r}_1\,|}. \tag{9.69}$$

比较式 (9.68) 和式 (9.69), 得

$$\hat{H}(\boldsymbol{r}_2,\boldsymbol{r}_1)=\hat{P}_{12}\hat{H}(\boldsymbol{r}_1,\boldsymbol{r}_2)=\hat{H}(\boldsymbol{r}_1,\boldsymbol{r}_2), \tag{9.70}$$

即交换氦原子中的两个电子, 体系的哈密顿算符不变. 对有 N 个全同粒子的体系, 第 i 个粒子的全部变量 (如坐标 $\boldsymbol{r}_i$ 和自旋 s_{iz}) 用 q_i 表示, 体系的哈密顿算符为 $\hat{H}(q_1,q_2,\cdots,q_N;t)$, 由全同性原理可知

$$\hat{H}(q_1,\cdots,q_i,\cdots,q_j,\cdots,q_N;t)=\hat{H}(q_1,\cdots,q_j,\cdots,q_i,\cdots,q_N;t), \tag{9.71}$$

此即哈密顿算符的交换对称性.

令 $\psi(q_1,q_2,\cdots,q_N;t)$ 是 N 个全同粒子的任意波函数, $\hat{P}_{ij}$ 表示第 i 个粒子与第 j 个粒子交换的算符, 由哈密顿算符的交换对称性得

$$\begin{aligned}&\hat{P}_{ij}\hat{H}(q_1,\cdots,q_i,\cdots,q_j,\cdots,q_N;t)\psi(q_1,\cdots,q_i,\cdots,q_j,\cdots,q_N;t)\\=&\hat{H}(q_1,\cdots,q_j,\cdots,q_i,\cdots,q_N;t)\hat{P}_{ij}\psi(q_1,\cdots,q_i,\cdots,q_j,\cdots,q_N;t)\\=&\hat{H}(q_1,\cdots,q_i,\cdots,q_j,\cdots,q_N;t)\hat{P}_{ij}\psi(q_1,\cdots,q_i,\cdots,q_j,\cdots,q_N;t),\end{aligned}$$

这意味着 $\hat{P}_{ij}$ 与 $\hat{H}$ 对易, 即

$$[\hat{P}_{ij},\hat{H}]=0. \tag{9.72}$$

全同粒子的哈密顿算符的交换对称性反映到描述体系状态的波函数上, 就有了极深刻的内容. $\hat{P}_{ij}$ 作用于 N 个全同粒子波函数有

$$\hat{P}_{ij}\psi(q_1,\cdots,q_i,\cdots,q_j,\cdots,q_N;t)=\psi(q_1,\cdots,q_j,\cdots,q_i,\cdots,q_N;t). \tag{9.73}$$

由全同性原理, $\hat{P}_{ij}\psi$ 与 ψ 所描述的是体系的同一状态, 因此, 它们至多相差一个常数因子 λ, 即

$$\hat{P}_{ij}\psi = \lambda\psi, \tag{9.74}$$

用 $\hat{P}_{ij}$ 再作用一次, 得

$$\hat{P}_{ij}^2\psi = \lambda\hat{P}_{ij}\psi = \lambda^2\psi, \tag{9.75}$$

式 (9.75) 左边将粒子 i 与粒子 j 交换两次, 相当于不交换, 即 $\hat{P}_{ij}^2 = \hat{I}$(单位算符), 所以 $\lambda^2 = 1$, 从而

$$\lambda = \pm 1, \tag{9.76}$$

即 $\hat{P}_{ij}$ 有两个本征值. 这样, 全同粒子的波函数必须满足

$$\hat{P}_{ij}\psi = \begin{cases} +\psi, \\ -\psi, \end{cases} \quad i \neq j = 1, 2, \cdots, N. \tag{9.77}$$

式 (9.77) 表明, 当两个粒子交换后, 全同粒子的波函数要么是对称的, 要么是反对称的. 又由于式 (9.72), $\hat{P}_{ij}$ 是守恒量. 因此, 全同粒子波函数的这种交换对称性不随时间而改变.

一般而言, 一个量子体系并不一定处于其守恒量的本征态. 交换粒子的算符 $\hat{P}_{ij}(i \neq j = 1, 2, \cdots, N)$ 并不都是彼此对易的, 因此一个全同粒子体系并不一定是某个 $\hat{P}_{ij}$ 的本征态, 更不一定就是所有 $\hat{P}_{ij}$ 的共同本征态, 但我们将看到所有 $\hat{P}_{ij}$ 的共同本征态是存在的, 即完全对称或完全反对称的波函数. 令人深思的是, 在自然界中能实现的全同粒子体系的波函数总是 $\hat{P}_{ij}$ 的共同本征态, 即总是具有确定的交换对称性. 此外, 迄今所有的实验表明, 对于每一类粒子, 它们的多体波函数的交换对称性是完全确定的, 并与粒子自旋有确定的联系. 凡是如电子、中子、质子等自旋为 $\hbar$ 的半奇数倍的粒子, 其波函数是反对称的, 它们遵从费米–狄拉克统计, 称为费米子. 凡是如光子、π 介子等自旋为 $\hbar$ 的整数倍的粒子, 其波函数是对称的, 它们遵从玻色–爱因斯坦统计, 称为玻色子. 由费米子或玻色子组成的复杂粒子, 如 α 粒子 (氦核), 如果在讨论的问题中, 内部状态保持不变, 即内部自由度被完全冻结, 则也可以当成一类全同粒子来看待. 如果复杂粒子是由玻色子组成, 则自旋为 $\hbar$ 的整数倍, 仍是玻色子. 如果它们由偶数个费米子组成, 则自旋为 $\hbar$ 的整数倍, 为玻色子; 但若由奇数个费米子组成, 则自旋为 $\hbar$ 的半奇数倍, 为费米子. 例如, ${}_1^2\mathrm{H}_1$(氘核) 是玻色子, 而 ${}_1^3\mathrm{H}_2$(氚核) 则为费米子.

9.6 全同粒子体系的波函数

讨论在忽略粒子之间相互作用的情况下, 如何去构造具有交换对称的波函数.

在计及相互作用时, 可以用它们作为基矢来展开. 先讨论两个全同粒子体系, 然后推广到多粒子体系.

1. 两个全同粒子体系的波函数

考虑两个全同粒子, 忽略它们的相互作用, 但它们可以受外力作用, 哈密顿算符为

$$\hat{H}=\hat{h}(q_1)+\hat{h}(q_2), \tag{9.78}$$

其中, $h(q)$ 表示单粒子哈密顿算符. $\hat{h}(q_1)$ 和 $h(q_2)$ 形式上完全一样, 只是状态变量 q_i 不同. 显然, $[\hat{P}_{12},\hat{H}]=0$. 单粒子哈密顿算符 $h(q)$ 的本征方程为

$$\hat{h}(q)\varphi_k(q)=\varepsilon_k\varphi_k(q), \tag{9.79}$$

其中, φ_k 已归一化, k 代表一组完备的量子数.

设两个粒子中有一个处于 φ_{k_1} 态, 另一个处于 φ_{k_2} 态, 则 $\varphi_{k_1}(q_1)\varphi_{k_2}(q_2)$, $\varphi_{k_1}(q_2)\varphi_{k_2}(q_1)$, 或者它们的线性叠加, 对应的能量都是 $\varepsilon_{k_1}+\varepsilon_{k_2}$. 这表明体系的能级是简并的. 这种与全同粒子交换对称性相联系的简并, 称为**交换简并**. 值得注意的是, 这样的波函数不具有确定的交换对称性, 因此, 还必须对玻色子和费米子分别把波函数对称化和反对称化.

对玻色子, 要求对于两粒子交换是对称的. 分两种情况讨论.

(1) 对 $k_1=k_2=k$, 归一化的对称波函数可构造为

$$\psi^{\mathrm{S}}(q_1,q_2)=\varphi_k(q_1)\varphi_k(q_2). \tag{9.80}$$

(2) 对 $k_1\neq k_2$, 归一化的对称波函数可构造为

$$\begin{aligned}\psi^{\mathrm{S}}(q_1,q_2)&=\frac{1}{\sqrt{2}}(1+\hat{P}_{12})\varphi_{k_1}(q_1)\varphi_{k_2}(q_2)\\&=\frac{1}{\sqrt{2}}[\varphi_{k_1}(q_1)\varphi_{k_2}(q_2)+\varphi_{k_1}(q_2)\varphi_{k_2}(q_1)].\end{aligned} \tag{9.81}$$

对费米子, 要求对于两粒子交换是反对称的. 这种波函数可构造为

$$\begin{aligned}\psi^{\mathrm{A}}(q_1,q_2)&=\frac{1}{\sqrt{2}}(1-\hat{P}_{12})\varphi_{k_1}(q_1)\varphi_{k_2}(q_2)\\&=\frac{1}{\sqrt{2}}[\varphi_{k_1}(q_1)\varphi_{k_2}(q_2)-\varphi_{k_1}(q_2)\varphi_{k_2}(q_1)]\\&=\frac{1}{\sqrt{2}}\begin{vmatrix}\varphi_{k_1}(q_1) & \varphi_{k_1}(q_2)\\ \varphi_{k_2}(q_1) & \varphi_{k_2}(q_2)\end{vmatrix}.\end{aligned} \tag{9.82}$$

从式 (9.82) 可见, 若 $k_1=k_2$, 则 $\psi^{\mathrm{A}}=0$, 即这样的状态是不存在的. 这就是所谓泡利不相容原理 —— 不能有两个全同费米子处于同一个单粒子态. 这个原理是1925年由泡利首先提出来的, 它对于了解多电子原子的结构有重要意义.

2. N 个全同粒子的波函数

先考虑 N 个玻色子体系. 玻色子不受泡利原理的限制, 可以有任意多个玻色子处于相同的单粒子态, 其中有 n_i 个处于 k_i 态, 且 $\sum\limits_{i=1}^{N} n_i = N$($n_i$ 中有一些可以为 0, 有一些可以大于 1). 此时, 对称的多体波函数可表示为

$$\sum_P P[\underbrace{\psi_{k_1}(q_1)\cdots\psi_{k_1}(q_{n_1})}_{n_1}\underbrace{\psi_{k_2}(q_{n_1+1})\cdots\psi_{k_2}(q_{n_1+n_2})}_{n_2}\underbrace{\cdots\psi_{k_N}(q_N)}_{n_N}], \tag{9.83}$$

这里, P 指只对处于不同单粒子态上的粒子进行对换而构成的置换. 考虑到处于 k_i 态的 n_i 个粒子进行对换有 $n_i!$ 种方式, 所以式 (9.83) 的置换有

$$\frac{N!}{n_1!n_2!\cdots n_N!} = \frac{N!}{\prod\limits_{i=1}^{N} n_i}$$

个. 因此, 归一化的对称波函数为

$$\psi^{\mathrm{S}}_{n_1 n_2\cdots n_N}(q_1, q_2, \cdots, q_N) = \sqrt{\frac{\prod\limits_i n_i}{N!}} \sum_P P[\psi_{k_1}(q_1)\cdots\psi_{k_N}(q_N)]. \tag{9.84}$$

例 9.1　由三个玻色子构成的全同粒子体系, 若有两个粒子处于单粒子 1 态, 一个粒子处于单粒子 2 态, 而处于其他单粒子态上的粒子数为 0, 则体系的对称波函数为

$$\begin{aligned}\psi^{\mathrm{S}}_{210}(q_1q_2q_3) = \frac{1}{\sqrt{3}}[&\psi_1(q_1)\psi_1(q_2)\psi_2(q_3)\\ &+\psi_1(q_1)\psi_1(q_3)\psi_2(q_2) + \psi_1(q_3)\psi_1(q_2)\psi_2(q_1)].\end{aligned}$$

再考虑 N 个全同费米子体系. 设 N 个费米子分别处于 N 个单粒子 $k_i(i = 1, 2, \cdots, N)$ 态上, 则 N 粒子体系的反对称波函数为

$$\begin{aligned}\psi^{\mathrm{A}}_{k_1\cdots k_N}(q_1, q_2, \cdots, q_N) &= \frac{1}{\sqrt{N!}}\sum_P \delta_P P[\varphi_{k_1}(q_1)\varphi_{k_2}(q_2)\cdots\varphi_{k_N}(q_N)]\\ &= \frac{1}{\sqrt{N!}}\begin{vmatrix} \varphi_{k_1}(q_1) & \cdots & \varphi_{k_1}(q_N)\\ \varphi_{k_2}(q_1) & \cdots & \varphi_{k_2}(q_N)\\ \cdots & & \cdots\\ \varphi_{k_N}(q_1) & \cdots & \varphi_{k_N}(q_N)\end{vmatrix},\end{aligned} \tag{9.85}$$

式中, P 代表 N 个粒子的某个置换. $P[\varphi_{k_1}(q_1)\varphi_{k_2}(q_2)\cdots\varphi_{k_N}(q_N)]$ 代表从一个标准排列式

$$\varphi_{k_1}(q_1)\varphi_{k_2}(q_2)\cdots\varphi_{k_N}(q_N) \tag{9.86}$$

出发, 经过置换 P 作用后得到的一个排列. N 个粒子在 N 个单粒子态上的不同排列数有 $N!$ 个, 或者说有 $N!$ 个置换. 所以, 在式 (9.85) 中共有 $N!$ 项, 彼此都是正交的. $1/\sqrt{N!}$ 是归一化因子. 置换 P 总可以表示成若干个对换之积. 从标准排列式 (9.86) 出发, 若经过奇数次对换才达到排列 P, 则称 P 为奇置换, $\delta_P=-1$; 若经过偶数次对换才达到排列 P, 则称 P 为偶置换, $\delta_P=+1$. 在 $N!$ 个置换中, 偶置换与奇置换各占一半. 因此, 在式 (9.85) 的求和中, 有一半为正项, 一半为负项. 形如式 (9.85) 的波函数, 称为Slater 行列式, 可简记为

$$A[\varphi_{k_1}(q_1)\varphi_{k_2}(q_2)\cdots\varphi_{k_N}(q_N)], \tag{9.87}$$

而

$$A=\frac{1}{\sqrt{N!}}\sum_P \delta_P P \tag{9.88}$$

称为反对称化算子. 从式 (9.85) 可见, 如果有两个或两个以上的粒子状态相同, 如 $k_1=k_2$, 则行列式就有两行或两行以上相同, 由行列式性质可知, $\psi^A=0$. 这表明在全同费米子体系中不能有两个或两个以上的费米子处于同一状态. 这正是泡利不相容原理.

3. 全同粒子体系的总波函数

在粒子的自旋与轨道相互作用可以忽略的情况下, 全同粒子体系的总波函数可以写成空间波函数和自旋波函数的乘积, 即

$$\psi(\boldsymbol{r}_1,s_{1z};\boldsymbol{r}_2,s_{2z};\cdots;\boldsymbol{r}_N,s_{Nz})=\varphi(\boldsymbol{r}_1,\boldsymbol{r}_2,\cdots,\boldsymbol{r}_N)\chi(s_{1z},s_{2z},\cdots,s_{Nz}), \tag{9.89}$$

式中, ψ, φ 和 χ 的对称性见表 9.1.

例 9.2　对无相互作用的两电子体系, 总波函数 ψ, 空间波函数 φ 和自旋波函数 χ 列于表 9.2. 表中相应波函数的上标 A 表示该波函数是反对称的, S 表示该波函数是对称的.

表 9.1　费米子和玻色子空间总波函数 ψ, 空间波函数 φ 和自旋波函数 χ 的对称性

粒子种类	ψ	φ	χ
费米子	反对称	反对称	对称
		对称	反对称
玻色子	对称	反对称	反对称
		对称	对称

表 9.2　两电子的总波函数 $\psi^{\rm A}$, 空间波函数 φ 和自旋波函数 χ

$\psi^{\rm A}$	φ	χ
$\varphi^{\rm A}(\boldsymbol{r}_1,\boldsymbol{r}_2)\chi^{\rm S}(s_{1z},s_{2z})$	$\frac{1}{\sqrt{2}}[\varphi_{k_1}(\boldsymbol{r}_1)\varphi_{k_2}(\boldsymbol{r}_2)-\varphi_{k_1}(\boldsymbol{r}_2)\varphi_{k_2}(\boldsymbol{r}_1)]$	$\chi_{11}=\chi_{\frac{1}{2}}(s_{1z})\chi_{\frac{1}{2}}(s_{2z})$ $\chi_{1-1}=\chi_{-\frac{1}{2}}(s_{1z})\chi_{-\frac{1}{2}}(s_{2z})$ $\chi_{10}=\frac{1}{\sqrt{2}}[\chi_{\frac{1}{2}}(s_{1z})\chi_{-\frac{1}{2}}(s_{2z})+\chi_{\frac{1}{2}}(s_{2z})\chi_{-\frac{1}{2}}(s_{1z})]$
$\varphi^{S}(\boldsymbol{r}_1,\boldsymbol{r}_2)\chi^{A}(s_{1z},s_{2z})$	$\frac{1}{\sqrt{2}}[\varphi_{k_1}(\boldsymbol{r}_1)\varphi_{k_2}(\boldsymbol{r}_2)+\varphi_{k_1}(\boldsymbol{r}_2)\varphi_{k_2}(\boldsymbol{r}_1)]$	$\chi_{00}=\frac{1}{\sqrt{2}}[\chi_{\frac{1}{2}}(s_{1z})\chi_{-\frac{1}{2}}(s_{2z})-\chi_{\frac{1}{2}}(s_{2z})\chi_{-\frac{1}{2}}(s_{1z})]$

9.7　氦原子及类氦离子

氦原子及类氦离子 (如Li^+, Be^{2+}, B^{3+}, C^{4+} 等) 是最简单的多电子原子, 原子核带电 $+Ze$, 核外有两个电子. 由于原子核的质量比电子大得多, 可以忽略原子核的运动. 此外, 两电子之间的自旋相互作用以及电子自旋与轨道的相互作用比电子与核之间以及两电子之间的库仑作用小得多, 因而也可以忽略不计. 由此得氦原子的哈密顿算符为

$$\hat{H}=-\frac{\hbar^2}{2m}\nabla_1^2-\frac{Ze_{\rm s}^2}{r_1}-\frac{\hbar^2}{2m}\nabla_2^2-\frac{Ze_{\rm s}^2}{r_2}+\frac{e_{\rm s}^2}{r_{12}}. \tag{9.90}$$

由于 $\hat{H}$ 不含自旋变量, 自旋波函数与空间坐标波函数可以分离为

$$\psi(\boldsymbol{r}_1,s_{1z};\boldsymbol{r}_2,s_{2z})=\varphi(\boldsymbol{r}_1,\boldsymbol{r}_2)\chi(s_{1z},s_{2z}). \tag{9.91}$$

先忽略两个电子之间的库仑斥力. 此时体系近似看成两个彼此独立的电子在原子核的库仑引力场中运动. 这样无相互作用的两电子哈密顿算符为

$$\hat{H}_0=-\frac{\hbar^2}{2m}\nabla_1^2-\frac{Ze_{\rm s}^2}{r_1}-\frac{\hbar^2}{2m}\nabla_2^2-\frac{Ze_{\rm s}^2}{r_2}, \tag{9.92}$$

而单电子运动方程为

$$\left(-\frac{\hbar^2}{2m}\nabla^2-\frac{Ze_{\rm s}^2}{r}\right)\varphi_k(\boldsymbol{r})=\varepsilon_k\varphi_k(\boldsymbol{r}), \tag{9.93}$$

式中, 单电子的能级 ε_k 及波函数 $\varphi_k(\boldsymbol{r})$ 的形式与氢原子及类氢离子相同, 此处量子数 k 代表一组量子数 n, l 和 m. 显然 $\hat{H}_0$ 的能量本征值为

$$E^{(0)}=\varepsilon_n+\varepsilon_m, \tag{9.94}$$

相应的波函数为 $\varphi_n(\boldsymbol{r}_1)\varphi_m(\boldsymbol{r}_2)$ 或 $\varphi_n(\boldsymbol{r}_2)\varphi_m(\boldsymbol{r}_1)$, 即能级式 (9.94) 是二重简并的, 称为交换简并. 因而, $\hat{H}_0$ 的薛定谔方程的解必须是二者的线性组合

$$\varphi(\boldsymbol{r}_1,\boldsymbol{r}_2)=a\varphi_n(\boldsymbol{r}_1)\varphi_m(\boldsymbol{r}_2)+b\varphi_m(\boldsymbol{r}_1)\varphi_n(\boldsymbol{r}_2), \tag{9.95}$$

归一化要求

$$a^2+b^2=1. \tag{9.96}$$

下面用微扰论研究两电子库仑斥力对体系的影响. 由简并微扰论, 可得方程

$$\begin{pmatrix} W_{11}-\varepsilon & W_{12} \\ W_{21} & W_{22}-\varepsilon \end{pmatrix}\begin{pmatrix} a \\ b \end{pmatrix}=0, \tag{9.97}$$

式中

$$\begin{aligned}K=W_{11}=W_{22}&=\left\langle nm\left|\frac{e_{\mathrm{s}}^2}{r_{12}}\right|nm\right\rangle \\ &=\mathrm{e}_{\mathrm{s}}^2\int \mathrm{d}^3r_1\mathrm{d}^3r_2\frac{|\varphi_n(\boldsymbol{r}_1)|^2|\varphi_m(\boldsymbol{r}_2)|^2}{r_{12}},\end{aligned} \tag{9.98a}$$

$$\begin{aligned}J=W_{12}=W_{21}&=\left\langle nm\left|\frac{e_{\mathrm{s}}^2}{r_{12}}\right|mn\right\rangle \\ &=e_{\mathrm{s}}^2\int \mathrm{d}^3r_1\mathrm{d}^3r_2\frac{\varphi_n^*(\boldsymbol{r}_1)\varphi_m(\boldsymbol{r}_1)\varphi_n(\boldsymbol{r}_2)\varphi_m^*(\boldsymbol{r}_2)}{r_{12}},\end{aligned} \tag{9.98b}$$

其中, K 为两电荷密度 $e\mid\varphi_n(\boldsymbol{r}_1)\mid^2$ 和 $e\mid\varphi_m(\boldsymbol{r}_2)\mid^2$ 之间的库仑相互作用, 而 J 为交换能, 在经典电磁学中没有可与此类比的能量. 交换积分来源于电子既可以在 φ_n 态也可在 φ_m 态中, 其大小取决于乘积 $\varphi_n\varphi_m$, 即波函数的重叠程度. 这样, 基态与激发态的交换能是很小的. 为求出式 (9.97) 的非零解, 相应的系数行列式必须等于零, 即

$$\begin{vmatrix} K-\varepsilon & J \\ J & K-\varepsilon \end{vmatrix}=0. \tag{9.99}$$

解之, 得

$$\varepsilon_{\pm}=K\pm J, \tag{9.100}$$

因而微扰使能级分裂为

$$E_{\pm}=E^{(0)}+K\pm J=\varepsilon_n+\varepsilon_m+K\pm J. \tag{9.101}$$

将 $E_{\pm}$ 分别代入式 (9.97), 并注意到式 (9.96), 可得

$$a_{\pm}=\pm b_{\pm}=1/\sqrt{2}. \tag{9.102}$$

可见, 两电子之间的库仑相互作用解除了交换简并, 量子态分裂成对称和反对称两个态

$$\varphi_{\pm}(\boldsymbol{r}_1,\boldsymbol{r}_2)=\frac{1}{\sqrt{2}}[\varphi_n(\boldsymbol{r}_1)\varphi_m(\boldsymbol{r}_2)\pm\varphi_m(\boldsymbol{r}_1)\varphi_n(\boldsymbol{r}_2)]. \tag{9.103}$$

考虑电子自旋后, 由于电子是费米子, 总波函数式 (9.91) 必须是反对称的. 因此, 空间波函数为 $\varphi_+(\boldsymbol{r}_1,\boldsymbol{r}_2)$ 时, 自旋波函数应为 $\chi_{00}(s_{1z},s_{2z})$, 总波函数 $\psi^{\mathrm{A}}=\varphi_+(\boldsymbol{r}_1,\boldsymbol{r}_2)\chi_{00}(s_{1z},s_{2z})$ 是单态, 处于该态的氦原子称为仲氦; 空间波函数为 $\varphi_-(\boldsymbol{r}_1,\boldsymbol{r}_2)$ 时, 自旋波函数应为 $\chi_{1m}(s_{1z},s_{2z})$ $(m=0,\pm1)$, 总波函数 $\psi^{\mathrm{A}}=\varphi_-(\boldsymbol{r}_1,\boldsymbol{r}_2)\chi_{1m}(s_{1z},s_{2z})$ 是三重态, 处于该态的氦原子称为正氦. 对处于基态的氦原子, 空间波函数是对称的, 因而相应的自旋波函数是反对称的, 即处于基态的氦原子是仲氦而不是正氦.

如图 9.2 所示是氦原子的能级示意图. 它有两个能级体系: 单态系和三重态系. 尽管氦原子的哈密顿算符与自旋无关, 但波函数的交换对称性使得原子的性质与自旋有密切的联系. 仲氦 $(s=0)$ 和正氦 $(s=1)$ 的总自旋不同, 导致两者空间波函数的对称性不同, 这使得仲氦与正氦就像两种不同的气体一样. 正氦与仲氦相互转化的概率很小. 如果氦原子受到扰动, 只要自旋轨道耦合没有强烈到使总自旋不守恒, 要从正氦的基态跃迁到仲氦基态上是不可能的. 因此, 正氦的基态称为亚稳态 (寿命大于 10^{-8}s). 但是, 通过与电子或其他原子的弹性碰撞可使这种跃迁成为可能. 例如, 在氦氖激光器中, 利用气体放电, 让电子与氦原子碰撞, 将氦原子激发到正氦的基态和仲氦的激发态, 随后利用这些氦原子与氖原子碰撞, 在氦原子跃迁到仲氦的基态的同时, 使氖原子激发, 造成氖原子对低能级的粒子数反转, 最后形成 6328Å的激光.

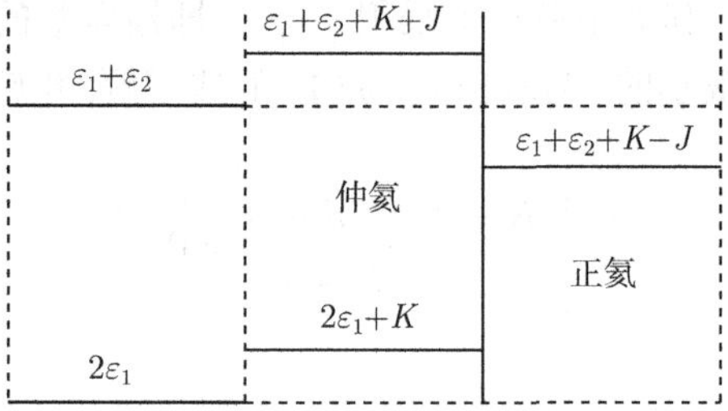

图 9.2　氦原子能级示意图

9.8　分子的不同激发形式

分子的运动, 即使是双原子分子, 也比原子体系复杂得多, 因为在分子中, 除电子的运动外, 还涉及原子核的运动. 在质心系中, 分子中的各原子核在其平衡位置

邻近作小振动, 各原子核的平衡位置在空间的构形 (分子的构形) 还可以在空间转动, 即分子的转动. 这样, 分子的哈密顿算符为

$$\hat{H} = \hat{T}_{\rm e} + \hat{T}_{\rm N} + V_{\rm ee} + V_{\rm eN} + V_{\rm NN}, \tag{9.104}$$

式中, $\hat{T}_{\rm e}$ 是所有电子的动能算符, $\hat{T}_{\rm N}$ 是所有原子核的动能, $V_{\rm ee}$ 是电子之间的库仑排斥能, $V_{\rm eN}$ 是电子与核之间的库仑能, $V_{\rm NN}$ 是原子核之间的能量. 由于电子的质量 m 远小于原子核的质量 $M(m/M \leqslant 10^{-4})$, 分子中的电子运动速度远大于原子核的速度, 所以在研究分子中电子的运动时, 可忽略原子核的动能, 即暂时把原子核看成不动, 原子核间的相对距离视为参数而非动力学变量. 此即玻恩 - 奥本海默 (Born-Oppenheimer) 近似. 与此相应, 当研究分子的振动和转动时, 则可以把电子的组态近似地视为不变, 并相应地提供原子核之间的一种有效势. 这种有效相互作用依赖于电子的组态和原子核之间的距离 (分子的空间构形). 以下先粗略地估计一下分子中电子激发能、振动能和转动能的相对大小.

设分子的大小约为 a(一般为几个 Å, 生物大分子则更大些), 一部分电子可以在整个分子中运动, 电子运动的特征长度 $\Delta x \sim a$, 所以电子的特征动量 $p_{\rm e} \sim \hbar/a$, 特征能量$E_{\rm e} \sim p_{\rm e}^2/2m \sim \hbar^2/2ma^2$. 设分子振动圆频率为 ω, 分子振动能 $E_{\rm v} \sim \dfrac{1}{2}M\omega^2\delta^2$, δ 为原子核偏离平衡位置的距离. 显然, 当 $\delta \sim a$ 时, 大幅度的振荡足以使电子激发, 即

$$\frac{1}{2}M\omega^2 a^2 \sim \frac{\hbar^2}{2ma^2}, \tag{9.105}$$

即 $\omega \sim \sqrt{\dfrac{m}{M}}\dfrac{\hbar}{ma^2}$, 因而振动能与电子激发能之比为

$$\frac{E_{\rm v}}{E_{\rm e}} \sim \frac{\hbar\omega}{E_{\rm e}} \sim \sqrt{\frac{m}{M}}. \tag{9.106}$$

分子的转动能为

$$E_{\rm r} \sim \frac{\hbar^2}{2I}l(l+1) \geqslant \frac{\hbar^2}{2Ma^2}, \tag{9.107}$$

式中, $I \sim Ma^2$, 为分子的转动惯量. 因此, 电子动能、分子振动能和分子转动能之比为

$$\begin{aligned} E_{\rm e} : E_{\rm v} : E_{\rm r} &\sim \frac{\hbar^2}{ma^2} : \sqrt{\frac{m}{M}}\frac{\hbar^2}{ma^2} : \frac{\hbar^2}{Ma^2} = 1 : \sqrt{\frac{m}{M}} : \frac{m}{M} \\ &\sim 1 : 10^{-2} : 10^{-4}, \end{aligned} \tag{9.108}$$

即

转动激发能 $\ll$ 振动激发能 $\ll$ 电子激发能.

由此, 与三种激发形式相应的三种运动自由度可以近似地分开来处理.

9.9 双原子分子的振动和转动

对双原子分子, 在玻恩 - 奥本海默近似下, 两原子核满足的薛定谔方程为

$$\left[-\frac{\hbar^2}{2M_1}\nabla_1^2-\frac{\hbar^2}{2M_2}\nabla_2^2+V(R)\right]\psi=E_{\mathrm{t}}\psi, \tag{9.109}$$

式中, $V(R)$ 为两个原子核之间的有效势, $R=|\boldsymbol{R}_1-\boldsymbol{R}_2|$ 为两个原子核的相对距离. 图 9.3 是 $V(R)$ 的大致形状, 其细节依赖于两原子中的电子组态及激发状态.

引进相对坐标和质心坐标

$$\begin{aligned}\boldsymbol{R}&=\boldsymbol{R}_1-\boldsymbol{R}_2,\\ \boldsymbol{R}_{\mathrm{c}}&=\frac{M_1\boldsymbol{R}_1+M_2\boldsymbol{R}_2}{M_1+M_2},\end{aligned} \tag{9.110}$$

令

$$\psi=f(\boldsymbol{R}_{\mathrm{c}})\phi(\boldsymbol{R}), \tag{9.111}$$

则方程 (9.109) 化为

$$-\frac{\hbar^2}{2M}\nabla_{R_{\mathrm{c}}}^2 f(\boldsymbol{R}_{\mathrm{c}})=E_c f(\boldsymbol{R}_{\mathrm{c}}), \tag{9.112}$$

$$\left[-\frac{\hbar^2}{2\mu}\nabla_R^2+V(R)\right]\phi(\boldsymbol{R})=E\phi(\boldsymbol{R}), \tag{9.113}$$

式中

$$M=M_1+M_2,\quad \mu=\frac{M_1M_2}{M_1+M_2},\quad E_{\mathrm{t}}=E+E_{\mathrm{c}}, \tag{9.114}$$

E_{t} 是总能量, E_{c} 为质心运动能量, E 是两原子核的相对运动能量. 方程 (9.112) 不含势, 质心运动是自由运动, 并由平面波描述, 这是合理的, 因为分子作为整体在空间中自由运动. 这样的运动不会导致分子内部状态的改变, 在研究分子内部结构时对质心运动不予考虑.

对两个原子核的相对运动, 相对运动角动量 $\boldsymbol{L}$ 为守恒量, 波函数 ϕ 可以选为 $(\hat{\boldsymbol{L}}^2,\hat{L}_z)$ 的共同本征态. 在球坐标系中, 可表示为

$$\begin{aligned}&\phi(R)=\frac{\chi(R)}{R}\mathrm{Y}_{LM}(\theta,\varphi),\\ &L=0,1,2,\cdots;\quad M=L,L-1,\cdots,-L.\end{aligned} \tag{9.115}$$

代入式 (9.113), 得约化径向方程

$$\left[-\frac{\hbar^2}{2\mu}\frac{\mathrm{d}^2}{\mathrm{d}R^2}+\frac{L(L+1)\hbar^2}{2\mu R^2}+V(R)\right]\chi(R)=E\chi(R). \tag{9.116}$$

边界条件为

$$\chi(0)=0,\quad \chi(\infty)=0. \tag{9.117}$$

令

$$U_L(R)=V(R)+\frac{L(L+1)\hbar^2}{2\mu R^2}, \tag{9.118}$$

则式 (9.116) 相当于等效势场为 $U_L(R)$ 的一维薛定谔方程. 如图 9.3 所示, 当两原子靠得太近时, 势 $V(R)$ 应是排斥的, 对于大距离 R, 势是吸引的, 且趋于零, 在 R_0 处, 势有一个极小. 对 $R<R_0$ 的排斥是由实际上面对面的裸核 (无电子原子) 所产生的. $R=R_0$ 处的极小是由绕两中心的电子引起的. 如果分子有角动量, 排斥的离心势需加上, 所以极小变得不显著, 且向较大距离方向移动 (图 9.4).

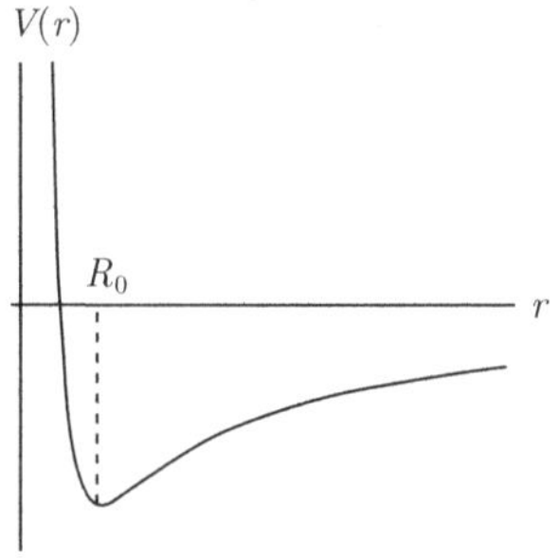

图 9.3 两原子之间势的示意图 (R_0 表示势的极小位置)

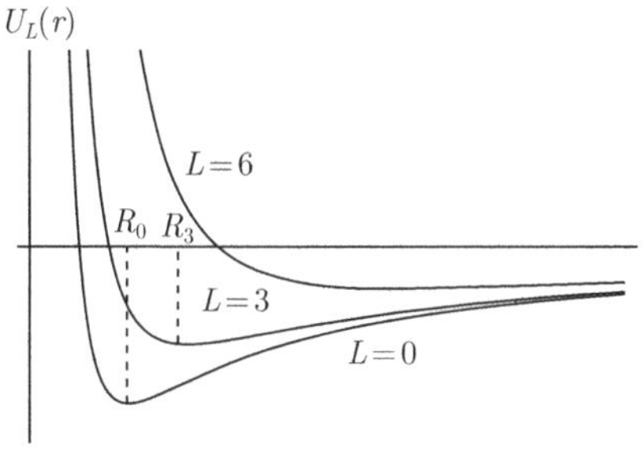

图 9.4 两原子之间有效势的示意图 (R_L 表示 L 相关势的极小位置)

在 L 不太大时, 等效势场仍有极小点 R_L(平衡点), 其平衡点位置由下式确定

$$\left.\frac{\mathrm{d}U_L(R)}{\mathrm{d}R}\right|_{R_L}=0, \tag{9.119}$$

即

$$\left.\frac{\mathrm{d}V(R)}{\mathrm{d}R}\right|_{R_L}-\frac{L(L+1)\hbar^2}{\mu R_L^3}=0. \tag{9.120}$$

在 $R \sim R_L$ 邻域展开, 得

$$U(R)=U(R_L)+\frac{1}{2}U''(R_L)(R-R_L)^2+\cdots$$
$$=V(R_L)+\frac{L(L+1)\hbar^2}{2\mu R_L^2}+\frac{1}{2}U''(R_L)(R-R_L)^2+\cdots. \quad (9.121)$$

令

$$U''(R_L)=\mu\omega_L^2, \quad \xi=R-R_L, \quad (9.122)$$

则式 (9.116) 和式 (9.117) 化为

$$-\frac{\hbar^2}{2\mu}\frac{\mathrm{d}^2\chi}{\mathrm{d}\xi^2}+\frac{1}{2}\mu\omega_L^2\xi^2\chi=E'\chi, \quad (9.123a)$$

$$\chi(\xi=-R_L)=0, \quad \chi(\infty)=0, \quad (9.123b)$$

$$E'=E-V(R_L)-\frac{L(L+1)\hbar^2}{2\mu R_L^2}. \quad (9.123c)$$

方程 (9.123a) 是一谐振子方程, 满足边界条件式 (9.123b), 且在 $-R_L \leqslant \xi < \infty$ 中的解为

$$\chi(\xi)\sim \mathrm{e}^{-\alpha^2\xi^2/2}\mathrm{H}_\nu(\alpha\xi), \quad \alpha=\sqrt{\mu\omega_L/\hbar}, \quad (9.124)$$

H_ν 为厄米函数

$$\mathrm{H}_\nu(\xi)=\frac{1}{2\Gamma(-\nu)}\sum_{k=0}^{\infty}\frac{(-1)^k}{k!}\Gamma\left(\frac{k-\nu}{2}\right)(2\xi)^l, \quad (9.125)$$

ν 由边条件

$$\mathrm{H}_\nu(-\alpha R_L)=0 \quad (9.126)$$

确定. 一般而言, ν 不为正整数, 但如果 L 不太大, αR_L 很小, 则 ν 仍然接近于正整数. 方程 (9.123a) 的本征值为

$$E'=\left(\nu+\frac{1}{2}\right)\omega_L\hbar, \quad (9.127)$$

代入式 (9.123c), 可得出双原子分子的相对运动能为

$$E\equiv E_{\nu L}=V(R_L)+\left(\nu+\frac{1}{2}\right)\omega_L\hbar+\frac{L(L+1)\hbar^2}{2\mu R_L^2}, \quad (9.128)$$

上式右边第一项为常数, 与能谱无关, 第二项为振动能, 第三项为转动能. 此外, 振动频率 ω_L 由转动能确定; ω_L 依赖于 L. 由于所作的近似, 解 (9.128) 只对小量子数 ν 和 L 有效. 通常 $\hbar^2/2I=\hbar^2/2\mu R_L^2 \ll \omega_L\hbar$, 能谱将出现转动带结构, 即给定的振动态 (由 ν 刻画), 不同的 L 的诸能级构成一个转动带. 假定转动惯量 $I=\mu R_L^2$ 保持为恒量, 振动–转动能谱示于图 9.5 中.

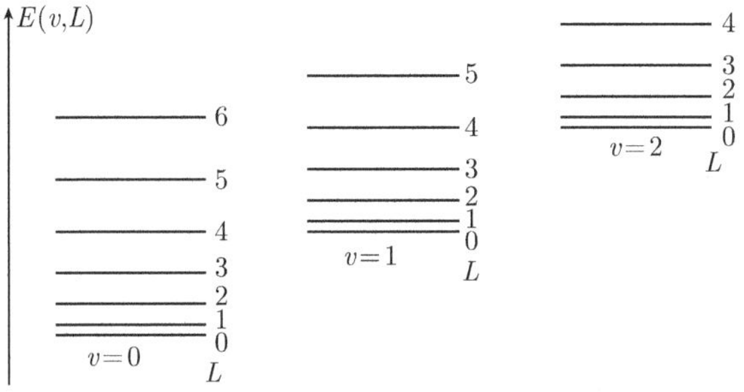

图 9.5 双原子分子的振动–转动能谱示意图

如果双原子分子是由相同的原子构成, 如 H_2, N_2, O_2 等, 则波函数要求具有一定的交换对称性. 这类分子的转动谱线的强度将呈现强弱交替的现象. 例如, H_2 分子的两个原子核是质子, 自旋为 1/2. 当两个质子的空间坐标交换时, $\boldsymbol{R}_1 \leftrightarrow \boldsymbol{R}_2$, 它们的质心坐标 R_c 不变, 而相对坐标 $\boldsymbol{R} \leftrightarrow -\boldsymbol{R}$, 即

$$R \to R, \quad \theta \to \pi - \theta, \quad \varphi \to \pi + \varphi, \tag{9.129}$$

所以当两个质子空间坐标变换时, 质心运动与振动波函数不改变, 但转动波函数改变如下

$$\mathrm{Y}_{LM}(\theta, \varphi) \to \mathrm{Y}_{LM}(\pi - \theta, \pi + \varphi) = (-1)^L \mathrm{Y}_{LM}(\theta, \varphi). \tag{9.130}$$

考虑到费米子体系波函数的交换反对称性, H_2 分子的原子核部分的波函数有两种形式

$$L = \text{偶数}, \quad R_\nu(R)\mathrm{Y}_{LM}(\theta, \varphi)\chi_{00}(s_{1z}, s_{2z}), \tag{9.131a}$$

$$L = \text{奇数}, \quad R_\nu(R)\mathrm{Y}_{LM}(\theta, \varphi)\chi_{1m_s}(s_{1z}, s_{2z}). \tag{9.131b}$$

$R_\nu(R)$ 是振动波函数, χ_{00} 和 χ_{1m_s} 分别是两个质子的自旋单态 $(s = 0)$ 和三重态 $(s = 1)$ 波函数. H_2 分子中两个原子核之间的作用力通常认为与核自旋无关, 所以两个原子核自旋之和 $\boldsymbol{s} = \boldsymbol{s}_1 + \boldsymbol{s}_2$ 是守恒量, 即 s 是好量子数. 处于 $s = 0$ 态的称为仲氢 (parahydrogen), 处于 $s = 1$ 态的称为正氢 (orthohydrogen). 在光跃迁的短暂过程中, 两者不会转化. 在自然界中, 正氢与仲氢分子数之比为 $3:1$, 因此正氢发出的光谱线强度较强. 图 9.6, 给出了正氢和仲氢在一个转动带的相邻能级之间的电四极跃迁. 例如, 从能级 $L \to L-2$ 发射出的转动谱线的频率为

$$\frac{1}{h}\frac{\hbar^2}{2I}[L(L+1) - (L-2)(L-1)] = \frac{\hbar}{\pi I}L - \text{常数}, \tag{9.132}$$

因此, 转动谱线随频率作均匀分布. 相邻的两条亮线 (或暗线) 之间的频率相差

$$\delta\nu = \frac{\hbar \Delta L}{\pi I} = \frac{2\hbar}{\pi I}. \tag{9.133}$$

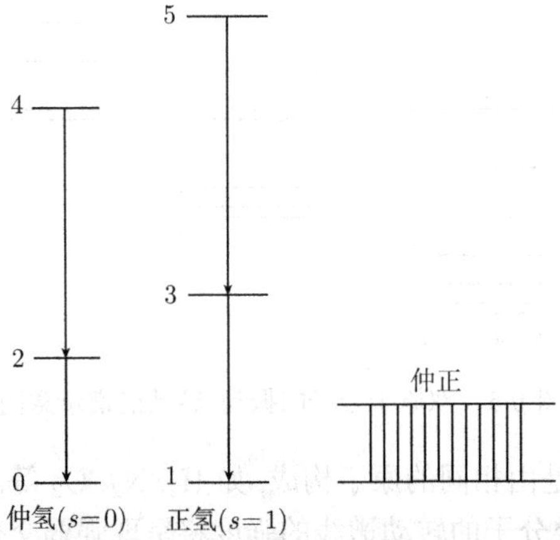

图 9.6 正氢和仲氢在一个转动带的相邻能级之间的电四极跃迁

9.10 氢 分 子

氢分子 H_2 是最简单的中性分子, 按照玻恩–奥本海默近似, 在讨论电子的运动时可以忽略原子核的动能并把 H_2 分子中两个原子核之间的距离 R 视为参数, 如图 9.7 所示, 此时 H_2 分子的哈密顿算符可以表示成

$$\hat{H} = -\frac{\hbar^2}{2m}\left(\nabla_1^2 + \nabla_2^2\right) + \frac{e_{\rm s}^2}{r_{12}} - \left(\frac{e_{\rm s}^2}{r_{a1}} + \frac{e_{\rm s}^2}{r_{a2}} + \frac{e_{\rm s}^2}{r_{b1}} + \frac{e_{\rm s}^2}{r_{b2}}\right) + \frac{e_{\rm s}^2}{R}. \tag{9.134}$$

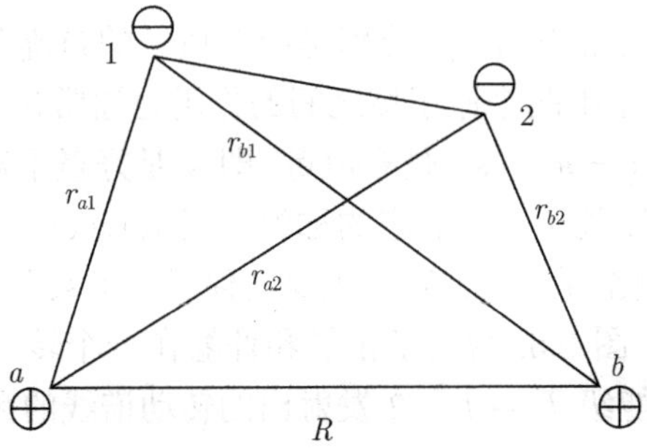

图 9.7 氢分子结构

下面用变分法来求 H_2 的基态能量和波函数. 考虑到 R 很大时, H_2 的基态波函数可以近似地表示为两个氢原子 (原子核 a 与电子 1 及原子核 b 与电子 2 所组成的原子) 的波函数的乘积, 两个电子都处于基态 (1s 态). 计及另一个原子核和电

子的影响, 单电子波函数不妨取为

$$\psi(r)=\sqrt{\frac{\lambda^3}{\pi a^3}}\mathrm{e}^{-\lambda r/a}. \tag{9.135}$$

此时 λ 作为变分参数, 相当于电子受到的有效电荷. 对氢原子, $\lambda=1$, 对于氢分子, $1<\lambda<2$.

海特勒–伦敦 (Heitler-London) 近似的关键是: 将两个氢原子基态波函数在满足反对称条件下构成近似波函数, 计算氢分子的基态能量. 这样的近似归一化波函数可以有两种形式

$$\psi_+(1,2)=\frac{1}{\sqrt{2(1+\Delta^2)}}[\psi(r_{a1})\psi(r_{b2})+\psi(r_{a2})\psi(r_{b1})]\chi_{00}(s_{1z},s_{2z}), \tag{9.136a}$$

$$\psi_-(1,2)=\frac{1}{\sqrt{2(1-\Delta^2)}}[\psi(r_{a1})\psi(r_{b2})-\psi(r_{a2})\psi(r_{b1})]\chi_{1m_s}(s_{1z},s_{2z}), \tag{9.136b}$$

式中, χ_{00} 和 χ_{1m_s} 分别是两个电子的自旋单态 $(s=0)$ 和自旋三重态 $(s=1)$, 它们对两个电子交换分别是反对称和对称的.

$$\Delta=\int\psi(r_{a1})\psi(r_{b1})\mathrm{d}\tau_1=\frac{\lambda^3}{\pi a^3}\int\mathrm{d}\tau_1\mathrm{e}^{-\frac{\lambda(r_{a1}+r_{b1})}{a}}. \tag{9.137}$$

变分法把 $\psi_\pm(1,2)$ 作为尝试波函数, 计算 H_2 分子的基态能量. 结果为

$$E_\pm=2\varepsilon+\frac{e_\mathrm{s}^2}{R}+\frac{K\pm J}{1\pm\Delta^2}, \tag{9.138}$$

参数 λ 由下式给出

$$\frac{\partial E_\pm}{\partial\lambda}=0. \tag{9.139}$$

在式 (9.138) 中

$$\varepsilon=-\frac{m\lambda^2e_\mathrm{s}^4}{2\hbar^2}=-\frac{\lambda^2e_\mathrm{s}^2}{2a}, \tag{9.140}$$

$$K=e_\mathrm{s}^2\int\mathrm{d}\tau_1\mathrm{d}\tau_2\psi^2(r_{a1})\psi^2(r_{b2})\left(\frac{1}{r_{12}}-\frac{1}{r_{a2}}-\frac{1}{r_{b1}}\right),$$

$$J=\frac{e_\mathrm{s}^2}{2}\int\mathrm{d}\tau_1\mathrm{d}\tau_2\psi(r_{a1})\psi(r_{b2})\psi(r_{b1})\psi(r_{a2})\left(\frac{2}{r_{12}}-\frac{1}{r_{a1}}-\frac{1}{r_{a2}}-\frac{1}{r_{b1}}-\frac{1}{r_{b2}}\right).$$

经过复杂的计算, 可求出 $E_\pm$ 随 R 的变化. 图 9.8 绘出了 $E_\pm$ 随 R 的变化曲线. E_- 随 R 的增加而单调减小, 所以 E_- 对应于原子间相互排斥, 不能组成稳定分子. E_+ 在 $\lambda=1.166$, $\rho=\lambda R=1.70$ 处有极小值, 即可以形成束缚态. 这也可从波函数看出, 由于 ψ_+ 的空间部分波函数是交换对称的, 两个电子在空间靠近的概率较大, 即处于两个原子核之间区域的概率大, 可借助于两个原子核对它们的库仑

吸引力而形成分子束缚态. 此处 $R = R_0 = 1.458a = 0.77\text{Å}$, 而 $E_+(R_0) = 2.278E_\text{H}$ ($E_\text{H} = -13.6\text{eV}$ 是氢原子基态能量). H_2 分子键长的实验值为 0.742Å, 比计算值 R_0 略小. 当 $R \to \infty$ 时, H_2 分子变成两个中性氢原子, 均处于 1s 轨道, 它们的能量和为 $2E_\text{H}$. 因此, H_2 分子的离解能的计算值为

$$D = 2E_\text{H} - \left(2.278E_\text{H} + \frac{1}{2}\hbar\omega\right) = -0.278E_\text{H} - \frac{1}{2}\hbar\omega, \tag{9.141}$$

其中, $\omega\hbar/2$ 为零点振动能, 可以根据 E_+ 计算曲线在 $R = R_0$ 邻域, 用抛物线近似来估计, 其结果为 $\omega\hbar/2 \approx 0.020E_\text{H} = 0.27\text{eV}$, 与 H_2 分子振动谱的实验观测定出的 $\omega\hbar \approx 0.54\text{eV}$ 相符. 这样, 可以计算出 $D \approx 3.54\text{eV}$, 比实验值 $D = 4.45\text{eV}$ 小一些.

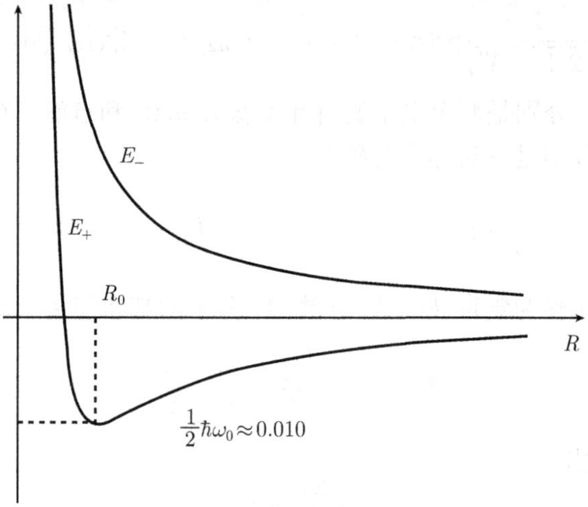

图 9.8　$E_\pm(R)$ 随 R 的变化

9.11　范德瓦耳斯作用

分子之间的吸引力称为范德瓦耳斯 (van der Waals) 力. 本节以两个基态氢原子之间长距离范德瓦耳斯相互作用为例, 考察分子之间弱吸引力的产生机制. 如图 9.9 所示, 设两个氢原子核 A 和 B 相距 R, z 轴在 AB 连线上. 电子 1 相对于核 A 的位置矢量为 $\boldsymbol{r}_1$, 而电子 2 相对于核 B 的位置矢量为 $\boldsymbol{r}_2$. 那么两电子的哈密顿量 (忽略自旋–轨道耦合) 为

$$\hat{H} = \hat{H}_0 + \hat{H}',$$

$$\hat{H}_0 = -\frac{\hbar^2}{2m}(\nabla_1^2 + \nabla_2^2) - \frac{e_s^2}{r_1} - \frac{e_s^2}{r_2},$$
$$\hat{H}' = \frac{e_s^2}{R} + \frac{e_s^2}{r_{12}} - \frac{e_s^2}{r_{1B}} - \frac{e_s^2}{r_{2A}}, \tag{9.142}$$

其中

$$\boldsymbol{r}_{12} = \boldsymbol{R} + \boldsymbol{r}_2 - \boldsymbol{r}_1,$$
$$\boldsymbol{r}_{1B} = \boldsymbol{R} - \boldsymbol{r}_1, \quad \boldsymbol{r}_{2A} = \boldsymbol{R} + \boldsymbol{r}_2. \tag{9.143}$$

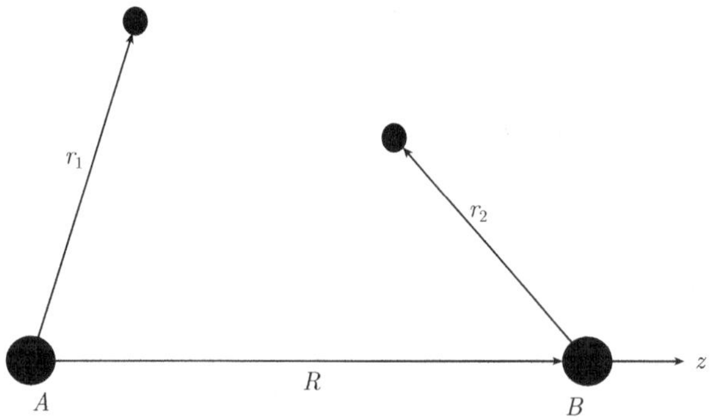

图 9.9 两相距 R 的氢原子

未微扰哈密顿量 $\hat{H}_0$ 有基态解

$$\psi_0(\boldsymbol{r}_1, \boldsymbol{r}_2) = \psi_{100}(\boldsymbol{r}_1)\psi_{100}(\boldsymbol{r}_2), \tag{9.144}$$

其中, ψ_{nlm} 是已知的氢原子的本征函数. 将 $\hat{H}'$ 当作微扰, 对于两原子相距 R 很大 ($R \gg a$, a 是玻尔半径) 的情况, 微扰方法可以保证很好的近似. 将 $\hat{H}'$ 按 $1/R$ 的幂展开, 并取低幂次, 可得

$$\begin{aligned}\hat{H}' &= \frac{e_s^2}{R}\left\{1 + \left[1 + \frac{2\boldsymbol{R}\cdot(\boldsymbol{r}_2 - \boldsymbol{r}_1)}{R^2} + \frac{(\boldsymbol{r}_2 - \boldsymbol{r}_1)^2}{R^2}\right]^{-1/2}\right. \\ &\quad \left. - \left(1 - \frac{2\boldsymbol{R}\cdot\boldsymbol{r}_1}{R^2} + \frac{\boldsymbol{r}_1^2}{R^2}\right)^{-1/2} - \left(1 + \frac{2\boldsymbol{R}\cdot\boldsymbol{r}_2}{R^2} + \frac{\boldsymbol{r}_2^2}{R^2}\right)^{-1/2}\right\} \\ &\approx -\frac{e_s^2}{R^3}\left(\frac{3(\boldsymbol{r}_1\cdot\boldsymbol{R})(\boldsymbol{r}_2\cdot\boldsymbol{R})}{R^2} - \boldsymbol{r}_1\cdot\boldsymbol{r}_2\right) \\ &= \frac{e_s^2}{R^3}(x_1x_2 + y_1y_2 - 2z_1z_2)\end{aligned} \tag{9.145}$$

显然, 最后的式子对应于两个原子瞬时位形的两个电偶极子的相互作用能. 被略去的 $1/R^4$ 和 $1/R^5$ 项分别对应于瞬时电偶极子–电四极相互作用以及电四极–电四极相互作用. 现在很清楚, $\hat{H}'$ 的第一项对于基态的平均值是零, 这是因为 Ψ_0 是

$\boldsymbol{r}_1$ 和 $\boldsymbol{r}_2$ 的偶函数, 而 $\hat{H}'$ 则是 $\boldsymbol{r}_1$ 和 $\boldsymbol{r}_2$ 的奇函数. 也能证明 $\hat{H}'$ 的全部被忽略的高阶项对于 $\Psi_0(\boldsymbol{r}_1,\boldsymbol{r}_2)$ 的平均值也等于零, 这是因为这些项都可展开成球谐函数 $\mathrm{Y}_{lm}(l\neq 0)$. 因此, 当只计及电偶极作用时, 两原子间的作用能是二级微扰能, 从而与 $1/R^6$ 成正比. 二级微扰论中两氢原子之间的作用能为

$$W(R)=-\sum_{n\neq 0}\frac{|\langle n|\hat{H}'|0\rangle|^2}{E_n-E_0}, \tag{9.146}$$

式中, 求和遍及两个氢原子除基态外的全部电子态. 由上式可知, $W(R)$ 显然是负的, 这是因为 $E_n>E_0$, 故求和中分子分母都是正的. 因此, 可以断言, 如果 R 较大, 两个氢原子之间是相互吸引的, 并且作用能与 $1/R^6$ 成正比. 一般而言, 对于非简并球对称基态的两个原子, 上述结论都是正确的.

下面分别用微扰法和变分法计算最大和最小束缚能. 用氢的第一激发态 E_1(2p 态) 代替 $W(R)$ 中所有的 E_n. 这样, 求和号中全部分母都相等, 于是

$$\begin{aligned}
-W(R)&=\sum_{n\neq 0}\frac{|\langle n|\hat{H}'|0\rangle|^2}{E_n-E_0}\leqslant\sum_{n\neq 0}\frac{|\langle n|\hat{H}'|0\rangle|^2}{E_1-E_0}\\
&=\frac{1}{E_1-E_0}\sum_{n\neq 0}|\langle n|\hat{H}'|0\rangle|^2\\
&=\frac{1}{E_1-E_0}\left(\sum_{n=0}\langle 0|\hat{H}'|n\rangle\langle n|\hat{H}'|0\rangle-|\langle 0|\hat{H}'|0\rangle|^2\right)\\
&=\frac{1}{E_1-E_0}\left(\langle 0|\hat{H}'^2|0\rangle-\langle 0|\hat{H}'|0\rangle^2\right)\\
&=\frac{\langle 0|\hat{H}'^2|0\rangle}{E_1-E_0},
\end{aligned} \tag{9.147}$$

式中, 已利用了完备性 $|n\rangle\langle n|=\hat{I}$ 及 $\langle 0|\hat{H}'|0\rangle=0$. 从而

$$W(R)\geqslant-\frac{\langle 0|\hat{H}'^2|0\rangle}{E_1-E_0}. \tag{9.148}$$

已知

$$\begin{aligned}
E_0&=-2\left(\frac{e_{\mathrm{s}}^2}{2a}\right)\quad(\text{两个原子都处于基态}),\\
E_1&=-2\left(\frac{e_{\mathrm{s}}^2}{8a}\right)\quad(\text{两个原子都处于第一激发态}),
\end{aligned} \tag{9.149}$$

二式相减得

$$E_1-E_0=\frac{3e_{\mathrm{s}}^2}{4a}. \tag{9.150}$$

进而, 由式 (9.145), 得

$$\hat{H}'^2 = \frac{e_s^4}{R^6}(x_1x_2 + y_1y_2 - 2z_1z_2)^2 = \frac{e_s^4}{R^6}(x_1^2x_2^2 + y_1^2y_2^2 + 4z_1^2z_2^2 \\ +2x_1x_2y_1y_2 - 4x_1x_2z_1z_2 - 4y_1y_2z_1z_2), \tag{9.151}$$

式中, 后三项是混合项 (如 $x_1x_2y_1y_2$), 它们的期待值为零, 因为这些项是 $\boldsymbol{r}_1$ 或 $\boldsymbol{r}_2$ 的直角坐标分量之一的奇函数. 此外, 式中前三项每项积分有同样的因子, 例如

$$\int \mathrm{d}^3 r x^2|\psi_{100}|^2 = \frac{1}{3}\int \mathrm{d}^3 r r^2|\psi_{100}|^2 = \frac{1}{3\pi a^3}\int \mathrm{d}r r^2 \mathrm{e}^{-2r/a}4\pi r^2 = a^2. \tag{9.152}$$

于是

$$\langle 0|\hat{H}'^2|0\rangle = \frac{6e_s^4a^4}{R^6}. \tag{9.153}$$

将式 (9.150) 和式 (9.153) 代入式 (9.148), 得

$$W(R) \geqslant -\frac{8e_s^2a^5}{R^6}. \tag{9.154}$$

式 (9.154) 右边表示束缚能 $W(R)$ 的最低值.

变分法总可以算出束缚能的下限. 首先必须选择比较合理的试探波函数 $\varPsi$. 如果选择的 $\varPsi$ 与 R 无关, 则相应的平均值 $\langle\varPsi|\hat{H}'|\varPsi\rangle$ 与 $1/R^3$ 成正比. 这对上述问题不适用, 因为需要知道 $1/R^6$ 项的系数. 因此, 必须考虑波函数的极化效应. 由于假定极化正比于 $\hat{H}'$, 故选试探波函数为

$$\varPsi(\boldsymbol{r}_1,\boldsymbol{r}_2) = \psi_{100}(\boldsymbol{r}_1)\psi_{100}(\boldsymbol{r}_2)(1+A\hat{H}') = \varPsi_0(\boldsymbol{r}_1,\boldsymbol{r}_2)(1+A\hat{H}'), \tag{9.155}$$

其中, A 为变分参数. 于是变分结果为

$$E_0 + W(R) \\ \leqslant \frac{\displaystyle\int \mathrm{d}^3r_1\mathrm{d}^3r_2\,\varPsi_0^*(\boldsymbol{r}_1,\boldsymbol{r}_2)(1+A\hat{H}')(\hat{H}_0+\hat{H}')\varPsi_0(\boldsymbol{r}_1,\boldsymbol{r}_2)(1+A\hat{H}')}{\displaystyle\int \mathrm{d}^3r_1\mathrm{d}^3r_2|\varPsi_0(\boldsymbol{r}_1,\boldsymbol{r}_2)|^2(1+A\hat{H}')^2}, \tag{9.156}$$

假设 A 是实数, 上式右边可重写为

$$\frac{E_0 + 2A\langle 0|\hat{H}'^2|0\rangle + A^2\langle 0|\hat{H}'\hat{H}_0\hat{H}'|0\rangle}{1 + A^2\langle 0|\hat{H}'^2|0\rangle}, \tag{9.157}$$

由于 $\varPsi_0(\boldsymbol{r}_1,\boldsymbol{r}_2)$ 是 $\hat{H}_0$ 的归一化本征函数, 相应的本征值为 $E_0 = -e_s^2/a$, 且

$$\langle 0|\hat{H}'|0\rangle = \langle 0|\hat{H}'^3|0\rangle = 0. \tag{9.158}$$

矩阵元 $\langle 0|\hat{H}'\hat{H}_0\hat{H}'|0\rangle$ 为负值, 这是因为

$$\begin{aligned}\langle 0|\hat{H}'\hat{H}_0\hat{H}'|0\rangle &= \sum_{n,m}\langle 0|\hat{H}'|n\rangle\langle n|\hat{H}_0|m\rangle\langle m|\hat{H}'|0\rangle \\ &= \sum_{n} E_n|\langle 0|\hat{H}'|n\rangle|^2 < 0,\end{aligned} \tag{9.159}$$

式中, 全部 E_n 为负值. 于是

$$\begin{aligned}&\frac{E_0 + 2A\langle 0|\hat{H}'^2|0\rangle + A^2\langle 0|\hat{H}'\hat{H}_0\hat{H}'|0\rangle}{1 + A^2\langle 0|\hat{H}'^2|0\rangle} \\ \leqslant &\frac{E_0 + 2A\langle 0|\hat{H}'^2|0\rangle}{1 + A^2\langle 0|\hat{H}'^2|0\rangle}.\end{aligned} \tag{9.160}$$

这样, 可求得式 (9.157) 的下限. 由于只考虑到 $\hat{H}'^2$ 级, 将式 (9.160) 展开, 得

$$\begin{aligned}&(E_0 + 2A\langle 0|\hat{H}'^2|0\rangle)(1 + A^2\langle 0|\hat{H}'^2|0\rangle)^{-1} \\ \approx &E_0 + (2A - E_0A^2)\langle 0|\hat{H}'^2|0\rangle,\end{aligned} \tag{9.161}$$

式中, E_0 是两氢原子基态能量之和, 是负值. 因此, 式 (9.161) 在 $A = 1/E_0$ 时有极小值. 因而保留到 $\hat{H}'^2$ 级次, 式 (9.156) 为

$$E_0 + W(R) \leqslant E_0 + \frac{\langle 0|\hat{H}'^2|0\rangle}{E_0} = E_0 - \frac{6e_{\mathrm{s}}^2a^5}{R^6}. \tag{9.162}$$

结合式 (9.154), 可知相互作用能的上下限

$$-\frac{8e_{\mathrm{s}}^2a^5}{R^6} \leqslant W(R) \leqslant -\frac{6e_{\mathrm{s}}^2a^5}{R^6}. \tag{9.163}$$

最后应指出, 上述结果不太精确, 因为只考虑了静态电偶–电偶互作用. 此外, 原子是运动的, 尽管运动速度远小于光速, 运动的瞬间偶极矩会有辐射. 虽然计算这种相互作用能通常要用量子场论, 但从经典电动力学, 考虑两个电偶极子电磁相互作用以有限速度传播引起的延迟, 仍可获得互作用能 $W(R) \sim 1/R^7$.

习　　题

9.1　设体系包含两个粒子, 每个粒子可处于三个单粒子态 $\varphi_1, \varphi_2, \varphi_3$ 中的任一态, 试求体系可能状态的数目, 并写出相应的波函数. 分三种情况: (1) 两个粒子为全同玻色子;(2) 两个粒子为全同费米子;(3) 非全同粒子.

9.2　某个一维势阱具有束缚态单粒子本征能级 $\varepsilon_1 < \varepsilon_2 < \varepsilon_3 < \cdots$, 相应的本征态为 $\varphi_1(x), \varphi_2(x), \varphi_3(x), \cdots$. 两个没有相互作用的粒子置于势阱中, 试求体系可能达到的两个最低总能量值和相应的简并度, 以及两最低能级相应的体系总波函数. 分两种情况: (1) 两个自旋为 1/2 的全同粒子; (2) 两个自旋为 0 的全同粒子.

9.3　设两个全同原子核的自旋为 s, 证明转动谱的亮线与暗线的强度之比为 $(s+1)/s$.

9.4　比较 H_2, D_2(氘分子), O_2 及 HD 分子的转动光谱线强度的变化规律 (D 核自旋为 1, O 核自旋为 0).

9.5　设原子核 ^8_4Be 可以看成由两个 α 粒子组成, 相对运动的轨道角动量量子数用 L 表示, 证明 L 必为偶素 (α 粒子自旋为 0).

9.6　在研究分子的振动光谱时, 发现谐振子势 $V(x) = m\omega^2x^2/2$, 仅对于一级近似成立, 更准确的结果可以用莫尔斯 (Morse) 提出的势能 $V(x) = V_0(1-e^{-\mu x})^2$ 求得, 试求由此得到的分子振子能级.

9.7　在双原子分子的转动和振动光谱的研究中, 发现分子中两原子之间相互作用的势能可以写为

$$V(\rho) = V_0\left(\frac{1}{\rho^2} - \frac{2}{\rho}\right), \quad V_0 > 0,$$

式中, $\rho = r/a$ 是两个核之间的距离, 试求对应的能级.

第 10 章　量子力学的概念进展

20 世纪量子力学的建立不仅代表了人类对微观世界基本规律的深入认识，而且它带来的技术创新直接推动了社会生产力的发展，从根本上影响了人类的物质生活，如 20 世纪五、六十年代半导体和激光器的发明是量子力学应用于固体特性和光辐射过程的直接硕果. 目前量子力学的基本概念正在改变人们对信息存储、提取和传输过程的理解，从而加速信息科学的发展. 然而，量子力学过去的成功和目前巨大的发展潜力并不意味着它一开始就被认为是一个彻底而完善的物理学理论. 事实上，自量子力学诞生以来，对量子力学的基本原理的激烈争论从未停止过. 争论的焦点是真实世界是否确实如量子力学所预言的那样？或者说，量子力学是否是描述真实世界的完备理论？在对量子力学质疑的问题中最著名的是 1935 年爱因斯坦等提出的 EPR 佯谬和薛定谔提出的所谓 "薛定谔猫" 佯谬. 长期以来，这些争论停留在思辨上，难以判断孰是孰非，直到贝尔基于爱因斯坦的隐变量理论而推导出贝尔不等式，才有可能从实验上寻找判定这场争论的依据. 这些争论目前已不再仅仅是思辨性的，而是发展成为直接依靠实验的实证研究了. 实验结果不仅有力地证明了量子力学理论的正确性 (至少迄今完全与实验事实相自洽)，而且更深刻地揭示了量子力学的许多奇妙无比的新特性，将人们对量子世界的认识提高到了新的水平，从而开拓了量子力学许多新的应用. 本章简明地介绍量子力学概念的描述和实证研究进展，至少应了解那些主要概念问题的本质以及由此引发的问题.

10.1　量子态的纠缠

由体系 A 和 B 组成的两体系统，设 $|i\rangle_A$ 构成子体系 A 的一组量子态完全集，$|\alpha\rangle_B$ 构成子体系 B 的一组量子态完全集，则 $|i\rangle_A$ 与 $|\alpha\rangle_B$ 的直积 $|i_A\alpha_B\rangle \equiv |i\rangle_A \otimes |\alpha\rangle_B$ 可以作为复合体系 $A+B$ 的一组量子态完备基，即复合 $A+B$ 体系的任一个量子态 $|\psi\rangle_{AB}$ 总可表示为这组完备基的线性叠加

$$|\psi\rangle_{AB} = \sum_{i,\alpha} a_{i\alpha}|i\rangle_A \otimes |\alpha\rangle_B,\quad \sum_{i,\alpha}|a_{i\alpha}|^2 = 1. \tag{10.1}$$

两体系的不能表示成一个直积形式的态，称为二体系的纠缠态，而直积形式的量子态，如 $|i\rangle_A \otimes |\alpha\rangle_B$ (i 和 α 任意)，则称为非纠缠态. 例如，两个一维粒子的量子态

$$\psi(x_1,x_2) = \int_{-\infty}^{+\infty} \mathrm{d}p\mathrm{e}^{\frac{\mathrm{i}}{\hbar}p(x_1-x_2+x_0)} = 2\pi\hbar\delta(x_1-x_2+x_0) \tag{10.2}$$

就是一个纠缠态, 虽然 $\exp(\mathrm{i}p(x_1-x_2+x_0)/\hbar)$ 是粒子 1 和 2 的动量本征态的直积.

下面考虑两自旋 1/2 粒子的自旋纠缠态 ——Bell 基. 对自旋为 1/2 的一个粒子, 它的两个自旋态可用 s_z 的本征值 ($m_s=\pm1/2$) 来标记

$$\left|\frac{1}{2}\right\rangle=|\uparrow\rangle,\quad \left|-\frac{1}{2}\right\rangle=|\downarrow\rangle. \tag{10.3}$$

两粒子体系自旋态, 通常采用非耦合表象和耦合表象来描述. 所谓非耦合表象就是以两粒子体系的自旋力学量完全集 (s_z^A,s_z^B) 的四个共同本征态为基矢的表象, 即

$$|\uparrow\rangle_A|\uparrow\rangle_B,\quad |\uparrow\rangle_A|\downarrow\rangle_B,\quad |\downarrow\rangle_A|\uparrow\rangle_B,\quad |\downarrow\rangle_A|\downarrow\rangle_B. \tag{10.4}$$

自旋态矢在 s_z 表象中可表示为矩阵形式

$$|\uparrow\rangle=\begin{pmatrix}1\\0\end{pmatrix},\quad |\downarrow\rangle=\begin{pmatrix}0\\1\end{pmatrix}, \tag{10.5}$$

这样式 (10.4) 也可表示为如下矩阵形式

$$\begin{aligned}|\uparrow\rangle_A|\uparrow\rangle_B\equiv|\uparrow\rangle_A\otimes|\uparrow\rangle_B&=\begin{pmatrix}1\\0\end{pmatrix}\otimes\begin{pmatrix}1\\0\end{pmatrix}\\&=\begin{pmatrix}1\times\begin{pmatrix}1\\0\end{pmatrix}\\0\times\begin{pmatrix}1\\0\end{pmatrix}\end{pmatrix}=\begin{pmatrix}1\\0\\0\\0\end{pmatrix},\end{aligned} \tag{10.6a}$$

$$\begin{aligned}|\uparrow\rangle_A|\downarrow\rangle_B\equiv|\uparrow\rangle_A\otimes|\downarrow\rangle_B&=\begin{pmatrix}1\\0\end{pmatrix}\otimes\begin{pmatrix}0\\1\end{pmatrix}\\&=\begin{pmatrix}1\times\begin{pmatrix}0\\1\end{pmatrix}\\0\times\begin{pmatrix}0\\1\end{pmatrix}\end{pmatrix}=\begin{pmatrix}0\\1\\0\\0\end{pmatrix},\end{aligned} \tag{10.6b}$$

$$\begin{aligned}|\downarrow\rangle_A|\uparrow\rangle_B\equiv|\downarrow\rangle_A\otimes|\uparrow\rangle_B&=\begin{pmatrix}0\\1\end{pmatrix}\otimes\begin{pmatrix}1\\0\end{pmatrix}\\&=\begin{pmatrix}0\times\begin{pmatrix}1\\0\end{pmatrix}\\1\times\begin{pmatrix}1\\0\end{pmatrix}\end{pmatrix}=\begin{pmatrix}0\\0\\1\\0\end{pmatrix}\end{aligned} \tag{10.6c}$$

$$
\begin{aligned}
|\downarrow\rangle_A|\downarrow\rangle_B\equiv|\uparrow\rangle_A\otimes|\downarrow\rangle_B &= \begin{pmatrix}0\\1\end{pmatrix}\otimes\begin{pmatrix}0\\1\end{pmatrix}\\
&=\begin{pmatrix}0\times\begin{pmatrix}0\\1\end{pmatrix}\\ 1\times\begin{pmatrix}0\\1\end{pmatrix}\end{pmatrix}=\begin{pmatrix}0\\0\\0\\1\end{pmatrix}.
\end{aligned}
\tag{10.6d}
$$

所谓耦合表象就是以自旋力学量完全集 (s^2, s_z) 的共同本征态为基矢的表象

$$
\begin{aligned}
\hat{\boldsymbol{s}}^2\chi_{sm_s} &= s(s+1)\hbar^2\chi_{sm_s},\quad s=0,1;\\
\hat{s}_z\chi_{sm_s} &= m_s\hbar\chi_{sm_s},\\
\text{对 } s=0, m_s=0&;\text{对 } s=1, m_s=0,\pm1.
\end{aligned}
\tag{10.7}
$$

χ_{00} 称为自旋单态, χ_{1,m_s} 称为自旋三重态. 用非耦合表象基矢可展开如下

$$
\begin{aligned}
\chi_{00} &= \frac{1}{\sqrt{2}}[|\uparrow\rangle_A|\downarrow\rangle_B-|\downarrow\rangle_A|\uparrow\rangle_B],\\
\chi_{10} &= \frac{1}{\sqrt{2}}[|\uparrow\rangle_A|\downarrow\rangle_B+|\downarrow\rangle_A|\uparrow\rangle_B],\\
\chi_{11} &= |\uparrow\rangle_A|\uparrow\rangle_B,\\
\chi_{1-1} &= |\downarrow\rangle_A|\downarrow\rangle_B.
\end{aligned}
\tag{10.8}
$$

从波函数形式上可见, χ_{00} 和 χ_{10} 是纠缠态, 而 χ_{11} 和 χ_{1-1} 却并非纠缠态. 因此, 角动量耦合并不等同于纠缠, 其原因在于 $\hat{s}_z=\hat{s}_z^A+s_z^B$ 是两粒子的自旋算符 $\hat{s}_z^A$ 和 $\hat{s}_z^B$ 的线性叠加. 这也可从两个粒子体系的约化密度矩阵的性质看出, 以 χ_{00} 为例, 相应的密度算符为

$$
\rho_{AB}=|\chi_{00}\rangle\langle\chi_{00}|,
\tag{10.9}
$$

它是一纯态相应的密度算符, 对于粒子 A, 其约化密度矩阵为

$$
\begin{aligned}
\rho_A(\chi_{00}) &= {}_B\langle\uparrow|\chi_{00}\rangle\langle\chi_{00}|\uparrow\rangle_B+{}_B\langle\downarrow|\chi_{00}\rangle\langle\chi_{00}|\downarrow\rangle_B\\
&=\frac{1}{2}[|\downarrow\rangle_{AA}\langle\downarrow|+|\uparrow\rangle_{AA}\langle\uparrow|]\\
&=\frac{1}{2}\begin{pmatrix}1&0\\0&1\end{pmatrix}=\frac{1}{2}I_A.
\end{aligned}
\tag{10.10}
$$

显然, $\rho_A^2=\dfrac{1}{4}I_A\neq\rho_A$, 可见它是混合态. 类似地可求出

$$
\rho_A(\chi_{10})=\frac{1}{2}I_A,
\tag{10.11}
$$

它也是混合态. 然而, 对非纠缠态 χ_{11} 和 $\chi_{1,-1}$, 容易求出

$$\rho_A(\chi_{11}) = \begin{pmatrix} 1 & 0 \\ 0 & 0 \end{pmatrix}, \quad \rho_A(\chi_{1-1}) = \begin{pmatrix} 0 & 0 \\ 0 & 1 \end{pmatrix}, \tag{10.12}$$

则是纯态, $\rho_A^2 = \rho_A$. 通常将 χ_{11} 和 $\chi_{1,-1}$ 进行等权重叠加, 以构成两粒子体系的另外两个纠缠态. 这样, 自旋 1/2 两粒子的 4 个自旋纠缠态可表示为

$$\begin{aligned} |\psi^{\pm}\rangle_{AB} &= \frac{1}{\sqrt{2}}[|\uparrow\rangle_A|\downarrow\rangle_B \pm |\downarrow\rangle_A|\uparrow\rangle_B], \\ |\phi^{\pm}\rangle_{AB} &= \frac{1}{\sqrt{2}}[|\uparrow\rangle_A|\uparrow\rangle_B \pm |\downarrow\rangle_A|\downarrow\rangle_B], \end{aligned} \tag{10.13}$$

并通常称之为 Bell 基. 式 (10.13) 中的 4 个自旋纠缠态还可表示为如下形式

$$|\psi_i\rangle_{AB} = \frac{1}{\sqrt{2}}(|\downarrow\rangle_A, |\uparrow\rangle_A)\sigma_i \begin{pmatrix} |\downarrow\rangle_B \\ |\uparrow\rangle_B \end{pmatrix} \quad (i = 0, 1, 2, 3) \tag{10.14}$$

其中, σ_i $(i = 1, 2, 3)$ 为三个泡利矩阵, σ_0 是 2×2 单位矩阵.

式 (10.13) 中的 4 个Bell基是力学量完全集 $(\sigma_z^{(A)}\sigma_z^{(B)},\ \sigma_x^{(A)}\sigma_x^{(B)})$ 的共同本征态. 利用

$$\sigma_z|\uparrow\rangle = |\uparrow\rangle, \quad \sigma_z|\downarrow\rangle = -|\downarrow\rangle, \quad \sigma_x|\uparrow\rangle = |\downarrow\rangle, \quad \sigma_x|\downarrow\rangle = |\uparrow\rangle, \tag{10.15}$$

容易证明

$$\sigma_z^{(A)}\sigma_z^{(B)}|\psi^{\pm}\rangle = -|\psi^{\pm}\rangle, \sigma_z^{(A)}\sigma_z^{(B)}|\phi^{\pm}\rangle = -|\phi^{\pm}\rangle, \tag{10.16}$$

而

$$\begin{aligned} \sigma_x^{(A)}\sigma_x^{(B)}|\psi^+\rangle &= +|\psi^+\rangle, \quad \sigma_x^{(A)}\sigma_x^{(B)}|\psi^-\rangle = -|\psi^-\rangle, \\ \sigma_x^{(A)}\sigma_x^{(B)}|\phi^+\rangle &= +|\phi^+\rangle, \quad \sigma_x^{(A)}\sigma_x^{(B)}|\phi^-\rangle = -|\phi^-\rangle. \end{aligned} \tag{10.17}$$

因而式 (10.13) 的Bell基可标记为

Bell基	$\sigma_z^{(A)}\sigma_z^{(B)}$	$\sigma_x^{(A)}\sigma_x^{(B)}$
$\|\psi^-\rangle$	−	−
$\|\psi^+\rangle$	−	+
$\|\phi^-\rangle$	+	−
$\|\phi^+\rangle$	+	+

量子纠缠必体现为粒子态之间的关联, 但关联不等于为纠缠. 例如, 态 $|\uparrow\rangle_A \cdot |\uparrow\rangle_B$, 表现在 A 和 B 的自旋取向之间有关联, 但 A 和 B 均处于自旋确定态, 它们之间没有纠缠. 另外, 从量子信息论的观点来看, 量子纠缠总指不同粒子之间的. 同一粒子不同自由度的状态的耦合一般不称为纠缠. 在纠缠态中, 粒子 A 和 B 的空间波包可以彼此相距遥远而完全不重叠, 这时仍然会发生关联塌缩; 当 A 系统因测量而发生塌缩时, B 系统将发生相关联的塌缩.

10.2　EPR 佯谬

量子力学是一非定域性理论. 当谈论一个粒子时, 总是将粒子看成一个点或至少粒子要比所研究的体系的线度足够小. 这样, 自然假设粒子只能感受到作用于它的某种场在其位置的值, 但实验结果与这一假设不符. 如在双缝干涉实验中, 让一束电子通过双缝, 在距缝一定距离处放置一排探测器, 以记录到达它们的电子. 在足够长时间后, 一个探测器记录的粒子数正比于该点的波的强度, 该强度可由单波干涉理论计算. 解释这个实验结果既需要波动说又需要粒子说: 探测器记录的是具有一定能量的粒子, 而干涉图案则需要通过双缝的波程解释. 现在改变实验装置, 将探测器直按放在紧靠每个缝的后面. 这样, 探测器记录到的是通过某一个缝的粒子, 而不是同时通过两个缝的粒子. 但是, 干涉图案的出现必须要求一个波同时通过两个狭缝. 这一点可在实验中关闭一个狭缝的实验中获得证明. 因为在某处探测到一个粒子的概率依赖于仅开一条狭缝还是两条狭缝. 于是, 电子在某种情况下表现出粒子行为, 在另一种情况下表现出波动的行为或受到一个它并未通过的狭缝的影响, 这第二个假设意味着一类非定域互作用的存在. 使用波函数 ψ 就可避开解释上述实验事实的困难, 粒子在不同时空上统计地与 $|\psi(\boldsymbol{r},t)|^2$ 对应.

量子力学非定域性的进一步的例子是分离的粒子以某种方式相互关联的行为. 1935 年, 爱因斯坦等 (A. Einstein, B. Podolsky, N. Rosen) 发表了一篇重要文章. 文章的基本思想认为, 借助理想实验的逻辑论证方法, 可以表明量子力学不能给出对于微观系统的完备的描述. 通常称他们的论证为 EPR 佯谬.

考虑两粒子组成的系统, 它们之中每个的坐标算符 $\hat{x}_i$ 和动量算符 $\hat{p}_i$ 是不对易的 $(i=1,2)$, 但 $\hat{x}_1-\hat{x}_2$ 和 $\hat{p}_1+\hat{p}_2$ 对易, 它们可以有共同的本征态. 由此, 可以制备一个量子态:$\hat{x}_1-\hat{x}_2$ 的本征值为 a, $\hat{p}_1+\hat{p}_2$ 的本征值为 0. 设想距离 a 是如此之大, 如粒子 1 在欧洲, 粒子 2 在美洲, 对粒子 1 进行的任何物理操作, 就意味着测得粒子 2 的位置为 $x-a$; 如果在欧洲测量到粒子 1 的动量为 p, 就意味着测得粒子 2 的动量为 $-p$. 这就是说, 对粒子 1 位置或动量进行测量, 相当于对粒子 2 同一物理量的测量. 量子力学认为, 不能对 $\hat{x}_1$ 和 $\hat{p}_1$ 同时进行精确的测量, 这就意味着, 在测量 $\hat{x}_1$ 的同时, 我们也不能精确测量 $\hat{p}_2$ 了. 因此, EPR 一文得出的两个论断是: ①量子力学对于物理实在的描述是不完备的. 这主要针对波函数的统计诠释, 认为“上帝不是掷骰子”. 他们相信, 应该存在可以对物理实在给出更完备描述的理论, 即存在隐变量. ② 量子力学理论是不自洽的. 这个问题的实质是涉及多粒子体系（或多自由度体系）的纠缠态概念的澄清, 而在坐标表象中就表现为量子力学中的非定域性.

后来, 玻姆 (D.Bohm) 把 EPR 佯谬表述得更简单明了. 考虑自旋为 1/2 的两

粒子体系, 处于自旋 $s=0$ 单态, 例如, 正负电子对 e^+-e^- 处于自旋关联态 $|\psi\rangle_{AB}$ 上,

$$|\psi^-\rangle_{AB}=\frac{1}{\sqrt{2}}(|\uparrow\rangle_A|\downarrow\rangle_B-|\downarrow\rangle_A|\uparrow\rangle_B), \tag{10.18}$$

这是一个在空间旋转下不变的量子态. 在 $t\leqslant 0$ 时, 它是束缚态. 在 $t=0$ 时刻, 设经过光分裂, 两个粒子沿相反方向运动, 在光分裂过程中, 未引入角动量来干扰体系的自旋态, 即在过程中总自旋始终为零. 设在 $t\geqslant T$ 时刻两粒子已经远离, 彼此已无相互作用, 对电子 A 的测量应当不会对正电子 B 造成任何影响.

首先, 考虑可观测量 σ_z . 若对 A 测得 $\sigma_z^A=+1$, 可以肯定地推断 B 处于 $\sigma_z^B=-1$; 反之, 若测得 $\sigma_z^A=-1$, 则得 $\sigma_z^B=+1$. 总之, 一旦对 A 作了 σ_z 的测量, 则 B 的 σ_z 值在客观上是确定的.

其次, 考虑可观测量 σ_x . 若对 A 测得 $\sigma_x^A=+1$, 可推知 $\sigma_x^B=-1$, 这是因为此时

$$\begin{aligned}{}_A\langle\sigma_x=+1|\psi^-\rangle_{AB}&=\frac{1}{\sqrt{2}}(\ {}_A\langle\uparrow|+\ {}_A\langle\downarrow|)|\psi^-\rangle_{AB}=\frac{1}{2}(|\downarrow\rangle_B-|\uparrow\rangle_B)\\&=\frac{1}{\sqrt{2}}|\sigma_x=-1\rangle_B.\end{aligned} \tag{10.19}$$

同样, 若测得 $\sigma_x^A=-1$, 得知 $\sigma_x^B=+1$. 总之, 对 A 作了 σ_x 测量, 便能肯定地知道 σ_x^B 的数值而又不会扰动 B 粒子的状态.

按 EPR 的论点, 当 $t\geqslant T$ 以后, 两粒子之间已经不再有相互作用, 测量粒子 A 的自旋, 不应对粒子 B 的自旋态有任何影响, 按照定域实在论的观点, 粒子 B 究竟处于 σ_x^B, 还是 σ_z^B 态? 而且由于两个算符彼此不对易, 它们在客观上就是不能同时具有确定值. 量子力学甚至认为, 两个粒子自旋指向本身都是不确定的, 每个粒子自旋指向都依赖于对方的取向而取向, 处于一种纠缠状态. 这就是 EPR 佯谬.

EPR 佯谬在理论上问题出在何处? 首先, 对于一个复合体系的子体系进行的测量, 是一个不完备的测量, 因而对它的任何一个子体系的量子态的描述, 必须用约化密度矩阵形式来描述. 对于自旋为 1/2 的两粒子体系, 当处于空间旋转不变的自旋单态 χ_{00} 时, 按式 (10.18) 展开, 在对于单个粒子 A 进行的自旋测量后, 描述另一个粒子 B 的自旋态, 都应用下列约化密度矩阵来描述:

$$\begin{aligned}\rho_B(\chi_{00})&=\mathrm{tr}_A(\rho_{AB})={}_A\langle\uparrow|\chi_{00}\rangle\langle\chi_{00}|\uparrow\rangle_A+{}_A\langle\downarrow|\chi_{00}\rangle\langle\chi_{00}|\downarrow\rangle_A\\&=\frac{1}{2}[|\downarrow\rangle_{BB}\langle\downarrow|+|\uparrow\rangle_{BB}\langle\uparrow|]\\&=\frac{1}{2}\begin{pmatrix}1&0\\0&1\end{pmatrix},\end{aligned} \tag{10.20}$$

这是一个完全混合态. 在此态下, 测量粒子 B 的自旋时, 它在任何方向的分量都可以出现$\pm\frac{1}{2}$, 而且出现的概率相同. 这是自旋完全不极化态. 对于自旋为 $\frac{1}{2}$ 的二粒子体系处于其他自旋纠缠态时, 上述分析也同样成立. 因此, EPR佯谬一文对量子力学正统理论提出的指责是不成立的.

其次, 一个多粒子 (或多自由度) 体系的量子态采用一个表象展开时, 其基矢必须是多粒子体系的一组力学量完全集的共同本征态, 波函数的统计诠释才能赋予展开系数的模方, 以测量该力学量完全集的相应的某一组本征值出现的概率的物理意义. 在EPR佯谬一文的分析中, 把一个复合体系的量子态按照它的一个子体系的某一组力学量完全集来展开, 而把展开系数 (是另一子体系的某一组力学量完全集的本征态矢) 与子体系的那组力学量出现的概率联系起来, 就引发了多年的争论.

10.3　贝尔不等式

量子力学是一非确定性理论, 表明存在一些物理测量, 其结果并不由测量前体系的状态唯一确定. 如果测量前体系的波函数并非所测量物理量相应算符的本征函数, 则测量结果是不确定的, 能确定的只是各测量结果的概率. 一个典型的例子是施特恩–格拉赫实验. 如果有一束自旋为 1/2 的粒子通过一个 z 方向的实验装置, 这束粒子按 s_z 的两个可能取向分裂. 如果有一束粒子 $s_z=\frac{1}{2}\hbar$, 使其进入另一个实验装置, 这个装置是测量另一方向自旋的, 则这粒子束会再次分裂成 $\pm\frac{1}{2}\hbar$两束, 可以计算这两种取向的概率, 但不能预言某个粒子的取向必定向上还是向下. 量子力学的非决定论与经典力学的决定论相反. 在经典力学中, 体系的演化完全由初态和作用于体系的力唯一决定. 甚至一个纯随机实验的末态也能被决定, 例如, 抛一个钱币, 如果钱币的初始位置、速度和角动量以及作用于它的重力和摩擦力都已知, 则能唯一决定其末态. 但量子力学随机性有完全不同的特点: 测量结果并不是体系测量前的状态所明确决定的. 如自旋 1/2 粒子是全同的, 且 $\hat{s}_z$ 的本征态这一事实完全决定了波函数的自旋部分; 尽管如此, 如果对它们的另一自旋分量进行测量, 它们的行为也会表现得不一样, 波函数只能给出粒子行为的概率. 为了绕过不确定性问题, 有人提出在同一态上粒子仅仅似乎是全同的; 实际上它们有额外的不同性质, 这些性质联系着进一步的实验结果. 例如, 处于 s_z 本征态的粒子, 也能够有固定的 s_x 值, 即使这个值是无法测定的. 基于类似于这种假设的理论称为隐变量理论.

隐变量理论认为量子力学给出的实际上是由不可观察量性质决定的可能事件的概率. 在这种意义上, 隐变量理论的目标是将量子力学视为一统计理论, 这类似于经典统计力学, 经典统计力学将随机涨落归因于热力学体系的性质, 虽然单个原子的行为是完全确定的. 对量子力学, 如果能找到类似于此的基本概念, 使之既保持定域性又具有确定性那当然很好, 但是一个包含隐变量的理论必须能阐明全部被实验证明过的量子力学的结果. 玻姆 (D. Bohm) 也是主张量子力学只给微观客体以统计性描述是不完备的. 1953年他提出, 有必要引入一些附加变量对微观客体作进一步的描述. 1964年, 贝尔 (J. Bell) 从定域性和存在隐变量 λ 这两点出发, 推导出一个不等式. 该不等式指出, 基于隐变量和定域性的任何理论都会使不等式成立, 而量子力学的预言却破坏这个不等式. 贝尔是在分析了自旋为 $\dfrac{1}{2}$ 的两个粒子 (处于自旋单态) 的自旋分量的关联, 对正统量子力学理论和定域隐变量理论进行了比较而得出的.

实验证明, 自旋为 $\dfrac{1}{2}$ 的粒子, 测量其自旋 $\boldsymbol{s}=\dfrac{\boldsymbol{\sigma}}{2}(\hbar=1)$ 沿任何方向分量的测量只有两种可能, 即 $\pm\dfrac{1}{2}$. 设测量粒子 A 的 $\boldsymbol{\sigma}^A$ 沿空间方向 $\boldsymbol{a}$ 的投影 $(\boldsymbol{\sigma}^A\cdot\boldsymbol{a})$ 所得结果记为 $A(\boldsymbol{a},\lambda)$, 它依赖于方向 $\boldsymbol{a}$ 和隐变量 λ, 而 $A(\boldsymbol{a},\lambda)=\pm1$. 设另一个粒子 B 的 $\boldsymbol{\sigma}^B$ 沿 $\boldsymbol{b}$ 方向的投影 $(\boldsymbol{\sigma}^A\cdot\boldsymbol{b})$ 的取值为 $B(\boldsymbol{b},\lambda)$, 它依赖于 $\boldsymbol{b}$ 和 λ (但不依赖于 $\boldsymbol{a}$), $B(\boldsymbol{b},\lambda)=\pm1$. 两个粒子的自旋沿不同方向 $\boldsymbol{a}$ 和 $\boldsymbol{b}$ 的投影的关联为 $A(\boldsymbol{a},\lambda)B(\boldsymbol{b},\lambda)$. 考虑到在现今的实验中隐变量 λ 尚未能被人们揭示出来, 设隐变量 λ 有一个分布 $\rho(\lambda)$, $\displaystyle\int\rho(\lambda)\mathrm{d}\lambda=1$. 在实验中观测到的关联是已经对隐变量进行了平均后的结果, 即

$$P(a,b)=\int\mathrm{d}\lambda\rho(\lambda)A(\boldsymbol{a},\lambda)B(\boldsymbol{b},\lambda),\tag{10.21}$$

它相当于量子力学中的 ${}_{AB}\langle\psi|(\boldsymbol{\sigma}^A\cdot\boldsymbol{a})(\boldsymbol{\sigma}^B\cdot\boldsymbol{b})|\psi\rangle_{AB}$.

现在来考虑粒子 A 自旋沿 $\boldsymbol{a}$(或 $\boldsymbol{a}'$) 方向的投影与粒子 B 自旋沿 $\boldsymbol{b}$(或 $\boldsymbol{b}'$) 方向的投影的关联的相互关系, 可以看出

$$\begin{aligned}P(a,b)-P(a,b')&=\int\mathrm{d}\lambda\rho(\lambda)[A(\boldsymbol{a},\lambda)B(\boldsymbol{b},\lambda)-A(\boldsymbol{a},\lambda)B(\boldsymbol{b}',\lambda)]\\&=\int\mathrm{d}\lambda\rho(\lambda)\{A(\boldsymbol{a},\lambda)B(\boldsymbol{b},\lambda)[1\pm A(\boldsymbol{a}',\lambda)B(\boldsymbol{b}',\lambda)]\}\\&\quad-\int\mathrm{d}\lambda\rho(\lambda)\{A(\boldsymbol{a},\lambda)B(\boldsymbol{b}',\lambda)[1\pm A(\boldsymbol{a}',\lambda)B(\boldsymbol{b},\lambda)]\},\end{aligned}\tag{10.22}$$

考虑到

$$-1\leqslant A(\boldsymbol{a},\lambda)B(\boldsymbol{b},\lambda)\leqslant1,\quad -1\leqslant A(\boldsymbol{a},\lambda)B(\boldsymbol{b}',\lambda)\leqslant1,\tag{10.23}$$

可得

$$\begin{aligned}|P(a,b)-P(a,b')|\leqslant&\int\mathrm{d}\lambda\rho(\lambda)[1\pm A(\boldsymbol{a}',\lambda)B(\boldsymbol{b}',\lambda)]\\&+\int\mathrm{d}\lambda\rho(\lambda)[1\pm A(\boldsymbol{a}',\lambda)B(\boldsymbol{b},\lambda)].\end{aligned}\tag{10.24}$$

为简洁起见, 将 $P(\boldsymbol{a},\boldsymbol{b})$ 简单记为 $\langle ab\rangle$, 则式 (10.24) 可简记为

$$|\langle ab\rangle-\langle ab'\rangle|\leqslant 2\pm[\langle a'b'\rangle+\langle a'b\rangle]. \tag{10.25}$$

先讨论两个粒子处于自旋单态, 且 $\boldsymbol{a}'=\boldsymbol{b}'=\boldsymbol{c}$ 的情况 (两个电子沿同一方向的投影), 考虑到对于自旋单态, 总自旋为 0, 对粒子 A 的自旋分量测出的如果是 $+1$, 则对粒子 B 的自旋分量测得的结果就必然是 -1, 所以 $\langle cc\rangle=-1$, 而 $\langle bc\rangle=\langle cb\rangle$, 上式可化为

$$|\langle ab\rangle-\langle ac\rangle|\leqslant 2\pm[-1+\langle bc\rangle], \tag{10.26}$$

由于 $-1+\langle bc\rangle\leqslant 0$, 式 (10.26) 可化为

$$|\langle ab\rangle-\langle ac\rangle|\leqslant 2+[-1+\langle bc\rangle], \tag{10.27}$$

即

$$|\langle ab\rangle-\langle ac\rangle|\leqslant 1+\langle bc\rangle. \tag{10.28}$$

此即贝尔不等式, 适用于自旋为 $\dfrac{1}{2}$ 的二粒子体系处于自旋单态的情况.

可以证明, 贝尔不等式与量子力学理论是矛盾的. 按照量子力学, A 和 B 两个粒子组成一个统一的纠缠态, 在纠缠态下两个粒子分别沿空间任意给定的两个方向 $\boldsymbol{a}$ 和 $\boldsymbol{b}$ 的投影的关联, 即在纠缠态下 $(\boldsymbol{\sigma}^A\cdot\boldsymbol{a})(\boldsymbol{\sigma}^B\cdot\boldsymbol{b})$ 的平均值. 利用

$$\begin{aligned}&\sigma_x|\uparrow\rangle=|\downarrow\rangle,\quad \sigma_x|\downarrow\rangle=|\uparrow\rangle,\\&\sigma_y|\uparrow\rangle=\mathrm{i}|\downarrow\rangle,\quad \sigma_y|\downarrow\rangle=-\mathrm{i}|\uparrow\rangle,\end{aligned} \tag{10.29}$$

可证明 $(\boldsymbol{\sigma}^A+\boldsymbol{\sigma}^B)|\psi^-\rangle=0$, 再利用 $(\boldsymbol{\sigma}\cdot\boldsymbol{a})(\boldsymbol{\sigma}\cdot\boldsymbol{b})=\boldsymbol{a}\cdot\boldsymbol{b}+\mathrm{i}\boldsymbol{\sigma}\cdot(\boldsymbol{a}\times\boldsymbol{b})$, 可得

$$\begin{aligned}P(a,b)=&\ {}_{AB}\langle\psi^-|(\boldsymbol{\sigma}^A\cdot\boldsymbol{a})(\boldsymbol{\sigma}^B\cdot\boldsymbol{b})|\psi^-\rangle_{AB}=-\ {}_{AB}\langle\psi^-|(\boldsymbol{\sigma}^A\cdot\boldsymbol{a})(\boldsymbol{\sigma}^A\cdot\boldsymbol{b})|\psi^-\rangle_{AB}\\=&-\boldsymbol{a}\cdot\boldsymbol{b}-\mathrm{i}\ {}_{AB}\langle\psi^-|\boldsymbol{\sigma}^A|\psi^-\rangle_{AB}\cdot(\boldsymbol{a}\times\boldsymbol{b})\\=&-\boldsymbol{a}\cdot\boldsymbol{b}=-\cos\theta,\end{aligned} \tag{10.30}$$

其中, θ 是 $\boldsymbol{a}$ 与 $\boldsymbol{b}$ 的夹角. 假设 $\boldsymbol{a}$, $\boldsymbol{b}$, $\boldsymbol{c}$ 三个方向依次相差 60°, 按量子力学自旋单态下的计算值$\langle ab\rangle=-\cos\left(\dfrac{\pi}{3}\right)=-\dfrac{1}{2}$, $\langle bc\rangle=-\cos\left(\dfrac{\pi}{3}\right)=-\dfrac{1}{2}$, 而 $\langle ac\rangle=-\cos\left(\dfrac{2\pi}{3}\right)=\dfrac{1}{2}$, 代入式 (10.28), 左边 $=\left|-\dfrac{1}{2}-\dfrac{1}{2}\right|=1$, 而右边 $=1-\dfrac{1}{2}=\dfrac{1}{2}$, 然而 $1\nleqslant\dfrac{1}{2}$, 所以量子力学理论与贝尔不等式矛盾.

对更一般的情况, $\boldsymbol{a}'\neq\boldsymbol{b}'$, 考虑到测量实验中的一些失误或误差因素, 如对 $A(B)$ 测量中仪器设备有时可能失效, 这时按实验规定, 仪器装置给出对 $A(B)$ 的测

量值为零; 还有制备出的 EPR 对可能不纯, 因此同时沿同一方向测量 A 和 B 的自旋关联并不严格相等. 这样, 对任意 $\boldsymbol{a}$ 和 $\boldsymbol{b}$, 便只能得知

$$-1 \leqslant A(\boldsymbol{a},\lambda)B(\boldsymbol{b},\lambda) \leqslant 1, \tag{10.31}$$

于是从式 (10.25), 可得

$$|S| \equiv |\langle ab\rangle - \langle ab'\rangle| + |\langle a'b'\rangle + \langle a'b\rangle| \leqslant 2, \tag{10.32}$$

此即CHSH不等式. 这里并未假设体系的总自旋为零. 为了看出式 (10.32) 与量子力学理论矛盾, 可以分别让 $\boldsymbol{a}$, $\boldsymbol{b}$, $\boldsymbol{a}'$, $\boldsymbol{b}'$ 方向依次相差 $\dfrac{\pi}{4}$, 按量子力学理论式 (10.30), 有

$$\begin{aligned} \langle ab\rangle = \langle a'b\rangle = \langle a'b'\rangle &= -\cos\left(\frac{\pi}{4}\right) = -\frac{1}{\sqrt{2}}, \\ \langle ab'\rangle &= -\cos\left(\frac{3\pi}{4}\right) = +\frac{1}{\sqrt{2}}, \end{aligned} \tag{10.33}$$

式 (10.32) 左边等于 $2\sqrt{2}$, 而右边等于 2, 式 (10.32) 给出了 $2\sqrt{2} \leqslant 2$ 的荒谬结果.

现在, 很容易用实验来检验谁是谁非了. 20世纪80年代, Aspect等对双光子偏振纠缠态的系统测量, 所得结果都与基于局域实在论的Bell或CHSH 不等式明显矛盾. 继后 20 多年中, 更精确的实验都与局域实在论矛盾, 从而证实了量子力学正统诠释是正确的. 近年来对三光子偏振的 GHZ 态所作的实验观测表明与局域实在论尖锐矛盾, 迫使人们不得不放弃局域实在论. 总体而言, 迄今为止对光子偏振纠缠态所作的精确实验观测都不反对量子力学, 但都明显破坏Bell或CHSH 不等式, 即反对定域实在论的隐变量理论, 支持量子力学的理论描述是完备的. 这些实验大多数是测量相关光子的极化纠缠态, 对这种情况, 不等式与式 (10.32) 稍有不同, 但这种差别不会产生新的看法.

10.4　薛定谔猫态

1935 年, 薛定谔提出了一个假想实验 (后来称之为薛定谔猫), 对波函数的统计诠释提出责难. 在他的理想实验中, 有一只可怜的猫被关在笼子里, 笼内放置一个毒药瓶, 瓶的开关由一个放射性装置控制. 当此原子处于激发能态 (记为 $|\uparrow\rangle$) 时, 瓶子是关闭的, 猫未受到毒药损害, 是活的. 而当原子跃迁到基态 (记为 $|\downarrow\rangle$) 后, 伴随有光子释放出来, 它将启动瓶的开关装置, 毒药将被释放出来, 猫就被毒死. 薛定谔用下列波函数来描述 (猫 + 原子) 这个复合体系

$$\begin{gathered} |\psi\rangle = \alpha|\text{活猫}\rangle|\uparrow\rangle + \beta|\text{死猫}\rangle|\downarrow\rangle, \\ |\alpha|^2 + |\beta|^2 = 1. \end{gathered} \tag{10.34}$$

按波函数的统计解释, $|\alpha|^2$ 表示原子处于激发态而猫是活的概率, $|\beta|^2$ 表示原子处于基态而猫是死的概率. 换言之, 猫是处于不死不活的状态, 而宏观世界中, 猫非死即活, 二者必居其一. 因此, 量子力学的统计诠释有悖日常生活经验, 是难以接受的.

1996年, 美国Monroe等在介观尺度上成功地实现了类似于式 (10.34) 的薛定谔猫态. 他们把囚禁在Paul阱中的 $^9\text{Be}^+$, 通过激光致冷, 制备在谐振子的基态 (描述 $^9\text{Be}^+$ 的质心运动). $^9\text{Be}^+$ 的原子核自旋为 $I = 3/2$, 而价电子最低能态是处于 $2S_{1/2}$ 能级, 因此原子的总角动量为 $F = 1, 2$. 考虑到磁相互作用, $^9\text{Be}^+$ 的最低两条能级形成超精细分裂结构, 其中 $F = 2, m_F = -2$ 为基态, $F = 1, m_F = -1$ 为激发态, 分别记为 $|\downarrow\rangle$ 和 $|\uparrow\rangle$, 两能级相差为 $\nu_{HF} = 1.25\text{GHz}$. 它们通过可控制时间的激光脉冲以引起 $^9\text{Be}^+$ 在 $|\downarrow\rangle$ 和 $|\uparrow\rangle$ 两个内部态之间的拉比振荡. 实验中还交替使用微波辐射场的作用, 使 $^9\text{Be}^+$ 的质心运动从谐振子基态激发到相干态. 最终实现了把 $^9\text{Be}^+$ 质心运动的相干态波包与 $^9\text{Be}^+$ 内部态的纠缠态

$$|\psi\rangle = \frac{1}{\sqrt{2}}(|\uparrow\rangle|x_1\rangle + |\downarrow\rangle|x_2\rangle), \tag{10.35}$$

其中, $|x_1\rangle$ 和 $|x_2\rangle$ 分别描述波包中心在 x_1 和 x_2 处的相干态波包, $|\downarrow\rangle$ 和 $|\uparrow\rangle$ 分别为 $^9\text{Be}^+$ 的内部基态和激发态. 相干态波包本身宽度 $\Delta x_1, \Delta x_2 \approx 7\text{nm}$, 而两个波包中心相距为 $|x_1 - x_2| \approx 80\text{nm}$, 所以两个波包在空间是明显分开的. 式 (10.35) 所描述的态即为薛定谔猫态, 只不过猫的死和活态在式 (10.35) 中被 $^9\text{Be}^+$ 处于空间 x_1 和 x_2 点的波包所替代. 在宏观世界中, 猫非死即活, 二者必居其一. 同样, 一个粒子不在一点 x_1, 就在另一点 x_2 (定域性). 对" 不死不活的猫" 或" 粒子既在 x_1, 又在 x_2 点" 的说法都是很难理解的.

Monroe 等制备出来的这种薛定谔猫态 (式 (10.35)), 实质上就是 $^9\text{Be}^+$ 的一种纠缠态, 即描述 $^9\text{Be}^+$ 的质心运动 (相干态波包, 中心分别在 x_1 和 x_2 点) 与其内部态 ($|\downarrow\rangle$ 和 $|\uparrow\rangle$) 的纠缠态. 式 (10.35) 所示的叠加起来的两个态之间有确切的相位关系, 因此可以产生可观测的干涉现象. 他们还进行了一系列操作, 以改变两项的相对位相和振幅, 并研究它们对干涉的影响. 观测结果肯定了量子态叠加原理的正确性, 展示了量子力学中的非定域性.

10.5　量子测量与量子退相干

量子力学中用波函数代表的概率幅描述微观物理体系状态. 原则上, 通过基于波函数的量子测量, 可以得到关于微观系统运动规律的全部信息. 设 $|n\rangle$ 是力学量算符 $\hat{A}$ 的本征态, 相应的本征值为 a_n, 即

$$\hat{A}|n\rangle = a_n|n\rangle, \quad n = 0, 1, 2, \cdots, \tag{10.36}$$

任意给定的波函数 $|\psi\rangle$ 总可展开成本征态 $|n\rangle$ 的相干叠加, 即

$$|\psi\rangle = \sum_n c_n|n\rangle \tag{10.37}$$

是一个纯态. 对处于 $|\psi\rangle$ 态的量子体系测量力学量 A, 得到的结果只可能是 $\hat{A}$ 的本征值 $\{a_n|n=0,1,2,\cdots\}$ 中的一个, 相应的概率为 $|c_n|^2$. 然而, 对微观粒子运动状态的有效测量, 必将在可观测的意义上使粒子原来的运动产生不可逆的改变. 测量之后的瞬间, 体系波函数是什么? 如果在单一的测量中得到 a_n, 在紧接着的第二次测量中重复得到同样的结果, 就可断定体系波函数 $|\psi\rangle$ 已坍缩到它的一个分支 $|n\rangle$ 上了, 即

$$|\psi\rangle \to |n\rangle. \tag{10.38}$$

这种由于测量所导致的波函数瞬间改变称为波包坍缩. 从物理上讲, 这种约化过程代表着测量导致的相干性破坏 —— 量子退相干. 例如, 在双缝干涉实验中, 如果测量粒子通过了哪一个缝, 便强调了波粒二象性的粒子特性, 与粒子性互补的波动性便被排斥了, 干涉条纹便不再存在了. 这种由于测量或其他影响导致相干性消失的现象称为量子退相干. 仅就量子测量而言, 称其为波包坍缩. 量子退相干现象可用不确定性关系给予解释: 准确知道粒子通过路径 A 意味着垂直于 A 的方向上完全确定粒子的位置. 如果精确到 Δx, 则由不确定性关系 $\Delta x \cdot \Delta p \sim \hbar$ 得知, 这个测量将对垂直于路径 A 方向上的动量产生 $\Delta p \sim \hbar/\Delta x$ 的扰动, 从而干扰到达屏 S 上粒子的位置, 造成干涉条纹的模糊. 这种关于干涉条纹消失的讨论是依据量子力学的互补性原理: 物质运动具有粒子和波动的双重属性, 但在同一实验中二者是相互排斥的. 从这个意义上, 不确定性关系表明, 用关于粒子特征的测量 (如同时测量坐标和动量) 去描述具有波粒二象性的物质运动, 会带来测量的不确定性. 也就是说, 不确定性关系是引起被测系统量子退相干的一个重要原因.

波函数是通过统计诠释与具体实验相联系的, 即通过多次的单一测量, 或对大量同一客体的复制品 —— 系综进行一次同时测量, 得到宏观上可区分的预言结果. 假定对体系的系统进行测量, 而不是针对单个量子系统进行一次测量, 并读出一个确切的结果. 这时, 要用密度矩阵去描述测量后系统的状态. 对处于波函数式 (10.37) 的系统进行连续的两次测量, 第一次测量 A, 然后再测量与 A 不对易的 B. 像式 (10.36) 一样, 若 $|\bar{m}\rangle$ 是 $\hat{B}$ 的本征函数, 相应的本征值为 b_m, 即有 $\hat{B}|\bar{m}\rangle = b_m|\bar{m}\rangle$, 则在给定 $|n\rangle$ 上得到 b_m 的概率为 $|\langle\bar{m}|n\rangle|^2$. 由于在 $|\psi\rangle$ 上第一次测量得到 a_n 的概率为 $|c_n|^2$, 则两次连续测量得 b_m 的概率为

$$p_m = \sum_n |c_n|^2 \langle\bar{m}|n\rangle^2 = \langle\bar{m}|\rho_f|\bar{m}\rangle, \tag{10.39}$$

其中已引入了半正常算符

$$\rho_f = \sum_n |c_n|^2 |n\rangle\langle n|, \tag{10.40}$$

它是第一次测量后体系的密度矩阵算符, 而第一次测量前的密度矩阵为

$$\rho = |\psi\rangle\langle\psi| = \sum_{n,m} c_n c_m |n\rangle\langle m|, \tag{10.41}$$

因此, 波包坍缩代表的量子退相干过程可表示为该密度矩阵非对角项的消失,

$$\rho = |\psi\rangle\langle\psi| = \sum_{n,m} c_n c_m |n\rangle\langle m| \to \rho_f = \sum_n |c_n|^2 |n\rangle\langle n|. \tag{10.42}$$

通常把式 (10.38) 代表的量子退相干, 即在一次单一的测量中, 必须读出结果, 从而使波函数约化到它的一个分支上, 称为第一类波包坍缩, 而把密度矩阵式 (10.42) 代表的量子退相干称为第二类波包坍缩. 事实上, ρ_f 上测量 B 得到的期望值为

$$\langle B\rangle = \mathrm{tr}(\rho_f \hat{B}) = \sum_n |c_n|^2 \langle n|\hat{B}|n\rangle, \tag{10.43}$$

其中, $\hat{B}$ 的非对角元对期望值 $\langle B\rangle$ 没有贡献, 其意义在于已知系统处于 $|n\rangle$ 态的概率为 $|c_n|^2$, 在 $|n\rangle$ 上 B 的平均值为 $\langle n|\hat{B}|n\rangle$.

纯态 $|\psi\rangle$ 也可用投影算子 $\rho = |\psi\rangle\langle\psi|$ 代表, 而没有非对角项的混合态 ρ_f 不能写为特定态的投影算子. 从形式上看, 表面上不对角的矩阵在特定表象中可以变成对角的, 而对角的矩阵可以表达成非对角的. 但矩阵的秩是不依赖于表象的, 纯态密度矩阵的秩一定是 1, 而混合态密度矩阵的秩是大于 1 的. 基于这一考虑, 可引入量子熵的概念. 对密度矩阵 ρ, 量子熵

$$S(\rho) = -\mathrm{tr}(\rho\ln\rho) = -\sum_n \lambda_n \ln\lambda_n, \tag{10.44}$$

其中, λ_n $(n = 1, 2, 3, \cdots)$ 是 ρ 的本征值. 这样, 纯态的量子熵为零, 而混合态的量子熵大于零. 量子熵在表象变换下是不变的, 这为人们提供了判断纯态或混合态的数学判据.

然而, 量子互补性原理或相应的位置–动量不确定性关系是否是量子退相干现象唯一的直接起因呢? 为了从实验上对此进行精确的检验, 德国Rampe研究小组设计了一个冷原子布拉格散射实验: 通过拉比转动把描述原子走哪条路径的空间状态 ψ_b 和 ψ_c 与原子内部状态 $|2\rangle$ 和 $|3\rangle$ 关联起来, 形成量子纠缠态

$$\psi = \psi_b|2\rangle + \psi_c|3\rangle, \tag{10.45}$$

从而发现在不改变原子动量的条件下，仅用原子内部态对原子的空间运动作标记后，ψ_b 和 ψ_c 间的干涉条纹就消失了. 事实上，干涉条纹由概率分布

$$\rho = \sum_i \langle i|\psi\rangle\langle\psi|i\rangle = |\psi_b|^2 + |\psi_c|^2 + \psi_b^*\psi_c\langle 2|3\rangle + \psi_c^*\psi_b\langle 3|2\rangle \tag{10.46}$$

决定，由于 $|2\rangle$ 和 $|3\rangle$ 彼此正交，即有 $\langle 2|3\rangle = \langle 3|2\rangle = 0$, $\rho = |\psi_b|^2 + |\psi_c|^2$, 干涉项 $\psi_b^*\psi_c$ 和 $\psi_c^*\psi_b$ 影响就不再存在了. 对中子、光子和介观体系等不同物理系统，已完成了类似的"which-way"实验，得到的结论与Rampe研究组基本相同，即位置–动量不确定性关系决定的测量中不可控扰动并不是量子退相干的唯一直接原因.

为了更清楚和简单地阐明这个观点，下面不妨分析一下极化电子束的双缝干涉实验. 设入射电子束已沿 x 方向极化，即电子处于 $|\sigma_x = 1\rangle$ 的本征态. 电子自旋沿与 z 轴夹角 θ 方向分量 σ_n 的本征态为

$$|\sigma_n = 1\rangle = \begin{pmatrix} \cos\dfrac{\theta}{2} \\ \sin\dfrac{\theta}{2} \end{pmatrix}, \quad |\sigma_n = -1\rangle = \begin{pmatrix} \sin\dfrac{\theta}{2} \\ -\cos\dfrac{\theta}{2} \end{pmatrix}. \tag{10.47}$$

$|\sigma_x = 1\rangle$ 本征态可展开为

$$\begin{aligned} |\sigma_x = 1\rangle &= \frac{1}{\sqrt{2}}\begin{pmatrix} 1 \\ 1 \end{pmatrix} = \frac{1}{\sqrt{2}}\begin{pmatrix} 1 \\ 0 \end{pmatrix} + \frac{1}{\sqrt{2}}\begin{pmatrix} 0 \\ 1 \end{pmatrix} \\ &= \frac{1}{\sqrt{2}}\left(\cos\frac{\theta}{2} + \sin\frac{\theta}{2}\right)|\sigma_n = 1\rangle \\ &\quad + \frac{1}{\sqrt{2}}\left(\sin\frac{\theta}{2} - \cos\frac{\theta}{2}\right)|\sigma_n = -1\rangle. \end{aligned} \tag{10.48}$$

在电子所走路径 1 上放置一个沿 z 方向的检偏器，因此沿路经 1 到达干涉屏的电子态为 $\dfrac{1}{\sqrt{2}}|\sigma_z = 1\rangle|\psi_1\rangle$, $|\psi_1\rangle$ 是沿路径 1 的电子空间运动波函数. 在路径 2 上放置一个沿 θ 方向的检偏器，因此沿路径 2 到达干涉屏上的电子态为 $\dfrac{1}{\sqrt{2}}\left(\cos\dfrac{\theta}{2} + \sin\dfrac{\theta}{2}\right)|\sigma_n = 1\rangle|\psi_2\rangle$. 因此，到达干涉屏 C 上的电子波函数为

$$|\psi\rangle \sim |\sigma_z = 1\rangle|\psi_1\rangle + \left(\cos\frac{\theta}{2} + \sin\frac{\theta}{2}\right)|\sigma_n = 1\rangle|\psi_2\rangle, \tag{10.49}$$

它是一个纠缠态 (电子空间运动与自旋极化态相纠缠的态). 这样，在屏上显示出的干涉花纹强度为

$$\begin{aligned} I(z) \propto |\psi(z)|^2 &\propto |\psi_1(z)|^2 + (1 + \sin\theta)|\psi_2(z)|^2 \\ &\quad + \mathrm{Re}\psi_1^*(z)\psi_2(z)\cos\frac{\theta}{2}\left(\cos\frac{\theta}{2} + \sin\frac{\theta}{2}\right), \end{aligned} \tag{10.50}$$

可见, 随着第 2 检偏器的方向 θ 角的变化, 干涉条纹将逐渐变化. 对 $\theta=0$ 的情况, 沿空间两条路径的电子自旋态相同, 所以无法用自旋极化态来判定电子是从哪条路径来的, 这与平常讨论的电子双缝干涉相似, $I(z)\propto|\psi_1(z)+\psi_2(z)|^2$, 包含干涉项. 在 $\theta=\pi$ 的情况, 沿空间两条路径的电子自旋态正交, 可根据电子自旋极化态来判定电子是从哪条路径来的. 这时, 双道干涉条纹完全消失, $I(z)\propto|\psi_1(z)|^2+|\psi_2(z)|^2$, 干涉项完全消失. 在 $0<\theta<\pi$ 情况, 沿空间两条路径的电子自旋态既不相同, 也不正交. 这样, 从 $0\sim\pi$ 调节 θ 角可观测到双道干涉的花样逐渐模糊的现象.

10.6　量子隐形传态

1993年 Bennet 等提出了利用纠缠态来传递一个量子态信息的方案, 如图 10.1 所示, 其原理是利用EPR粒子对的远程关联. 1997年奥地利研究组和意大利研究组分别在实验上利用孪生光子对的偏振纠缠态成功地实现了一个光子偏振态的远程传送.

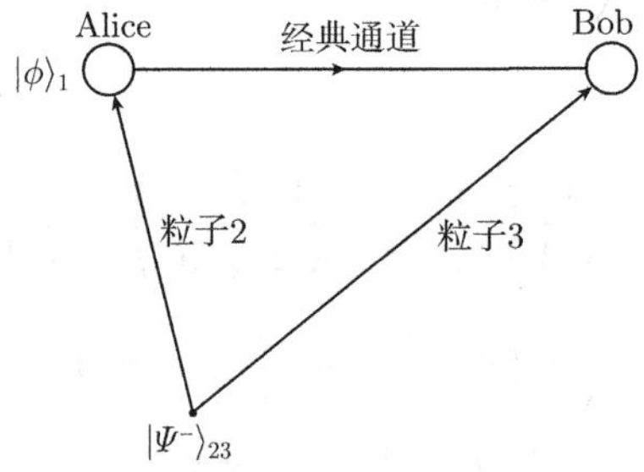

图 10.1　量子隐形传态方案

设想一个自旋 1/2 的粒子的量子态 $|\phi\rangle$ 中包含了所要传递的信息. 小姑娘Alice欲将此信息传给远方的男友Bob. 整个信息的传递方案如下:

制备粒子 1 处于 $|\phi\rangle_1$ 态, 放在Alice处, $|\phi\rangle_1=a|\uparrow\rangle_1+b|\downarrow\rangle_1$; 制备EPR粒子对 2 和 3 处于纠缠态 $|\psi^-\rangle_{23}=\dfrac{1}{\sqrt{2}}[|\uparrow\rangle_2|\downarrow\rangle_3-|\downarrow\rangle_2|\uparrow\rangle_3]$, 把粒子 2 传送给Alice, 同时把粒子 3 传送给Bob; 在Alice这里是粒子 1 和 2, 她所做的测量是判断粒子 1 和 2 处于哪个贝尔纠缠态. 这相当于对三粒子体系的自旋态 $|\varPsi\rangle_{123}=|\psi^-\rangle_{23}|\phi\rangle_1$, 按照粒子 1 和 2 的Bell基进行展开

$$\begin{aligned}|\varPsi\rangle_{123}=&\frac{1}{2}[|\psi^-\rangle_{12}(-a|\uparrow\rangle_3-b|\downarrow\rangle_3)+|\psi^+\rangle_{12}(-a|\uparrow\rangle_3+b|\downarrow\rangle_3)\\&+|\phi^-\rangle_{12}(b|\uparrow\rangle_3+a|\downarrow\rangle_3)+|\phi^+\rangle(-b|\uparrow\rangle_3+a|\downarrow\rangle_3)].\end{aligned}\tag{10.51}$$

当Alice对 $|\varPsi\rangle_{123}$ 进行 1 和 2 粒子Bell基的分析时, 整个波函数以 1/4 的概率坍缩到某个Bell态 (如 $|\psi^-\rangle_{12}$) 上, 此时Bob所在地方的粒子 3 立即坍缩到与之对应的自旋

态上, 见表 10.1. 从表可见, Bob测量粒子 3 所处的自旋态都是 $|\phi\rangle_3 = a|\uparrow\rangle_3 + b|\downarrow\rangle_3$ 经过一定幺正变换 U 得到的自旋态. 这意味着粒子 1 和 2 纠缠在一起, 而粒子 3 与 2 解除了纠缠. 这个过程称为重纠缠 (re-entanglement) 或纠缠的交换 (entanglement swapping), 它是不需要时间的, 但Bob仍不知道Alice要传递给他的量子态 $|\phi\rangle_3$ 是什么, 除非他知道Alice测得的是 1 和 2 粒子的哪个Bell态. 这时Alice通过经典的办法 (如打电话) 告诉Bob她测量的结果, 于是Bob就可以对所测得的粒子 3 所处的自旋态 $U|\phi\rangle_3$ 进行一个逆幺正变换 U^{-1} 而知道粒子 3 所处的自旋态 $|\phi\rangle_3$, 这正是Alice想要传递给他的自旋态 $|\phi\rangle$, 即原来Alice所在地方的粒子 1 的自旋态 $|\phi\rangle_1$, 只不过在传递给Bob后, 由粒子 3 来扮演这一个角色罢了.

表 10.1 Alice 和 Bob 测量所得量子态之间的对应关系

Alice 测量得到的粒子 1 和 2 的 Bell 态	Bob 测量粒子 3 所处的自旋
$\|\psi^-\rangle_{12}$	$-a\|\uparrow\rangle_3 - b\|\downarrow\rangle_3 = \begin{pmatrix} -a \\ -b \end{pmatrix}_3 = U_1\|\phi\rangle_3, \quad U_1 = \begin{pmatrix} -1 & 0 \\ 0 & -1 \end{pmatrix}$
$\|\psi^+\rangle_{12}$	$-a\|\uparrow\rangle_3 + b\|\downarrow\rangle_3 = \begin{pmatrix} -a \\ b \end{pmatrix}_3 = U_2\|\phi\rangle_3, \quad U_2 = \begin{pmatrix} -1 & 0 \\ 0 & 1 \end{pmatrix}$
$\|\phi^-\rangle_{12}$	$b\|\uparrow\rangle_3 + a\|\downarrow\rangle_3 = \begin{pmatrix} b \\ a \end{pmatrix}_3 = U_3\|\phi\rangle_3, \quad U_3 = \begin{pmatrix} 0 & 1 \\ 1 & 0 \end{pmatrix}$
$\|\phi^+\rangle_{12}$	$-b\|\uparrow\rangle_3 + a\|\downarrow\rangle_3 = \begin{pmatrix} -b \\ a \end{pmatrix}_3 = U_4\|\phi\rangle_3, \quad U_4 = \begin{pmatrix} 0 & -1 \\ 1 & 0 \end{pmatrix}$

以上是量子隐形传态的全过程, 其中信息是分经典和非经典两部分传递的. 非经典信息 (Bob所得到的粒子 3 的量子态) 是通过EPR粒子对的纠缠态即时传递的, 而经典信息 (Alice所测得的粒子 1 和 2 的纠缠态) 用经典方法传递. 所以全过程不可能在类空距离上传递, 因果律并未遭受破坏. 此外, 在整个过程中第三者绝对不可能“偷听”(甚至Alice本人也不知道被传递的量子态是什么, 且测量后她所掌握此量子态的版本 $|\phi\rangle_1$ 就破坏掉了), 通信的保密性是绝对可靠的.

10.7 量子态不可克隆定理

自1996年克隆羊多莉诞生以来, 克隆一词家喻户晓, 人人都在谈论是否可能克隆爱因斯坦和希特勒. 我们自然会关注这样一个根本性问题, 即克隆技术是否万能. 量子力学中有一个基本定理: 一个未知的量子态不可以克隆, 这就是量子不可克隆定理, 它限定了克隆技术的适用范围.

早在1982年, Wooters和Zurek就提出了这样的问题: 是否存在一种物理过程, 实现对一个未知量子态的精确复制, 使得每个复制态与初始量子态完全相同? 他们证明, 量子力学的线性特征禁止这样的复制. 由于量子力学的态叠加原理, 量子系统的任意未知量子态不可能在不遭受破坏的前提下被克隆到另一量子体系上. 后来被人们称为量子不可克隆定理. 这个定理的实质已经蕴含在量子力学的最基本的原理之一, 即量子态叠加原理之中, 实际上可以认为是量子态叠加原理的一个重要推论.

量子不可克隆定理的证明很简单, 以两量子态系统为例, 量子态的理想的克隆应当是: 对某个两态系统的任意态

$$|s\rangle = \alpha|s_1\rangle + \beta|s_2\rangle,$$

总有

$$|A_0\rangle|s\rangle \rightarrow |A_s\rangle|ss\rangle,$$

这里, α 和 β 为事先并不知道的两个任意复常数, $|A_0\rangle$ 和 $|A_s\rangle$ 分别表示仪器在 $|s\rangle$ 态克隆前后的状态, $|s_1\rangle$ 和 $|s_2\rangle$ 为两个已知的彼此独立的基矢态 (如光子的两个极化态), 而 $|ss\rangle = |s\rangle|s\rangle$ 为两个相同的任意 $|s\rangle$ 态. 特别是, 对两个基矢态 $|s_1\rangle$ 和 $|s_2\rangle$ 而言, 也应当有

$$|A_0\rangle|s_1\rangle \rightarrow |A_{s_1}\rangle|s_1s_1\rangle, \quad |A_0\rangle|s_2\rangle \rightarrow |A_{s_2}\rangle|s_2s_2\rangle.$$

然而, 对以上克隆过程有两种理解: 第一种, 按态叠加原理有

$$|A_0\rangle|s\rangle = |A_0\rangle(\alpha|s_1\rangle + \beta|s_2\rangle) \rightarrow \alpha|A_{s_1}\rangle|s_1s_1\rangle + \beta|A_{s_2}\rangle|s_2s_2\rangle; \tag{10.52}$$

第二种, 若任意态可克隆, 有

$$\begin{aligned}|A_0\rangle|s\rangle &\rightarrow |A_s\rangle|ss\rangle \\ &= |A_s\rangle(\alpha^2|s_1s_1\rangle + 2\alpha\beta|s_1s_2\rangle + \beta^2|s_2s_2\rangle).\end{aligned} \tag{10.53}$$

假如仪器的 $|A_{s_1}\rangle$ 和 $|A_{s_2}\rangle$ 不同, 则方程 (10.52) 右边结果是混态 $\alpha|s_1s_2\rangle \oplus \beta|s_2s_2\rangle$; 假如相同, 则是纯态 $\alpha|s_1s_1\rangle + \beta|s_2s_2\rangle$. 与此相对照, 方程 (10.53) 右边结果总是个纯态, 何况方程 (10.53) 中的 $|s_1s_2\rangle$ 态是第一个中所没有的. 更不用说两个方程的两种结果对原先态中系数的线性和非线性两种不同的依赖关系. 所以, 这两个方程是相互矛盾的. 方程 (10.52) 体现的过程是可实现的 (态叠加原理成立, 基矢可克隆), 于是方程 (10.53) 体现的过程是不可实现的. 也就是说, 在原态仍保留的情况下, 任意量子态不可被克隆.

量子态不可克隆和生物大分子可以克隆的对比: 生物克隆为生物大分子的克隆, 是原子 (分子) 排列顺序的克隆, 是硬件克隆, 属于经典克隆; 量子克隆为软硬件的全部信息的克隆. 量子克隆的不可能就意味着, 试图复制出不仅外貌、体征相同, 而且连知识、记忆、思想、性格都相同的人, 原理上是不可能的.

附录A　δ 函数

在物理学中, 为了突出主要因素, 常常运用质点、点电荷、瞬时力等抽象模型. 质点的体积为零, 所以其密度为无限大, 但密度的体积分却又是有限的. 点电荷的体积为零, 所以它的电荷密度为无限大, 但电荷密度的体积分却又是有限的. 瞬时力的延续时间为零, 而力的大小为无限大, 但力的时间积分 (冲量) 是有限的. 为描述诸如此类的抽象概念, 定义 δ 函数如下:

$$\delta(x)=\begin{cases}0, & x\neq 0,\\ \infty, & x=0;\end{cases} \tag{A.1}$$

$$\int_{-\infty}^{+\infty}\delta(x)\mathrm{d}x=\int_{-\varepsilon}^{+\varepsilon}\delta(x)\mathrm{d}x=1\ (\varepsilon>0). \tag{A.2}$$

式 (A.2) 规定了 δ 函数的量纲 $[\delta(x)]=[x]^{-1}$. 图 A.1 是 δ 函数的示意图, 曲线的峰无限高, 但无限窄, 曲线下的面积是有限值 1. 从其定义和图容易看出, δ 函数是偶函数, 即

$$\delta(-x)=\delta(x). \tag{A.3}$$

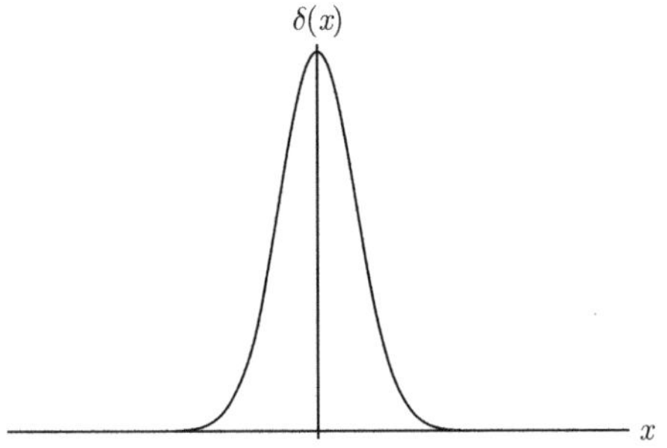

图 A.1　$\delta(x)$ 函数示意图

从数学性质上看, δ 函数在数学上是很奇异的. 严格上说, 它不是传统数学上的函数, 只是一种分布, 在物理上是一种理想的点模型. 位于 $\boldsymbol{r}_0$, 而质量为 m 的质点密度记为 $m\delta(x-x_0)\delta(y-y_0)\delta(z-z_0)$ 或简写为 $m\delta(\boldsymbol{r}-\boldsymbol{r}_0)$; 位于 $\boldsymbol{r}_0$, 而电荷为 q 的点电荷的电荷密度为 $q\delta(\boldsymbol{r}-\boldsymbol{r}_0)$; 作用于瞬时 t_0 而冲量为 k 的瞬时力为 $k\delta(t-t_0)$. 就是连续分布的质量、电荷, 或持续作用力, 也可以用 δ 函数表出. 以从 $t=a$ 持续到 b 的作用力 $f(t)$ 为例, 把时间区间 $[a,b]$ 划分为许多小段, 在某个从 $\tau\sim\tau+\mathrm{d}\tau$

的短时间段上, 力 $f(t)$ 的冲量是 $f(\tau)\mathrm{d}\tau$, 既然 $\mathrm{d}\tau$ 很短, 不妨视这段时间上的作用力为瞬时力, 记为 $f(\tau)\delta(t-\tau)\mathrm{d}\tau$. 许多瞬时力的累计就是持续力 $f(t)$, 即

$$f(t)=\sum_{\tau} f(\tau)\delta(t-\tau)\mathrm{d}\tau=\int_a^b f(\tau)\delta(t-\tau)\mathrm{d}\tau. \tag{A.4}$$

事实上, 在区间 $[a,b]$ 上任取某个 t_0, 对 $\varepsilon>0$ 小量, 有

$$\begin{aligned}\int_a^b f(\tau)\delta(t_0-\tau)\mathrm{d}\tau &= \int_{t_0-\varepsilon}^{t_0+\varepsilon} f(\tau)\delta(\tau-t_0)\mathrm{d}\tau=\int_{t_0-\varepsilon}^{t_0+\varepsilon} f(t_0)\delta(\tau-t_0)\mathrm{d}\tau\\ &= f(t_0)\int_{t_0-\varepsilon}^{t_0+\varepsilon}\delta(\tau-t_0)\mathrm{d}\tau=f(t_0).\end{aligned} \tag{A.5}$$

对任意连续函数 $f(x)$, 式 (A.4) 还常用作 δ 函数的定义. 这就是说, 仅考虑它在积分号内的情况, 它将函数映射成数.

δ 函数的积分表示可由傅里叶变换的定义得出. δ 函数的傅里叶变换为

$$\delta(x)=\frac{1}{\sqrt{2\pi}}\int_{-\infty}^{+\infty} c(\omega)\mathrm{e}^{\mathrm{i}\omega x}\mathrm{d}\omega, \tag{A.6a}$$

$$c(\omega)=\frac{1}{\sqrt{2\pi}}\int_{-\infty}^{+\infty}\delta(x)\mathrm{e}^{-\mathrm{i}\omega x}\mathrm{d}x=\frac{1}{\sqrt{2\pi}}. \tag{A.6b}$$

将式 (A.6b) 代入式 (A.6a), 就给出了 δ 函数的傅里叶积分

$$\delta(x)=\frac{1}{2\pi}\int_{-\infty}^{+\infty}\mathrm{e}^{\mathrm{i}\omega x}\mathrm{d}\omega. \tag{A.7}$$

将式 (A.7) 右边的积分算出来, 还可把 δ 函数表示为某种初等函数的极限. 先计算式 (A.7) 右边的积分

$$\delta(x)=\lim_{k\to\infty}\frac{1}{2\pi}\int_{-k}^{+k}\mathrm{e}^{\mathrm{i}\omega x}\mathrm{d}\omega=\lim_{k\to\infty}\frac{1}{\pi}\left(\frac{\mathrm{e}^{\mathrm{i}kx}-\mathrm{e}^{-\mathrm{i}kx}}{2\mathrm{i}x}\right)=\lim_{k\to\infty}\frac{\sin kx}{\pi x}. \tag{A.8}$$

这个极限严格地说并不存在. 为改善积分的收敛性, 在被积函数的指数上附加一小量 $\varepsilon\omega$ 或 $-\varepsilon\omega$ 则

$$\begin{aligned}\delta(x)&=\lim_{\varepsilon\to 0^+}\frac{1}{2\pi}\left[\int_{-\infty}^{0}\mathrm{e}^{(\varepsilon+\mathrm{i}x)\omega}\mathrm{d}\omega+\int_0^{\infty}\mathrm{e}^{(-\varepsilon+\mathrm{i}x)\omega}\mathrm{d}\omega\right]\\ &=\lim_{\varepsilon\to 0^+}\frac{1}{2\pi}\left(\frac{1}{\varepsilon+\mathrm{i}x}+\frac{1}{\varepsilon-\mathrm{i}x}\right)\\ &=\lim_{\varepsilon\to 0^+}\frac{1}{\pi}\frac{\varepsilon}{\varepsilon^2+x^2}.\end{aligned} \tag{A.9}$$

式 (A.8) 的极限虽然不存在, 但它还是常常被引用. 这是因为它在积分意义上与 δ 函数的定义式 (A.2) 相符. 例如, 对于 $\varepsilon > 0$

$$\begin{aligned}\lim_{k\to\infty}\int_{-\varepsilon}^{+\varepsilon}\frac{1}{\pi}\frac{\sin kx}{x}\mathrm{d}x &= \lim_{k\to\infty}\int_{-\varepsilon}^{+\varepsilon}\frac{1}{\pi}\frac{\sin kx}{kx}\mathrm{d}(kx) = \frac{1}{\pi}\int_{-\infty}^{+\infty}\frac{\sin x}{x}\mathrm{d}x \\ &= \frac{2}{\pi}\int_{0}^{+\infty}\frac{\sin x}{x}\mathrm{d}x = 1. \end{aligned} \tag{A.10}$$

图 A.2 是函数 $\dfrac{1}{\pi}\dfrac{\sin kx}{x}$ 的曲线. 设想 $k\to\infty$, 在 $x=0$ 处的峰高 k/π 无限增高, 而峰的宽度 π/k 无限变窄, 峰下的面积 $(k/\pi)(\pi/k)=1$. 在 $x\neq 0$ 处, 曲线正负振荡的间距无限缩短, 从而在任一有限区间 (不含 $x=0$) 上的积分性质同于零. 可见, 在 $k\to\infty$ 时, 这根曲线的积分性质符合 δ 函数的定义. 总之, 如果不过分追求数学上的严格性, δ 函数可以作为某种非奇异函数的极限来处理. 如

$$\lim_{\varepsilon\to 0}\frac{1}{2\varepsilon}\mathrm{e}^{-|x|/\varepsilon} = \delta(x), \tag{A.11}$$

$$\lim_{\varepsilon\to\infty}\sqrt{\frac{\alpha}{\pi}}\mathrm{e}^{-\alpha x^2} = \delta(x), \tag{A.12}$$

$$\lim_{\varepsilon\to\infty}\frac{\sin^2\alpha x}{\pi\alpha x^2} = \delta(x). \tag{A.13}$$

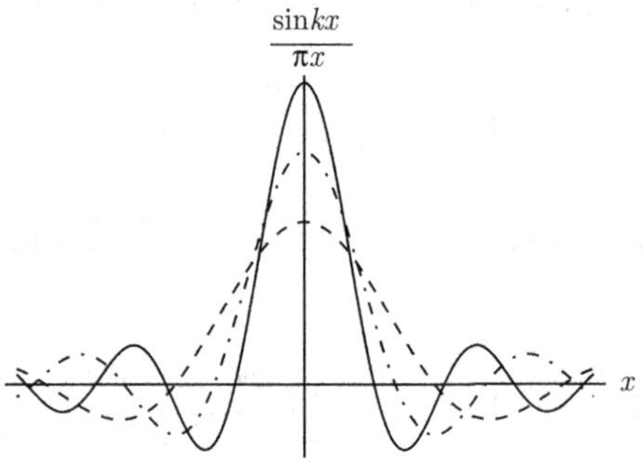

图 A.2 $\dfrac{1}{\pi}\dfrac{\sin(kx)}{x}$ 函数示意图 (虚线、虚点线和实线分别对应 $k=7,10,13$ 的情况)

δ 函数还可用阶跃函数 $\theta(x)$(也称 Heaviside 函数) 的微商来表示. 阶跃函数 $\theta(x)$ 的定义如下:

$$\theta(x) = \begin{cases} 1, & x>0; \\ 0, & x<0, \end{cases} \tag{A.14}$$

对任意的连续函数 $\psi(x)$, 有

$$\int_{-\infty}^{+\infty}\psi(x)\frac{\mathrm{d}\theta(x)}{\mathrm{d}x}\mathrm{d}x=\int_{-\infty}^{+\infty}\psi(x)\mathrm{d}\theta(x)=\psi(x)\theta(x)|_{-\infty}^{+\infty}-\int_{-\infty}^{+\infty}\theta(x)\psi'(x)\mathrm{d}x$$
$$=\psi(\infty)-\int_{0}^{+\infty}\psi'(x)\mathrm{d}x=\psi(\infty)-[\psi(\infty)-\psi(0)]$$
$$=\psi(0). \tag{A.15}$$

利用 δ 函数定义式 (A.2), $\int_{-\infty}^{+\infty}\psi(x)\delta(x)\mathrm{d}x=\psi(0)$, 结合式 (A.15), 有

$$\int_{-\infty}^{+\infty}\psi(x)\Big[\frac{\mathrm{d}\theta(x)}{\mathrm{d}x}-\delta(x)\Big]\mathrm{d}x=0. \tag{A.16}$$

由于 $\psi(x)$ 是任意的, 所以

$$\theta'(x)=\frac{\mathrm{d}}{\mathrm{d}x}\theta(x)=\delta(x). \tag{A.17}$$

讨论一下函数$\delta[\varphi(x)]$. 按定义, 有 $\delta[\varphi(x)]=\begin{cases}0, & \varphi(x)\neq 0;\\ \infty, & \varphi(x)=0.\end{cases}$ 如果 $\varphi(x)=0$ 只有单根 $x_i\ (i=1,2,3,\cdots)$, 即 $\varphi(x_i)=0$, 则 $\delta[\varphi(x)]=\begin{cases}0, & x\neq x_i;\\ \infty, & x=x_i.\end{cases}$ 这样

$$\delta[\varphi(x)]=\sum_i c_i\delta(x-x_i). \tag{A.18}$$

为求出系数 c_i, 在区间 $[x_i-\varepsilon,x_i+\varepsilon]$ 上对式 (A.18) 积分, 有

$$\int_{x_i-\varepsilon}^{x_i+\varepsilon}\delta[\varphi(x)]\mathrm{d}x=\sum_i c_i\int_{x_i-\varepsilon}^{x_i+\varepsilon}\delta(x-x_i)\mathrm{d}x. \tag{A.19}$$

上式右边除去含 c_i 的一项外全为零, 所以

$$c_i=\int_{x_i-\varepsilon}^{x_i+\varepsilon}\delta[\varphi(x)]\mathrm{d}x=\int_{\varphi(x_i-\varepsilon)}^{\varphi(x_i+\varepsilon)}\delta[\varphi(x)]\frac{\mathrm{d}\varphi}{\varphi'(x)}$$
$$=\frac{1}{\varphi'(x_i)}\int_{\varphi(x_i-\varepsilon)}^{\varphi(x_i+\varepsilon)}\delta[\varphi(x)]\mathrm{d}\varphi. \tag{A.20}$$

如果 $\varphi'(x_i)>0$, 则 $\varphi(x_i+\varepsilon)>\varphi(x_i-\varepsilon)$, 积分等于 1; 如果 $\varphi'(x_i)<0$, 则 $\varphi(x_i+\varepsilon)<\varphi(x_i-\varepsilon)$, 积分等于 -1. 总之, $c_i=1/|\varphi'(x_i)|$. 于是若 $\varphi'(x_i)\neq 0$, 式 (A.18) 可写成

$$\delta[\varphi(x)]=\sum_i\frac{\delta(x-x_i)}{|\varphi'(x_i)|}=\sum_i\frac{\delta(x-x_i)}{|\varphi'(x)|}. \tag{A.21}$$

特例

$$\delta[(x-a)(x-b)]=\frac{1}{|a-b|}[\delta(x-a)+\delta(x-b)],\ (a\neq b),\tag{A.22}$$

$$\begin{aligned}\delta(x^2-a^2)&=\frac{1}{2|a|}[\delta(x-a)+\delta(x+a)]\\&=\frac{1}{2|x|}[\delta(x-a)+\delta(x+a)],\end{aligned}\tag{A.23}$$

$$\delta(ax)=\frac{\delta(x)}{|a|},\ \delta(x^2)=\frac{\delta(x)}{|x|}.\tag{A.24}$$

$\delta(x)$ 函数的导数由下式定义

$$\int_{-\infty}^{+\infty}f(x)\delta'(x)\mathrm{d}x=-f'(0).\tag{A.25}$$

容易看出, 有关 $\delta'(x)$ 的等式成立, 即

$$\delta^{(n)}(-x)=(-1)^n\delta^{(n)}(x),\tag{A.26}$$

$$x\delta^{(n)}(x)=-n\delta^{(n-1)}(x),\tag{A.27}$$

$$\int_{-\infty}^{+\infty}f(x)\delta^{(n)}(x-x_0)\mathrm{d}x=(-1)^nf^{(n)}(x_0).\tag{A.28}$$

δ 函数可用任何一组正交归一完备函数系 $\{\psi_n(x)\}$ 来表示, 即如 $\psi_n(x)$ 对其变量 x 变化的整个区域, 有

$$\int\psi_{n'}^*(x)\psi_n(x)\mathrm{d}x=\delta_{n'n},\tag{A.29a}$$

则

$$\delta(x-x')=\sum_n\psi_n^*(x')\psi_n(x).\tag{A.29b}$$

例如

$$\delta(\varphi-\varphi')=\sum_{m=-\infty}^{+\infty}\psi_m^*(\varphi')\psi_m(\varphi),\tag{A.30a}$$

$$\psi_m(\varphi)=\frac{1}{\sqrt{2\pi}}\mathrm{e}^{\mathrm{i}m\varphi},\ \int_0^{2\pi}\psi_{m'}^*(\varphi)\psi_m(\varphi)\mathrm{d}\varphi=\delta_{m'm}.\tag{A.30b}$$

三维空间中的 $\delta(\boldsymbol{r})$ 在直角坐标 (x,y,z)、柱坐标 (ρ,φ,z) 和球坐标 (r,θ,φ) 中的形式

$$\delta(\boldsymbol{r})=\delta(x)\delta(y)\delta(z),\tag{A.31}$$

$$\delta(\boldsymbol{r}) = \frac{1}{\rho}\delta(\rho)\delta(\varphi)\delta(z) = \delta(\rho^2)\delta(\varphi)\delta(z), \tag{A.32}$$

$$\delta(\boldsymbol{r}) = \frac{1}{r^2 \sin\theta}\delta(r)\delta(\theta)\delta(\varphi) = \frac{1}{r^2}\delta(r)\delta(\cos\theta)\delta(\varphi). \tag{A.33}$$

最后, 要证明 $\delta(\boldsymbol{r})$ 的一个重要公式

$$\nabla^2 \frac{1}{r} = -4\pi\delta(\boldsymbol{r}). \tag{A.34}$$

证明　当 $r \neq 0$ 时, 直接计算, 可得 $\nabla^2 \dfrac{1}{r} = 0$, 但在 $r = 0$ 点, $1/r$ 异奇, $\nabla^2 \dfrac{1}{r} = 0$ 不成立. 因此, $\nabla^2 \dfrac{1}{r}$ 在 $r \neq 0$ 处为零, 只有在 $r = 0$ 点可能不等于零. 采用极限法, 求出 $\nabla^2 \dfrac{1}{r}$ 在 $r = 0$ 点的值. 考虑如下积分:

$$\int \nabla^2 \frac{1}{r}\mathrm{d}\tau = \lim_{\varepsilon\to 0}\int \nabla^2 \frac{1}{\sqrt{r^2+\varepsilon^2}}\mathrm{d}\tau = -3\lim_{\varepsilon\to 0}\int \mathrm{d}\Omega \int_0^\infty \frac{\varepsilon^2 r^2}{(r^2+\varepsilon^2)^{5/2}}\mathrm{d}r.$$

作积分变换 $r = \varepsilon\rho$, 可见上式的极限存在

$$\int \nabla^2 \frac{1}{r}\mathrm{d}\tau = -12\pi \int_0^\infty \frac{\rho^2}{(1+\rho^2)^{5/2}}\mathrm{d}\rho = -4\pi.$$

再由 δ 函数性质式 (A.2), 上式意味着式 (A.34) 成立.

附录B　矢量代数和矢量分析

B.1　矢 量 运 算

矢量是既有大小又有方向的量. 矢量代数中最重要的是两个矢量的点积和叉积运算, 如图 B.1 所示. 任意两矢量 $\boldsymbol{A}$ 和 $\boldsymbol{B}$ 的点积为一标量

$$\boldsymbol{A}\cdot\boldsymbol{B}=|\boldsymbol{A}||\boldsymbol{B}|\cos\theta, \tag{B.1}$$

其中, θ 是 $\boldsymbol{A}$ 和 $\boldsymbol{B}$ 之间的夹角. 两矢量 $\boldsymbol{A}$ 和 $\boldsymbol{B}$ 的叉积 $\boldsymbol{A}\times\boldsymbol{B}$ 为一矢量, 其大小为

$$|\boldsymbol{A}\times\boldsymbol{B}|=|\boldsymbol{A}||\boldsymbol{B}|\sin\theta, \tag{B.2}$$

方向垂直于 $\boldsymbol{A}$ 和 $\boldsymbol{B}$ 所在平面, 且遵从右手螺旋规则.

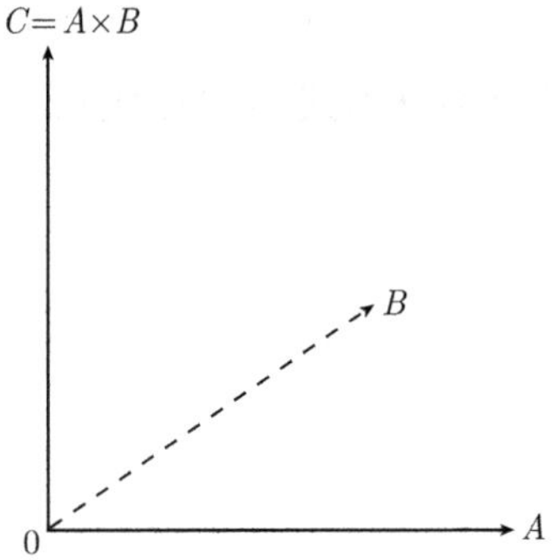

图 B.1　两个矢量的叉积

为方便涉及矢量的运算, 引入两个重要符号. 一是Kronecker符号

$$\delta_{ij}=\begin{cases}1, & i=j;\\ 0, & i\neq j.\end{cases} \tag{B.3}$$

另一个是Levi-Civita符号

$$\varepsilon_{ijk}=\begin{cases}1, & \text{脚标 } ijk \text{ 是 123 的偶次置换},\\ -1, & \text{脚标 } ijk \text{ 是 123 的奇次置换},\\ 0, & \text{脚标有两个或以上的相同}.\end{cases} \tag{B.4}$$

很显然 ε_{ijk} 是三阶完全反对称张量, 任意交换两脚标时, ε_{ijk} 反号, 即

$$\varepsilon_{123} = -\varepsilon_{213} = \varepsilon_{231} = -\varepsilon_{321} = \varepsilon_{312} = -\varepsilon_{132}. \tag{B.5}$$

由于 i, j, k 均可取 1, 2, 3 的值, 故共有 $3^3 = 27$ 个分量, 但由其定义, 凡有两个及以上脚标取相同值, 该分量为零, 因而不为零的分量共有 $3! = 6$ 个, 即

$$\varepsilon_{123} = \varepsilon_{231} = \varepsilon_{312} = 1, \ \varepsilon_{321} = \varepsilon_{213} = \varepsilon_{132} = -1. \tag{B.6}$$

还引入 Einstein**约定**: 在同一项中重复的指标表示在其取值范围内求和. 通常阿拉伯脚标从 1 到 3 求和, 相应于直角坐标的三个方向.

使用这些符号和约定, 直角坐标系中三个方向的单位矢量记为 $\{\boldsymbol{e}_1, \boldsymbol{e}_2, \boldsymbol{e}_3\}$, 则单位矢量间的点积和叉积为

$$\boldsymbol{e}_i \cdot \boldsymbol{e}_j = \delta_{ij}, \quad \boldsymbol{e}_i \times \boldsymbol{e}_j = \varepsilon_{ijk}\boldsymbol{e}_k. \tag{B.7}$$

很显然, 三阶行列式的展开可用 ε_{ijk} 表示为

$$\begin{vmatrix} a_1 & a_2 & a_3 \\ b_1 & b_2 & b_3 \\ c_1 & c_2 & c_3 \end{vmatrix} = \varepsilon_{ijk} a_i b_j c_k. \tag{B.8}$$

利用式 (B.8), 可证明Levi-Civita符号与Kronecker符号之间还有如下关系

$$\varepsilon_{ijk} = \begin{vmatrix} \delta_{i1} & \delta_{i2} & \delta_{i3} \\ \delta_{j1} & \delta_{j2} & \delta_{j3} \\ \delta_{k1} & \delta_{k2} & \delta_{k3} \end{vmatrix}. \tag{B.9}$$

进而可证

$$\varepsilon_{ijk}\varepsilon_{lmn} = \begin{vmatrix} \delta_{il} & \delta_{im} & \delta_{in} \\ \delta_{jl} & \delta_{jm} & \delta_{jn} \\ \delta_{kl} & \delta_{km} & \delta_{kn} \end{vmatrix}. \tag{B.10}$$

特例

$$\varepsilon_{ijk}\varepsilon_{imn} = \delta_{jm}\delta_{kn} - \delta_{jn}\delta_{km}, \tag{B.11a}$$

$$\varepsilon_{ijk}\varepsilon_{ijn} = 2\delta_{kn}, \tag{B.11b}$$

$$\varepsilon_{ijk}\varepsilon_{ijk} = 3!. \tag{B.11c}$$

采用Kronecker符号、Levi-Civita符号和Einstein约定, 还可使矢量代数运算变得异常简单. 点积、叉积和混合积运算可表达为

$$\begin{aligned}\boldsymbol{A}\cdot\boldsymbol{B}&=(A_i\boldsymbol{e}_i)\cdot(B_j\boldsymbol{e}_j)=A_iB_j\boldsymbol{e}_i\cdot\boldsymbol{e}_j=A_iB_j\delta_{ij}=A_iB_i\\&=A_1B_1+A_2B_2+A_3B_3.\end{aligned}\tag{B.12}$$

$$\begin{aligned}\boldsymbol{A}\times\boldsymbol{B}&=(A_i\boldsymbol{e}_i)\times(B_j\boldsymbol{e}_j)=A_iB_j\boldsymbol{e}_i\times\boldsymbol{e}_j=\varepsilon_{ijk}A_iB_j\boldsymbol{e}_k\\&=\begin{vmatrix}\boldsymbol{e}_1&\boldsymbol{e}_2&\boldsymbol{e}_3\\A_1&A_2&A_3\\B_1&B_2&B_3\end{vmatrix}.\end{aligned}\tag{B.13}$$

$$\begin{aligned}\boldsymbol{C}\cdot(\boldsymbol{A}\times\boldsymbol{B})&=(C_k\boldsymbol{e}_k)\cdot[(A_i\boldsymbol{e}_i)\times(B_j\boldsymbol{e}_j)]=C_kA_iB_j\boldsymbol{e}_k\cdot(\boldsymbol{e}_i\times\boldsymbol{e}_j)\\&=C_kA_iB_j\boldsymbol{e}_k\cdot(\varepsilon_{ijl}\boldsymbol{e}_l)=\varepsilon_{ijl}C_kA_iB_j\boldsymbol{e}_k\cdot\boldsymbol{e}_l\\&=\varepsilon_{ijl}C_kA_iB_j\delta_{kl}=\varepsilon_{kij}C_kA_iB_j\\&=\begin{vmatrix}C_1&C_2&C_3\\A_1&A_2&A_3\\B_1&B_2&B_3\end{vmatrix}.\end{aligned}\tag{B.14}$$

B.2　矢量微积分

矢量分析涉及矢量的变化, 即矢量微积分, 特别是与场论有关的标量场和矢量场的微积分运算. 对场的微分运算, 主要涉及标量场的梯度、矢量场的散度和旋度. 如采用 Kronecker 符号、Levi-Civita 符号和 Einstein 约定会使矢量微分变得异常简单, 并可表达为简洁形式. 如标量 f 的梯度表达式为

$$\nabla f=\left(\frac{\partial}{\partial x_i}\boldsymbol{e}_i\right)f=\frac{\partial f}{\partial x_i}\boldsymbol{e}_i.\tag{B.15}$$

矢量 $\boldsymbol{A}$ 的散度和旋度分别表达为

$$\nabla\cdot\boldsymbol{A}=\left(\frac{\partial}{\partial x_i}\boldsymbol{e}_i\right)\cdot(A_j\boldsymbol{e}_j)=\frac{\partial A_j}{\partial x_i}(\boldsymbol{e}_i\cdot\boldsymbol{e}_j)=\frac{\partial A_j}{\partial x_i}\delta_{ij}=\frac{\partial A_i}{\partial x_i},\tag{B.16}$$

$$\nabla\times\boldsymbol{A}=\left(\frac{\partial}{\partial x_i}\boldsymbol{e}_i\right)\times(A_j\boldsymbol{e}_j)=\frac{\partial A_j}{\partial x_i}(\boldsymbol{e}_i\times\boldsymbol{e}_j)=\varepsilon_{ijk}\frac{\partial A_j}{\partial x_i}\boldsymbol{e}_k.\tag{B.17}$$

还可推导一些有用的公式. 如

$$\begin{aligned}\nabla\cdot(f\boldsymbol{A})&=\left(\frac{\partial}{\partial x_i}\boldsymbol{e}_i\right)\cdot(fA_j\boldsymbol{e}_j)=\boldsymbol{e}_i\cdot\boldsymbol{e}_j\frac{\partial(fA_j)}{\partial x_i}=\delta_{ij}\left(\frac{\partial f}{\partial x_i}A_j+f\frac{\partial A_j}{\partial x_i}\right)\\&=\frac{\partial f}{\partial x_i}A_i+f\frac{\partial A_i}{\partial x_i}=\nabla f\cdot\boldsymbol{A}+f\nabla\cdot\boldsymbol{A}.\end{aligned}\tag{B.18}$$

关于矢量场的积分, 这里给出两个重要的积分定理.

定理 B.1 (高斯 (Gauss) 定理) 对空间的任意区域 V, 若矢量场 $\boldsymbol{A}$ 的各分量及其偏导数均为连续函数, S 为 V 的界面, 则

$$\oint_S \mathrm{d}\boldsymbol{S}\cdot\boldsymbol{A}=\int_V \mathrm{d}V\nabla\cdot\boldsymbol{A}. \tag{B.19}$$

定理 B.2 (斯托克斯 (Stokes) 定理) 对空间任意曲面 S, 若矢量场 $\boldsymbol{A}$ 的各分量及其偏导数均为连续函数, L 为曲面 S 的边界线, 且线积分的回转方向与面积分的法线方向形成右手螺旋关系, 则

$$\oint_L \mathrm{d}\boldsymbol{L}\cdot\boldsymbol{A}=\int_S \mathrm{d}S\nabla\times\boldsymbol{A}. \tag{B.20}$$

B.3 正交曲线坐标系下拉普拉斯算符

最后, 讨论正交曲线坐标系下拉普拉斯算符. 在处理许多物理问题时, 由于边界的形状或体系的对称性, 不宜采用直角坐标, 而应采用柱坐标系、球坐标系等正交曲线坐标系. 下面给出正交曲线坐标系中的梯度、散度、旋度和拉普拉斯算符.

以 q_1, q_2, q_3 表示正交曲线坐标, 它们与直角坐标 x,y,z 互为函数, 即

$$\begin{cases} q_1=q_1(x,y,z), \\ q_2=q_2(x,y,z), \\ q_3=q_3(x,y,z); \end{cases} \quad \begin{cases} x=x(q_1,q_2,q_3), \\ y=y(q_1,q_2,q_3), \\ z=z(q_1,q_2,q_3). \end{cases} \tag{B.21}$$

两点具有相同 q_2 和 q_3, 而 q_1 相差 $\mathrm{d}q_1$, 则两点间的距离为

$$(\mathrm{d}s_1)^2=(\mathrm{d}x)^2+(\mathrm{d}y)^2+(\mathrm{d}z)^2=\left[\left(\frac{\partial x}{\partial q_1}\right)^2+\left(\frac{\partial y}{\partial q_1}\right)^2+\left(\frac{\partial z}{\partial q_1}\right)^2\right](\mathrm{d}q_1)^2, \tag{B.22}$$

这可改写为

$$\mathrm{d}s_1=H_1\mathrm{d}q_1,\ H_1=\sqrt{\left(\frac{\partial x}{\partial q_1}\right)^2+\left(\frac{\partial y}{\partial q_1}\right)^2+\left(\frac{\partial z}{\partial q_1}\right)^2}. \tag{B.23a}$$

同理, 两点具有相同 q_3 和 q_1, 而 q_2 相差 $\mathrm{d}q_2$, 则两点间的距离为

$$\mathrm{d}s_2=H_1\mathrm{d}q_2,\ H_2=\sqrt{(\frac{\partial x}{\partial q_2})^2+(\frac{\partial y}{\partial q_2})^2+(\frac{\partial z}{\partial q_2})^2}. \tag{B.23b}$$

两点具有相同 q_1 和 q_2, 而 q_3 相差 $\mathrm{d}q_3$, 则两点间的距离为

$$\mathrm{d}s_3=H_1\mathrm{d}q_3,\ H_3=\sqrt{\left(\frac{\partial x}{\partial q_3}\right)^2+\left(\frac{\partial y}{\partial q_3}\right)^2+\left(\frac{\partial z}{\partial q_3}\right)^2}. \tag{B.23c}$$

H_1, H_2 和 H_3 称为度规系数. 这样, 标量函数 $f(q_1,q_2,q_3)$ 的梯度 ∇f 在 q_i 增加方向的分量为

$$(\nabla f)_i = \frac{\partial f}{\partial s_1} = \frac{1}{H_i}\frac{\partial f}{\partial q_i}. \tag{B.24}$$

考虑矢量函数 $\boldsymbol{A}(q_1,q_2,q_3)$ 的散度. 取一微小六面体, 它由 q_1,$q_1+\mathrm{d}q_1$;q_2,$q_2+\mathrm{d}q_2$; q_3, $q_3+\mathrm{d}q_3$ 六个曲面围成 (图 B.2). 现计算从这个六面体发出的通量. 先考虑 q_1 和 $q_1+\mathrm{d}q_1$ 两面, 净发出的通量为

$$(A_1H_2H_3)|_{q_1+\mathrm{d}q_1}\mathrm{d}q_2\mathrm{d}q_3 - (A_1H_2H_3)|_{q_1}\mathrm{d}q_2\mathrm{d}q_3 = \frac{\partial}{\partial q_1}(A_1H_2H_3)\mathrm{d}q_1\mathrm{d}q_2\mathrm{d}q_3. \tag{B.25a}$$

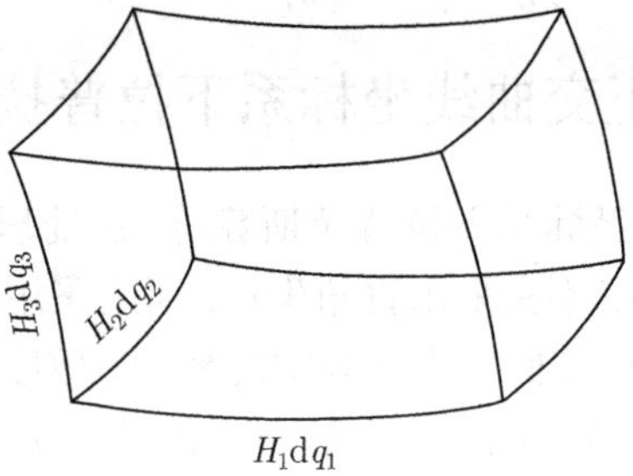

图 B.2　矢量的散度

同理, 通过 q_2 和 $q_2+\mathrm{d}q_2$ 两面净发出的通量为

$$\frac{\partial}{\partial q_2}(A_2H_3H_1)\mathrm{d}q_1\mathrm{d}q_2\mathrm{d}q_3. \tag{B.25b}$$

通过 q_3 和 $q_3+\mathrm{d}q_3$ 两面净发出的通量为

$$\frac{\partial}{\partial q_3}(A_3H_1H_2)\mathrm{d}q_1\mathrm{d}q_2\mathrm{d}q_3. \tag{B.25c}$$

三者加起来就得到总通量, 再除以平行六面体的体积 $H_1H_2H_3\mathrm{d}q_1\mathrm{d}q_2\mathrm{d}q_3$ 就是每单位体积发出的通量, 即散度

$$\nabla\cdot\boldsymbol{A} = \frac{1}{H_1H_2H_3}\left[\frac{\partial}{\partial q_1}(H_2H_3A_1) + \frac{\partial}{\partial q_2}(H_3H_1A_2) + \frac{\partial}{\partial q_3}(H_1H_2A_3)\right]. \tag{B.26}$$

考虑矢量函数 $\boldsymbol{A}(q_1,q_2,q_3)$ 的旋度. 取一微小四边形 $ABCD$, 它的法线沿 q_1 增大的方向, 四边分别是 q_2, $q_2+\mathrm{d}q_2$; q_3, $q_3+\mathrm{d}q_3$(图 B.3). 现计算矢量 $\boldsymbol{A}$ 沿 $ABCD$ 的环流量. 沿 AB 和 CD 段为

$$(A_2H_2)|_{q_3}\mathrm{d}q_2 - (A_2H_2)|_{q_3+\mathrm{d}q_3}\mathrm{d}q_2 = -\frac{\partial}{\partial q_3}(A_2H_2)\mathrm{d}q_2\mathrm{d}q_3; \tag{B.27a}$$

沿 BC 和 DA 段为

$$(A_3H_3)|_{q_2+\mathrm{d}q_2}\mathrm{d}q_3-(A_3H_3)|_{q_2}\mathrm{d}q_2=\frac{\partial}{\partial q_2}(A_3H_3)\mathrm{d}q_2\mathrm{d}q_3. \tag{B.27b}$$

两者相加就得到沿回路 $ABCD$ 的环流量, 再除以四边形的面积 $H_2H_3\mathrm{d}q_2\mathrm{d}q_3$ 就得到 q_2q_3 平面上每单位面积的环流量, 即旋度的分量

$$(\nabla\times\boldsymbol{A})_1=\frac{1}{H_2H_3}\left[\frac{\partial}{\partial q_2}(A_3H_3)-\frac{\partial}{\partial q_3}(A_2H_2)\right]. \tag{B.28a}$$

同理

$$(\nabla\times\boldsymbol{A})_2=\frac{1}{H_3H_1}\left[\frac{\partial}{\partial q_3}(A_1H_1)-\frac{\partial}{\partial q_1}(A_3H_3)\right], \tag{B.28b}$$

$$(\nabla\times\boldsymbol{A})_3=\frac{1}{H_1H_2}\left[\frac{\partial}{\partial q_1}(A_2H_2)-\frac{\partial}{\partial q_2}(A_1H_1)\right]. \tag{B.28c}$$

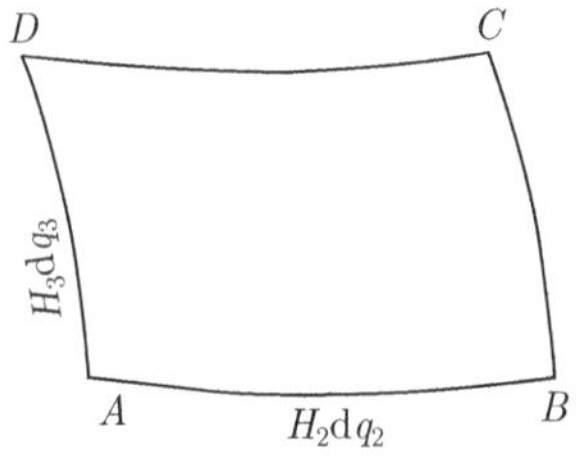

图 B.3 矢量的旋度

拉普拉斯 (Laplace) 算符作用于标量函数 $f(q_1,q_2,q_3)$ 上是该标量函数的梯度 ∇f 的散度 $\nabla\cdot\nabla f$, 所以

$$\nabla^2 f=\frac{1}{H_1H_2H_3}\left[\frac{\partial}{\partial q_1}\left(\frac{H_2H_3}{H_1}\frac{\partial f}{\partial q_1}\right)+\frac{\partial}{\partial q_2}\left(\frac{H_3H_1}{H_2}\frac{\partial f}{\partial q_2}\right)+\frac{\partial}{\partial q_3}\left(\frac{H_1H_2}{H_3}\frac{\partial f}{\partial q_3}\right)\right]. \tag{B.29}$$

应用于柱坐标 (ρ,φ,z)

$$\begin{cases} x=\rho\cos\varphi, \\ y=\rho\sin\varphi, \\ z=z. \end{cases} \tag{B.30}$$

有

$$H_\rho=1,\ H_\varphi=\rho,\ H_z=1. \tag{B.31}$$

于是在柱坐标系中

$$\nabla f = \frac{\partial f}{\partial \rho}\boldsymbol{e}_\rho + \frac{1}{\rho}\frac{\partial f}{\partial \varphi}\boldsymbol{e}_\varphi + \frac{\partial f}{\partial z}\boldsymbol{e}_z. \tag{B.32}$$

$$\nabla \cdot \boldsymbol{A} = \frac{1}{\rho}\frac{\partial}{\partial \rho}(\rho A_\rho) + \frac{1}{\rho}\frac{\partial}{\partial \varphi}A_\varphi + \frac{\partial}{\partial z}A_z. \tag{B.33}$$

$$\nabla \times \boldsymbol{A} = \Big(\frac{1}{\rho}\frac{\partial A_z}{\partial \varphi} - \frac{\partial A_\varphi}{\partial z}\Big)\boldsymbol{e}_\rho + \Big(\frac{\partial A_\rho}{\partial z} - \frac{\partial A_z}{\partial \rho}\Big)\boldsymbol{e}_\varphi + \frac{1}{\rho}\Big(\frac{\partial(\rho A_\varphi)}{\partial \rho} - \frac{\partial A_\rho}{\partial \varphi}\Big)\boldsymbol{e}_z. \tag{B.34}$$

$$\nabla^2 f = \frac{1}{\rho}\frac{\partial}{\partial \rho}\Big(\rho\frac{\partial f}{\partial \rho}\Big) + \frac{1}{\rho^2}\frac{\partial^2 f}{\partial \varphi^2} + \frac{\partial^2 f}{\partial z^2}. \tag{B.35}$$

应用于球坐标 $(r,\ \theta,\ \varphi)$

$$\begin{cases} x = r\sin\theta\cos\varphi, \\ y = r\sin\theta\sin\varphi, \\ z = r\cos\theta. \end{cases} \tag{B.36}$$

有

$$H_r = 1,\ H_\theta = r,\ H_\varphi = r\sin\theta. \tag{B.37}$$

于是在球坐标系中

$$\nabla f = \frac{\partial f}{\partial r}\boldsymbol{e}_r + \frac{1}{r}\frac{\partial f}{\partial \theta}\boldsymbol{e}_\theta + \frac{1}{r\sin\theta}\frac{\partial f}{\partial \varphi}\boldsymbol{e}_\varphi. \tag{B.38}$$

$$\nabla \cdot \boldsymbol{A} = \frac{1}{r^2}\frac{\partial}{\partial r}(r^2 A_r) + \frac{1}{r\sin\theta}\frac{\partial}{\partial \theta}(\sin\theta A_\theta) + \frac{1}{r\sin\theta}\frac{\partial}{\partial \varphi}A_\varphi. \tag{B.39}$$

$$\begin{aligned}\nabla \times \boldsymbol{A} = &\frac{1}{r\sin\theta}\Big[\frac{\partial(\sin\theta A_\varphi)}{\partial \theta} - \frac{\partial A_\theta}{\partial \varphi}\Big]\boldsymbol{e}_r + \Big[\frac{1}{r\sin\theta}\frac{\partial A_r}{\partial \varphi} - \frac{1}{r}\frac{\partial(rA_\varphi)}{\partial r}\Big]\boldsymbol{e}_\theta \\ &+ \frac{1}{r}\Big(\frac{\partial(rA_\theta)}{\partial r} - \frac{\partial A_r}{\partial \theta}\Big)\boldsymbol{e}_\varphi.\end{aligned} \tag{B.40}$$

$$\nabla^2 f = \frac{1}{r^2}\frac{\partial}{\partial r}\Big(r^2\frac{\partial f}{\partial r}\Big) + \frac{1}{r^2\sin\theta}\frac{\partial}{\partial \theta}\Big(\sin\theta\frac{\partial f}{\partial \theta}\Big) + \frac{1}{r^2\sin^2\theta}\frac{\partial^2 f}{\partial \varphi^2}. \tag{B.41}$$

附录C　二阶常微分方程的级数解法

C.1　本征值问题级数解法的一般描述

在量子力学中, 常常遇到数学物理偏微分方程. 采用具体坐标系, 对这些偏微分方程分离变量, 就会出现各种各样的特殊函数方程, 这些大多是二阶常微分方程. 这就给我们提出了求解二阶常微分方程

$$y'' + p(x)y' + q(x)y = 0 \tag{C.1}$$

的任务. 二阶常微分方程往往还附有边条件, 满足这些边条件的解往往不存在, 除非方程的参数取某些特定的值, 称为本征值, 相应的非零解称为本征函数, 求方程的本征值和本征函数的问题称为本征值问题.

级数解法就是把二阶常微分方程的解表示为系数待定的幂级数, 代入方程以逐个确定系数. 级数解法是一种普遍的方法, 对方程无特殊的要求, 但存在级数是否收敛以及收敛区域的问题. 用级数解法要选择某个点作为展开中心, 得到的解就是以 x_0 为中心的幂级数. 还必须确定这个幂级数的收敛圆, 级数解只在收敛圆内部有意义. 如果需要解在收敛圆以外的点上的数值, 就必须把级数向该点作解析延拓, 或者另选一个中心重新用级数法去求解.

如果方程 (C.1) 的系数 $p(x)$ 和 $q(x)$ 在所选的点 x_0 是解析的, 则 x_0 称为方程 (C.1) 的**常点**. 否则, 称为方程 (C.1) 的**奇点**.

C.1.1　常点邻域上的级数解法

方程 (C.1) 的系数 $p(x)$ 和 $q(x)$ 以常点 x_0 为中心展开为泰勒级数

$$p(x) = \sum_{k=0}^{\infty} p_k (x - x_0)^k,\ q(x) = \sum_{k=0}^{\infty} q_k (x - x_0)^k. \tag{C.2}$$

所求的解在常点 x_0 是解析的, 也可展开为以 x_0 为中心的泰勒级数

$$y(x) = \sum_{k=0}^{\infty} a_k (x - x_0)^k, \tag{C.3}$$

其中, a_k 尚待确定. 对式 (C.3) 逐项求导, 得

$$y'(x) = \sum_{k=1}^{\infty} k a_k (x - x_0)^{k-1},\ y''(x) = \sum_{k=2}^{\infty} k(k-1) a_k (x - x_0)^{k-2}. \tag{C.4}$$

将式 (C.2)、式 (C.3) 和式 (C.4) 代入方程 (C.1) 左边, 合并同幂项. 既然方程 (C.1) 的右边为零, 可见各个幂次合并后的系数应分别为零. 常数项为零, 得到 a_2、a_1 和 a_0 的方程, 它使得 a_2 可用 a_1 和 a_0 表示出来. $(x-x_0)$ 的一次幂的系数为零, 可将 a_3 用 a_2、a_1 和 a_0 表示出来, 而 a_2 又可用 a_1 和 a_0 表示出来, 最终 a_3 用 a_1 和 a_0 表示出来. 照此类推, 所有的 a_k 都可用 a_1 和 a_0 表示出来, 而 a_1 和 a_0 是任意的, 正是二阶常微分方程的通解中必然出现的两个积分常数.

C.1.2 正则奇点邻域上的级数解法

选定的点 x_0 是 $p(x)$ 和 $q(x)$ 的奇点, 因而 $p(x)$ 和 $q(x)$ 不再能展开为以 x_0 为中心的泰勒级数, 一般而言, 应展开为洛朗级数

$$p(x)=\sum_{k=-m}^{\infty} p_k(x-x_0)^k,\ q(x)=\sum_{k=-n}^{\infty} q_k(x-x_0)^k. \tag{C.5}$$

在这种情况下, 不能再把所求的解表示为式 (C.3) 那种泰勒级数. 为此, 尝试如下形式的解

$$y(x)=(x-x_0)^s\sum_{k=0}^{\infty} a_k(x-x_0)^k. \tag{C.6}$$

第一个系数 a_0 总可认为不为零, 否则后一项就成了第一项. 这个尝试如果成功, 点 x_0 就称作方程的**正则奇点**. 试问尝试成功的条件是什么呢? 由式 (C.5) 和式 (C.6), 可得

$$\begin{aligned}
y''&=s(s-1)a_0(x-x_0)^{s-2}+(s+1)sa_1(x-x_0)^{s-1}+\cdots,\\
p(x)y'&=sp_{-m}a_0(x-x_0)^{s-m-1}+[sp_{-m}a_0+(s+1)p_{-m}a_1](x-x_0)^{s-m}+\cdots,\\
q(x)y&=q_{-n}a_0(x-x_0)^{s-n}+(q_{-n+1}a_0+q_{-n}a_1)(x-x_0)^{s-n-1}+\cdots.
\end{aligned} \tag{C.7}$$

以上三式代入方程 (C.1) 左边, 合并同幂项, 各个幂次合并后的系数应分别为零. 最低幂项合并后的系数为零, 这给出 s 的代数方程, 由此确定 s. 确定 s 之后, 按升幂顺序依次令各个幂次合并后的系数为零, 就可依次递推出各个系数 a_k. 现特别写出式 (C.7) 各自的最低幂项之和为

$$[s(s-1)(x-x_0)^{s-2}+sp_{-m}(x-x_0)^{s-m-1}+q_{-n}(x-x_0)^{s-n}]a_0. \tag{C.8}$$

只要 $m>1$ 或 $n>2$ 两者有其一, 则式 (C.8) 从第二或第三项或两者为最低幂项. 由最低幂项系数之和为零, 只能得到 $sp_{-m}=0$ 或 $q_{-n}=0$ 或 $sp_{-m}+q_{-n}=0$, 这些是 s 的一次或零次代数方程, 只能解出一个 s 的值或根本解不出 s 的值. 这就是说, 解不出式 (C.6) 形式的两个解, 尝试不成功, 点 x_0 不是正则奇点. 再讨论 $m\leqslant 1$,

而且 $n \leqslant 2$ 的情况. 这时, 式 (C.8) 中第一项是最低幂次项, 另外两项最低只能与它同幂次而不会低于它. 令最低幂次项系数之和为零, 得到 s 的二次代数方程

$$s(s-1)+sp_{-1}+q_{-2}=0. \tag{C.9}$$

从此方程可解出两个 s, 对每一个 s, 进行系数 a_k 的递推, 得出一个式 (C.6) 形式的解. 这就是说, 解出两个式 (C.6) 形式的解, 尝试成功, 点 x_0 是正则奇点, 确定 s 的二次代数方程 (C.9) 称为**指标方程**. 这样, 奇点 x_0 是方程 (C.6) 的**正则奇点的条件**是 $m \leqslant 1$ 和 $n \leqslant 2$, 即 $p(x)$ 以 x_0 为不高于一阶的极点, 而 $q(x)$ 以 x_0 为不高于二阶的极点.

只要是微分方程 (C.1) 的正则奇点, 而指标方程 (C.9) 的两根之差 $s_1-s_2=h$ 是整数 (不妨认为整数 h 是正的, 这只不过是认定 s_1 为较大的根, s_2 为较小的根), 就可能出现级数解法只能给出与 s_1 对应的一个特解, 还缺少一个特解. 事实上, 在 $m \leqslant 1$ 和 $n \leqslant 2$ 的条件下, 式 (C.7) 为

$$\begin{aligned}
y'' &= \sum_{k=0}^{\infty}(s+k)(s+k-1)a_k(x-x_0)^{s+k-2},\\
p(x)y' &= \sum_{k=0}^{\infty}[p_{k-1}sa_0+p_{k-2}(s+1)a_1+\cdots+p_{-1}(s+k)a_k](x-x_0)^{s+k-2},\\
q(x)y &= \sum_{k=0}^{\infty}[q_{k-2}a_0+q_{k-1}a_1+\cdots+q_{-2}a_k](x-x_0)^{s+k-2}.
\end{aligned} \tag{C.10}$$

把 $(x-x_0)^{s+k-2}$ 项合并, 令合并后的系数为零, 就得递推公式

$$\begin{aligned}
&a_k[(s+k)(s+k-1)+p_{-1}(s+k)+q_{-2}]+a_{k-1}[(s+k-1)p_0+q_{-1}]\\
&+a_{k-2}[(s+k-2)p_1+q_0]+\cdots+a_0[sp_{k-1}+q_{k-2}]=0.
\end{aligned} \tag{C.11}$$

对指标方程较大的一个根 s_1, 按式 (C.11) 可以顺利地进行系数的递推, 求得一个特解. 对于指标方程较小的一个根 s_2, 开头几个系数 $a_i(i=1,2,\cdots,h-1)$ 还可以顺利地推出, 到 a_h 就发生了困难, 因为这时递推公式成为

$$\begin{aligned}
&a_h[(s_2+h)(s_2+h-1)+p_{-1}(s_2+h)+q_{-2}]+a_{h-1}[(s_2+h-1)p_0+q_{-1}]\\
&+a_{h-2}[(s_2+h-2)p_1+q_0]+\cdots+a_0[s_2p_{h-1}+q_{h-2}]=0,
\end{aligned}$$

即

$$\begin{aligned}
&a_h[s_1(s_1-1)+p_{-1}s_1+q_{-2}]+a_{h-1}[(s_1-1)p_0+q_{-1}]\\
&+a_{h-2}[(s_1-2)p_1+q_0]+\cdots+a_0[s_2p_{h-1}+q_{h-2}]=0.
\end{aligned} \tag{C.12}$$

由于 s_1 是指标方程的根, 即 $s_1(s_1-1)+p_{-1}s_1+q_{-2}=0$, 式 (C.12) 成为

$$0a_h+[(s_1-1)p_0+q_{-1}]a_{h-1}+\cdots+a_0[s_2p_{h-1}+q_{h-2}]=0. \tag{C.13}$$

要推算的系数 a_h 从递推公式 (C.13) 中消失了, 系数的递推无法进行下去. 不过, 这是就一般情况而言. 在特殊情况下, 式 (C.13) 可能是恒等式 $0a_h+0a_{h-1}+\cdots+0a_0=0$, 系数的递推仍可顺利地进行下去. 那么, 在这种情况下, 第二个特解应当是怎样的呢? 利用朗斯基行列式, 可证明与指标方程 (C.9) 较小的根 s_2 对应的解的形式是

$$y_2(x)=Ay_1(x)\ln(x-x_0)+(x-x_0)^{s_2}\sum_{k=0}^{\infty}a_k(x-x_0)^k, \tag{C.14}$$

其中, $y_1(x)$ 是对应于指标方程较大的一个根 s_1 的特解. 将式 (C.14) 代入微分方程 (C.1), 定出常数 A 和各个系数 a_k, 即求得第二个特解.

下面给出朗斯基 (Wronski) 行列式. 设 $y_1(x)$ 和 $y_2(x)$ 是方程 (C.1) 的两个线性独立解, 则行列式

$$\Delta(x)=\begin{vmatrix} y_1(x) & y_2(x) \\ y_1'(x) & y_2'(x) \end{vmatrix}=y_1(x)y_2'-y_1'(x)y_2(x) \tag{C.15}$$

称为微分方程 (C.1) 的朗斯基行列式. 事实上, 既然 $y_1(x)$ 和 $y_2(x)$ 是方程 (C.1) 的解, 则有

$$y_1''+p(x)y_1'+q(x)y_1=0, \tag{C.16a}$$

$$y_2''+p(x)y_2'+q(x)y_2=0. \tag{C.16b}$$

$y_1(x)\times$ 式 (C.16b)$-y_2(x)\times$ 式 (C.16a), 有

$$(y_1y_2''-y_1''y_2)+p(y_1y_2'-y_1'y_2)=0,$$

即

$$\frac{\mathrm{d}\Delta(x)}{\mathrm{d}x}+p\Delta(x)=0. \tag{C.17}$$

由此

$$\Delta(x)=\Delta_0\mathrm{e}^{-\int p(x)\mathrm{d}x}. \tag{C.18}$$

只要求得方程 (C.1) 的一个特解 $y_1(x)$, 就可利用朗斯基行列式求出线性独立的第二个特解 $y_2(x)$. 事实上

$$\frac{\mathrm{d}}{\mathrm{d}x}\left(\frac{y_2}{y_1}\right)=\frac{y_1y_2'-y_1'y_2}{y_1^2}=\frac{\Delta(x)}{y_1^2}. \tag{C.19}$$

上式两边分别积分, 得到从 y_1 求 y_2 的公式

$$\frac{y_2}{y_1}=\int\frac{\Delta(x)}{[y_1(x)]^2}\mathrm{d}x. \tag{C.20}$$

将式 (C.18) 代入式 (C.20),

$$y_2=y_1\int\mathrm{e}^{-\int p(x)\mathrm{d}x}\frac{1}{y_1^2}\mathrm{d}x. \tag{C.21}$$

现利用式 (C.21) 来证明式 (C.14). 问题是这样的: 在正则奇点 x_0 的邻域上, 已就指标方程较大的根 s_1 求得式 (C.6) 形式的解. 由于指标方程两根之差 $s_1-s_2=h$ 为整数, 未能求出式 (C.6) 形式的第二个解. 既然已求出一个特解 $y_1(x)$, 当然可以利用式 (C.21) 把第二个解找出来. 事实上, 由于正则奇点 x_0 是 $p(x)$ 的不高于一阶的极点,

$$\begin{aligned}p(x)&=p_{-1}(x-x_0)^{-1}+\text{以 } x_0 \text{ 为中心的泰勒级数},\\ \int p(x)\mathrm{d}x&=p_{-1}\ln(x-x_0)+\text{以 } x_0 \text{ 为中心的泰勒级数}.\end{aligned}$$

这样

$$\begin{aligned}\mathrm{e}^{-\int p(x)\mathrm{d}x}&=\mathrm{e}^{-p_{-1}\ln(x-x_0)}\mathrm{e}^{[\text{以 } x_0 \text{ 为中心的泰勒级数}]}\\ &=(x-x_0)^{-p_{-1}}[\text{以 } x_0 \text{ 为中心的泰勒级数}],\\ \mathrm{e}^{-\int p(x)\mathrm{d}x}\frac{1}{y_1^2}&=(x-x_0)^{-p_{-1}-2s_1}[\text{以 } x_0 \text{ 为中心的泰勒级数}].\end{aligned}$$

由指标方程 (C.9), 可知 $s_1+s_2=1-p_{-1}$. 因此

$$\begin{aligned}\mathrm{e}^{-\int p(x)\mathrm{d}x}\frac{1}{y_1^2}&=(x-x_0)^{s_1+s_2-1-2s_1}[\text{以 } x_0 \text{ 为中心的泰勒级数}]\\ &=(x-x_0)^{-h-1}[\text{以 } x_0 \text{ 为中心的泰勒级数}].\end{aligned}$$

既然指标方程两根之差 h 为整数, 上式一般应有 $(x-x_0)^{-1}$ 项. 将此项特别写出来, 就有

$$\mathrm{e}^{-\int p(x)\mathrm{d}x}\frac{1}{y_1^2}=A(x-x_0)^{-1}+(x-x_0)^{-h-1}[\text{以 } x_0 \text{ 为中心的泰勒级数}].$$

于是, 按式 (C.21), 有

$$\begin{aligned}y_2(x)&=Ay_1(x)\ln(x-x_0)+(x-x_0)^{s_1-h}[\text{以 } x_0 \text{ 为中心的泰勒级数}]\\ &=Ay_1(x)\ln(x-x_0)+(x-x_0)^{s_2}\sum_{i=0}^{\infty}a_i(x-x_0)^i.\end{aligned}$$

这就证明了式 (C.14).

C.1.3 施图姆–刘维尔本征值问题

研究二阶常微分方程 (C.1) 的本征值问题时, 通常用适当的函数遍乘微分方程各项, 而将方程表示为施图姆–刘维尔型

$$\frac{\mathrm{d}}{\mathrm{d}x}\left[k(x)\frac{\mathrm{d}y}{\mathrm{d}x}\right]-q(x)y+\lambda\rho(x)y=0 \quad (a\leqslant x\leqslant b). \tag{C.22}$$

附以相应的边界条件, 就构成施图姆–刘维尔本征值问题. 不妨认为系数 $k(x)$、$q(x)$ 和 $\rho(x)$ 不只取正值.

如果 a 或 b 是 $k(x)$ 的一级零点, 在那个端点就存在着自然边界条件. 自然边界条件的存在是不难证明的. 比较方程 (C.1) 和方程 (C.22), 易见 $p(x)=k'(x)/k(x)$, 而 $x=a$ 是 $p(x)$ 的一阶极点, 从而是方程的正则奇点. 先计算 p_{-1}

$$p_{-1}=[p(x)(x-a)]|_{x=a}=\left[k'(x)\frac{x-a}{k(x)}\right]\bigg|_{x=a}=\left[k'(x)\frac{1}{k'(x)}\right]\bigg|_{x=a}=1. \tag{C.23}$$

于是指标方程 (C.9) 成为

$$s^2+q_{-2}=0. \tag{C.24}$$

它的两个根是 $s_1=+\sqrt{-q_{-2}}$ 和 $s_2=-\sqrt{-q_{-2}}$. 对物理上有意义的问题是, 根 s_1 和 s_2 应为实数, 所以 s_1 和 s_2 一正一负, 对应于负根 s_2 的解含有 $(x-a)$ 的负幂项, 因而在 $x=a$ 成为无限大. 若 $s_1=s_2=0$, 则有一个解含有 $\ln(x-a)$ 项, 因而在 $x=a$ 成为无限大. 在 $x=a$ 成为无限大的解应该排除, 这正是自然边界条件.

本征值问题的共同性质如下:

(1) 若 $k(x)$ 及其导数连续, $q(x)$ 连续或至多在边界有一阶极点, 则存在无限多个本征值 $\lambda_1\leqslant\lambda_2\leqslant\lambda_3\leqslant\cdots$, 相应地有本征函数 $y_1(x),y_2(x),y_3(x),\cdots$. 这些本征函数的排列次序正好使节点个数增多.

(2) 所有本征值 $\lambda_n\geqslant 0$.

(3) 对应于不同本征值 λ_n 和 λ_m 的本征函数 $y_n(x)$ 和 $y_m(x)$, 在区间 $[a,b]$ 上带权重 $\rho(x)$ 正交, 即

$$\int_a^b y_n^*(x)y_m(x)\rho(x)\mathrm{d}x=\delta_{nm}. \tag{C.25}$$

(4) 本征函数 $y_i(x), i=1,2,3,\cdots$ 是完备的. 如果函数 $f(x)$ 具有连续一阶导数和逐段连续二阶导数, 且满足本征函数所满足的边界条件, 则必可展开为绝对且一致收敛的级数, 即

$$f(x)=\sum_{n=1}^{\infty}f_ny_n(x). \tag{C.26}$$

用 $y_m(x)\rho(x)$ 乘以上式, 并逐项积分, 再利用正交关系式 (C.25), 可得

$$f_n=\frac{1}{N_n^2}\int_a^b f(x)y_n(x)\rho(x)\mathrm{d}x, \tag{C.27}$$

式中, N_n 称为 $y_n(x)$ 的模

$$N_n = \left[\int_a^b y_n^*(x) y_n(x) \rho(x) \mathrm{d}x \right]^{1/2}. \tag{C.28}$$

C.2 厄米多项式

厄米 (Hermite) 方程为

$$y'' - 2xy' + (\lambda - 1)y = 0. \tag{C.29}$$

$x = 0$ 是厄米方程的常点, 在 $x = 0$ 点邻域中, 对 $y(x)$ 作泰勒展开为

$$y(x) = \sum_{k=0}^{\infty} a_k x^k. \tag{C.30}$$

代入方程 (C.29) 左边, 合并同幂项, 并让同幂项系数为零, 可得 a_k 之间的递推关系

$$a_{k+2} = \frac{2k - (\lambda - 1)}{(k+2)(k+1)} a_k, \quad k = 0, 1, 2, \cdots. \tag{C.31}$$

所有偶次幂的系数都可用 a_0 表示, 所有奇次幂的系数都可用 a_1 表示, 而 a_0 和 a_1 是两个任意常数, 从而求得方程 (C.29) 的一般解为

$$y(x) = a_0 y_0(x) + a_1 y_1(x), \tag{C.32}$$

其中

$$\begin{aligned} y_0(x) = & 1 + \frac{-(\lambda-1)}{2!} x^2 + \frac{[2\cdot 2 - (\lambda-1)][-(\lambda-1)]}{4!} x^4 + \cdots \\ & + \frac{[2(2k-2) - (\lambda-1)][2(2k-4) - (\lambda-1)] \cdots [-(\lambda-1)]}{(2k)!} x^{2k} \\ & + \cdots, \end{aligned} \tag{C.33a}$$

$$\begin{aligned} y_1(x) = & x + \frac{2\cdot 1 - (\lambda-1)}{3!} x^3 + \frac{[2\cdot 3 - (\lambda-1)][2\cdot 1 - (\lambda-1)]}{5!} x^5 + \cdots \\ & + \frac{[2(2k-1) - (\lambda-1)][2(2k-3) - (\lambda-1)] \cdots [2\cdot 1 - (\lambda-1)]}{(2k+1)!} x^{2k+1} \\ & + \cdots. \end{aligned} \tag{C.33b}$$

幂级数的收敛半径为 $R = \lim\limits_{n\to\infty} |a_n/a_{n+1}| \to \infty$, 这样级数式 (C.33a) 和式 (C.33b) 收敛于 $|x| < \infty$. 因此, 当 x 取有限值时, 它们都收敛, 但当 $x \to \infty$ 时有问题.

由式 (C.31) 可知, 当 $k \to \infty$ 时, $a_{k+2}/a_k \approx 2/k$. 对 $k = 2m$(偶数) 情况, $a_{k+2}/a_k \approx 1/m$, 它与 $\exp(x^2)$ 的泰勒展开的相邻项的系数之比相同. 因此, 当 $|x| \to \infty$ 时, $y_0(x) \propto \exp(x^2)$. 同理, $y_1(x) \propto x\exp(x^2)$. 这样的解不能满足在无穷远有限的物理条件. 因此, 要得到物理上允许的解, 必须要求 y_0 和 y_1 两个级数解中至少有一个中断为多项式. 由式 (C.31) 或式 (C.33) 可以看出, 当

$$\lambda - 1 = 2n, \quad n = 0, 1, 2, \cdots \tag{C.34}$$

时, 级数将中断为一多项式. 当 n 为偶数时, $y_0(x)$ 中断为多项式, $y_1(x)$ 仍为无穷级数; 当 n 为奇数时, $y_1(x)$ 中断为多项式, $y_0(x)$ 仍为无穷级数. 不论如何, 只要式 (C.34) 成立, 方程 (C.29) 就有一个多项式解, 另一个为无穷级数解. 对方程 (C.29) 的多项式解, 规定其最高次项系数 $a_n = 2^n$, 这样的多项式称为厄米多项式. 将式 (C.34) 代入式 (C.31), 得

$$a_k = -\frac{(k+2)(k+1)}{2(n-k)} a_{k+2}.$$

为了方便, 作替换 $k \to n - k$, 上式可改写为

$$a_{n-k} = -\frac{(n-k+2)(n-k+1)}{2k} a_{n-k+2}.$$

取 $a_n = 2^n$, 由上式可得

$$\begin{aligned}
a_{n-2} &= -n(n-1)2^{n-2}, \\
a_{n-4} &= +\frac{1}{2!}n(n-1)(n-2)(n-3)2^{n-4}, \\
a_{n-6} &= -\frac{1}{3!}n(n-1)(n-2)(n-3)(n-4)(n-5)2^{n-6}, \\
&\cdots\cdots
\end{aligned}$$

因此, 厄米多项式为

$$\begin{aligned}
\mathrm{H}_n(x) = &(2x)^n - n(n-1)(2x)^{n-2} + \frac{1}{2!}n(n-1)(n-2)(n-3)(2x)^{n-4} \\
&- \cdots + (-1)^{[\frac{n}{2}]}\frac{n!}{[\frac{n}{2}]!}(2x)^{n-2[\frac{n}{2}]},
\end{aligned} \tag{C.35}$$

其中

$$\left[\frac{n}{2}\right] = \begin{cases} \dfrac{n}{2}, & n\text{为偶数}, \\ \dfrac{n-1}{2}, & n\text{为奇数}. \end{cases}$$

厄米多项式的生成函数

$$\exp(-s^2 + 2xs) = \sum_{n=0}^{\infty} \frac{\mathrm{H}_n(x)}{n!} s^n. \tag{C.36}$$

由此得

$$\begin{aligned}\mathrm{H}_n(x) &= \frac{\mathrm{d}^n}{\mathrm{d}s^n}\exp\left[-s^2+2xs\right]\big|_{s=0} = \exp\left(x^2\right)\frac{\mathrm{d}^n}{\mathrm{d}s^n}\exp\left[-(s-x)^2\right]\big|_{s=0} \\ &= (-1)^n\exp\left(x^2\right)\frac{\mathrm{d}^n}{\mathrm{d}x^n}\exp\left[-(s-x)^2\right]\big|_{s=0},\end{aligned}$$

所以

$$\mathrm{H}_n(x) = (-1)^n\exp(x^2)\frac{\mathrm{d}^n}{\mathrm{d}x^n}\exp(-x^2). \tag{C.37}$$

利用式 (C.36) 或式 (C.37), 不难证明厄米多项式的正交性公式为

$$\int_{-\infty}^{+\infty}\mathrm{H}_m(x)\mathrm{H}_n(x)\exp(-x^2)\mathrm{d}x = \sqrt{\pi}2^n n!\delta_{mn}. \tag{C.38}$$

例如, 用式 (C.36) 来证明式 (C.38). 利用

$$\exp\left(-s^2+2xs\right) = \sum_{n=0}^{\infty}\frac{\mathrm{H}_n(x)}{n!}s^n, \quad \exp\left(-t^2+2xt\right) = \sum_{m=0}^{\infty}\frac{\mathrm{H}_m(x)}{m!}t^m,$$

两式相乘, 得

$$\begin{aligned}\int\exp\left[-(s^2+t^2)+2x(s+t)\right] &= \exp\left(2st+x^2\right)\exp\left[-(s+t-x)^2\right] \\ &= \sum_{n,m=0}^{\infty}\frac{1}{n!m!}\mathrm{H}_n(x)\mathrm{H}_m(x)s^n t^m.\end{aligned}$$

上式两边乘以 $\exp\left(-x^2\right)$, 并积分, 即

$$\int_{-\infty}^{+\infty}\exp\left(2st\right)\exp\left[-(s+t-x)^2\right]\mathrm{d}x = \sum_{n,m=0}^{\infty}\frac{s^n t^m}{n!m!}\int_{-\infty}^{+\infty}\mathrm{H}_m(x)\mathrm{H}_n(x)\exp\left(-x^2\right)\mathrm{d}x,$$

而 左边 $= \exp\left(2st\right)\int_{-\infty}^{+\infty}\exp\left(-y^2\right)\mathrm{d}y = \exp\left(2st\right)\sqrt{\pi} = \sqrt{\pi}\sum_{n=0}^{\infty}\frac{1}{n!}(2st)^n$, 与右边比较, 即得式 (C.38).

考虑式 (C.36) 两边对 s 求导, 有

$$\begin{aligned}&\text{左边} = (-2s+2x)\exp\left(-s^2+2xs\right) = (-2s+2x)\sum_{n=0}^{\infty}\frac{\mathrm{H}_n(x)}{n!}s^n, \\ &\text{右边} = \sum_{n=1}^{\infty}\frac{\mathrm{H}_n(x)}{n!}ns^{n-1} = \sum_{n=0}^{\infty}\frac{\mathrm{H}_{n+1}(x)}{n!}s^n.\end{aligned}$$

比较两边 s 同幂项的系数, 即得厄米多项式的递推关系

$$\mathrm{H}_{n+1}(x) - 2x\mathrm{H}_n(x) + 2n\mathrm{H}_{n-1}(x) = 0. \tag{C.39}$$

式 (C.36) 对 x 求导, 类似地可求出

$$\mathrm{H}_n'(x)=2n\mathrm{H}_{n-1}(x). \tag{C.40}$$

将式 (C.39) 中的 n 全换成 $n-1$, 得

$$\mathrm{H}_n(x)-2x\mathrm{H}_{n-1}(x)+2(n-1)\mathrm{H}_{n-2}(x)=0.$$

应用式 (C.40) 两次, 上式改写为

$$\mathrm{H}_n(x)-\frac{x}{n}\mathrm{H}_n'(x)+\frac{1}{2n}\mathrm{H}''(x)=0.$$

这正是厄米方程 (C.29). 这也证明了式 (C.36) 中的 $\mathrm{H}_n(x)$ 正是厄米多项式.

C.3　球谐函数

采用球坐标系, 轨道角动量算符 $(\hat{l}^2,\hat{l}_3)$ 的共同本征函数 $Y(\theta,\varphi)$ 满足微分方程

$$\frac{1}{\sin\theta}\frac{\partial}{\partial\theta}\left(\sin\theta\frac{\partial Y}{\partial\theta}\right)+\frac{1}{\sin^2\theta}\frac{\partial^2 Y}{\partial\varphi^2}+\lambda Y=0, \tag{C.41}$$

分离变数, 则有

$$Y(\theta,\varphi)=\Theta(\theta)\mathrm{e}^{\mathrm{i}m\varphi}, \tag{C.42}$$

其中, $m=0,\pm1,\pm2,\cdots$, 而 λ 待定. $\Theta(\theta)$ 满足方程

$$\frac{1}{\sin\theta}\frac{\partial}{\partial\theta}\left(\sin\theta\frac{\partial\Theta}{\partial\theta}\right)+\left(\lambda-\frac{m^2}{\sin^2\theta}\right)\Theta=0\quad(0\leqslant\theta\leqslant\pi). \tag{C.43}$$

作变换

$$x=\cos\theta,\quad \Theta(\theta)=y(x), \tag{C.44}$$

则方程 (C.43) 化为连带勒让德 (associated Legendre) 方程

$$(1-x^2)\frac{\mathrm{d}^2y}{\mathrm{d}x^2}-2x\frac{\mathrm{d}y}{\mathrm{d}x}+\left(\lambda-\frac{m^2}{1-x^2}\right)y=0, \tag{C.45}$$

式中, m 为整数. 在 $|x|\leqslant1$ 区域中, 方程有两个正则奇点 $x=\pm1$, 其余点均为方程的常点.

C.3.1 勒让德多项式

先讨论 $m=0$ 的情况. 此时方程 (C.45) 化为勒让德 (Legendre) 方程

$$(1-x^2)\frac{\mathrm{d}^2y}{\mathrm{d}x^2}-2x\frac{\mathrm{d}y}{\mathrm{d}x}+\lambda y=0. \tag{C.46}$$

在 $x=0$ 邻域, 将方程的解表示成泰勒级数

$$y=\sum_{k=0}^{\infty}a_kx^k, \tag{C.47}$$

代入式 (C.46), 让其左边同次幂的系数为零, 可得 a_k 的递推关系为

$$a_{k+2}=\frac{k(k+1)-\lambda}{(k+2)(k+1)}a_k. \tag{C.48}$$

可见, $a_{2n}(n=1,2,3,\cdots)$ 都可用 a_0 表示出来, $a_{2n+1}(n=1,2,\cdots)$ 都可用 a_1 表示出来, a_0 和 a_1 是两个任意常数. 这样, 就得到方程 (C.46) 的两个线性无关解

$$\begin{aligned}y_0(x)=&1+\frac{-\lambda}{2!}x^2+\frac{(2\times3-\lambda)(-\lambda)}{4!}x^4\\&+\frac{(4\times5-\lambda)(2\times3-\lambda)(-\lambda)}{6!}x^6+\cdots,\end{aligned} \tag{C.49a}$$

$$\begin{aligned}y_1(x)=&x+\frac{1\times2-\lambda}{3!}x^3\\&+\frac{(3\times4-\lambda)(1\times2-\lambda)}{5!}x^5+\cdots.\end{aligned} \tag{C.49b}$$

利用递推公式 (C.48), 级数的收敛半径 $R=\lim\limits_{n\to\infty}|a_n/a_{n+2}|=1$, 即级数式 (C.47) 收敛于 $|x|<1$, 但在 $x=\pm1$ 点是否收敛还有待考证.

现考察它们在正则奇点 $x=\pm1$ 附近的性质. 由式 (C.48) 可以看出, 当 $k\to\infty$ 时, $a_{k+2}/a_k\approx k/(k+2)$. 对 $k=2n$(偶数), $a_{k+2}/a_k\approx n/(n+1)$, 这与 $\ln(1+x)+\ln(1-x)=\ln(1-x^2)$ 的泰勒展开的相邻项系数之比相同, 因此, 当 $|x|\to1$ 时, $y_0(x)\to\infty$. 同理, 当 $|x|\to1$ 时, $y_1(x)\to\infty$. 这样的解一般不满足波函数有界条件. 但从式 (C.48) 或式 (C.49) 可以看出, 当

$$\lambda=l(l+1) \tag{C.50}$$

时, $y_0(x)$ 和 $y_1(x)$ 中有一个级数中断为 l 次多项式, 即

$l=$ 偶数时, $y_0(x)$ 为多项式, 而 $y_1(x)$ 仍为无穷级数;
$l=$ 奇数时, $y_1(x)$ 为多项式, 而 $y_0(x)$ 仍为无穷级数.

多项式在 $|x| \leqslant 1$ 区域中显然是有界的. 因此, 在满足式 (C.50) 条件下, 方程 (C.46) 有一个在 $|x| \leqslant 1$ 区域中有界的非零多项式解. 规定这个多项式的最高次项的一般公式为

$$a_l = \frac{(2l)!}{2^l (l!)^2}. \tag{C.51}$$

这样得出的多项式, 称为勒让德多项式. 利用式 (C.48)、式 (C.50) 和式 (C.51), 可以求出勒让德多项式的一般公式为

$$\mathrm{P}_l(x) = \sum_{n=0}^{\left[\frac{l}{2}\right]} \frac{(2l-2n)!}{2^l n!(l-n)!(l-2n)!} x^{l-2n}, \tag{C.52}$$

其中

$$\left[\frac{l}{2}\right] = \begin{cases} \dfrac{l}{2}, & l = \text{偶数}, \\ \dfrac{l-1}{2}, & l = \text{奇数}. \end{cases}$$

显然看出

$$\mathrm{P}_l(-x) = (-1)^l \mathrm{P}_l(x). \tag{C.53}$$

勒让德多项式还有微分表示式, 即洛德利格斯 (Rodrigues) 公式

$$\mathrm{P}_l(x) = \frac{1}{2^l l!} \frac{\mathrm{d}^l}{\mathrm{d}x^l} (x^2-1)^l. \tag{C.54}$$

利用复变函数中的柯西 (Cauchy) 公式, 式 (C.54) 可表示为路径积分, 即施列夫利积分

$$\mathrm{P}_l(x) = \frac{1}{2\pi \mathrm{i}} \frac{1}{2^l} \oint_c \frac{(z^2-1)^l}{(z-x)^{l+1}} \mathrm{d}z, \tag{C.55}$$

c 为 z 平面上围绕 $z = x$ 点的任一闭合回路.

勒让德函数的生成函数为

$$(1 - 2xt + t^2)^{-1/2} = \sum_{l=0}^{\infty} \mathrm{P}_l(x) t^l. \tag{C.56}$$

利用生成函数公式 (C.56), 可以证明 $\mathrm{P}_l(x)$ 的递推关系

$$\begin{aligned} &(l+1)\mathrm{P}_{l+1} - (2l+1)x\mathrm{P}_l + l\mathrm{P}_{l-1} = 0, \\ &x\mathrm{P}'_l - \mathrm{P}'_{l-1} = l\mathrm{P}_l, \\ &\mathrm{P}'_{l+1} = x\mathrm{P}'_l + (l+1)\mathrm{P}_l, \\ &\mathrm{P}'_{l+1} - \mathrm{P}'_{l-1} = (2l+1)\mathrm{P}_l, \\ &(x^2-1)\mathrm{P}'_l = xl\mathrm{P}_l - l\mathrm{P}_{l-1}, \\ &(2l+1)(x^2-1)\mathrm{P}'_l = l(l+1)(\mathrm{P}_{l+1} - \mathrm{P}_{l-1}), \end{aligned} \tag{C.57}$$

以及正交归一关系

$$\int_{-1}^{+1} \mathrm{P}_l(x)\mathrm{P}_{l'}(x)\mathrm{d}x = \frac{2}{2l+1}\delta_{ll'}. \tag{C.58}$$

C.3.2 连带勒让德多项式

对连带勒让德方程 (C.45), 先讨论在正则奇点 $x = \pm 1$ 邻域解的行为. 首先讨论在 $x = +1$ 邻域的情况. 令 $z = 1 - x$, 则方程 (C.45) 可化为

$$\frac{\mathrm{d}^2 y}{\mathrm{d}z^2} + \frac{2(1-z)}{z(2-z)}\frac{\mathrm{d}y}{\mathrm{d}z} + \left[\frac{\lambda}{z(2-z)} - \frac{m^2}{z^2(2-z)^2}\right]y = 0.$$

在 $z \sim 0$ 附近, 即 $x \sim 1$ 附近, 上式化为

$$\frac{\mathrm{d}^2 y}{\mathrm{d}z^2} + \frac{1}{z}\frac{\mathrm{d}y}{\mathrm{d}z} - \frac{m^2}{4z^2}y = 0.$$

令 $y = z^s$, 代入上式, 得

$$s(s-1) + s - \frac{m^2}{4} = 0,$$

即

$$s = \pm\frac{|m|}{2},$$

所以在 $z = 0$ 邻域, $y \propto z^{\pm|m|/2}$, 但 $y \propto z^{-|m|/2}$ 在 $z = 0$ 邻域不满足波函数有界的条件, 应弃之. 因此, 在 $z \sim 0$ 邻域, $y \propto z^{|m|/2} = (1-x)^{|m|/2}$. 类似地, 在 $x = -1$ 邻域, $y \propto (1+x)^{|m|/2}$. 这样, 方程 (C.45) 的解可以表示为

$$y(x) = (1+x)^{|m|/2}(1-x)^{|m|/2}u(x) = (1-x^2)^{|m|/2}u(x).$$

代入方程 (C.45), 得到

$$(1-x^2)u'' - 2(|m|+1)xu' + [\lambda - |m|(|m|+1)]u = 0. \tag{C.59}$$

式 (C.59) 对 x 求导, 整理后得

$$(1-x^2)u''' - 2(|m|+2)xu'' + [\lambda - (|m|+1)(|m|+2)]u' = 0,$$

与方程 (C.59) 比较, 只不过作了替换 $|m| \to |m|+1$, $u \to u'$. 另外, 当 $m = 0$ 时, 方程 (C.59) 即为勒让德方程 (C.46). 因此, 方程 (C.59) 的解可用方程 (C.46) 的解求 $|m|$ 次导数而得到, 即有

$$u(x) = \frac{\mathrm{d}^{|m|}}{\mathrm{d}x^{|m|}}\mathrm{P}_l(x), \quad |m| \leqslant l.$$

这样, 求得连带勒让德方程在物理上允许的解为

$$\mathrm{P}_l^{|m|}(x)=(1-x^2)^{|m|/2}\frac{\mathrm{d}^{|m|}}{\mathrm{d}x^{|m|}}\mathrm{P}_l(x). \tag{C.60}$$

先假定 $m\geqslant 0$, 于是

$$\mathrm{P}_l^{m}(x)=(1-x^2)^{m/2}\frac{\mathrm{d}^{m}}{\mathrm{d}x^{m}}\mathrm{P}_l(x). \tag{C.61}$$

用罗德里格斯公式代入, 有

$$\mathrm{P}_l^{m}(x)=\frac{1}{2^l\cdot l!}(1-x^2)^{m/2}\frac{\mathrm{d}^{l+m}}{\mathrm{d}x^{l+m}}(x^2-1)^l. \tag{C.62}$$

此式对 $m<0$ 也成立, 即 $|m|\leqslant l$ 时, 上式都成立. 可证明

$$\mathrm{P}_l^{-m}(x)=(-1)^m\frac{(l-m)!}{(l+m)!}\mathrm{P}_l^{m}(x). \tag{C.63}$$

不论 m 是正或负, 式 (C.63) 都成立.

根据 $\mathrm{P}_l(x)$ 的递推关系, 可证明 P_l^m 的如下递推关系

$$\begin{aligned}
&(2l+1)x\mathrm{P}_l^m=(l+m)\mathrm{P}_{l-1}^m+(l-m+1)\mathrm{P}_{l+1}^m,\\
&(2l+1)(1-x^2)^{1/2}\mathrm{P}_l^m=\mathrm{P}_{l+1}^{m+1}-\mathrm{P}_{l-1}^{m+1},\\
&(2l+1)(1-x^2)^{1/2}\mathrm{P}_l^m=(l+m)(l+m-1)\mathrm{P}_{l-1}^{m-1}\\
&\qquad\qquad -(l-m+2)(l-m+1)\mathrm{P}_{l+1}^{m-1},\\
&(2l+1)(1-x^2)\frac{\mathrm{dP}_l^m}{\mathrm{d}x}=(l+1)(l+m)\mathrm{P}_{l-1}^m-l(l-m+1)\mathrm{P}_{l+1}^m.
\end{aligned} \tag{C.64}$$

从连带勒让德方程出发, 可证明 P_l^m 的正交性

$$\int_{-1}^{+1}\mathrm{P}_l^m(x)\mathrm{P}_{l'}^m(x)\mathrm{d}x=\frac{(l+m)!}{(l-m)!}\frac{2}{2l+1}\delta_{ll'}. \tag{C.65}$$

C.3.3　球谐函数

球谐函数定义为

$$\begin{aligned}
&\mathrm{Y}_{lm}(\theta,\varphi)=(-1)^m\sqrt{\frac{2l+1}{4\pi}\frac{(l-m)!}{(l+m)!}}\mathrm{P}_l^m(\cos\theta)\mathrm{e}^{\mathrm{i}m\varphi},\\
&\qquad l=0,1,2,\cdots,\ m=-l,-l+1,\cdots,l-1,l.
\end{aligned} \tag{C.66}$$

利用式 (C.63), 可证明

$$\mathrm{Y}_{l,-m}=(-1)^m\mathrm{Y}_{lm}^*. \tag{C.67}$$

递推公式

$$\begin{aligned}\cos\theta \mathrm{Y}_{lm} &= a_{l,m}\mathrm{Y}_{l+1,m} + a_{l-1,m}\mathrm{Y}_{l-1,m},\\ \sin\theta \mathrm{e}^{+\mathrm{i}\varphi}\mathrm{Y}_{lm} &= b_{l-1,-(m+1)}\mathrm{Y}_{l-1,m+1} - b_{l,m}\mathrm{Y}_{l+1,m+1},\\ \sin\theta \mathrm{e}^{-\mathrm{i}\varphi}\mathrm{Y}_{lm} &= -b_{l-1,m-1}\mathrm{Y}_{l-1,m-1} + b_{l,-m}\mathrm{Y}_{l+1,m-1},\end{aligned} \tag{C.68}$$

式中

$$a_{lm} = \sqrt{\frac{(l+1)^2 - m^2}{(2l+1)(2l+3)}}, \quad b_{lm} = \sqrt{\frac{(l+m+1)(l+m+2)}{(2l+1)(2l+3)}}. \tag{C.69}$$

正交性及展开公式

$$\int_0^{2\pi} \mathrm{d}\varphi \int_0^{\pi} \mathrm{d}\theta \mathrm{Y}^*_{l'm'}\mathrm{Y}_{lm} = \delta_{l'l}\delta_{m'm}. \tag{C.70}$$

单位球面上的任何规则函数 $f(\theta,\varphi)$ 都可展开为

$$f(\theta,\varphi) = \sum_{l=0}^{\infty}\sum_{m=-l}^{+l} f_{lm}\mathrm{Y}_{lm}(\theta,\varphi), \tag{C.71}$$

式中

$$f_{lm} = \int \mathrm{d}\Omega \mathrm{Y}^*_{lm}(\theta,\varphi)\mathrm{Y}_{lm}(\theta,\varphi), \tag{C.72}$$

其中, $\int \mathrm{d}\Omega$ 是 $\int_0^{2\pi}\mathrm{d}\varphi\int_0^{\pi}\sin\theta \mathrm{d}\theta$ 的简记.

C.3.4 几个有用的展开公式

(1)

$$\begin{aligned}\mathrm{e}^{\mathrm{i}kz} = \mathrm{e}^{\mathrm{i}kr\cos\theta} &= \sum_{l=0}^{\infty}(2l+1)\mathrm{i}^l \mathrm{j}_l(kr)\mathrm{P}_l(\cos\theta)\\ &= \sum_{l=0}^{\infty}\sqrt{4\pi(2l+1)}\mathrm{i}^l \mathrm{j}_l(kr)\mathrm{Y}_{l0}(\theta),\end{aligned} \tag{C.73}$$

其中

$$\mathrm{Y}_{l0}(\theta) = \sqrt{\frac{2l+1}{4\pi}}\mathrm{P}_l(\cos\theta). \tag{C.74}$$

(2)

$$\frac{1}{|\boldsymbol{r}_1 - \boldsymbol{r}_2|} = \begin{cases} \dfrac{1}{r_2}\displaystyle\sum_{l=0}^{\infty}\left(\frac{r_1}{r_2}\right)^l \mathrm{P}_l(\cos\theta), & r_1 < r_2,\\ \dfrac{1}{r_1}\displaystyle\sum_{l=0}^{\infty}\left(\frac{r_2}{r_1}\right)^l \mathrm{P}_l(\cos\theta), & r_1 > r_2,\end{cases} \tag{C.75}$$

θ 是 $\boldsymbol{r}_1$ 与 $\boldsymbol{r}_2$ 的夹角.

(3)

$$\mathrm{P}_l(\cos\theta)=\frac{4\pi}{2l+1}\sum_{m=-l}^{l}\mathrm{Y}_{lm}^*(\theta_1,\varphi_1)\mathrm{Y}_{lm}(\theta_2,\varphi_2), \tag{C.76}$$

θ 是 (θ_1,φ_1) 与 (θ_2,φ_2) 之间的夹角. 如 $\theta=0$, 利用 $\mathrm{P}_l(1)=1$, 得

$$\sum_{m=-l}^{l}\mathrm{Y}_{lm}^*(\theta,\varphi)\mathrm{Y}_{lm}(\theta,\varphi)=\frac{2l+1}{4\pi}. \tag{C.77}$$

此即球谐函数的加法定理.

C.4 合流超几何函数

合流超几何方程为

$$x\frac{\mathrm{d}^2y}{\mathrm{d}x^2}+(\gamma-x)\frac{\mathrm{d}y}{\mathrm{d}x}-\alpha y=0. \tag{C.78}$$

$x=0$ 是方程的正则奇点, $x=\infty$ 是非正则奇点, 其余为常点. 先讨论方程的解在奇点 $x=0$ 附近的行为.

当 $x\to 0$ 时, 方程 (C.78) 渐近地表示成

$$\frac{\mathrm{d}^2y}{\mathrm{d}x^2}+\frac{\gamma}{x}\frac{\mathrm{d}y}{\mathrm{d}x}-\frac{\alpha}{x}y=0. \tag{C.79}$$

令 $y=x^s$ 代入上式, 可得出指标方程

$$s(s-1)+\gamma s=0, \tag{C.80}$$

其根为

$$s_1=0,\ s_2=1-\gamma. \tag{C.81}$$

当 $s_2-s_1=1-\gamma\neq$ 整数时, 可用级数解法求得方程 (C.78) 的两个线性无关解.

首先讨论 $s_1=0$ 相应的级数解

$$y=\sum_k c_kx^k, \tag{C.82}$$

代入式 (C.78), 要求方程左边 x 的各次项的系数为 0, 得出 c_k 的递推关系为

$$c_k=\frac{\alpha+k-1}{k(\gamma+k-1)}c_{k-1}. \tag{C.83}$$

由此

$$c_k=\frac{\alpha(\alpha+1)\cdots(\alpha+k-1)}{k!\gamma(\gamma+1)\cdots(\gamma+k-1)}c_0. \tag{C.84}$$

所有系数均可用 c_0 表示出来, c_0 为任意常数. 这样, 得到方程的一个解. 通常取 $c_0=1$, 级数解记为 $\mathrm{F}(\alpha,\gamma,x)$, 则

$$\begin{aligned}\mathrm{F}(\alpha,\gamma,x)&=1+\frac{\alpha}{\gamma}x+\frac{1}{2!}\frac{\alpha(\alpha+1)}{\gamma(\gamma+1)}x^2+\frac{1}{3!}\frac{\alpha(\alpha+1)(\alpha+2)}{\gamma(\gamma+1)(\gamma+2)}x^3+\cdots\\&=\sum_{k=0}^{\infty}\frac{(\alpha)_k}{k!(\gamma)_k}x^k.\end{aligned}\tag{C.85}$$

其中

$$\begin{aligned}(\alpha)_k&=\alpha(\alpha+1)\cdots(\alpha+k-1),\\(\gamma)_k&=\gamma(\gamma+1)\cdots(\gamma+k-1).\end{aligned}\tag{C.86}$$

这个级数解只有当 $\gamma\neq 0$, 负整数时才有意义. 由式 (C.85) 定义的函数称为合流超几何函数.

其次, 由于 $1-\gamma\neq$ 整数, 即 $\gamma\neq$ 整数, 与 $s_2=1-\gamma$ 根相应, 方程的另一个线性独立的级数解可表示为

$$y=x^{1-\gamma}u,\tag{C.87}$$

代入式 (C.78), 得

$$x\frac{\mathrm{d}^2u}{\mathrm{d}x^2}+(2-\gamma-x)\frac{\mathrm{d}u}{\mathrm{d}x}-(\alpha-\gamma+1)u=0,\tag{C.88}$$

与式 (C.78) 比较, 形式完全相同, 只是参数不同. 式 (C.88) 的一个解可以表示为 $\mathrm{F}(\alpha-\gamma+1,2-\gamma,x)$. 这样, 在 $\gamma\neq$ 整数的情况下, 方程 (C.78) 的二个线性独立解为

$$y_1=\mathrm{F}(\alpha,\gamma,x),\quad y_2=x^{1-\gamma}\mathrm{F}(\alpha-\gamma+1,2-\gamma,x).\tag{C.89}$$

$\mathrm{F}(\alpha,\gamma,x)$ 在 $x\to\infty$ 的性质. 按式 (C.83), 当 $k\to\infty$ 时, $c_k/c_{k-1}\sim 1/k$, 该比值与 e^x 的幂级数展开系数的比值相同. 因此

$$\lim_{x\to\infty}\mathrm{F}(\alpha,\gamma,x)\propto\mathrm{e}^x.\tag{C.90}$$

当 $\gamma=0$ 或负整数, 应取 y_2 解. 此时 $\mathrm{F}(\alpha,\gamma,x)$ 一般没有意义, 除非 $\alpha\geqslant\gamma$ 也是负整数. 在这种情况下, 可令 $\gamma=-m$, $\alpha=-n(m\geqslant n\geqslant 0)$, $\mathrm{F}(\alpha,\gamma,x)$ 为一个 n 次多项式

$$\mathrm{F}(-n,-m,x)=\sum_{k=0}^{n}\frac{(-n)_k}{k!(-m)_k}x^k\ (m\geqslant n\geqslant 0),\tag{C.91}$$

而

$$y_2=x^{1+m}\mathrm{F}(m-n+1,2+m,x)\tag{C.92}$$

为无穷级数.

当 $\gamma=1$, $y_1=y_2$ 时, 两解相同, 均为 $F(\alpha,1,x)$.

当 γ 大于等于 2 的正整数时, 应取 $F(\alpha,\gamma,x)$. 因为 $F(\alpha-\gamma+1,2-\gamma,x)$ 一般失去意义, 除非 $\alpha-\gamma+1$ 是小于 $(2-\gamma)$ 的负整数, 此时 $F(\alpha-\gamma+1,2-\gamma,x)$ 是一个多项式, 而 $F(\alpha,\gamma,x)$ 则为无穷级数 (因为 $\alpha\geqslant 1$).

因此, 当 $\gamma=$ 整数, 而 α 或 $\alpha-\gamma+1$ 又非适当的负整数时, 要用另外的办法找第二解.

C.5　贝塞尔函数

C.5.1　贝塞尔函数

贝塞尔 (Bessel) 方程为

$$\frac{\mathrm{d}^2y}{\mathrm{d}x^2}+\frac{1}{x}\frac{\mathrm{d}y}{\mathrm{d}x}+(1-\frac{\nu^2}{x^2})y=0, \tag{C.93}$$

ν 可以为任意复数. 这个方程的一个解为

$$\mathrm{J}_\nu(x)=\sum_{k=0}^{\infty}\frac{(-1)^\nu}{k!\Gamma(\nu+k+1)}\left(\frac{x}{2}\right)^{2k+\nu}\quad(|\arg x|<\pi). \tag{C.94}$$

当 $\nu\neq n$(整数) 时, 按微分方程理论, J_ν 与 $\mathrm{J}_{-\nu}$ 彼此线性无关, 可以选为方程 (C.93) 的一组线性无关解. 也可以证明Wronski行列式

$$\begin{vmatrix}\mathrm{J}_\nu & \mathrm{J}_{-\nu}\\ \mathrm{J}'_\nu & \mathrm{J}'_{-\nu}\end{vmatrix}=-\frac{2\sin\nu\pi}{\pi x} \tag{C.95}$$

当 $\nu\neq n$(整数) 时, 它不为零, 所以 J_ν 与 $\mathrm{J}_{-\nu}$ 彼此线性无关. 但 $\nu=n$ 时, Wronski行列式等于 0, J_n 与 J_{-n} 不是线性无关. 也可以证明

$$\mathrm{J}_{-n}(x)=(-1)^n\mathrm{J}_n(x), \tag{C.96}$$

J_n 与 J_{-n} 实际上是一个解. 此时, 常选另外一组线性无关解, J_ν 与 N_ν, 其中

$$\mathrm{N}_\nu=\frac{\cos\nu\pi J_\nu(x)-\mathrm{J}_{-\nu}(x)}{\sin\nu\pi}. \tag{C.97}$$

J_ν 称为贝塞尔函数, N_ν 称为诺依曼 (Neuman) 函数. 利用式 (C.95), 容易得出

$$\begin{vmatrix}\mathrm{J}_\nu & \mathrm{N}_\nu\\ \mathrm{J}'_\nu & \mathrm{N}'_\nu\end{vmatrix}=-\frac{2}{\pi x}. \tag{C.98}$$

无论 ν 是否为整数, J_ν 与 N_ν 都线性无关, 因此, 常用于方程 (C.93) 的一组线性无关解.

为满足不同问题中的边条件的要求, 常常还引用另外一组线性无关解, 即第一类和第二类汉克尔 (Hankel) 函数.

$$\begin{aligned}\mathrm{H}_\nu^{(1)} &= \mathrm{J}_\nu(x) + \mathrm{i}\mathrm{N}_\nu(x),\\ \mathrm{H}_\nu^{(2)} &= \mathrm{J}_\nu(x) - \mathrm{i}\mathrm{N}_\nu(x).\end{aligned} \tag{C.99}$$

同样, 利用式 (C.98), 可以证明

$$\begin{vmatrix} \mathrm{H}_\nu^{(1)} & \mathrm{H}_\nu^{(2)} \\ \mathrm{H}_\nu^{(1)\prime} & \mathrm{H}_\nu^{(2)\prime} \end{vmatrix} = -\frac{4\mathrm{i}}{\pi x}, \tag{C.100}$$

即 $\mathrm{H}_\nu^{(1)}$ 与 $\mathrm{H}_\nu^{(2)}$ 是线性无关的.

利用方程 (C.93), 可证明下列递推关系

$$\begin{aligned}&\mathrm{J}_{\nu+1} = \frac{2\nu}{x}\mathrm{J}_\nu - \mathrm{J}_{\nu-1},\ \mathrm{J}_{\nu+1} = \frac{\nu}{x} - \mathrm{J}_\nu',\\ &\mathrm{J}_\nu' = \frac{\nu}{x}\mathrm{J}_\nu - \mathrm{J}_{\nu+1} = \frac{1}{2}(\mathrm{J}_{\nu-1} - \mathrm{J}_{\nu+1}),\\ &\frac{\mathrm{d}}{\mathrm{d}x}(x^\nu \mathrm{J}_\nu) = x^\nu \mathrm{J}_{\nu-1},\\ &\frac{\mathrm{d}}{\mathrm{d}x}(x^{-\nu}\mathrm{J}_\nu) = -x^{-\nu}\mathrm{J}_{\nu+1},\\ &\mathrm{J}_0' = -\mathrm{J}_1.\end{aligned} \tag{C.101}$$

以上递推公式对 N_ν, $\mathrm{H}_\nu^{(1)}$, $\mathrm{H}_\nu^{(2)}$ 等都同样适用.

当 $|x| \to \infty$ 时, 贝塞尔函数的渐近行为

$$\begin{aligned}\mathrm{J}_\nu(x) &\approx \sqrt{\frac{2}{\pi x}}\cos\left[x - \left(\nu + \frac{1}{2}\right)\frac{\pi}{2}\right],\\ \mathrm{N}_\nu(x) &\approx \sqrt{\frac{2}{\pi x}}\sin\left[x - \left(\nu + \frac{1}{2}\right)\frac{\pi}{2}\right],\\ \mathrm{H}_\nu^{(1)}(x) &\approx \sqrt{\frac{2}{\pi x}}\exp\left\{\mathrm{i}\left[x - \left(\nu + \frac{1}{2}\right)\frac{\pi}{2}\right]\right\},\\ \mathrm{H}_\nu^{(2)}(x) &\approx \sqrt{\frac{2}{\pi x}}\exp\left\{-\mathrm{i}\left[x - \left(\nu + \frac{1}{2}\right)\frac{\pi}{2}\right]\right\}.\end{aligned} \tag{C.102}$$

整数阶贝塞尔函数和诺依曼函数为

$$\mathrm{J}_n(x) = \sum_{k=0}^{\infty}\frac{(-1)^k}{k!(n+k)!}\left(\frac{x}{2}\right)^{2k+n}, \quad n = 0, 1, 2, \cdots, \tag{C.103}$$

$$
\begin{aligned}
\mathrm{N}_n(x)=&\frac{2}{\pi}\mathrm{J}_n(x)\left(\ln\frac{x}{2}+C\right)-\frac{1}{\pi}\sum_{k=0}^{n-1}\frac{(n-k-1)!}{k!}\left(\frac{x}{2}\right)^{-n+2k}\\
&-\frac{1}{\pi}\sum_{k=n}^{\infty}\frac{(-1)^{k-n}}{k!(k-n)!}\left[\left(1+\frac{1}{2}+\cdots+\frac{1}{k-n}\right)\right.\\
&\left.+\left(1+\frac{1}{2}+\cdots+\frac{1}{n}\right)\right]\left(\frac{x}{2}\right)^{-n+2k}.
\end{aligned}\tag{C.104}
$$

$x=0$ 是 $\mathrm{J}_n(x)$ 的常点, 是 $\mathrm{N}_n(x)$ 的奇点. 在 $x=0$ 附近, 这些函数的性质如下

$$
\begin{aligned}
&\mathrm{J}_0(x)=1,\quad \mathrm{J}_n(0)=0\quad (n\geqslant 1),\\
&\mathrm{N}_0(x)\approx\frac{2}{\pi}\ln\left(\frac{x}{2}\right),\\
&\mathrm{N}_n(x)\approx-\frac{(n-1)!}{\pi}\left(\frac{x}{2}\right)^{-n}\quad (n\geqslant 1),\\
&\mathrm{H}_0^{(1)}(x)\approx\mathrm{i}\frac{2}{\pi}\ln\left(\frac{x}{2}\right),\\
&\mathrm{H}_n^{(1)}(x)\approx-\mathrm{i}\frac{(n-1)!}{\pi}\left(\frac{x}{2}\right)^{-n}\quad (n\geqslant 1),\\
&\mathrm{H}_0^{(2)}(x)\approx-\mathrm{i}\frac{2}{\pi}\ln\left(\frac{x}{2}\right),\\
&\mathrm{H}_n^{(2)}(x)\approx\mathrm{i}\frac{(n-1)!}{\pi}\left(\frac{x}{2}\right)^{-n}\quad (n\geqslant 1).
\end{aligned}\tag{C.105}
$$

C.5.2 球贝塞尔函数

球贝塞尔方程为

$$
\frac{\mathrm{d}^2y}{\mathrm{d}x^2}+\frac{2}{x}\frac{\mathrm{d}y}{\mathrm{d}x}+\left[1-\frac{l(l+1)}{x^2}\right]y=0,\quad l=0,1,2,\cdots.\tag{C.106}
$$

令

$$
y(x)=\frac{1}{\sqrt{x}}\nu(x),\tag{C.107}
$$

则

$$
\frac{\mathrm{d}^2\nu}{\mathrm{d}x^2}+\frac{1}{x}\frac{\mathrm{d}\nu}{\mathrm{d}x}+\left[1-\frac{(l+1/2)^2}{x^2}\right]\nu=0.\tag{C.108}
$$

这正是半奇数 $(l+1/2)$ 阶贝塞尔方程, 其解可表示成初等函数. 方程 (C.106) 的两个线性无关解通常表示成球贝塞尔函数和球诺依曼函数

$$
\begin{aligned}
&\mathrm{j}_l(x)=\sqrt{\frac{\pi}{2x}}\mathrm{J}_{l+1/2}(x),\\
&\mathrm{n}_l(x)=(-1)^{l+1}\sqrt{\frac{\pi}{2x}}\mathrm{J}_{-l-1/2}(x)=(-1)^{l+1}\mathrm{j}_{-l-1}(x),
\end{aligned}\tag{C.109}
$$

或者它们的线性叠加. 例如, 球汉克尔函数

$$\begin{aligned} \mathrm{h}_l(x) &= \mathrm{j}_l(x) + \mathrm{i}\mathrm{n}_l(x), \\ \mathrm{h}_l^*(x) &= \mathrm{j}_l(x) - \mathrm{i}\mathrm{n}_l(x). \end{aligned} \tag{C.110}$$

$\mathrm{j}_l(x), \mathrm{n}_l(x)$ 与 $\mathrm{h}_l(x)$ 可表示成

$$\begin{aligned} \mathrm{j}_l(x) &= (-1)^l x^l \left(\frac{1}{x}\frac{\mathrm{d}}{\mathrm{d}x}\right)^l \frac{\sin x}{x}, \\ \mathrm{n}_l(x) &= (-1)^{l+1} x^l \left(\frac{1}{x}\frac{\mathrm{d}}{\mathrm{d}x}\right)^l \frac{\cos x}{x}, \\ \mathrm{h}_l(x) &= -\mathrm{i}(-1)^l \left(\frac{1}{x}\frac{\mathrm{d}}{\mathrm{d}x}\right)^l \frac{\mathrm{e}^{\mathrm{i}x}}{x}. \end{aligned} \tag{C.111}$$

Wronski行列式

$$\begin{vmatrix} \mathrm{j}_l & \mathrm{n}_l \\ \mathrm{j}_l' & \mathrm{n}_l' \end{vmatrix} = \frac{1}{x^2}\begin{vmatrix} \mathrm{h}_l & \mathrm{h}_l^* \\ \mathrm{h}_l' & \mathrm{h}_l'^* \end{vmatrix} = -\frac{2\mathrm{i}}{x^2}. \tag{C.112}$$

递推关系

$$\begin{aligned} &\mathrm{j}_{l+1} = \frac{2l+1}{x}\mathrm{j}_l - \mathrm{j}_{l-1}\ (l>0). \\ &\mathrm{j}_l' = \frac{l+1}{x}\mathrm{j}_l - \mathrm{j}_{l+1} = \frac{1}{2l+1}[l\mathrm{j}_{l-1} - (l+1)\mathrm{j}_{l+1}]. \\ &\frac{\mathrm{d}}{\mathrm{d}x}(x^{l+1}\mathrm{j}_l) = x^{l+1}\mathrm{j}_{l-1}\ (l>0). \\ &\frac{\mathrm{d}}{\mathrm{d}x}(x^{-l}\mathrm{j}_l) = -x^{-l}\mathrm{j}_{l+1}. \end{aligned} \tag{C.113}$$

上述式子对 n_l, h_l, h_l^* 也同样适用.

$x \to 0$ 时的渐近行为

$$\begin{aligned} \mathrm{j}_l(x) &\sim \frac{x^l}{(2l+1)!!}, \\ \mathrm{n}_l(x) &\sim -\frac{(2l-1)!!}{x^{l+1}}, \\ \mathrm{h}_l(x) &\sim -\mathrm{i}\frac{(2l-1)!!}{x^{l+1}}. \end{aligned} \tag{C.114}$$

$x \to \infty$ 时的渐近行为

$$\begin{aligned} \mathrm{j}_l(x) &\sim \frac{1}{x}\sin\left(x - \frac{l\pi}{2}\right), \\ \mathrm{n}_l(x) &\sim -\frac{1}{x}\cos\left(x - \frac{l\pi}{2}\right), \\ \mathrm{h}_l(x) &\sim -\frac{\mathrm{i}}{x}\exp\left[\mathrm{i}\left(x - \frac{l\pi}{2}\right)\right]. \end{aligned} \tag{C.115}$$

C.5.3 变形贝塞尔函数

变形贝塞尔方程为

$$\frac{\mathrm{d}^2y}{\mathrm{d}x^2}+\frac{1}{x}\frac{\mathrm{d}y}{\mathrm{d}x}-(1+\frac{\nu^2}{x^2})y=0\ (x\text{为实变数}). \tag{C.116}$$

令 $z=\mathrm{i}x$, 则上式化为 z 外 ν 阶贝塞尔方程. $\nu\neq$ 整数时, $\mathrm{J}_\nu(\mathrm{i}x)$ 与 $\mathrm{J}_{-\nu}(\mathrm{i}x)$ 是此方程的一组线性无关解. 为使 $\nu=n$(整数) 时, 方程 (C.116) 的解为实数, 引入变形贝塞尔函数

$$\mathrm{I}_\nu(x)=\begin{cases}\exp\left[-\dfrac{1}{2}\mathrm{i}\pi\nu\right]\mathrm{J}_\nu(x\exp[\mathrm{i}\pi/2]), & -\pi<\arg x\leqslant\dfrac{\pi}{2}\\ \exp\left[\dfrac{1}{2}\mathrm{i}3\pi\nu\right]\mathrm{J}_\nu(x\exp[-3\mathrm{i}\pi/2]), & \dfrac{\pi}{2}<\arg x\leqslant\pi\end{cases} \tag{C.117}$$

用式 (C.94) 代入, 得

$$\mathrm{I}_\nu(x)=\left(\frac{x}{2}\right)^\nu\sum_{k=0}^{\infty}\frac{1}{k!\Gamma(\nu+k+1)}\left(\frac{x}{2}\right)^{2k},\quad |\arg x|<\pi. \tag{C.118}$$

$\nu\neq n$(整数) 时, $\mathrm{I}_\nu(x)$ 与 $\mathrm{I}_{-\nu}(x)$ 是方程的一组线性无关解. $\nu=n$ 时, $\mathrm{I}_{-\nu}(x)=\mathrm{I}_\nu(x)$, 二者相同. 此时可引进

$$\begin{aligned}\mathrm{K}_\nu(x)&=\frac{\pi}{2\sin\nu\pi}[\mathrm{I}_{-\nu}(x)-\mathrm{I}_\nu(x)]\\&=\begin{cases}\mathrm{i}\dfrac{\pi}{2}\exp\left(\mathrm{i}\dfrac{\nu\pi}{2}\right)\mathrm{H}_\nu^{(1)}\left(x\exp\left(\mathrm{i}\dfrac{\pi}{2}\right)\right); & -\pi<arg\ x\leqslant\dfrac{\pi}{2},\\ -\mathrm{i}\dfrac{\pi}{2}\exp\left(-\mathrm{i}\dfrac{\nu\pi}{2}\right)\mathrm{H}_\nu^{(2)}\left(x\exp\left(-\mathrm{i}\dfrac{\pi}{2}\right)\right), & \dfrac{\pi}{2}<\arg x\leqslant\pi.\end{cases}\end{aligned} \tag{C.119}$$

$\mathrm{I}_n(x)$ 与 $\mathrm{K}_n(x)$ 是方程的一组线性无关的解. $x=0$ 点是 $\mathrm{K}_n(x)$ 的奇点, $\mathrm{I}_n(x)$ 在 $x=0$ 处有界.

$$\mathrm{I}_0(0)=1,\quad \mathrm{I}_n(0)=0\quad (n\geqslant 1). \tag{C.120}$$

当 $x\to 0$ 时

$$\mathrm{K}_0(x)\sim-\ln\left(\frac{x}{2}\right),\quad \mathrm{K}_n(x)\sim\frac{(n-1)!}{2}\left(\frac{x}{2}\right)^{-n}\quad (n\geqslant 1). \tag{C.121}$$

当 $x\to\infty$ 时

$$\mathrm{I}_\nu(x)\sim\frac{1}{\sqrt{2\pi x}}\mathrm{e}^x,\quad \mathrm{K}_\nu(x)\sim\sqrt{\frac{\pi}{2x}}\mathrm{e}^{-x}. \tag{C.122}$$

附录D　常用物理常数表

物理常数	国际制单位
普朗克常量	$h = 6.626\ 075\ 5(40) \times 10^{-34}\text{J} \cdot \text{s}$ $\hbar = h/2\pi = 1.054\ 572\ 66(63) \times 10^{-34}\text{J} \cdot \text{s}$ $= 6.582\ 122\ 0(20) \times 10^{-22}\text{MeV} \cdot \text{s}$
真空中的光速	$c = 2.997\ 924\ 58 \times 10^{8}\text{m} \cdot \text{s}^{-1}$
电子电荷	$e = 1.602\ 177\ 33(49) \times 10^{-19}\text{C}$
原子质量单位	$u = \frac{1}{12}$(^{12}C 原子质量) $= 1.660\ 540\ 2(10) \times 10^{-27}\text{kg}$ $= 931.494\ 32(28)\text{MeV}/c^2$
真空电导率 真空磁导率	$\left.\begin{matrix}\varepsilon_0 \\ \mu_0\end{matrix}\right\} \varepsilon_0\mu_0 = 1/c^2,\quad \begin{matrix}\varepsilon_0 = 8.854\ 187\ 817\cdots \times 10^{-12}\text{F} \cdot \text{m}^{-1} \\ \mu_0 = 4\pi \times 10^{-7}\text{N} \cdot \text{A}^{-2}\end{matrix}$
精细结构常数	$\alpha = e_s^2/\hbar c = 1/137.035\ 989\ 5(61),\ e_s^2 = e^2/4\pi\varepsilon_0$
电子质量	$m_e = 9.109\ 389\ 7(54) \times 10^{-31}\text{kg} = 0.510\ 999\ 06(15)\text{MeV}/c^2$
玻尔半径	$a = \hbar^2/m_e e_s^2 = 0.5291\ 772\ 49(24) \times 10^{-10}\text{m}$
电子康普顿波长	$\bar{\lambda}_e = \hbar/m_e c = 3.861\ 593\ 23(35) \times 10^{-13}\text{m}$
电子的经典半径	$r_e = e_s^2/m_e c^2 = 2.817\ 940\ 92(38) \times 10^{-15}\text{m}$
里德伯能量	$hcR_\infty = m_e e_s^4/2\hbar^2 = m_e(\alpha c)^2/2 = 13.605\ 698\ 1(40)\text{eV}$
玻尔磁子	$\mu_B = e\hbar/2m_e = 5.78838263(52) \times 10^{-11}\text{MeV} \cdot \text{T}^{-1}$
质子质量	$m_p = 1.672\ 623\ 1(10) \times 10^{-27}\text{kg} = 938.272\ 31(28)\text{MeV}/c^2$ $= 1.007\ 276\ 470(12)\text{u} = 1836.152\ 701(37)m_e$
中子质量	$m_n = 939.565\ 63(28)\text{MeV}/c^2,\ m_n - m_p = 1.293\ 318(9)\text{MeV}/c^2$
玻尔兹曼常量	$\kappa = 1.380658(12) \times 10^{-23}\text{J} \cdot \text{K}^{-1}$ $= 8.617385(73) \times 10^{-5}\text{eV} \cdot \text{K}^{-1}$
阿伏伽德罗常量	$N_A = 6.022\ 136\ 7(36) \times 10^{23}\text{mol}^{-1}$

单位换算关系:

$$1\text{m} = 10^9\text{nm} = 10^{10}\text{Å} = 10^{15}\text{fm}$$

$$1\text{m}^2 = 10^{28}\text{b(barn)}$$

$$1\text{GeV} = 10^3\text{MeV} = 10^9\text{eV}$$

$$hc = 1239.842\text{MeV} \cdot \text{fm}$$